Solidworks 2013 中文版机械设计案例实践

□ 王中行　孙志良 编著

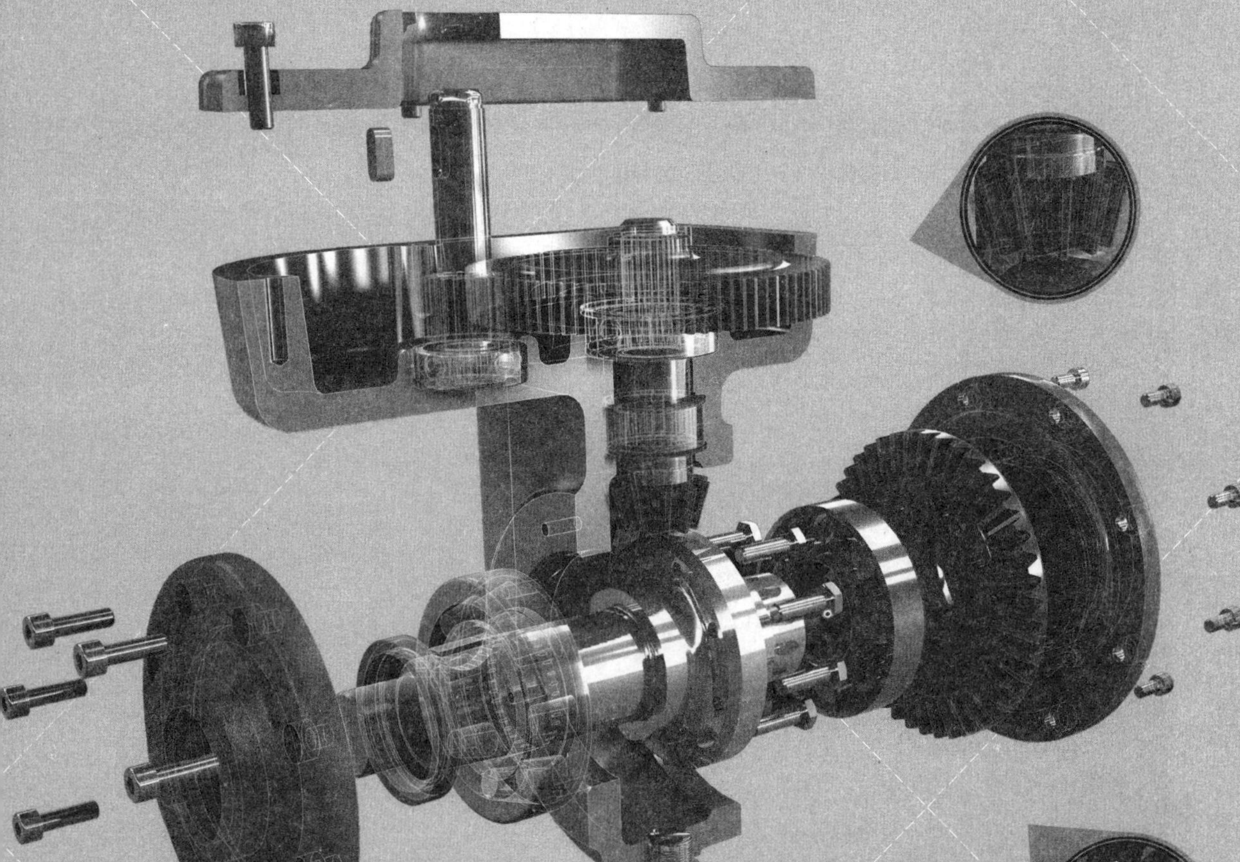

清华大学出版社
北　京

内 容 简 介

本书通过大量的案例，引导用户快速而准确地学会使用 Solidworks 进行产品设计、分析和制造。全书共分为 4 篇 15 章，内容涵盖产品造型基础和常用的造型方法，以及 Solidworks 最常用的 5 个模块：零件设计、曲面设计、工程图设计、装配设计和钣金设计。全书以详实的文字说明，并辅以相关示意图，来阐述上述各个模块的基本概念和用法。此外还用多个设计案例让用户在实际操作中熟悉 Solidworks 产品设计的流程。

本书结构清晰、内容丰富、图文并茂，适合作为从事机械设计、工业设计的广大初中级从业人员的自学指导书，也可以作为高校相关专业的教材。

图书在版编目（CIP）数据

Solidworks 2013 中文版机械设计案例实践/王中行等编著. --北京：清华大学出版社，2015
（BIM 工程师成才之路）
ISBN 978-7-302-32495-9

Ⅰ. ①S…　Ⅱ. ①王…　Ⅲ. ①机械设计–计算机辅助设计–应用软件　Ⅳ. ①TH122

中国版本图书馆 CIP 数据核字（2013）第 105110 号

责任编辑： 夏兆彦
封面设计： 张　阳
责任校对： 徐俊伟
责任印制： 王静怡

出版发行： 清华大学出版社
网　　址：http://www.tup.com.cn, http://www.wqbook.com
地　　址：北京清华大学学研大厦 A 座　　邮　　编：100084
社 总 机：010-62770175　　邮　　购：010-62786544
投稿与读者服务：010-62776969，c-service@tup.tsinghua.edu.cn
质 量 反 馈：010-62772015，zhiliang@tup.tsinghua.edu.cn
印 装 者： 清华大学印刷厂
经　　销： 全国新华书店
开　　本： 190mm×260mm　　印　　张：20.25　　字　　数：509 千字
（附光盘 1 张）
版　　次： 2015 年 1 月第 1 版　　印　　次：2015 年 1 月第 1 次印刷
印　　数： 1～3000
定　　价： 49.00 元

产品编号：053613-01

Solidworks 以其强大的功能、易用性和创新性，极大地提高了机械工程师的设计效率，在与同类软件的竞争中逐步确立了其市场地位，已经成为主流 3D 机械设计的第一选择。其提供了目前所能达到的范围最全面、集中最紧密的产品开发环境，对加速工程和产品的开发、缩短产品设计制造周期、提高产品质量、降低成本、增强企业市场竞争能力与创新能力发挥着重要作用。

Solidworks 作为高端三维软件的代表，功能强大、使用简单、易学易用。由于其具有单一数据库、参数化、基于特征、全相关性和工程数据再利用等特点，因此应用 Solidworks 技术可以迅速提高企业在产品工程设计与制造方面的效率、优化设计方案、缩短设计周期，并加强设计的标准化。

1. 本书内容介绍

本书是真正面向实际应用的 Solidworks 2013 产品设计与加工案例教程，特别适合作为工程技术人员的机械设计自学资料，也可作为高校机械设计、工业设计相关专业师生的自学、教学参考书。全书共分为 4 篇，具体内容如下。

第 1 篇　包括前 3 章。主要介绍机械制图基本知识、机械产品的基础知识和造型方法，以及 Solidworks 软件与产品造型相关的各种功能概述。

第 2 篇　包括第 4～7 章。主要介绍了草绘建模、曲线操作、实体特征建模和曲面造型设计，各类特征建模工具的使用方法和操作技巧。

第 3 篇　包括第 8～10 章。主要介绍工程制图、装配建模和钣金设计的各模块中相关工具的使用方法。

第 4 篇　包括第 11～15 章。该篇每章都提供了两个典型案例，共计 10 个案例。分别讲解零件设计、曲面造型设计、工程制图、产品装配和钣金设计等各模块的实际操作流程，让用户更深入地了解 Solidworks 2013 在产品设计中的具体应用。

2. 本书主要特色

本书结构清晰、内容全面、图文并茂，涵盖了 Solidworks 2013 机械产品设计的各个方面。既有专业知识点的讲解，又辅以大量的典型案例，从实际的产品设计角度出发，让用户充分掌握产品设计的各个要点。

- **内容的全面性**

本书知识点的框架涵盖了产品设计所牵涉的各个方面，并且提供了 24 个典型案例。通过对这些典型案例结构造型、功能和加工工艺等的专业分析，将软件基础与实际应用完美结合，从而提高用户的实际设计能力。

● 知识的系统性

全书的内容是一个循序渐进的过程，从讲解 Solidworks 2013 绘制图形的基本方法、产品建模的方法起，直至产品的组装等，可以说环环相扣、紧密相联，使读者能够了解产品从设计模型到组装零件的全过程。

● 案例的实用性

本书在典型案例的选择中，都尽量挑选实际生活中常见的零件，尽可能地与工程实践设计紧密联系在一起。使用户在制作过程中既能巩固知识，又能通过这些练习构建自己的产品设计思路。

3. 本书适用对象

本书由高校机械专业教师联合编写，适用于有一定软件操作基础的读者提高之用。全书共分 4 篇 15 章，内容丰富、结构合理、语言通俗、实用性强，适合作为工科院校相关专业计算机辅助设计教材，也可供专业设计人员参考使用。

除了封面署名人员之外，参与本书编写的人员还有马海军、李海庆、陶丽、王咏梅、康显丽、郝军启、朱俊成、宋强、孙洪叶、袁江涛、张东平、吴鹏、王新伟、刘青凤、汤莉、冀明、王超英、王丹花、闫琰、张丽莉、李卫平、王慧、牛红惠、丁国庆、黄锦刚、李旎、李志国等。在编写过程中难免会有漏洞，欢迎读者通过我们的网站 www.ztydata.com.n.com 与我们联系，帮助我们改正提高。

第 1 篇　机械设计与 Solidworks 基础

第 1 章　机械设计专业知识　\2

1.1　机械制图的基本知识 2
1.1.1　图幅、图框和标题栏 2
1.1.2　比例 3
1.1.3　字体 4
1.1.4　图线 5
1.1.5　尺寸标注 6
1.2　零件的三视图 7
1.2.1　正投影和三视图的形成 8
1.2.2　三视图之间的关系 8
1.3　剖视图 9
1.3.1　全剖视图 9
1.3.2　半剖视图 10
1.3.3　局部剖视图 10
1.3.4　旋转剖视图 10
1.4　装配图 11
1.4.1　装配图基本知识 11
1.4.2　装配图中尺寸标注、零件编号和明细栏 12
1.4.3　装配图中零部件的表达方法 14
1.5　机械产品设计方案 19
1.5.1　产品的含义与设计原则 19
1.5.2　机械产品方案的设计流程 21
1.5.3　机械产品数字化造型技术 22

第 2 章　Solidworks 2013 基础知识　\26

2.1　Solidworks 概述 26
2.1.1　Solidworks 的主要设计特点 26
2.1.2　Solidworks 2013 的基本功能 28
2.1.3　Solidworks 2013 的新增功能 30

2.2 Solidworks 2013 操作界面 33
2.2.1 打开 Solidworks 界面 33
2.2.2 Solidworks 界面概述 34
2.3 Solidworks 2013 系统的基本设置 40
2.3.1 系统设置概述 40
2.3.2 系统选项设置 41
2.3.3 文档属性设置 47
2.3.4 工具栏设置 49
2.4 文件管理 51
2.4.1 新建文件 51
2.4.2 打开文件 52
2.4.3 保存文件 54

第 3 章 Solidworks 2013 建模通用知识 \55

3.1 对象的选择 55
3.1.1 对象的高亮显示 55
3.1.2 对象选择类型 56
3.2 视图的基本操作 58
3.2.1 视图定向 59
3.2.2 着色模式的切换 59
3.2.3 操纵视图 59
3.3 参考几何体 61
3.3.1 参考点 61
3.3.2 参考基准轴 62
3.3.3 参考基准面 64
3.3.4 参考坐标系 70

第2篇 特征建模

第 4 章 草图参数化建模 \74

4.1 草图工具 74
4.1.1 直线 74
4.1.2 中心线 76
4.1.3 圆 76
4.1.4 圆弧 77
4.1.5 椭圆与椭圆弧 78
4.1.6 矩形 79
4.1.7 多边形 81
4.1.8 槽口 82
4.2 草图操作 83
4.2.1 等距实体 83
4.2.2 镜像草图实体 84
4.2.3 阵列草图实体 84
4.3 编辑草图 85
4.3.1 圆角 86
4.3.2 倒角 86
4.3.3 剪裁草图实体 87
4.3.4 延伸草图实体 89
4.3.5 分割草图实体 89
4.4 草图的几何关系与尺寸标注 90
4.4.1 添加几何关系 90
4.4.2 显示/删除几何关系 92
4.4.3 草图尺寸标注 93
4.5 课堂实例 4-1：绘制垫片草图 96
4.6 课堂实例 4-2：绘制槽轮零件草图 98
4.7 扩展练习：绘制摇柄零件图 101
4.8 扩展练习：绘制支座草图 101

第 5 章 曲线操作 \102

5.1 3D 曲线 102
5.1.1 3D 草绘概述 102
5.1.2 空间直线 103
5.1.3 3D 圆 104
5.1.4 3D 样条曲线 105
5.2 高级建模曲线 106
5.2.1 通过 XYZ 点的曲线 106
5.2.2 通过参考点的曲线 107
5.2.3 螺旋线/涡状线 107
5.3 曲线操作 109
5.3.1 投影曲线 109
5.3.2 组合曲线 110
5.3.3 分割线 111
5.4 课堂实例 5-1：创建 Y 型接头 112
5.5 课堂实例 5-2：创建电话听筒 114

5.6 扩展练习：创建玻璃水杯模型 116

5.7 扩展练习：创建花瓶模型 117

第 6 章 创建实体特征 \118

6.1 基体特征 118

6.1.1 拉伸特征 118

6.1.2 旋转特征 121

6.1.3 扫描特征 125

6.1.4 放样特征 128

6.2 附加特征 131

6.2.1 筋特征 131

6.2.2 孔特征 133

6.3 细节特征 136

6.3.1 圆角特征 137

6.3.2 倒角特征 139

6.3.3 抽壳特征 141

6.3.4 圆顶特征 142

6.3.5 拔模特征 143

6.4 复制特征 145

6.4.1 阵列特征 146

6.4.2 镜像特征 147

6.5 组合编辑 148

6.5.1 组合实体 148

6.5.2 移动/复制实体 149

6.6 课堂实例 6-1：创建轴承座零件 151

6.7 课堂实例 6-2：创建法兰轴零件 154

6.8 扩展练习：创建定位板模型 157

6.9 扩展练习：创建缸盖零件 157

第 7 章 曲面造型设计 \158

7.1 基本曲面造型工具 158

7.1.1 拉伸曲面 158

7.1.2 旋转曲面 158

7.1.3 扫描曲面 159

7.1.4 放样曲面 160

7.1.5 平面区域 160

7.1.6 等距曲面 161

7.1.7 延展曲面 161

7.1.8 填充曲面 162

7.2 曲面编辑 163

7.2.1 延伸曲面 163

7.2.2 圆角曲面 165

7.2.3 剪裁曲面 165

7.2.4 加厚曲面 166

7.3 曲面操作 167

7.3.1 移动曲面 167

7.3.2 缝合曲面 168

7.3.3 替换曲面 169

7.4 课堂实例 7-1：创建可乐瓶造型 170

7.5 课堂实例 7-2：创建紫砂茶壶模型 174

7.6 扩展练习：创建茶壶实体模型 177

7.7 扩展练习：创建油壶模型 178

第 3 篇 工 程 应 用

第 8 章 工程制图 \180

8.1 创建工程图 180

8.1.1 工程图文件 180

8.1.2 工程图参数预设置 182

8.2 添加视图 188

8.2.1 基本视图 188

8.2.2 投影视图 191

8.2.3 辅助视图 192

8.2.4 剖视图 193

8.2.5 局部视图 194

8.2.6 断裂视图 195

8.3 标注工程图 197

8.3.1 注解 197

8.3.2 注释 199

8.4 输出工程图 201

8.4.1 打印设置 201

8.4.2 输出图纸 202

8.5 课堂实例 8-1：创建法兰轴零件工程图 203

8.6 课堂实例 8-2：创建斜支架工程图 208
8.7 扩展练习：创建钳口工程图 213
8.8 扩展练习：创建阶梯轴工程图 214

第 9 章 装配建模 \215

9.1 装配零部件 215
9.1.1 装配体文件的建立方法 215
9.1.2 加载装配体零部件 216
9.1.3 装配体的配合方式 218
9.1.4 配合操作 221
9.2 编辑装配零部件 223
9.2.1 装配体特征 223
9.2.2 阵列装配零部件 224
9.2.3 镜像装配零部件 226
9.3 爆炸视图 228
9.3.1 生成爆炸视图 228
9.3.2 编辑爆炸视图 229
9.3.3 爆炸路径线 230
9.4 典型实例 9-1：创建抽油机装配模型 231
9.5 典型实例 9-2：创建平口钳装配模型 235
9.6 扩展练习：订书机装配建模 241
9.7 扩展练习：电熨斗装配建模 241

第 10 章 钣金设计 \242

10.1 创建主要钣金壁 242
10.1.1 基体法兰/薄片 242
10.1.2 边线法兰 243
10.1.3 斜接法兰 245
10.2 钣金折弯与展平 247
10.2.1 褶边 247
10.2.2 转折 248
10.2.3 放样折弯 249
10.2.4 展开钣金零件 250
10.3 编辑钣金特征 251
10.3.1 闭合角 251
10.3.2 生成切口 252
10.3.3 将实体零件转换为钣金零件 252
10.3.4 利用圆角折弯生成钣金零件 254
10.4 课堂实例 10-1：创建指甲钳钣金模型 255
10.5 课堂实例 10-2：创建机箱底板钣金零件 258
10.6 扩展练习：创建电源盒钣金模型 262
10.7 扩展练习：创建风机上盖钣金零件 262

第 4 篇 工程实践

第 11 章 零件设计 \264

11.1 创建缸盖实体模型 264
11.2 创建法兰套模型 267

第 12 章 曲面造型设计 \272

12.1 创建电热壶造型 272
12.2 创建手机模型 279

第 13 章 工程制图 \288

13.1 创建轴架零件工程图 288
13.2 创建缸盖零件工程图 292

第 14 章 装配设计 \298

14.1 创建球阀装配模型 298
14.2 截止阀装配 301

第 15 章 钣金设计 \307

15.1 创建电脑机箱后盖钣金件模型 307
15.2 创建微电机安装架钣金件模型 311

第 1 篇

机械设计与 Solidworks 基础

机械制图是研究绘制和阅读机械图样原理和方法的一门专业基础课，主要讲解了正投影的基本理论。掌握看图和绘制机械图样的基本知识、方法和技能，对培养用户的空间想象能力有着不可替代的作用，也是掌握相关绘图软件所必备的基础专业知识。而产品设计则是以立体的机械产品为主要对象的造型活动。设计人员可以通过精确计算设计，利用绘图软件快速将理念转换为模拟产品，然后以工业化生产方式进行批量加工，生产出规格化、标准化的真实产品。

而在工程绘图软件领域，Solidworks 在与同类软件的竞争中逐步确立了其市场地位，已经成为主流 3D 机械设计的第一选择。该软件不仅是一个基于特征的、参数化实体建模设计工具，也是第一个在 Windows 平台下开发的三维 CAD 软件。其强大的绘图功能、空前的易用性，以及一系列旨在提升设计效率的新特性，不断推进业界对三维设计的采用，也加速了整个 3D 行业的发展步伐。

掌握机械制图和产品设计等相关知识，是学习 Solidworks 绘图软件的基础。只有具备了这些基础的专业知识，设计师才可以快速地按其设计思想绘制草图，并尝试运用各种特征和不同尺寸，生成实体模型或制作详细的工程图。

第 1 章　机械设计专业知识

机械制图是用图样确切表示机械的结构形状、尺寸大小、工作原理和技术要求的学科。其中，图样由图形、符号、文字和数字等组成，是表达设计意图和制造要求以及交流经验的技术文件，被称为工程界的语言。机械图样主要有零件图和装配图，此外还有布置图、示意图和轴测图等，且各图样均是依照机件的结构形状和尺寸大小按适当比例绘制的。

而产品设计的方法首先是进行产品需求调查，获得产品设计的第一手资料。然后对调查结果进行汇总与界定，并利用设计软件进行模拟设计，确定产品设计的最终方案。最后进行产品加工，以及对产品的展示与鉴定，以便产品能够顺利推向市场。

1.1　机械制图的基本知识

工程图样是现代工业制造过程中的重要技术文件之一，是用来指导生产和进行技术交流的重要依据。掌握制图的基础知识，将为以后看图、绘图打下坚实的基础。

为了正确地绘制和阅读机械图样，必须了解有关机械制图的规定。国家《技术制图》和《机械制图》是工程制图的重要技术基础标准，其对有关内容做出了规定，如图纸规格、图样常用的比例、图线及其含义，以及图样中常用的数字、字母等。

1.1.1　图幅、图框和标题栏

为了便于图纸的技术交流以及后续工作的进行，在 Solidworks 中绘制的图形一般都要以图纸的形式打印输出。且在输出图形之前，都需要使用相应的线型绘制出图纸的图框以及标题栏等内容。

1. 图纸图幅

图纸的宽度（*B*）和长度（*L*）组成的图面称为图纸幅面。按国家有关规定，绘制技术图样时应优先使用国家规定的图幅，如表 1-1 所示的 5 种基本幅面。必要时也可以按规定加长幅面，但应按基本幅面的短边整数倍增加。

表 1-1　图纸基本幅面及图框尺寸

幅面代号	A0	A1	A2	A3	A4
B*×*L	841×1189	594×841	420×594	297×420	210×297
e	20		10		
c	10			5	
a	25				

2. 图框格式

在绘制图形时，必须用粗实线画出图框，细实线画出图纸界限。图框有两种格式：留有装订边和不留装订边。两种格式的样式如图 1-1 所示，其中具体尺寸按表 1-1 规定画出。需要注意的是：同一产品中所有图样均采用统一格式。

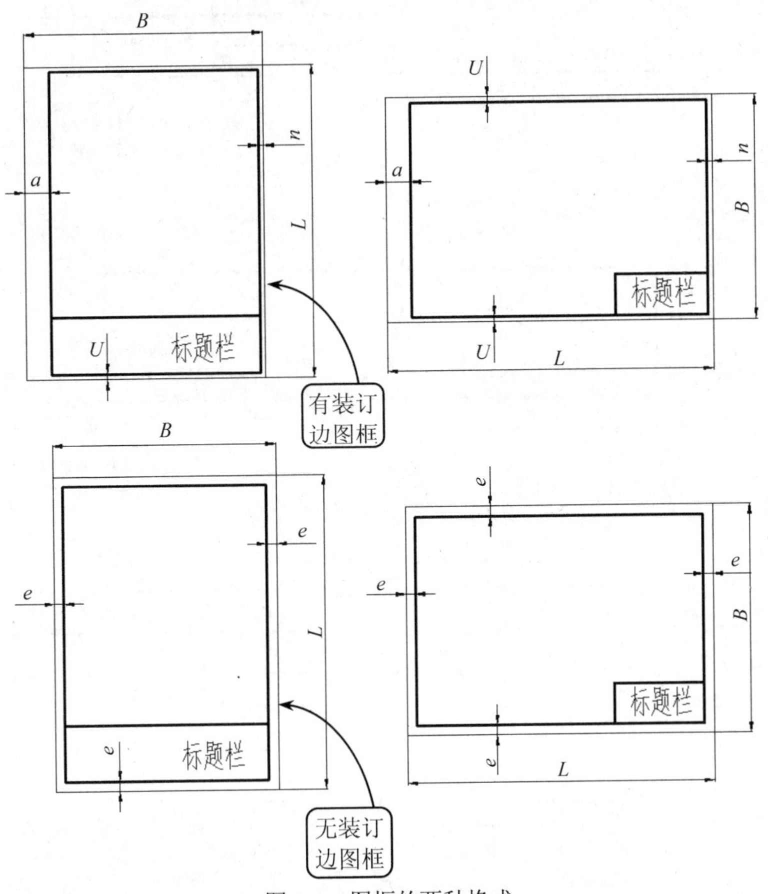

图 1-1　图框的两种格式

3. 标题栏

为了绘制出的图样便于管理及查阅，每张图都必须添加标题栏。通常标题栏应位于图框的右下角，并且看图方向应与标题栏的方向一致。《技术制图标题栏》规定了两种标题栏的格式，如图 1-2 所示。其中，前一种为推荐使用的国标格式，但实际的制图作业中常采用后一种格式。

1.1.2　比例

比例是指图样中图形与其实物相应要素的线性尺寸之比。绘制图样时，应尽可能按机件实际大小采用 1 : 1 的比例画出。采用比例绘制图样时，可以从表 1-2 规定的系列中选取适当的比例。且无论缩小或放大，在图样中标注的尺寸均为机件的实际大小，而与比例无关。此外，绘制图样时，对于选用的比例应在标题栏“比例”一栏中注明。

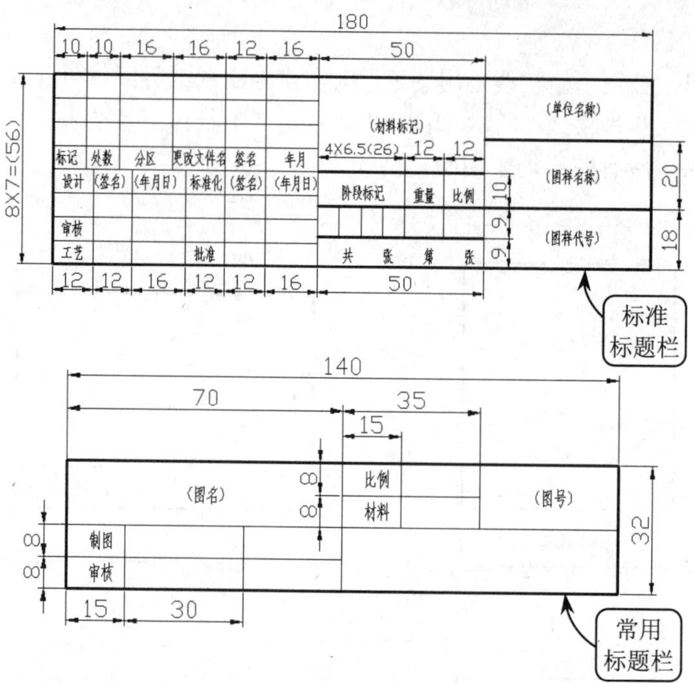

图 1-2　标题栏的两种格式

表 1-2　比例系数

种　　类	比　　例				
原值比例（比值为 1）	1:1				
放大比例（比值大于 1）	5:1 5×10^n:1	2:1 2×10^n:1	 1×10^n:1		
缩小比例（比值小于 1）	1:2 1: 2×10^n	1:5 1: 5×10^n	1:10 1: 10×10^n		
特殊放大比例	4:1 4×10^n:1	2.5:1 2.5×10^n:1			
特殊缩小比例	1:1.5 1: 1.5×10^n	1:2.5 1: 2.5×10^n	1:3 1: 3×10^n	1:4 1: 4×10^n	1:6 1: 6×10^n

注：n 为整数

1.1.3　字体

国家标准《技术制图》字体中规定了汉字、字母和数字的结构形式。书写字体的基本要求如下。

- 图样中书写的汉字、数字、字母必须做到：字体端正、笔画清楚、排列整齐、间隔均匀。
- 字体的大小以号数表示，字体的号数就是字体的高度（单位为 mm），字体高度（用 h 表示）的公称尺寸系列为：1.8、2.5、3.5、5、7、10、14、20。如需要书写更大的字，其字体高度应按比例递增。用作指数、分数、注脚和尺寸偏差数值，一般采用小一号

字体。

- 汉字应写成长仿宋体字，并应采用中华人民共和国国务院正式推行的《汉字简化方案》中规定的简化字。长仿宋体字的书写要领是：横平竖直、注意起落、结构均匀、填满方格。汉字的高度 h 不应小于 3.5mm，其字宽一般为 $h/\sqrt{2}$，如图 1-3 所示。

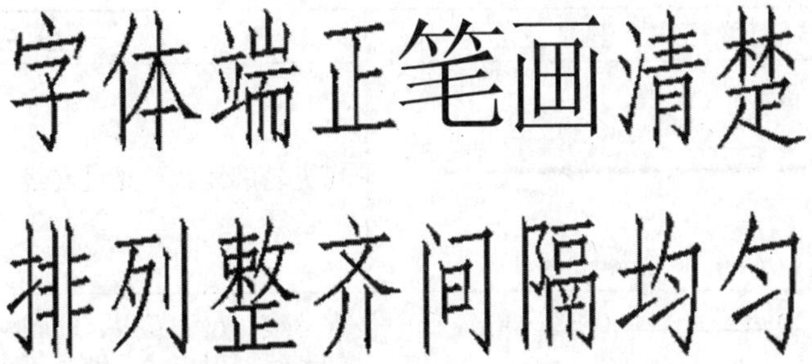

字体端正笔画清楚

排列整齐间隔均匀

图 1-3　仿宋字体

- 字母和数字分为 A 型和 B 型，字体的笔画宽度用 d 表示。A 型字体的笔画宽度 $d=h/14$，B 型字体的笔画宽度 $d=h/10$。并且字母和数字可写成斜体和直体，如图 1-4 所示。

0123456789

I II III IV V VI VII VIII IX X

图 1-4　数字书写示例

- 斜体字字头向右倾斜，与水平基准线成 75°。绘图时，一般用 B 型斜体字。且在同一图样上，只允许选用一种字体。

1.1.4　图线

绘制视图时，为了使视图尽可能真实、直观地反映物体的大小及形状，国家除了规定制图标准以外，又制定了一些图线绘制的原则，具体内容如下所述。

- 在同一图样中，同类图线的宽度应基本一致，虚线、点划线及双点划线的长度和间隔应大致相等。
- 两条平行线之间的最小距离不得小于 0.7mm，除非另有规定。
- 绘制圆的对称中心线时，圆心应为长划的交点，细点划线和细双点划线的首末两端应是长划而不是点，细点划线应超出图形轮廓 2～5mm。当图形较小难以绘制细点划线时，可用细实线代替细点划线。
- 当不同图线互相重叠时，应按粗实线、细虚线、细点划线的先后顺序只绘制前面一种图线。细点划线和虚线与粗实线、虚线、细点划线相交时，都应在线段处相交，不应在空隙处相交。
- 虚线圆弧与实线相切时，虚线圆弧应留出空隙。虚线圆弧与虚线直线相切时，虚线圆弧的线段应绘制到切点，虚线直线留出空隙。当虚线是粗实线的延长线时，粗实线应绘制到分界点，而虚线应留有空隙。

在绘制图形时，不同部位的轮廓线应采用不同类型的图线进行表示。国家标准规定了 15 种基本线型的变形，绘制图样时，应采用标准中规定的图线。机械图样中常用的线型名称、形式、宽度及其应用见表 1-3 所示。

表 1-3　线型名称、形式、宽度及应用

图线名称	图线形式、图线宽度	一 般 应 用
粗实线	宽度：d≈0.5～2mm	可见轮廓线、可见过渡线
细实线	宽度：d/4	尺寸线、尺寸界限、剖面线、重合断面的轮廓线、辅助线、引出线、螺纹牙底线及齿轮的齿根线
细虚线	1　2~6 宽度：d/4	不可见轮廓线、不可见过渡线
细点划线	15~20　3 宽度：d/4	轴线、对称中心线、轨迹线、节圆及节线
细双点划线	15~20　5 宽度：d/4	极限位置的轮廓线、相邻辅助零件的轮廓线、假想投影轮廓线的中断线
波浪线	宽度：d/4	机件断裂处的边界线、视图于局部视图的分界线
细双折线	宽度：d/4	断裂处的分界线
粗点划线	宽度：d	有特殊要求的线或表面的表示线

绘制图样时需要注意，同一图样中同类图线的宽度应基本一致；两条平行线之间的距离不应小于粗实线宽度的 2 倍；绘制圆形的中心线时，圆心处应为线段的交点，而不应在短划或间断处相交；当虚线与虚线相交时，应画成短划与短划相交。

1.1.5　尺寸标注

图形只能表示机件的形状，而机件上各部分大小和相对位置，则必须由图上所注的尺寸来确定。因此，图样中的尺寸是加工机件的依据。标注尺寸时，必须认真细致，尽量避免遗漏或错误，否则将会给加工生产带来困难和损失。

1. 标注线条类

机械图中的尺寸是由尺寸界线、尺寸线、箭头和尺寸数字组成。为了将图样中的尺寸标注

得清晰、正确，需要注意：机件的真实大小应以图样标注的尺寸数字为依据，与图形的大小及绘图的准确度无关，如图 1-5 所示；图样中的尺寸以 mm 为单位时，不需标注计量单位的代号或名称，如采用其他单位，则必须注明相应计量单位的代号或名称；图样中所注的尺寸为该机件的最后完工尺寸，否则应另加说明；机件的每一尺寸一般只标注一次，并标注在反映该结构最清晰的图形上。

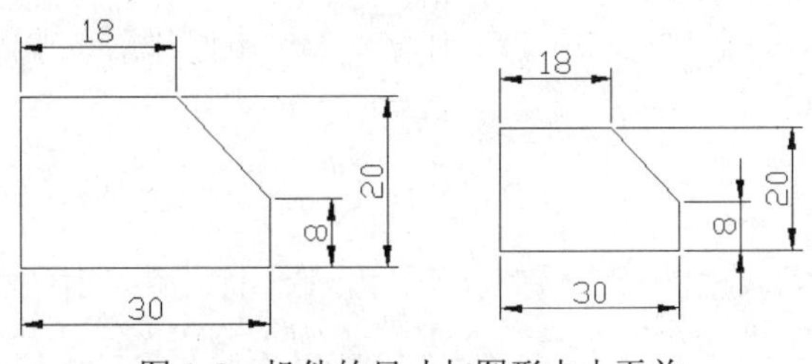

图 1-5 机件的尺寸与图形大小无关

2. 标注表面粗糙度

零件经过机械加工后的表面会留有许多高低不平的凸峰和凹谷，这种由零件加工表面上具有的较小间距和峰谷所组成的微观几何形状特性，称为表面粗糙度。表面粗糙度在图样上的标注效果如图 1-6 所示。

3. 标注尺寸公差和形位公差

零件图中除了视图和尺寸之外，还应具备加工和检验零件的技术要求，这就需要在设计零件时确定零件中主要位置的尺寸公差范围和形位公差范围，从而保证加工的零件尺寸在两公差之内，如图 1-7 所示。

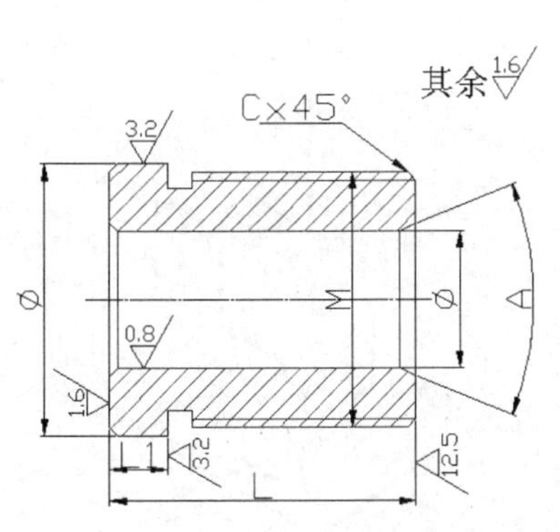

图 1-6 在图样上标注表面粗糙度

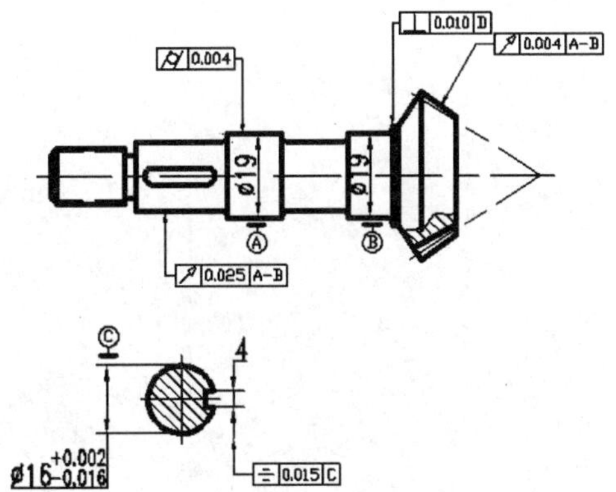

图 1-7 形位公差和尺寸公差

1.2 零件的三视图

三视图是表达零件形体的标准和重要的依据，其作为工程界通用的技术语言，在表达产品设计思想、编制工艺流程与技术交流等方面发挥着重要作用。工程技术人员借助零件的三视图就能很容易地读懂二维三视图所表达的空间形体信息和设计思想。因此，学好零件的三视图，

在作图、看图方面有着至关重要的作用。

1.2.1 正投影和三视图的形成

正投影是投影线垂直于投影面时所形成的投影。它可以表达出零件的真实性，因此在机械设计中，一般情况下都采用正投影绘制图纸。利用正投影将物体放在三面投影体系中，物体的3个表面分别与3个投影面平行。此时，分别向3个投影面投射，即可得到该物体在3个投影面上的3个投影，这样就形成了物体的三视图。

1. 正投影法

假设投射中心移到无限远处时，所有投射线互相平行，且投射线与投影面垂直，这种投影法称为正投影法。根据正投影法所得到的图形，称为正投影图或正投影。

将一块三角板放在平面P上，分别通过三角板的3个顶点*A*、*B*、*C*向平面*P*作垂直线，与平面*P*交于点*a*、*b*、*c*，则三角形*abc*即为三角板在平面*P*上的投影，如图1-8所示。其中，垂直线*Aa*、*Bb*、*Cc*称为投射线，平面*P*称为投影面。

2. 三视图的形成

把物体放在由3个互相垂直的平面所组成的三投影面体系中，可以得到物体的3个投影，分别是正面投影、水平投影和侧面投影，称为三视图，如图1-9所示。在投影面体系中，零件的三视图是国家标准中的3个基本视图。此外，在工程图样中，零件的多面投影图也可以称为视图。

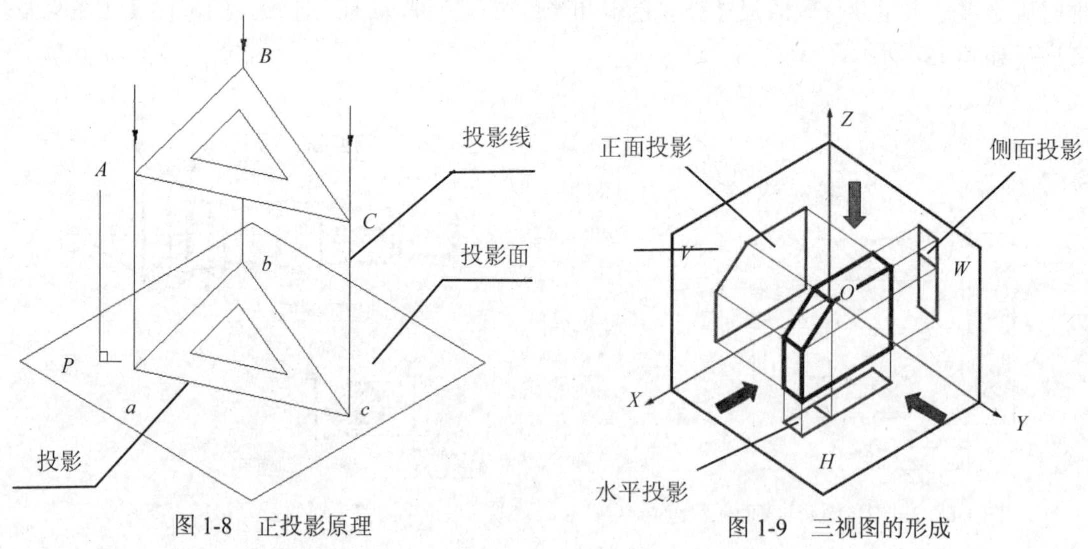

图1-8 正投影原理

图1-9 三视图的形成

1.2.2 三视图之间的关系

三视图是学好机械制图的基础。通过本节的学习，可以初步认识到物体的投影规律，从而为以后的画图、看图打下良好的基础。在三视图的形成过程中，可以归纳出三视图的位置关系、投影关系和方位关系。

1. 位置关系

物体的 3 个视图展开放在同一平面上以后，具有明确的位置关系，即：主视图在上方，俯视图在主视图的正下方，左视图在主视图的正右方，如图 1-10 所示。

2. 投影关系

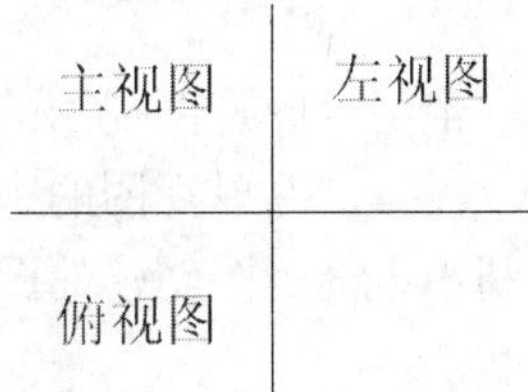

图 1-10　三视图的位置关系

任何一个物体都有长、宽、高 3 个方向的尺寸。在物体的三视图中，可以看出：主视图——反映物体的长度和高度；俯视图——反映物体的长度和宽度；左视图——反映物体的高度和宽度。

3 个视图反映的是同一个物体，其长、宽、高是一致的，所以每两个视图之间必有一个相同的尺寸。主、俯视图反映了物体的同样长度（等长）；主、左视图反映了物体的同样高度（等高）；附、左视图反映了物体的同样宽度（等宽），如图 1-11 所示。三等关系反映了 3 个视图之间的投影规律，是查看视图、绘制图形和检查图形的依据。

3. 方位关系

三面视图中不仅反映了物体的长、宽、高，同时也反映了物体的上、下、左、右、前、后 6 个方位的位置关系，如图 1-12 所示，可以看出：主视图反映了上、下、左、右方位；俯视图反映了物体的前、后、左、右方位；左视图反映了物体的上、下、前、后方位。

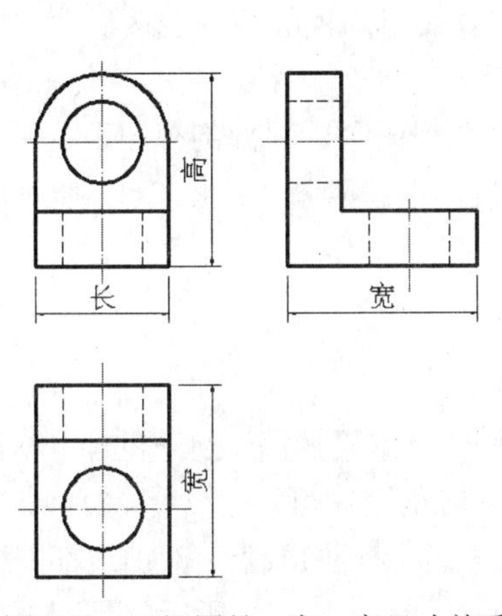

图 1-11　三视图长、宽、高尺寸关系

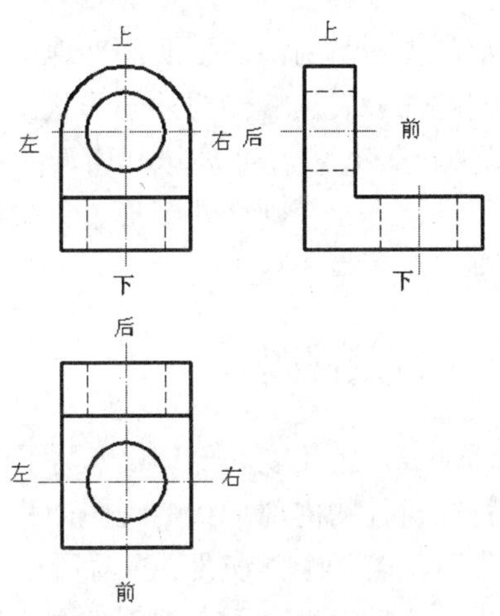

图 1-12　三视图的位置关系

1.3　剖视图

当机件的内部结构比较复杂，视图上会出现较多虚线致使图形不够清晰，给看图、作图以及标注尺寸带来很大的困难。此时，为了清晰地表达机件的内部结构特征，国家标准中规定可用剖视图来表达机件的内部形状。

1.3.1　全剖视图

全剖视图是以一个假想平面为剖切面，对视图进行整体剖切的操作。当零件的内形比较复

杂、外形比较简单，或者外形已在其他视图上表达清楚的零件时，可以利用全剖视图工具对零件进行剖切，图 1-13 所示就是利用全剖视图创建的图形。

1.3.2 半剖视图

半剖视图是剖视图的一种。当零件的内部结构具有对称特征时，向垂直于对称平面的投影面上投影，并以视图的中心线为界线，将其一半创建出的视图就是半剖视图。图 1-14 所示就是利用半剖视图创建的图形。

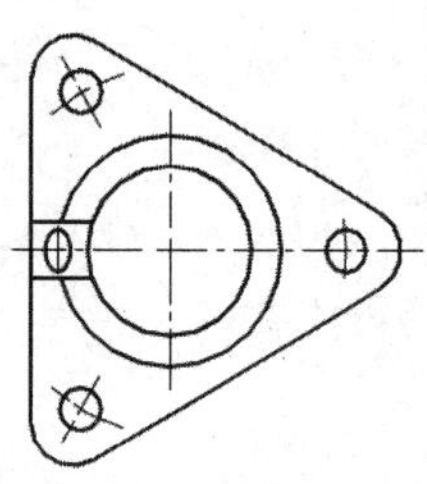

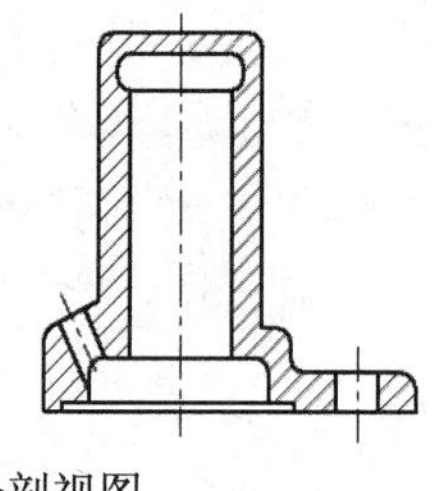

图 1-13 全剖视图

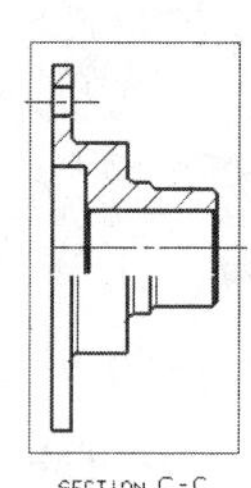

图 1-14 半剖视图

1.3.3 局部剖视图

局部剖视图是用剖切平面局部地剖开机件所得的视图，其用剖视的部分表达机件的内部结构，不剖的部分表达机件的外部形状。该类视图常用于轴、连杆、手柄等实心零件上有小孔、槽、凹坑等局部结构需要表达其内形的零件。此外，对一个视图采用局部剖视图表达时，剖切的次数不宜过多，否则会使图形过于破碎，影响图形的整体性和清晰性。图 1-15 所示就是利用局部剖视图创建的图形。

1.3.4 旋转剖视图

用两个成一定角度的剖切面（两平面的交线垂直于某一基本投影面）剖开机件，以表达具有回转特征机件的内部形状的视图，称为旋转剖视图。旋转剖视图可以包含 1～2 个支架，且每个支架可由若干个剖切段、弯着段等组成，它们相交于一个旋转中心点。剖切线都围绕同一个旋转中心旋转，而且所有的剖切面将展开在一个公共平面上。图 1-16 所示就是利用旋转剖视图创建的图形。

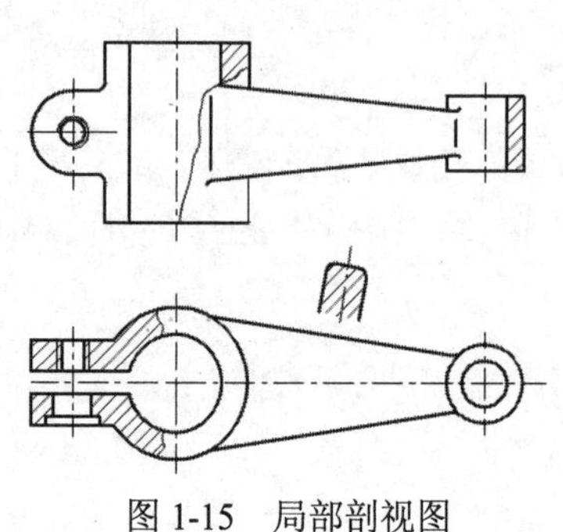

图 1-15 局部剖视图

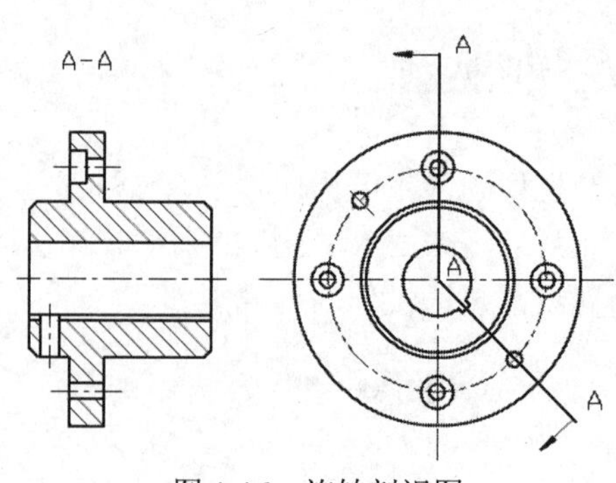

图 1-16 旋转剖视图

1.4　装配图

装配图是生产过程中的重要技术文件。它最能反映出设计工程师的意图，且可表达出机械或部件的工作原理、性能要求、零件之间的装配关系和零件的主要结构形状，以及在装配、检验时所需要的尺寸数据和技术要求。设计工程师在设计机器时，首先要绘制整个机器的装配图，然后再拆画零件图。此外，在装配、调整、检验和维修时都需要用到装配图。

1.4.1　装配图基本知识

装配图是表达机器或部件的图样，主要表达其工作原理和装配关系。在机械设计过程中，装配图的绘制位于零件图之前，且装配图与零件图的表达内容不同。装配图主要用于机器或部件的装配、调试、安装、维修等场合，也是生产中的一种重要的技术文件。

1. 装配图的作用

装配图能直接反映设计者的技术思想，是进行技术交流的重要技术文件。在产品设计过程中，一般要根据设计的要求绘制装配图，用以表达机器或部件的主要结构和工作原理，然后再根据装配图设计零件并绘制各个零件图；在产品制造中，装配图是制定装配工艺规程、进行装配和检验的技术依据，即根据装配图把制成的零件装配成合格的部件或机器。

此外，在使用或维修机械设备时，也需要通过装配图来了解机器的性能、结构、传动路线、工作原理维护和使用方法。

2. 装配图的内容

装配图主要表达机器或零件各部分之间的相对位置、装备关系、连接方式和主要零件的结构形状等内容，图 1-17 所示是球阀的装配图。装配图包含的具体内容如下所述。

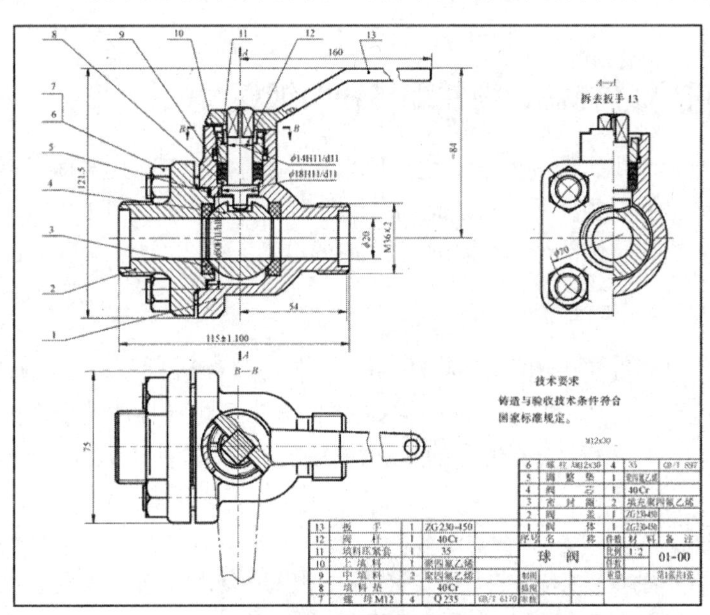

图 1-17　球阀装配图

● 一组图形

用一组图形（包括剖视图、断面图等）表达机器或部件的传动路线、工作原理、机构特点、零件之间的相对位置、装配关系、连接方式和主要零件的结构形状等。

● 几类尺寸

标注出表示机器或部件的性能、规格、外形以及装配、检验、安装时必需的几类尺寸。图 1-17 标注了部件的总体尺寸和重要装配尺寸。

● 技术要求

用文字或符号说明机器或部件的性能、装配、检验、运输、安装、验收及使用等方面的技术要求，是装配图的重要组成部分。

● 零件编号、明细栏和标题栏

在装配图上应对各种不同的零件编写序号，并在明细栏中依次填写零件的序号、名称、数量、材料以及零件的国标代号等内容。标题栏内填写机器或部件的名称、比例、图号以及设计、制图、校核人员名称等内容。

3. 绘制装配图的步骤

在绘制部件装配图之前，首先要了解部件或机器的工作原理和基本结构特征等资料，然后需经过拟定方案、绘制装配图和整体校核等一系列的工序。具体的操作步骤如下所述。

- **了解部件** 弄清用途、工作原理、装配关系、传动路线及主要零件的基本结构。
- **确定方案** 选择主视图方向，确定图幅及绘图比例，合理运用各种表达方法。
- **画出底稿** 先画图框、标题栏及明细栏外框，再布置视图，画出基准线，然后画主要零件，最后根据装配关系依次画出其余零件。
- **完成全图** 绘制剖面线、标注尺寸、编排序号，并填写标题栏、明细栏、号签及技术要求，然后按标准加深图线。
- **全面校核** 对图中的所有内容进行仔细全面的校核，将错、漏处改正后，在标题栏内签名。

1.4.2 装配图中尺寸标注、零件编号和明细栏

装配图不是制造零件的直接依据，其上不需注出零件的全部尺寸，而只需标注出用于表达机器的整体尺寸等其他重要尺寸即可。此外，装配图上的每个零件都必须标注序号和代号，并填写明细栏，以便统计零件的数量，完成生产前的准备工作。

1. 装配图中的尺寸标注

在装配图中，尺寸按其作用的不同可以分为：性能（规格）尺寸、装配尺寸、安装尺寸、外形尺寸以及其他重要尺寸，具体标注效果如图 1-18 所示。在标注装配图的过程中，这 5 类尺寸并不是完全孤立无关的，实际上有的尺寸往往同时具有多种作用。各类型尺寸的具体含义如下所述。

● 性能或规格尺寸

表示机器或部件性能（规格）的尺寸，这些尺寸也是设计时就已经确定，可作为设计机器、了解和选用机器的依据。例如图 1-18 阀体管口直径为 G3/4。

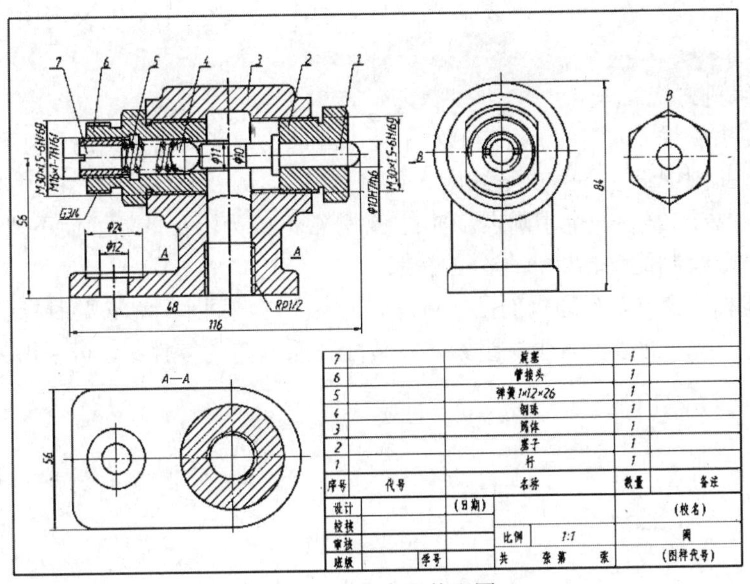

图 1-18　准直器装配图

● **装配尺寸**

表示零件间的相对位置和配合关系的尺寸。其中，相对位置尺寸表示装配机器和拆画零件图时，需要保证相对位置的尺寸；而配合尺寸是指两个零件之间配合性质的尺寸。例如零件 1 和 2 配合尺寸为 Φ10H7/*h*6，零件 1 和 3 相对位置距离为 116mm。

● **安装尺寸**

安装尺寸是指机器或部件在地基上或其他机器或部件相连接时所需要的尺寸，例如图 1-18 中与安装有关的尺寸 48、56 等。

● **外形尺寸**

表示机器或部件的总长、总宽和总高的尺寸。单机器或部件包装、运输时，以及厂房设计或安装机器时需要考虑装配体的外形尺寸。图 1-18 中准直器的总宽和总高尺寸为 56、84。

● **其他尺寸**

除上述 4 种尺寸外，在设计或装配时需要保证的其他重要尺寸，这些尺寸在拆分绘制零件图时不能改变。例如运动零件的极限尺寸、主要零件的重要尺寸等。

此外，一张装配图中有时也并不需要全部具备上述 5 类尺寸，设计人员应对装配图中的尺寸需要进行具体分析，然后再标注。

2. 零（部）件编号

为了便于读懂装配图和进行图样管理，在装配图中对所有零件（或部件）都必须编写序号，并在标题栏上方编制相应的明细栏。

● **序号的一般规定**

装配图中每种零、部件都必须编注序号。同一装配图中相同的零、部件只编注一个序号，且一般只标注一次。零、部件的序号应与明细栏中的序号一致，且同一装配图中编注序号的形式应一致。

● **序号的编排方式**

序号注写在指引线（细实线）对应的水平线上或圆内，字高比图中的尺寸数字大一号或两号，且同一个装配图中编注序号的形式应一致，如图 1-19 所示。其中，指引线从零件的可见轮廓内引出，并在末端绘制一个小圆点。若所指部分很薄或为涂黑的断面而不便于绘制圆点时，可在指引线的末端绘制箭头指向该部分的轮廓。

指引线不能相互交叉，当通过剖面区域时，也不应与剖面平行，必要时指引线可绘制为折线，但只能曲折一次。此外，对于一组紧固及装配关系清楚的零件组，可采用公共指引线，如图 1-20 所示。

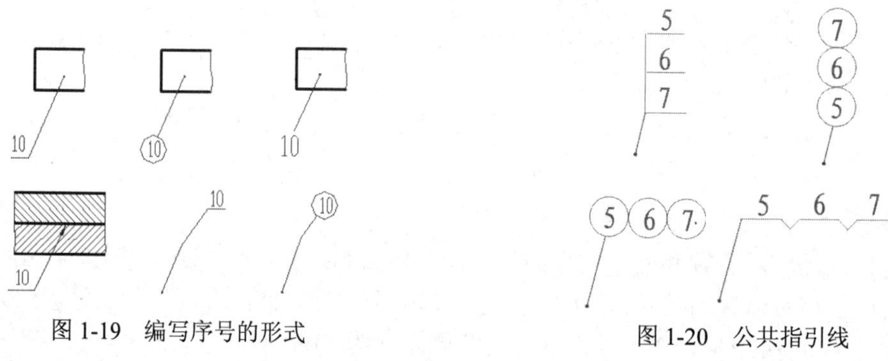

图 1-19　编写序号的形式

图 1-20　公共指引线

3. 明细栏

装配图的明细栏是机器或部件中全部零件的详细目录，其被绘制在标题栏上方。当标题栏上方位置不够用时，可续接在标题栏的左方。明细栏外框竖线为粗实线，其余各线为细实线，且其下边线与标题栏上边线或图框下边线重合，长度相同。

在明细栏中，零、部件序号应按自底向上的顺序填写，以便在增加零件时可继续向上画格，如图 1-21 所示。在实际生产中，对于较复杂的机器或部件，为便于工作，也可用单独的明细栏，并装订成册作为装配图的附件，按零件份数和一定格式填写。

8	油杯B12	1		GB/T1154
7	螺母M12	4		GB/T6170
6	螺栓M12×130	2		GB/T8
5	轴衬固定套	1	Q235-A	
4	上轴衬	1	QAl9-4	
3	轴承盖	1	HT150	
2	下轴衬	1	QAl9-4	
1	轴承座	1	HT150	
序号	名　称	件数	材料	备注
齿轮油泵		比例		04-00
		重量		
制图				
审核				

图 1-21　明细栏和标题栏

1.4.3　装配图中零部件的表达方法

装配图是以表达机器或部件的工作原理和装配关系为中心的，其采用适当的表达方法，把机器或部件的内部和外部的结构形状和零件的主要结构表示清楚，并不需要将每个零件的形状、大小都表达清楚。因此，除了前面所讨论的各种视图表达方法之外，还有一些表达机器或部件的特殊表达方法，以及装配图的规定画法。

1. 规定画法

在装配图中为了区分不同的零件，并正确理解零件间的装配关系，对常规零件绘制方法有以下几项规定。

● **接触面和配合面的画法**

两个零件的接触表面或有配合关系的工作表面，分界线规定只绘制一条线。不接触或没有配合关系时，即使间隙很小，也必须绘制出两条线。

● **零件剖面符号的画法**

在剖视图中，相邻两零件的剖面线方向相反，或方向一致但间隔不同，如上节实例绘制上轴承、下轴承、上轴瓦、下轴瓦、油杯的剖面线。但是，在同一个零件，在不同视图中的剖面线应当保证方向相同并且间隙要一致。当断面的宽度小于 2mm 时，允许以涂黑来代替剖面线，如图 1-22 所示。

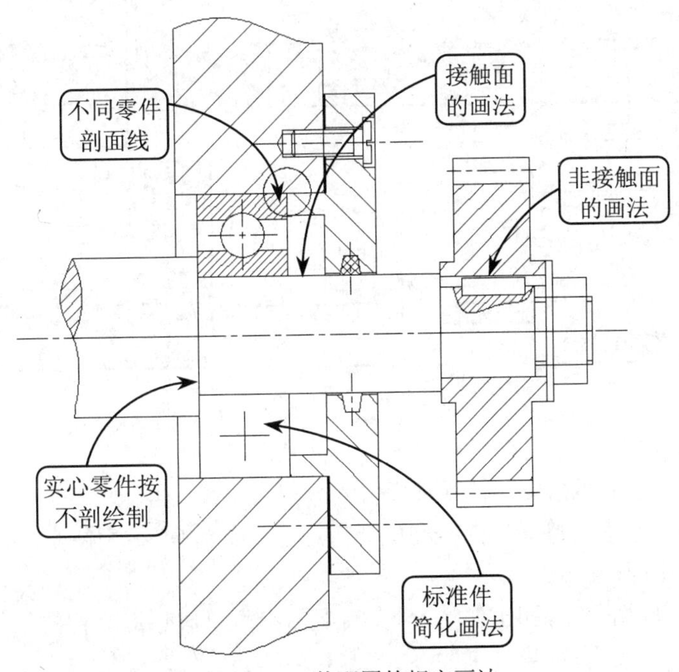

图 1-22　装配图的规定画法

● **实心件的绘制方法**

对于紧固件（如螺钉、螺栓、螺母、垫片、键、销等）、轴、连杆、手柄、球等实心件，如果剖切平面通过其轴线或对称面时，则该零件按照不剖绘制，例如以上章节介绍的标准件是按照不剖绘制的。

但必须注意，若当剖切平面垂直于这些零件的轴线进行剖切时，则这些零件的剖面上应当绘制出剖面线，例如俯视图中螺栓截面应按照剖切方式绘制。

● **相同零件剖切线的画法**

同一零件在各个视图中的剖面线方向、间隔必须一致，以便于看图。

2. 特殊表达方法

为了能够简单而清楚地表达一些部件的结构特点，在装配图的画法上规定了一些特殊的画法，如下所述。

● **拆卸画法**

为了表示部件的内部结构，可以假想将某些零件拆去，然后进行投影，其他视图按不拆画出。采用拆卸画法时，应在对应的视图上标明拆卸零件的编号或名称，如图 1-23 所示。

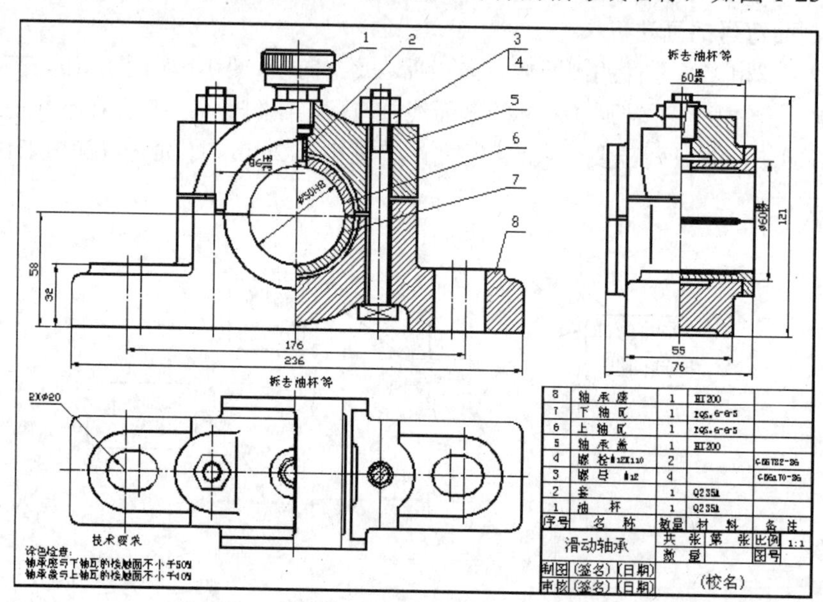

图 1-23　拆卸画法

此外，为使图形清晰，指引线不宜穿过太多的图形。且指引线通过剖面线区域时，不应和剖面线平行，指引线也不要相交，必要时指引线可画成折线，但只能折一次。而序号在图上应按水平或垂直方向均匀排列整齐，并按照顺时针或逆时针方向顺序排列。

● **沿结合面剖切画法**

为了表示部件内部的装配和工作情况，在装配图中可以假想沿零件的结合面切开部件画出图形，而结合面上不画剖面符号（剖面线）。但对轴和连接件，如果垂直于轴线剖切，则应当画出剖面线。图 1-24 的右视图所示为两个转子的位置、结构与运动情况，以及进油孔、定位

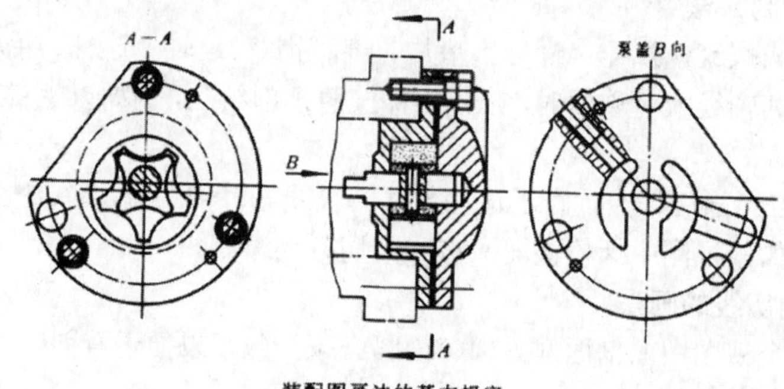

图 1-24　沿结合面剖切画法

销的位置。

● **单独表达画法**

在装配图中可以单独对某一个零件的特殊结构进行表达，但必须在所画视图的上方注出该零件的视图名称，然后在相应视图的附近用箭头指明投影方向，并注上同样的字母。

● **夸大画法**

在绘制装配图时，当遇到薄片零件、细丝弹簧和微小间隙等情况，无法按全图绘图比例画出，可以采用夸大画法。图 1-25 中主视图中的垫片（涂黑部分）就是用夸大画法绘制的。

● **假想画法**

与本部件有装配关系但又不属于本部件的其他相邻零部件、运动零件的极限位置，可用双点划线绘出其轮廓。此外，为了表示某个零件的运动极限位置，或部件与相邻部件的装配关系，可用双点划线绘出其轮廓，图 1-26 所示是用双点划线表示手柄的另一个极限位置。

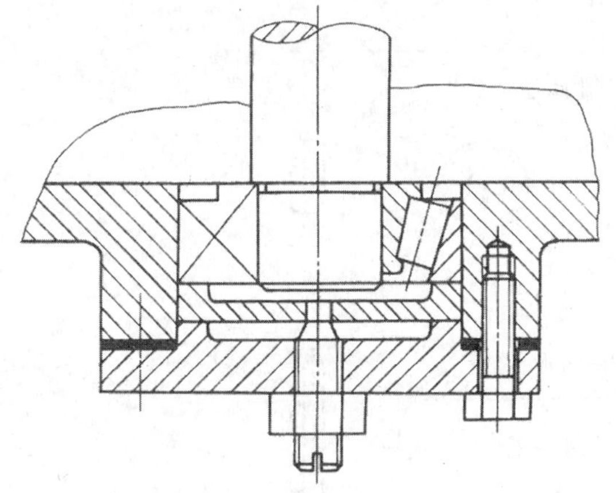

图 1-25　垫片夸大画法

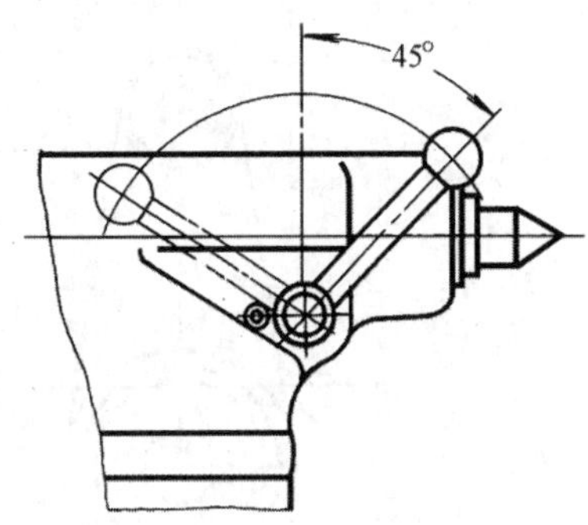

图 1-26　双点划线表示手柄的另一个极限位置

● **简化画法**

装配图主要表达的是部件的装配关系、工作原理，以及主要零部件的结构等，因此，在表达装配图的工程图样中，应当尽量采用简化画法。其主要表现在以下几个方面，如图 1-27 所示。

◆ 零件上的工艺结构，如小圆角、退刀槽、螺纹连接件、轴上的倒角、倒圆等常常省略不画。

◆ 对均匀分布的螺纹连接件，允许只画一个或一组，其余的用中心线表明安装位置。

◆ 对于滚动轴承和密封圈，一般采用特征画法（一半按比例画法、一般为特征画法），也可以采用通用画法。

◆ 在装配图中皮带可用粗实线表示，传动链可用细点划线来表示，如图 1-28 所示。

◆ 在能表达清楚部件特征（如电机等）的情况下，装配图可以仅画简化后轮廓的投影。

◆ 与零件图一样，对称的零部件可以只画一半或者二分之一，如图 1-29 所示。

◆ 在化工、锅炉设备的装配图中，可以用细点划线表示密集的管子。

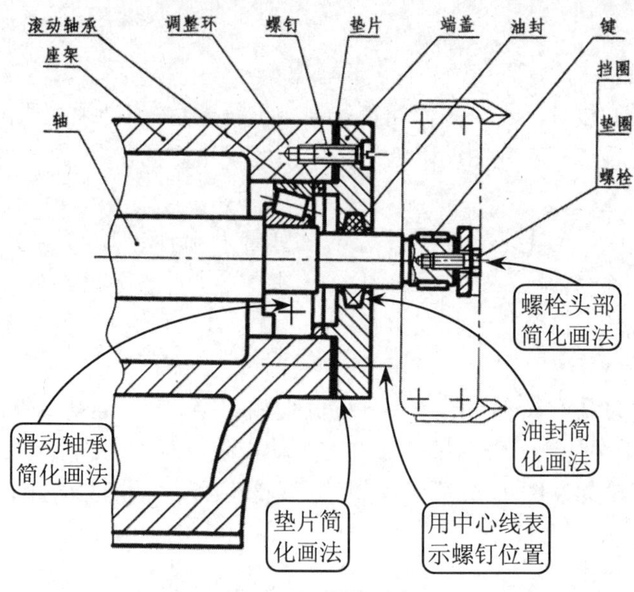

图 1-27　简化画法

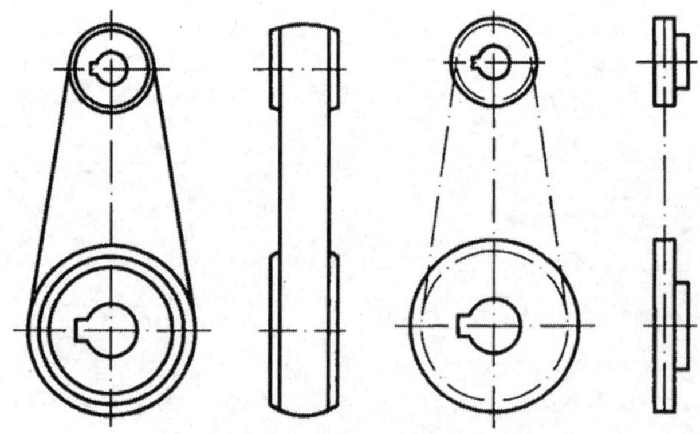

图 1-28　皮带和链条的简化画法

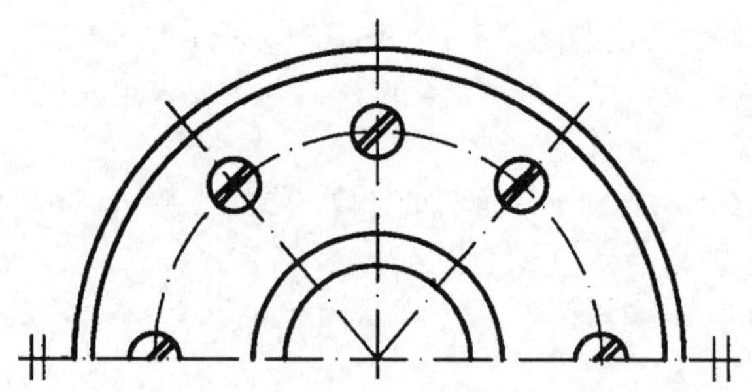

图 1-29　对称零部件的表达方法

● **展开画法**

为表达不在同一平面内而又相互平行轴上的零件，以及轴与轴之间的传动关系，可假想将各轴按传动顺序，沿它们的轴线剖开，并展开在同一平面上。这种展开画法在表达机床的主轴箱、进给箱、汽车的变速箱等装置时经常运用，且展开图必须进行标注。

用户可以按照传动顺序沿轴线切开，然后依次将轴线展开在同一平面画出，并标注 X-X 展开，如图 1-30 所示。

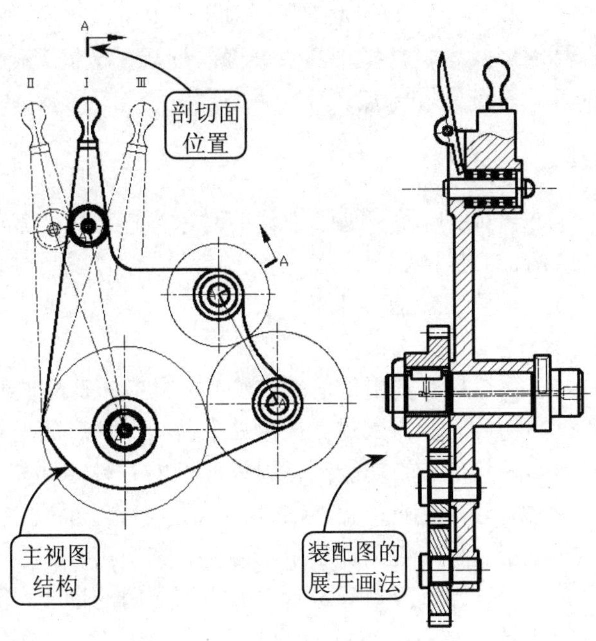

图 1-30　三星齿轮机构装配图

1.5　机械产品设计方案

现代机械产品的设计已经离不开数字化设计软件的应用了，特别是作为全球领先的三维产品设计软件——Solidworks 建模软件。该软件提供了零件设计、装配体设计和工程图设计等模块功能，此外，利用该软件还可以进行诸如图形草绘、曲面设计、渲染输出和钣金零件设计等工作内容，其优异的性能极大地提高了机械设计工程师的设计效率。

1.5.1　产品的含义与设计原则

产品是有形的物质产品，其设计出来的效果从功能上要满足一定的生产或生活需要，从外形上也要遵循一定的美感，力争使产品成为精神功能与物质功能的完美结合。

1. 产品总述

产品是劳动生产物，是人们通过劳动手段对劳动对象进行加工所形成的、适合人类生产和生活需要的一定劳动成果。其具体含义可从以下两个方面来解释。

- **从产品整体概念来讲**

广义的产品是指向市场提供的、能满足人们某种需要和利益的物质产品。物质产品主要包括产品的实体及其品质、特色和样式，它们能满足顾客对使用价值的需要。一个物质产品从生命周期上讲，要经过概念酝酿形成、原理与技术创新、方案设计、细节设计、模拟分析、试制定型和批量生产等阶段。

- **从现代市场营销角度来讲**

就满足用户需求来说，作为整体产品必须包括两个层次的含义，即核心含义和形式含义。

产品的核心含义是指产品提供给用户的基本效用或利益，也可以说是产品的基本功能，这是用户需求的核心内容；产品的形式含义是指产品所展现的外观，是扩大化了的核心产品，其由 3 个标志构成，即产品的质量、款式和特点。

2. 产品的设计原则

产品设计首先是从需求开始的，不管造型设计的对象简单与否，都应该根据使用对象的要求，注重产品的功能、结构、工艺和造型形态。好的产品设计必须同时具备科学性、艺术性和实用性。产品设计原则归纳起来主要有以下 5 个方面。

- **产品的实用性**

任何一种机械产品，必须是具有实用价值的实物。实用指的是机械产品必须具备先进和完善的多种功能，并保证产品物质功能得到最大限度的发挥。一件产品是否实用，在很大程度上取决于使用方式是否合理。任何产品的功能都是根据人们的各种需要产生的，而任何一种产品的形式又是这种需要的具体体现。因此合理的使用方式是衡量产品功能与形式的基本标准。

例如电吹风用于烘干物品、机床用来加工机器零件，它们都有各自的实用价值和目的。要满足这些目的，就必须有针对性地选择对象进行调查，如应用的场合，已有的或类似的产品在结构、材料、功能及使用上的优缺点，市场的需求及用户反应等。如图 1-31 所示就是考虑产品的实用性设计的常规手电钻模型。

- **产品的审美性**

用户除了关注产品的实用性能外，更多的是关注产品所体现的审美效果。这也就要求设计师绝不能仅仅满足于产品好用、耐用和价廉，还应在形态、色彩和风格上进行必要的艺术处理，令人赏心悦目。图 1-32 所示的手电钻造型对比图 1-31 手电钻造型就能更好地体现审美效果。

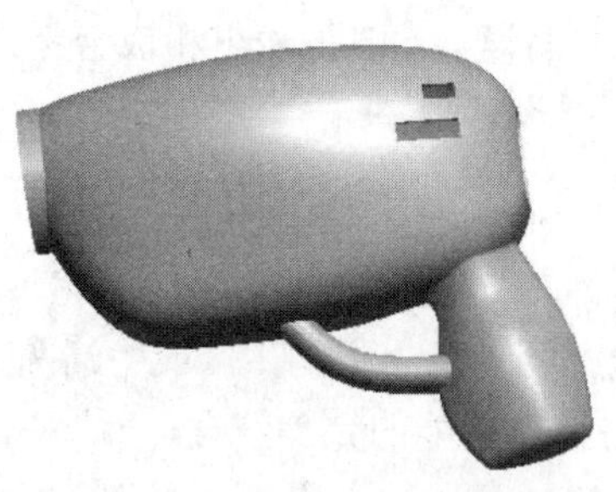

图 1-31　常规手电钻设计效果

图 1-32　小型手电钻造型效果

产品造型设计的艺术性原则是建立在使用功能和物质技术条件基础之上的，应该有利于使用功能的发挥和完善，有利于新材料和新技术的表现。如果单纯追求形式美而破坏了产品的使用功能，那么即使有美的造型形象也成了无用之物。反之，如果单纯考虑产品的使用功能而忽略了其造型形象所给人的心理、生理影响及视觉效应，便会是单调、冷漠的产品，这样的产品在现代社会里也必定会被淘汰。

- **产品的创造性**

创新是产品造型设计的灵魂。设计本身就是人类为改造自然和社会而进行构思和计划，并将这种构思和计划通过一定的具体手段得以实现的创造活动。设计师在进行产品设计时，必须有所创新。创新有两种形式：一种是属于整体结构的创新；另一种是在现有的产品范畴内做局

部的创新。完全模仿别人的产品或者是同类产品的翻版，既无实际意义，也不符合造型设计的主旨。图 1-33 所示的可以随意折叠并 360° 旋转的摄像头，就是一种产品创造性的尝试。

创新设计为产品带来新的生命力，是使产品价值产生质的飞跃的决定性因素。尤其在激烈的市场竞争中，创新性设计是产品取得竞争优势的重要因素之一。因此不断开发新产品、提高产品的社会价值也是企业得以发展的重要手段。此外，创新性设计也是为人类创造更舒适、更合理和更优美的生存环境的必要因素，所以说创新性设计是产品造型设计的基本原则。

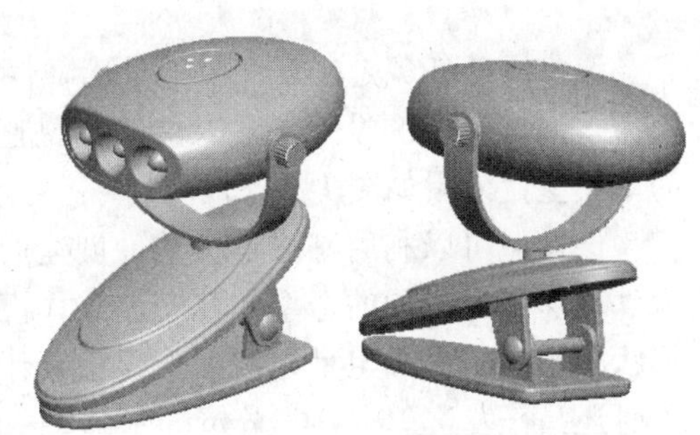

图 1-33　摄像头造型

● **产品的经济性**

市场经济应该遵循的一条经济法则，就是以最低费用取得最佳效果。作为设计师也必须遵守这条法则，尽可能以少的费用设计并生产出优良的产品。产品一般都是批量生产的。即使单件生产，也希望为使用者提供便宜的价格。

当然也不能一味地追求廉价而粗制滥造，那样不仅违背了产品设计的根本原则，而且产品在市场上也无竞争力。为此，必须调查市场状况、用户承受能力及类似产品的价格，进行优化设计。设计师必须通晓各种材料的性能及生产方式、方法等，在不损害造型美观和使用性能的前提下，尽量降低成本，这是市场经济规律对设计者提出的基本要求。

● **产品的可靠性**

可靠是指产品整体系统设备、零部件、元器件的功能在一定时间内及一定条件下的稳定程度。它是衡量产品技术功能和实用功能的重要指标，也是人们信赖和接受产品的基本保障。

产品的可靠性主要体现在使用过程中的安全性、稳定性及有效度。在产品设计和制造的整个过程中，只有充分重视产品可靠性的分析与研究，提高产品的可靠性程度，才能保证使用者安全、准确、有效地使用产品。图 1-34 所示使用 Solidworks 软件设计的电热壶产品造型，底座和壶柄造型就是源于产品的可靠性因素而设计的。

产品的可靠性是通过人的使用体现出来的，因此产品的可靠程度是以人的使用要求作为衡量标准的。如工业生产中的许多控制、操纵和显示设备的设计，首先需从人机工程学的角度出发，认真研究人的各种特性及人对设备的适应程度，以设计出与人的生理、心理相适应的设备功能与形式，保证人机系统的可靠性，减少各种事故的发生。

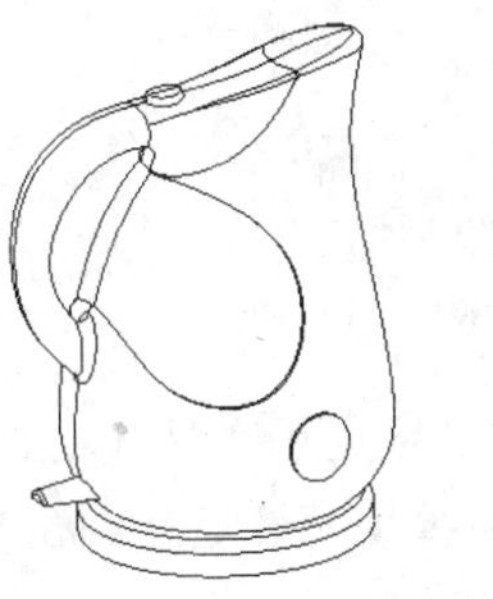

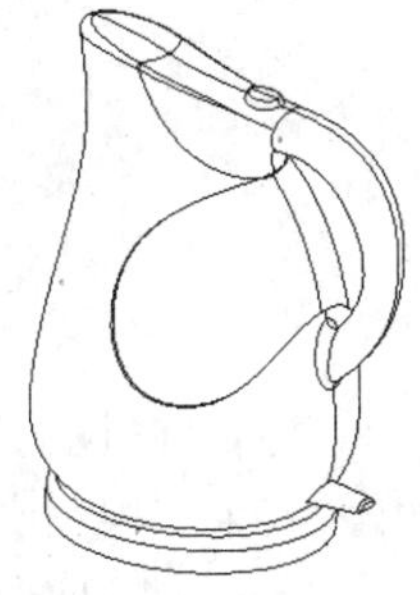

图 1-34　电热壶造型

1.5.2　机械产品方案的设计流程

产品的设计开发过程分为概念设计、零件设计和装配设计，即所谓的“产品规划”、“开发”和“生产规划” 3 个阶段。

1. 产品规划——构思产品

该阶段的任务是确定产品的外部特性，如色彩、形状、表面质量和人机工程等，并用立体模型表现出最初的设想，建立能够体现整个产品外形的简单模型，效果如图 1-35 所示。

该模型可以利用三维建模软件创建，并借助于建模软件迅速生成不同的造型和色彩。立体模型是检测外部形状效果的依据，也是几何图形显示设计变量的依据，同时还是开发过程中各类分析的基础。

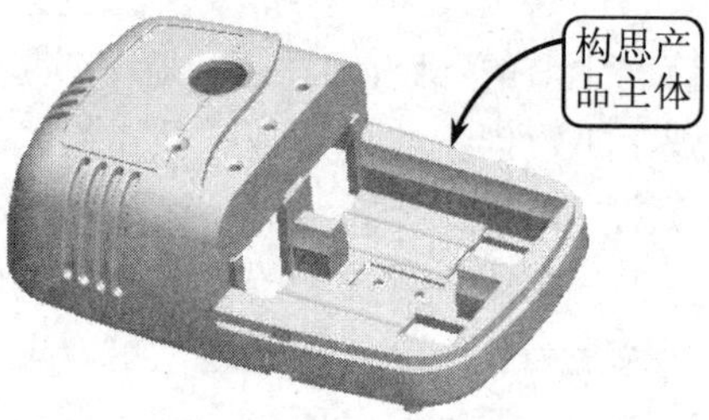

构思产品主体

图 1-35　构思产品

2. 开发——设计产品

该阶段主要根据“系统合成”原理，在立体模型上配置和集成解元素，解元素根据设计目标的不同有不同的含义：可以是基本元素，如螺栓、轴或轮毂连接等；也可以是复合元素，如机、电、电子部件、控制技术或软件组成的传动系统；还可以是要求、特性或形状等，效果如图 1-36 所示。

将实现功能的关键性解元素配置到立体模型上之后，即可对产品的配置（设计模型中解元素间的关系）进行分析。产品配置分析是综合产品规划和开发结果的重要手段。

3. 生产规划——加工和装配产品

该阶段是通过在装配环境中用计算机图像显示解元素在相应位置的装配过程，即通过虚拟装配模型揭示造型和装配间的关系，由此发现难点和问题，并找出解决问题的方法，效果如图 1-37 所示。

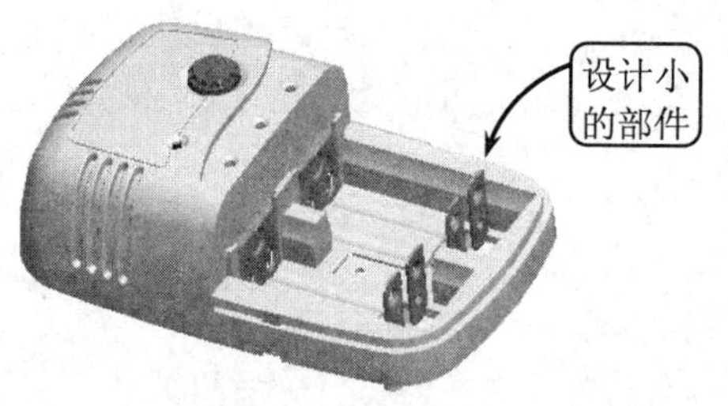

图 1-36　设计产品

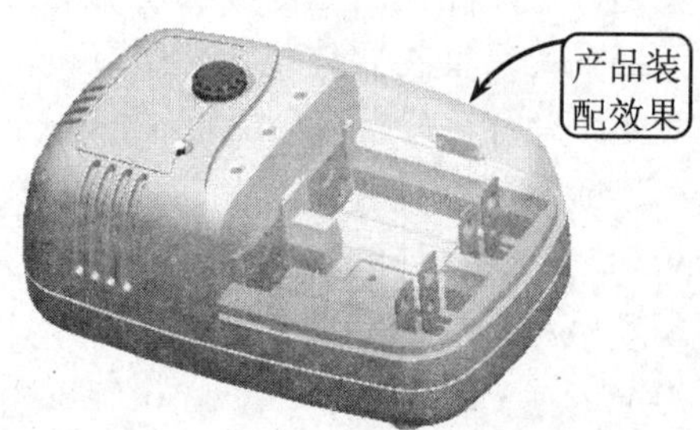

图 1-37　装配产品

将 CAD 技术综合应用于产品开发的 3 个阶段，可以使设计过程的综合与分析在产品规划、开发和生产规划中连续地交替进行。因此可以较早地发现各个阶段中存在的问题，使产品在开发进程中不断地细化和完善。

1.5.3　机械产品数字化造型技术

产品设计包括造型设计、结构设计、工艺设计和模具设计等多个环节。且造型设计是产品设计的基础，而产品数字化造型技术就是用计算机表达有形产品造型信息的技术，包括零件造型技术与装配造型技术两方面。其中，零件造型技术又包括二维绘图、线框造型、曲面造型、实体造型、特征造型，以及基于特征的参数化造型、变量化造型等；装配造型又分为自下向上

装配造型和自上向下装配造型。

从现代CAD、CAE、CAPP、CAM（简称4C）等有机结合实现集成的角度出发，要求从产品整个生命周期各阶段的不同需求来描述产品，即既要描述产品的点、线、面和体等几何信息，又要描述产品的材料、公差、配合和表面粗糙度等非几何信息。线框造型、曲面造型、实体造型的共同特点是只能描述产品的几何信息。只有特征造型，以及基于特征的参数化造型、变量化造型才能满足既能描述产品的几何信息，又能描述产品非几何信息的现代4C集成的产品信息描术要求。

各类造型包含的信息由少到多，由它们构成的三维模型可以由信息含量多的模型转化为信息含量少的模型，却不能由信息含量少的模型转化为信息含量多的模型。例如实体模型可以转化为曲面模型，乃至线框模型。而线框模型却不能转化为曲面模型，更不能转化为实体模型，效果如图1-38所示。下面简要介绍除二维绘图外的三维造型技术。

1. 线框造型技术

线框造型是利用基本线素来定义零件的棱线部分，再由这些棱线构成立体框架，以表示所描述的零件。图1-39所示的线框造型就是由12个顶点和18条边（构成了8个面）来表示的。

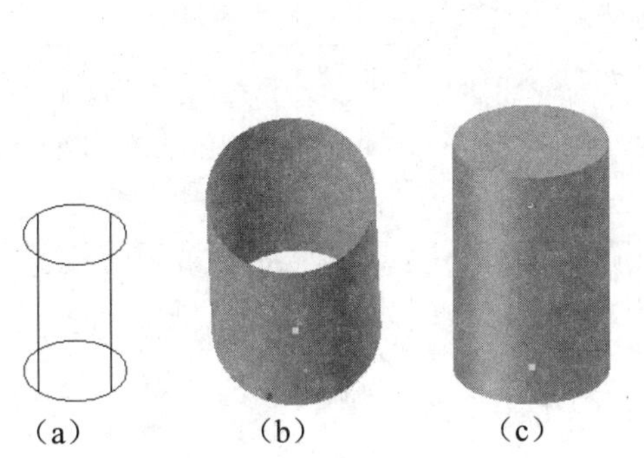

图1-38 不同三维模型的转化
（a）线框模型；（b）曲面模型；（c）实体模型

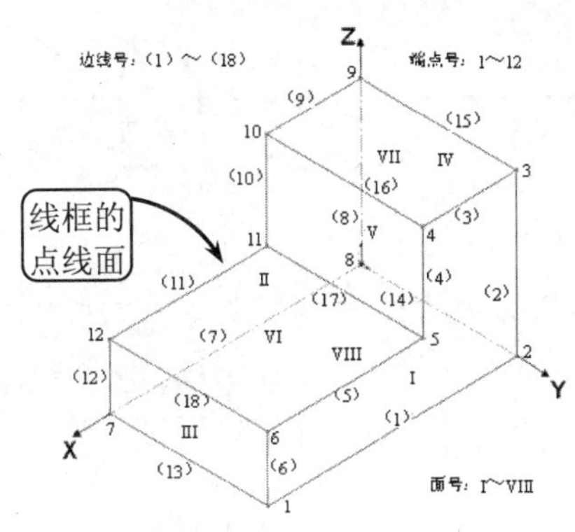

图1-39 线框造型实例

2. 曲面造型技术

曲面造型是通过对实体的各个表面或曲面进行描述而构造零件模型的一种建模方法。该方法主要用于创建一些不规则的复杂模型。

3. 实体造型技术

实体造型是用点、线、面等几何元素进行拉伸、旋转、扫描、放样（混合）等几何变换，或者利用基本体素（如圆柱、球体）的布尔集合运算（交集、并集、差集）来创建零件实体模型。

4. 特征造型技术

特征造型是指产品描述信息（几何信息和非几何的工程信息）的集合。将特征概念引入产品造型系统的目的是为了增加实体几何的工程意义，这样就可以认为零件实体是由各种各样的特征构成的。

5. 参数化造型技术

参数化造型是基于特征的、全数据相关的、全尺寸约束（驱动）的造型技术。其特点是将模型的形状与尺寸联合起来一并考虑，通过尺寸约束来实现对模型几何形状的控制。

6. 变量化造型技术

变量化造型是基于特征的、全数据相关的、任意（广义）约束（驱动）的造型技术。其特点是将模型的形状与尺寸分开处理，可以解决任意约束下的产品设计问题，既可以尺寸驱动，也可以约束驱动。即由工程关系来驱动几何形状的改变，这对产品的结构优化提供了极大的帮助。

表 1-4 对零件造型技术进行了比较，在比较的基础上提出了选用零件造型技术的建议。

表 1-4　零件造型技术的比较与选用

序号	造型技术	优　点	缺　点	应　用
1	线框造型	a. 所需信息最少 b. 可以产生任意视图 c. 容易掌握、处理	a. 只能表示棱边 b. 没有面的信息 c. 不能计算几何特性	a. 用作虚体特征 b. 用作布局图 c. 用作有限元网格显示等
2	曲面造型	a. 增加了面的信息 b. 可以完整定义三维立体表面 c. 可用于有限元网格划分等	a. 不能描述零件内部信息 b. 不能考察与其他零件相关联的性质	a. 用作虚体特征 b. 构造汽车车身、飞机机翼等模型
3	实体造型	能完整表达零件的几何信息及相互间的拓扑关系，计算物体的几何特性（面积、体积、几何中心）	a. 不能表达零件的材料、公差、粗糙度及其他技术要求等有工程意义的非几何信息 b. 无约束，不能修改	用作特征造型的基础。其几何模型描述语言被现代 3D 软件所采用
4	特征造型	a. 有利于产品的信息集成 b. 有利于集中精力进行创新构思与设计 c. 有利于开展协同设计 d. 有利于实现标准化、系列化和通用化	特征之间一般不能做布尔运算	用作参数化造型和变量化造型的基础
5	参数化造型	a. 基于特征造型 b. 数据全相关 c. 尺寸驱动设计修改	a. 全尺寸约束，不能漏注尺寸 b. 其他工程关系约束不直接参与约束管理	用于全约束下的结构形状已比较定形的产品设计
6	变量化造型	a. 基于特征造型 b. 数据全相关 c. 约束驱动设计修改，允许欠约束，约束是广义的，是零件全部特征信息的集合	由于设计的修改太宽松自由，用于定型产品设计时，不如参数化造型好操作	用于任意约束下的新产品设计

7. 装配造型技术

装配造型就是根据设计意图将不同零（组）件通过各种装配约束组合在一起，构成有实用价值的产品。装配造型的基本知识和方法介绍如下。

- 装配造型采用的技术有装配约束技术和构件连接技术等。
- 装配造型的基本概念有零组件、子组件、地件（或称基础件、固定件、机架等）、分解视图（也称爆炸图）等。
- 装配造型方法有传统的自底向上设计法和现代的自顶向下设计法。其中自底向上设计法是先设计好零件，然后将其装配成产品；自顶向下设计法是一开始就从产品的总体出发，即以产品装配为中心，逐级逐层向下进行设计，直至设计出整个产品。

数字化产品造型设计要把主要目标放在专业设计与软件操作的结合上：既要熟练操作软件，又要融实用性与安全性、整体外观上的创造性与艺术性、成本价格方面的经济性，以及生产工艺的可制造性于一体。

第 2 章　Solidworks 2013 基础知识

Solidworks 是一个基于特征的、参数化实体建模设计工具，是第一个在 Windows 平台下开发的三维 CAD 软件。其强大的绘图功能、空前的易用性，以及一系列旨在提升设计效率的新特性，不断推进业界对三维设计的采用，也加速了整个 3D 行业的发展步伐。作为 Solidworks 软件的初学者，首要的工作就是灵活掌握该软件的各种相关知识和基本操作方法，为以后进一步提高模型设计能力打下坚实的基础。

2.1　Solidworks 概述

Solidworks 软件是由美国 Solidworks 公司自主开发的三维机械 CAD 软件。自 1995 年问世以来，Solidworks 以其强大的功能、易用性和创新性，极大地提高了机械工程师的设计效率，在与同类软件的竞争中逐步确立了其市场地位，已经成为主流 3D 机械设计的第一选择。利用 Solidworks 软件，设计师可以快速地按其设计思想绘制草图，并尝试运用各种特征和不同尺寸，生成实体模型或制作详细的工程图。

2.1.1　Solidworks 的主要设计特点

Solidworks 软件为企业提供并非单一的三维 CAD 系统，而是从产品开发到产品数据管理和产品数据发布等一系列完整的 CAD/CAE/PDM 解决方案。其主要包括三维 CAD 工具、二维设计工具、产品的设计验证和分析仿真工具、产品的数据管理工具，以及产品数据发布工具等。利用该软件可以方便地创建任何复杂的实体、快捷地组成装配体、灵活地生成工程图，并可以进行相应的钣金设计、管道设计、工程分析、高级渲染，以及数控加工等。Solidworks 软件的主要功能特点如下所述。

● **参数化尺寸驱动**

在二维 CAD 绘图过程中，绘制的图形形状决定了图形的尺寸，即图形控制尺寸。当尺寸需要变动时，必须返回去对图形进行修改，往往要将所有已画好的图形按照原来的绘图过程从头来绘，严重影响了新产品的开发速度。

Solidworks 采用的是参数化尺寸驱动建模技术，即尺寸控制图形。当改变尺寸时，相应的模型、装配体、工程图的形状和尺寸将随之变化，非常有利于新产品在设计阶段的反复修改。

● **三维实体造型**

在传统的二维 CAD 设计过程中，设计师欲绘制一个复杂的零件工程图，由于不可能一下子记住所有的设计细节，必须经过三维→二维→三维→二维这样一个反复不断的过程，时刻都要进行着投影关系的校正，这就使得其工作十分枯燥和乏味。

而在 Solidworks 中进行设计工作时，设计师可以直接从三维空间开始，并可以随时预览

自己的操作会导致的零件形状。由于把大量烦琐的投影工作让计算机来完成，设计师可以更加专注于零件的功能和结构设计，工作过程轻松了许多，也增加了工作中的趣味性。

此外，创建的实体模型中包含精确的几何、质量等特性信息，可以方便准确地计算零件或装配体的体积和重量，轻松地进行零件模型之间的干涉检查。且在企业招投标过程中，生动逼真的机械产品三维动画不仅便于交流与沟通，还展示了企业的研发手段与实力，宣传了企业的自身形象。

- **关联性**

Solidworks 具有 3 个功能强大的基本模块，即零件模块、装配体模块和工程图模块，分别用于完成零件设计、装配体设计和工程图设计。虽然这 3 个模块处于不同的工作环境中，但依然保持了二维与三维几何数据的全相关性。

因此，在任意一个模块中对设计所做的任何修改，都会自动地反映到其他模块中，从而避免了对各模块的分别修改，大大提高了设计效率。

- **特征管理器（设计树）**

设计师完成的二维 CAD 图纸，表现不出线条绘制的顺序、文字标注的先后，不能反映设计师的操作过程。

与之不同的是，Solidworks 采用了特征管理器（设计树）技术，可以详细地记录零件、装配体和工程图环境下的每一个操作步骤，非常有利于设计师在设计过程中的修改与编辑。此外，设计树中各节点与图形区的操作对象相互联动，为设计师的操作带来了极大方便。

- **设计意图**

这是 Solidworks 软件比较独特的特性。在 Solidworks 中，关于模型被改变后，细节要如何随之变化的方式，就成为“设计意图”。例如，用户创建了一个圆柱体，其上开有一孔，当移动圆柱位置时，该孔也将随之进行相应的移动。同理，如果用户创建了有 6 个等距圆孔的圆周阵列，当将圆孔的数目改为 8 个后，孔之间的角度也将自动改变。

- **支持国标（GB）的智能化标准件库 Toolbox**

Toolbox 是同三维软件 Solidworks 完全集成的三维标准零件库。Solidworks 2013 中的 Toolbox 支持中国国家标准（GB），包含了机械设计中常用的型材和标准件，诸如：角钢、槽钢、紧固件、连接件、密封件和轴承等。Toolbox 是充分利用了 Solidworks 的智能零件技术而开发的三维标准零件库，与 Solidworks 的智能装配技术相配合，可以快捷地进行大量标准件的装配工作，其速度之快令人瞠目。有了 Toolbox，用户无需再翻阅《机械设计手册》来查找标准件的规格和尺寸，无需进行零件模型设计，无需逐个进行垫片、螺栓、螺母的装配。

- **源于黄金伙伴的高效插件**

Solidworks 在 CAD 领域的出色表现，以及在市场销售上的迅猛势头，吸引了世界上许多著名的专业软件公司成为自己的黄金合作伙伴。Solidworks 向黄金伙伴开放了自己软件的底层代码，使其所开发的世界顶级的专业化软件与自身无缝集成，为用户提供了高效且又具有特色的插件：有限元分析软件、运动与动力学动态仿真软件、流体分析软件、动画模拟软件、高级渲染软件和数控加工控制软件等。

以优秀插件武装起来的 Solidworks 如虎添翼，让设计师在不脱离 Solidworks 的环境下就可以进行三维设计、工程分析、数控加工和产品数据管理等与产品整个生命周期有关的活动，满足用户在整个产品设计和制造过程中的需求，使 Solidworks 真正地成为 CAD/CAE/

CAM/PDM 桌面集成系统。

2.1.2 Solidworks 2013 的基本功能

Solidworks 软件不只是一个简单的三维建模工具，而且是一套高度集成的 CAD/CAE/CAM/PDM 一体化软件，是一个产品级的设计和制造系统，为工程师提供了一个功能强大的模拟工作平台。

Solidworks 具有 3 个功能强大的基本模块，即零件模块、装配体模块和工程图模块，除了可以完成零件设计、装配体设计和工程图设计等任务，还可以进行诸如图形草绘、曲面设计、渲染输出和钣金零件设计等工作内容，现分别介绍如下。

1. 图形草绘

在 Solidworks 中，所有的零件都是建立在草图基础上的，大部分的模型实体特征也都是由二维草图绘制开始的，即先利用草绘功能创建出特征的形状曲线，再通过拉伸、旋转或扫描等操作，创建相应的参数化实体模型。图 2-1 所示就是绘制的摇臂草图轮廓效果。

2. 实体建模

Solidworks 主要是面向三维实体建模的绘图软件，其三维基础特征包括拉伸特征、旋转特征、扫描特征和放样特征等，且所有基础特征都是基于截面草图而生成的。设计人员可以利用系统提供的特征工具创建相应的三维实体模型，图 2-2 所示就是创建的轴承座模型效果。

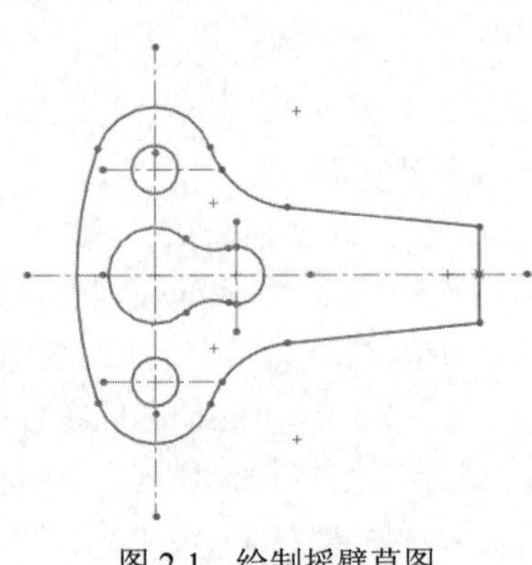

图 2-1　绘制摇臂草图

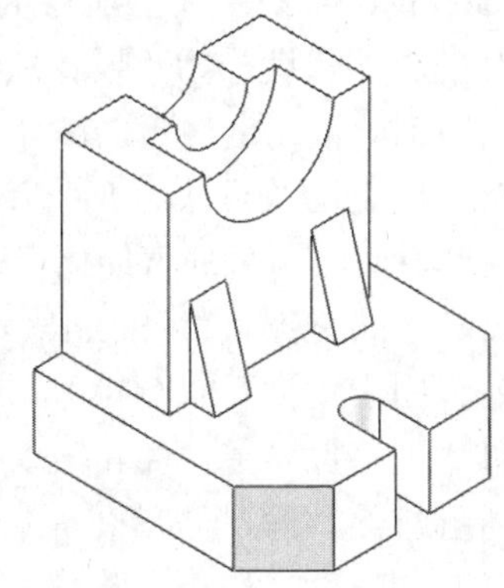

图 2-2　轴承座模型

3. 曲面设计

在 Solidworks 中，曲面设计包括曲面特征的创建和曲面特征的编辑两大部分。用户可以使用前者方便地生成曲面或者实体模型，再通过后者对已生成的曲面进行各种修改，从而创建出风格多变的曲面造型，以满足不同的产品设计需求。图 2-3 所示就是创建的紫砂壶模型效果。

4. 装配设计

装配设计模块是 Solidworks 中集成的一个重要的应用模块，使用该模块不仅能够快速组合零部件成为产品，而且在装配过程中可以对装配模型进行间隙分析、干涉检查等操作，保证装配模型和零件设计完全关联。图 2-4 所示就是球阀的装配效果。

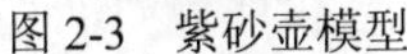
图 2-3　紫砂壶模型

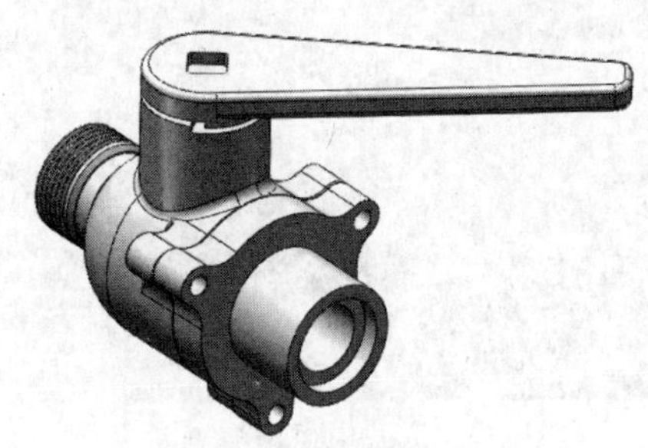
图 2-4　装配球阀

5. 工程图设计

在 Solidworks 中，利用工程制图模块可以方便地得到与实体模型一致的二维工程图，且当实体模型改变时，工程图尺寸会同步自动更新。创建标准的工程视图并添加注解是工程制图的主要内容，而打印出的工程图纸将作为指导生产的重要性文件。图 2-5 所示就是创建的钳口工程图效果。

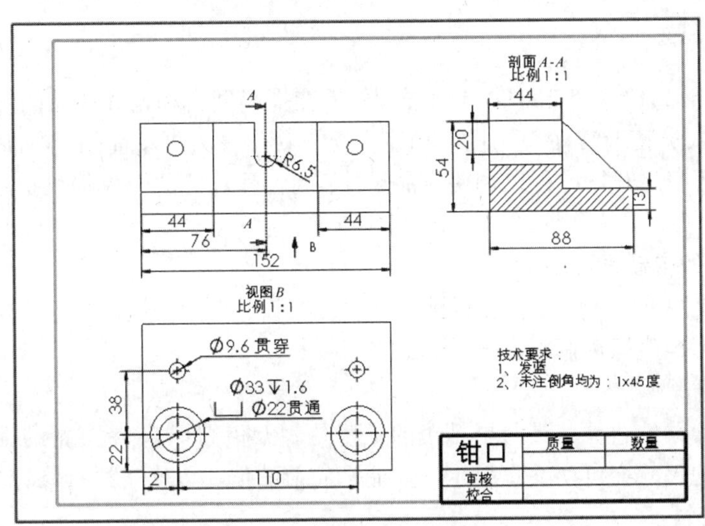

图 2-5　钳口工程图

6. 渲染输出

利用 Solidworks 软件提供的渲染功能，可以为实体模型定义各种外观和贴图，并在三维场景中添加灯光，获得完整、逼真的渲染效果。图 2-6 所示就是立式电风扇的渲染效果。

7. 钣金设计

Solidworks 软件提供了顶尖的、全关联的钣金设计能力，可以直接创建各种类型的法兰和薄片等特征，也可以直接生成平板型式的钣金零件，或带圆柱面的钣金零件。此外，在该软件中还可以按比例放样折弯，或进行角处理以及边线切口等钣金编辑操作。图 2-7 所示就是创建

的风机上盖钣金件效果。

图 2-6　立式电风扇渲染效果

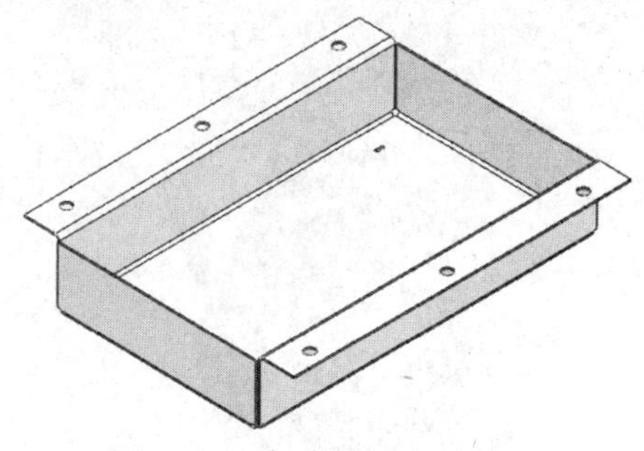

图 2-7　风机上盖钣金件效果

2.1.3　Solidworks 2013 的新增功能

Solidworks 2013 包含许多增强内容和改进功能，大多数功能直接响应客户的要求。该版本软件的新功能将在减少工作量的同时使设计更流畅，且功能强大的新工具可以让用户充分了解设计的更改如何影响盈利能力。现在，设计人员可以更加专注于设计的方方面面，而也正是设计助推了业务的发展。

1. 增强功能总述

在 Solidworks 2013 中，200 多项增强功能旨在提高创新和设计团队的效率，其中大部分功能将帮助设计人员使最常用的设计功能实现自动化；为更精简的工作流程提高性能和质量；从根本上改变产品开发过程以加快产品设计；为协作和团队合作提供扩展支持，以提高创造力和效率。

- **提高效率的自动设计功能**

Solidworks 软件可以帮助工程和设计团队简化其设计流程，只需删除一个或两个步骤，即可对可用性和效率产生深远影响。

◆ **工程图**

新工具旨在帮助创建更美观且更精确的工程图，以缩减修订流程，帮助用户更快地细化设计。例如，更改的尺寸会自动突出显示，并显示先前的值，以便于进行修订。

◆ **可持续性**

Solidworks Sustainability 的全新高级用户界面意味着用户可以更准确地对“假设”情况进行产品建模，更好地支持独特和定制的材料。用户还可以根据回收物质、使用期限等参数细化建模过程。此外，可立即获取最新 Solidworks Sustainability 的补充材料，也可在将来推出时获取。

- **通过改进的性能和质量实现持续工作流程**

Solidworks 2013 使设计体验流程更自然且没有中断，这意味着可基于以下功能以更少的错误更快地完成设计。

◆ **大型设计审查**

允许通过走查、切割和测量方法，即时打开和审查大量装配体或单个零部件，无需高性能计算机或进行任何特殊的文件准备。

◆ 功能冻结

通过锁定"冻结"栏上方的所有功能，消除不必要的功能重建，加快设计不需要重建特定功能的复杂模型。这些功能也可以在任何时候解冻。

◆ 等式编辑器

新的等式功能允许用户更轻松快捷地创建等式和理解命令，让灵活性和效率达到一个新的水平。

● 整个产品开发过程的显著改善

Solidworks 2013 可以提高效率和简化客户的整个产品开发流程。

◆ 设计成本计算

一种灵活的工具，可以自动计算钣金和加工零件的成本。设计人员可以在整个设计过程中，根据成本制定更明智的决策，并不断对新方案进行建模，以便进行最新的即时制造估算。

◆ 钣金

使用专为应对钣金的独特挑战（例如凸缘的精确控制，包括直到顶端的条件）而开发的新工具从零开始设计或将客户 3D 部件转换为钣金。此外，设计还可以自动展开和记录到文档，以便于制造和导出到 CNC 和制造设备。

◆ 仿真

Solidworks Simulation 中包括增强的运动优化，可自动使用运动算例结果来创建传感器和优化复杂的时间敏感型机器的各个方面，例如电机尺寸、轴承负荷和行程。用户在优化输入时，可以在短时间内优化设计，并且可立即看到对限制条件或目标做出的更改。

2. 各主要新增功能

Solidworks 2013 的主要增强功能是对现有产品的改进，并提供了新的创新功能。添加的各种新工具极大地扩展了当前 Solidworks 的设计功能，使产品的开发流程发生了根本变革。

● 草图绘制新增功能

◆ **使用中心线生成半径和直径尺寸** 在具有中心线以及直线或点的草图中，可以利用【智能尺寸】工具生成多个半径或直径尺寸，而不用每次都选择中心线。该类型的尺寸定义有助于用户为需要几项直径尺寸的旋转几何体生成草图，效果如图 2-8 所示。

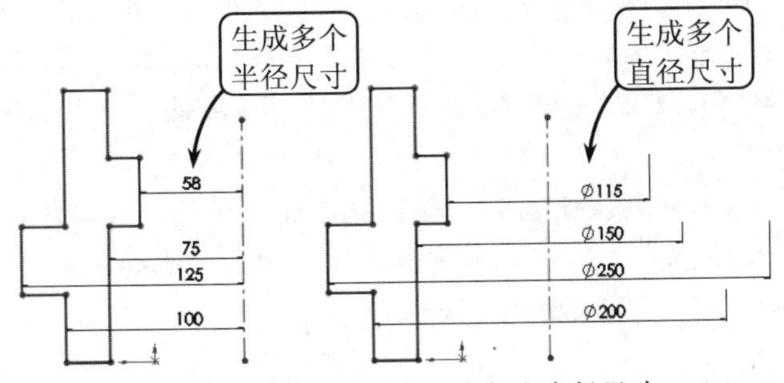

图 2-8 使用中心线生成半径和直径尺寸

◆ **快捷菜单** 在绘制草图时，快捷菜单会变长，从而显示更多草图工具和关系工具，以便使用和改善工作流程。

◆ **草图旋转** 选择【工具】|【选项】|【系统选项】|【草图】选项，然后启用【在草图生成时垂直于草图基准面自动旋转视图】复选框，无论何时在平面上打开一个草图，视图均会自动旋转到该平面的法线方向。

● 特征新增功能

◆ **特征冻结** 冻结特征可以将它们从模型重建中排除，而在具有多种特征的复杂模型中冻结特征可以减少重建时间和防止意外更改模型。

◆ **多实体零件的爆炸视图** 用户可以像在装配体中生成爆炸视图一样，生成多实体零件的爆炸视图，效果如图 2-9 所示。

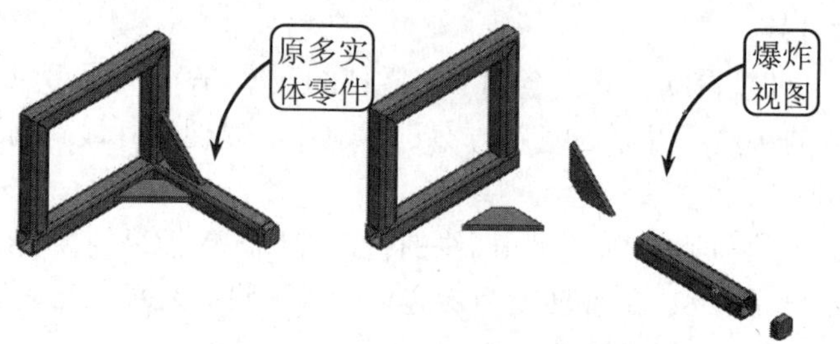

图 2-9 多实体零件的爆炸视图

◆ **指定孔位置** 用户可以精确定义异型孔向导草图中第一个点的位置。激活位置选择卡后，孔的第一个草图点和上色预览后面跟着指针，直到用户单击以放置孔。此时，当在屏幕上移动指针时，可以利用草图捕捉和推理线来精确放置点。

● 装配体新增功能

◆ **特征管理器** FeatureManager 设计树中显示了有关装配体零部件和层次关系的信息，包括零部件名称，以及装配体和子装配体层次关系。

◆ **装配体统计** 完成零部件的装配后，单击【AssemblyXpert】按钮，可以查看装配体统计，例如零部件的数量和类型，以及装配体层次关系的深度等。

◆ **零部件属性** 用户可以右键单击零部件，在打开的快捷菜单中单击【零部件属性】按钮来查看该零部件的属性信息，如模型文件路径或配置列表等，但无法更改这些属性信息。

● 钣金新增功能

◆ **边线法兰** 用户可以利用【边线法兰】工具中的新选项，根据法兰长度的切线长生成边线法兰，并使生成的法兰位置与所选边线相连接的相邻侧面相切。此外，当按成形到顶点的长度生成法兰时，可以生成与基体法兰平行，且与法兰平面垂直的法兰。

◆ **扫描法兰** 利用【扫描法兰】工具可以在钣金零件中创建复合折弯。【扫描法兰】工具与【扫描】工具相似，同样需要用于创建法兰的轮廓和路径。用户可以利用该工具沿开环或闭环轮廓路径或系列边线扫描开环轮廓以生成钣金折弯，效果如图 2-10 所示。

◆ **平板型式** 当面与折弯发生干涉时，可以从平板型式排除一些面。在 FeatureManager 设计树中用右键单击【平板型式】按钮，并单击【编辑特征】按钮，然后在绘图区中选择要排除的每个面的前部和后部即可，效果如图 2-11 所示。

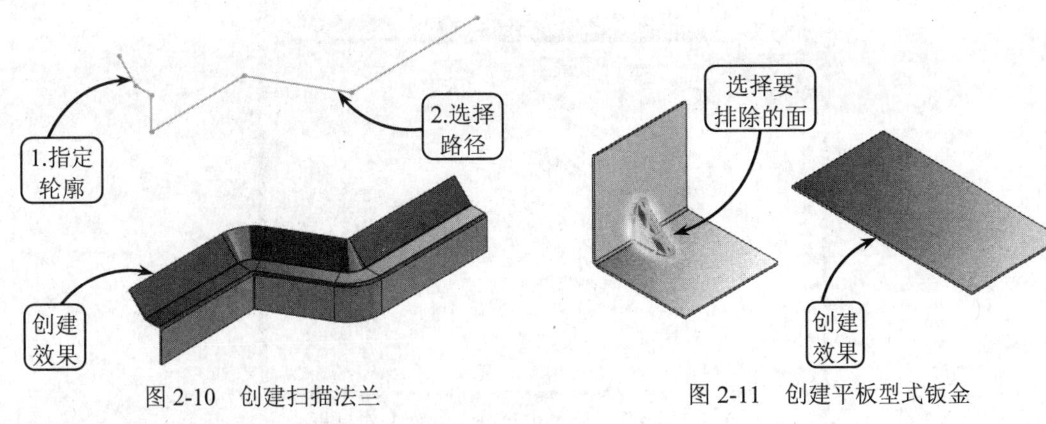

图 2-10 创建扫描法兰　　　　图 2-11 创建平板型式钣金

2.2 Solidworks 2013 操作界面

Solidworks 软件是在 Windows 环境下开发的，可以为设计师提供简便、熟悉的工作界面。作为 Solidworks 软件的初学者，首要的工作就是熟悉 Solidworks 的操作界面和基本工具栏，为以后灵活运用各种模型工具，并提高模型设计能力打下坚实的基础。

2.2.1 打开 Solidworks 界面

要使用 Solidworks 2013 软件进行模型设计，必须首先要进入该软件的操作环境。用户可以通过新建文件的方法进入操作环境，或者通过打开文件的方法进入该操作环境。

启动 Solidworks 软件，然后单击菜单栏中的【新建】按钮，系统将打开【新建 Solidworks 文件】对话框，如图 2-12 所示。

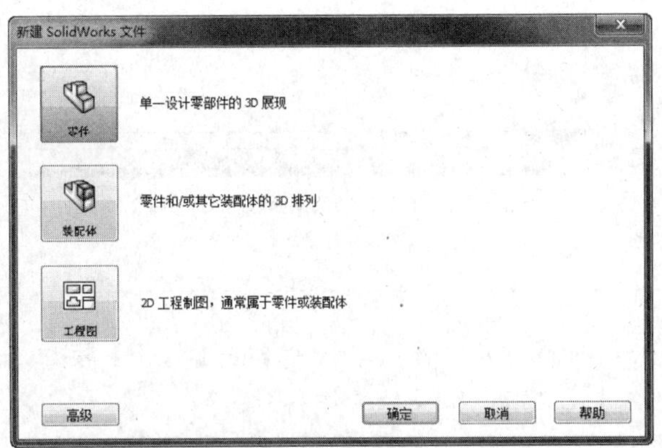

图 2-12 新手【新建 Solidworks 文件】对话框

该对话框中有关于各个文件模板的文字说明，适合于初学者使用。而若单击左下角的【高级】按钮，界面将发生变化，熟练的用户可以选择合适的图框样板来新建文件，如图 2-13 所示。

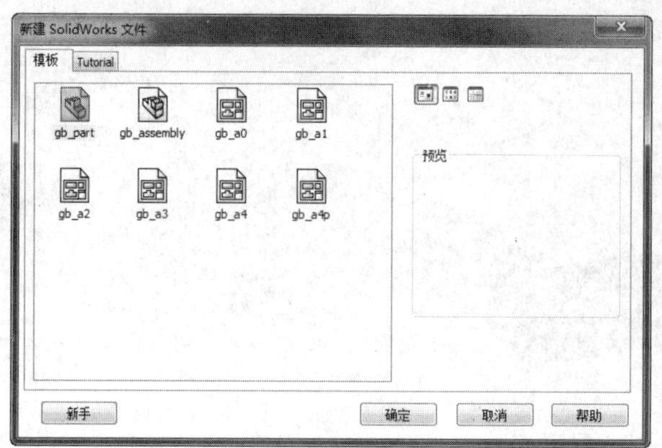

图 2-13　高级【新建 Solidworks 文件】对话框

在【新建 Solidworks 文件】对话框中选择一文件类型，或指定一图框样板，然后单击【确定】按钮，即可进入到 Solidworks 相应的工作环境。例如单击【零件】按钮后，再单击【确定】按钮，即可进入到新零件的工作界面，如图 2-14 所示。

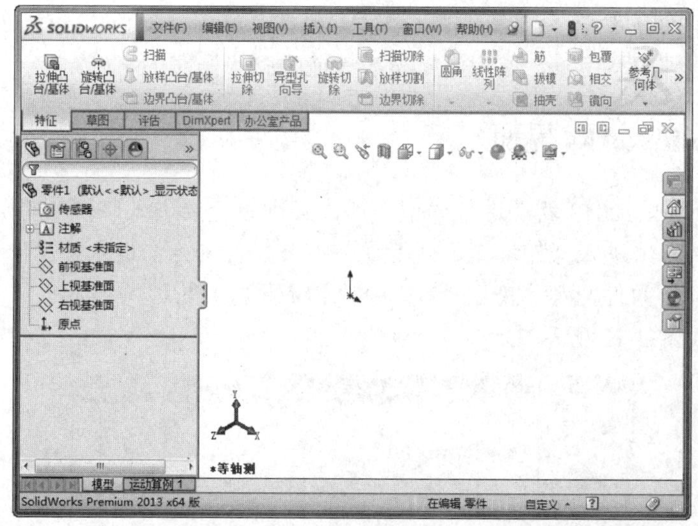

图 2-14　进入 Solidworks 工作界面

此外，启动 Solidworks 软件后，在菜单栏中单击【打开】按钮，然后浏览并打开一个已有的文件，同样可以进入 Solidworks 的工作界面。

2.2.2　Solidworks 界面概述

与 Windows 风格类似，Solidworks 2013 的工作界面由菜单栏、标准工具栏、常用工具栏（CommandManager 工具栏）、前导视图工具栏、显示窗格、任务窗格、图形区（绘图区）和状态栏等组成，如图 2-15 所示。此外，在操作的过程中还会及时弹出关联工具栏和快捷菜单，且在一定的状态按下快捷键也可显示关联工具栏。

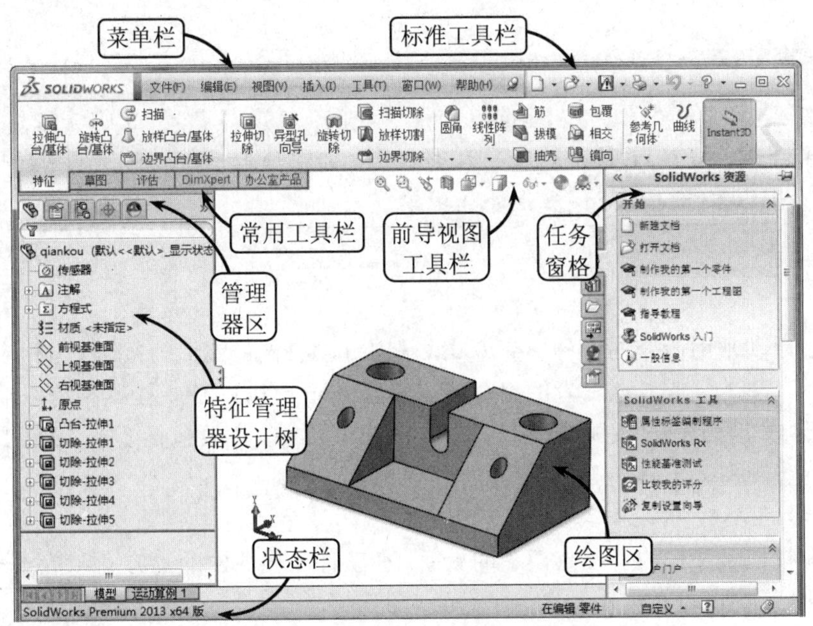

图 2-15　Solidworks 2013 工作界面

在 Solidworks 2013 工作界面中，菜单栏包含了所有的 Solidworks 命令，工具栏可以根据文件类型（零件、装配体，或工程图）来调整和放置并设定其显示状态，而 Solidworks 窗口底部的状态栏则可以提供设计人员正执行的功能有关的信息。该工作界面中各主要版块的选项含义介绍如下。

1. 菜单栏

菜单栏是 Solidworks 所有命令的陈列处。在不同的工作环境中，相应的菜单以及其中的选项会有所不同。当进行一定任务操作时，不起作用的菜单命令会临时变灰，此时将无法应用该菜单命令，如图 2-16 所示。

Solidworks 2013 版本的菜单栏被隐藏，当将鼠标移动到 Solidworks 徽标上或单击它时，菜单可见。用户也可以固定菜单，以使其始终可见：单击菜单栏右侧的按钮，其形状将变为，像一颗图钉被按下一样，此时系统即可一直显示该菜单栏，如图 2-17 所示。菜单被固定时，标准工具栏将移到右侧。

图 2-16　显示菜单命令

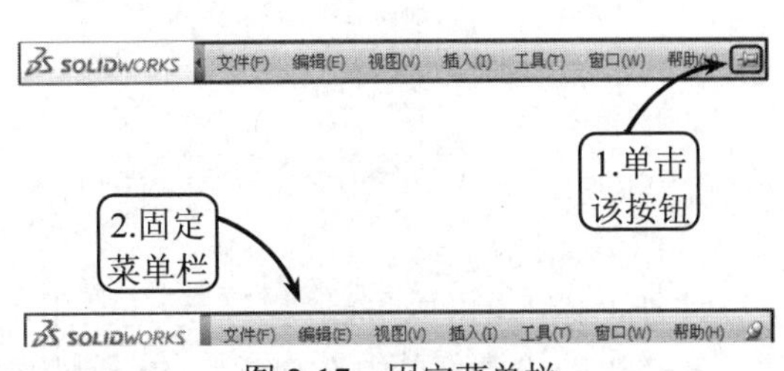

图 2-17　固定菜单栏

菜单栏中包括【文件（F）】、【编辑（E）】、【视图（V）】、【插入（I）】、【工具（T）】、【窗口（W）】和【帮助（H）】菜单选项，右边括号中的字母表示打开该菜单项的快捷键，例如同时按住 Alt+T 键可以显示【工具】子菜单。

2. 工具栏

工具栏是启动常用命令的一种快捷方式，其中可以包含带图标的按钮（与相应菜单命令旁的图标一样）、菜单，或者这二者的组合。在 Solidworks 2013 中，工具栏可以根据文件类型（零件、装配体或工程图）来调整和放置并设定其显示状态，主要包括【标准】工具栏、【常用】工具栏和【前导视图】工具栏等，现分别介绍如下。

● **【标准】工具栏**

标准工具栏控制文件的管理与模型的更新。在软件工作界面的上方，系统列举了一组最常用的工具按钮，如图 2-18 所示。用户可以通过单击工具按钮旁边的下移方向键，扩展显示带有附加功能的弹出菜单，以便访问工具栏中的大多数文件菜单命令。

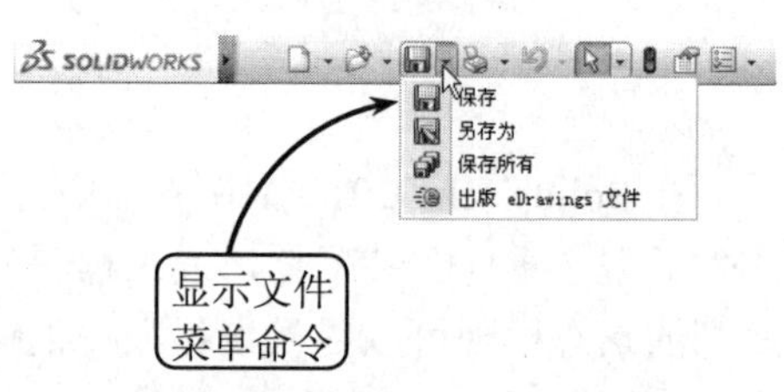

图 2-18　显示文件菜单命令

● **【常用】工具栏**

常用工具栏又称 CommandManager 工具栏，常用的种类有【草图】、【特征】、【钣金】和【曲面】工具栏等，且在不同的工作环境中显示不同的种类。Solidworks 2013 重新组织了工具栏、命令按钮和命令管理器，将各操作命令以分类的方式集中显示，有效地减少了用户调用一般常用工具的次数，提高了使用效率，且最大限度地增大了图形区域的可视面积，如图 2-19 所示。

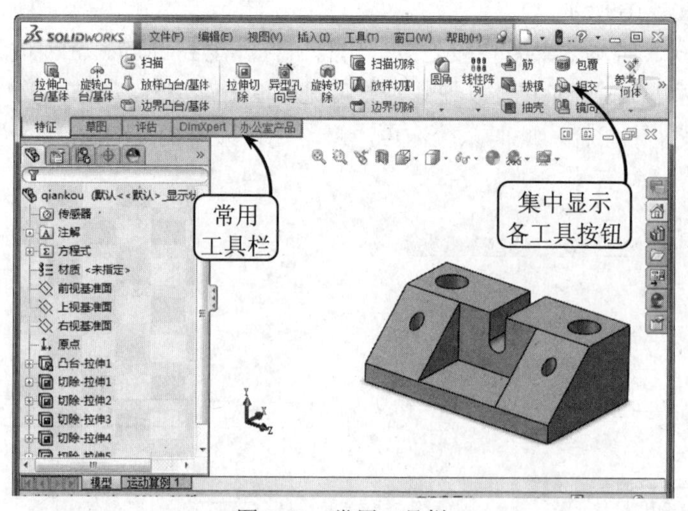

图 2-19　常用工具栏

此外，用户还可以自己定义显示的常用工具栏：将光标置于某一常用工具栏名称上右击鼠标，在弹出的快捷菜单中选择相应的工具栏名称即可，效果如图 2-20 所示。

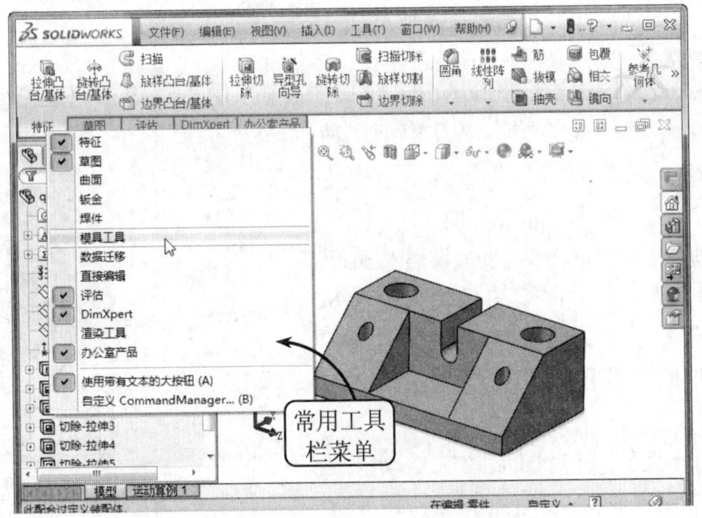

图 2-20　自定义常用工具栏

在使用工具栏或者工具栏中的命令时，当指针移动到工具栏中的图标附近，系统会弹出一个窗口来显示该工具的名称及相应的功能。且显示一段时间后，该内容提示会自动消失。

● **【前导视图】工具栏**

前导视图工具栏提供操纵视图所需的普通工具，用户可以在该工具栏中选用所有和视图相关的工具，如图 2-21 所示。该工具栏取代了与参考三重轴关联的视图弹出菜单，增加了操作的便利性。

3. 状态栏

状态栏位于 Solidworks 窗口底端的水平区域，提供关于当前正在窗口中编辑的内容，以及指针位置坐标、草图状态等信息等内容，具体如下所述。

- **重建模型图标**　在更改了草图或零件而需要重建模型时，重建模型符号会显示在状态栏中。
- **草图状态**　在编辑草图过程中，状态栏会出现 5 种状态：完全定义、过定义、欠定义、没有找到解、发现无效的解。在零件完成之前，最好应该完全定义草图。
- **快速提示帮助图标**　系统会根据 Solidworks 的当前模式给出提示和选项，很方便快捷，对于初学者来说很有用。
- **单位系统**　软件可以在状态栏中显示激活文档的单位系统，并允许用户更改或自定义单位系统，如图 2-22 所示。

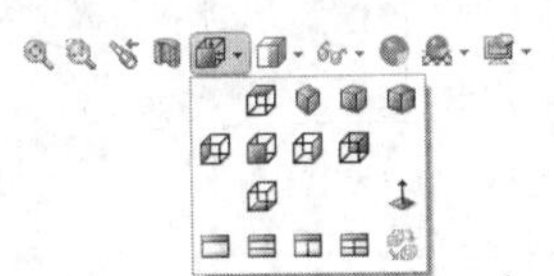

图 2-21　前导视图工具栏

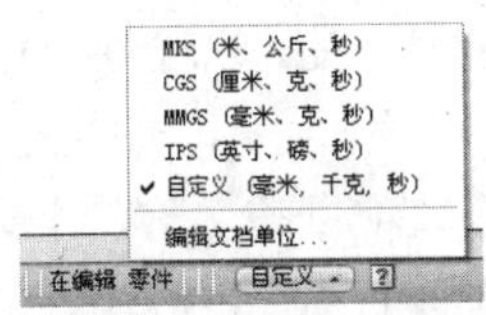

图 2-22　单位系统

4. 特征管理器设计树

FeatureManager 设计树位于 Solidworks 窗口的左侧，用来组织和记录模型中的各个要素及要素之间的参数信息和相互关系，以及模型、特征和零件之间的约束关系等，几乎包含了所有设计信息。

在 Solidworks 中，FeatureManager 设计树提供了激活的零件、装配体或工程图的大纲视图，从而可以很方便地查看模型或装配体的构造情况，或者查看工程图中的不同图纸和视图，如图 2-23 所示。

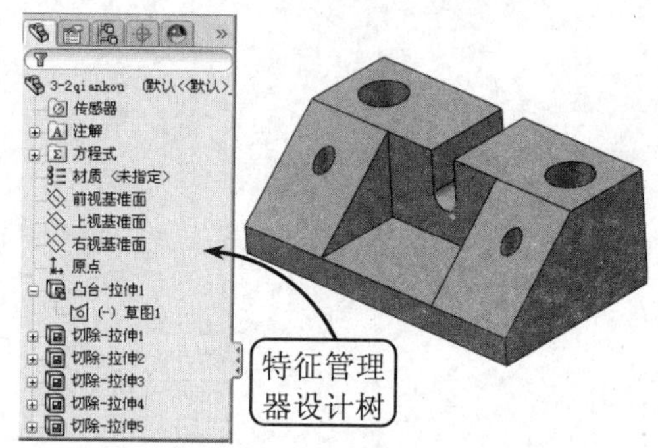

图 2-23　FeatureManager 设计树

FeatureManager 设计树与图形区域是动态链接的，在设计树中用鼠标单击特征节点，图形区中与该节点对应的特征就会高亮显示；同样，在图形区中用鼠标选择某一特征，特征树中对应的节点也会高亮显示。用户可以在设计树上实现对特征模型的多种功能操作，具体如下所述。

- **以名称来选择模型中的项目**

可以通过在 FeatureManager 设计树中指定名称来选择特征、草图、基准面，以及基准轴。特征管理器设计树按照时间次序记录各种特征的建模过程，设计树中每个节点代表一个特征，单击该节点前的展开符号，特征节点就会展开，显示特征构建的要素。

当处理复杂零件时，利用设计树可以方便地选择欲操作的特征对象。例如，在选择时若按住 Ctrl 键，可以逐一选择多个特征；当选择两个间隔的特征时，可按住 Shift 键，其间的特征都将被选取。

- **确认和更改特征的生成顺序**

在 FeatureManager 设计树中，通过拖动设计树中特征节点的名称，可以改变特征的构建次序。由于模型特征构建次序与模型的几何拓扑结构密切相关，因此改变特征的生成顺序将直接影响到最终零件的几何形状。建议初学者不要轻易改变特征的生成顺序。

- **显示特征尺寸**

当双击设计树中的特征节点或者特征节点目录下的草图时，图形区中相应的特征或者草图的尺寸就会显示出来。

- **更改特征名称**

Solidworks 会自动为建立的特征赋予名称，但这些名称一般采用特征类型名称加上建立序号的方式，如“拉伸 1”、“拉伸 2”、“切除-拉伸 1”、“切除-拉伸 2”等，不能直观地表达特征的形状和功能。尤其当零件中的特征数目庞大的情况下，特征的名称就会显得十分杂乱，此时可为特征取一个有实际意义的名称。

如果要更改项目的名称，可以在名称上缓慢单击两次以选择该名称，然后输入新的名称即可，效果如图 2-24 所示。

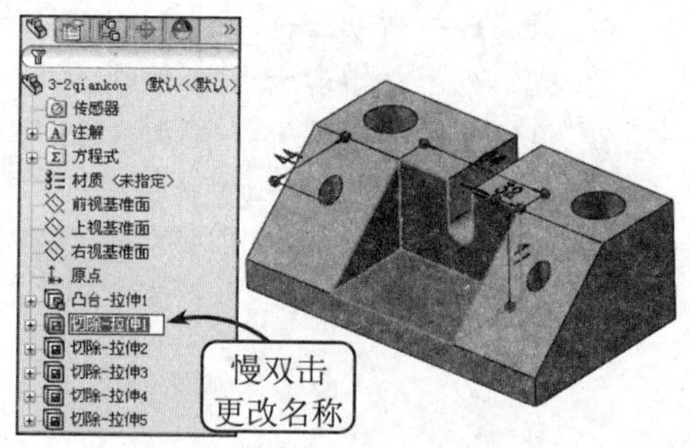

图 2-24　更改项目名称

慢双击特征节点可以将 Solidworks 自动指定的名称“切除-拉伸 1”改为“凹槽”，从而有利于工程人员的理解。但更改特征名称会花费时间，影响工作速度，尤其是零件模型非常复杂时更是如此。如果没有特殊的需要，建议初学者不必进行更改特征名称的操作。

- 可以对零件特征和装配体零部件进行压缩和解除压缩，该操作在装配零件时是很常用的。同样，如要选择多个特征，需在选择的时候按住 Ctrl 键。
- 用右键单击清单中的特征，然后选择父子关系，可以查看父子关系。
- 单击右键，在该管理器中还可以显示如下项目：特征说明、零部件说明、零部件配置名称和零部件配置说明等。
- 可以将文件夹添加到 FeatureManager 设计树中。

5. 任务窗格

在 Solidworks 工作界面右面的任务窗格中选择不同的标签，系统会显示不同的选项卡面板，如图 2-25 所示。各选项卡面板的含义介绍如下。

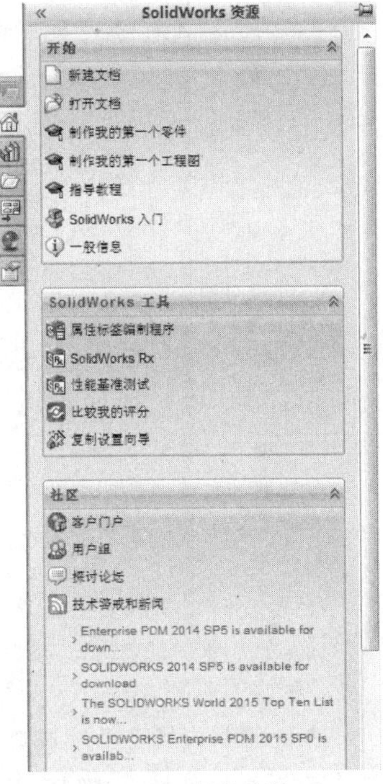

图 2-25　任务窗格

- **Solidworks 资源**　包含开始时的新建文件或打开旧文件操作、论坛、在线资源、工作流程自定义以及命令操作提示等。
- **设计库**　在该面板中搜集可重用的零件、装配体和包括库特征的其他实体，使用户可以方便地就近使用它们。此外，该面板不识别不可重用的单元，如 Solidworks 工程图、文本文件或其他非 Solidworks 文件。
- **文件探索器**　类似 Windows 的资源管理器功能，且还添加了最近打开的 Solidworks 文件。此外，如果插入了 Workgroup PDM 插件，选项卡标签将变为。
- **视图调色板**　在该面板中可以快速插入一个或多个预定义的视图到工程图中。它包含所选模型的标准视图、注解视图、剖面视图和平板型式（钣金零件）图像等。用户可以将视图拖到工程图纸来生成工程视图，且每个视图作为模型视图而生成。
- **外观、布景和贴图**　可以通过拖动或双击操作进行布景或贴图库的设置，以及光源的设置。
- **自定义属性**　在该面板中可以用来定义或编辑目前零件的属性（详细数据），并将自定义及配置特定的属性输入到 Solidworks 文件中。此时，用户输入的数据会写入到摘要信息对话框中的自定义和配置特定标签。

2.3　Solidworks 2013 系统的基本设置

要掌握 Solidworks 软件，必须熟悉该软件的工作环境。对于一个初学者来说，如果临时使用他人的电脑，可能由于工作环境设置不同而导致无法进行操作。因此，用户一定要熟练掌握 Solidworks 的工作环境的设置。但由于设置工作环境涉及到的内容较多，用户需要一个循序渐进的过程。

2.3.1　系统设置概述

根据使用习惯或自己国家的标准可以对 Solidworks 操作环境进行必要的系统设置。单击【标准】工具栏中的【选项】按钮，系统将打开一对话框，且此时【系统选项】选项卡处于激活状态，如图 2-26 所示。

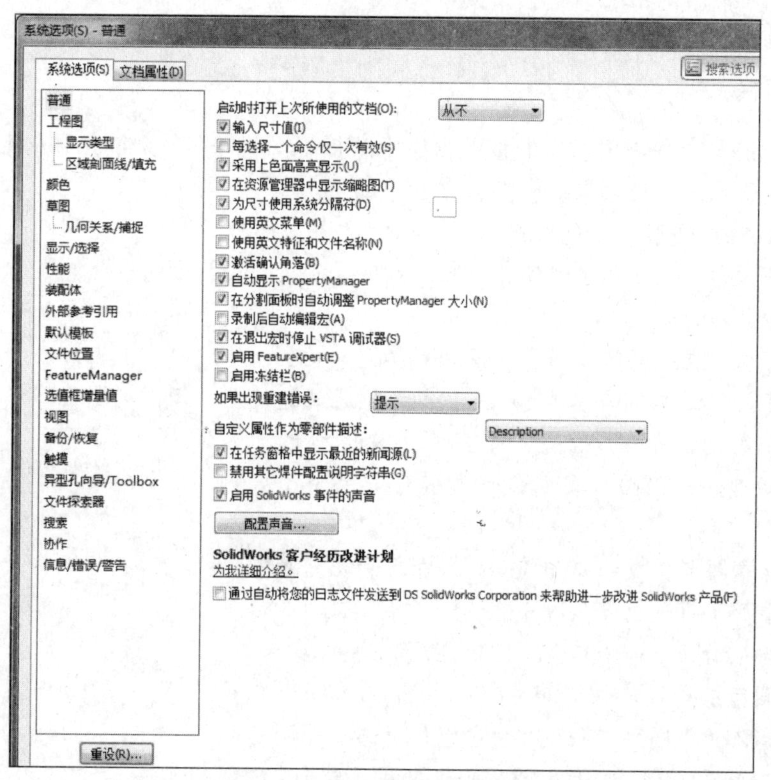

图 2-26　【系统选项】选项卡

该对话框包括【系统选项】和【文档属性】两个选项卡，每个选项卡上列出的选项以树型格式显示在选项卡的左侧，单击其中一个项目时，该项目的选项就会出现在选项卡右侧。

其中，【系统选项】选项卡主要是对系统环境进行设置，如普通设置、工程图设置、颜色设置和显示性能设置等；【文档属性】是对零件属性进行定义，使设计出的零件符合一定的规范，如尺寸、注释、箭头和单位等。

此外，在【系统选项】选项卡中所做的设置保存在系统注册表中，它不是文件一部分，对当前和将来所有文件都起作用；而在【文档属性】选项卡中设置的内容仅应用于当前文件，对于新建文件，如果没有特别指定该文件属性，将使用建立该文件的模板中的文件设置（例如网格线、边线显示、单位等）。

除个别选项外，建议不要轻易对【系统选项】和【文档属性】中各选项进行设置。初学者先在系统默认状态下进行操作，当对 Solidworks 有了进一步的认识后，再根据自己的需要对【系统选项】和【文档属性】中的各选项进行设置。

2.3.2 系统选项设置

【系统选项】选项卡包含多个项目面板，用户可以在其中对系统环境进行相应的参数选项设置，如常规设置、工程图设置、颜色设置和显示性能设置等。现分别介绍如下。

1. 常规设置

在【系统选项】选项卡的左侧选择【普通】选项，其相关内容选项将显示在该选项卡的右侧，如图 2-27 所示。用户可以在此指定一般的系统选项，如是否允许系统输入尺寸、激活确认角落等，各主要选项的含义如下所述。

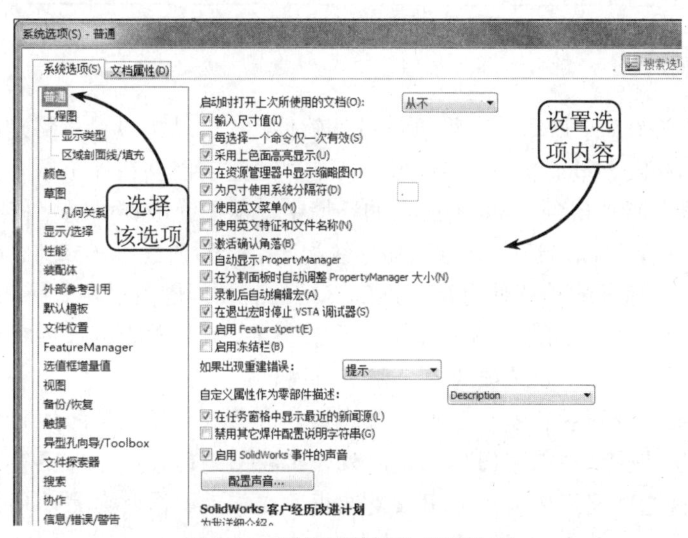

图 2-27 系统【普通】设置选项

- **启动时打开上次所使用的文档** 如果用户希望在打开 Solidworks 时，自动打开最近使用的文件，在该下拉列表框中选择【始终】选项，否则选择【从不】选项。
- **输入尺寸值** 启用该复选框后，在对一个新的尺寸进行标注后，系统会自动显示尺寸值修改框；否则，用户必须在双击标注尺寸后才会显示该框。
- **在资源管理器中显示缩略图** 在建立装配体文件时，经常会遇到只知其名、不知何物的尴尬情况。如果启用该复选框，则在 Windows 资源管理器中会显示每个 Solidworks 零件或装配体文件的缩略图，而不是图标。且该缩略图将以保存时的模型视图为基础，并使用 16 色的调色板，如果其中没有模型使用的颜色，则用相似的颜色代替。
- **为尺寸使用系统分隔符** 启用该复选框，系统将使用默认的系统小数点分隔符来显示小数数值。如果要使用不同于系统默认的小数分隔符，禁用该复选框，此时其右侧的文件框便被激活，用户可以键入一个符号（通常是句号或者逗号）作为小数分隔符。

- **自动显示 PropertyManager** 启用该复选框，对特征进行编辑时，系统将自动显示该特性的 PropertyManager 设计树。例如，如果选择了一个草图特征进行编辑时，则所选草图特征的 PropertyManager 设计树将自动显示。
- **激活确认角落** 启用该复选框，当进行某些需要进行确认的操作时，在图形窗口的右上角将会显示确认角落，如图 2-28 所示。

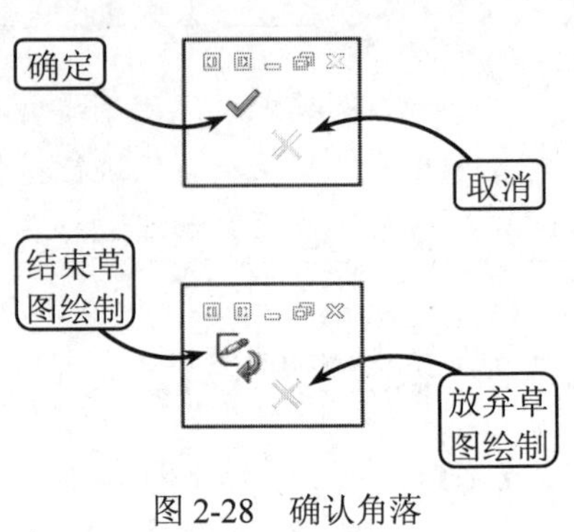

图 2-28 确认角落

SolidWorks 的系统设置与 Pro/E 的选择方式一样，选择【工具】|【选项】选项即可，但是其设置方法却和 AutoCAD 类似，以交谈的方式来设置，而 Pro/E 则是采用以系统变量值来控制的方式。

2. 工程图设置

Solidworks 是一个基于造型的三维机械设计软件，它的基本设计思路是：实体造型→虚拟装配→二维图纸。Solidworks 推出了二维转换工具，通过它能够在保留原有数据的基础上，让用户方便地将二维图纸转换到 Solidworks 的环境中，从而完成详细的工程图。此外，利用它独有的快速制图功能，可以迅速生成与三维零件和装配体暂时脱开的二维工程图，但依然保持与三维的全相关性。这样的功能使得从三维到二维的瓶颈问题得以彻底解决。

在【系统选项】选项卡的左侧选择【工程图】选项，其相关内容选项将显示在该选项卡的右侧，如图 2-29 所示。各主要选项的含义如下所述。

- **自动缩放新工程视图比例** 启用该复选框，当插入零件或装配体的标准三视图到工程图时，系统将会调整三视图的比例以配合工程图纸的大小，而不管已选的图纸大小。
- **拖动工程视图时显示内容** 启用该复选框，在拖动视图时会显示模型的具体内容；否则，在拖动时只显示视图边界。
- **打印不同步水印** Solidworks 的工程制图中有一个分离制图功能。它能迅速生成与三维零件和装配体暂时脱开的二维工程图，但依然保持与三维的全相关性。这个功能使得从三维到二维的瓶颈问题得以彻底解决。当启用该复选框后，如果工程与模型不同步，分离工程图在打印输出时会自动印上一个“Solidworks 不同步打印”的水印。
- **局部视图比例缩放** 局部视图比例是指局部视图相对于原工程图的比例，在其右侧的文本框中可以设置该比例。
- **键盘移动增量** 当使用方向键来移动工程图视图、注解或尺寸时，可以在该文本框中设置移动的单位值。

3. 颜色设置

用户可以根据自己的喜好来设置主操作窗口中任何部位的颜色，以及表现颜色的条件。在

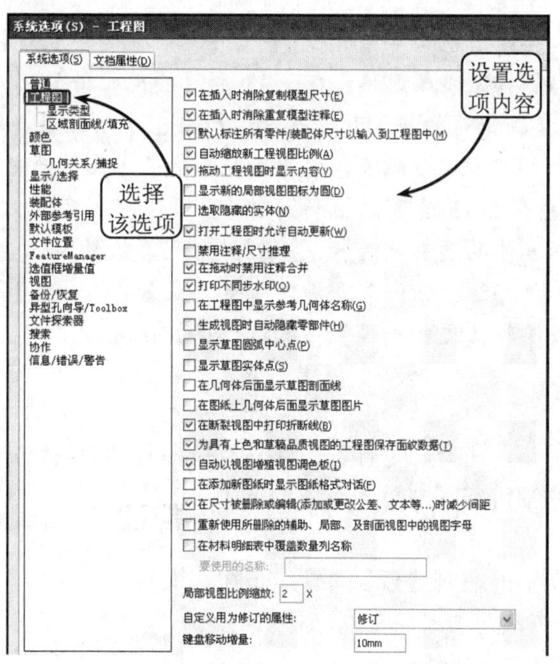

图 2-29　系统【工程图】设置选项

【系统选项】选项卡的左侧选择【颜色】选项，其相关内容选项将显示在该选项卡的右侧，如图 2-30 所示。各主要选项的含义如下所述。

- **当前的颜色方案**　该列表框中提供了设定颜色方案的快速方法，例如【Blue Highlight】（蓝光背景）、【Green Highlight】（绿光背景）等方案，用户可以选择其中的任何一种作为背景颜色方案。
- **颜色方案设置**　在清单中选择一项目以显示其颜色，然后单击【编辑】按钮即可进行颜色更改。例如选择【视区背景】选项，并单击【编辑】按钮，即可在弹出的【颜色】对话框中设定【视区背景】颜色，效果如图 2-31 所示。

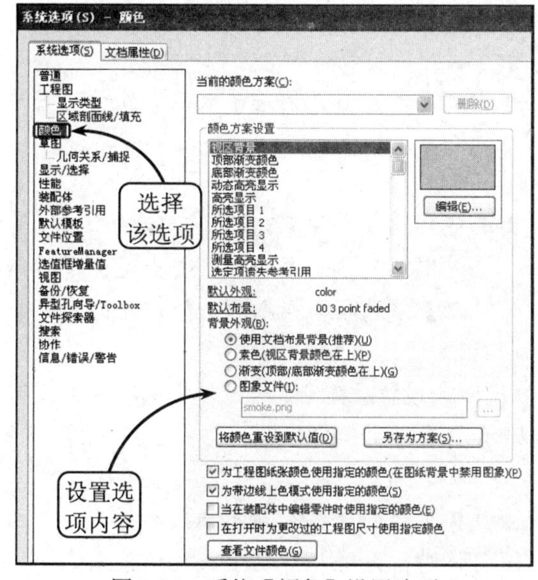

图 2-30　系统【颜色】设置选项

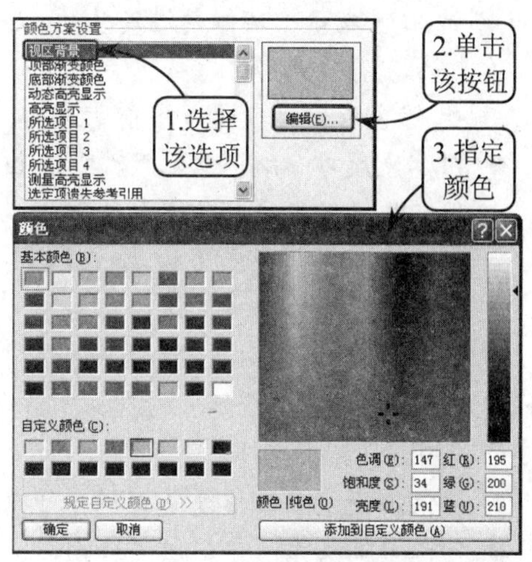

图 2-31　指定颜色

● **背景外观** 该选项组中包含 4 个选项：【使用文档布景背景】、【素色（视区背景颜色在上）】、【渐变（顶部/底部渐变颜色在上）】和【图像文件】。其中选择【使用文档布景背景】选项，随文档保存的布景背景在 Solidworks 中打开时将被使用；选择【素色（视区背景颜色在上）】选项，为视区背景所选取的颜色方案作为背景颜色；选择【渐变（顶部/底部渐变颜色在上）】选项，图形区中将呈现渐变的色彩效果；选择【图像文件】选项，可以选择其他的图形作为背景，例如自己喜欢的照片等。

● **查看文件颜色** 单击该按钮，系统将自动连接到【文档属性】中的【颜色】设置界面，这时可以查看或编辑【文档属性】中的【颜色】设置。

4. 草图和捕捉模式设置

在 Solidworks 软件中，所有的零件都是建立在草图基础上的，大部分的特征也都是从二维草图开始的，所以必须熟练掌握与草图有关的选项设置。

在【系统选项】选项卡的左侧选择【草图】选项，其相关内容选项将显示在该选项卡的右侧，如图 2-32 所示。各主要选项的含义如下所述。

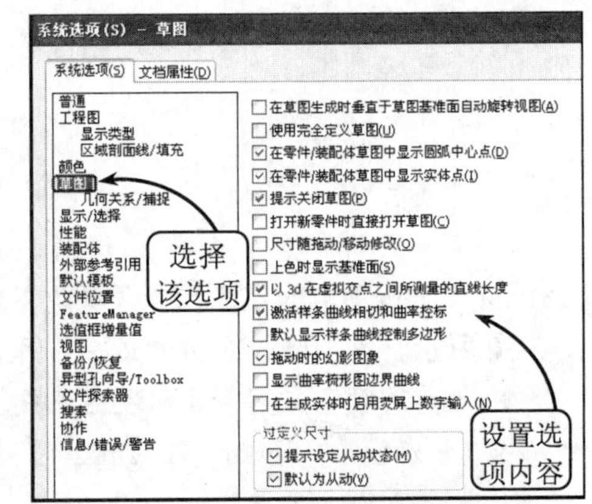

图 2-32 系统【草图】设置选项

● **使用完全定义草图** 所谓完全定义草图是指草图中所有的直线和曲线及其位置均由尺寸或几何关系或两者说明。启用复选框，草图用来生成特征之前必须是完全定义的。

● **在零件/装配体草图中显示实体点** 启用该复选框，草图中实体的端点将以实心圆点的方式显示。且该圆点的颜色反映草图中该实体的状态。

◆ 黑色表示该实体是完全定义的。

◆ 蓝色表示该实体是欠定义的，即草图实体中有些尺寸或几何关系未定义，可以随意改变。

◆ 红色表示该实体是过定义的，即草图实体中有些尺寸或几何关系或两者处于冲突中或是多余的。

◆ 绿色表示该实体是当前所选的。

● **过定义尺寸** 所谓从动尺寸是指该尺寸是由其他尺寸或条件驱动的，不能被修改。启用【提示设定从动状态】复选框，当添加一个过定义尺寸到草图时，会出现一个对话框询问尺寸是否应为从动；而启用【默认为从动】复选框，当添加一个过定义尺寸到草图时，尺寸会被默认为从动。

此外，用户还可以对系统默认的捕捉模式进行相应的设置。在【系统选项】选项卡的左侧选择【几何关系/捕捉】选项，其相关内容选项将显示在该选项卡的右侧，如图 2-33 所示。各主要选项的含义如下所述。

● **激活捕捉** 启用该复选框，才可以设定草图捕捉下所列的所有草图捕捉类型。

● **自动几何关系** 启用该复选框，当添加草图实体时，系统将自动生成几何关系。

- **草图捕捉**　在该选项组中，用户可以根据实际需要启用要捕捉的类型。
- **捕捉角度**　在该文本框中可以设置角度值，直线将以设定数值的角度增量而捕捉。其中，当无其他直线存在时，捕捉角度将基于草图原点的 X-Y 轴；若从现有直线的端点绘制，捕捉角度将基于现有直线。

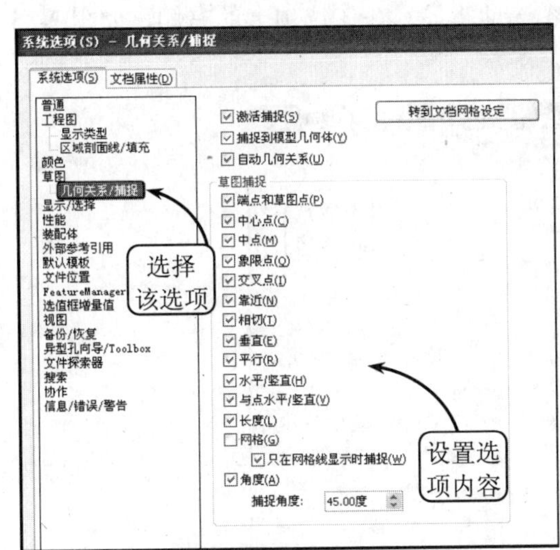

图 2-33　系统【几何关系/捕捉】设置选项

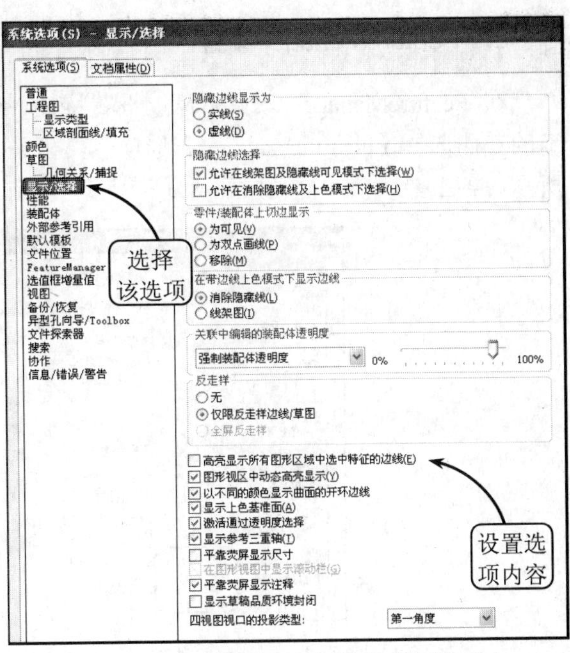

图 2-34　系统【显示/选择】设置选项

5. 显示/选择设置

任何一个零件的轮廓都是一个复杂的闭合边线回路，在 Solidworks 的操作中离不开对边线的操作。该项目就是为边线和边线选择设定系统的默认值。

在【系统选项】选项卡的左侧选择【显示/选择】选项，其相关内容选项将显示在该选项卡的右侧，如图 2-34 所示。各主要选项的含义如下所述。

- **隐藏边线显示为**　这组单选按钮只有在隐藏线变暗模式下才有效。其中，选择【实线】单选按钮，零件或装配体中的隐藏线将以实线显示；所谓“虚线”模式是指以浅灰色线显示视图中不可见的边线，而可见的边线仍正常显示。
- **在带边线上色模式下显示边线**　这组单选按钮用来控制在上色模式下，模型边线的显示状态。其中，选择【消除隐藏线】单选按钮，所有在消除隐藏线模式下出现的边线也会在带边线上色模式下显示；选择【线架图】单选按钮，在带边线上色模式下，所有边线均显示（如同线架图）。
- **关联中编辑的装配体透明度**　该下拉列表框用来控制编辑装配体零部件时的透明度选项，且这些设定只影响没被编辑的零部件。用户可以选择【不透明装配体】、【保持装配体透明度】和【强制装配体透明度】选项，其右边的移动滑块用来设置透明度的值。
- **图形视区中动态高亮显示**　启用该复选框，当移动光标经过草图、模型或工程图时，系统将以高亮度显示模型的边线、面及顶点。

- **显示参考三重轴** 启用该复选框，在图表区域中显示参考三重轴。
- **四视图视口的投影类型** 如果主要绘制本国工程图面，选择【第一角度】选项；如果经常绘制国际 ISO 图面，选择【第三角度】选项。

6. FeatureManager 设置

在 FeatureManager 项目中可以设置特征管理器内的相关操作控制。在【系统选项】选项卡的左侧选择【FeatureManager】选项，其相关内容选项将显示在该选项卡的右侧，如图 2-35 所示。各主要选项的含义如下所述。

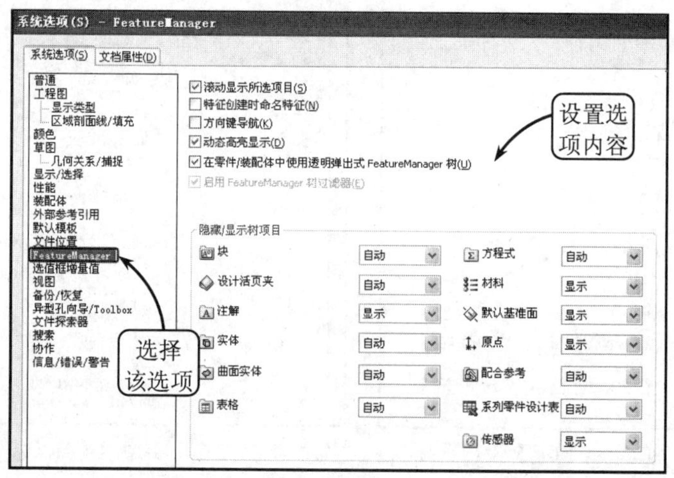

图 2-35 系统【FeatureManager】设置选项

- **动态高亮显示** 启用该复选框，当指针经过 FeatureManager 设计树中的各项目时，图形区域中的几何体（边线、面、基准面和基准轴等）会高亮显示。
- **在零件/装配体中使用透明弹出式 FeatureManager 树** 启用该复选框，弹出式设计树为透明；禁用该复选框，弹出式设计树不透明，效果如图 2-36 所示。

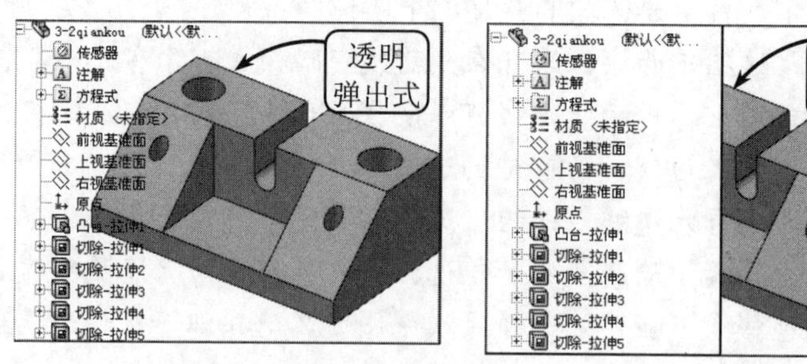

图 2-36 设置 FeatureManager 设计树显示方式

- **隐藏/显示树项目** 在该选项组中可以控制 FeatureManager 设计树文件夹和工具的显示状态。

7. 备份/恢复设置

【备份/恢复】项目涉及到工作文件的保全程度，是一个不常用但是却很重要的设置。用户

可以在该项目中设置自动恢复、备份及保存通知时的相关选项，如运行频率和文件夹指定等。

在【系统选项】选项卡的左侧选择【备份/恢复】选项，其相关内容选项将显示在该选项卡的右侧，如图 2-37 所示。各主要选项的含义如下所述。

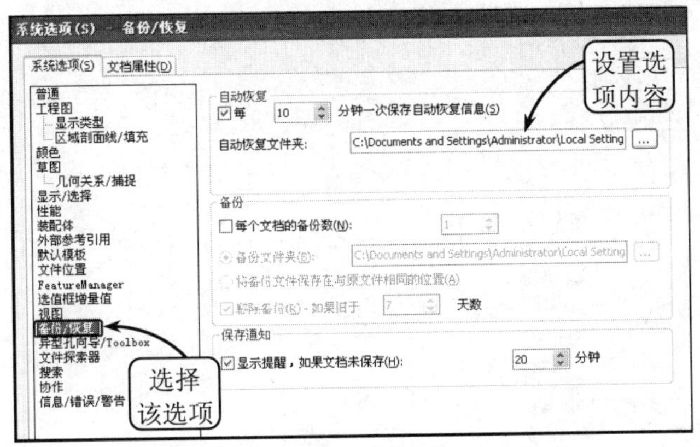

图 2-37　系统【备份/恢复】设置选项

- **自动恢复**　该选项组用来保存有关活动文件的信息，以防止在系统意外终止时（如停电或非正常关机）丢失数据。出现这些情况后，当下次进入 Solidworks 时，恢复的文件将出现在任务窗格的【文件恢复】选项卡中。在该项目中，可以指定保存自动恢复文件的文件夹，并定义在为打开的文档生成自动恢复文件之前消耗的分钟数。
- **备份**　该选项组用来在任何更改保存到文件之前，将原有文档的备份件储存，且此为文档最后保存版本前的版本。在该项目中，可以指定保存备份文件的文件夹，并为每个文档设置保存的副本数（1 至 10）。
- **保存通知**　如果活动文档在指定的间隔时间内未保存，将有一未保存的文档通知透明信息出现在图形区域的右下角中。单击信息中的命令，就可以保存当前的活动文档或保存所有打开的文档，且该信息在几秒钟后渐褪。在该项目中可以定义在显示保存通知消息之前消耗的分钟数。

2.3.3　文档属性设置

文档属性是对零件属性进行定义，使设计出的零件符合一定的规范，如尺寸、注释、箭头和单位等。单击【标准】工具栏中的【选项】按钮，在打开的对话框中切换至【文档属性】选项卡，即可对当前文件的属性进行设置。现分别介绍如下。

1. 尺寸设置

在【尺寸】项目中可以设置所有尺寸的文档层绘图设定。在【文档属性】选项卡的左侧选择【尺寸】选项，其相关内容选项将显示在该选项卡的右侧，如图 2-38 所示。各主要选项的含义如下所述。

- **双制尺寸**　在该选项组中可以启用双制单位显示尺寸，或设定是否显示第二组尺寸的单位。此外，还可以指定尺寸值的位置。
- **主要精度**　在该选项组中可以为值、公差设定小数点后包含的位数。

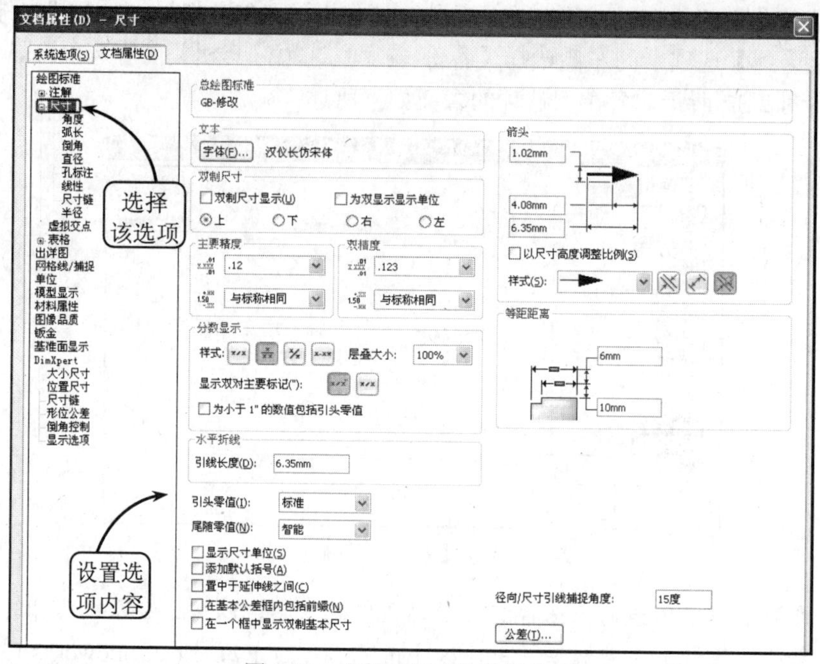

图 2-38　文档【尺寸】设置选项

- **箭头**　在该选项组中可以选择箭头样式，并设置 3 个箭头大小字段。此外，如启用【以尺寸高度调整比例】复选框，系统将根据尺寸延伸线的高度来调整箭头的大小比例。
- **等距距离**　在该选项组中可以设置标准尺寸间的距离，例如模型和第一条尺寸延伸线之间的等距距离，以及后续尺寸和前一标准尺寸延伸线之间的等距距离。
- **显示尺寸单位**　启用该复选框，系统将在工程图中显示尺寸单位。
- **置中于延伸线之间**　启用该复选框，标注的尺寸文字将被置于尺寸界线的中间位置。
- **在基本公差框内包括前缀**　启用该复选框，任何添加到带基本公差的尺寸的前缀将显示在公差框内。
- **公差**　单击该按钮，系统会弹出【尺寸公差】对话框，如图 2-39 所示。用户可以在该对话框中选择要显示的公差类型，并指定变量、字体、线性或角度公差。

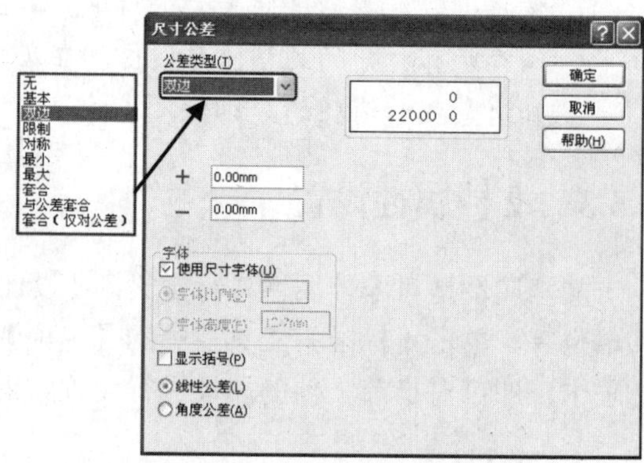

图 2-39　【尺寸公差】对话框

在【文档属性】选项卡中，展开【尺寸】项目，用户还可以对具体的草图实体的尺寸样式进行设置，如角度、弧长和直径等，这里不再赘述。

2. 单位设置

在【单位】项目中可以指定激活的零件装配体或工程图文件的单位属性，如基本单位、质量/截面属性和运动单位等。在【文档属性】选项卡的左侧选择【单位】选项，其相关内容选项将显示在该选项卡的右侧，如图 2-40 所示。

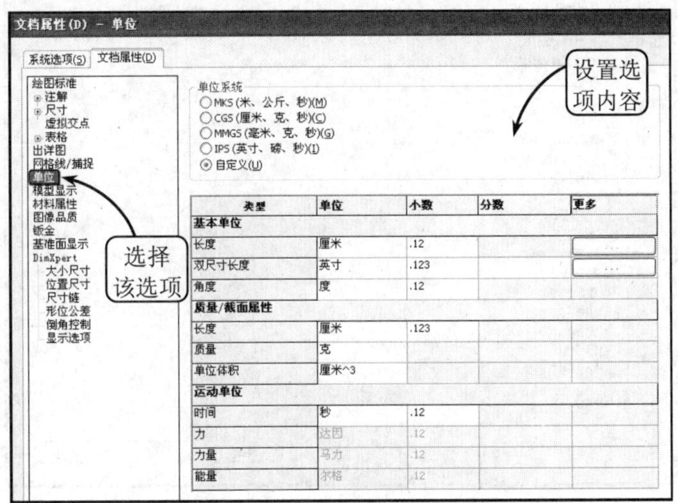

图 2-40 文档【单位】设置选项

用户可以在该项目中指定文件单位系统的类型，如 MKS（米、公斤、秒）或 CGS（厘米、克、秒）等。如果选择了【自定义】单选按钮，则可以在表格中自行修改单位。

2.3.4 工具栏设置

在系统默认状态下，有些工具栏是隐藏的，它的功能不可能一一罗列在界面上供用户调用，这就要求用户根据自己的需要设置常用的工具栏，并且还可以在所设置的工具栏中任意添加或删除各种命令按钮，以使设计工作更加方便快捷。工具栏里包含了所有菜单命令的快捷方式，通过使用工具栏，可以大大提高 Solidworks 的设计效率。

1. 自定义工具栏

用户可以根据文件类型（零件、装配体或工程图）来放置工具栏，并设定其显示状态，即可选择想显示的工具栏并清除想隐藏的工具栏。此外，还可以设定哪些工具栏在没有文件打开时可显示。

在 Solidworks 中，自定义工具栏的设置有两种方法：一是选择菜单栏上的【工具】|【自定义】选项，二是右击工具栏的空白处，在打开的快捷菜单中选择【自定义】选项，系统将弹出【自定义】对话框，如图 2-41 所示。

在该对话框中切换至【工具栏】选项卡，用户即可根据自己的习惯启用想显示的工具栏复选框，同时禁用想隐藏的工具栏复选框。同时，还可以启用【激活 CommandManager】（命令管理器）、【使用带有文本的大按钮】等复选框，以设定工具图标的大小以及是否显示工具的文字提示。

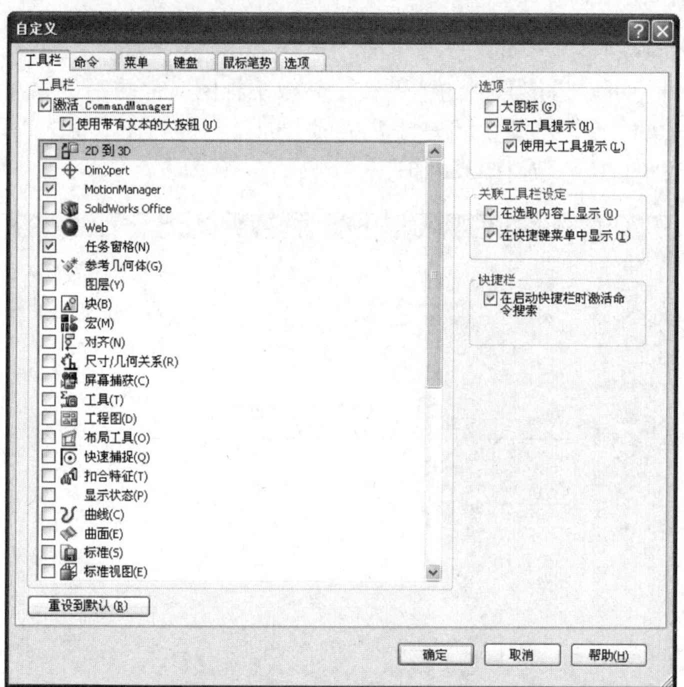

图 2-41 【自定义】对话框

此外，如果显示的工具栏位置不理想，可以将光标指向工具栏上按钮之间空白的地方，然后拖动工具栏至目标位置。如果将工具栏拖到 Solidworks 窗口的边缘，工具栏就会自动定位在该边缘。

用户也可以选择【视图】|【工具栏】选项，在其展开的列表框中直接选择要添加的工具栏名称即可。

2. 自定义命令

Solidworks 的一大特色就是提供了所有可以自己定义的工具栏按钮。用户可以添加工具按钮到一个或多个活动工具栏中、从工具栏移除工具按钮、重排工具栏上的工具按钮，或将工具按钮从一个工具栏移到另一个工具栏。

选择菜单栏上的【工具】|【自定义】选项，系统将打开【自定义】对话框。此时，切换至【命令】选项卡，即可进行相应的命令设置操作，如图 2-42 所示。

在【类别】中选择要增加命令的工具栏，并在其右侧显示的工具按钮区中单击选取要添加的命令按钮，然后直接将其拖动到相应的工具栏中即可，效果如图 2-43 所示。

此外，还可以对工具栏中的按钮进行重新安排，或者删除指定的命令按钮：保持【自定义】对话框打开，然后在工具栏中单击选取要移动的按钮，将其拖到工具栏上的新位置，即可实现重新安排工具栏上的按钮的目的；在工具栏中单击选取要删除的按钮，并将其从工具栏拖放到图形区，即可实现移除该工具按钮的目的。

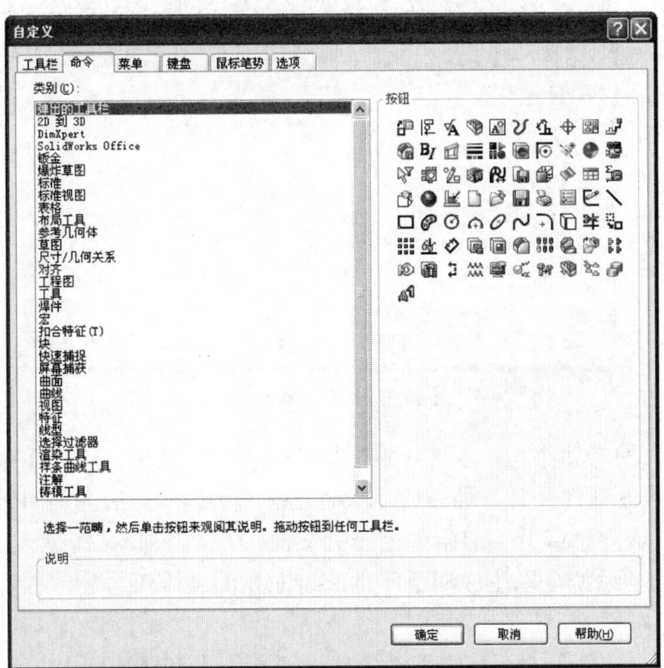

图 2-42　【命令】选项卡

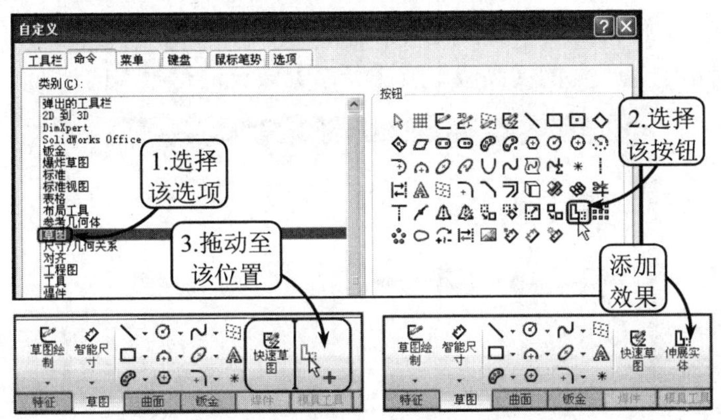

图 2-43　添加命令

2.4　文件管理

如同其他的 Windows 操作软件，在 Solidworks 中创建、打开以及保存文件的操作也是比较简单的。在文件菜单中，常用的命令是文件管理指令（新建/打开/保存/另存为），即用于建立新文件、开启原有的零件文件、保存或者重命名当前文件，现分别介绍如下。

2.4.1　新建文件

单击菜单栏中的【新建】按钮，或者选择【文件】|【新建】选项，系统将打开【新建 Solidworks 文件】对话框，如图 2-44 所示。

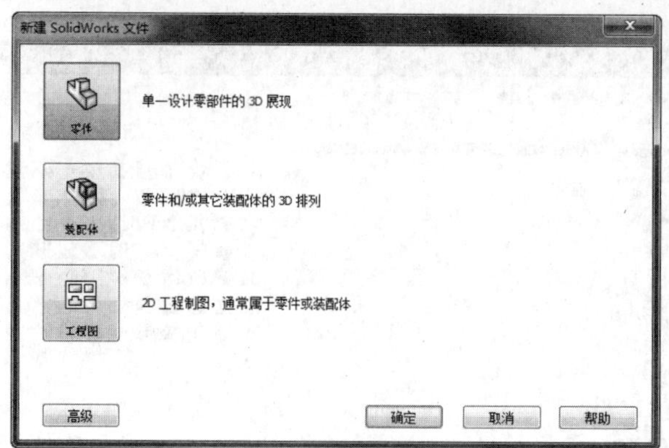

图 2-44 【新建 Solidworks 文件】对话框

该对话框包含 3 种文件类型：零件、装配体和工程图。其中，双击【零件】按钮，系统将可以生成单一的三维零部件文件，且后续存盘时，系统默认的扩展名为.sldprt；双击【装配体】按钮，系统将可以生成零件或其他装配体的排列文件，且存盘时，系统默认的扩展名为.sldasm；双击【工程图】按钮，系统可以生成属于零件或装配体的二维工程图文件，且存盘时，系统默认的扩展名为.slddrw。

【新建 Solidworks 文件】对话框有两个版本：【新手】和【高级】。其中，【新手】版本提供零件、装配体和工程图文档的说明，适合于初学者使用；【高级】版本在各个标签上显示模板图标，当选择一文件类型时，模板的预览会出现在预览框中，适合于熟练的用户使用。用户可以通过单击对话框左下角的【高级】或【新手】按钮进行版本的切换，如图 2-45 所示。

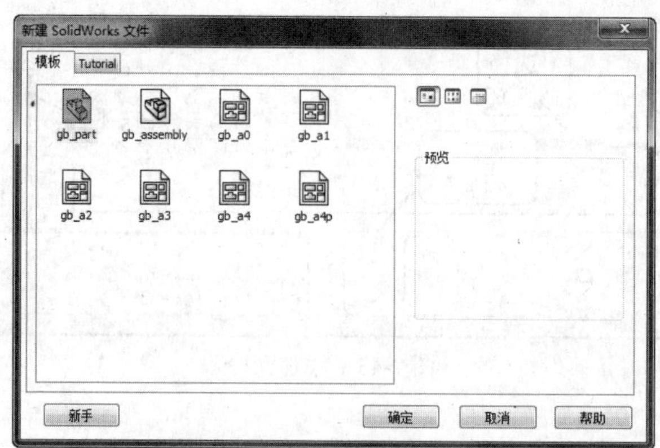

图 2-45 高级【新建 Solidworks 文件】对话框

2.4.2 打开文件

单击菜单栏中的【打开】按钮，或者选择【文件】|【打开】选项，系统将弹出【打开】对话框，如图 2-46 所示。

在该对话框中可以打开现有零件、工程图或装配体文档，并可以从其他应用程序输入文件。用户可以在【查找范围】列表框中选择打开文件的路径，并在【文件类型】列表框中指定要打开的文件类型。

此外，在【打开】按钮旁边有一个【下拉】按钮，其下包括【以只读打开】和【添加到

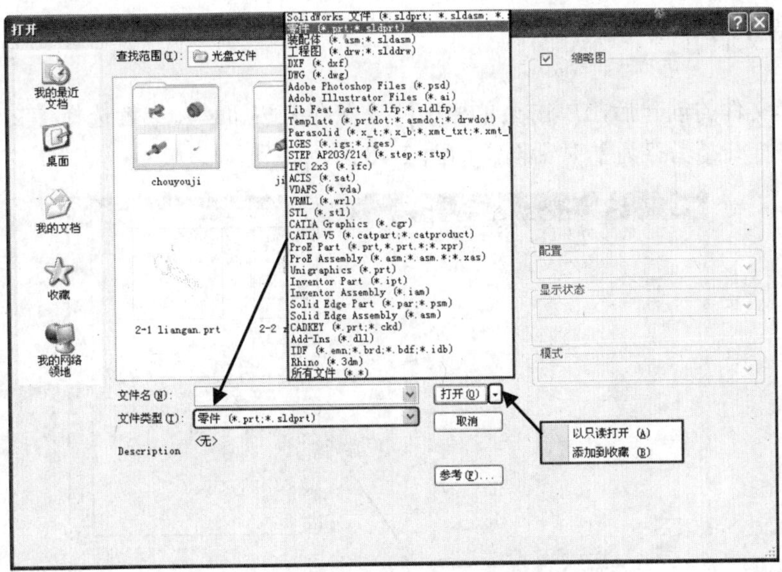

图 2-46　【打开】对话框

收藏】两种文件打开方式。其中，选择【以只读打开】方式打开的文件，同时允许另一用户对文件有写入访问权，且用户本身不能保存或更改文件；选择【添加到收藏】方式打开文件，系统将生成一个用户常用文件夹中所选文件的快捷方式。

在【打开】对话框中指定一文件类型，并浏览选择一文档，然后单击【打开】按钮，即可打开该文档，效果如图 2-47 所示。

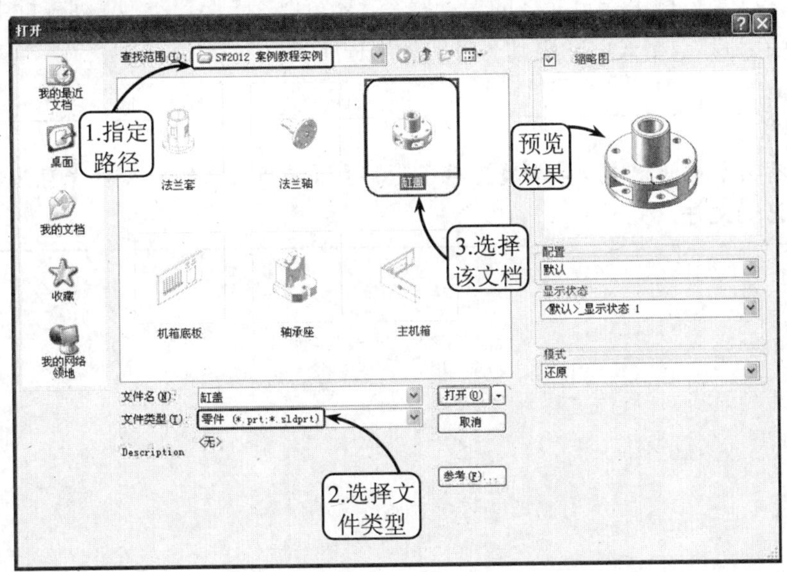

图 2-47　打开文档

提示

在【打开】对话框中，系统会默认前一次读取的文件格式。如果想要打开不同格式的文件，可以在【文件类型】下拉列表中选择适当的文件类型。

2.4.3 保存文件

完成图形文件的创建后，单击菜单栏中的【保存】按钮，或者选择【文件】|【保存】选项，系统将打开【另存为】对话框，如图 2-48 所示。

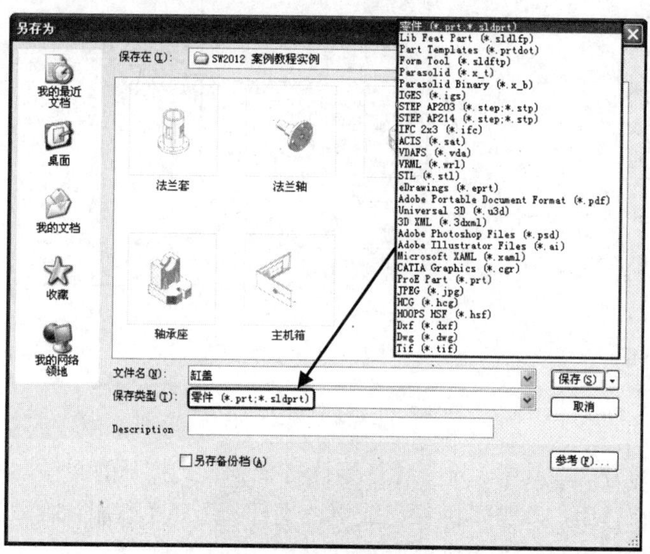

图 2-48 【另存为】对话框

在该对话框中，用户可以使用默认文件名或输入新文件名将当前激活的文件保存到磁盘，可以在【保存在】列表框中指定文件的保存路径，还可以在【保存类型】列表框中指定一格式，将当前文件保存为其他格式以输出到另外的应用程序。

在【另存为】对话框中，启用【另存备份档】复选框，系统将文件保存为新的文件名，而不替换激活的文件。

第 3 章　Solidworks 2013 建模通用知识

Solidworks 2013 作为专业化的图形软件，同其他 CAD 软件一样，都有一些基本操作，包括对象的选择、视图的控制操作等。作为 Solidworks 软件的初学者，掌握这些基本操作方法是学好该软件的关键，也是进一步提高作图能力的关键。

3.1　对象的选择

为了更快地适应 Solidworks 软件的工作环境，提高工作效率及绘图的准确性，用户可以根据不同的使用习惯，对图形对象的选择进行相应的设置，便于对相关的对象操作有更加清晰的认识。

3.1.1　对象的高亮显示

当用户在绘图区中选取某一图形对象时，其将高亮显示以方便进行相应的操作。且当用户将指针移至要选取的对象上时，其也可以动态高亮显示。

在 Solidworks 中，图形对象的高亮显示状态取决于颜色的设定、指定的显示样式，以及 RealView 是否已经激活。其中，当激活 RealView 并指定显示样式为【上色】类型时，所选边线将以发光线条高亮显示，选取的面将以发光单色高亮显示；当关闭 RealView 并指定显示样式为【消除隐藏线】类型时，所选边线将以粗实线高亮显示，所选面的边线将以细实线高亮显示，如图 3-1 所示。

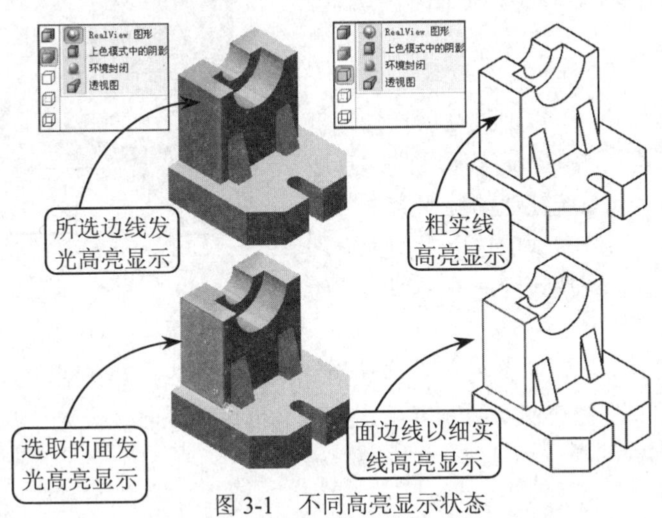

图 3-1　不同高亮显示状态

此外，当将指针动态移至某个边线或面上时，边线将以粗实线高亮显示，面的边线将以细实线高亮显示，如图 3-2 所示。用户可以选择【工具】|【选项】|【系统选项】|【显示/选择】选项，通过启用或禁用【图形视区中动态高亮显示】复选框来控制图形的动态高亮显示状态。

图 3-2　动态高亮显示

此外，用户可以选择【工具】|【选项】|【系统选项】|【颜色】选项，在打开的【颜色】面板中为所选图形对象和动态高亮显示设定相应的颜色，这里不再赘述。

3.1.2　对象选择类型

选择模式是用户未处于命令状态时系统的默认模式。在大部分情况下，当用户退出命令时，控制会自动退回至选择模式。而当激活选择模式时，用户可以在图形区域或 FeatureManager 设计树中选择实体，各种选择图形对象的方法如下所述。

1. 光标选择

在【标准】工具栏中单击【选择】按钮，系统将激活选择模式。此时，用户即可在绘图区中移动光标指针选择相应的图形对象，系统会动态高亮显示可供选择的实体。且如要选择多个实体对象，可以在选择时按住 Ctrl 键，如图 3-3 所示。

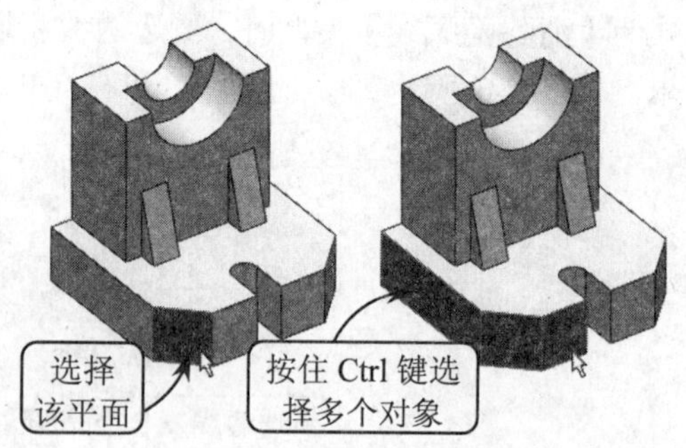

图 3-3　光标选择对象

2. 框选

在 Solidworks 中，用户可以通过拖动指针来框选零件、装配体和工程图中的所有实体类型。一般情况下，在零件文件中，系统默认的选取类型为边线；在装配体文件中，系统默认的选取类型为零部件；在工程图文件中，系统默认的选取类型为草绘实体、尺寸和注解。

在草图和工程图中，当用户从左至右拖动指针框选对象时，该方框以实线显示，且仅选中完全在方框内的项目；当用户从右至左拖动指针交叉框选对象时，该方框以虚线显示，且跨过方框边界的以及方框内的项目均被选中，如图 3-4 所示。

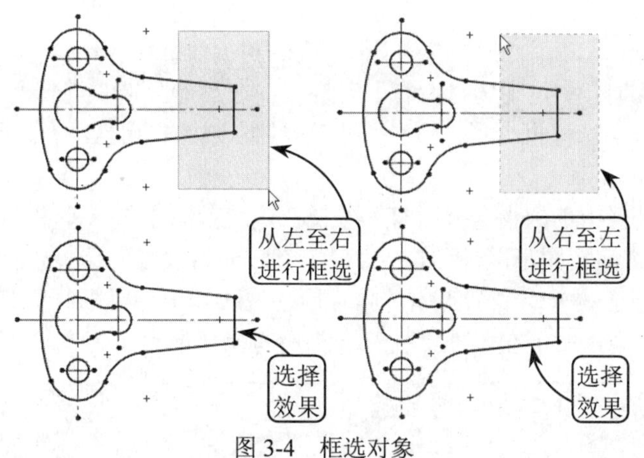

图 3-4　框选对象

此外，如果用户要选择与系统默认不同的实体类型，可以使用选择过滤器。其相关内容将在下面章节介绍，这里不再赘述。

3. 选择过滤器

在选择图形对象时，利用【选择过滤器】工具栏将有助于在图形区域中或工程图图纸区域中选择特定项。例如，选择面的过滤器而只选取面，这可以大大提高选择对象的准确性和效率。

在 Solidworks 中，要显示【选择过滤器】工具栏，可以在【标准】工具栏中单击【切换选择过滤器工具栏】按钮，系统即可打开【选择过滤器】工具栏，如图 3-5 所示。

在该工具栏中，单击【切换选择过滤器】按钮，可以打开或关闭选择的过滤器；单击【清除所有过滤器】按钮，系统将清除所有所选过滤器；单击【选择所有过滤器】按钮，系统将选择所有过滤器；单击【逆转选择】按钮，系统将自动选择与所选对象相同的所有其他项目（例如面、边线和顶点），而原有选择将被消除。

此外，该工具栏上的其他选项按钮都是具体的各类型过滤器，用户可以单击相应的过滤器按钮在绘图区中选择相匹配的图形对象。其中，当一个选择过滤器处于激活状态时，指针形状将变为。此时，将指针移至要过滤的对象时，即可显示该对象的指针形状，如图 3-6 所示。

图 3-5　【选择过滤器】工具栏

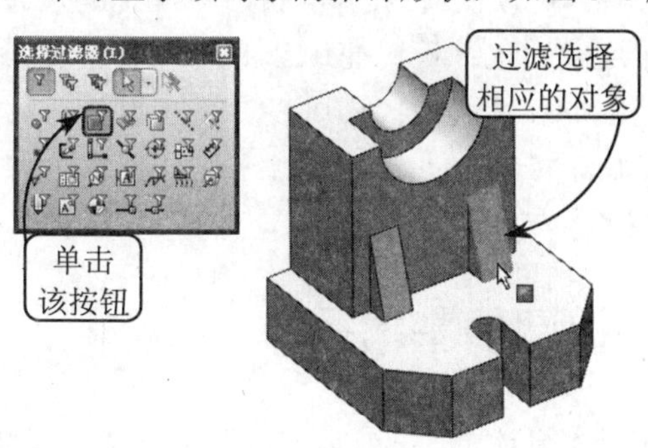

图 3-6　过滤选择对象

4. 选择所有

在选择图形对象时，利用【选择所有】工具可以在图形区域中选择所有的内容，就像制作了一个覆盖整个区域的选择框一样。其中，对于零件，该方式相当于在选择对象时激活任何选项过滤器。

在【标准】工具栏中单击【选择所有】按钮，或者在【选择过滤器】工具栏中选择【选择所有】选项，系统都将在图形区域中选择所有内容。而若要限制选择零件中的特定实体对象，可以在图形区域中预选一个或多个实体。例如，预选边线和顶点以限制所有边线和顶点的选择。图 3-7 所示就是在不同情况下在零件上执行选择所有操作的效果。

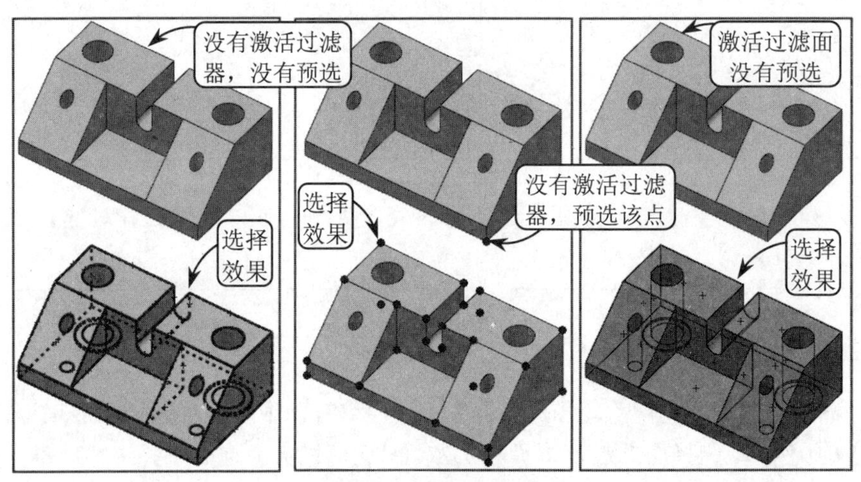

图 3-7　选择所有对象

5. FeatureManager 设计树

在 Solidworks 中，用户还可以在 FeatureManager 设计树中通过相应的操作方式来选择单个、多个或不连续的图形对象，且所选对象将在绘图区中高亮显示。

其中，用户可以在 FeatureManager 设计树中选择对象的名称来选择特征、草图、基准面和基准轴；可以在选择的同时按住 Shift 键来选取多个连续对象；可以在选择的同时按住 Ctrl 键来选取非连续对象；还可以通过在设计树面板的空白区域按住并拖动指针来进行框选，如图 3-8 所示。

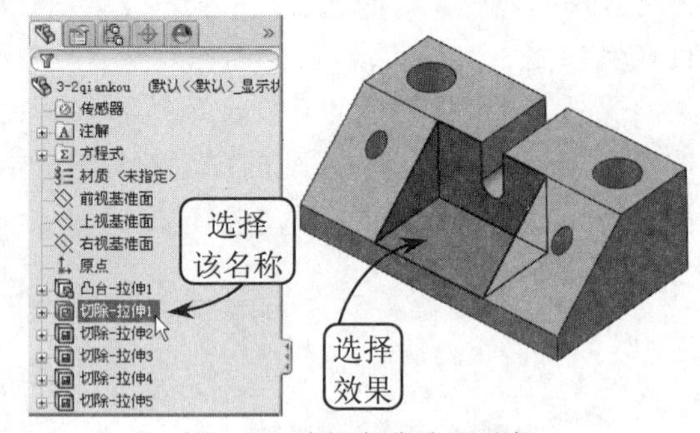

图 3-8　选择名称选取对象

3.2　视图的基本操作

在机械设计中，三维实体零件由于其立体性和各部分结构的复杂多样性，需要从不同的方位来观察模型，或者设置不同的视觉样式来显示模型，进而更详细了解零件各部分结构。因此，在 Solidworks 中对模型视图的控制是最基本，也是最重要的操作。

3.2.1　视图定向

创建三维模型时，常常需要从不同的方向观察模型。当用户设定某个查看方向后，系统将显示出对应的 3D 视图，有助于设计人员正确理解模型的空间结构。在 Solidworks 中，用户可以通过【视图】工具栏对视图进行定向操作。

在【视图】工具栏的【视图定向】下拉列表中，用户可以通过单击相应的按钮来更改当前视图定向或视口数，效果如图 3-9 所示。

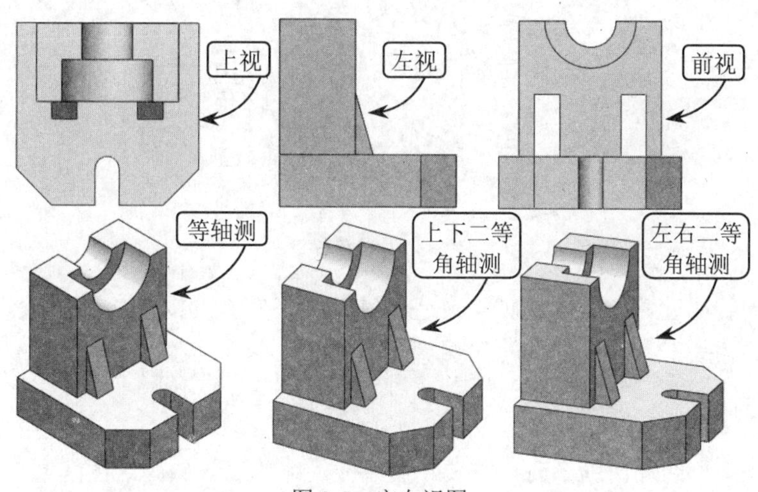

图 3-9　定向视图

此外，在绘图区中选取任何面或以单一草图所生成的特征，然后单击【正视于】按钮，系统都会立刻将画面转到正对该面或特征的状态，效果如图 3-10 所示。

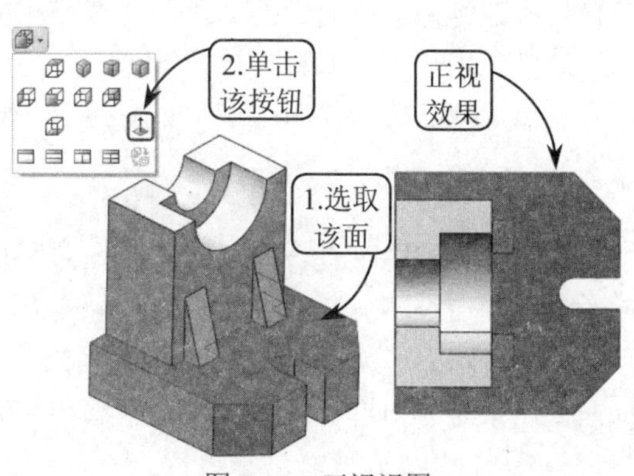

图 3-10　正视视图

3.2.2　着色模式的切换

在 Solidworks 中为了观察三维模型的最佳效果，往往需要不断切换视觉样式。视觉样式主要用来控制视口中模型边和着色的显示，零件的不同视觉样式呈现出不同的视觉效果：如果要形象地展示模型效果，可切换为【带边线上色】样式；如果要表达模型的内部结构，可以切换为【线架图】样式。

在【视图】工具栏的【显示样式】下拉列表中，用户可以通过单击相应的按钮来更改活动视图的显示效果，效果如图 3-11 所示。

3.2.3　操纵视图

在模型的创建过程中，经常需要改变观察模型对象视图的位置和角度，以便进行操作和分

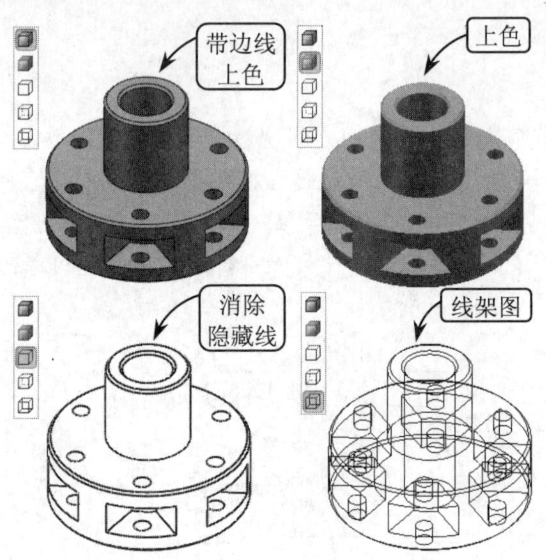

图 3-11　着色模式

析研究，这就需要通过各种操作使对象满足观察要求。在 Solidworks 中，用户可以通过【视图】工具栏中的相关工具实现视图的观察。

1. 缩放视图

通常在绘制图形的局部细节时，需要使用相应的缩放工具放大绘图区域，当绘制完成后，再使用缩放工具缩小图形来观察图形的整体效果。

在【视图】工具栏中单击【放大或缩小】按钮，指针形状将变为。此时，在绘图区中按住鼠标左键向上或向下拖动指针，即可相应地放大或缩小视图，如图 3-12 所示。

此外，用户也可以直接按住 Shift 键，并按住鼠标中键向上下拖动进行缩放视图的操作；或者将指针放在要缩放的区域上，直接前后转动鼠标滚轮来缩放视图。

2. 平移视图

使用平移视图工具可以重新定位当前图形在窗口中的位置，以便对图形其他部分进行浏览或绘制。此命令不会改变视图中对象的实际位置，只改变当前视图在操作区域中的位置。

在【视图】工具栏中单击【平移】按钮，指针形状将变为。此时，在绘图区中按住鼠标左键沿指定方向进行拖动，即可平移相应的视图，如图 3-13 所示。

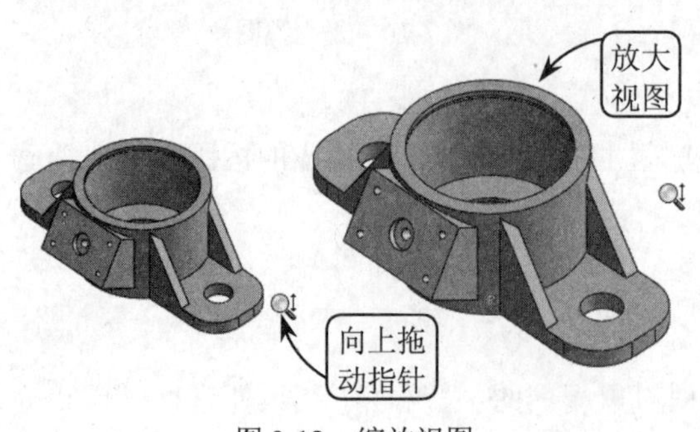

图 3-12　缩放视图

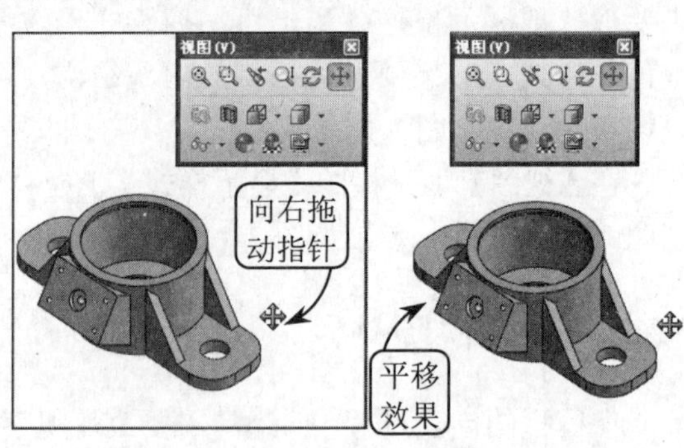

图 3-13　平移视图

此外，用户也可以直接按住 Ctrl 键，并按住鼠标中键沿指定方向进行拖动来平移相应的视图；或者按住 Ctrl 键，通过键盘上的方向键来进行平移视图的操作。

3. 旋转视图

旋转视图是指将对象绕指定参考旋转任意角度，从而调整图形放置方向。旋转和平移操作都是对象的重定位操作，两者不同之处在于：平移是将对象位置进行调整，方向和大小不变；旋转是将对象方向进行调整，位置和大小不变。

在【视图】工具栏中单击【旋转视图】按钮，指针形状将变为。此时，在绘图区中按住鼠标左键沿指定方向拖动，即可旋转相应的视图，如图 3-14 所示。用户也可以直接按住鼠标中键沿指定方向拖动来进行旋转操作，或者通过键盘上的方向键来旋转视图。

此外，若想绕指定的参考对象旋转视图，可以单击【旋转视图】按钮，然后在绘图区中选择相应的顶点、边线或面，并按住鼠标左键拖动来定向旋转视图；或者直接以鼠标中键单击选取相应的顶点、边线或面，然后按住鼠标中键拖动进行定向旋转操作，如图 3-15 所示。

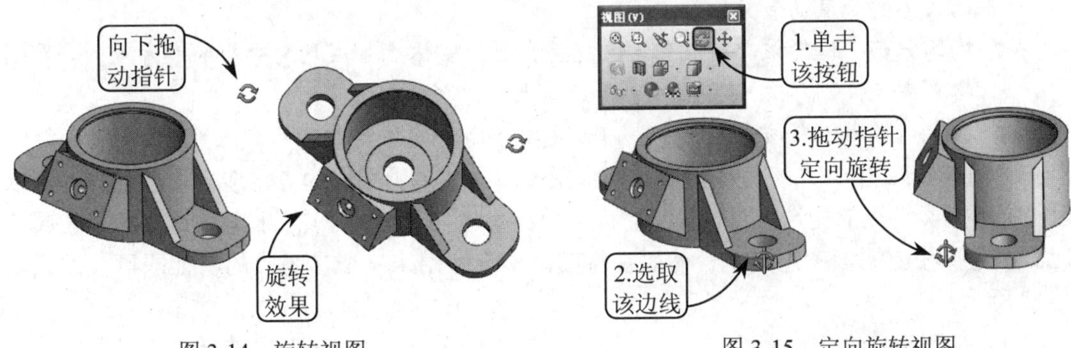

图 3-14 旋转视图　　　　图 3-15 定向旋转视图

3.3 参考几何体

基准特征是构造三维实体模型的工具，主要用来作为创建模型的参考，起到辅助设计的作用。在 Solidworks 中，“基准特征”称为“参考几何体”，包含基准面、基准轴、坐标系和参照点等类型。其中，基准面通常用于拉伸、扫描和放样操作中；坐标系和参照点常用于定位操作中；而基准轴则用于和圆周有关的旋转或阵列操作中。

3.3.1 参考点

在 Solidworks 中，利用【点】工具可以自定义不同类型的基准点作为构造对象，还可以在指定距离分割的曲线上生成多个基准点作为参考基准。在【特征】工具栏中，单击【参考几何体】下拉列表中的【点】按钮，系统将打开【点】属性管理器，如图 3-16 所示。该管理器中各选项的含义介绍如下。

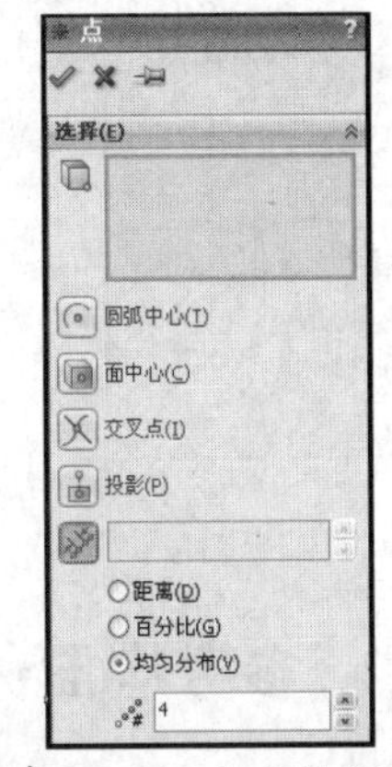

图 3-16 【点】属性管理器

● **参考实体** 该列表框用来显示生成参考点的所选实体。

- **圆弧中心** 单击该按钮，系统将在所选圆弧或圆的中心生成参考点。
- **面中心** 单击该按钮，系统将在所选的平面或非平面的引力中心生成一参考点。
- **交叉点** 单击该按钮，系统将在两个所选的边线、曲线、草图线段或基准面的交点处生成一参考点。
- **投影** 单击该按钮，系统将生成一从一实体投影到另一实体的参考点。用户可以将点、曲线的端点、草图线段及实体的顶点，投影到基准面或平面（曲面）上。
- **沿曲线距离或多个参考点** 单击该按钮，系统将激活以下选项用来沿边线、曲线、或草图线段生成一组参考点。
  - ◆ **根据距离输入距离/百分比数值** 在该文本框中，用户可以设定用来生成参考点的距离或百分比数值。且如果数值不合理，将出现警告信息。
  - ◆ **距离** 选择该单选按钮，系统将按设定的距离生成参考点数。且第一个参考点将以此距离从端点处生成，而非在端点上生成。
  - ◆ **百分比** 选择该单选按钮，系统将按设定的百分比生成参考点数。百分比指的是所选实体的长度的百分比。
  - ◆ **均匀分布** 选择该单选按钮，系统将在所选实体上生成均匀分布的参考点。如果编辑参考点，则参考点将相对于开始端点而更新其位置。
  - ◆ **参考点数** 在该文本框中可以设定要沿所选实体生成的参考点数。

在 Solidworks 中，系统将根据选取的草图实体类型提供相应的点构造方法，用户也可以自己选择不同类型点的构造方法。如想生成一单一参考点，单击【点】按钮，在打开的属性管理器中选择相应的参考点类型，然后在绘图区中选取用来生成参考点的特征即可，效果如图 3-17 所示。

此外，如想沿曲线生成多个参考点，可以在打开的【点】属性管理器中单击【沿曲线距离或多个参考点】按钮，激活相应的选项。然后在绘图区中选取用来生成参考点的曲线，并设置相应的参数即可，效果如图 3-18 所示。

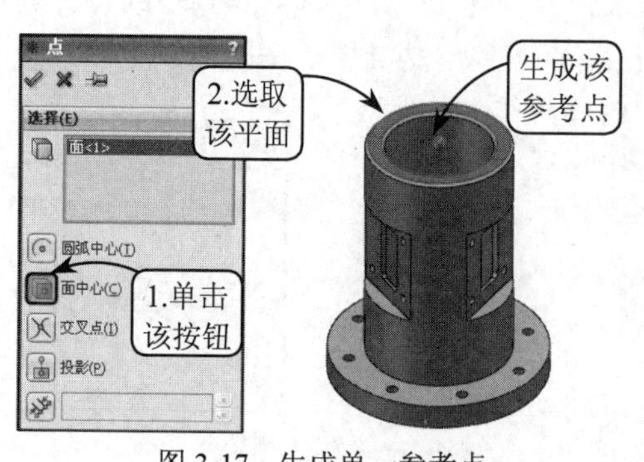

图 3-17 生成单一参考点

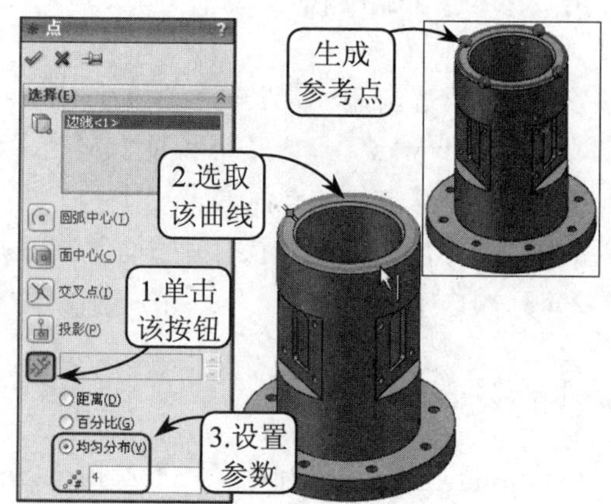

图 3-18 沿曲线生成多个参考点

3.3.2 参考基准轴

在 Solidworks 中，基准轴也称为构造轴，是一条用作创建其他特征的参考中心线，可以

作为创建基准平面、装配同轴放置项目，以及圆周阵列操作时的参考。

在【特征】工具栏中，单击【参考几何体】下拉列表中的【基准轴】按钮，系统将打开【基准轴】属性管理器，如图 3-19 所示。该管理器提供了多种基准轴的创建方式，现分别介绍如下。

- **一直线/边线/轴**

该方式通过选取一草图直线或者边线来创建基准轴。单击【基准轴】按钮，并在打开的管理器中单击【一直线/边线/轴】按钮，然后在绘图区中选取指定的边线，即可完成基准轴的创建，效果如图 3-20 所示。

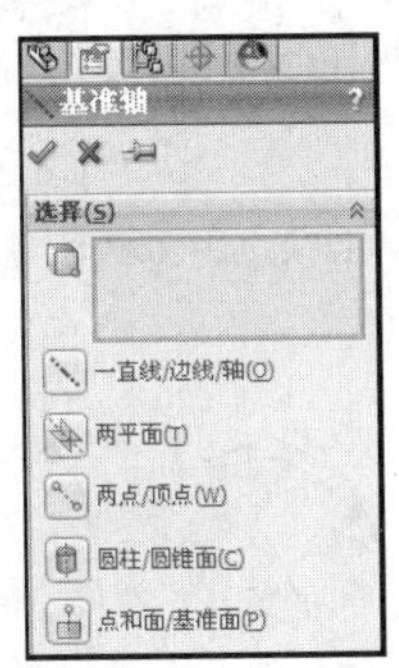

图 3-19　【基准轴】属性管理器

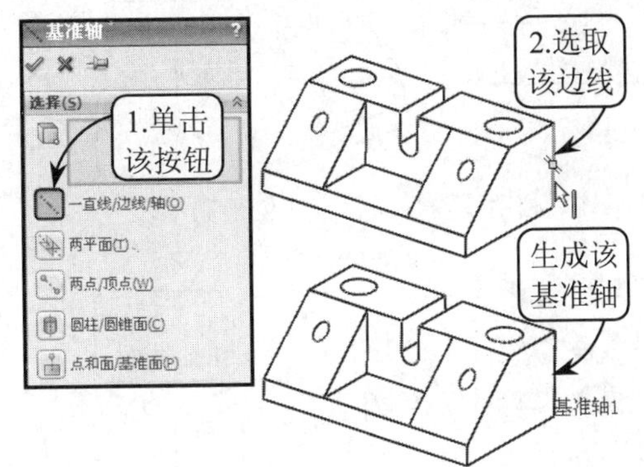

图 3-20　利用【一直线/边线/轴】方式创建基准轴

在 Solidworks 中，每一个圆柱和圆锥面都有一条临时轴线。用户可以通过选择【视图】|【临时轴】选项来显示或隐藏临时轴。

- **两平面**

该方式通过选取任意两个平面来创建基准轴。单击【基准轴】按钮，并在打开的管理器中单击【两平面】按钮，然后在绘图区中依次选取两实体平面，即可完成基准轴的创建，效果如图 3-21 所示。

- **两点/顶点**

该方式通过选取两个顶点、点或中点来创建基准轴。单击【基准轴】按钮，并在打开的管理器中单击【两点/顶点】按钮，然后在绘图区中依次选取两个点，即可完成基准轴的创建，效果如图 3-22 所示。

- **圆柱/圆锥面**

该方式通过选取一圆柱或圆锥面来创建基准轴。单击【基准轴】按钮，并在打开的管理器中单击【圆柱/圆锥面】按钮，然后在绘图区中选取指定的圆柱面，即可完成基准轴的创建，效果如图 3-23 所示。

- **点和面/基准面**

该方式通过选取一曲面（或基准面）及顶点（或中点）来创建基准轴，且所生成的基准轴将通过所选顶点、点或中点而垂直于所选曲面（或基准面）。如果曲面为非平面，那么点就必须位于曲面上。

单击【基准轴】按钮，并在打开的管理器中单击【点和面/基准面】按钮，然后在绘

图区中依次选取指定的实体面和顶点，即可完成基准轴的创建，效果如图 3-24 所示。

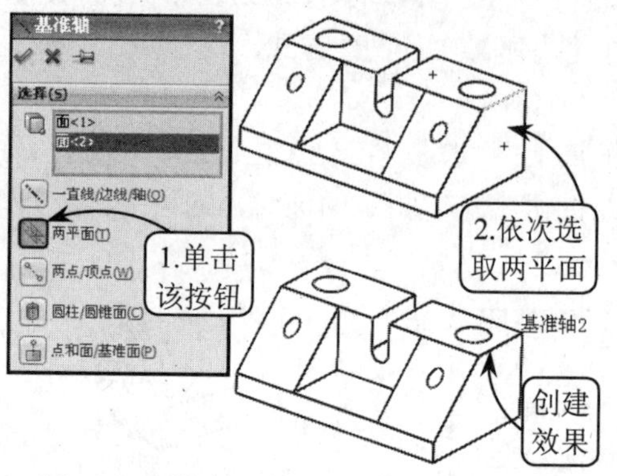

图 3-21　利用【两平面】方式创建基准轴

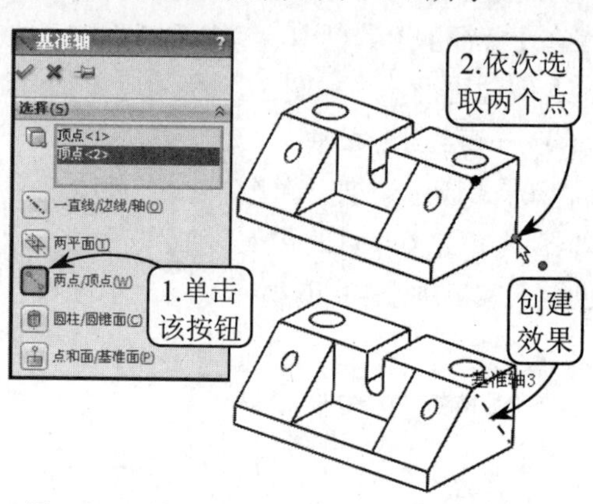

图 3-22　利用【两点/顶点】方式创建基准轴

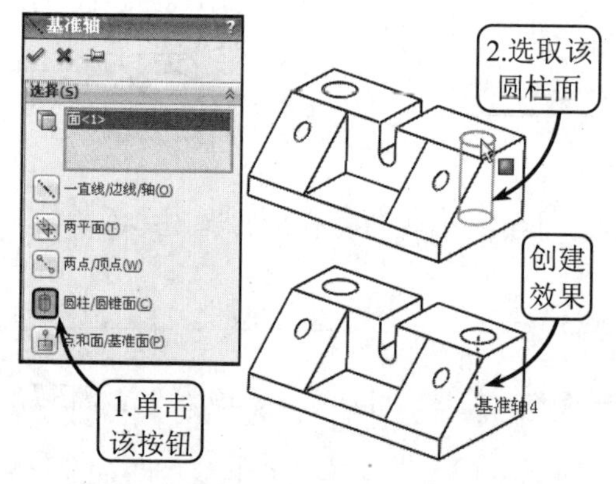

图 3-23　利用【圆柱/圆锥面】方式创建基准轴

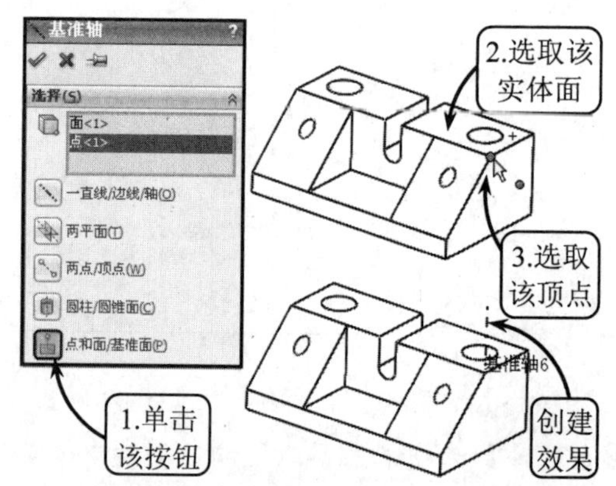

图 3-24　利用【点和面/基准面】方式创建基准轴

在 Solidworks 中，当完成基准轴的创建后，还可以对其进行相应的编辑操作。例如，沿轴方向缩放，或沿轴方向移动，但不能复制基准轴。

3.3.3　参考基准面

在 Solidworks 的基准特征中，基准面可以作为其他特征的参考平面，是一个非常重要的特征。用户可以在零件或装配体文档中自定义基准面；可以利用基准面来绘制草图，以生成模型的剖面视图；还可以将自定义基准面用于拔模特征中的中性面。

1. 创建基准面

用户可以在绘图区中选取指定的几何体，并对几何体应用相应的约束以定义参考基准面。单击【参考几何体】下拉列表中的【基准面】按钮，系统将打开【基准面】属性管理器，如图 3-25 所示。

【基准面】管理器包含了 3 个参考组用来定义基准面。其中，为参考组选择指定的参考对

象，系统会根据选择的对象生成最可能的基准面。且此时相应的参考组中会显示因选择的参考对象而添加的约束类型，以供用户选择来修改创建的基准面，如图 3-26 所示。

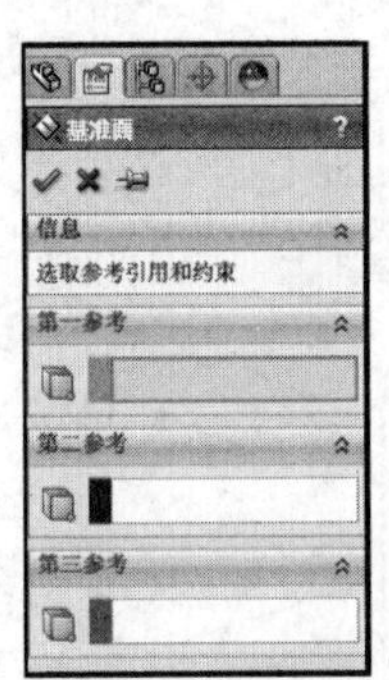

图 3-25 【基准面】属性管理器

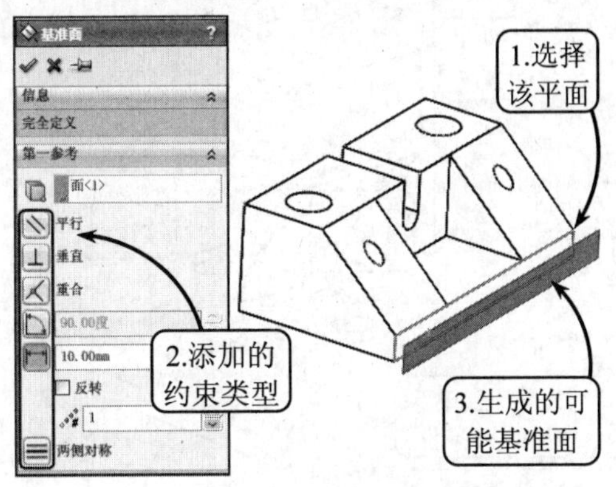

图 3-26 新建基准面

参考组中添加的约束类型会因选择对象的不同而不同，各约束类型的含义及用法可以参照表 3-1。

表 3-1 基准面约束种类和含义

约束类型	约 束 含 义
重合	生成一个穿过选定参考对象的基准面
平行	生成一个与选定参考面平行的基准面。例如，为一个参考选择一个面，为另一个参考选择一个点，此时系统会生成一个平行于这个面并通过这个点的基准面
垂直	生成一个与选定参考对象垂直的基准面。例如，为一个参考选择一条边线或曲线，为另一个参考选择一个点或顶点，此时系统会生成一个与通过这个点的曲线相垂直的基准面
投影	将单个对象（如点、顶点、原点或坐标系）投影到空间曲面上
相切	生成一个与圆柱面、圆锥面、非圆柱面以及空间面相切的基准面
两面夹角	生成的基准面通过一条边线、轴线或草图线，并与指定的平面成一定角度。此外，该约束类型还可以指定要生成的基准面数
偏移距离	生成一个与指定的某平面平行，并偏移一定距离的基准面。该约束类型同样可以指定要生成的基准面数
两侧对称	在选定的参考面之间生成一个两侧对称的基准面。选择该约束类型，必须在两个参考组中都选择【两侧对称】选项，才可以生成该类型的基准面

在新建基准面的过程中，如果只选择第一参考无法完整定义基准面的准确位置，还可以根据需要选择第二参考或第三参考来定义基准面。【基准面】属性管理器中的【信息】对话框会报告基准面的状态，且基准面状态必须是完全定义，才可以生成相应的基准面。该管理器包含了多种基准面的创建方法，现分别介绍如下。

● **通过直线/点**

该方法通过选取一边线（或轴、草图线）和点，或 3 点来生成基准面。单击【基准面】按钮，然后在绘图区中依次选取一点和一边线，系统会自动添加合适的约束条件，生成相应的基准面，效果如图 3-27 所示。

此外，如系统自动添加约束条件生成的基准面不符合需求，用户还可以在各参考组中自行

选择指定的约束条件来创建基准面，效果如图 3-28 所示。

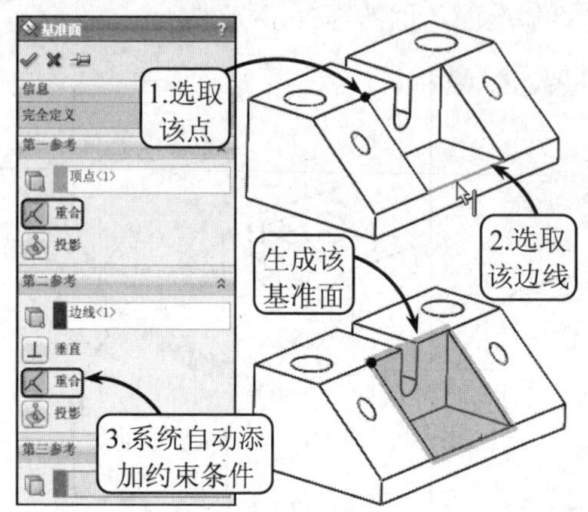

图 3-27　利用【通过直线/点】方法生成基准面

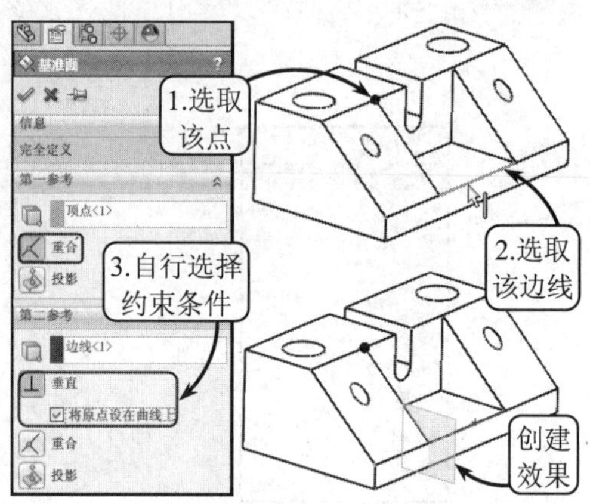

图 3-28　自行选择约束条件生成基准面

● **点和平行面**

该方法通过选取一点和一面来生成基准面。单击【基准面】按钮，然后在绘图区中依次选取一点和一平面，系统会自动添加合适的约束条件，生成相应的基准面，效果如图 3-29 所示。利用该方法生成的基准面将通过指定点，并平行于指定平面。

● **两面夹角**

该方法通过选取一条边线（或轴线、草图线）与一面（或基准面），并指定一角度来生成基准面。单击【基准面】按钮，然后在绘图区中依次选取一边线和一平面，并指定一角度参数，即可生成相应的基准面，效果如图 3-30 所示。利用该方法生成的基准面将通过一条指定线，并与指定平面成一定角度。

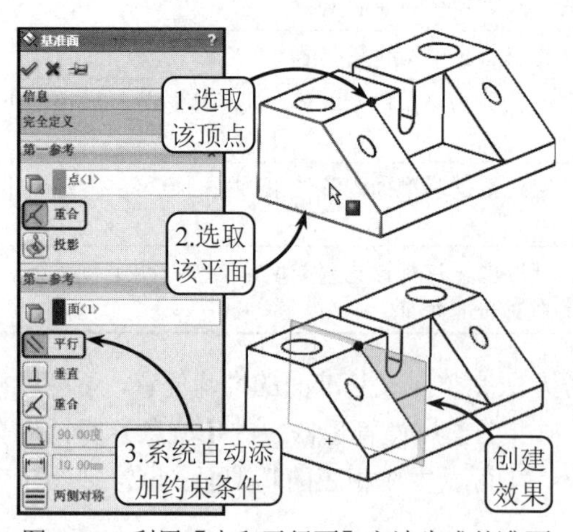

图 3-29　利用【点和平行面】方法生成基准面

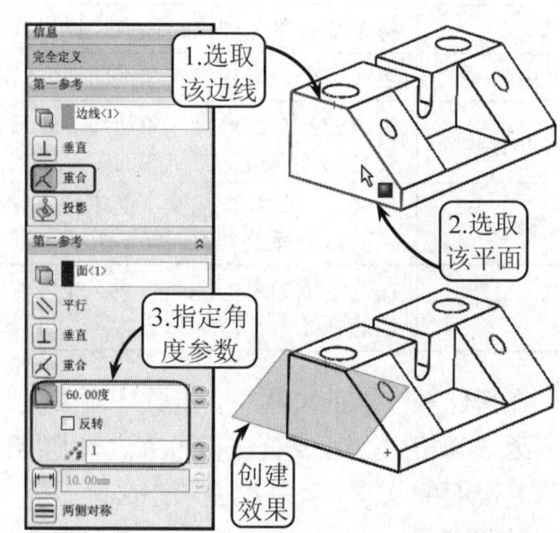

图 3-30　利用【两面夹角】方法生成基准面

此外，利用该方法创建基准面时，还可以一次生成多个基准面。用户只需在【要生成的基准面数】文本框中设置相应的参数，系统即可按照指定的角度依次生成相应的基准面，效果如图 3-31 所示。

● **等距距离**

利用该方法创建的基准面将平行于一个面（或基准面），并以指定的距离来等距生成。单

击【基准面】按钮，然后在绘图区中选取一平面，并设置一距离参数，即可生成相应的基准面，效果如图 3-32 所示。

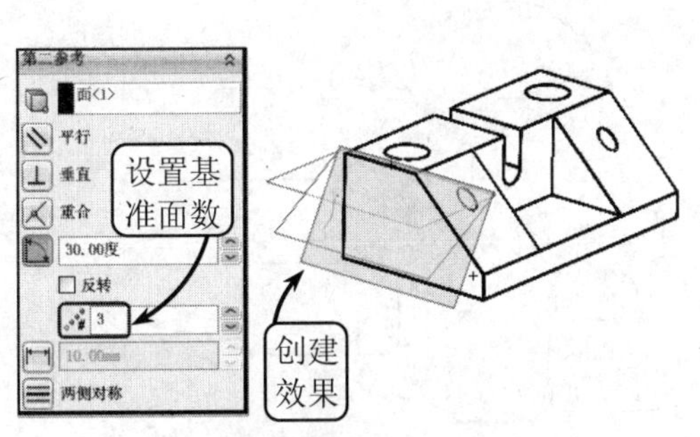

图 3-31　生成多个基准面

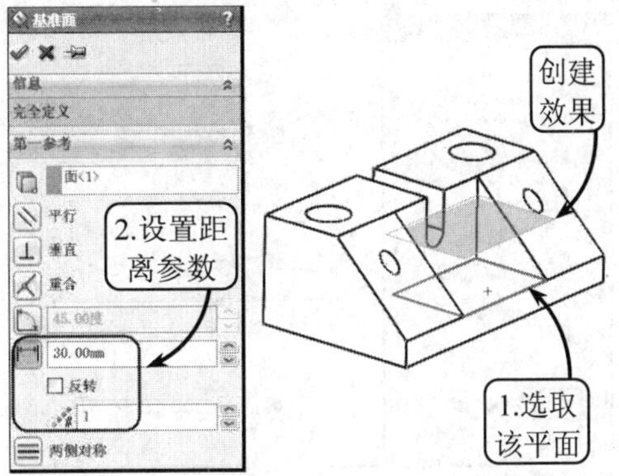

图 3-32　利用【等距距离】方法生成基准面

利用该方法创建基准面时，同样可以一次生成多个基准面。其操作方法与【两面夹角】方法相同，这里不再赘述。

● **垂直于曲线**

利用该方法创建的基准面将通过一个点，并垂直于一边线（轴线或曲线）。单击【基准面】按钮，然后在绘图区中选取一边线，并单击【垂直】按钮，接着指定一参考点，即可生成相应的基准面，效果如图 3-33 所示。

● **曲面切平面**

利用该方法可以在指定的面或曲面上生成一个与其相切的基准面。单击【基准面】按钮，然后在绘图区中依次选取一参考点和一曲面，系统会自动添加【相切】约束条件，生成相应的基准面，效果如图 3-34 所示。

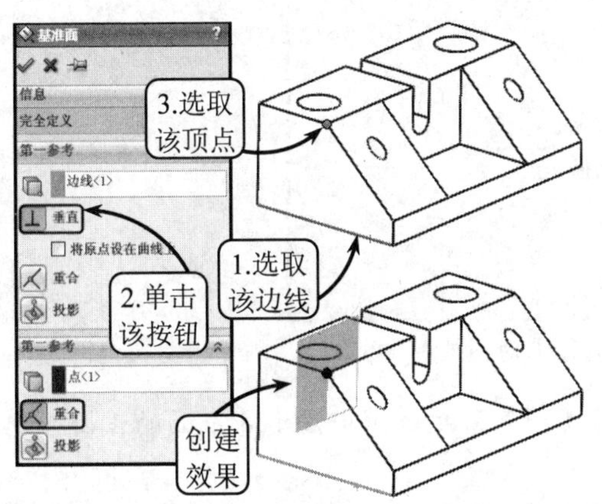

图 3-33　利用【垂直于曲线】方法生成基准面

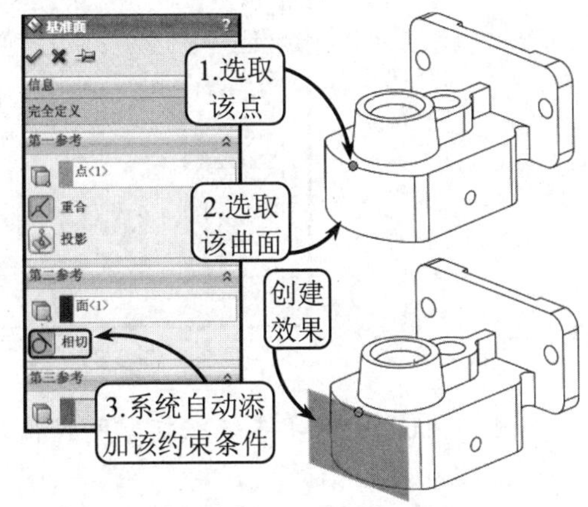

图 3-34　利用【曲面切平面】方法生成基准面

此外，如果选取的是平面，且所选的点在选取的平面上，那么创建的基准面只能垂直于所选的平面，效果如图 3-35 所示。

如果选取的是平面，但所选的点不在选取的平面上，那么创建的基准面可以垂直于所选平面，也可以平行于所选平面，效果如图 3-36 所示。

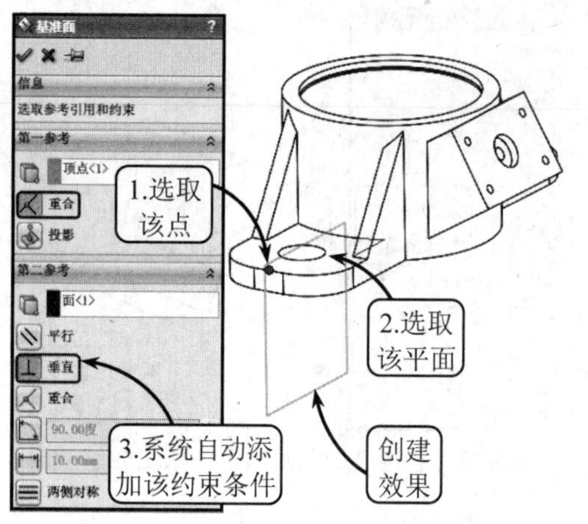

图 3-35　点在所选平面上创建基准面

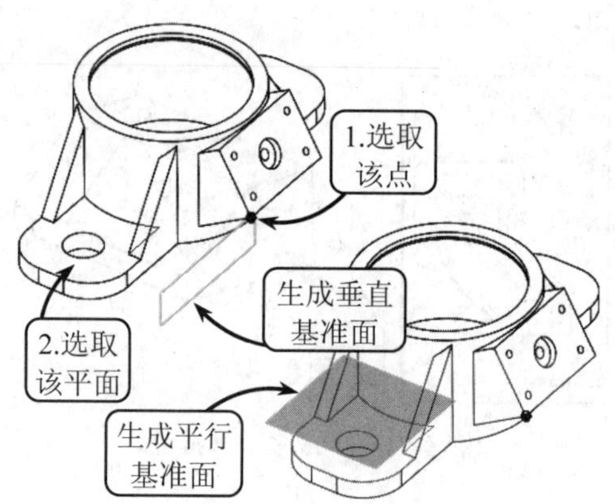

图 3-36　点不在所选平面上创建基准面

2. 编辑基准面

在 Solidworks 中，可以对基准面的显示控制进行相应的设置。此外，在完成相应基准面的创建后，还可以根据需要对所生成的基准面进行指定的编辑操作，现分别介绍如下。

● **基准面显示控制**

在标题栏中单击【选项】按钮，然后切换至【文档属性】选项卡，并选择【基准面显示】选项，即可在展开的【基准面显示】对话框中对各显示选项进行相应的设置，如图 3-37 所示。

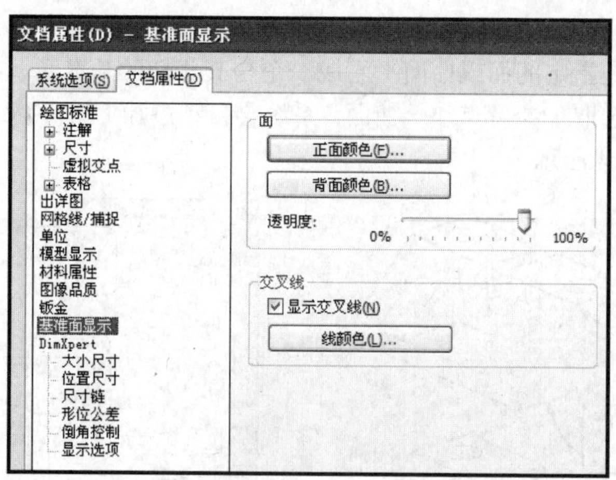

图 3-37　【基准面显示】对话框

◆ **正面颜色**　单击该按钮，可以在打开的【颜色】对话框中设定基准面的正面颜色，如图 3-38 所示。

◆ **背面颜色**　单击该按钮，可以在打开的【颜色】对话框中设定基准面的背面颜色。其方法与【正面颜色】的设定方法相同，这里不再赘述。

◆ **透明度**　用户可以通过拖动滑块来控制基准面透明度。其中，0%显示基准面的颜色，100%不显示基准面颜色，对比效果如图 3-39 所示。此外，边线的颜色与正面

和背面的颜色相同，但不透明，且总是显示。

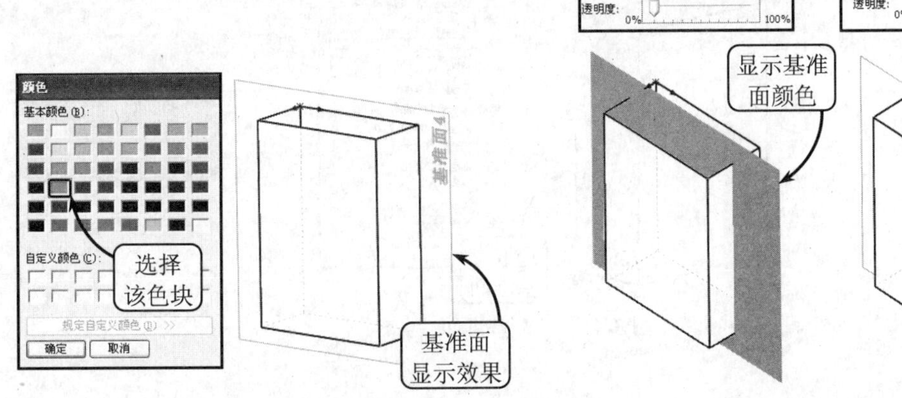

图 3-38　设定基准面正面颜色　　　　图 3-39　设定基准面透明度

◆ **显示交叉线**　启用该复选框，可以显示基准面的交叉线；禁用该复选框，则隐藏基准面的交叉线。

◆ **线颜色**　当启用【显示交叉线】复选框时，可以单击该按钮，在打开的【颜色】对话框中设定基准面交叉线的颜色。

● **编辑基准面**

当完成基准面的创建后，还可以根据需要，使用基准面的控标和边线来移动、缩放和复制生成的基准面。其中，拖动基准面的边角或边线控标可以调整基准面的大小；拖动基准面的边线可以移动基准面；选取基准面，并按住 Ctrl 键将基准面拖动至新的位置，即可复制基准面，效果如图 3-40 所示。

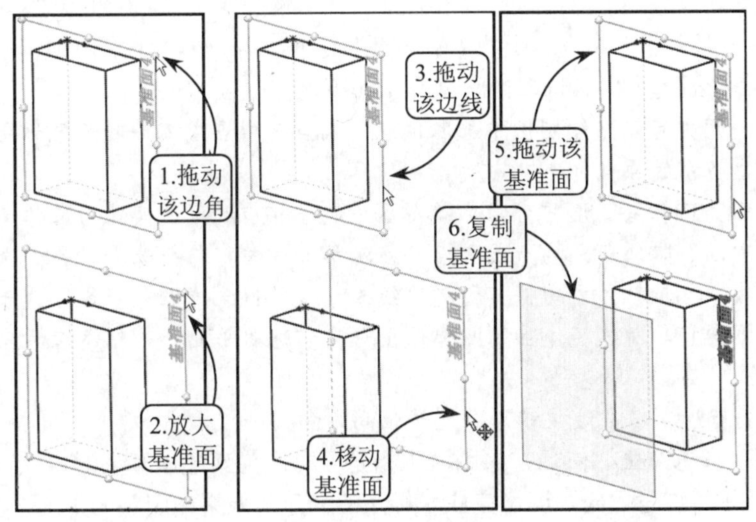

图 3-40　编辑基准面

此外，当在绘图区中选取一基准面时，其总是被高亮显示。此时单击鼠标右键，在打开的快捷菜单中单击【隐藏】按钮，即可将该基准面隐藏，如图 3-41 所示。如想重新显示相应的基准面，可以在 FeatureManager 设计树中右键单击该基准面名称，在打开的快捷菜单中再次单击【显示】按钮，即可在绘图区中重新显示该基准面。

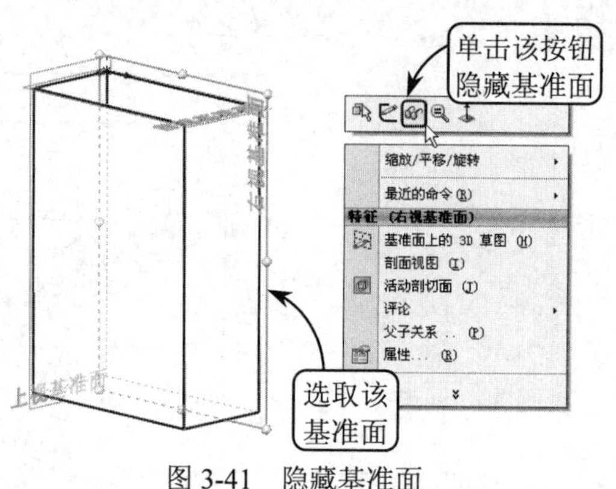

图 3-41 隐藏基准面

如想对绘图区中所有的基准面进行统一的显示控制，可以适时选择【视图】|【基准面】选项，对基准面的显示或隐藏进行相应的切换。

3.3.4 参考坐标系

在 Solidworks 中，坐标系可以与测量和质量属性工具配合使用，可以应用于装配体配合，还可以应用于将 Solidworks 文档输出至 IGES、STL 和 ACIS 等格式文件的过程中。用户可以利用软件系统提供的【坐标系】工具定义零件或装配体的坐标系。

1. 创建坐标系

单击【参考几何体】下拉列表中的【坐标系】按钮，系统将打开【坐标系】属性管理器，如图 3-42 所示。该管理器中各选项的含义介绍如下。

- **原点** 用户可以在绘图区中选取顶点、端点、中点或零件和装配体上的默认原点作为新建坐标系的原点。
- **X/Y/Z 轴方向参考** 用户可以在绘图区中选取相应的草图实体对象作为各轴的方向参考。其中，选取顶点、端点或中点，各轴参考方向将与所选点对齐；选取线性边线或草图直线，各轴参考方向将与所选边线或直线平行；选取非线性边线或草图实体，各轴参考方向将与所选实体上的所选位置对齐；选取平面，各轴参考方向将与所选面的垂直方向对齐。
- **反转轴方向** 单击该按钮可以反转轴的方向。

单击【坐标系】按钮，然后在绘图区中指定一顶点为新建坐标系的原点，并依次选取相应的边线作为各轴的参考方向，即可完成坐标系的创建，效果如图 3-43 所示。

此外，在选取草图实体指定轴的参考方向时，用户还可以通过直接单击绘图区中的坐标箭头来更改方向。

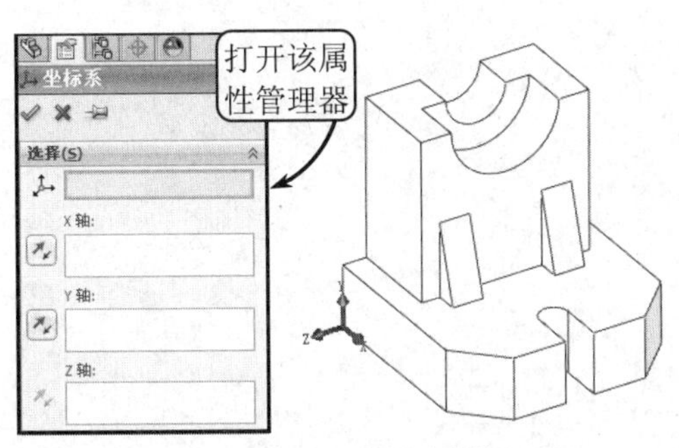

图 3-42 【坐标系】属性管理器

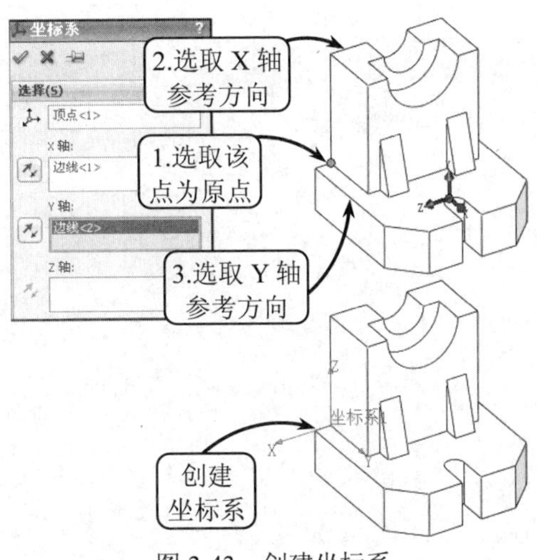

图 3-43 创建坐标系

2. 编辑坐标系

当完成坐标系的创建后，还可以对现有坐标系进行相应的移动操作，且移动至的新位置必须至少包含一个点或顶点。

在 FeatureManager 设计树中单击创建的坐标系名称，并在打开的快捷菜单中单击【编辑特征】按钮，系统将返回至【坐标系】属性管理器。此时，在绘图区中指定移动的目标点，即可将该坐标系移动至新位置，效果如图 3-44 所示。

用户还可以隐藏或显示当前所选的坐标系或所有坐标系：在 FeatureManager 设计树中单击选取相应的坐标系名称，并在打开的快捷菜单中单击【隐藏/显示】按钮，即可将该坐标系的当前显示状态进行切换；如选择【视图】|【坐标系】选项，则可切换当前视图中所有坐标系的显示状态，如图 3-45 所示。

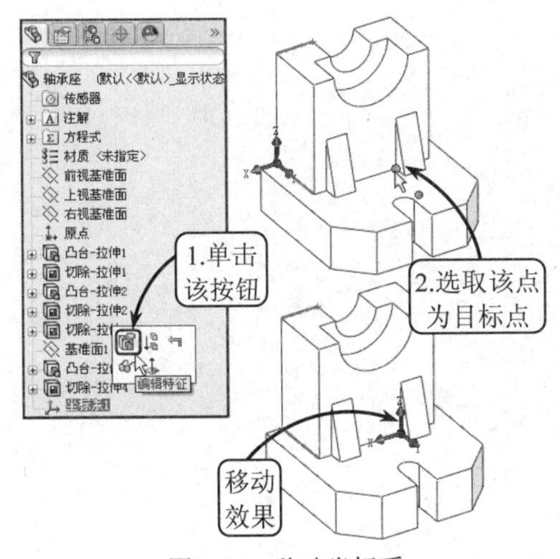

图 3-44 移动坐标系

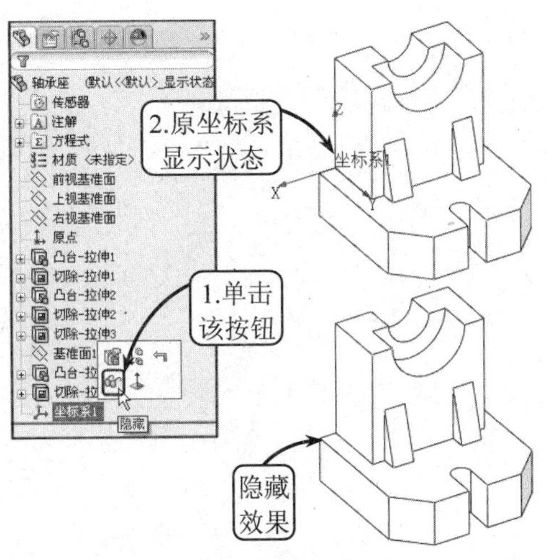

图 3-45 隐藏坐标系

第2篇

特 征 建 模

Solidworks 是一款以创建三维实体造型为主的三维图形设计软件，而特征建模正是组成三维实体造型的基本元素。在 Solidworks 中，通常使用两种方法创建特征模型，对于常规模型可以通过绘制其二维草图，然后通过相关的实体特征工具创建三维实体，即草图参数化建模；而对于复杂的曲面模型，则需要利用相关的曲线构建其基础轮廓，然后利用曲面造型工具将曲线转化为曲面，完成所需的产品造型设计。

第 4 章　草图参数化建模

草图是指与实体模型相关联的二维图形，是指在某个指定平面上的二维几何元素的总称。在 Solidworks 中，所有的零件都是建立在草图基础上的，大部分的模型实体特征也都是由二维草图绘制开始的，即先利用草绘功能创建出特征的形状曲线，再通过拉伸、旋转或扫描等操作，创建相应的参数化实体模型。

草图参数化建模是特征建模的重要补充，其参数化体现在可以对二维图形标注尺寸，且每个尺寸将作为一个变量允许修改。这样具有参数化驱动的全约束二维图形便生动起来，强大的描述能力和直观的操作方式使得草图建模成为当今应用最广泛的建模方式。

4.1　草图工具

Solidworks 提供了绘制草图的多种工具，如直线、矩形、圆和圆弧等。利用草图工具，用户可以在草图平面内绘制近似的曲线轮廓，然后在添加精确的约束定义后，就可以完整地表达设计意图。且绘制的草图可以为以后的三维建模或模型编辑提供参数依据。

4.1.1　直线

直线是组成草图轮廓的基本图元，是草绘过程中使用频率最高的应用工具之一。在 Solidworks 中，利用【直线】工具可以绘制普通直线、相切直线和平行线，可满足大部分规则零件轮廓线的绘制需求。

在绘图区中选择相应的基准面后，单击【草图】工具栏中的【直线】按钮╲，指针形状将变为✎，并弹出【插入线条】属性管理器，如图 4-1 所示。

在【插入线条】属性管理器的【方向】面板中，包含【按绘制原样】、【水平】、【竖直】和【角度】4 个单选按钮，选择不同的单选按钮即可绘制不同方向的直线。其中，选择【按绘制原样】单选按钮，可以绘制任意方向的直线。且除该选项外，选择其他单选按钮，管理器中均将显示【参数】面板，以供用户设置相应的参数，绘制指定的直线。

此外，在【选项】面板中包含【作为构造线】和【无限长度】两个复选框。其中，启用前者，所绘制的直线将成为一条构造线；启用后者，则可以生成一条可剪裁的无限长度直线。绘制直线的方法有多种，下面介绍两种常用的直线绘制方法。

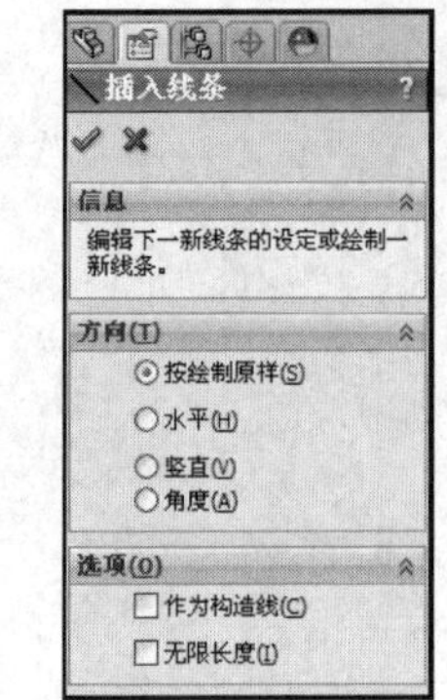

图 4-1　绘制直线

- **通过捕捉点绘制直线**

通过捕捉点绘制直线的方法是绘制直线的常用方法，可以快速地完成零件轮廓的绘制。其可以通过在绘图区中捕捉两点，自动生成两点间的直线。图 4-2 所示就是捕捉两点绘制的直线。

● 通过设置参数绘制直线

利用设置参数的方法可以精确地绘制指定尺寸的直线。打开【插入线条】属性管理器后，在【方向】面板中选择【水平】、【竖直】或【角度】任一单选按钮，并在展开的【参数】面板中设置所绘直线的参数，然后在绘图区中指定绘制位置，即可完成直线的绘制，效果如图 4-3 所示。

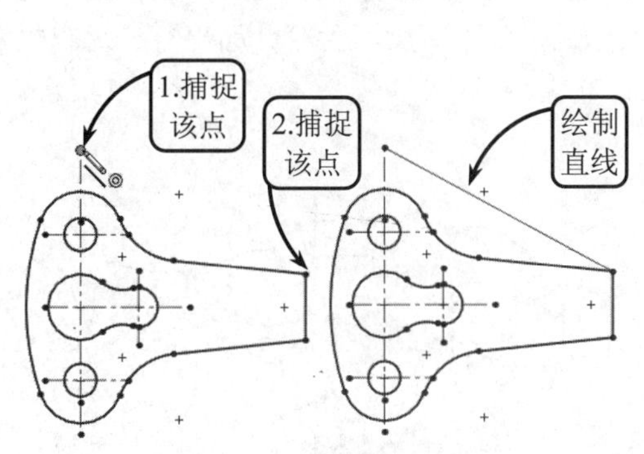

图 4-2　捕捉点绘制直线

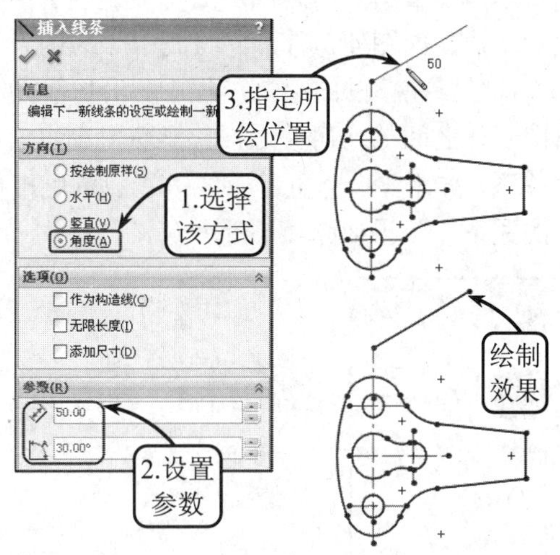

图 4-3　设置参数绘制直线

完成直线的绘制后，如果需要对该直线的属性进行修改，可以在草图中选择该直线，系统将打开【线条属性】属性管理器，如图 4-4 所示。用户即可在该管理器中修改相应的参数，各面板中主要选项的含义如下所述。

图 4-4　【线条属性】属性管理器

● 现有几何关系

该面板显示草图中现有的几何关系，即在草图绘制过程中自动推理或使用【添加几何关系】手工生成的几何关系。此外，该面板还显示所选直线的状态信息，如欠定义、完全定义等。

● 添加几何关系

利用该面板可以将几何关系添加到所选直线，且此处的面板清单中只包括所选直线可能使用的几何关系。

● 选项

在该面板中启用【作为构造线】复选框，可以将实体直线转换为构造几何线；启用【无限长度】复选框，则生成一条可裁剪的无限长度直线。

● 参数

如果直线不受几何关系约束，则可以在该面板中设置相应的参数来定义直线。其中，【角度】参数是相对于网格线的角度，水平为 180°，竖直为 90°，且逆时针为正向。

● 额外参数

在该面板中可以修改直线的开始点与结束点的坐标，以及开始点和结束点坐标之间的差异。

4.1.2 中心线

在 Solidworks 中，中心线作为构造几何线来使用，用来生成对称的草图实体、旋转体以及阵列特征操作的中心轴或构造几何体的中心线。

单击【草图】工具栏中的【中心线】按钮，指针形状将变为，并弹出【插入线条】属性管理器，如图 4-5 所示。绘制中心线的方法与绘制直线的方法相同，这里不再赘述。

此外，在草图的绘制过程中，Solidworks 软件提供了推理线（虚线）来显示指针和现有的草图实体之间的几何关系，以帮助用户快速地绘制草图。其中，蓝色推理线用以显示指针与点的关系，如水平、竖直等共线关系；黄色推理线用以显示指针与线的关系，如平行、垂直或相切的关系，效果如图 4-6 所示。

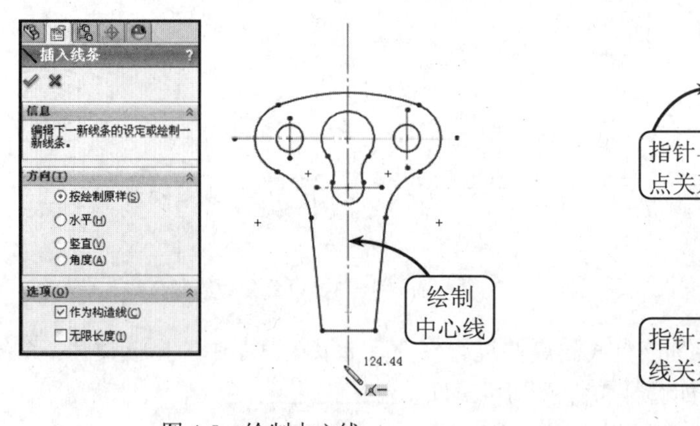

图 4-5　绘制中心线

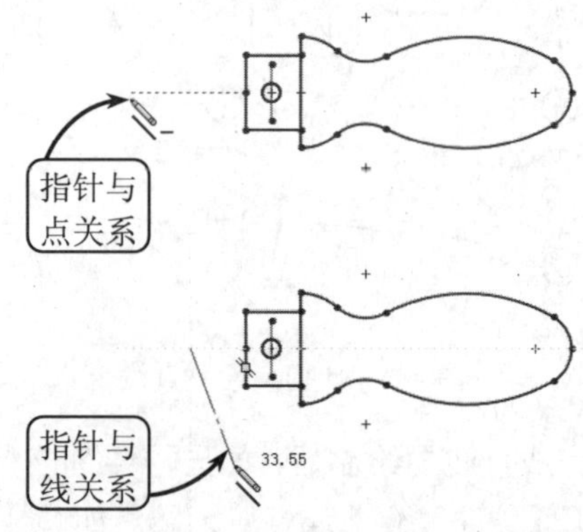

图 4-6　推理线样式

选择【工具】|【选项】|【系统选项】|【几何关系/捕捉】选项，启用【激活捕捉】复选框，系统将打开自动推理、捕捉功能。此外，在复杂的草图中关闭推理线可以提高绘图速度，减少不必要的几何关系。但是在工程图中，必须激活当前草图实体的推理线。

4.1.3 圆

圆是由曲线围成的平面图形，是指在平面上到定点的距离等于定长的所有点的集合。在 Solidworks 中，通常利用相应的圆工具绘制基础特征的剖截面，由它生成的实体特征包括多种类型，如球体、圆柱体、圆台和球面等。在 Solidworks 中，可以利用【圆】和【周边圆】两种工具绘制相应的圆特征，具体操作方法如下所述。

● 圆

利用该工具可以绘制基于中心的圆。单击【草图】工具栏中的【圆】按钮，系统将打开【圆】属性管理器，且指针形状将变为。此时，在绘图区中的适当位置单击左键确定圆的圆心位置，并移动指针设定圆的半径即可，效果如图 4-7 所示。

此外，用户也可以在指定所绘圆的圆心后，在激活的【参数】面板中设置圆的半径参数，

以绘制精确尺寸的圆轮廓。

- **周边圆**

利用该工具可以绘制基于周边的圆。单击【草图】工具栏中的【周边圆】按钮，系统将打开【圆】属性管理器，且指针形状将变为。此时，在绘图区中的适当位置依次单击左键确定圆周上的 3 个点即可，效果如图 4-8 所示。

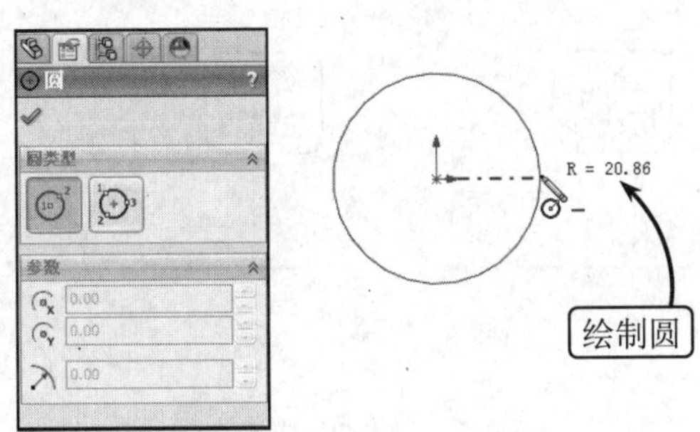

图 4-7　利用【圆】工具绘制圆

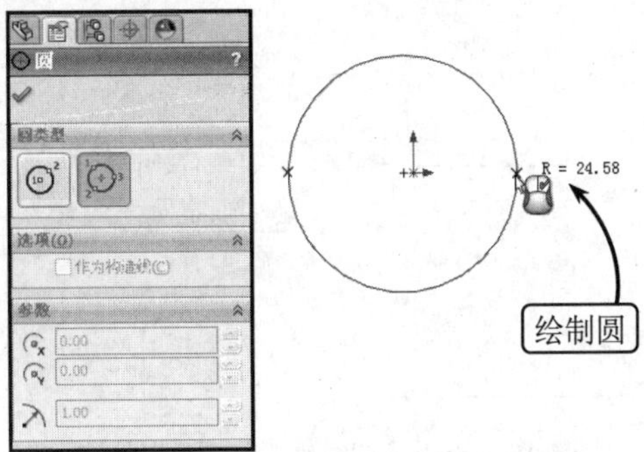

图 4-8　利用【周边圆】工具绘制圆

在选择的状态下，可以通过拖动鼠标来修改圆。其中，拖动圆的边线远离其中心可以放大圆；拖动圆的边线靠近其中心可以缩小圆；拖动圆的中心可以移动圆。

4.1.4　圆弧

圆上任意两点间的部分称作圆弧。由于圆弧是圆的一部分，会涉及到起点和终点的问题，因此在绘制过程中，既要指定其半径和起点，又要指出圆弧所跨的弧度大小。在 Solidworks 中，可以利用【圆心/起/终点画弧】、【切线弧】和【3 点圆弧】3 种工具绘制相应的圆弧特征，具体操作方法如下所述。

- **圆心/起/终点画弧**

利用该工具可以通过指定圆心、起点和终点绘制圆弧的草图轮廓。单击【草图】工具栏中的【圆心/起/终点画弧】按钮，指针形状将变为。此时，在绘图区中指定圆弧的圆心位置，并移动指针设定圆弧的半径。然后依次单击左键，确定圆弧的起点和终点位置，即可完成圆弧的绘制，效果如图 4-9 所示。

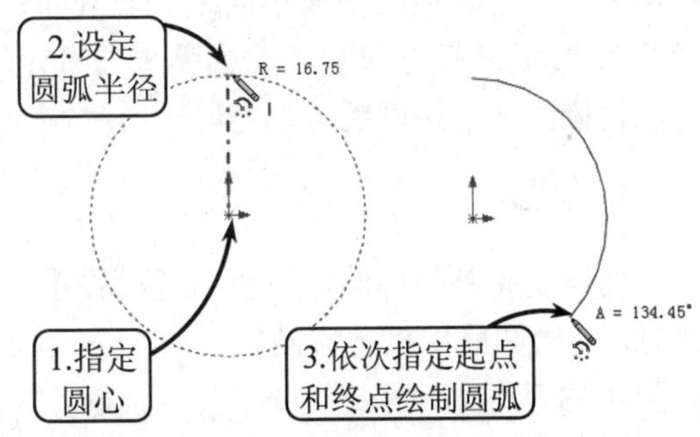

图 4-9　指定圆心、起点和终点绘制圆弧

- **切线弧**

利用该工具可以绘制与草图实体（如直线、圆弧、椭圆或样条曲线）相切的圆弧轮廓。单击【草图】工具栏中的【切线弧】按钮，指针形状将变为。此时，在绘图区中的直线、圆弧、椭圆或样条曲线的端点处指定圆弧的起点位置，并移动指针以确定所绘圆弧的形状。然后再次单击

左键，确定圆弧的终点位置，即可完成切线弧的绘制，效果如图 4-10 所示。

在 Solidworks 中，系统可以根据指针的移动推测所绘的是切线弧还是法线弧。其中，沿相切方向移动指针将生成切线弧，沿垂直方向移动指针将生成法线弧，共有 4 个目的区，具有图 4-11 所示的 8 种绘制效果。用户可以通过返回端点处向新方向移动，在切线弧和法线弧之间切换。

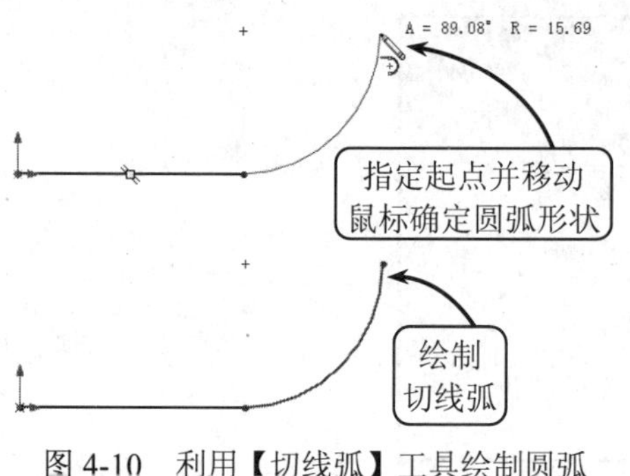

图 4-10　利用【切线弧】工具绘制圆弧

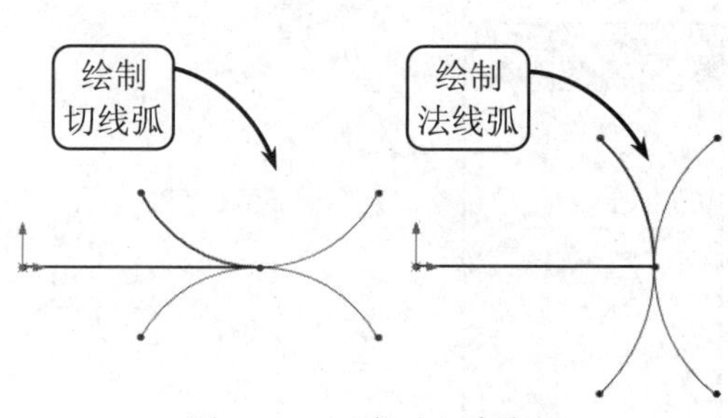

图 4-11　切线弧和法线弧

此外，在绘制直线时，用户可以通过【自动过渡】功能直接转换至绘制圆弧，而不必选择【切线弧】工具。

- **3 点圆弧**

利用该工具可以通过指定 3 个点（起点、终点和弧上第三点）来绘制圆弧的草图轮廓。单击【草图】工具栏中的【3 点圆弧】按钮，指针形状将变为。此时，在绘图区中依次指定圆弧的起点和终点位置，并移动指针设定圆弧的半径，即可完成圆弧的绘制，效果如图 4-12 所示。

图 4-12　利用【3 点圆弧】工具绘制圆弧

4.1.5　椭圆与椭圆弧

椭圆是指与两定点的距离之和为一指定值的点的集合。在机械设计过程中，椭圆是最常用的曲线对象之一，与其他的曲线不同之处就在于：该类曲线的 X 轴和 Y 轴方向对应的圆弧直径有差异。而椭圆上任意两点间的部分称为椭圆弧，因此，可以说椭圆弧是椭圆的一部分。

1. 椭圆

要绘制完整的椭圆，可以在【草图】工具栏中单击【椭圆】按钮，指针形状将变为。此时，在绘图区中指定椭圆的中心，然后移动指针依次设定椭圆主轴和次轴的大致半径，效果如图 4-13 所示。

完成椭圆大致轮廓的绘制后，系统将自动打开【椭圆】属性管理器，如图 4-14 所示。此时，用户即可根据需要对该椭圆的属性参数进行相应编辑。其中，在【参数】面板中可以定义

椭圆的中心位置坐标、椭圆的主轴半径和次轴半径参数。

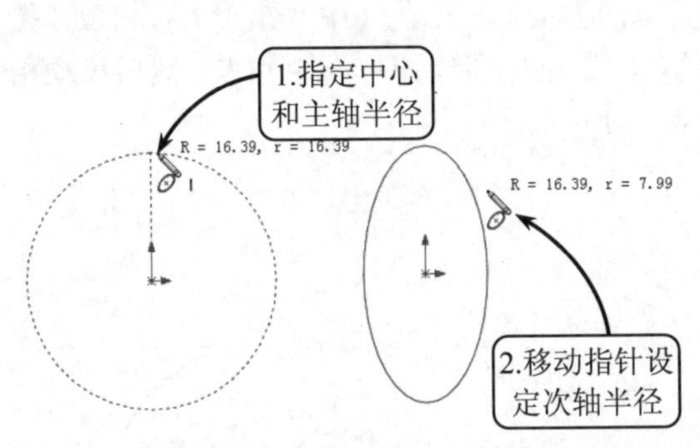

图 4-13　绘制椭圆大致轮廓

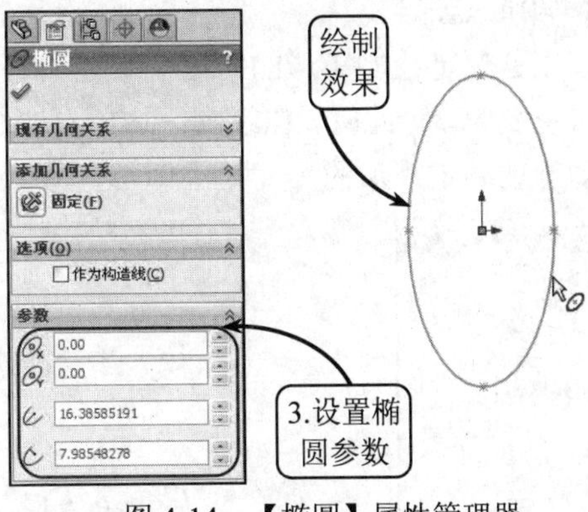

图 4-14　【椭圆】属性管理器

2. 椭圆弧

在 Solidworks 中，利用【部分椭圆】工具完成椭圆的绘制后，接着设定椭圆弧的起点和终点位置，即可完成椭圆弧轮廓的绘制。

在【草图】工具栏中单击【部分椭圆】按钮，指针形状将变为。此时，按照绘制椭圆的方法绘制椭圆轮廓，然后在该轮廓上依次指定椭圆弧的起点和终点位置即可，效果如图 4-15 所示。

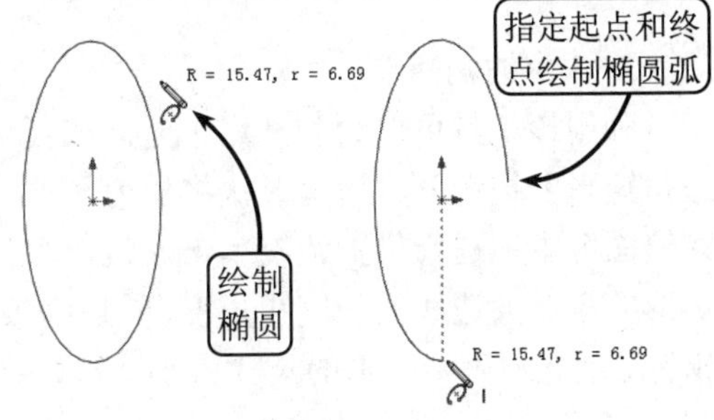

图 4-15　绘制椭圆弧

4.1.6　矩形

在绘制草图的过程中，矩形可以用来作为特征创建的辅助平面，也可以直接作为特征生成的草绘截面。利用该工具，既可以绘制与草图的水平方向垂直的矩形，也可以绘制与水平方向成一定角度的矩形。在 Solidworks 中，绘制矩形的工具有 5 种，可以参照表 4-1 所示。现以常用的矩形绘制工具为例，介绍其具体操作方法。

表 4-1　矩形绘制工具

矩形工具类型	矩形属性
边角矩形	绘制标准矩形草图
中心矩形	以中心点为参照，绘制矩形草图
3 点边角矩形	以所选的角度为参照，绘制与水平方向成任一角度的矩形草图
3 点中心矩形	以所选的角度为参照，绘制带有中心点的矩形草图
平行四边形	绘制一标准平行四边形

● 边角矩形

该工具是绘制矩形的常用工具之一，单击【草图】工具栏中的【边角矩形】按钮，系统打开【矩形】属性管理器，且指针形状将变为。此时，在绘图区中的适当位置单击左键确定所绘矩形的第一个角点，然后移动指针至相应位置，单击确定第二个角点即可，且在该过程中

所绘矩形的尺寸会动态地显示在指针附近，效果如图 4-16 所示。

● **中心矩形**

该工具也是绘制矩形的常用工具之一，单击【草图】工具栏中的【中心矩形】按钮，指针形状将变为。此时，在绘图区中的适当位置单击左键确定所绘矩形的中心点，然后移动指针，动态地确定矩形的尺寸大小即可，效果如图 4-17 所示。

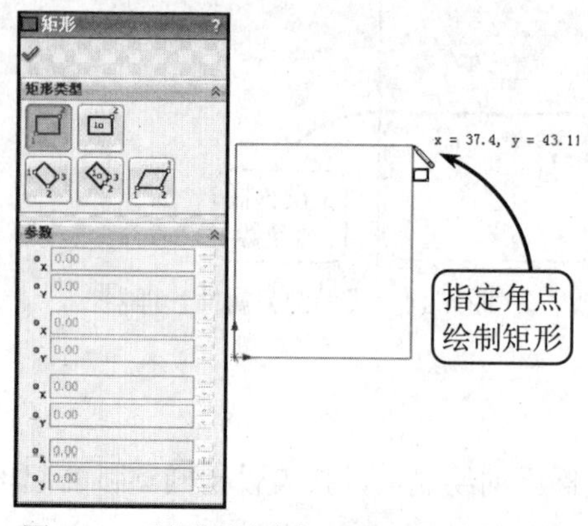

图 4-16　利用【边角矩形】工具绘制矩形

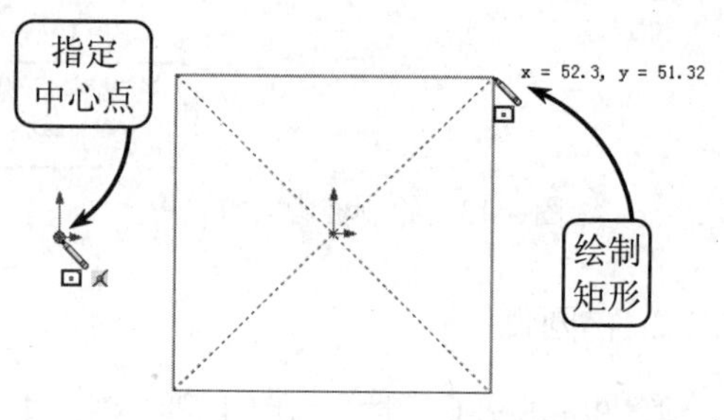

图 4-17　利用【中心矩形】工具绘制矩形

● **3 点边角矩形**

利用该工具可以绘制与水平方向成任一角度的矩形轮廓。单击【草图】工具栏中的【3 点边角矩形】按钮，指针形状将变为。此时，在绘图区中的适当位置依次单击左键，确定所绘矩形的第一条边线的长度和角度，然后继续移动指针，动态地确定矩形的尺寸大小即可，效果如图 4-18 所示。

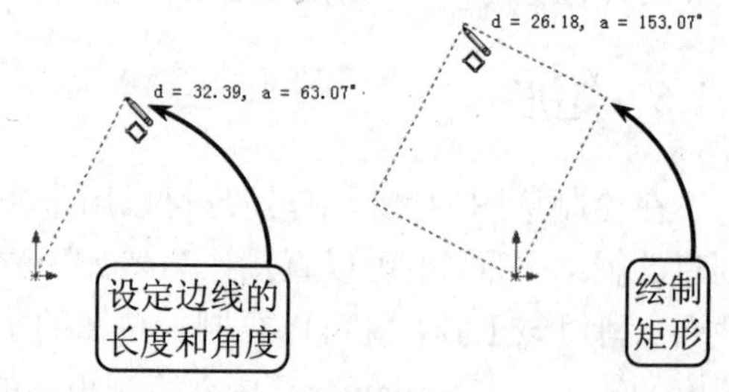

图 4-18　利用【3 点边角矩形】工具绘制矩形

● **平行四边形**

利用该工具可以绘制任意形状的平行四边形轮廓。该工具的绘制方法与【3 点边角矩形】工具的绘制方法类似，这里不再赘述，效果如图 4-19 所示。

此外，完成指定矩形的绘制后，还可以通过拖动操作来修改所绘矩形的大小和形状：用户可以选择所绘矩形的一边线或一个顶点，然后拖动指针至新位置即可，效果如图 4-20 所示。

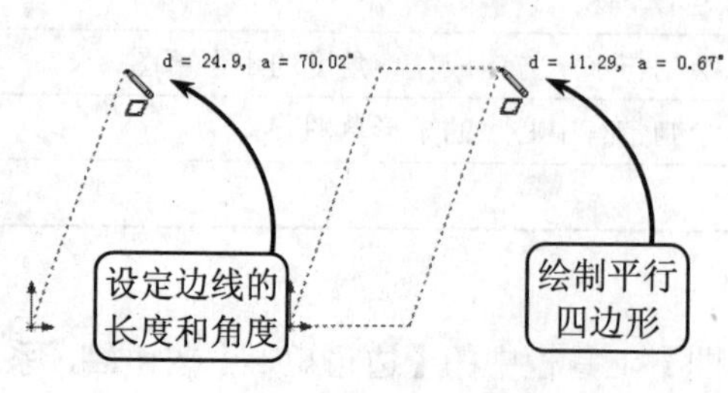

图 4-19　绘制平行四边形

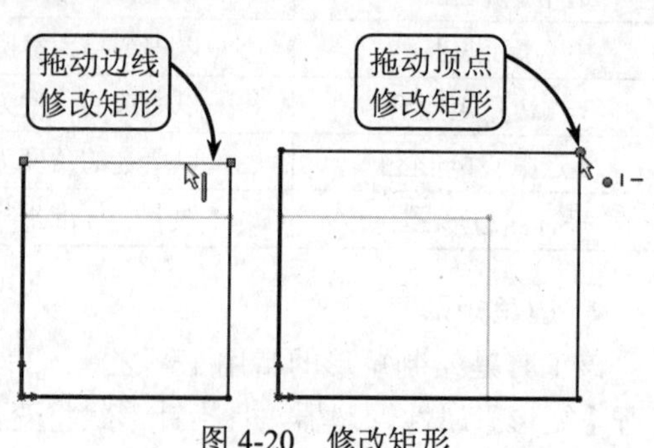

图 4-20　修改矩形

如果想改变矩形中单个直线的属性，可以选择该直线，在打开的【线条属性】管理器中进行相应的修改，且矩形的属性将随着该直线属性的改变而改变。

4.1.7 多边形

在零件图中，大多数螺栓、螺母等紧固件的投影轮廓线均为正多边形。在 Solidworks 中，利用【多边形】工具可以快速绘制 3～40 边的正多边形，其中包括等边三角形、正方形、正五边形和正六边形等。

单击【草图】工具栏中的【多边形】按钮，指针形状将变为，且系统将打开【多边形】属性管理器，如图 4-21 所示。该管理器提供了绘制多边形的两种方法，现分别介绍如下。

- **内切圆**

利用该方法绘制正多边形时，系统将在多边形内添加一内切圆作为构造几何线，用户可以通过设置内切圆的直径值来定义多边形的大小。

单击【多边形】按钮，在打开的【多边形】属性管理器中指定所绘多边形的边数，并选择【内切圆】单选按钮。然后在绘图区中指定多边形的中心点位置，并移动指针，确定多边形的形状，效果如图 4-22 所示。

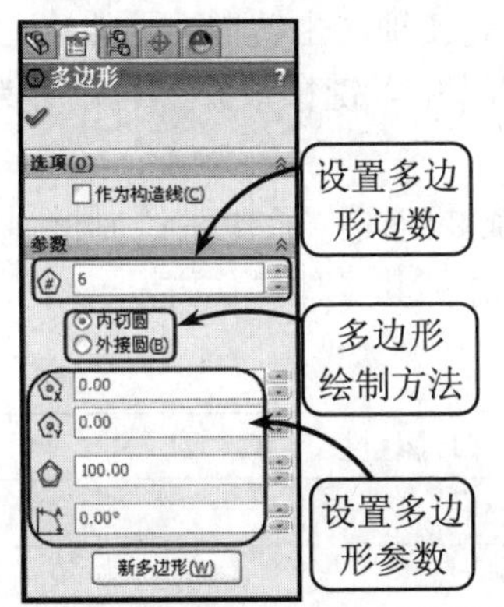

图 4-21 【多边形】属性管理器

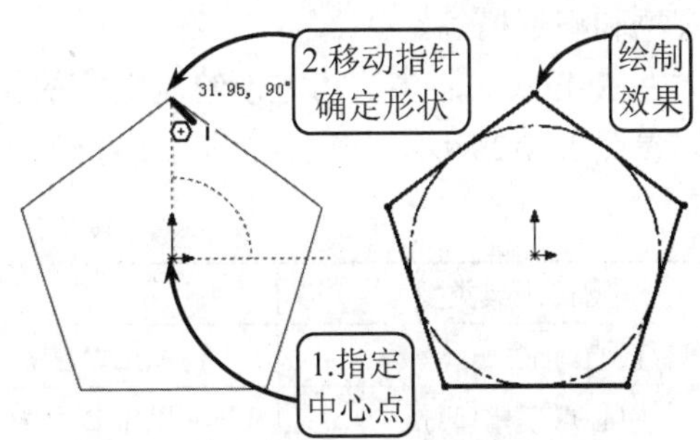

图 4-22 指定【内切圆】方式绘制多边形

完成多边形的绘制后，可以在【多边形】属性管理器中对多边形的属性参数进行相应的设置，包括多边形内切圆的直径值和多边形的角度等，效果如图 4-23 所示。

- **外接圆**

利用该方法绘制正多边形时，系统将在多边形外添加一外接圆作为构造几何线，也就是整个多边形位于一个虚构的圆中，用户可以通过设置外接圆的直径值来定义多边形的大小。

单击【多边形】按钮，在打开的【多边形】属性管理器中指定所绘多边形的边数，并选择【外接圆】单选按钮。然后在绘图区中指定多边形的中心点位置，并移动指针，确定多边形的形状，效果如图 4-24 所示。

【外接圆】方式与【内切圆】方式相同，可以在完成多边形的绘制后，对多边形的相关参数进行设置，以绘制精确尺寸的多边形，这里不再赘述。

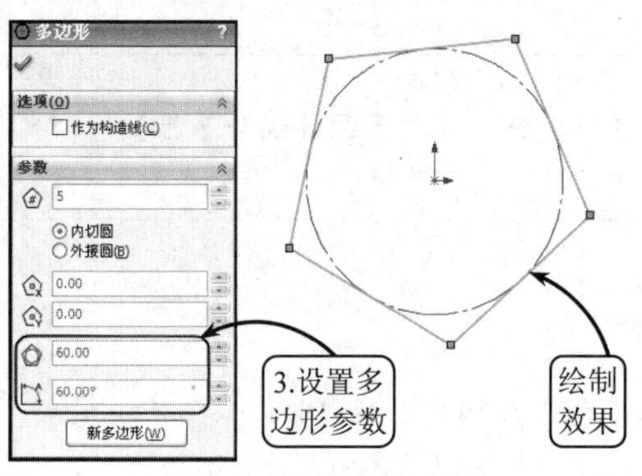

图 4-23　设置多边形属性

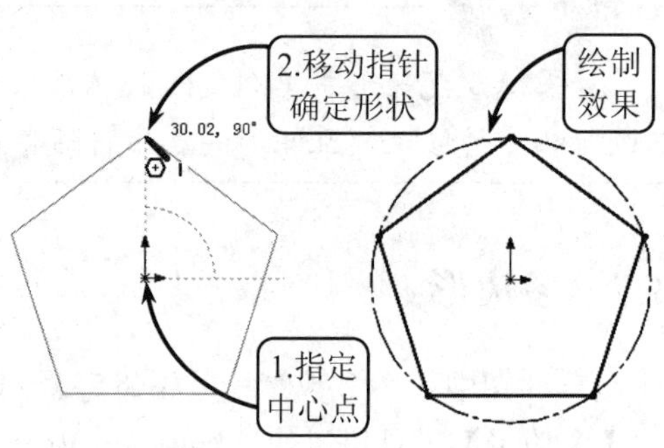

图 4-24　指定【外接圆】方式绘制多边形

此外，完成多边形的绘制后，用户可以通过拖动所绘多边形的边线或作为构造几何线的圆轮廓来改变多边形的尺寸大小，还可以通过拖动所绘多边形的顶点或中心点来移动多边形。

4.1.8　槽口

键槽是指轴或轮毂上的凹槽，其通过与相应的键配合，使轴产生转向。通常情况下，轴上的键槽由铣刀铣出，轮毂上的键槽由插刀插出。在机械设计中，键槽按外形可以分为平底槽、半圆槽和楔形槽等。

在 Solidworks 中，为方便绘制键槽的投影轮廓，系统专门提供了 4 种绘制槽口的工具，可以参照表 4-2 所示。现以常用的【直槽口】工具为例，介绍其具体操作方法。

表 4-2　槽口绘制工具

槽口工具类型	槽 口 属 性
直槽口	以两个端点为参照，绘制直槽口
中心点直槽口	以中心点为参照，绘制直槽口
三点圆弧槽口	在圆弧上以 3 个点为参照，绘制圆弧槽口
中心点圆弧槽口	以圆弧半径的中心点和两个端点为参照，绘制圆弧槽口

单击【草图】工具栏中的【直槽口】按钮，指针形状将变为，且系统将打开【槽口】属性管理器，如图 4-25 所示。其中，直槽口长度参数的设置方式有两种：选择【中心到中心】按钮，系统将以两个中心之间的长度作为直槽口的长度尺寸；选择【总长度】按钮，系统将以槽口的总长度作为直槽口的长度尺寸。

指定完长度参数的设置方式后，在绘图区中依次单击左键确定直槽口的长度尺寸，然后竖直移动指针至合适位置单击，确定直槽口的宽度尺寸，完成直槽口大致轮廓的绘制，效果如图 4-26 所示。

接着用户即可根据需要，在打开的【槽口】属性管理器中对所绘直槽口的属性参数进行相应的编辑，以绘制精确尺寸的图形特征。

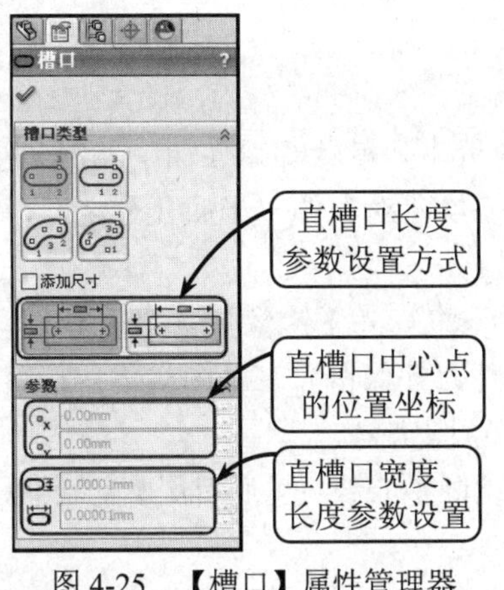

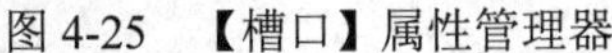

图 4-25　【槽口】属性管理器

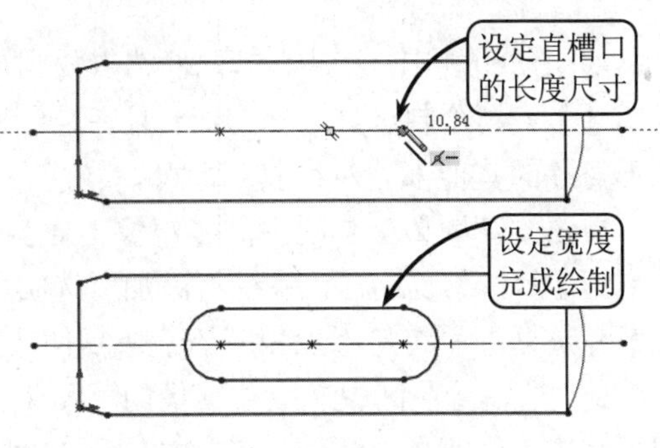

图 4-26　绘制直槽口大致轮廓

4.2　草图操作

在草图绘制过程中，有些诸如轴类零件往往具有对称等特殊结构，此时便可以利用相关的草图操作工具，对已经存在的图形进行几何运算处理。用户可以以现有图形对象为源对象，绘制出与源对象相同或相似的图形，从而简化绘制具有重复性、近似性特点图形的绘图步骤，达到提高绘图效率和绘图精度的目的。

4.2.1　等距实体

等距实体是指在距草图实体相等距离的位置上生成一个与草图实体相同形状的草图。在生成等距实体时，系统会自动在每个原始实体和相对应的等距实体之间建立几何关系，且当原始实体发生改变时，等距实体生成的曲线会随之改变。

在 Solidworks 中，利用【等距实体】工具可以将已有草图实体沿其法线方向偏移一段距离，即选中一个或多个草图实体、模型边线或模型面，向内或向外指定距离来生成草图实体。

单击【草图】工具栏中的【等距实体】按钮，系统将打开【等距实体】属性管理器。此时，在绘图区中选取一草图实体，并在打开的管理器中指定偏置方式和距离参数，即可完成等距实体的绘制，效果如图 4-27 所示。

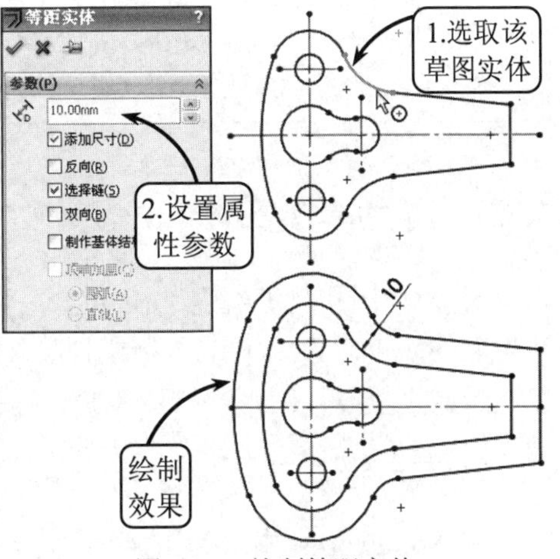

图 4-27　绘制等距实体

其中，若启用【选择链】复选框，系统可以生成所有连续草图实体的等距；若启用【制作基体结构】复选框，系统可以将原有草图实体转换为构造性直线。此外，当启用【双向】复选框时，【顶端加盖】复选框将被激活。此时，选择【圆弧】或【直线】任一类型，即可添加一相应形状的顶盖来延伸原有非相交的草图实体，效果如图 4-28 所示。

4.2.2 镜像草图实体

对于结构规则，且具有对称性特点的图形，如轴、轴承座和槽轮等零件，用户可以利用【镜像实体】工具绘制这类对称图形。且在绘制过程中，只需绘制对象的一半或几分之一，然后将图形对象的其他部分对称复制即可。

单击【草图】工具栏中的【镜像实体】按钮，系统将打开【镜像】属性管理器。其中，若启用【复制】复选框，系统将添加所选实体的镜像复件，并保留原有草图实体；若禁用【复制】复选框，系统将添加相应的镜像复件，但移除原有草图实体。

此时，在绘图区中选取要镜像的草图实体，并指定镜像中心线，然后启用【复制】复选框，即可完成镜像实体的操作，效果如图 4-29 所示。

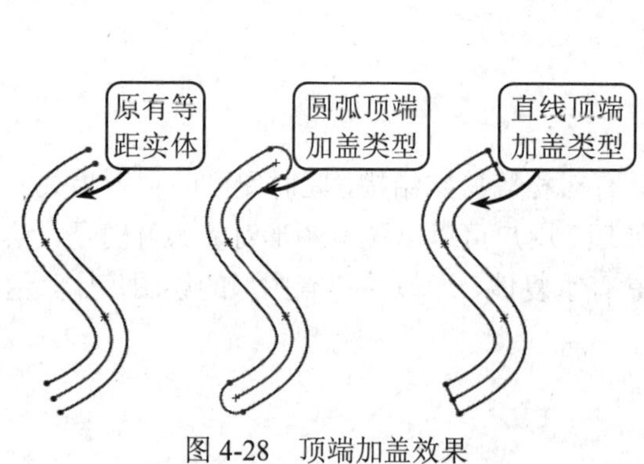

图 4-28　顶端加盖效果

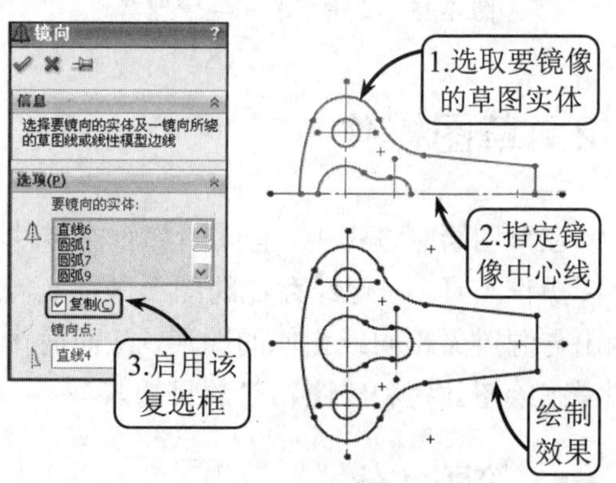

图 4-29　镜像草图实体

此外，在 Solidworks 中，利用该工具生成的镜像实体与原实体的草图点之间都有一个对称关系。如果改变原草图实体，则其镜像实体也将随之改变。

4.2.3 阵列草图实体

对于规律排列的草图实体，用户可以按照线性或圆周的方式，以定义的距离或角度复制出源对象的多个对象副本。在绘制孔板、法兰等具有均布特征的图形时，利用相关的阵列工具可以大量减少重复性图形的绘图步骤，提高绘图效率和准确性。

1. 线性阵列

在 Solidworks 中，利用【线性草图阵列】工具可以将选取的阵列对象以矩形的方式进行阵列复制，创建出源对象的多个副本对象。

单击【草图】工具栏中的【线性草图阵列】按钮，指针形状将变为，且系统将打开【线性阵列】属性管理器。此时，在绘图区中选取要阵列的草图实体，并在打开的管理器中设置 X 轴和 Y 轴方向上的参数，即可完成草图实体的阵列，效果如图 4-30 所示。

其中，用户可以在【角度】文本框中设定阵列对象在两个方向上的角度参数，且所设定的

角度参数均以水平向右为正方向参照；而若启用【在轴之间标注角度】复选框，系统将显示阵列中两个方向轴之间的角度参数。

此外，在创建线性阵列特征时，用户还可以选择【可跳过的实例】选项框，在绘图区中选取一个或多个要跳过的阵列实例。

2. 圆周阵列

圆周阵列能够以任一点为阵列中心点，将阵列源对象按圆周或扇形的方向，以指定的阵列角度进行源图形的阵列复制。该阵列方法经常用于绘制具有圆周均布特征的图形。

单击【草图】工具栏中的【圆周草图阵列】按钮，指针形状将变为，且系统将打开【圆周阵列】属性管理器。此时，在绘图区中指定阵列的中心点，并设置圆周阵列的属性参数，然后选取要阵列的草图实体，即可完成阵列特征的创建，效果如图 4-31 所示。

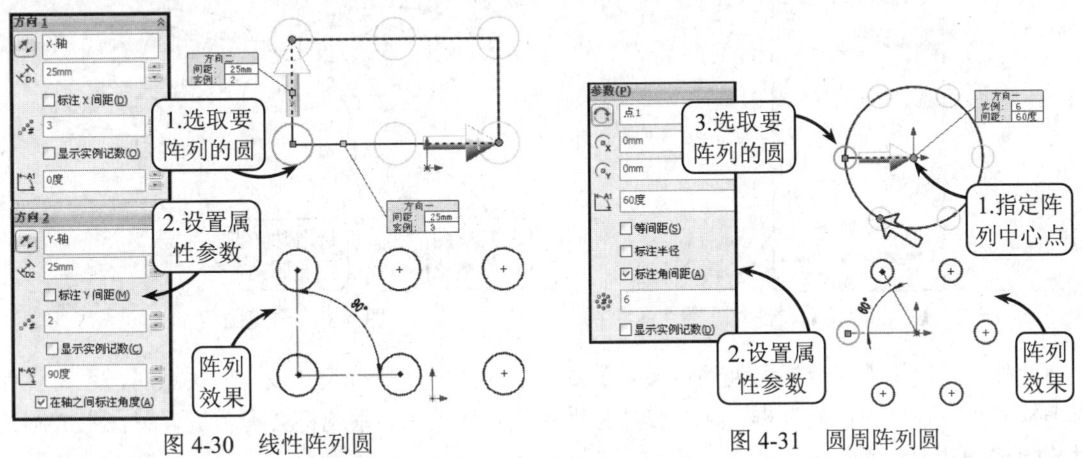

图 4-30　线性阵列圆

图 4-31　圆周阵列圆

其中，若启用【等间距】复选框，则系统将设定阵列的实例彼此间距相等，且此时可以在【间距】文本框中设置阵列中包括的总度数；若禁用【等间距】复选框，则可以在【间距】文本框中设置阵列中两个相邻实例间的角度参数。

此外，在完成圆周阵列特征的创建后，如想对阵列草图实体进行修改，可以右键单击阵列实例，在打开的快捷菜单中选择【编辑圆周阵列】选项，即可返回至【圆周阵列】属性管理器进行相应的设置。

4.3　编辑草图

在完成基本草图对象的绘制后，往往还需要对图形进行编辑修改操作，才能使之达到预期的设计要求。用户可以通过倒角、剪裁和延伸等常规操作来完成零件结构特征的创建，保证绘图的准确性。

4.3.1 圆角

为了便于铸件造型时拔模，防止铁水冲坏转角处，并防止冷却时产生缩孔和裂缝，设计人员一般将铸件或锻件的转角处制成圆角，即铸造或锻造圆角。在 Solidworks 中，利用【绘制圆角】工具可以在两个草图实体的交叉处剪裁掉角部，生成一个切线弧作为圆角特征。

单击【草图】工具栏中的【绘制圆角】按钮，系统将打开【绘制圆角】属性管理器，如图 4-32 所示。

此时，在该管理器中设置圆角的半径参数，并在绘图区中选取相应的草图实体，即可完成圆角的绘制。在 Solidworks 中，用户可以通过选取两个草图实体或选择边角来绘制圆角，预览效果如图 4-33 所示。

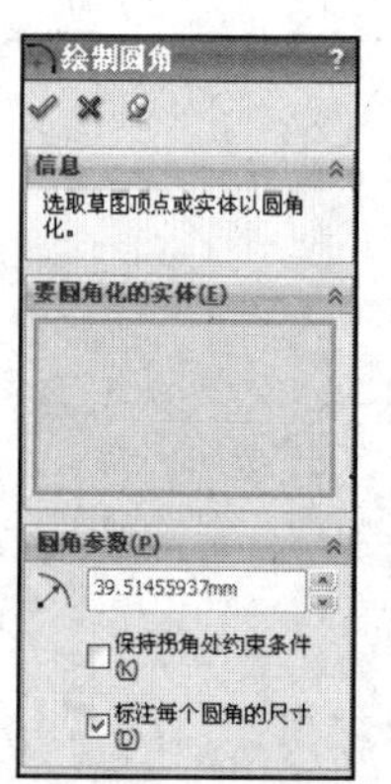

图 4-32 【绘制圆角】属性管理器

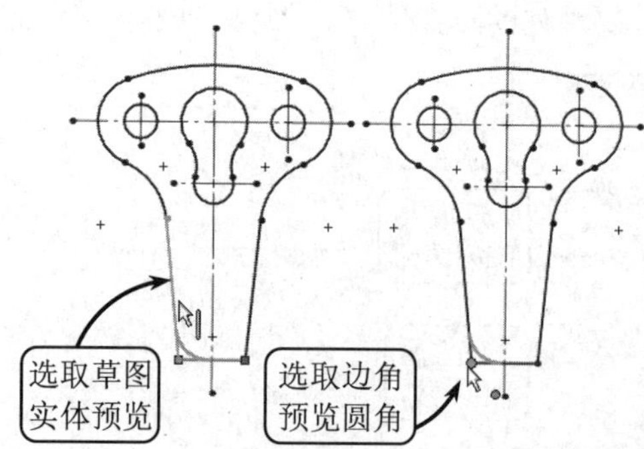

图 4-33 预览圆角

此外，若启用【保持拐角处约束条件】复选框，当顶点具有尺寸或几何关系时，系统将保留虚拟交点；若禁用该复选框，且顶点具有尺寸或几何关系，系统将会提示是否想在生成圆角时删除这些几何关系。

4.3.2 倒角

为了便于装配，且保护零件表面不受损伤，一般在轴端、孔口、抬肩和拐角处加工出倒角（即圆台面），这样可以去除零件的尖锐刺边，避免刮伤。在 Solidworks 中，可以利用【绘制倒角】工具将倒角应用到相邻的草图实体中。

单击【草图】工具栏中的【绘制倒角】按钮，系统将打开【绘制倒角】属性管理器，如图 4-34 所示。该管理器中包含了两种绘制倒角的方法，现分别介绍如下。

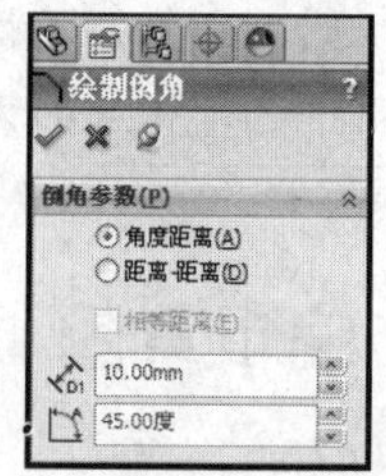

图 4-34 【绘制倒角】属性管理器

- **角度距离**

在管理器中选择【角度距离】单选按钮，【倒角参数】面板中将激活【距离 1】和【方向 1 角度】文本框。其中，在【距离 1】文本框中设置的参数应用到第一个所选的草图实体；在【方向 1 角度】文本框中设置的参数应用到从第一个草图实体

开始的第二个草图实体。

完成倒角参数的设置后，在绘图区中选取要倒角的两个草图实体或者一个顶点，即可生成相应的倒角特征，效果如图 4-35 所示。

● **距离-距离**

在管理器中选择【距离-距离】单选按钮，【倒角参数】面板中将激活【距离 1】、【距离 2】文本框，以及【相等距离】复选框。其中，当启用【相等距离】复选框时，在【距离 1】文本框中设置的参数应用到两个所选的草图实体；当禁用【相等距离】复选框时，在【距离 1】文本框中设置的参数应用到第一个所选的草图实体，在【距离 2】文本框中设置的参数应用到第二个所选的草图实体，效果如图 4-36 所示。

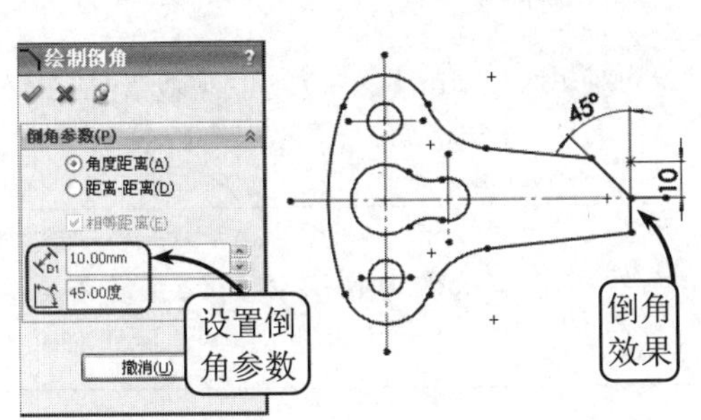

图 4-35　利用【角度距离】方式绘制倒角

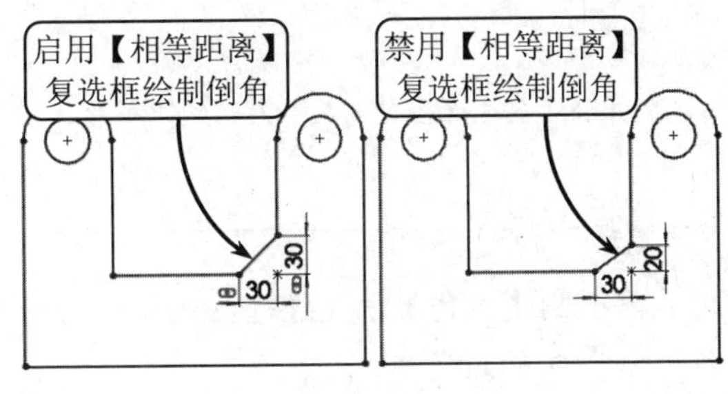

图 4-36　利用【距离-距离】方式绘制倒角

4.3.3　剪裁草图实体

当完成草图实体的绘制后，用户可以利用【剪裁实体】工具对多余的线条进行修剪。在 Solidworks 中，草图剪裁可以达到两种效果：一是剪裁直线、中心线、圆、圆弧或椭圆，使其截断于另一个草图实体；二是删除直线、中心线、圆、圆弧或椭圆。Solidworks 软件提供了 5 种剪裁草图实体的方法，现分别介绍如下。

● **强劲剪裁**

利用该方式可以通过拖动指针穿越要剪裁的草图实体来完成剪裁操作，也可以通过拖动相应的草图实体使其沿自然路径进行延伸。

单击【草图】工具栏中的【剪裁实体】按钮，在打开的【剪裁】属性管理器中单击【强劲剪裁】按钮。此时，在绘图区中拖动指针穿越要剪裁的草图实体，即可完成剪裁草图的操作，效果如图 4-37 所示。

此外，用户还可以利用【强劲剪裁】方式对草图实体进行延伸操作：选取要延伸的草图实体，拖动指针至指定的位置处释放即可，效果如图 4-38 所示。

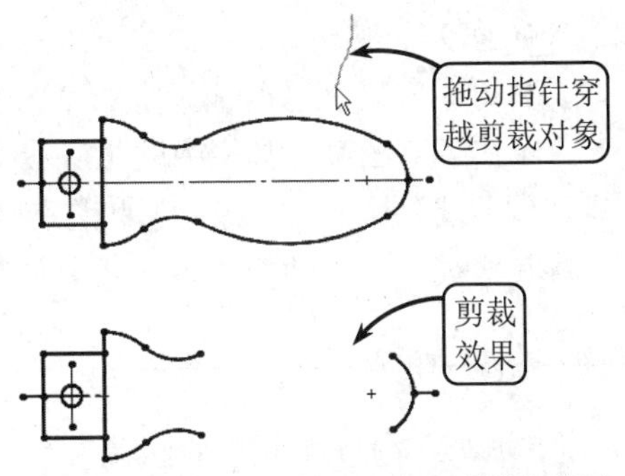

图 4-37　利用【强劲剪裁】方式剪裁草图

● **边角**

利用该方式可以延伸或剪裁两个草图实体，直至它们在虚拟边角处相交。单击【草图】工具栏中的【剪裁实体】按钮，在打开的【剪裁】属性管理器中单击【边角】按钮。此时，在绘图区中依次选取要结合的两个草图实体，即可将其剪裁到边角，效果如图 4-39 所示。

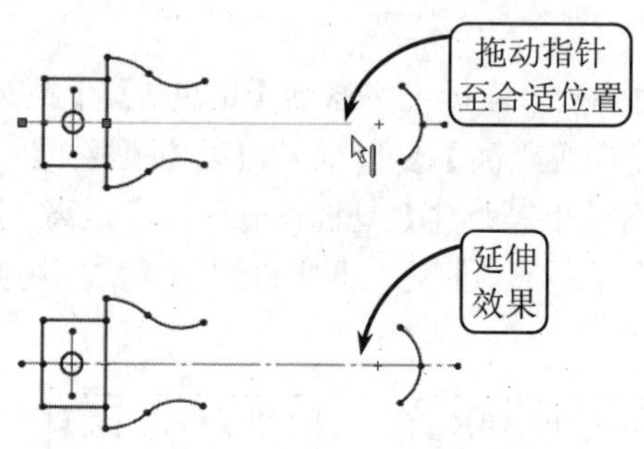

图 4-38　利用【强劲剪裁】方式延伸图形

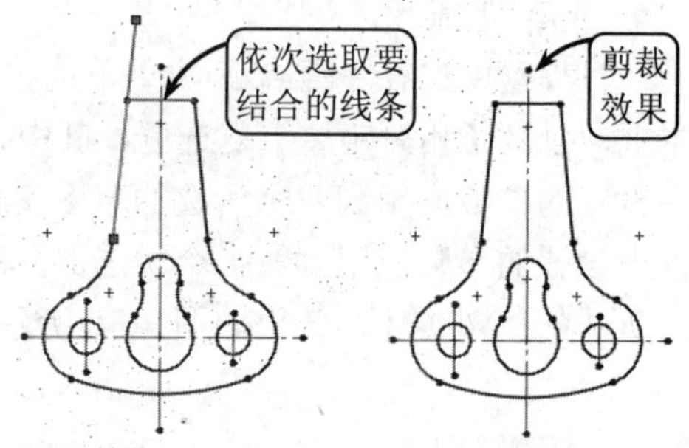

图 4-39　利用【边角】方式剪裁草图

在利用【边角】方式进行剪裁草图的过程中，系统将根据选取草图实体的位置的不同，而生成不同的边角形式。

- **在内剪除**

利用该方式可以剪裁位于两个边界实体内的草图实体。单击【草图】工具栏中的【剪裁实体】按钮，在打开的【剪裁】属性管理器中单击【在内剪除】按钮。此时，在绘图区中依次选取两个边界草图实体，然后选取要剪裁的草图实体即可，效果如图 4-40 所示。

在利用【在内剪除】方式进行剪裁草图的过程中，选取的要剪裁的草图实体必须与每个边界实体均交叉一次，或者与两个边界实体完全不交叉。

- **在外剪除**

利用【在外剪除】方式可以剪裁位于两个边界实体外的草图实体。该方式的使用方法与【在内剪除】方式类似，只不过选取的要剪裁的草图实体位于边界实体外侧。此外，支配【在内剪除】方式的规则同样适用于【在外剪除】方式，这里不再赘述。

- **剪裁至最近端**

利用该方式可以剪裁指定的草图实体，也可以将选取的草图实体延伸至最近的交叉点。

单击【草图】工具栏中的【剪裁实体】按钮，在打开的【剪裁】属性管理器中单击【剪裁至最近端】按钮，指针形状将变为。此时，在绘图区中单击选取要剪裁的草图实体，即可将其剪裁至最近的交叉点，效果如图 4-41 所示。

此外，利用【剪裁至最近端】方式延伸草图实体的方法与【强劲剪裁】方式类似，只需选取相应的草图实体拖动至指定的交叉点即可，这里不再赘述。

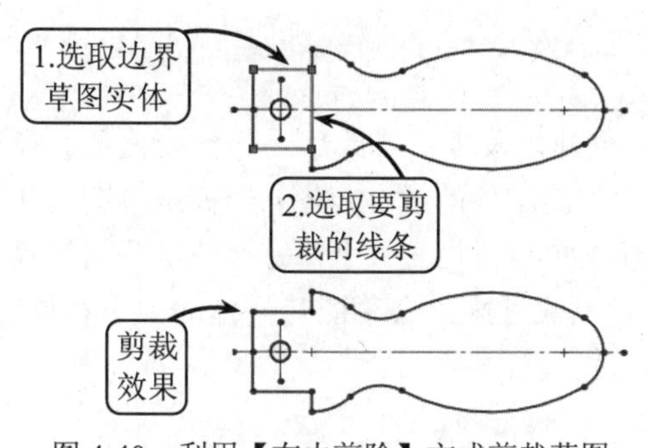

图 4-40　利用【在内剪除】方式剪裁草图

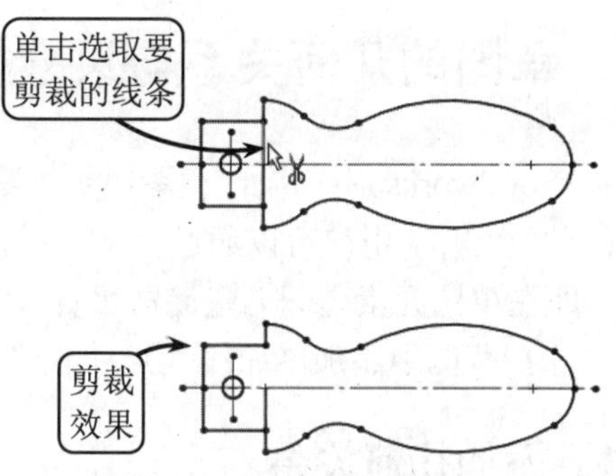

图 4-41　利用【剪裁至最近端】方式剪裁草图

4.3.4　延伸草图实体

草图延伸是指将草图实体延伸到另一个草图实体，以使两个草图实体相交，经常用在增加草图实体（直线、中心线或圆弧）的长度的情况下。

单击【草图】工具栏中的【延伸实体】按钮，指针形状将变为。此时，将指针移至要延伸的草图实体上，系统将显示一延伸方向的预览效果。如果要向相反的方向延伸实体，可以将指针移至实体的另一侧上。确定延伸方向后单击左键确认，即可将草图实体延伸至最近端的草图实体上，效果如图 4-42 所示。

4.3.5　分割草图实体

分割草图实体是指将曲线分割成多个节段，且各节段都成为一个独立的实体，并被赋予和原先的曲线相同的线型。在 Solidworks 中，用户可以利用【分割实体】工具通过添加一分割点将草图实体分割成两个实体。反之，也可以通过删除一个分割点，将两个草图实体合并成一个单一实体。

单击【草图】工具栏中的【分割实体】按钮，系统将打开【分割实体】属性管理器，且指针形状将变为。此时，在绘图区中选取要分割的位置，单击左键进行确认，即可将草图实体分割成两个实体，且这两个实体之间会添加一个分割点，效果如图 4-43 所示。

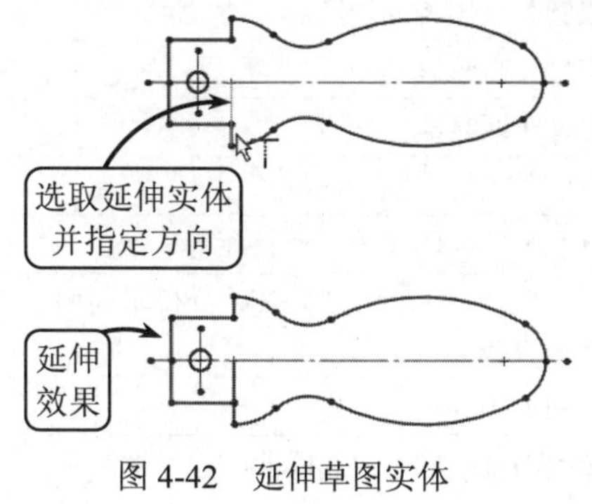

图 4-42　延伸草图实体

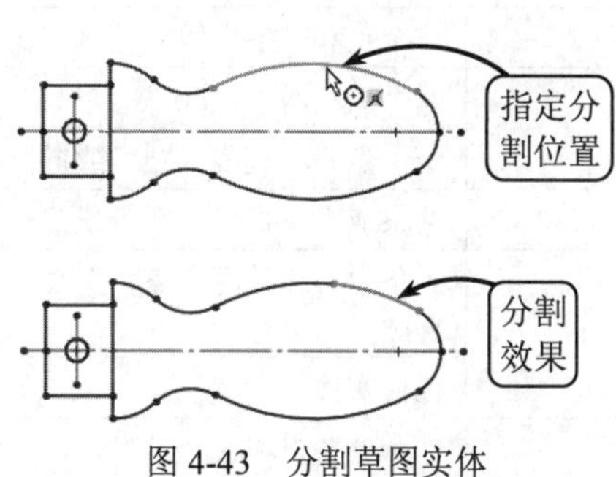

图 4-43　分割草图实体

4.4 草图的几何关系与尺寸标注

在 Solidworks 中，设计意图决定了零件是如何创建以及零件修改后是如何变化的。在绘制草图的过程中，用户可以通过以下两种途径捕捉和控制零件的设计意图：一种是草图的几何关系，即在草图元素之间创建诸如平行、共线、垂直或同心等几何关系；另一种是草图的尺寸标注，即在草图中添加诸如线性尺寸、半径尺寸或角度尺寸来定义草图几何体的大小和位置。

4.4.1 添加几何关系

草图几何关系是用来限制草图元素的行为，可以帮助用户捕捉零件的设计意图。在 Solidworks 中，草图几何关系是指在草图实体之间，或草图实体与基准面、基准轴、边线或顶点之间添加的几何约束，可以通过自动或手动的方式添加。

1. 草图几何关系类型

草图几何关系的类型有很多种，根据所选草图元素的不同，能够添加的合理几何关系的类型也不同。用户可以选择草图实体本身，也可以选择端点，还可以选择多种实体的组合。在 Solidworks 中，系统会根据用户选择的草图元素类型，自动筛选可以添加的几何关系种类。各常用的几何关系类型可以参照表 4-3 所示。

表 4-3 常用几何关系类型

几何关系	适 用 对 象	添 加 效 果
水平或竖直	一条或多条直线，两个或多个点	直线会变成水平或竖直，点会在水平或竖直方向上对齐
共线	两条或多条直线	实体位于同一条直线上
全等	两个或多个圆弧	实体的半径相等
垂直	两条直线	两条直线互相垂直
平行	两条或多条直线	直线保持平行
相切	圆弧、椭圆和样条曲线，直线和圆弧，直线和曲面	两个实体保持相切
同心	两个或多个圆弧，一个点和一个圆弧	圆或圆弧共用相同的圆心
中点	一个点和一条直线	使点位于直线段的中点
交叉	一个点和两条直线	使点位于两直线的交点
重合	一个点和一直线、圆弧或椭圆	使点位于直线、圆弧或椭圆上
相等	两条或多条直线，两个或多个圆弧	使直线长度或圆弧半径保持相等
对称	一条中心线和两个点、直线、圆弧或椭圆	实体会保持与中心线等距离，并位于与中心线垂直的一条直线上
固定	任何实体	实体的大小和位置固定
穿透	一个草图点和一个基准轴、边线、直线或样条曲线	草图点与基准轴、边线或曲线在草图基准面上穿透的位置重合
合并点	两个草图点或端点	两个点合并成一个点

此外，如果为不在草图基准面上的项目建立几何关系，则所产生的几何关系将应用于此项目在草图基准面上的投影。

2. 添加草图几何关系

几何关系用于定义草图对象的几何特性（如直线的长度）和草图对象之间的相互关系（如两条直线垂直或平行，或者几个圆弧有相同的半径等），是绘制所需的草图截面并进行参数化建模所必不可少的工具。各种草图元素之间，通过添加几何关系都将得到所需的定位效果。在 Solidworks 中，用户可以通过以下方法添加相应的几何关系。

- **自动添加几何关系**

该方法是指在绘制草图的过程中系统自动添加相应的几何关系，系统会根据草图实体和指针的位置，显示一个以上的草图几何关系以供用户选择。

单击【选项】按钮，在打开的对话框中选择【几何关系/捕捉】选项，然后启用【自动几何关系】复选框，或者选择【工具】|【草图设定】|【自动添加几何关系】选项，系统将执行自动添加几何关系的操作命令，如图 4-44 所示。

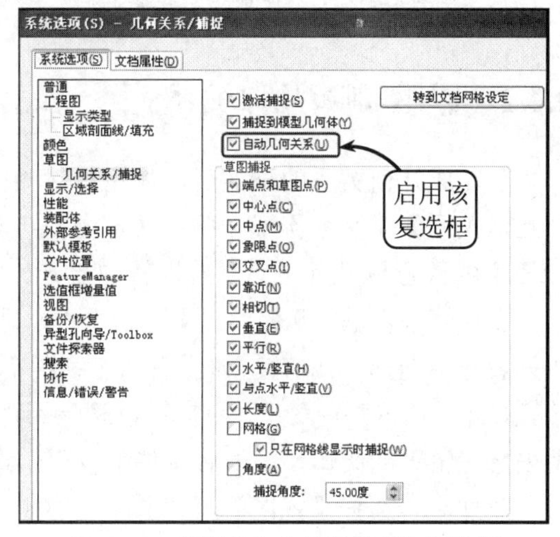

图 4-44　启用【自动几何关系】复选框

在 Solidworks 中，自动添加几何关系依赖于推理、指针显示、草图捕捉和快速捕捉等因素。其中，在绘制草图的过程中，指针会改变形状以显示可以生成哪些几何关系。但是，系统只能自动添加有限的几种几何约束关系，例如直线的水平、竖直，直线与圆弧相切，点与点重合等，如图 4-45 所示。

- **手工添加几何关系**

在 Solidworks 中，有些几何关系是根据指针在绘图区中的位置自动生成的，而对于那些不能自动产生的几何关系，用户可以通过利用【添加几何关系】工具来手工添加。

在【草图】工具栏中单击【添加几何关系】按钮，系统将打开【添加几何关系】属性管理器。然后在绘图区中依次选取要添加几何约束的草图实体，在该管理器的【添加几何关系】面板中将显示可以添加的约束类型。此时，选择相应的几何关系类型即可，效果如图 4-46 所示。

当生成几何关系时，其中至少必须有一个项目是草图实体，其他项目可以是草图实体或边线、面、顶点、原点、基准面、基准轴，或其他草图的曲线在投影到草图基准面上时所形成的直线或圆弧。

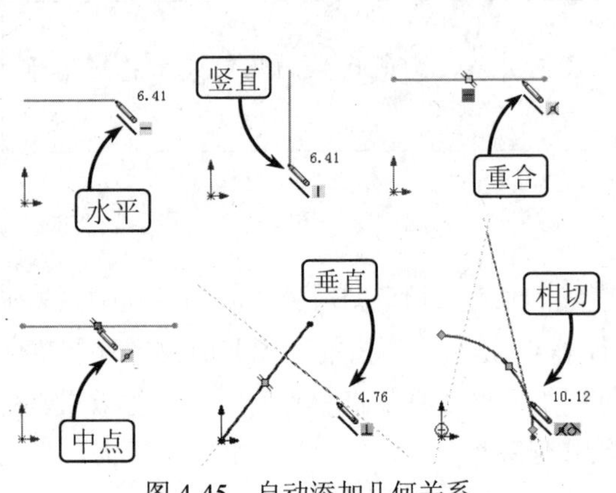

图 4-45　自动添加几何关系

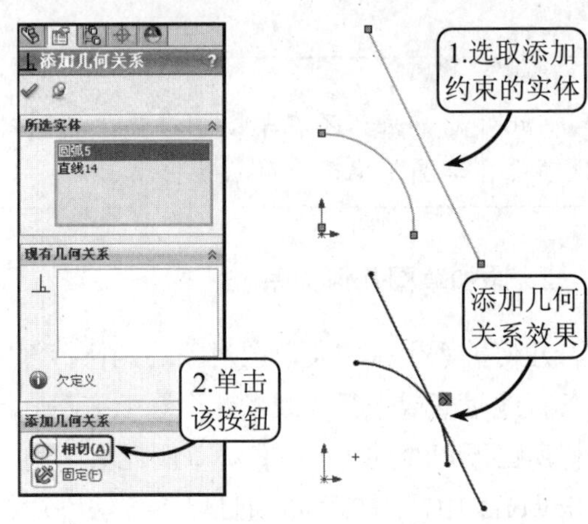

图 4-46　手工添加几何关系

4.4.2　显示/删除几何关系

在完成几何关系的添加后，如还想对相应的几何约束进行编辑，可以通过利用【显示/删除几何关系】工具来实现。单击【草图】工具栏中的【显示/删除几何关系】按钮，系统将打开【显示/删除几何关系】属性管理器，如图 4-47 所示。

在该管理器的【几何关系】列表框中，显示了应用于草图实体上的所有几何关系。当用户在列表框中选择一几何关系时，适当的草图实体随同代表此几何关系的图标同时在图形区域中高亮显示。在该管理器中，用户可以删除不再需要的几何关系，也可以通过替换列出的参考引用来修正错误的实体，由于后者使用较少，这里不再赘述。

此外，若选择【视图】|【草图几何关系】选项，系统将显示所有应用到草图实体上的几何关系图标，如图 4-48 所示。用户还可以在绘图区中选择相应的几何关系图标，按下 Delete 键删除不再需要的几何关系。

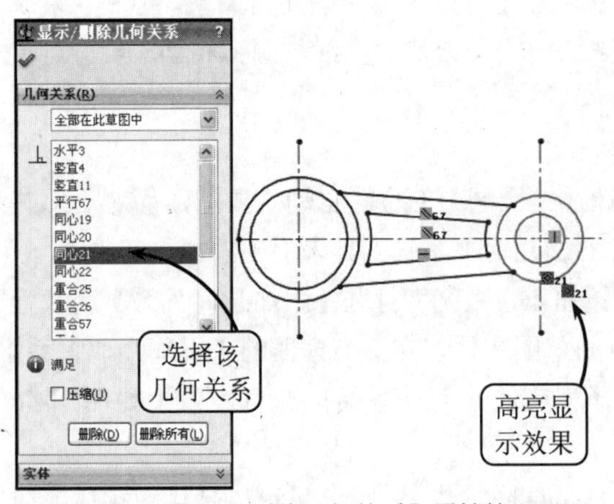

图 4-47　【显示/删除几何关系】属性管理器

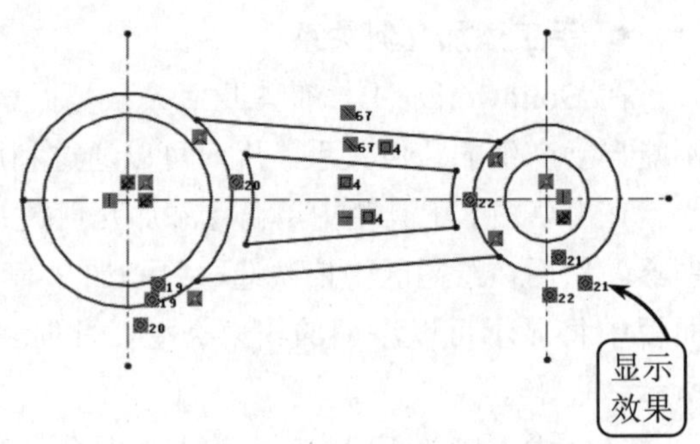

图 4-48　显示所有几何关系

4.4.3　草图尺寸标注

尺寸能够描述图形对象各组成部分的大小和相对位置关系，是实际生产的重要依据。正确的尺寸标注可以指引生产顺利完成，因此尺寸标注是草图绘制中的重要一环。在 Solidworks 中，标注尺寸是定义几何元素和捕捉设计意图的另一种方法。

1. 草图尺寸类型

虽然零件的形状多种多样，但是利用 Solidworks 提供的尺寸标注工具可以满足大多数零件的定形或定位标注要求，如零件的线性尺寸、径向尺寸和角度尺寸等，现分别介绍如下。

● **线性尺寸**

线性尺寸是指在图形中标注两点之间的水平、竖直或具有一定旋转角度的尺寸，该类标注是进行尺寸标注时应用最为频繁的标注方法之一。

单击【草图】工具栏中的【智能尺寸】按钮，然后在绘图区中选择要标注尺寸的草图实体对象。此时移动指针，当预览显示出想要的类型时，移动尺寸至所要放置的位置，单击左键即可。在 Solidworks 中，可以标注以下草图实体类型的线性尺寸。

◆ **直线或边线的长度**　选择要标注的直线，移动至指定的位置。

◆ **直线之间的距离**　选择两条平行直线，或一条直线与一条平行的模型边线。

◆ **点到直线的垂直距离**　选择一个点以及一条直线，或模型上的一条边线。

◆ **点到点尺寸**　选择两个点，拖动尺寸至不同的方位，即可标注不同的线性尺寸。各类型的线性尺寸标注如图 4-49 所示。

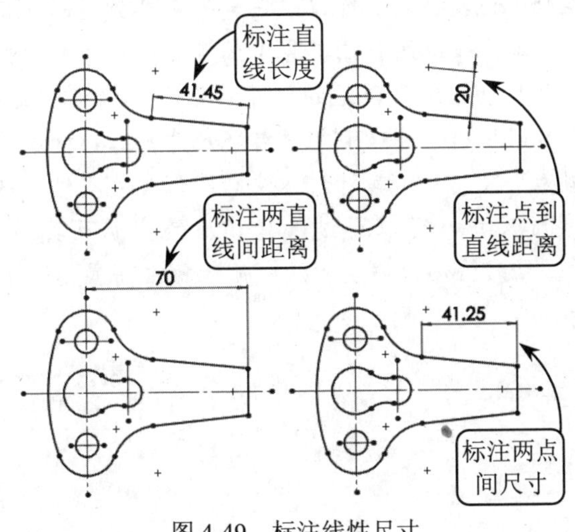

图 4-49　标注线性尺寸

● **角度尺寸**

在草图尺寸的标注过程中，对于一些倾斜图形如肋板的角度尺寸，可以通过利用【智能尺寸】工具选择既不共线又不平行的两直线，或 3 个不共线的点来创建。

◆ **选择直线标注角度**　单击【草图】工具栏中的【智能尺寸】按钮，然后在绘图区中依次选取要添加角度尺寸的两条直线。此时，移动指针至不同的位置，系统将显

示对应的角度尺寸预览。如果移动指针在两条边中间单击，则标注的为夹角角度；而如果移动指针在两条边外侧单击，则标注的为该夹角的补角角度，效果如图 4-50 所示。

◆ **选择 3 个点标注角度** 在 Solidworks 中，还可以在 3 个草图点、草图线段终点或模型顶点之间放置一角度尺寸。单击【草图】工具栏中的【智能尺寸】按钮，然后在绘图区中依次指定 3 个点来标注角度尺寸。其中指定的第一个点为角顶点，另外两个点为角的端点。指定的角顶点不同，标注的角度也会不同，效果如图 4-51 所示。

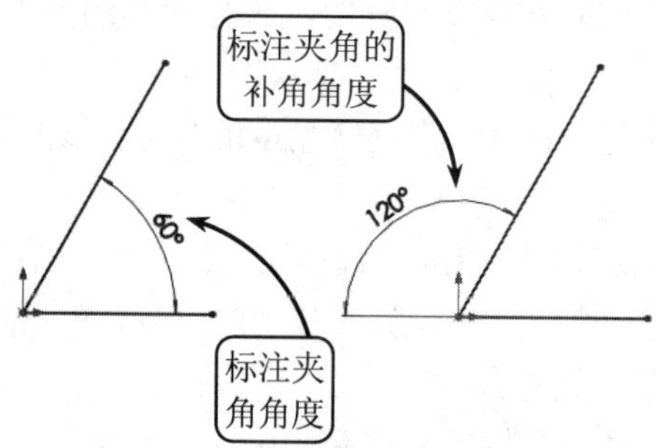

图 4-50 选择直线标注角度

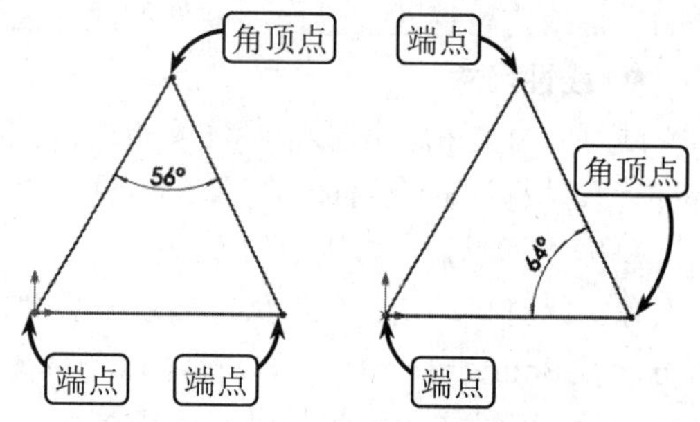

图 4-51 选择 3 个点标注角度

● **曲线尺寸**

在草图尺寸的标注过程中，曲线类尺寸包括圆和圆弧等曲线对象。利用 Solidworks 提供的【智能尺寸】工具可以准确地标识这些曲线对象，现分别介绍如下。

◆ **圆形尺寸** 在 Solidworks 中，可以以一定的角度放置圆形尺寸，且系统默认尺寸显示为直径尺寸。单击【草图】工具栏中的【智能尺寸】按钮，然后在绘图区中选取指定的圆，并移动指针至合适的位置放置尺寸即可，效果如图 4-52 所示。

◆ **圆弧尺寸** 在 Solidworks 中，利用【智能尺寸】工具标注圆弧尺寸时，系统默认的尺寸显示类型为半径尺寸。其标注方法与圆形尺寸类似，这里不再赘述。此外，如标注圆弧的实际尺寸，可以通过选择相应的圆弧及其两个端点来完成，效果如图 4-53 所示。且为区别于角度标注，弧长标注将显示一个圆弧符号，而角度标注显示度数符号。

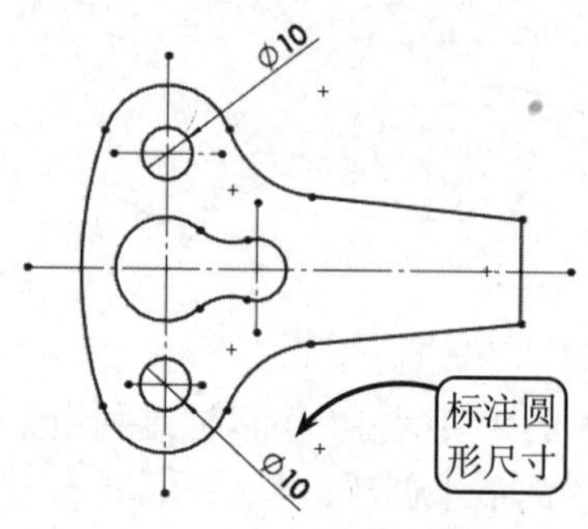

图 4-52 标注圆形尺寸

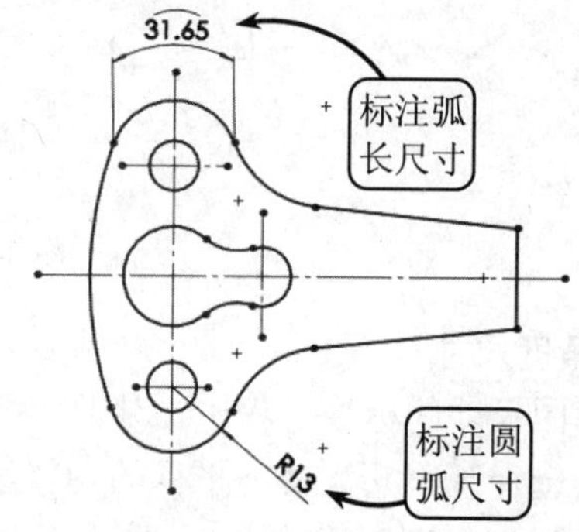

图 4-53 标注圆弧尺寸

2. 标注草图尺寸

在 Solidworks 中，利用【智能尺寸】工具可以对选取的草图实体和其他对象标注尺寸，且系统将根据选取的几何元素来决定尺寸的正确类型。如选取一个圆弧，系统将自动创建半径尺寸；选取一个圆，则得到直径尺寸；如果选取两条平行线，系统会添加相应的线性尺寸。而对某些形式的智能尺寸，尺寸放置的位置也会影响其形式，该部分内容前面已有介绍，这里不再赘述。

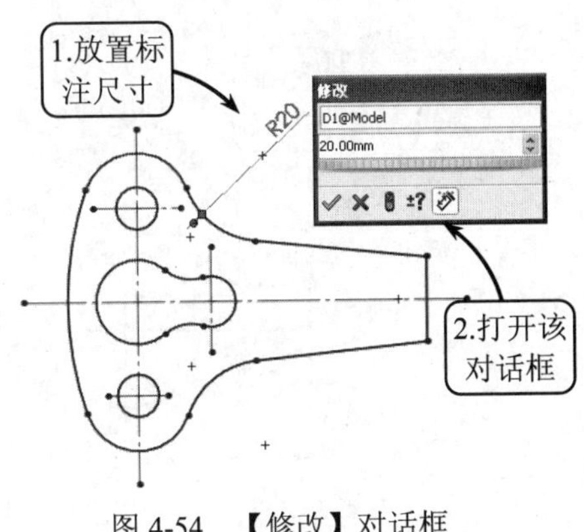

图 4-54　【修改】对话框

利用标注尺寸工具选取草图实体后，系统将会显示标注尺寸的预览。用户可以通过移动指针来观察并确定所有可能的标注方式。指定相应的标注方式后，在绘图区的合适位置单击左键放置尺寸，系统将打开【修改】对话框，如图 4-54 所示。在该对话框中，用户可以创建或编辑尺寸参数，各按钮的含义可以参照表 4-4 所示。

表 4-4　【修改】对话框各按钮含义

按钮类型	按钮含义
✔	保存尺寸值并退出对话框
✖	恢复原始值并退出对话框
	使用当前尺寸值重建模型
	反转尺寸方向
±?	重设选项框的增量值
	标记输入工程图的尺寸

3. 草图几何体状态

在 Solidworks 中，通过利用系统提供的几何关系和尺寸标注工具，可以使绘制的草图实体处于不同的状态，且其将以不同的颜色显示以便识别，各草图状态如下所述。

- **悬空**　以褐色显示，表示不能解出的草图几何体。例如，删除用来定义另一草图实体的实体。
- **从动**　以灰色显示，表示冗余且不能修改的尺寸。
- **项目冲突**　以黄色显示，表示冗余尺寸或没必要的几何关系，效果如图 4-55 所示。
- **欠定义**　以蓝色显示，表示需要尺寸标注或与另一草图实体存在几何关系的草图实体。
- **完全定义**　以黑色显示，表示所有所需尺寸及与草图实体的几何关系都存在，没有可以引起草图过定义的冗余或无必要的要素。

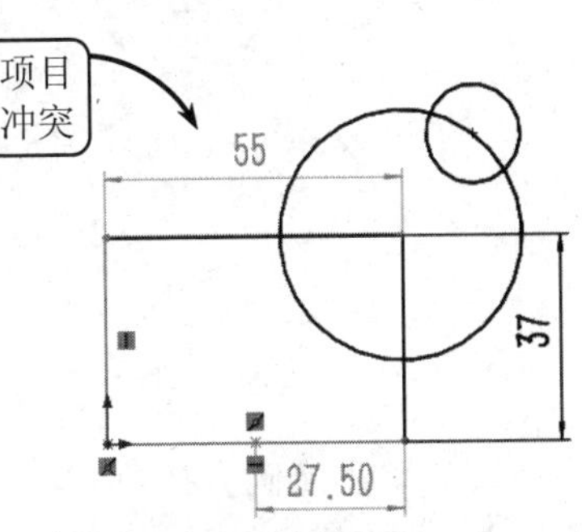

图 4-55　项目冲突

- **无效** 以黄色显示，表示无效的草图实体，生成草图但在其当前状态中无解；还可表示要求删除某些几何关系或尺寸，或将草图实体返回至其先前状态。
- **项目无法解出** 以红色显示，表示几何体无法决定一个或多个草图实体的位置，效果如图 4-56 所示。

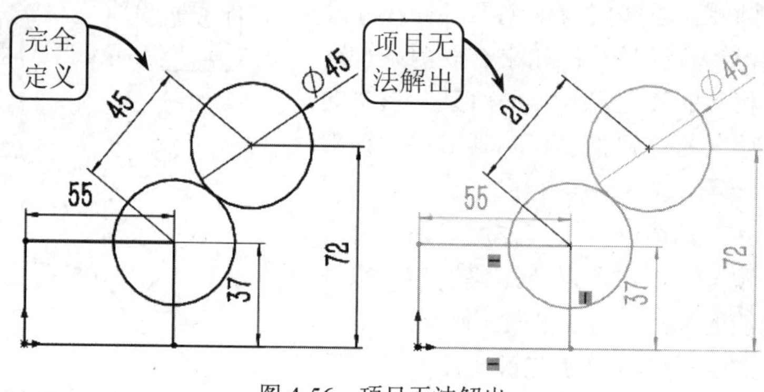

图 4-56 项目无法解出

4.5 课堂实例 4-1：绘制垫片草图

本实例绘制垫片零件的草图，如图 4-57 所示。垫片零件在机械设备中主要起到调整连接件之间的间隙、保护被连接零件表面不被螺帽等紧固件损伤，或在一些电器设备中起到保护绝缘的作用。本例所绘制的垫片零件是用于零件之间间隙的调整。该零件从外形上分析，主要由组成内孔特征的 3 个圆轮廓线、圆弧和连接直线所构成。

分析该垫片零件可知，其草图轮廓以竖直中心线为对称线。在绘制该垫片草图时，可以先利用【圆】、【直线】、【圆角】以及【智能尺寸】工具绘制出其一侧轮廓线，然后利用【镜像实体】工具镜像出另一侧的轮廓线即可。

操作步骤：

（1）新建【零件】文件，单击【草图绘制】按钮，并选择前视基准面为绘图平面进入草绘状态。然后单击【中心线】按钮，绘制一条水平线和一条竖直线，效果如图 4-58 所示。

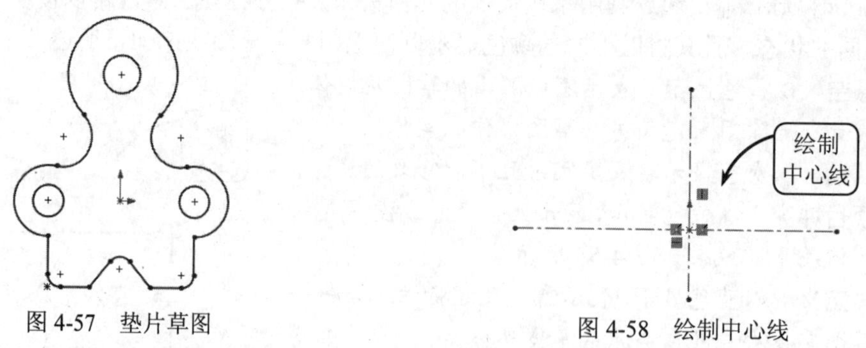

图 4-57 垫片草图

图 4-58 绘制中心线

（2）单击【圆】按钮，按照如图 4-59 所示位置分别绘制两个圆轮廓。然后利用【智能尺寸】工具对其进行尺寸定位。

（3）利用【圆】工具，在绘图区任意位置绘制一个直径为 Φ48mm 的圆轮廓，然后单击【添

加几何关系】按钮⊥，使该圆分别与直径为 Φ56mm 和 Φ90mm 的圆相切，效果如图 4-60 所示。

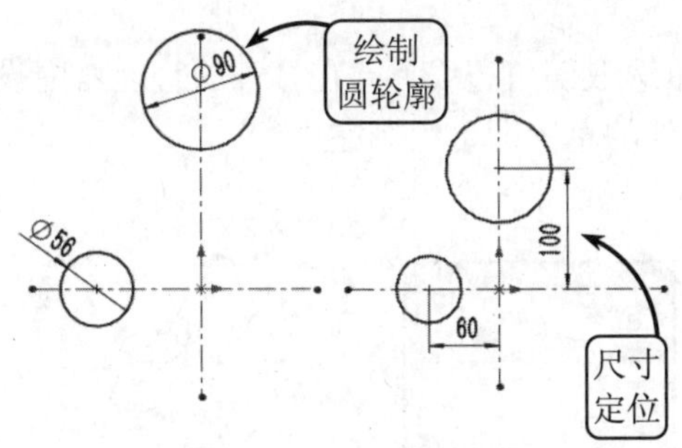

图 4-59　绘制圆轮廓并定位

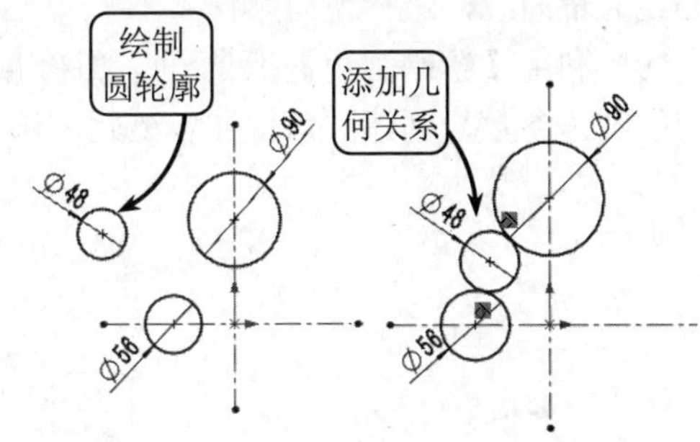

图 4-60　绘制圆轮廓并添加几何关系

（4）继续利用【圆】工具，分别以直径为 Φ90mm 和 Φ56mm 的圆的圆心为基点绘制圆轮廓，然后利用【智能尺寸】工具进行尺寸定位，效果如图 4-61 所示。

（5）单击【直线】按钮╲，绘制图 4-62 所示的草图轮廓，然后利用【智能尺寸】工具对其进行尺寸定位。

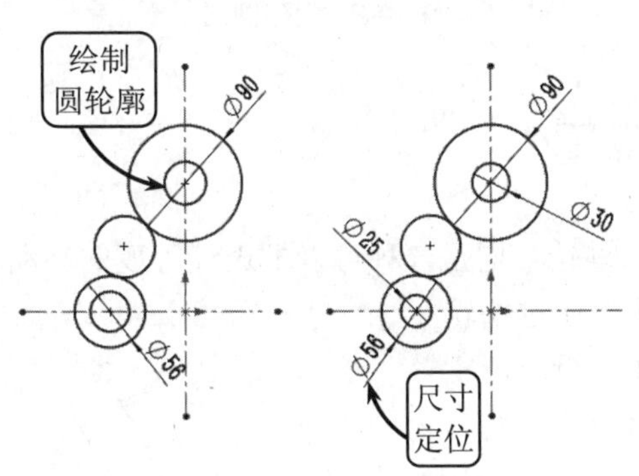

图 4-61　绘制圆轮廓并定位

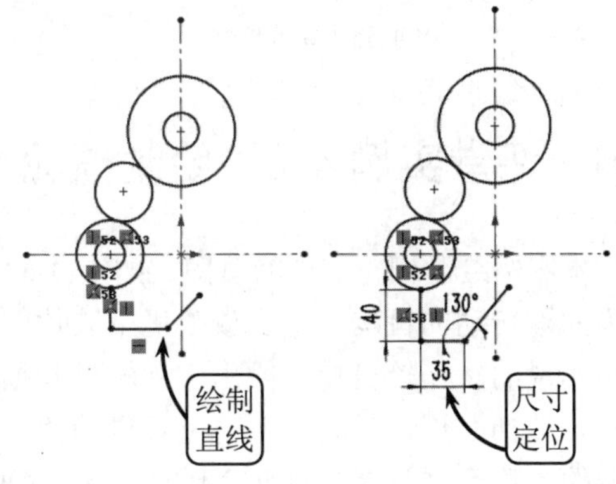

图 4-62　绘制直线并定位

（6）单击【草图】工具栏中的【绘制圆角】按钮，按照图 4-63 所示选取倒角边线，并在打开的管理器中设置相应的圆角参数，创建圆角特征。

（7）单击【剪裁实体】按钮，并选择【强劲剪裁】类型。然后在绘图区中依次选取多余线段，对其进行剪裁操作，效果如图 4-64 所示。

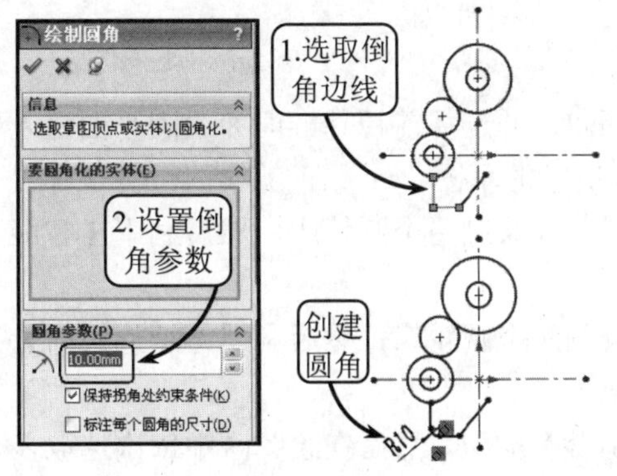

图 4-63　创建圆角

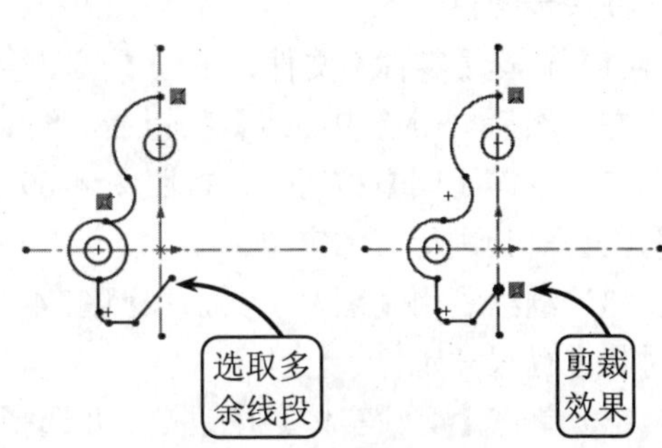

图 4-64　剪裁多余线段

（8）单击【镜向实体】按钮，按照如图 4-65 所示依次选取要镜向的实体，并指定竖直中心线为镜向线，进行镜向操作。

（9）利用【绘制圆角】工具，按照图 4-66 所示选取倒角边线，并在打开的管理器中设置相应的圆角参数，创建圆角特征。至此，该垫片零件的草图即可绘制完成。

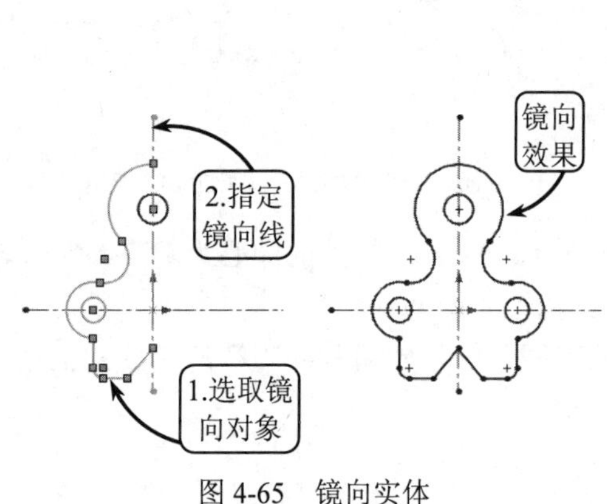

图 4-65　镜向实体

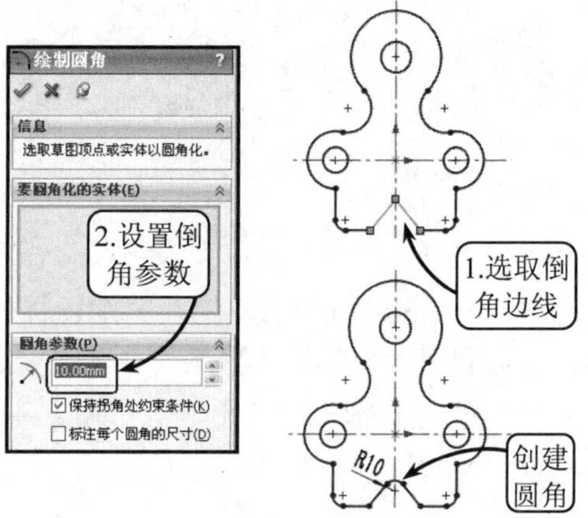

图 4-66　创建圆角

4.6　课堂实例 4-2：绘制槽轮零件草图

本实例绘制槽轮零件的草图，如图 4-67 所示。槽轮机构是一种可以把连续等度的转动转化为间歇转动的机构。电影放映机中胶片的运动即是通过槽轮机构实现的。槽轮机构一般由主动转臂和槽轮两部分组成，主动转臂转动一周，从动槽轮可以转过的角度可由槽轮的结构和转臂的个数确定。本案例所绘制的槽轮是六槽的槽轮。

在绘制该槽轮零件的草图时，可以先利用【中心线】和【智能尺寸】工具绘制出槽轮的中心线和与水平中心线成 30º 的辅助线，然后利用【圆】、【直线】和【剪裁实体】工具绘制出位于辅助线一侧 1/6 槽轮的草图曲线，最后镜像出其余轮廓曲线，并利用【剪裁实体】工具修剪多余线段，即可完成该槽轮零件草图的绘制。

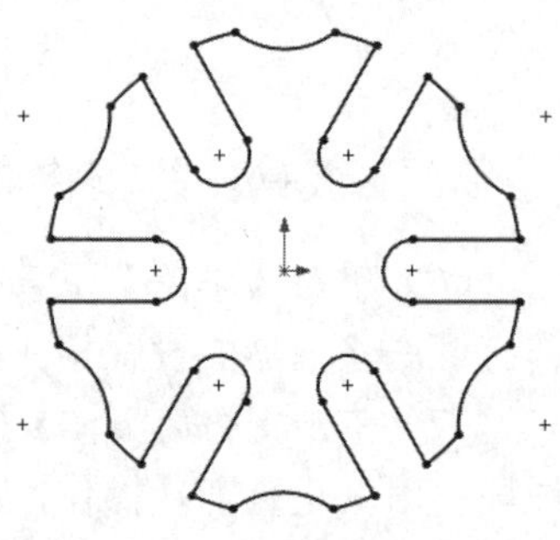

图 4-67　槽轮草图

操作步骤：

（1）新建【零件】文件，单击【草图绘制】按钮，并选择前视基准面为绘图平面进入草绘状态。然后单击【中心线】按钮，绘制图 4-68 所示的草图。

（2）单击【圆】按钮，按照图 4-69 所示位置分别绘制两个圆轮廓。然后利用【智能尺寸】工具对其进行尺寸定位。

（3）继续利用【圆】工具，按照图 4-70 所示绘制两个圆轮廓，然后利用【智能尺寸】工具对其进行尺寸定位。

（4）单击【剪裁实体】按钮，并选择【强劲剪裁】类型。然后在绘图区中依次选取多余线段，对上一步绘制的图形进行修剪操作，效果如图 4-71 所示。

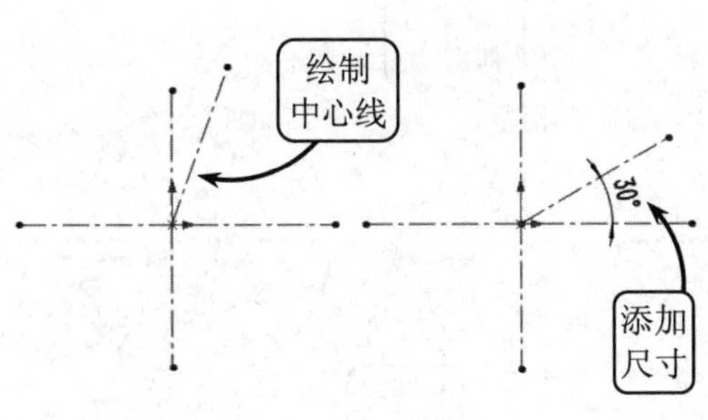

图 4-68　绘制中心线

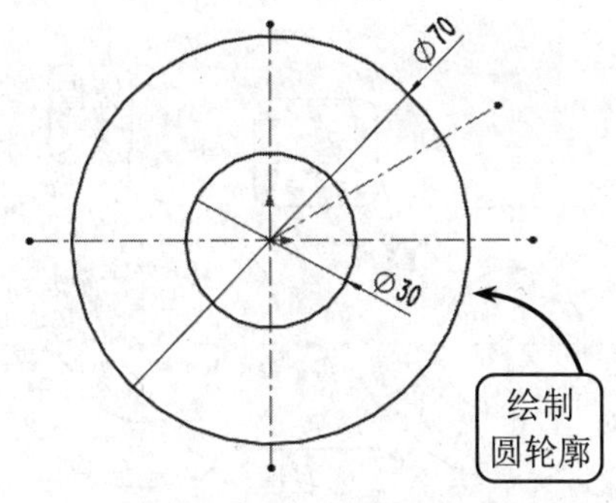

图 4-69　绘制辅助圆轮廓

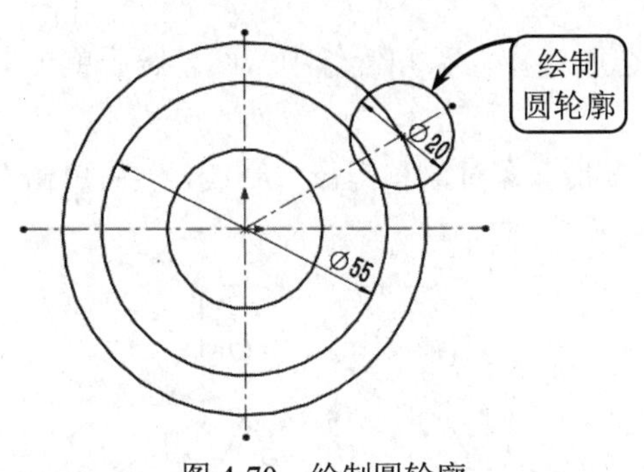

图 4-70　绘制圆轮廓

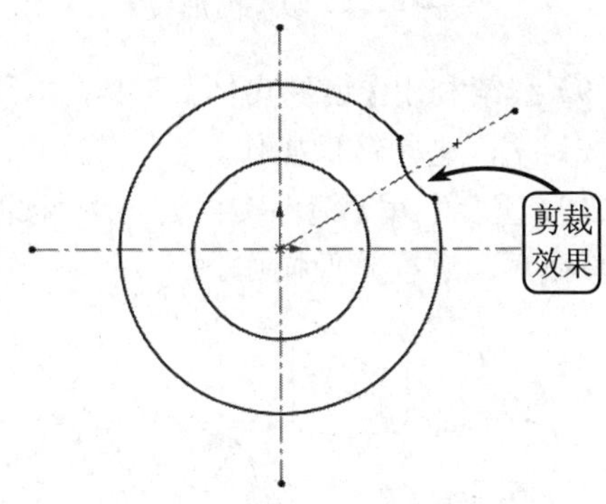

图 4-71　修剪圆轮廓

（5）利用【圆】工具，按照图 4-72 所示位置绘制一个直径为 Φ7mm 的圆轮廓。然后单击【直线】按钮，依次绘制两条直线，使其分别连接直径为 Φ7mm 和 Φ55mm 的圆轮廓。

（6）单击【剪裁实体】按钮，并选择【强劲剪裁】类型。然后在绘图区中依次选取多余线段，对上一步绘制的图形进行修剪操作，效果如图 4-73 所示。

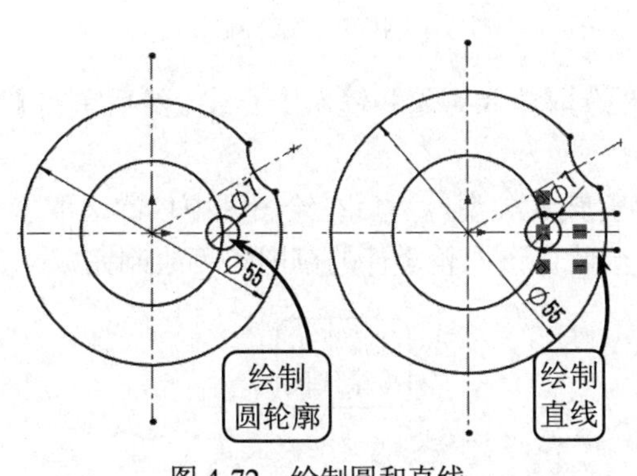

图 4-72　绘制圆和直线

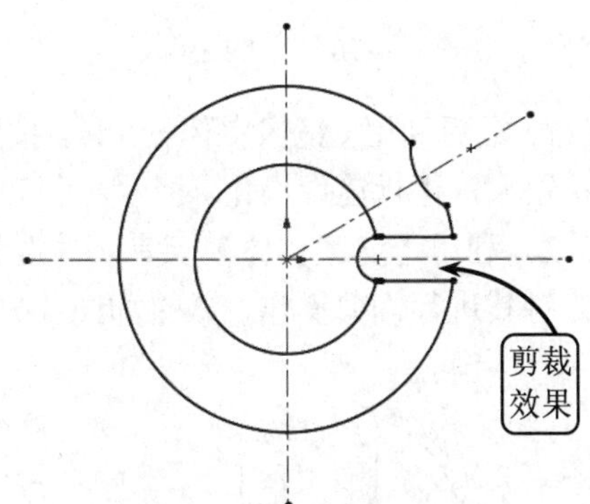

图 4-73　修剪多余线段

（7）单击【草图】工具栏中的【镜像实体】按钮，按照图 4-74 所示依次选取镜像中心线和镜像对象，然后单击【确定】按钮，进行镜像操作。

（8）利用【镜像实体】工具，按照图 4-75 所示依次选取镜像对象和镜像中心线，然后单击【确定】按钮，进行镜像操作。

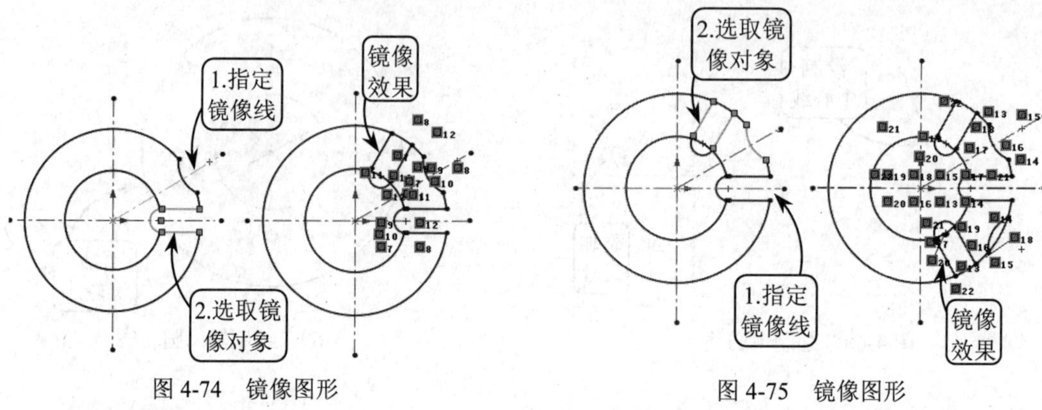

图 4-74　镜像图形　　　　图 4-75　镜像图形

（9）继续利用【镜像实体】工具，按照图 4-76 选取镜像对象和镜像中心线，然后单击【确定】按钮，进行镜像操作。

（10）重复利用【镜像实体】工具，按照图 4-77 选取镜像对象和镜像中心线，然后单击【确定】按钮，进行镜像操作。

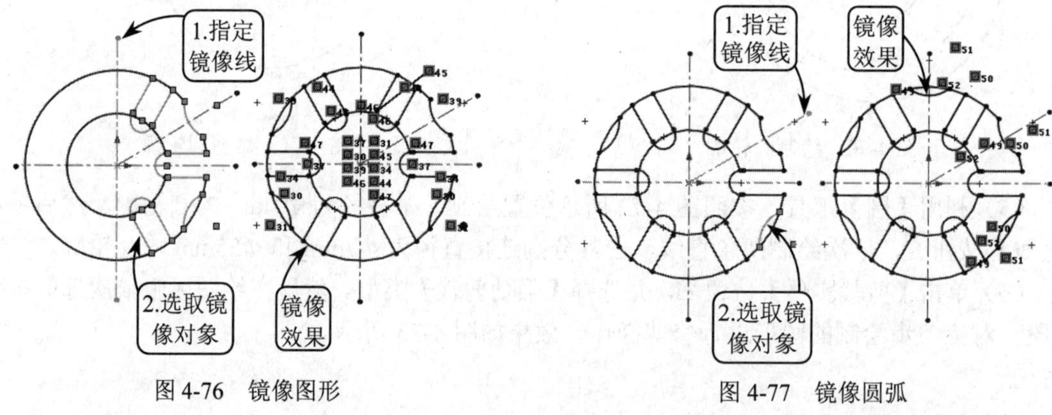

图 4-76　镜像图形　　　　图 4-77　镜像圆弧

（11）最后利用【镜像实体】工具，按照图 4-78 选取镜像对象和镜像中心线，然后单击【确定】按钮，进行镜像操作。

（12）利用【剪裁实体】工具，并选择【强劲剪裁】类型。然后在绘图区中依次选取多余线段，对其进行修剪操作，效果如图 4-79 所示。至此，该槽轮零件的草图即可绘制完成。

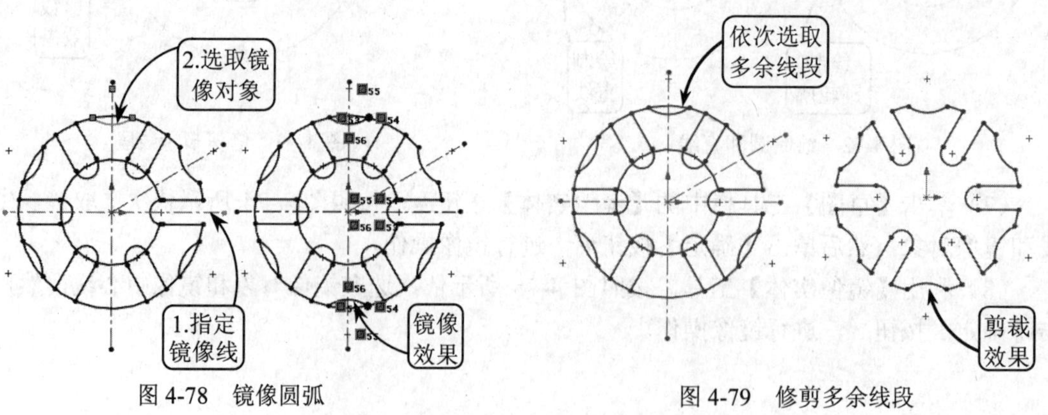

图 4-78　镜像圆弧　　　　图 4-79　修剪多余线段

4.7　扩展练习：绘制摇柄零件图

本练习绘制一摇柄零件图，效果如图 4-80 所示。一般情况下，该摇柄零件与其他零件配合装配，起到定位和固定的作用。其中，摇柄的柄把具有指向性的作用。

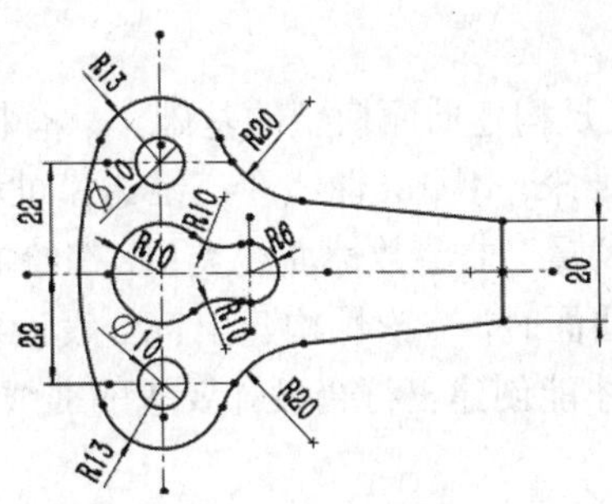

图 4-80　摇柄零件图效果

绘制该摇柄零件图时，首先利用【圆】、【直线】和【智能尺寸】工具，绘制出摇柄的大致轮廓线，然后利用【剪裁实体】工具修剪该轮廓线即可。特别是【添加几何关系】工具的应用，是本练习的一大亮点，要求读者认真掌握。

4.8　扩展练习：绘制支座草图

本练习绘制简单支座的草图，效果如图 4-81 所示。支座是工程设备中最常用的固定支撑类零件，从该零件的结构特征来看，在底座的两侧加工 U 形孔是为了安装定位螺栓，而在支座上方加工销孔，是为了使零件准确定位在该支座上。

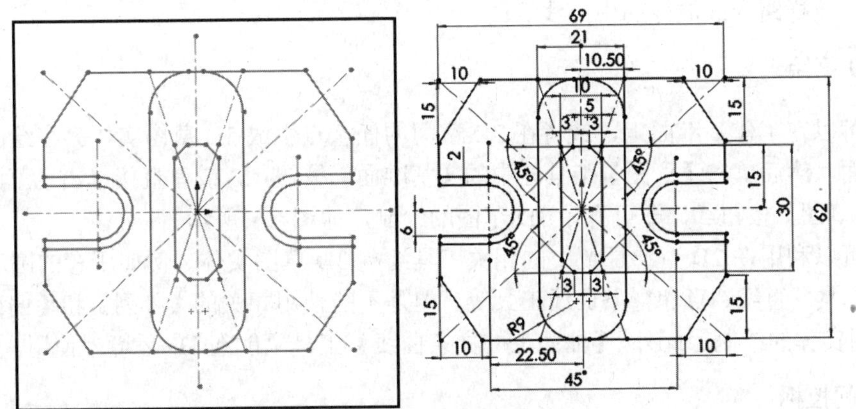

图 4-81　支座草图效果

在绘制该支座草图时，可采用由外而内的绘图方式，即首先利用【中心矩形】和【智能尺寸】工具绘制支座底座。然后利用【直线】、【圆心/起/终点画弧】和【等距实体】工具绘制左侧 U 形孔，并利用【镜像实体】工具镜像得到右侧 U 形孔。接着利用【中心矩形】、【绘制倒角】和【绘制圆角】工具完成支座上方销孔的绘制即可。

第5章 曲线操作

在 Solidworks 中，曲线是构建曲面模型的基础，只有构造良好的曲线才能保证利用曲线创建的实体或曲面符合设计要求。因此，曲线在三维建模过程中有着不可替代的作用。在机械设计过程中，由于大多数曲线属于非参数性曲线类型，在绘制过程中具有较大的随意性和不确定性，因此在利用曲线构建曲面时，一次性构建出符合设计要求的曲线特征比较困难，中间还需要通过相应的曲线操作，才能创建出符合设计要求的曲线特征。

5.1 3D 曲线

与基准面、基准轴和坐标系等参照基准一样，曲线本身并不是一个实体，但可以使用曲线来生成实体模型特征，如可以将曲线作为扫描特征的路径或引导曲线，或作为放样特征的引导曲线，还可以作为拔模特征的分割线。在 Solidworks 中，3D 曲线是曲面造型的基础，现分别介绍如下。

5.1.1 3D 草绘概述

在 Solidworks 中，除了可以在指定的基准面或实体面上绘制草图轮廓，还可以直接在绘图区中绘制空间直线。用户可以利用相应的 3D 草绘工具绘制三维草图，使其作为扫描路径、扫描引线、放样路径或放样的中心线等。

1. 3D 草绘

用户可以在工作基准面上，或者在 3D 空间的任意点生成 3D 草图实体。在绘图区中选择一个基准面，然后单击【草图】工具栏中的【基准面】按钮，或者直接单击【草图】工具栏中的【3D 草图】按钮，即可开始 3D 草图的绘制，如图 5-1 所示。

用户可以利用在 2D 草绘环境中的相关工具绘制 3D 草图实体，例如所有的圆工具、弧工具、矩形工具，直线、点和样条曲线工具等，但是不能使用相关的【阵列】和【偏移】工具进行 3D 草图实体的绘制。此外，【曲面上的样条曲线】工具只能在 3D 环境中使用。

2. 空间控标

在 3D 草图绘制中，图形空间控标可以帮助用户在数个基准面上绘制时保持方位。且在所选基准面上或者三维空间中定义草图实体的第一个点时，空间控标就会出现，如图 5-2 所示。

选择相应的草绘工具绘制 3D 草图实体时，通常情况下是相对于模型中默认的坐标系平面进行绘制的。如要切换到另外两个默认基准面之一，按 Tab 键进行切换即可。

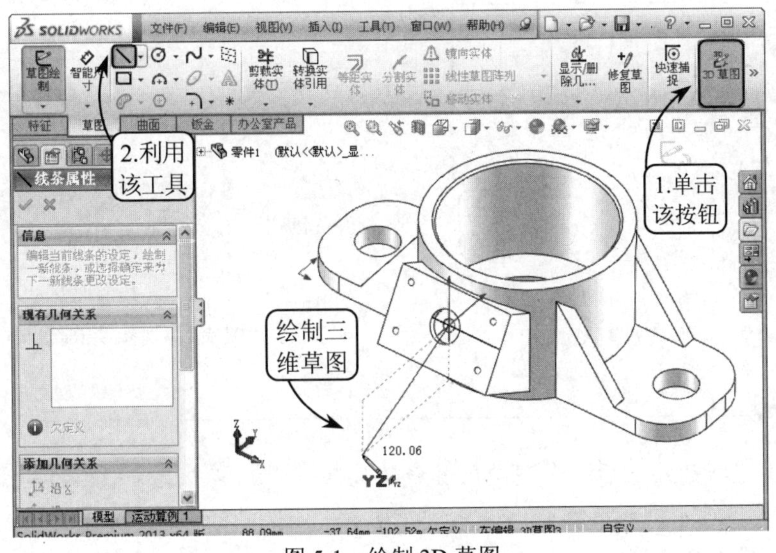

图 5-1　绘制 3D 草图

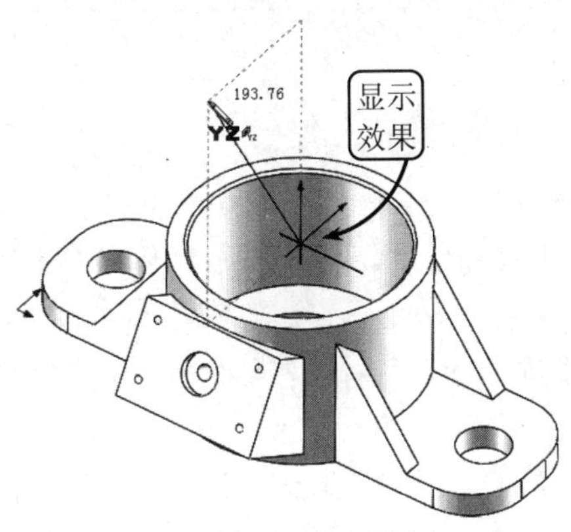

图 5-2　显示空间控标

5.1.2　空间直线

直线是指点在空间内沿相同或相反方向运动的轨迹。在 Solidworks 中，直线是指通过空间的两点生成的一条线段，其在空间的位置由它经过的点来确定。

在【草图】工具栏中单击【3D 草图】按钮，进入 3D 草绘状态。然后单击【直线】按钮，系统将打开【插入线条】属性管理器，且指针形状将变为。此时，在绘图区中依次单击选取要连接的两点，即可完成空间直线的绘制，效果如图 5-3 所示。

此外，当在绘图区中指定第一点后，如要改变所绘空间直线的附着基准面，可以按 Tab 键进行切换。且每次单击确定连接点时，空间控标都将出现以帮助确定草图方位，如图 5-4 所示。

完成空间直线的绘制后，还可以通过拖动操作修改所绘直线。其具体的操作方法与前面章节介绍的 2D 草绘环境中直线的修改方法相同，这里不再赘述。

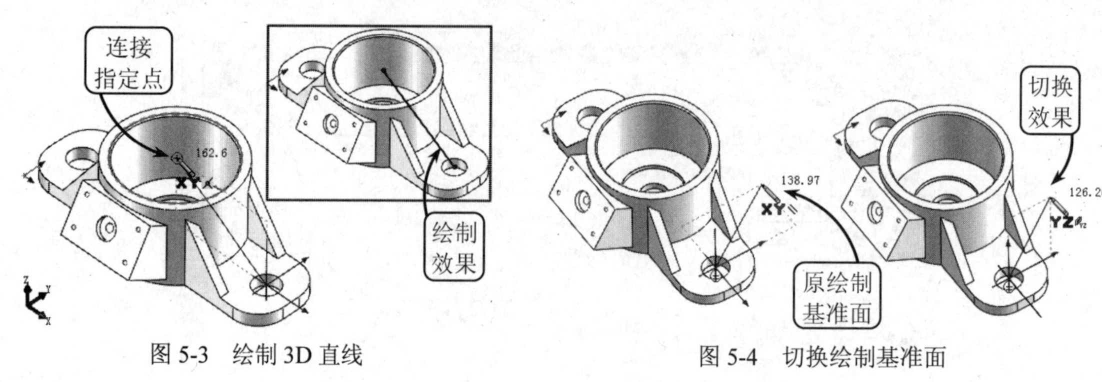

图 5-3　绘制 3D 直线　　　　图 5-4　切换绘制基准面

完成 3D 直线的绘制后，如想更改直线的属性，可以单击选择相应的直线，在打开的【线条属性】管理器中编辑其属性参数。该管理器中各选项的含义与修改 2D 直线属性时的相同，这里同样不再赘述。

5.1.3　3D 圆

圆是指在平面上到定点的距离等于定长的所有点的集合，是空间基本曲线的一种特殊情况。在 Solidworks 中，由圆生成的实体特征包括多种类型，例如球体、圆柱体、圆台、球面以及多种自由曲面等。

用户可以利用【圆】和【周边圆】两种工具绘制相应的 3D 圆特征，现以常用的【圆】工具为例，介绍其具体操作方法。

在【草图】工具栏中单击【3D 草图】按钮，进入 3D 草绘状态。然后单击【圆】按钮，系统将打开【圆】属性管理器。此时，在绘图区中指定圆心的位置，然后移动指针设定圆的半径即可，效果如图 5-5 所示。

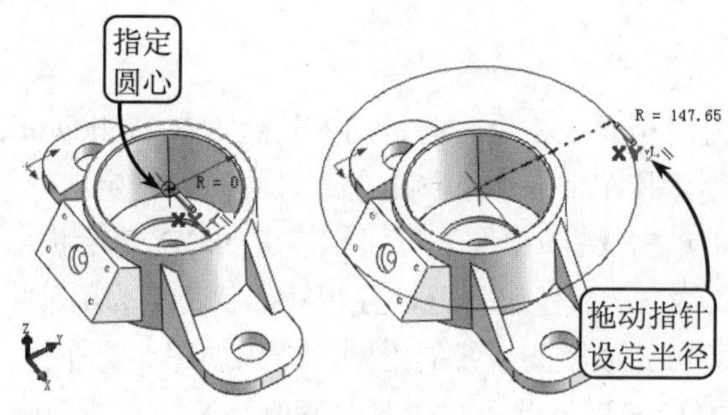

图 5-5　绘制 3D 圆

此外，当在绘图区中指定圆心后，如要改变所绘空间圆的附着基准面，可以按 Tab 键进行切换，如图 5-6 所示。

完成空间圆的绘制后，还可以通过拖动操作修改所绘圆轮廓：在选择的状态下，拖动圆的边线远离其中心可以放大圆，拖动圆的边线靠近其中心可以缩小圆。

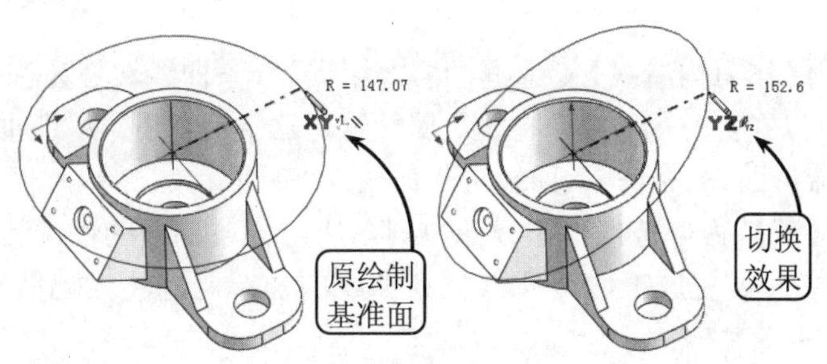

图 5-6　切换绘制基准面

5.1.4　3D 样条曲线

样条曲线是指通过给定的一组控制点而得到的一条光滑曲线，且其大致形状由这些点控制。样条曲线是一种用途广泛的曲线，不仅能够自由描述曲线和曲面，而且能够精确地表达包括圆锥曲面在内的各种几何体。

在【草图】工具栏中单击【3D 草图】按钮，进入 3D 草绘状态。然后单击【样条曲线】按钮，在绘图区中单击放置第一个样条曲线点，系统将打开【样条曲线】属性管理器。此时，拖动指针至指定的位置单击确定样条点，即可绘制相应的样条曲线。且在绘制过程中，可以按 Tab 键切换所绘样条曲线的附着基准面，如图 5-7 所示。

当完成样条曲线的绘制时，可以双击以停止草图绘制。此时，单击选取所绘的样条曲线，系统将打开【样条曲线】属性管理器，如图 5-8 所示。用户可以根据需要对该样条曲线的属性进行修改，该管理器各面板中主要选项的含义介绍如下。

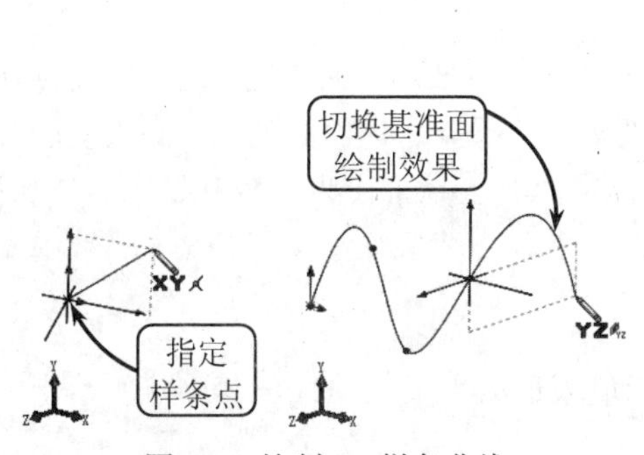

图 5-7　绘制 3D 样条曲线

图 5-8　【样条曲线】属性管理器

- **现有几何关系**

该面板显示草图中现有的几何关系，即在草图绘制过程中自动推理或使用【添加几何关系】手工生成的几何关系。此外，该面板还显示所选样条曲线的状态信息，如欠定义、完全定义等。

- **添加几何关系**

用户可以在样条曲线点之间、在样条曲线控标之间，以及在样条曲线控标和外部草图实体之间添加几何关系。且此处的面板清单中只包括所选样条曲线可能使用的几何关系。

● **选项**

在该面板中启用【作为构造线】复选框，可以将所绘样条曲线转换为构造几何线；启用【显示曲率】复选框，可以在打开的【曲率比例】属性管理器中设置所绘样条曲线的比例和密度参数，并将曲率检查梳形图添加到样条曲线上，如图 5-9 所示。

此外，当启用【保持内部连续性】复选框时，所绘样条曲线的曲率比例将逐渐减小；当禁用【保持内部连续性】复选框时，所绘样条曲线的曲率比例将大幅减小，效果如图 5-10 所示。

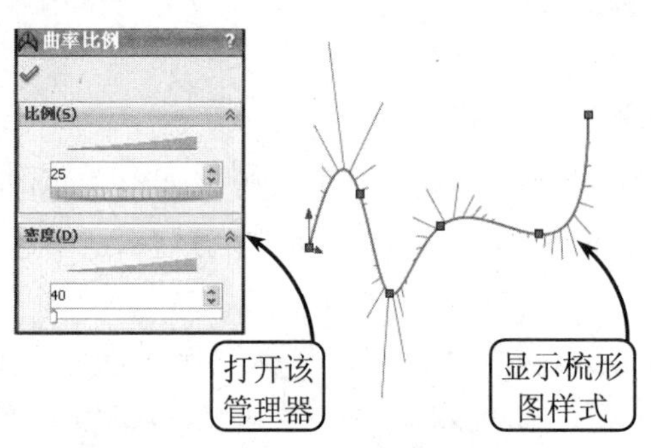

图 5-9 【曲率比例】属性管理器

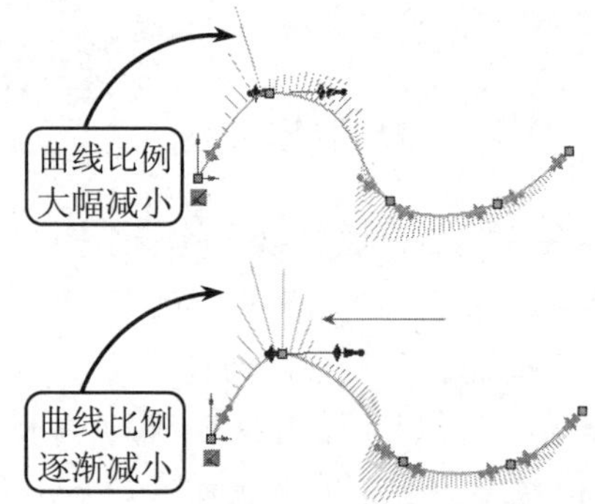

图 5-10 指定样条曲线曲率样式

● **参数**

如果所绘的样条曲线不受几何关系约束，则可以在该面板中设置相应的参数来定义样条曲线。

5.2 高级建模曲线

曲线作为构建三维模型的基础，在三维建模过程中有着不可替代的作用。尤其是在创建高级曲面时，使用基本曲线来建模远远达不到设计的要求，就不能构建出高质量、高难度的三维模型。此时，就需要利用 Solidworks 中提供的高级建模曲线工具来作为建模基础。

5.2.1 通过 XYZ 点的曲线

通过 XYZ 点的曲线是指根据指定点的三维坐标值来形成平滑的曲线。其中，所给定的点的坐标值可以通过手工输入，也可以通过文本文件读入。

在【曲面】工具栏的【曲线】下拉列表中单击【通过 XYZ 点的曲线】按钮，系统将打开【曲线文件】对话框，如图 5-11 所示。其中，在编号行的下一行单元格中双击可以添加一新行。

此时，双击 X、Y 和 Z 坐标列中的单元格，并在每个单元格中输入一个点坐标，生成一套新的坐标。然后根据需要，依次添加相应坐标的空间点，并单击【确定】按钮，即可生成通过这些指定点的曲线，效果如图 5-12 所示。

此外，用户也可以在【曲线文件】对话框中单击【浏览】按钮，指定相应的读入文件。其中，输入的点文件只能是文本文件（.txt）或 Solidworks 曲线文件（.sldcrv），而在 Excel 中生成的坐标，需将之保存为.txt 文件才能使用。

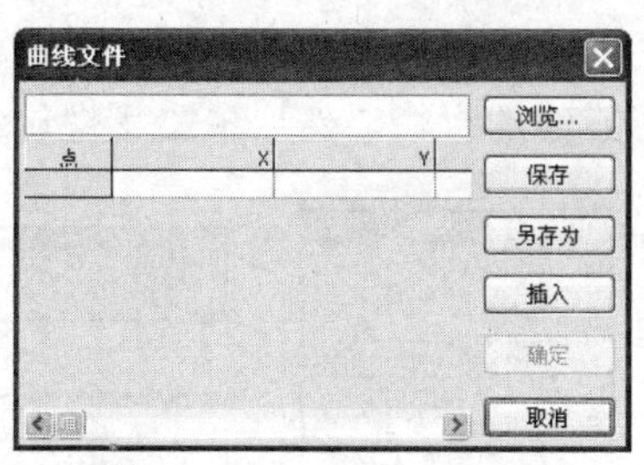

图 5-11　【曲线文件】对话框

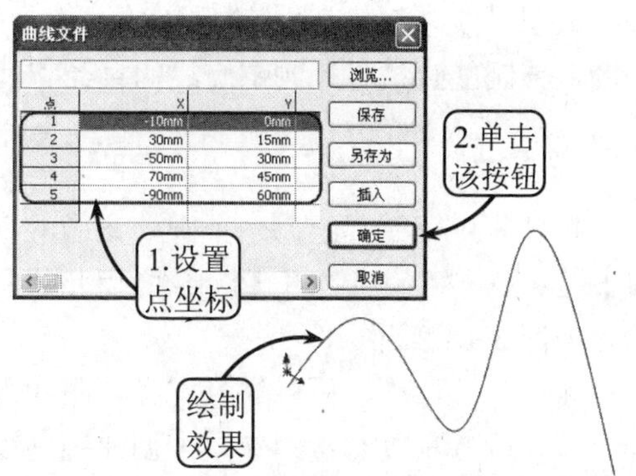

图 5-12　绘制通过 XYZ 点的曲线

此外，在输入的有效的文本文件内容中，数据之间只能用空格隔开分行，这样才能逐行读入数据。

5.2.2　通过参考点的曲线

通过参考点的曲线是指利用模型的顶点或草图中的点，生成一条通过这些点的曲线。

在【曲面】工具栏的【曲线】下拉列表中单击【通过参考点的曲线】按钮，系统将打开【通过参考点的曲线】属性管理器。此时，根据要生成曲线的次序在绘图区中依次选取通过的模型点，即可完成相应曲线的绘制，效果如图 5-13 所示。

此外，如想生成封闭的曲线，可以启用【闭环曲线】复选框，效果如图 5-14 所示。

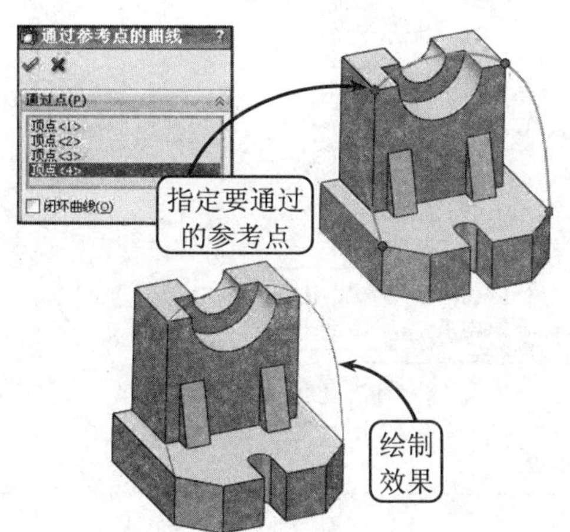

图 5-13　绘制通过参考点的曲线

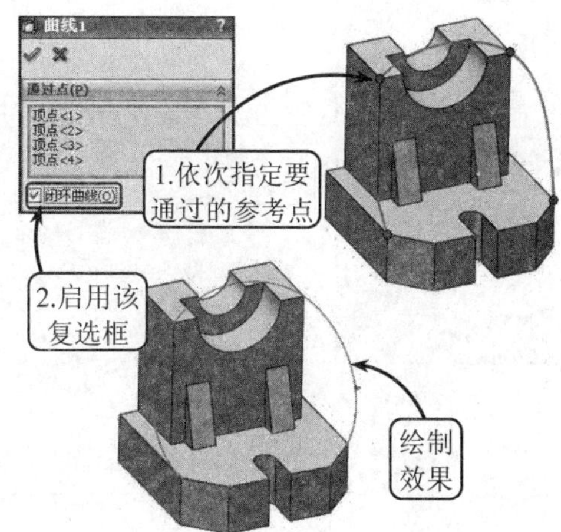

图 5-14　绘制通过参考点的闭合曲线

5.2.3　螺旋线/涡状线

在机械设计中，螺旋线和涡状线通常用于创建螺纹、弹簧、蚊香片以及发条等零部件。在 Solidworks 中生成这些部件时，可以利用【螺旋线/涡状线】工具生成的螺旋或涡状曲线作为路径或引导线来创建部件特征。此外，用于生成空间的螺旋线或者涡状线的草图必须只包含一个圆，该圆的直径将控制螺旋线的直径和涡旋线的起始位置。

1. 螺旋线

打开一个草图并绘制一个圆，该圆的直径将控制螺旋线的直径。然后单击【螺旋线/涡状线】按钮，系统将打开【螺旋线/涡状线】属性管理器，如图 5-15 所示。

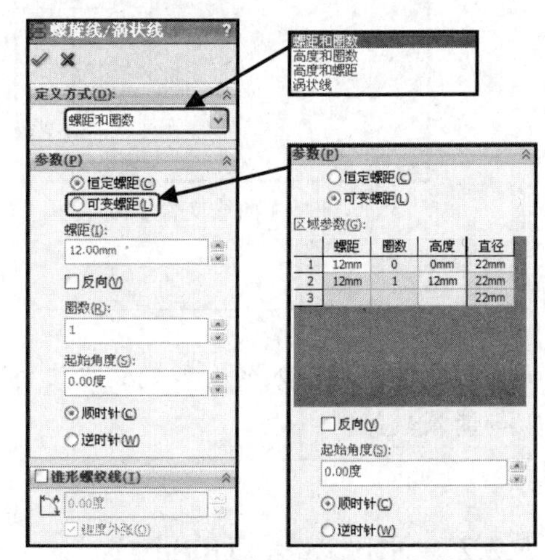

图 5-15 【螺旋线/涡状线】属性管理器

在该管理器中，可以通过定义螺距和圈数、高度和圈数，或者高度和螺距参数来创建螺旋线。此外，选择【恒定螺距】单选按钮，可以生成带恒定螺距的螺旋线；选择【可变螺距】单选按钮，可以设置螺旋线上的区域参数，从而生成变化螺距的螺旋线。

在【定义方式】列表框中选择一创建方式，并在【参数】面板中设置相应的参数选项，即可完成螺旋线的创建，效果如图 5-16 所示。

此外，如果想创建锥形螺纹线，可以启用【锥形螺纹线】面板。在该面板中，可以设置锥形角度，还可以启用【锥度外张】复选框，使生成的螺纹线向外扩张，效果如图 5-17 所示。

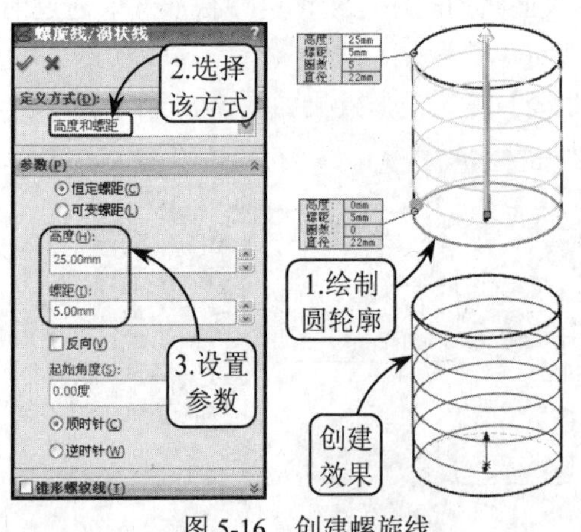

图 5-16 创建螺旋线

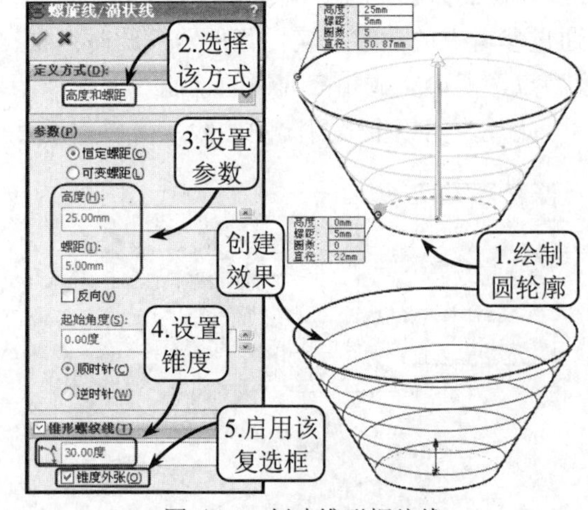

图 5-17 创建锥形螺纹线

另外，在【起始角度】微调框中可以指定第一圈螺旋线的起始位置。且仅当创建恒定螺距螺旋线时，才可以生成锥形螺纹线。

2. 涡状线

在 Solidworks 中，可以生成由螺距和圈数所定义的涡状线。打开一个草图并绘制一个圆，

该圆的直径将控制涡状线的直径。然后单击【螺旋线/涡状线】按钮，在【定义方式】列表框中选择【涡状线】选项，并设置相应的参数，即可完成涡状线的创建，效果如图 5-18 所示。

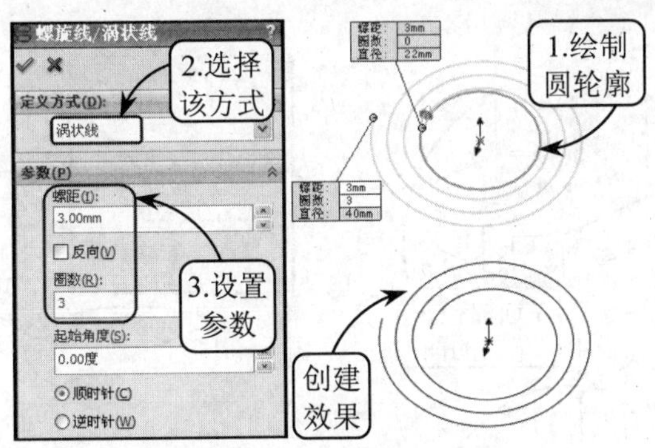

图 5-18　创建涡状线

提　示

在创建涡状线的过程中，如果启用【反向】复选框，则系统将生成一个内张的涡状线；且在【起始角度】微调框中同样可以指定涡状线的起始位置。

5.3　曲线操作

在机械设计过程中，很难一次性构建出符合设计要求的曲线特征。通常情况下，在设计的基础上添加一系列曲线操作才能满足设计要求。用户可以利用 Solidworks 软件提供的相关曲线操作工具，通过投影曲线、组合曲线和分割线等操作来创建出相应的曲线特征，以达到设计和生产要求。

5.3.1　投影曲线

投影曲线是指将线条从草图投影到模型面或曲面上，或将在相交的基准面上绘制的线条投影到模型面或曲面上。在 Solidworks 中，投影曲线的方式有两种：一种是“草图到面的投影”，即将草图投影到模型的面上，并在模型面上形成一条 3D 曲线；另一种是“草图到草图的投影”，即将两条位于不同基准面的 2D 曲线分别投影在共同面上，再拟合为一条 3D 曲线。

● **面上草图**

选择该方式可以将绘制的曲线投影到模型面上。在【曲面】工具栏的【曲线】下拉列表中单击【投影曲线】按钮，系统将打开【投影曲线】属性管理器。此时，在【投影类型】选项组中选择【面上草图】单选按钮，然后在绘图区中依次选取要投影的曲线和要投影草图的模型面即可，效果如图 5-19 所示。

● **草图上草图**

选择该方式可以生成代表草图自两个相交基准面交叉点的曲线。在两个相交的基准面上各绘制一个草图，且对正这两个草图轮廓，以使当它们垂直于草图基准面投影时，各草图轮廓所隐含的拉伸曲面会相交。然后单击【投影曲线】按钮，并在打开的管理器中选择【草图上草图】单选按钮。此时，在绘图区中依次选取要投影曲线的草图轮廓即可，效果如图 5-20 所示。

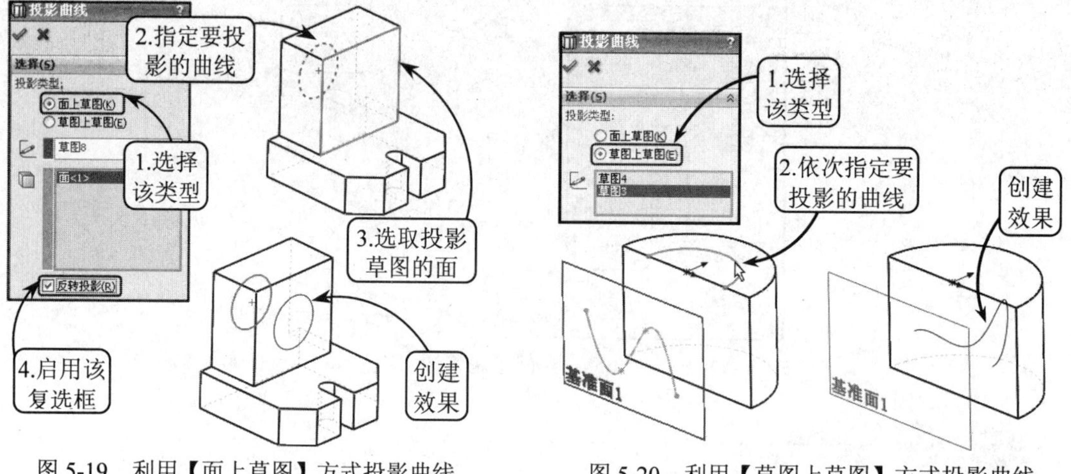

图 5-19　利用【面上草图】方式投影曲线　　　图 5-20　利用【草图上草图】方式投影曲线

5.3.2　组合曲线

组合曲线是指将几条连续的曲线、草图中的曲线或模型边线组合成一条单一曲线。在 Solidworks 中，组合曲线常常作为生成放样和扫描特征的引导曲线，在曲面设计中占有重要的基础位置。

在【曲面】工具栏的【曲线】下拉列表中单击【组合曲线】按钮，系统将打开【组合曲线】属性管理器。此时，在绘图区中依次选取要组合的曲线即可，效果如图 5-21 所示。

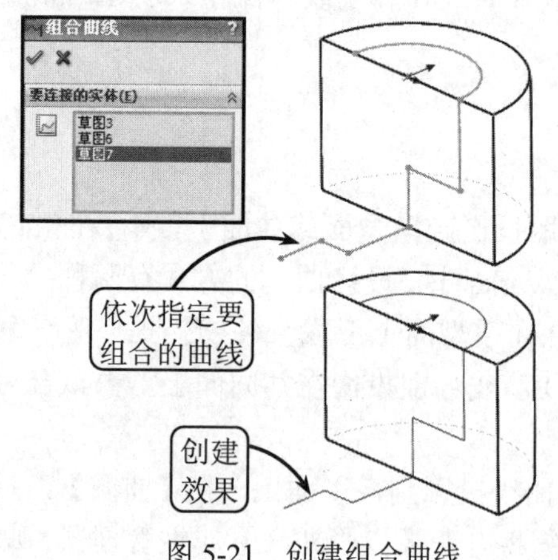

图 5-21　创建组合曲线

在创建组合曲线的过程中，要组合的曲线必须是首尾端点相连的几条曲线，曲线不连续或是首尾端点不相交都无法进行组合。

5.3.3　分割线

分割线是指将实体投影到表面、曲面或平面上，把所选的面分割为多个单独面。其中，可以投影的实体包括草图、曲面、面、基准面，或样条曲线。

分割线和投影曲线的区别在于：投影曲线生成的是曲线，对所投影的面没有任何影响；而分割线所生成的曲线，可同时以曲线为轮廓将投影面分割开。在 Solidworks 中，分割线分为投影线、侧影轮廓线和交叉分割线 3 种，现分别介绍如下。

- **投影线**

投影线是将一条草图直线或曲线投影到一表面上形成的分割线。在一自定义的基准面上草绘一条直线，然后单击【分割线】按钮，系统将打开【分割线】属性管理器。此时，在【分割类型】面板中选择【投影】单选按钮。接着在绘图区中指定绘制的直线为要投影的草图，并依次指定要分割的面，即可创建相应的分割线特征，效果如图 5-22 所示。

- **侧影轮廓线**

侧影分割线可以在一个圆柱形零件上生成一条分割线。单击【分割线】按钮，系统将打开【分割线】属性管理器。此时，在【分割类型】面板中选择【轮廓】单选按钮。然后在绘图区中指定一基准面为拔模方向，并选取要分割的曲面，系统将在所选曲面的最大轮廓处生成相应的分割线特征，效果如图 5-23 所示。

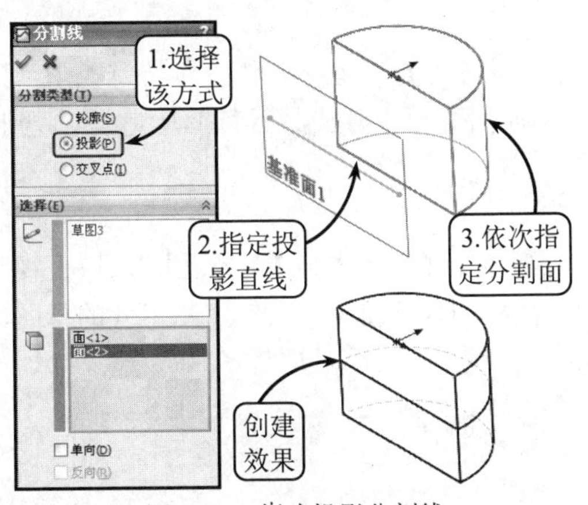

图 5-22　创建投影分割线

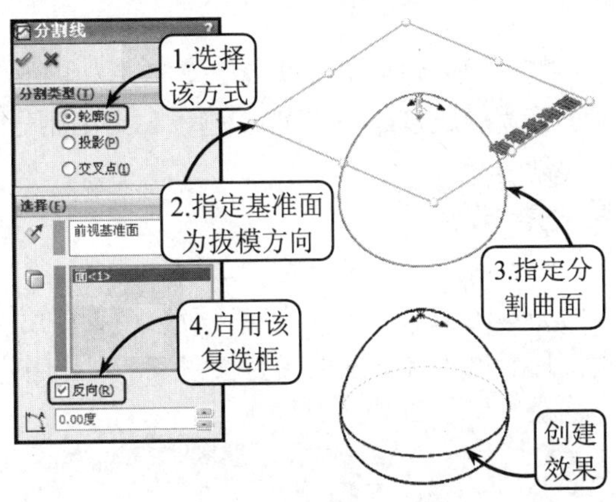

图 5-23　创建轮廓分割线

提示

在创建轮廓分割线的过程中，选取的作为拔模方向的基准面投影应穿过模型的侧影轮廓线（外边线）；选取的要分割的面不能是平面。此外，如想生成拔模特征，还可以设置相应的拔模角度来完成创建。

- **交叉分割线**

交叉分割线可以以交叉实体、曲面、面、基准面或曲面样条曲线来分割面。单击【分割线】按钮，系统将打开【分割线】属性管理器。此时，在【分割类型】面板中选择【交叉点】单选按钮。然后在绘图区中指定一平面作为分割工具，并选取要分割的面，即可创建相应的分割线特征，效果如图 5-24 所示。

此外，在【曲面分割选项】面板中选择【自然】单选按钮，系统将遵循曲面的形状创建分割线特征；选择【线性】单选按钮，系统将遵循线性方向创建分割线特征。而如启用【分割所有】复选框，系统将分割穿越曲面上的所有可能区域，效果如图 5-25 所示。

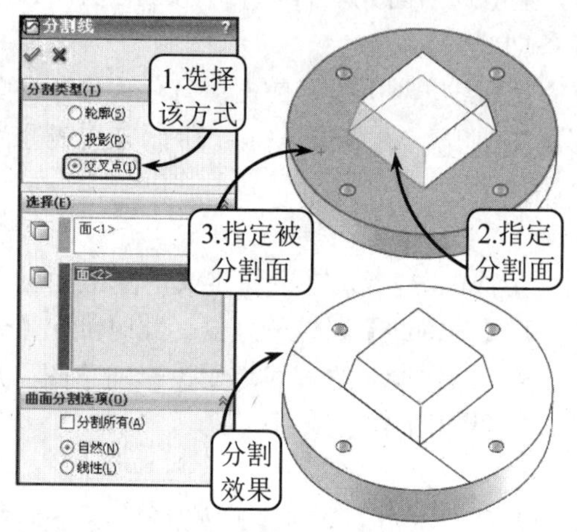

图 5-24　创建交叉分割线

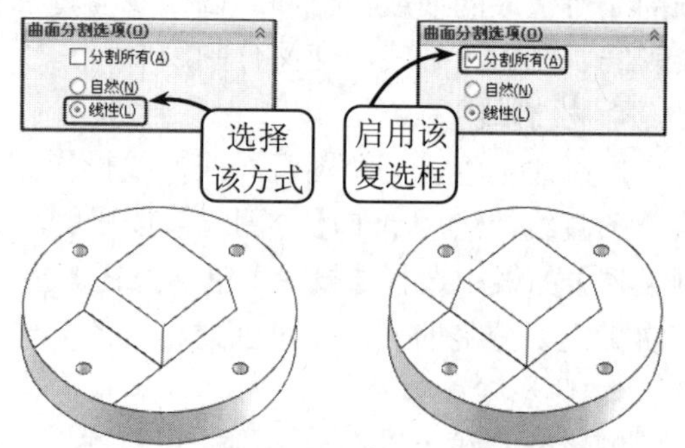

图 5-25　启用【分割所有】复选框

5.4　课堂实例 5-1：创建 Y 型接头

本实例创建一个 Y 型接头，效果如图 5-26 所示。该零件是三通接头的一种特殊类型，常用于管道的连接。用户可以利用【样条曲线】、【扫描曲面】和【剪裁曲面】工具完成 Y 型接头的创建。

操作步骤：

（1）新建一个名称为 Y-xingjietou.prt 的文件。然后单击【草图绘制】按钮，选取上视基准面为草图平面，进入草绘环境。接着利用【样条曲线】工具绘制图 5-27 所示尺寸的草图轮廓。最后单击【退出草图】按钮，退出草绘环境。

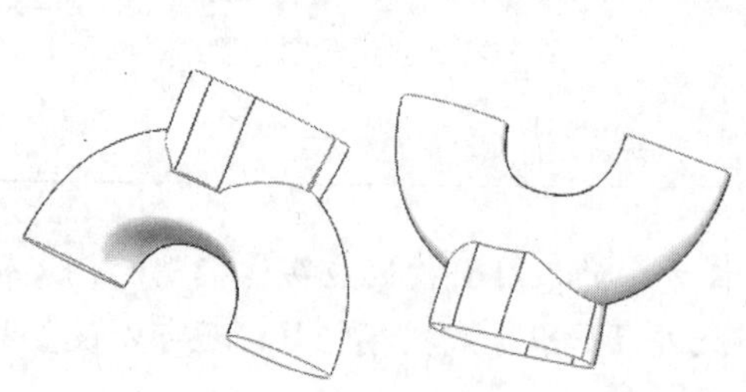

图 5-26　Y 型接头

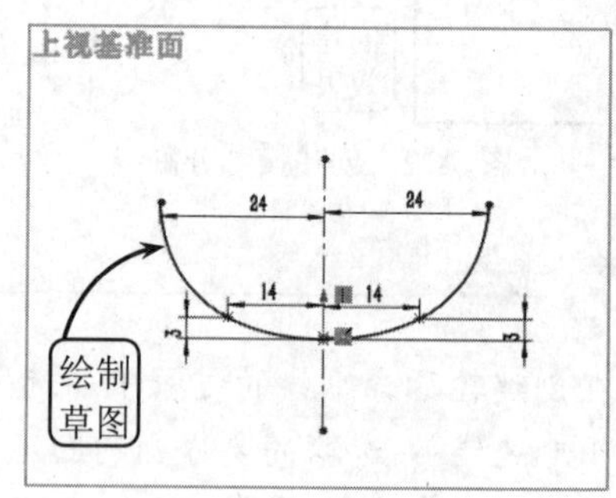

图 5-27　绘制草图

（2）单击【基准面】按钮，选取前视基准面为第一参考，并在打开的管理器中按照图 5-28 所示设置偏移参数，创建新基准面。

（3）利用【草图绘制】工具选取上步创建的基准面为草图平面，进入草图环境。然后利用【圆】工具绘制图 5-29 所示尺寸要求的草图轮廓。接着单击【退出草图】按钮，退出草绘环境。

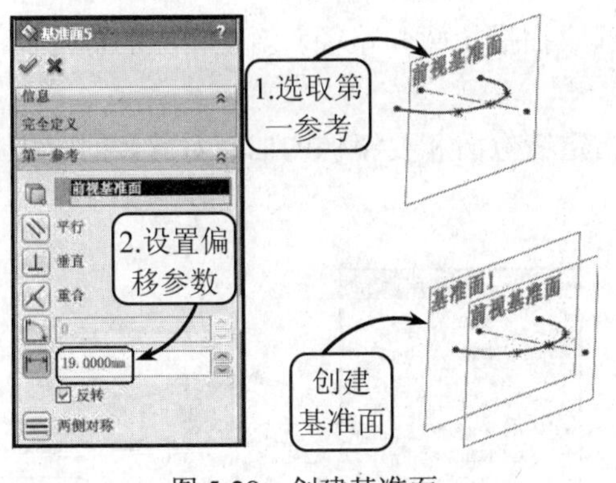

图 5-28　创建基准面

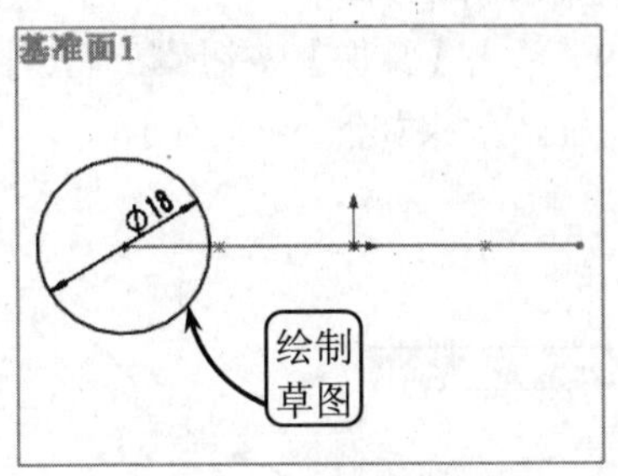

图 5-29　绘制草图

（4）单击【扫描曲面】按钮，然后在绘图区中依次选取扫描轮廓和路径，创建相应的扫描曲面特征，效果如图 5-30 所示。

（5）利用【草图绘制】工具选取右视基准面为草图平面，进入草图环境。然后利用【样条曲线】工具绘制图 5-31 所示尺寸要求的草图轮廓。接着单击【退出草图】按钮，退出草绘环境。

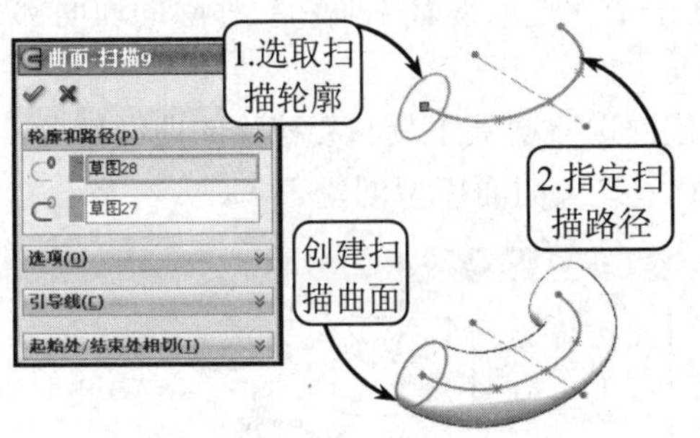

图 5-30　创建扫描曲面特征

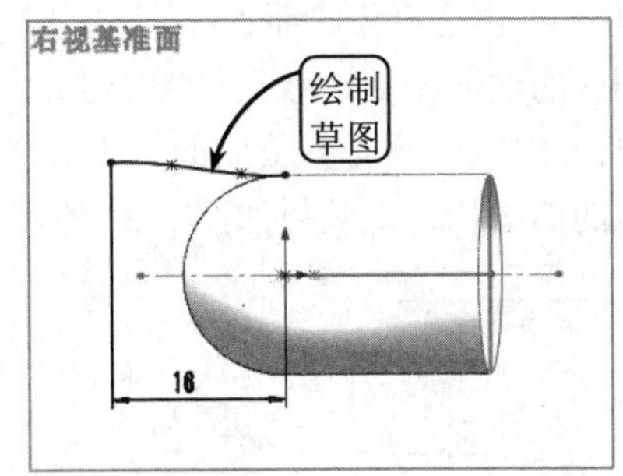

图 5-31　绘制草图

（6）利用【基准面】工具选取前视基准面为第一参考，并在打开的管理器中按照图 5-32 所示设置偏移参数，创建新基准面。

（7）利用【草图绘制】工具选取上步创建的基准面为草图平面，进入草图环境。然后利用【样条曲线】工具绘制图 5-33 所示尺寸要求的草图轮廓。接着单击【退出草图】按钮，退出草绘环境。

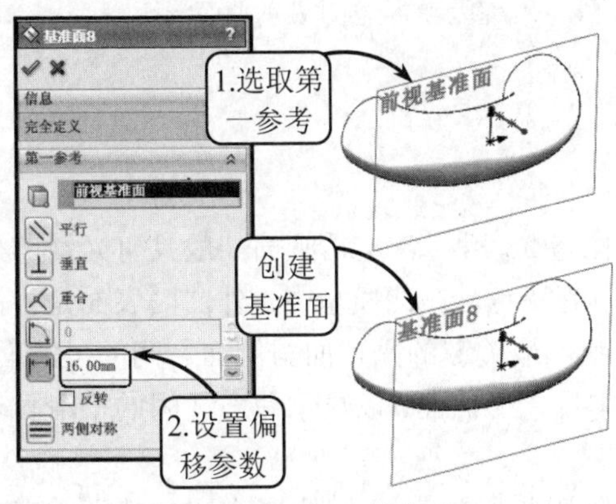

图 5-32　创建基准面

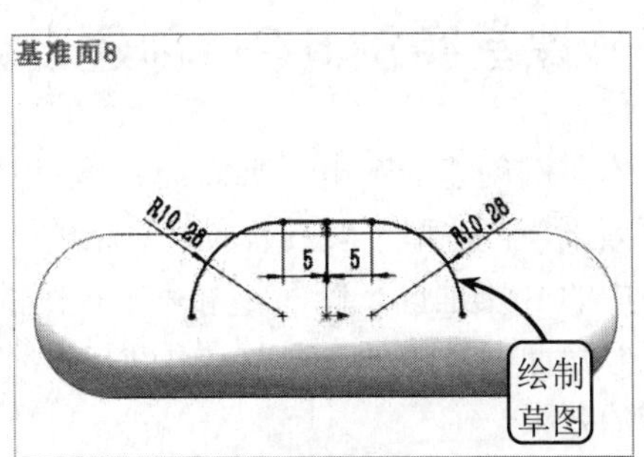

图 5-33　绘制草图

（8）利用【扫描曲面】工具在绘图区中依次选取扫描轮廓和路径，创建相应的扫描曲面特征，效果如图 5-34 所示。

（9）单击【镜像】按钮，在绘图区中依次指定镜像面和要镜像的曲面对象，创建相应的镜向特征，效果如图 5-35 所示。

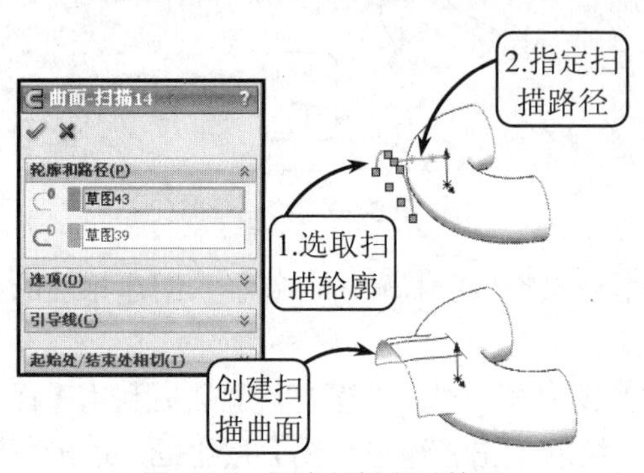

图 5-34　创建扫描曲面特征

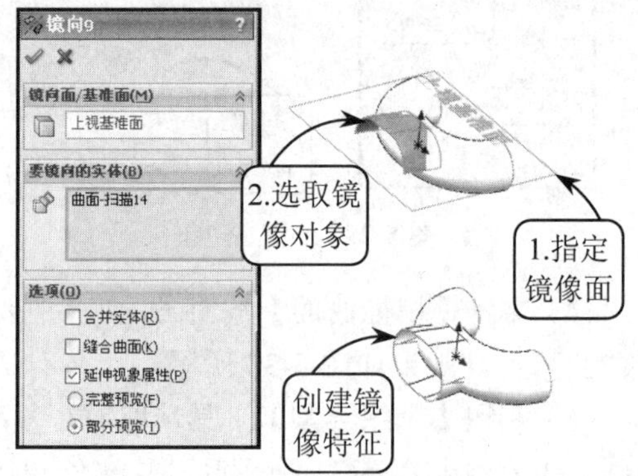

图 5-35　创建镜像特征

（10）单击【剪裁曲面】按钮，然后在绘图区中依次选取剪裁工具和要移除的曲面部分，创建相应的曲面特征，效果如图 5-36 所示。

（11）继续利用【剪裁曲面】工具在绘图区中依次选取剪裁工具和要移除的曲面部分，创建相应的曲面特征，效果如图 5-37 所示。至此，Y 型接头曲面模型创建完毕。

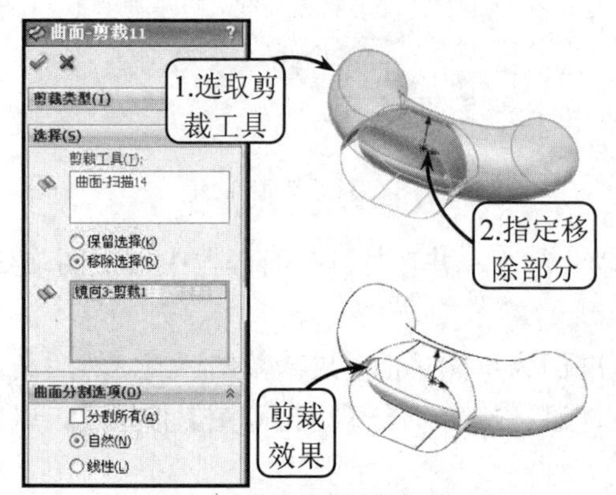

图 5-36　创建剪裁曲面特征

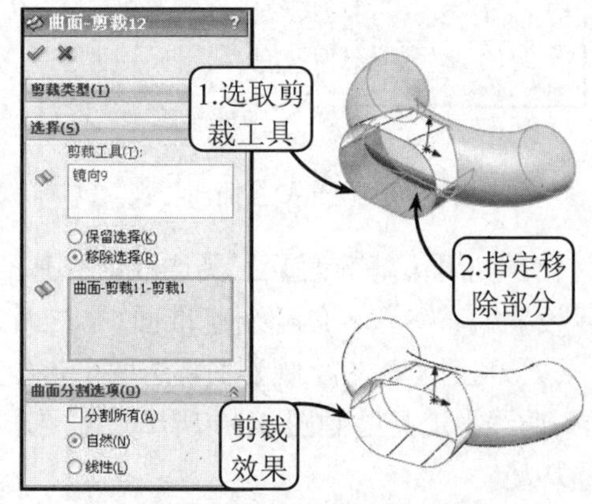

图 5-37　创建裁剪曲面特征

5.5　课堂实例 5-2：创建电话听筒

本实例创建一个电话听筒的壳体模型，效果如图 5-38 所示。电话听筒一般具有光滑的外曲面效果，且造型一般具有灵巧、精致、美观和适用等特点。在此模型中，外曲面表面是光滑度适中的 B 类曲面，侧面轮廓呈不规则的弯曲线形状，最关键的是顶面与侧面之间的过渡面，除了圆角曲面过渡外，还要求由已有的曲线轮廓创建月牙形曲面，以显示曲面之间的平滑自然过渡的效果。

电话听筒属于造型特殊的实体，不但具有曲面要求的光顺度，而且也具有实体特征创建的

直观性。在创建此类模型时，要首先从创建实体特征的角度去分析其外轮廓，然后由外向里，涉及到个体时，再提取其鲜明的轮廓造型，选用相应的工具创建。例如，听筒的正面就可以认为是拉伸曲面与实体截交的结果，利用这一信息，可以快速通过【分割】工具实现。

操作步骤：

（1）新建一个名称为 dianhuatingtong.prt 的文件。然后单击【草图绘制】按钮，选取上视基准面为草图平面，进入草绘环境。接着利用【圆】和【直线】工具绘制图 5-39 所示尺寸要求的草图轮廓。最后单击【退出草图】按钮，退出草绘环境。

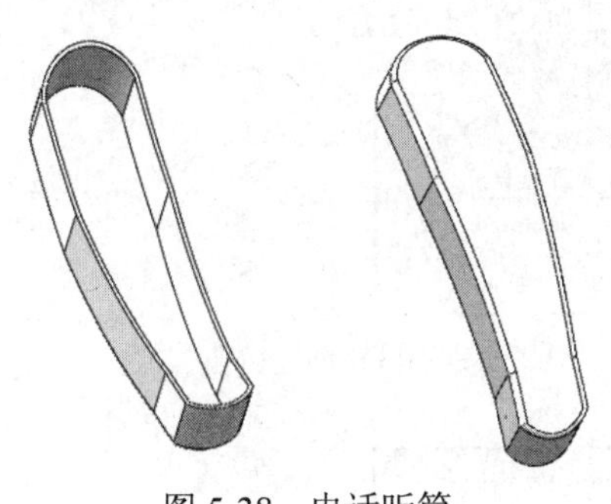

图 5-38 电话听筒

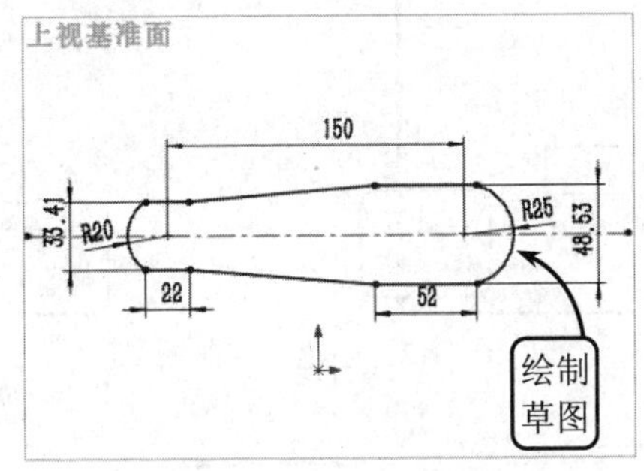

图 5-39 绘制草图

（2）单击【拉伸凸台-基体】按钮，然后选取上步绘制的草图为拉伸对象，并在打开的管理器中按照图 5-40 所示设置拉伸参数，创建拉伸实体特征。

（3）利用【草图绘制】工具选取前视基准面为草图平面，进入草绘环境。然后利用【圆弧】工具按照图 5-41 所示尺寸绘制草图轮廓。接着单击【退出草图】按钮，退出草绘环境。

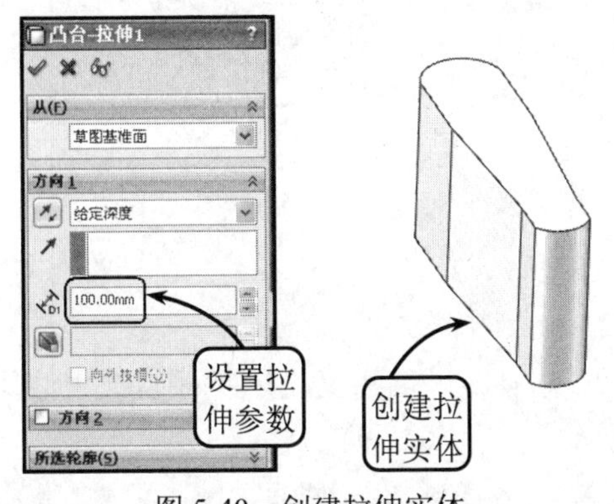

图 5-40 创建拉伸实体

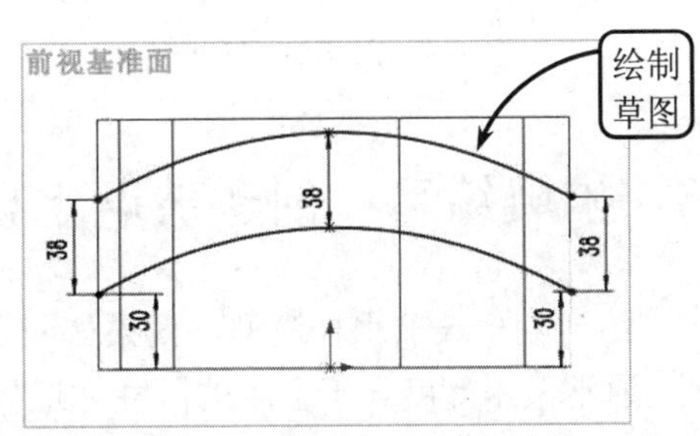

图 5-41 绘制草图

（4）单击【拉伸曲面】按钮，依次选取上步绘制的两条曲线为拉伸对象，并在打开的管理器中按照图 5-42 所示设置拉伸参数，创建相应的拉伸曲面。

（5）单击【分割】按钮，选取上步创建的两个曲面为剪裁工具，并单击【切除零件】按钮。然后在【所产生实体】列表中依次勾选实体 2 和 3，并启用【消耗切除实体】复选框，创建分割实体，效果如图 5-43 所示。

（6）单击【抽壳】按钮，然后按照图 5-44 所示指定移除面，并在打开的管理器中设置厚度参数为 2，创建抽壳特征。

（7）单击【圆角】按钮，然后按照图 5-45 所示选取要倒圆角的边线，并在打开的管理器中设置相应的参数，创建圆角特征。至此，即可完成电话听筒模型的创建。

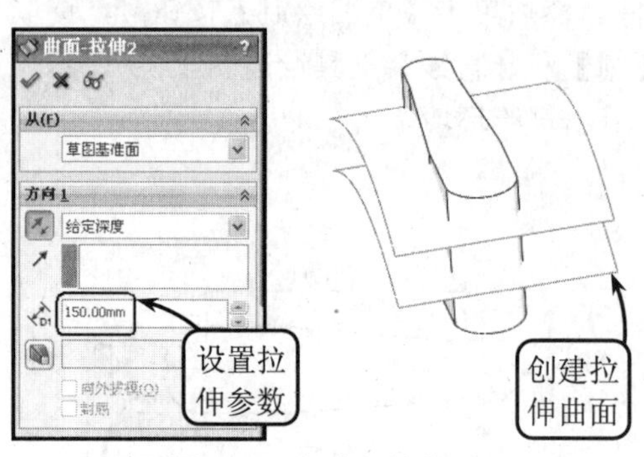

图 5-42　创建拉伸曲面

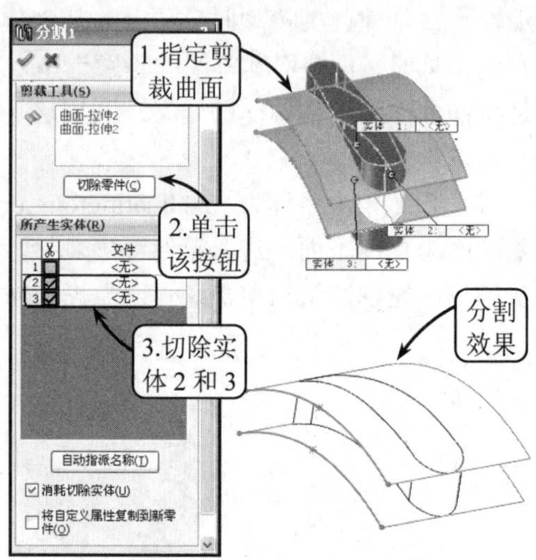

图 5-43　创建分割实体

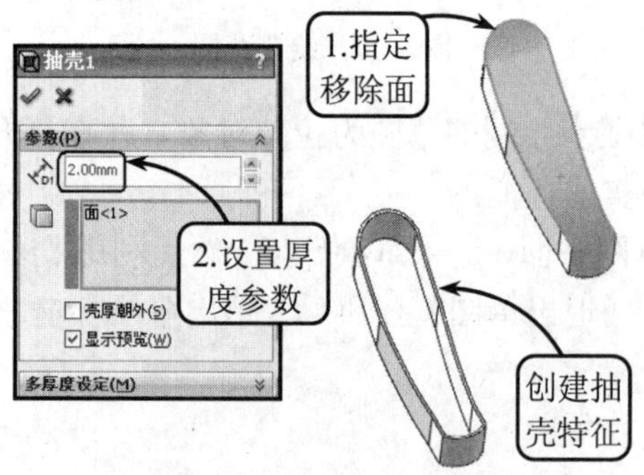

图 5-44　创建抽壳特征

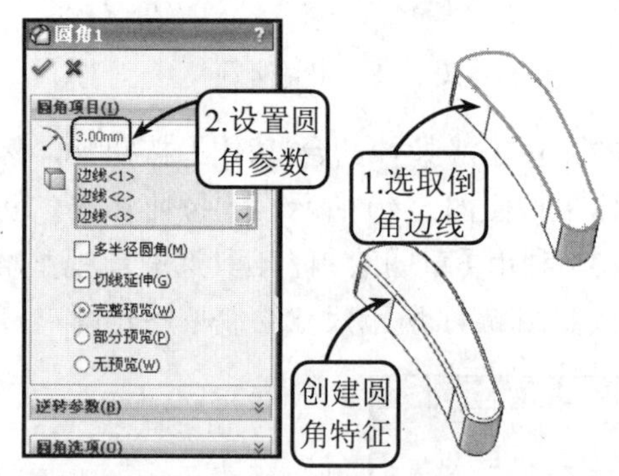

图 5-45　创建圆角特征

5.6　扩展练习：创建玻璃水杯模型

本练习创建玻璃水杯模型，效果如图 5-46 所示。水杯，顾名思义是一种盛装饮用液体的容器。通常采用高度大于宽度的圆柱体造型，以便于拿取并保留液体的温度。水杯的种类主要有玻璃水杯、塑料水杯、金属水杯、陶瓷水杯、太空玻璃杯等。该玻璃水杯为防止滑落和烫伤故带有握柄。

在创建该玻璃水杯时，首先利用【放样曲面】工具创建杯体形状。然后利用【扫描曲线】工具，创建截面形状为椭圆的杯柄。接着利用【填充曲面】工具创建具有一定内凹程度的杯底。最后利用【加厚】工具分别对杯子各部分进行不同厚度的加厚操作，并利用【分割】工具消除杯柄的多余部分，即可完成玻璃水杯的创建。

图 5-46　玻璃水杯模型效果

5.7　扩展练习：创建花瓶模型

本练习创建花瓶曲面模型，效果如图 5-47 所示。花瓶是日常生活中最常用的用品，为表现更真实的花瓶效果，可以采用构造曲线，然后使用曲面工具获得曲面效果。

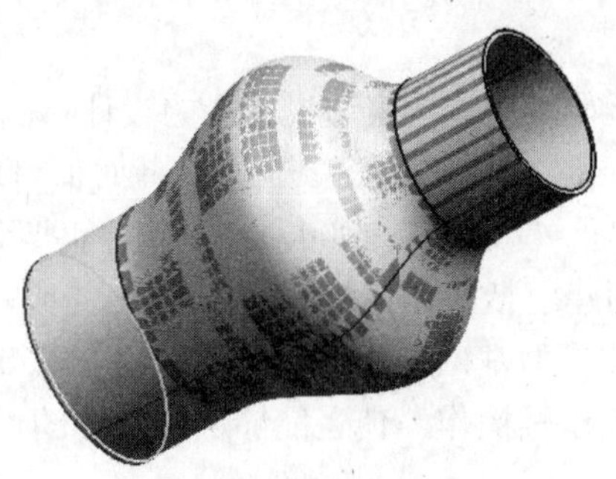

图 5-47　花瓶模型效果

要创建该花瓶模型，首先利用相应的曲线工具构造花瓶曲面的一半基本框架，然后使用【放样曲面】工具获得曲面特征。执行这些操作后可以利用【镜向】和【加厚】等特征操作工具完成花瓶实体的创建。

第 6 章　创建实体特征

在机械设计中，二维图形难以完整地表达设计者的设计意图。对于一些空间想象力不够强的人，并不能凭借几个零件图想象出零件的三维结构，此时便可以通过直接创建出零件的三维模型来形象逼真地表达零件的结构造型。Solidworks 软件主要是面向三维实体建模的绘图软件，用户可以基于截面草图创建包括拉伸特征、旋转特征、扫描特征和放样特征在内的三维基础特征，也可以在原有的实体模型基础上添加一些细节特征，并且对某些特征进行必要编辑，如进行圆角、倒角、抽壳和拔模等操作，使之能够达到最终的设计要求。

6.1　基体特征

基体特征是三维造型中的基本几何实体，类似于 UG 软件中所具有的基本几何元素，如长方体和球体等。由于 Solidworks 中没有现成的体素，因此需要通过利用拉伸、旋转、扫描和放样等特征工具来创建。在 Solidworks 中，基体特征除了包括用于增加材料的特征，也包括去除材料的特征，例如拉伸切除和旋转切除等。

6.1.1　拉伸特征

拉伸属于线性扫描，是创建基体特征的基本功能之一。在 Solidworks 中，拉伸特征就是将一个草图作为截面，沿垂直于截面方向延伸一段距离后形成的特征。利用系统提供的相应的拉伸工具可以创建诸如凸台、基体、薄壁、剪切或曲面等类型的特征。

1. 拉伸特征

在 Solidworks 中，拉伸工具适合于构造等截面的实体特征，创建的拉伸特征包括草图、拉伸方向和终止条件 3 种基本要素。其中，草图是拉伸特征的基本轮廓，作为被拉伸的截面，必须是封闭的，且不能存在自相交的情况。

利用草图绘制命令生成将要拉伸的草图，并使其处于激活状态。然后单击【特征】工具栏中的【拉伸凸台/基体】按钮，系统将打开【凸台-拉伸】属性管理器，如图 6-1 所示。此时，用户可以选择所创建拉伸特征的开始和终止条件，并设定相应的拉伸方向和拉伸距离参数，即可完成拉伸特征的创建。

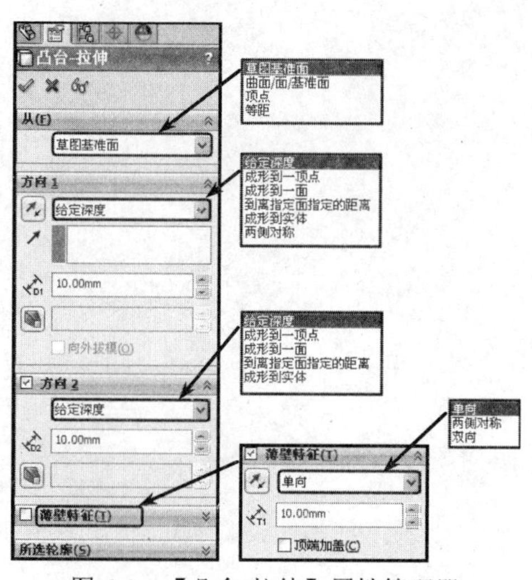

图 6-1　【凸台-拉伸】属性管理器

其中，在【方向 1】面板中可以设定相应的

终止条件和拉伸方向等参数选项，各方式的具体操作方法如下所述。

● **给定深度**

在【终止条件】列表框中选择该选项，可以在【深度】文本框中设定相应的参数值，系统将从草图的基准面以指定的距离延伸特征，效果如图 6-2 所示。

● **完全贯穿**

在【终止条件】列表框中选择该选项，系统将从草图的基准面拉伸特征直至贯穿所有现有的几何体，效果如图 6-3 所示。

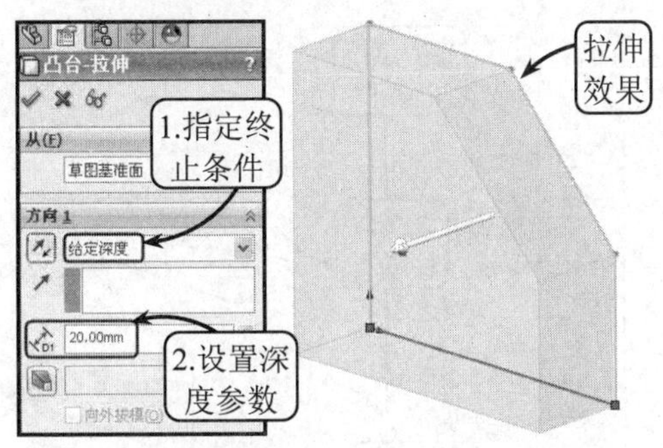

图 6-2 选择【给定深度】方式创建拉伸特征

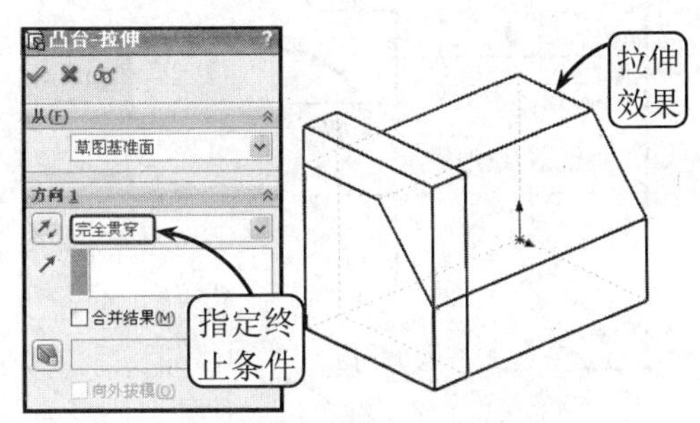

图 6-3 选择【完全贯穿】方式创建拉伸特征

● **成形到一顶点**

在【终止条件】列表框中选择该选项，可以在绘图区中选取一顶点作为终止对象，系统将从草图基准面拉伸特征到一个平面，且该平面平行于草图基准面，并穿越指定的顶点，效果如图 6-4 所示。

● **成形到一面**

在【终止条件】列表框中选择该选项，可以在绘图区中选取一实体面或基准面作为终止对象，系统将从草图的基准面拉伸特征到所选的面以生成特征，效果如图 6-5 所示。

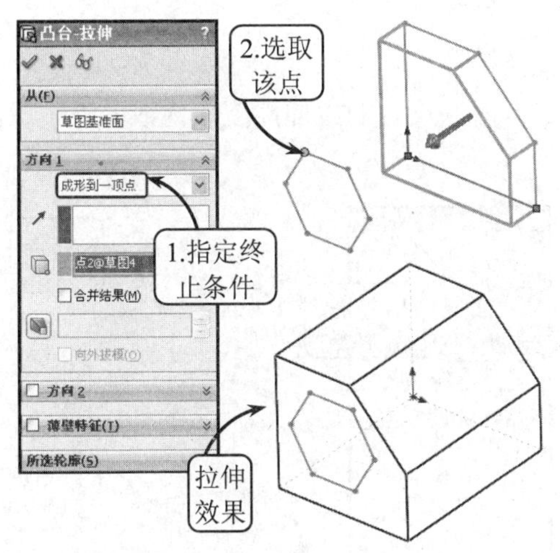

图 6-4 选择【成形到一顶点】方式创建拉伸特征

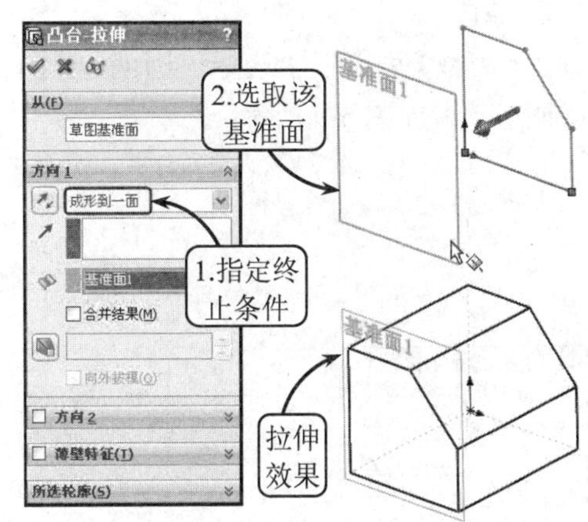

图 6-5 选择【成形到一面】方式创建拉伸特征

● **到离指定面指定的距离**

在【终止条件】列表框中选择该选项，系统将从草图的基准面拉伸特征到某面或曲面之特定距离平移处以生成特征，效果如图 6-6 所示。此外，启用【转化曲面】复选框，可以使拉伸

结束在参考曲面转化处，而非实际的等距；启用【反向等距】复选框，系统将在指定面上以反方向等距拉伸。

● **成形到实体**

在【终止条件】列表框中选择该选项，系统将从草图的基准面延伸特征至指定的实体，效果如图 6-7 所示。

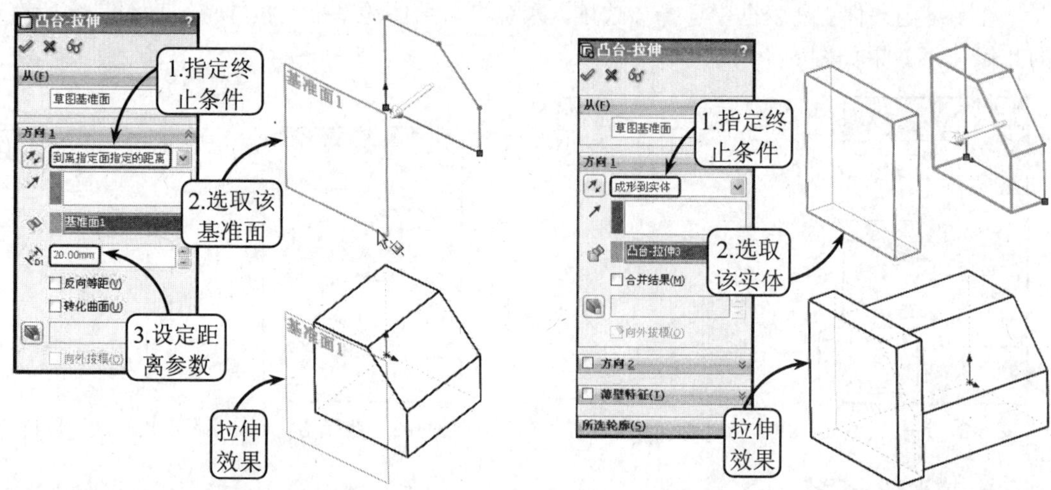

图 6-6　选择【到离指定面指定的距离】方式创建拉伸特征　图 6-7　选择【成形到实体】方式创建拉伸特征

● **两侧对称**

在【终止条件】列表框中选择该选项，系统将从草图基准面向两个方向对称拉伸特征，效果如图 6-8 所示。

此外，如想创建拉伸薄壁特征，可以启用该管理器中的【薄壁特征】面板，且生成的薄壁特征基体可以用作钣金零件的基础。该面板包含 3 种创建拉伸薄壁特征的方式，其具体操作方法如下所述。

● **单向**

在【类型】列表框中选择该选项，草图将沿一个方向以设定的拉伸厚度向内或向外生成薄壁特征，效果如图 6-9 所示。

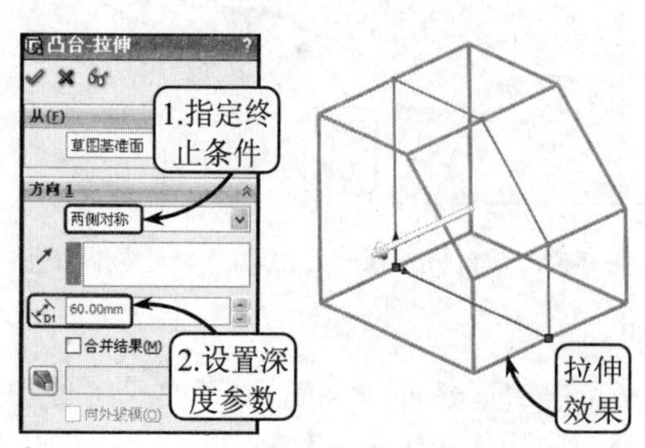

图 6-8　选择【两侧对称】方式创建拉伸特征

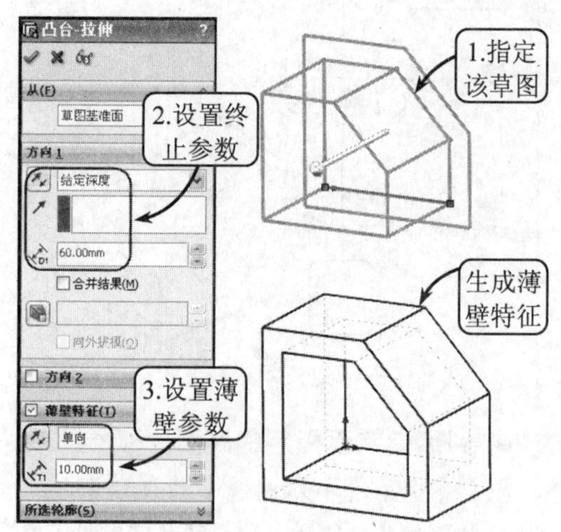

图 6-9　选择【单向】方式生成薄壁特征

● 两侧对称

在【类型】列表框中选择该选项，草图将同时沿内、外两个方向以设定的拉伸厚度生成薄壁特征，效果如图 6-10 所示。

● 双向

在【类型】列表框中选择该选项，草图将可以沿内、外两个方向分别以不同的拉伸厚度生成薄壁特征，效果如图 6-11 所示。

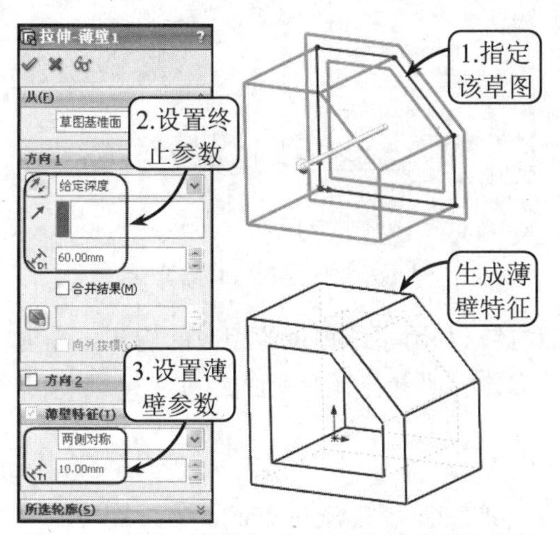

图 6-10　选择【两侧对称】方式生成薄壁特征

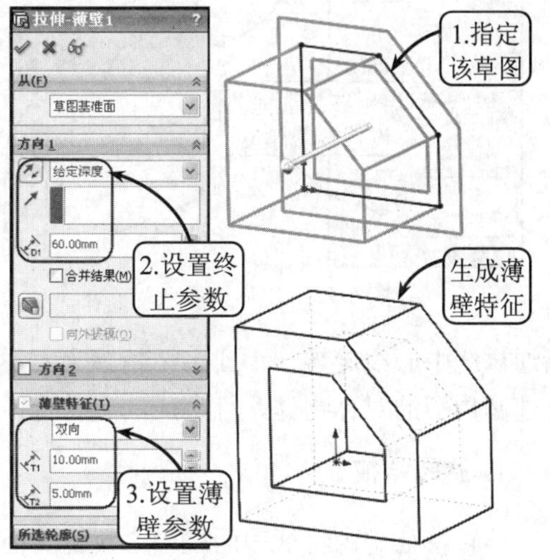

图 6-11　选择【双向】方式生成薄壁特征

此外，当创建模型中的第一个拉伸实体时，【顶端加盖】复选框将被激活。启用该复选框，系统将为生成的薄壁特征的两端加盖，生成一个中空的零件。用户可以在【加盖厚度】文本框中设定端盖的厚度参数，效果如图 6-12 所示。

2. 拉伸切除特征

拉伸切除特征与拉伸特征相反，是指从凸台或基体中去除其中的一部分。在 Solidworks 中，利用【拉伸切除】工具可以以一个或两个方向拉伸所绘制的轮廓或实体中已有的轮廓来切除一实体模型。

单击【特征】工具栏中的【拉伸切除】按钮，然后在绘图区中选取相应的实体面绘制一草图轮廓，系统将打开【切除-拉伸】属性管理器。此时，在该管理器中设置相应的参数选项，即可完成拉伸切除特征的创建，效果如图 6-13 所示。

提示

在创建拉伸切除特征的过程中，如启用【反侧切除】复选框，系统将移除轮廓外的所有材质。默认情况下，材料从轮廓内部移除。

6.1.2　旋转特征

旋转特征属于旋转扫描，是实体建模的第二个主要特征。在 Solidworks 中，旋转特征是

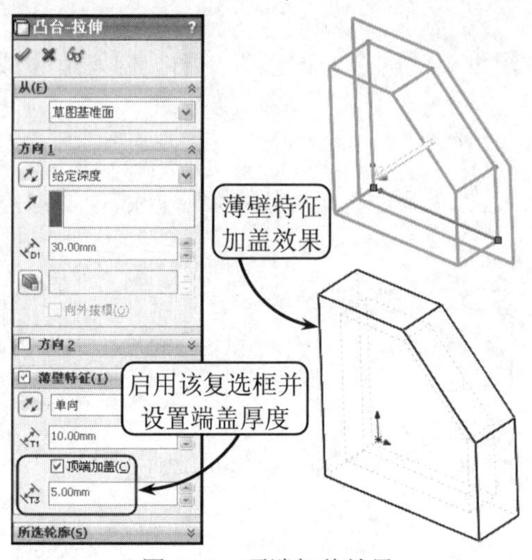

图 6-12 顶端加盖效果

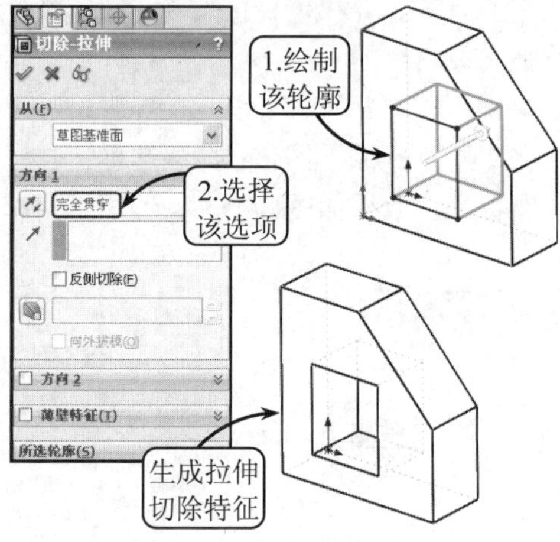

图 6-13 创建拉伸切除特征

指通过绕中心线旋转一个或多个轮廓来添加或移除材料。利用系统提供的相应的旋转工具可以创建圆周型的对称物体，且生成的旋转特征可以是实体、薄壁特征或曲面。

1. 旋转特征

旋转特征是由特征截面绕中心线旋转面生成的一类特征，在 Solidworks 中，旋转工具适合于构造回转体零件。在创建旋转特征时，定义旋转形状的草图中必须包含有中心线作为旋转中心，且草图轮廓不能与中心线交叉。当草图中包含有多条中心线时，必须指定一条作为旋转中心。此外，草图还必须位于旋转中心线的同一侧。

利用草图绘制命令生成将要旋转的草图，并使其处于激活状态。此时，单击【特征】工具栏中的【旋转凸台/基体】按钮，系统将打开【旋转】属性管理器，如图 6-14 所示。此时，在绘图区中指定要旋转的中心线，并在打开的管理器中设定旋转类型和参数，即可完成旋转特征的创建。

其中，在【方向 1】面板中可以相对于草图基准面设定旋转特征沿单一方向的终止条件和旋转角度，各方式的具体操作方法如下所述。

- **给定深度**

在【旋转类型】列表框中选择该选项，草图将沿单一方向生成旋转特征，且在【角度】文本框中可以设定旋转特征所包容的角度，效果如图 6-15 所示。

- **成形到一顶点**

在【旋转类型】列表框中选择该选项，可以在绘图区中选取一顶点作为终止对象。系统将从草图基准面旋转特征到一个平面，且该平面与草图基准面成一角度，并穿越指定的顶点，效果如图 6-16 所示。

- **成形到一面**

在【旋转类型】列表框中选择该选项，可以在绘图区中选取一曲面作为终止对象，系统将从草图的基准面旋转特征到所选的面以生成特征。

- **到离指定面指定的距离**

在【旋转类型】列表框中选择该选项，系统将从草图的基准面旋转特征到某曲面之特定

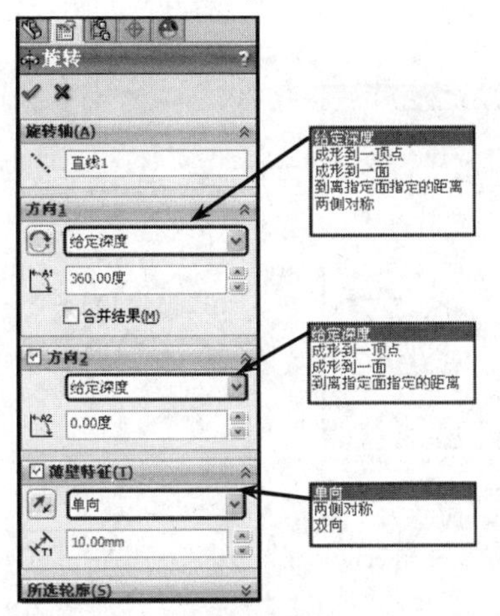

图 6-14　【旋转】属性管理器

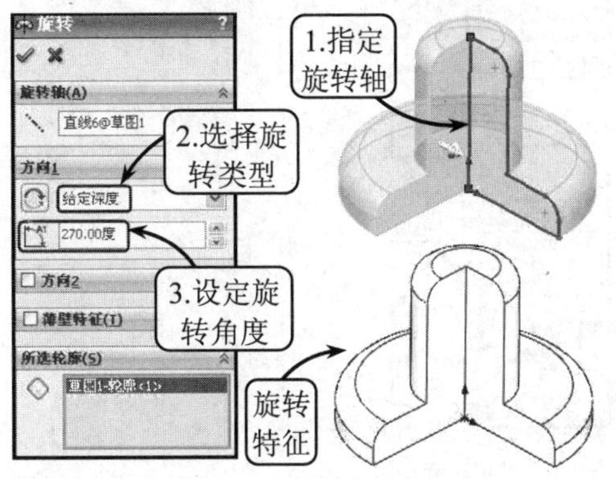

图 6-15　选择【给定深度】方式创建旋转特征

距离处以生成特征。此外，启用【反向等距】复选框，系统将在指定面上以反方向等距旋转。

● **两侧对称**

在【旋转类型】列表框中选择该选项，系统将从草图基准面沿顺时针和逆时针方向同时对称旋转特征，效果如图 6-17 所示。

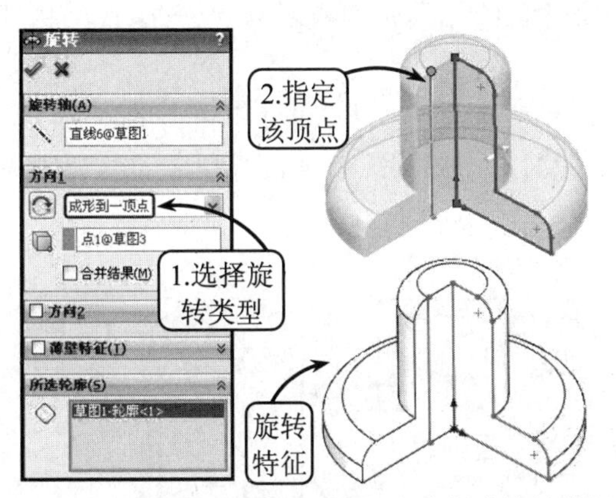

图 6-16　选择【成形到一顶点】方式创建旋转特征

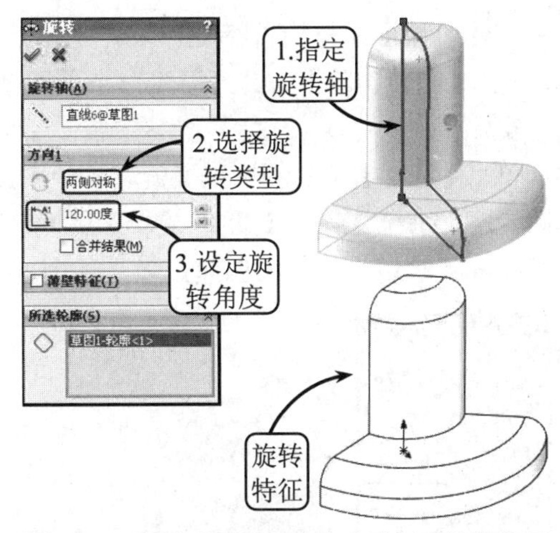

图 6-17　选择【两侧对称】方式创建旋转特征

此外，如启用该管理器中的【薄壁特征】面板，则可以创建相应的旋转薄壁特征。且创建的薄壁特征的草图可以包含多个开环的或闭环的相交轮廓，但草图轮廓不能位于中心线上。该面板包含 3 种创建旋转薄壁特征的方式，其具体操作方法如下所述。

● **单向**

在【类型】列表框中选择该选项，草图将沿一个方向以设定的厚度向内或向外生成薄壁特征，效果如图 6-18 所示。

● **两侧对称**

在【类型】列表框中选择该选项，系统将以草图轮廓为中心，并在其两侧以设定的厚度生成薄壁特征，效果如图 6-19 所示。

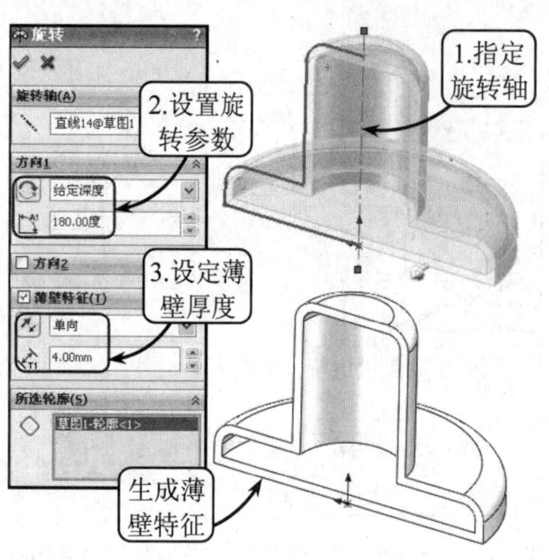

图 6-18　选择【单向】方式生成薄壁特征

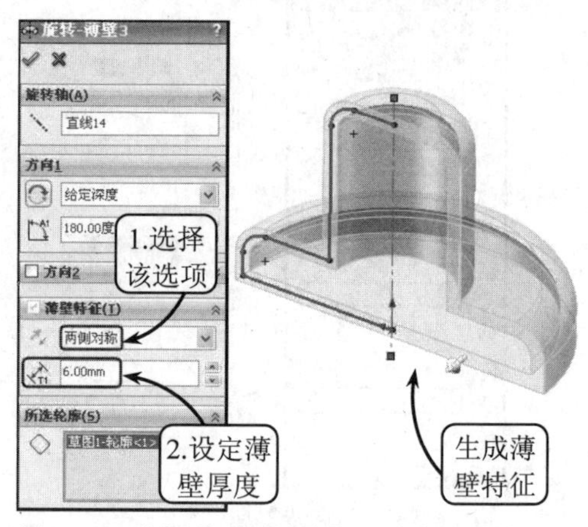

图 6-19　选择【两侧对称】方式生成薄壁特征

- **双向**

在【类型】列表框中选择该选项，草图将可以沿内、外两个方向分别以不同的厚度生成薄壁特征，效果如图 6-20 所示。

2. 旋转切除特征

旋转切除特征与旋转特征相反，是指从凸台或基体中去除其中的一部分。在 Solidworks 中，利用【旋转切除】工具可以以一个或两个方向旋转所绘制的轮廓或实体中已有的轮廓来切除一实体模型。

单击【特征】工具栏中的【旋转切除】按钮，然后在绘图区中选取相应的实体面绘制一草图轮廓，系统将打开【切除-旋转】属性管理器。此时，在该管理器中设置相应的参数选项，即可完成旋转切除特征的创建，效果如图 6-21 所示。

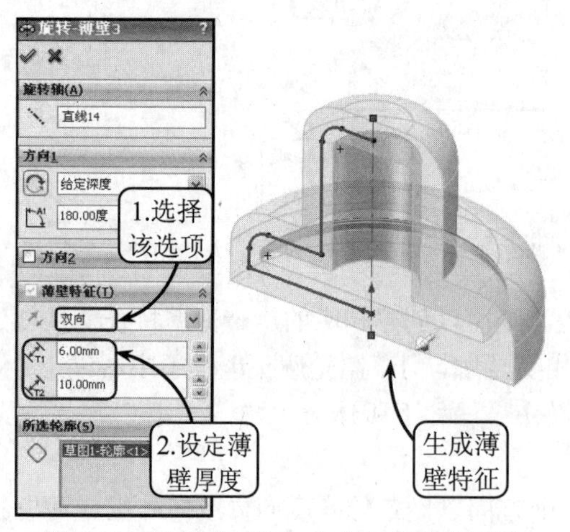

图 6-20　选择【双向】方式生成薄壁特征

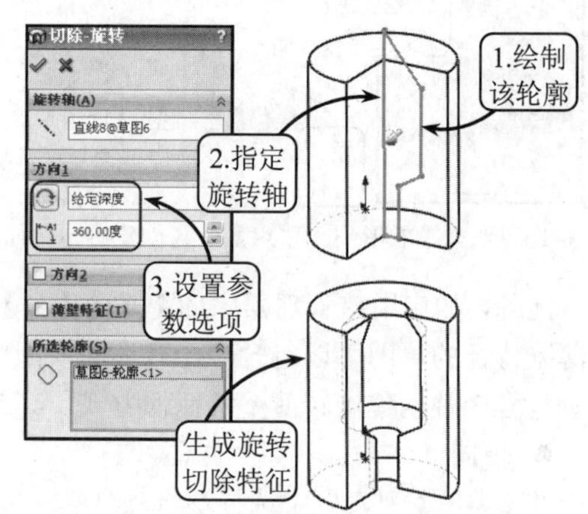

图 6-21　创建旋转切除特征

6.1.3　扫描特征

扫描特征是指由二维草绘平面沿一个平面或空间轨迹线扫描而成的一类特征。在 Solidworks 中，利用系统提供的相应的扫描工具可以通过沿着一条路径移动轮廓或截面来生成基体、凸台、切除或曲面等特征。

1. 扫描特征

在创建扫描特征时，必须同时具备扫描轮廓和扫描路径，且当扫描特征的中间截面要求变化时，还可以使用引导线来完成特征的创建。其中，草图轮廓应该是封闭的，且尺寸不能过大；扫描路径可以是开环，也可以是闭环，且必须与扫描轮廓的平面交叉；引导线必须与截面草图相交于一点。此外，不论是截面、路径还是所形成的实体，都不能出现自相交叉的情况。

完成扫描轮廓和路径的绘制后，单击【特征】工具栏中的【扫描】按钮，系统将打开【扫描】属性管理器，如图 6-22 所示。此时，在绘图区中指定要扫描的轮廓和路径曲线，并在打开的管理器中设置相应的参数选项，即可完成扫描特征的创建。

其中，用户可以在【选项】面板中控制扫描轮廓在沿路径扫描时的方向，各类型选项的具体含义如下所述。

- **随路径变化**

在【方向/扭转控制】列表框中选择该选项，截面将相对于路径时刻处于同一角度，效果如图 6-23 所示。

图 6-22　【扫描】属性管理器

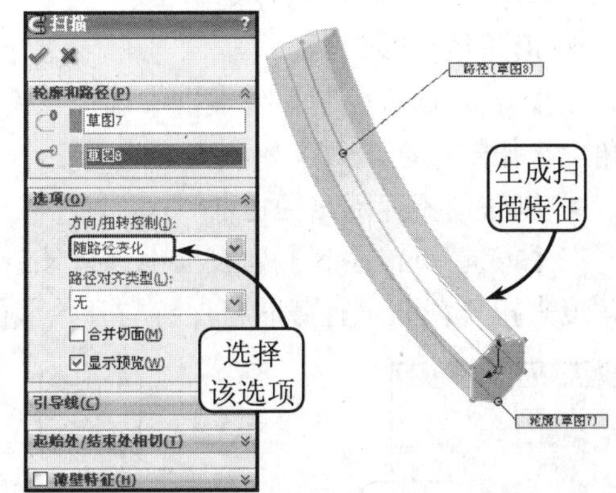

图 6-23　选择【随路径变化】方式创建扫描特征

当选择【随路径变化】选项时，该面板中还将打开【路径对齐类型】列表框。当路径上出现少许波动和不均匀波动，使轮廓不能对齐时，可以选择相应的类型使轮廓稳定。

其中，选择【无】选项时，路径将垂直于轮廓而对齐轮廓，不进行纠正；选择【最小扭转】选项时，系统将阻止轮廓在随路径变化时自我相交；选择【方向向量】选项时，可以选择设定方向向量的实体，并以该方向对齐轮廓；选择【所有面】选项，当路径包括相邻面时，可以使扫描轮廓在几何关系可能的情况下与相邻面相切。

● **保持法向不变**

在【方向/扭转控制】列表框中选择该选项，扫描时截面将时刻与开始截面平行，效果如图 6-24 所示。

● **随路径和第一引导线变化**

在【方向/扭转控制】列表框中选择该选项，如果扫描时引导线不只一条，扫描特征将随第一条引导线变化，效果如图 6-25 所示。

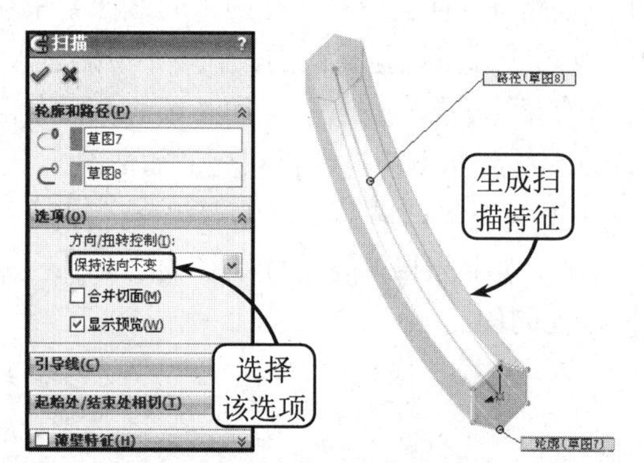

图 6-24　选择【保持法向不变】方式创建扫描特征

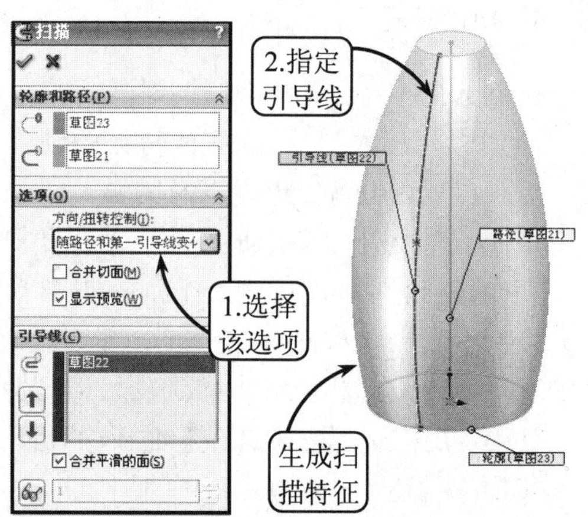

图 6-25　选择【随路径和第一引导线变化】方式创建扫描特征

● **随第一和第二引导线变化**

在【方向/扭转控制】列表框中选择该选项，如果扫描时引导线不只一条，扫描特征将随第一条和第二条引导线同时变化。

● **沿路径扭转**

在【方向/扭转控制】列表框中选择该选项，扫描特征将沿路径按设定的度数、弧度或旋转角度来扭转截面，效果如图 6-26 所示。

● **以法向不变沿路径扭曲**

在【方向/扭转控制】列表框中选择该选项，扫描特征将沿路径按设定的度数、弧度或旋转角度来扭转截面，且截面将保持与开始截面平行，效果如图 6-27 所示。

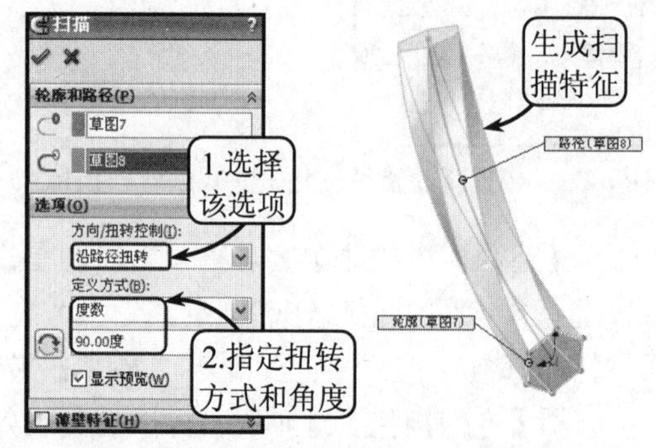

图 6-26　选择【沿路径扭转】方式创建扫描特征

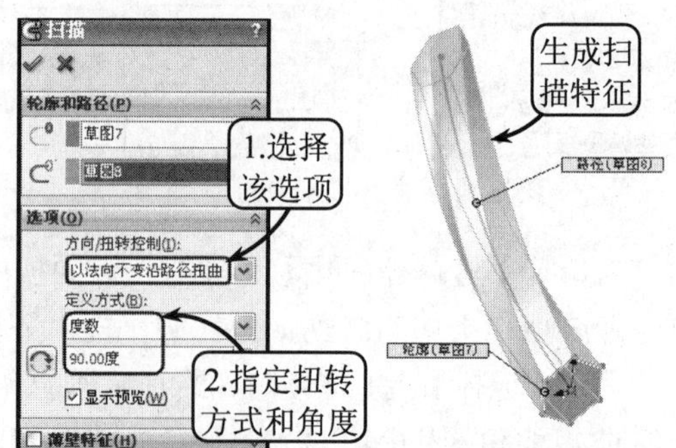

图 6-27　选择【以法向不变沿路径扭曲】方式创建扫描特征

提示

在利用引导线扫描特征之前，应该先绘制扫描路径和引导线，然后再绘制截面轮廓。且应在截面轮廓中引导线与轮廓的相交处添加穿透几何关系，使截面受引导线的约束，但引导线不受截面的约束。

此外，如启用该管理器中的【薄壁特征】面板，则可以创建相应的扫描薄壁特征。该面板包含 3 种创建薄壁特征的方式，其具体含义如下所述。

- **单向**

在【类型】列表框中选择该选项，草图将沿一个方向以设定的厚度向内或向外生成薄壁特征，效果如图 6-28 所示。

- **两侧对称**

在【类型】列表框中选择该选项，系统将以草图轮廓为中心，并在其两侧以设定的厚度生成薄壁特征，效果如图 6-29 所示。

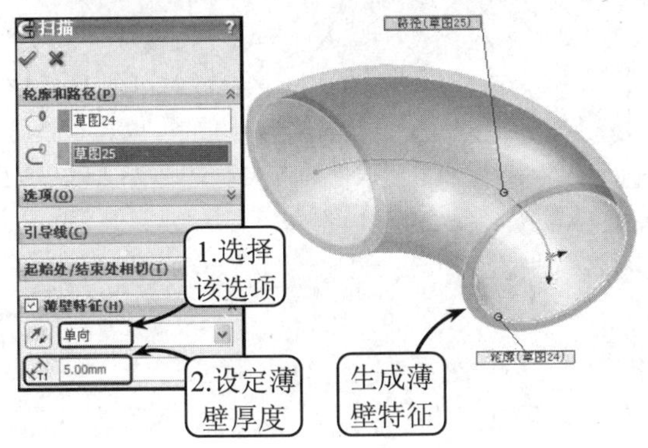

图 6-28　选择【单向】方式生成薄壁特征

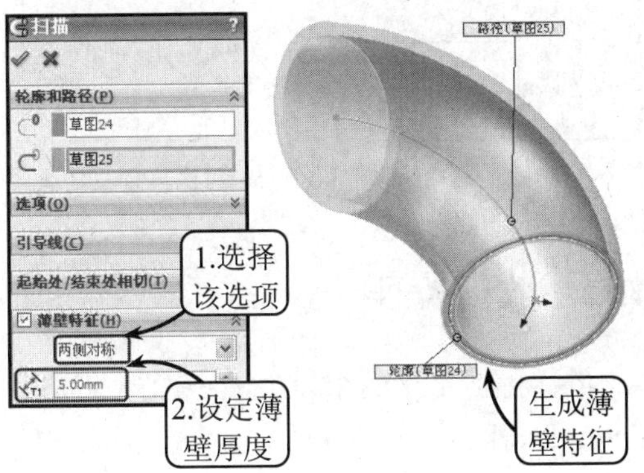

图 6-29　选择【两侧对称】方式生成薄壁特征

- **双向**

在【类型】列表框中选择该选项，草图将可以沿内、外两个方向分别以不同的厚度生成薄壁特征，效果如图 6-30 所示。

2. 扫描切除特征

扫描切除特征是指从创建的实体中去除其中的一部分。在 Solidworks 中，利用【扫描切除】工具可以以【轮廓扫描】和【实体扫描】两种方式来切除一实体模型。

- **轮廓扫描**

利用该方式可以沿开环或闭合路径通过扫描闭合轮廓来切除实体特征。单击【扫描切除】按钮，并在打开的【切除-扫描】属性管理器中选择【轮廓扫描】单选按钮。然后在绘图区中依次选取相应的轮廓和路径，即可完成扫描

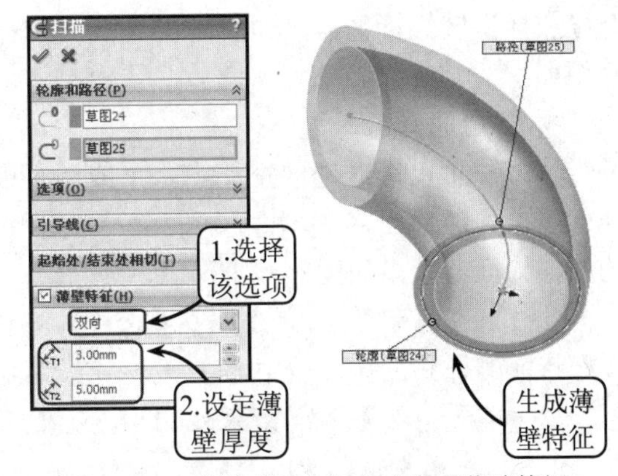

图 6-30　选择【双向】方式生成薄壁特征

切除特征的创建，效果如图 6-31 所示。

● **实体扫描**

利用该方式可以通过指定相应的工具实体和路径来切除实体特征，最常见的用途是绕圆柱实体生成切除特征来创建相应的刀具。在创建过程中，工具实体可以是只由分析几何体（如直线和圆弧）所组成的旋转特征，也可以是圆柱形拉伸特征；路径必须连续相切，且应从工具实体轮廓上的点或内部开始，效果如图 6-32 所示。

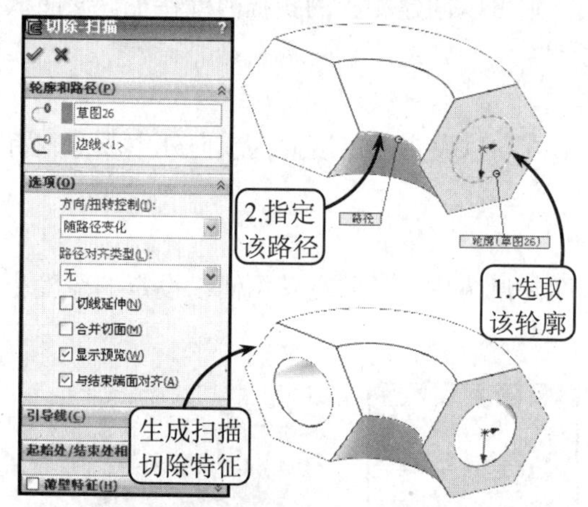

图 6-31　选择【轮廓扫描】方式创建扫描切除特征

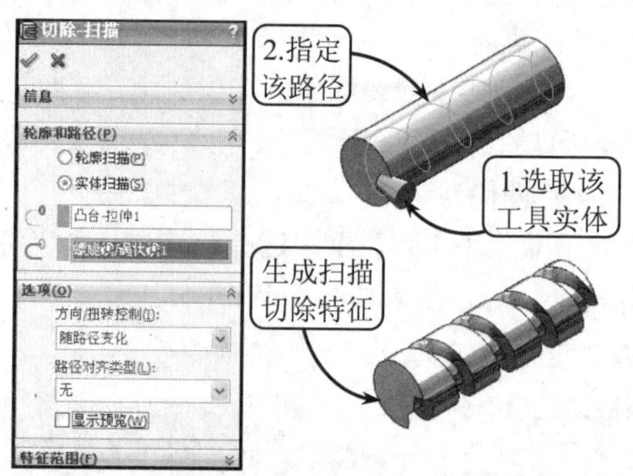

图 6-32　选择【实体扫描】方式创建扫描切除特征

6.1.4　放样特征

放样特征是指两个以上的截面形状按照一定的顺序，在截面之间进行过渡而形成的特征。在 Solidworks 中，利用系统提供的相应的放样工具可以生成基体、凸台、切除或曲面等特征。

1. 放样特征

创建放样特征必须存在两个或两个以上的轮廓，轮廓可以是草图，也可以是其他特征的面，甚至是一个点。且当轮廓为点时，仅第一个或最后一个轮廓可以是点，也可以这两个轮廓均为点。

完成草图轮廓的绘制后，单击【特征】工具栏中的【放样凸台/基体】按钮，系统将打开【放样】属性管理器，如图 6-33 所示。该管理器中包含多种创建放样特征的方法，现分别介绍如下。

● **凸台放样**

该方法可以通过选取空间中两个或两个以上的处于不同面的轮廓来生成最基本的放样特征。单击【放样凸台/基体】按钮，在绘图区中依次选取两个不同面的轮廓，即可生成相应的放样特征，效果如图 6-34 所示。

此外，在【起始/结束约束】面板中，还可以在开始和结束处轮廓上应用相切约束以控制放样特征的样式。该面板中各主要选项的含义如下所述。

◆ **无**　在【起始/结束处相切类型】列表框中选择该选项，表示生成的放样特征没有应用相切约束。

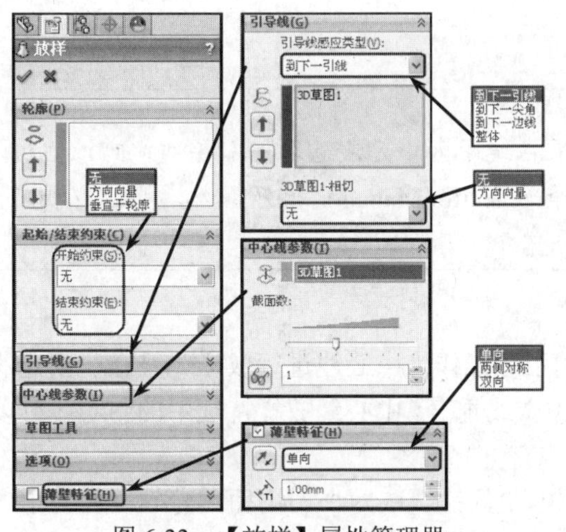

图 6-33　【放样】属性管理器

图 6-34　创建凸台放样特征

◆ **方向向量**　在【起始/结束处相切类型】列表框中选择该选项，表示生成的放样特征在起始或结束轮廓处与所选的方向向量相切。用户还可以通过设定拔模角度、起始或结束处相切长度来控制创建的放样特征的样式，效果如图 6-35 所示。

◆ **垂直于轮廓**　在【起始/结束处相切类型】列表框中选择该选项，表示生成的放样特征在垂直于起始或结束轮廓处添加相切约束。用户同样可以通过设定拔模角度、起始或结束处相切长度来控制创建的放样特征的样式，效果如图 6-36 所示。

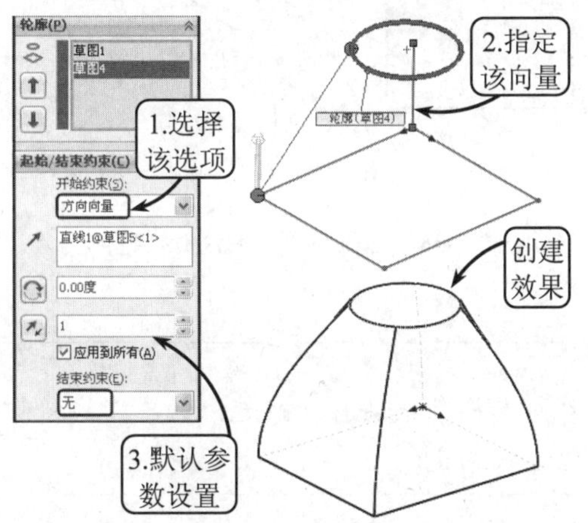

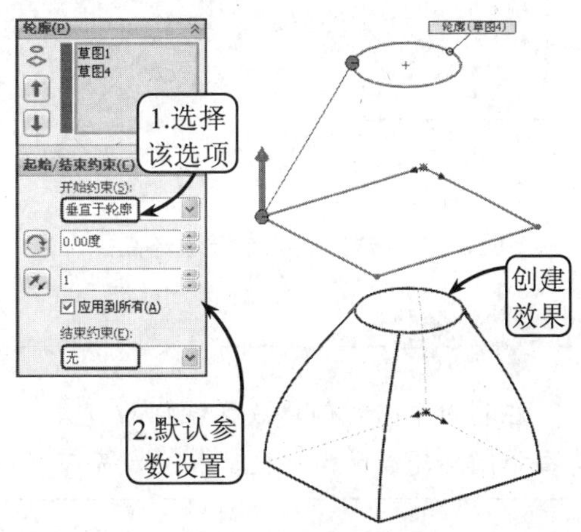

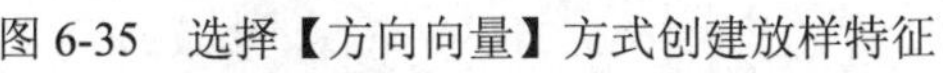
图 6-35　选择【方向向量】方式创建放样特征

图 6-36　选择【垂直于轮廓】方式创建放样特征

● **引导线放样**

与生成引导线扫描特征一样，在 Solidworks 中也可以通过使用两个或多个轮廓，并使用一条或多条引导线连接轮廓来生成引导线放样。其中，轮廓可以是平面轮廓或空间轮廓。通过引导线可以帮助控制所生成的中间轮廓。

在利用引导线生成放样特征时，引导线可以是任何草图曲线、模型边线或曲线，其数量不受限制，且引导线之间可以相交，但各引导线必须与所有轮廓相交。此外，引导线可以比生成的放样特征长，且放样将终止于最短的引导线的末端。

单击【放样凸台/基体】按钮，然后在绘图区中依次选取两个不同面的轮廓，并指定一条引导线，即可生成相应的放样特征，效果如图 6-37 所示。

在利用引导线创建放样特征的过程中，如果在绘图区中无法选取一引导线，可以右键单击绘图区的空白处，在打开的快捷菜单中选择 SelectionManager 选项，然后再选取相应的引导线；或者将每条引导线放置在不同的草图中。

- **中心线放样**

在 Solidworks 中，用户还可以将一条变化的引导线作为中心线进行放样，且在所创建的放样特征中，所有中间截面的草图基准面都与此中心线垂直。中心线放样特征中的中心线可以是绘制的曲线、模型边线或曲线。

单击【放样凸台/基体】按钮，然后在绘图区中依次选取两个不同面的轮廓，并指定一条中心线，即可生成相应的放样特征，效果如图 6-38 所示。

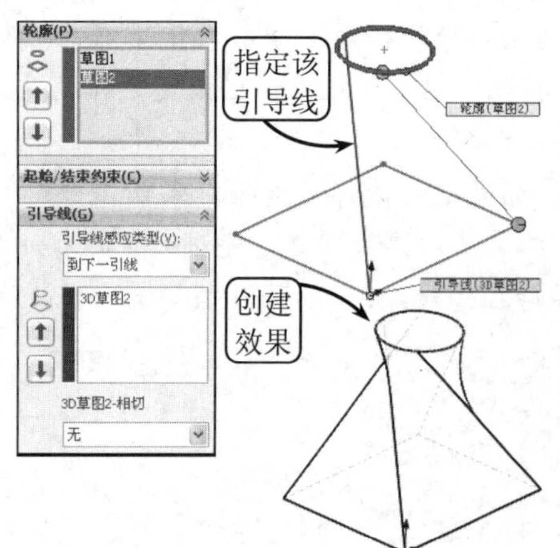

图 6-37　选取引导线创建放样特征

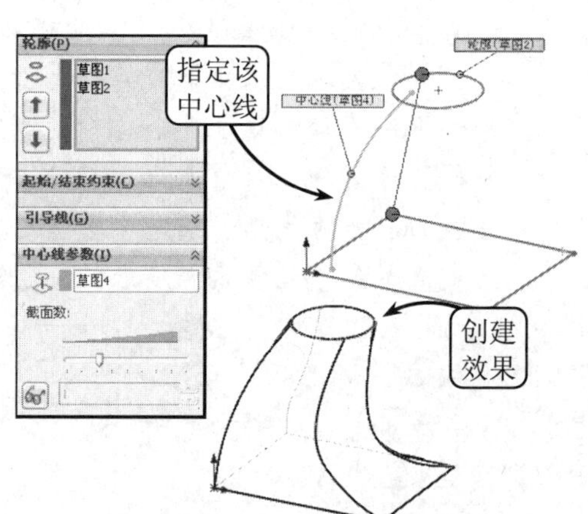

图 6-38　选取中心线创建放样特征

在利用中心线创建放样特征的过程中，中心线可与引导线共存。且选取的中心线必须与每个闭环轮廓的内部区域相交，而不必与每个轮廓线相交。

- **薄壁放样**

在【薄壁特征】面板中可以控制放样特征的厚度，创建相应的薄壁特征。该面板中各选项的含义如下所述。

- **单向**　在【类型】列表框中选择该选项，草图将沿一个方向以设定的厚度向内或向外生成薄壁特征。
- **两侧对称**　在【类型】列表框中选择该选项，系统将以草图轮廓为中心，并在其两侧以设定的厚度生成薄壁特征。
- **双向**　在【类型】列表框中选择该选项，草图将可以沿内、外两个方向分别以不同的厚度生成薄壁特征。各类型的样式效果如图 6-39 所示。

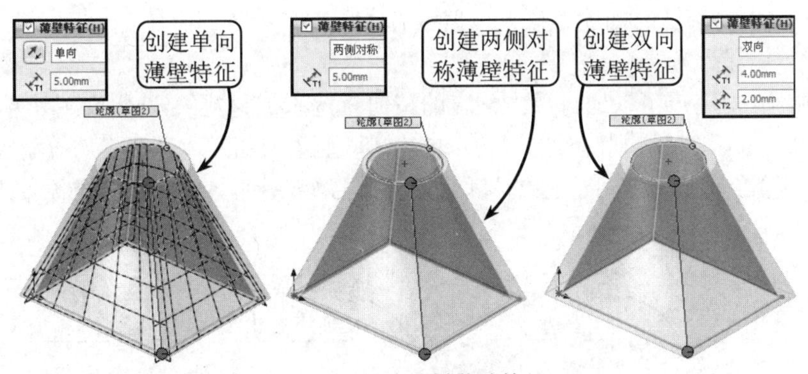

图 6-39　创建放样薄壁特征

2. 放样切除特征

放样切除特征与放样特征相反，是指从凸台或基体中去除其中的一部分。在 Solidworks 中，利用【放样切割】工具可以在两个或多个轮廓之间通过移除材质来切除实体模型。

单击【特征】工具栏中的【放样切割】按钮，系统将打开【切除-放样】属性管理器。此时，在该管理器中设置相应的选项，并在绘图区中依次选取相应的草图轮廓，即可完成放样切除特征的创建，效果如图 6-40 所示。

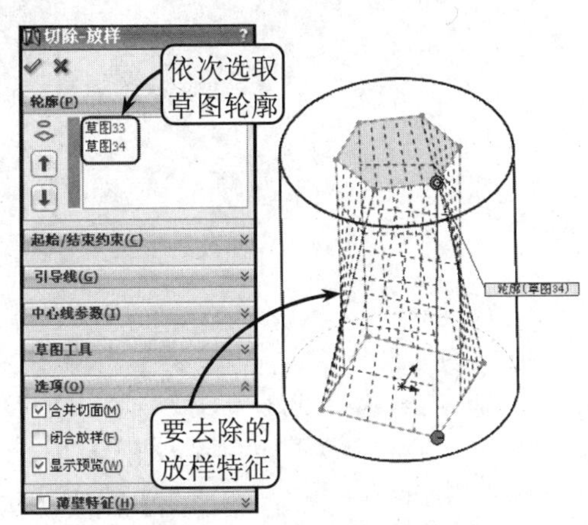

图 6-40　创建放样切除特征

6.2　附加特征

在 Solidworks 中，附加特征包括筋特征和孔特征等工程类特征，是基体特征的自然延伸。其从工程的角度，对形体的各个组成部分及其特征进行定义，使所描述的形体信息更具工程意义。该类特征的创建直接体现设计意图，使得创建的产品模型易被理解和组织生产。

6.2.1　筋特征

筋特征是一种特殊类型的拉伸特征，由开环或闭环的草图轮廓生成。在 Solidworks 中，利用【筋】工具可以在轮廓与现有零件之间添加指定方向和厚度的材料，且所创建的筋特征一般作为加强零件刚度的增强件。

指定一个与零件相交的基准面来绘制作为筋特征的草图轮廓，且草图轮廓可以是开环，也可以是闭环。完成草图的绘制后，单击【特征】工具栏中的【筋】按钮，系统将打开【筋】属性管理器，如图 6-41 所示。

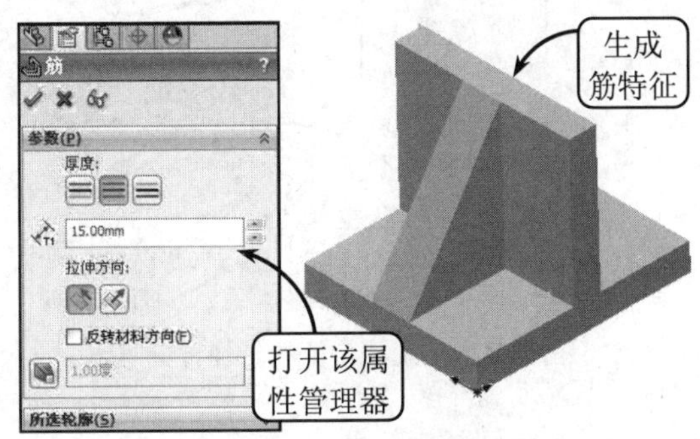

图 6-41　创建筋特征

在该管理器中指定筋特征的厚度参数和拉

伸方向，即可完成筋特征的创建。该管理器中各主要选项的含义介绍如下。

● **厚度**

在该选项组中，用户可以通过单击相应的按钮指定添加材料的方式。其中，单击【第一边】按钮，系统将只添加材料到草图的一边；单击【两侧】按钮，系统将均等添加材料到草图的两边；单击【第二边】按钮，系统将只添加材料到草图的另一边，选择各方式的创建效果如图 6-42 所示。

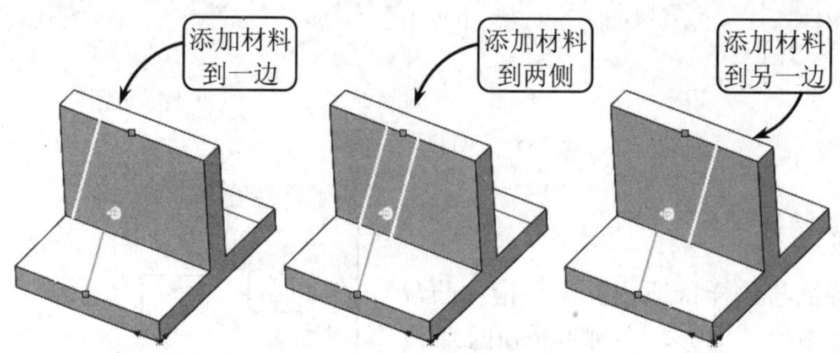

图 6-42　指定添加材料方式

● **拉伸方向**

在该选项组中，用户可以通过单击相应的按钮指定筋的拉伸方向。其中，单击【平行于草图】按钮，系统将创建平行于草图的筋特征；单击【垂直于草图】按钮，系统将创建垂直于草图的筋特征，效果如图 6-43 所示。

此外，当单击【垂直于草图】按钮时，【筋】属性管理器中将激活【类型】选项组，该选项组包括两个单选按钮。其中，选择【线性】单选按钮，系统将生成一与草图方向垂直的筋特征，且该特征延伸相应的草图轮廓直到与边界汇合；选择【自然】单选按钮，系统将同样生成一与草图方向垂直的筋特征，只不过该特征以相同轮廓方程式延伸草图轮廓，直到与边界汇合。

例如，如果草图轮廓为圆弧，则选择【自然】单选按钮，系统将以圆方程式延伸筋特征，直到与边界汇合，效果如图 6-44 所示。

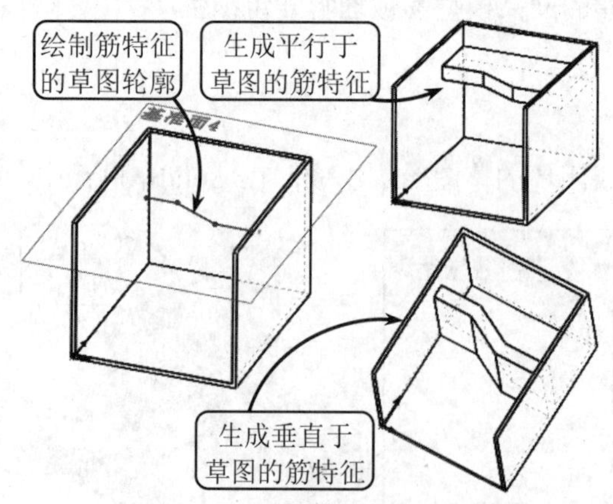

图 6-43　指定筋特征的拉伸方向

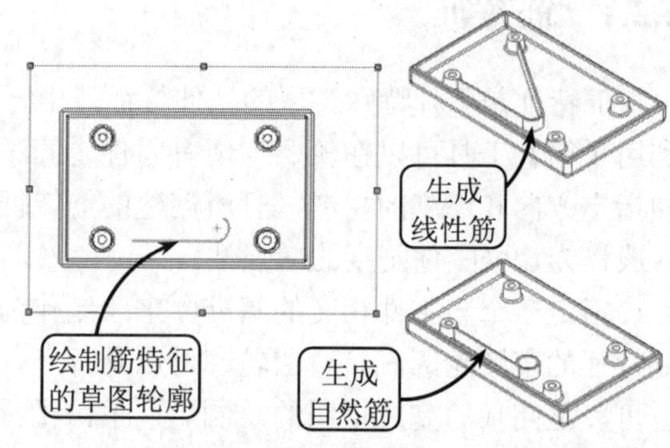

图 6-44　创建线性筋和自然筋

● 拔模

单击【拔模】按钮，可以在筋特征上添加拔模效果，并设定拔模角度来指定拔模度数。其中，选择不同的拔模位置，拔模的效果也将不同，效果如图 6-45 所示。

此外，启用【向外拔模】复选框，系统将生成一向外拔模的筋特征；禁用该复选框，系统将生成一向内拔模的筋特征，效果如图 6-46 所示。

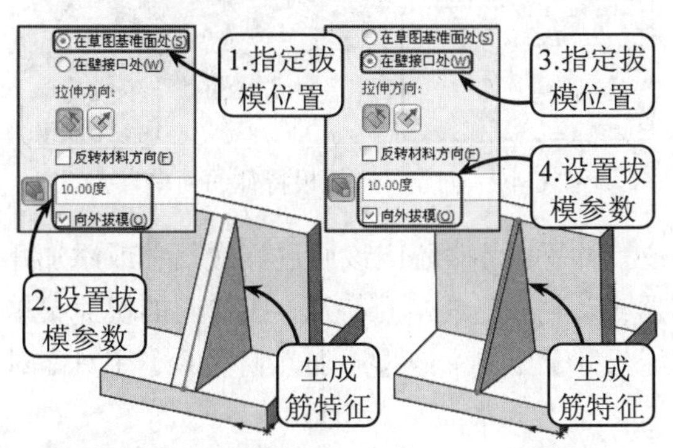

图 6-45　创建拔模位置不同的筋特征

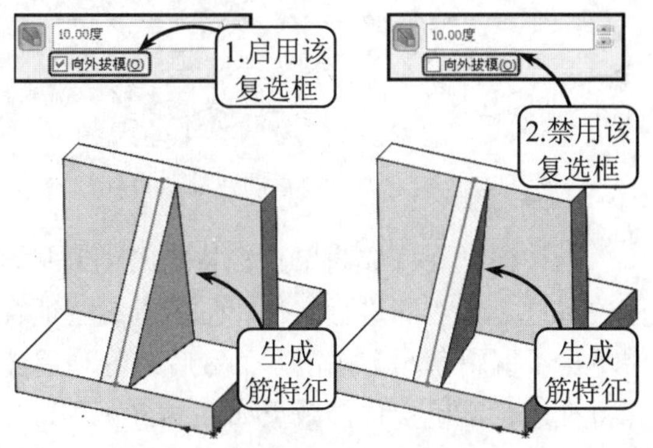

图 6-46　创建拔模方向不同的筋特征

6.2.2　孔特征

孔特征是指在模型中去除部分实体生成的特征样式。其中，该实体可以是圆柱、圆锥，或同时存在这两种特征的实体。在机械设计过程中，孔特征是最常使用的建模特征之一，如创建底板零件上的定位孔、螺纹孔和箱体类零件的轴孔等。

在 Solidworks 中，用户可以利用系统提供的相应孔工具创建简单直孔和异型孔。其中，利用【简单直孔】工具可以生成一个简单的、不需要其他参数修饰的直孔；利用【异型孔向导】工具可以生成多参数、多功能的孔，如机械加工中的螺纹孔和锥形孔等。

1. 简单直孔

对于生成的简单直孔而言，其可以提供比异型孔向导更好的性能。在 Solidworks 中，用户可以在平面上放置孔并设定深度，然后通过标注尺寸或添加几何关系来指定孔的具体位置。

在零件实体上选取要生成简单直孔特征的平面，然后单击【特征】工具栏中的【简单直孔】按钮，系统将打开【孔】属性管理器，如图 6-47 所示。此时，依次设置要创建孔特征的开始/终止条件和特征参数，即可生成相应的孔特征。

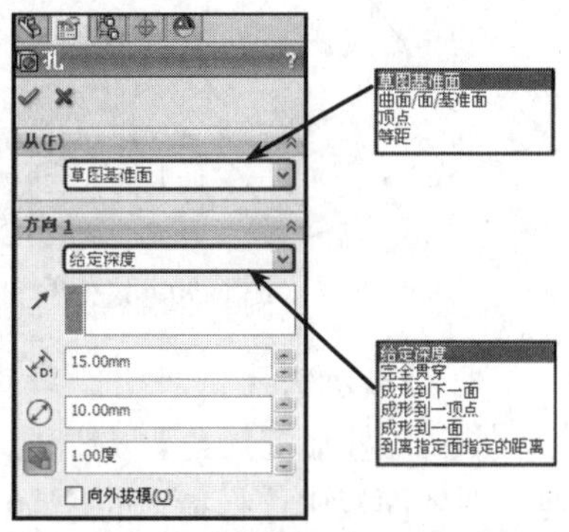

图 6-47　【孔】属性管理器

此外，单击【拉伸方向】列表框，还可以在绘图区中指定除垂直于草图轮廓以外的其他方向拉伸孔，效果如图 6-48 所示。

如果要在孔特征上添加拔模效果，可以单击【拔模开/关】按钮，然后设定相应的拔模角度即可，效果如图 6-49 所示。

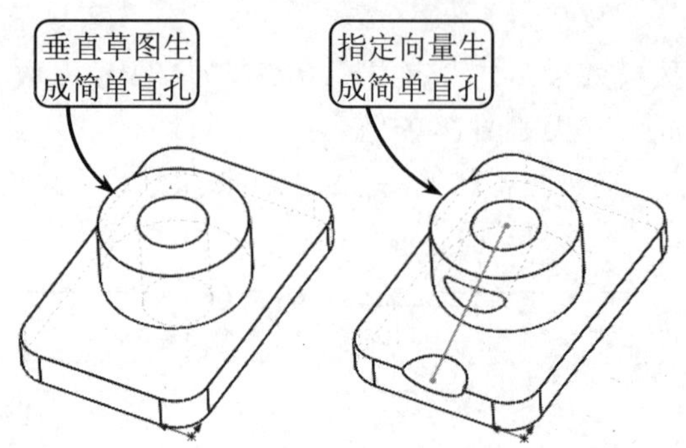

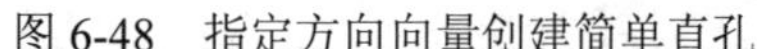
图 6-48 指定方向向量创建简单直孔

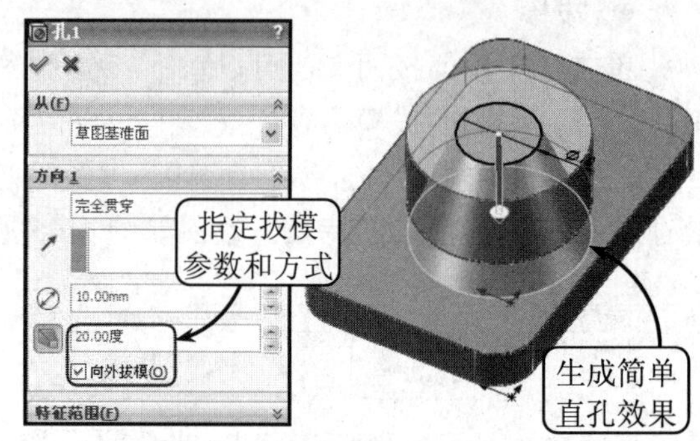

图 6-49 创建带有拔模特征的简单直孔

当在模型上完成简单直孔特征的创建后，其位置并不确定，还应该通过标注尺寸或添加几何关系进一步对孔进行定位。在模型或特征管理器设计树中，右击孔特征，在弹出的快捷菜单中单击【编辑草图】按钮，然后即可利用【智能尺寸】工具或【添加几何关系】工具对孔特征进行准确定位，效果如图 6-50 所示。

2. 异型孔

在 Solidworks 中，利用【异型孔向导】工具可以创建柱形沉头孔、锥形沉头孔、孔、直螺纹孔、锥形螺纹孔和旧制孔等类型的孔特征。用户可以在指定的基准面上生成孔，也可以在平面或非平面上生成孔。

在【特征】工具栏中单击【异型孔向导】按钮，系统将打开【孔规格】属性管理器，如图 6-51 所示。在该管理器中选择相应的孔类型，系统将激活不同的参数设置选项。设置指定类型的孔参数，并对孔的位置进行准确定位，即可完成异型孔特征的创建。

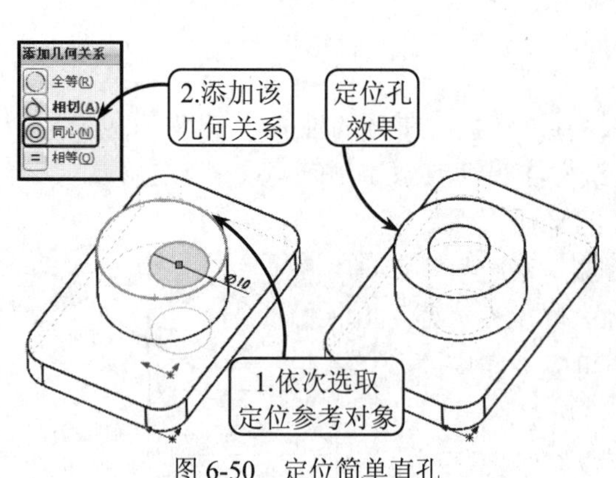

图 6-50 定位简单直孔

图 6-51 【孔规格】属性管理器

- **柱形沉头孔**

单击【柱形沉头孔】按钮，系统将激活该类型孔特征的相关设置参数。用户可以根据需要，在各面板中选择指定的选项创建柱形沉头孔特征，效果如图 6-52 所示。

● 锥形沉头孔

锥形沉头孔的创建方法与创建柱形沉头孔类似，单击【锥形沉头孔】按钮，系统将激活该类型孔特征的相关设置参数。用户可以根据需要，在各面板中选择指定的选项创建锥形沉头孔特征，效果如图 6-53 所示。

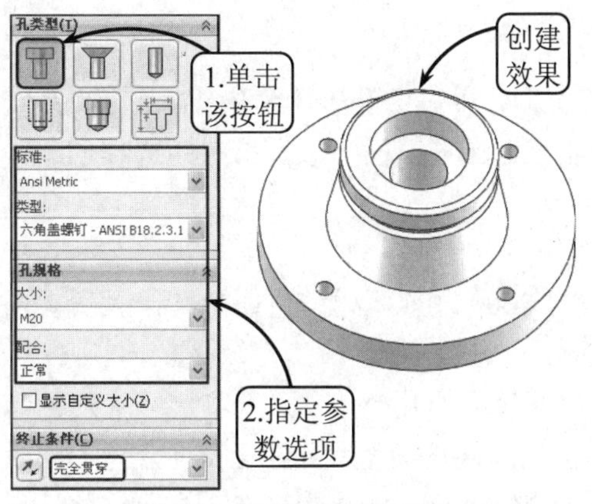

图 6-52　创建柱形沉头孔

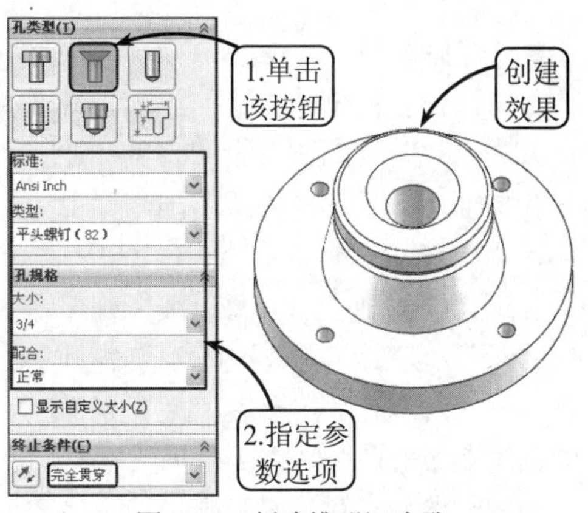

图 6-53　创建锥形沉头孔

● 孔

孔的创建方法与上述类型孔的创建方法类似，其特征样式与简单直孔特征相同。单击【孔】按钮，系统将激活该类型孔特征的相关设置参数。用户可以根据需要，在各面板中选择指定的选项创建孔特征，效果如图 6-54 所示。

● 直螺纹孔

直螺纹孔的创建方法与上述类型孔的创建方法类似，效果如图 6-55 所示。此外，在【选项】面板中若单击【螺纹钻孔直径】按钮，系统将在螺纹钻孔直径处处理切割孔；若单击【移除螺纹线】按钮，系统将在螺纹直径处处理切割孔；若单击【装饰螺纹线】按钮，系统将以装饰螺纹线在螺纹钻孔直径处处理切割孔。其中，装饰螺纹线代表凸台上螺纹线的次要（内部）直径，或代表孔上螺纹线的主要（外部）直径。

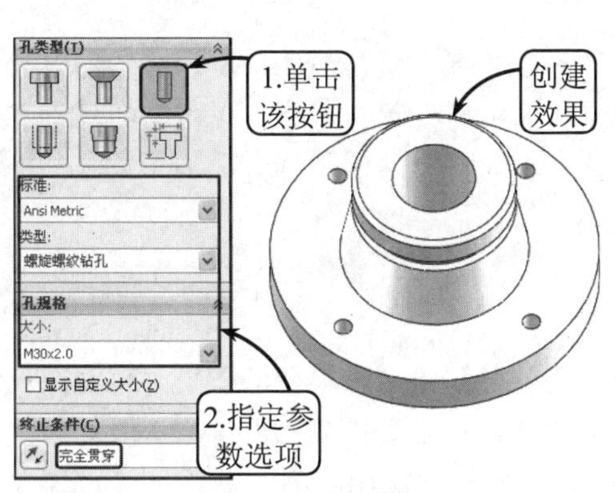

图 6-54　创建孔

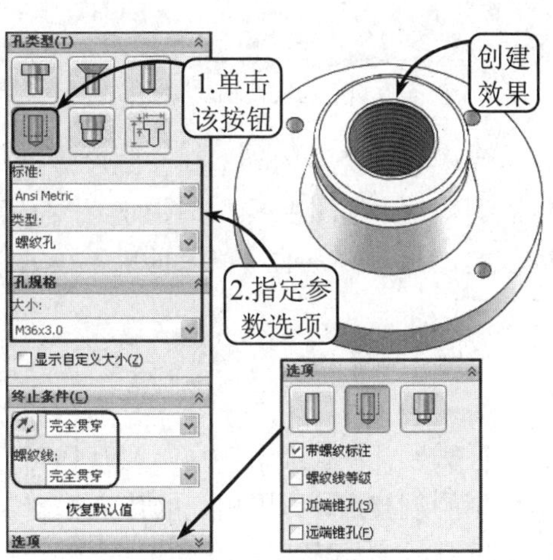

图 6-55　创建直螺纹孔

提示

在创建直螺纹孔的过程中，可以在【终止条件】面板中设置螺纹线的深度。且按 ISO 标准，螺纹线的深度应比螺纹孔的深度至少小 4.5mm 以上。

- **锥形螺纹孔**

锥形螺纹孔的创建方法与创建直螺纹孔的方法类似。单击【锥形螺纹孔】按钮，系统将激活该类型孔特征的相关设置参数。用户可以根据需要，在各面板中选择指定的选项创建锥形螺纹孔特征，效果如图 6-56 所示。

- **旧制孔**

利用【旧制孔】工具可以编辑任何在 Solidworks 2000 之前版本中生成的孔，且所有信息（包括图形预览）均以原来生成孔时的同一格式显示。

单击【旧制孔】按钮，在【类型】列表框中选择相应的孔类型，系统将展开对应的孔类型的预览效果。此时，在【终止条件】面板中指定相应的终止类型，并在【截面尺寸】面板中双击相应的参数选项修改参数，即可完成旧制孔特征的创建，效果如图 6-57 所示。

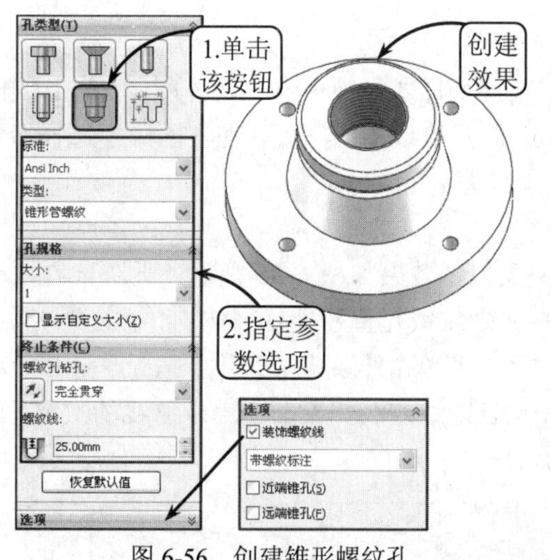

图 6-56 创建锥形螺纹孔

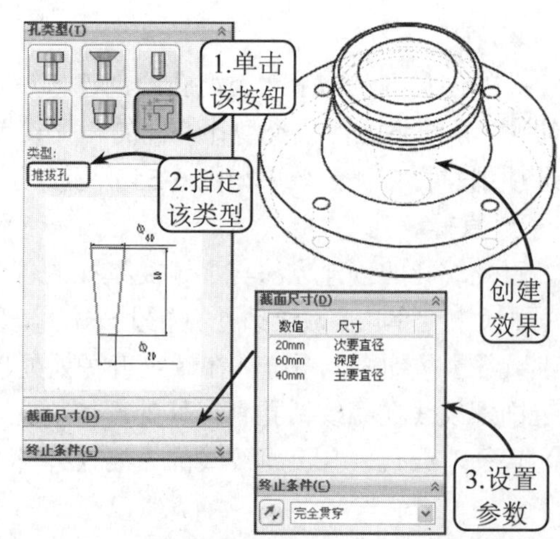

图 6-57 创建旧制孔

当完成各种类型的异型孔参数设置后，在属性管理器中单击【位置】选项卡，然后在绘图区中利用尺寸、草图工具、草图捕捉和推理线来定位孔的中心位置，即可完成相应的异型孔特征的创建。其定位方法简单，这里不再赘述。

6.3 细节特征

在机械设计中，细节特征是对基体特征的必要补充，是创建复杂模型的关键。在完成三维实体模型的创建后，利用相应的特征编辑工具可以对实体进行必要的修改和编辑，以生成更为精细、逼真的实体模型。在 Solidworks 中，可以对实体特征添加相应的细节特征，如圆角、倒角和抽壳特征等。

6.3.1　圆角特征

在实际机械加工过程中，为零件添加圆角特征可以起到安装方便、防止轴肩应力集中和划伤的作用，因而在工程设计中得到广泛的应用。在 Solidworks 中，可以利用【圆角】工具在一个面的所有边线、所选的多组面、边线或者边线环上生成一个内倒圆角或外倒圆角面。

在【特征】工具栏中单击【圆角】按钮，系统将打开【圆角】属性管理器，如图 6-58 所示。在该管理器中可以创建的常用的圆角特征包括等半径圆角、多半径圆角、圆形角圆角、逆转圆角和变半径圆角等类型，现分别介绍如下。

● 等半径圆角

创建等半径圆角特征是指对所选边线以相同的圆角半径进行倒圆角的操作。在【圆角类型】面板中选择【等半径】单选按钮，然后设置圆角的半径参数，并在绘图区中选取要倒圆角的边线，即可完成等半径圆角特征的创建，效果如图 6-59 所示。

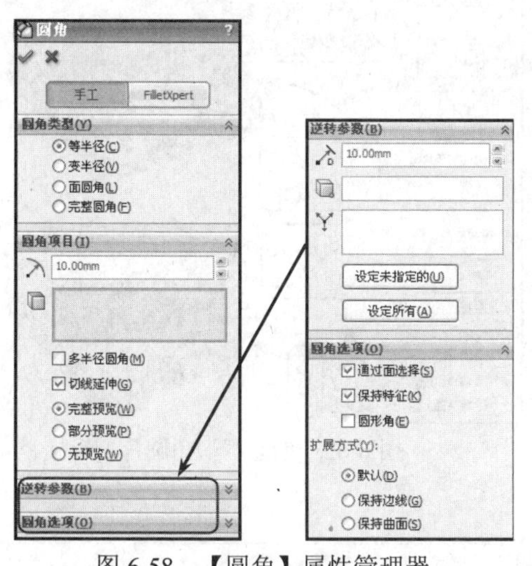

图 6-58　【圆角】属性管理器

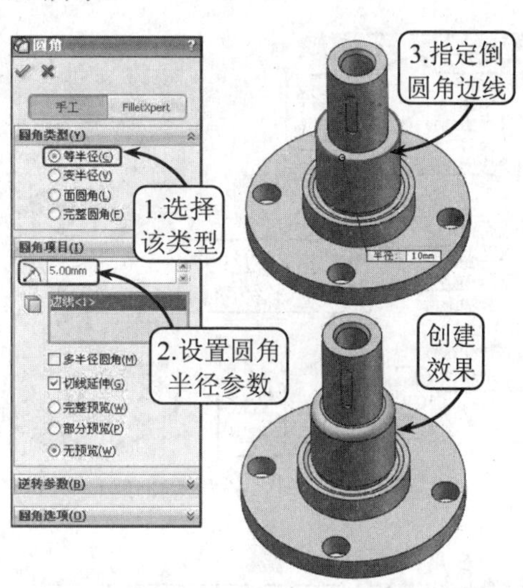

图 6-59　创建等半径圆角

此外，如果创建的圆角半径大到可以覆盖所选实体特征（切除或凸台特征），则启用【圆角选项】面板中的【保持特征】复选框，可以保持切除或凸台特征可见；而禁用该复选框，则生成的圆角特征将覆盖所选实体特征，效果如图 6-60 所示。

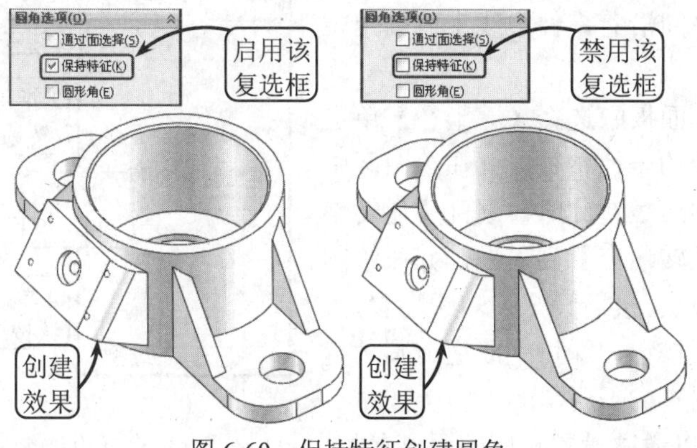

图 6-60　保持特征创建圆角

● **多半径圆角**

创建多半径圆角特征可以为每条所选边线赋予不同的圆角半径值，还可以为具有公共边线的面指定多个圆角半径。

在【圆角类型】面板中选择【等半径】单选按钮，并启用【多半径圆角】复选框。然后在绘图区中依次选取要倒圆角的边线，并分别设置相应的圆角半径参数，即可完成多半径圆角特征的创建，效果如图 6-61 所示。

● **圆形角圆角**

创建圆形角圆角特征可以控制角部边线之间的过渡。该特征将混合邻接的边线，从而消除两条线汇合处的尖锐接合点，形成平滑过渡。

在【圆角类型】面板中选择【等半径】单选按钮，然后设置圆角的半径参数，并在绘图区中依次选取要倒圆角的相邻边线。此时，在【圆角选项】面板中启用【圆形角】复选框，即可完成圆形角圆角特征的创建，效果如图 6-62 所示。

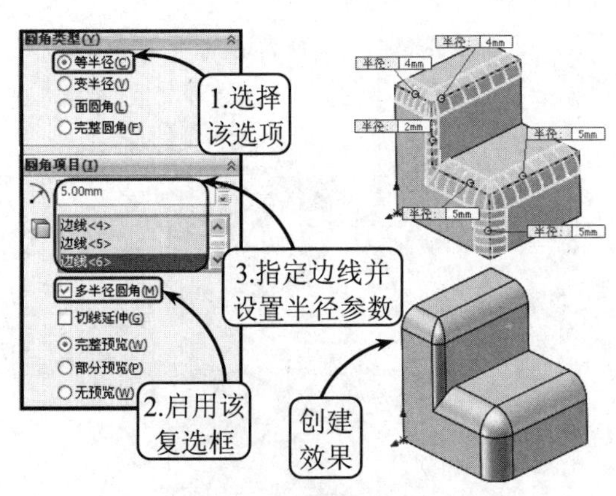

图 6-61　创建多半径圆角

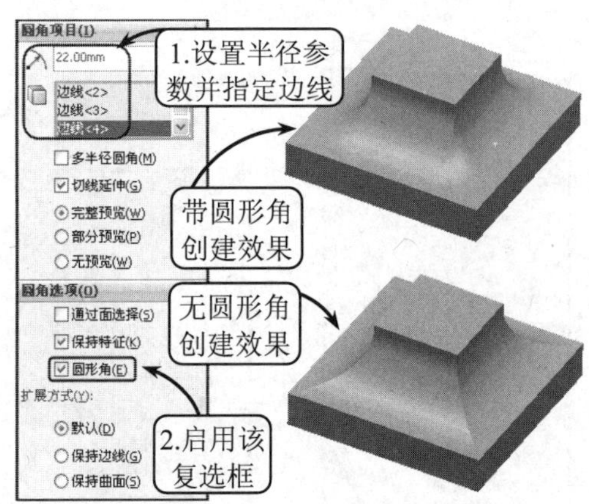

图 6-62　创建圆形角圆角

在生成带圆形角的等半径圆角特征过程中，必须选择至少两个相邻边线来圆角化。

● **逆转圆角**

创建逆转圆角特征可以从顶点处以设定的逆转距离在混合曲面之间沿着零件边线生成圆角，从而形成平滑过渡。

在【圆角类型】面板中选择【等半径】单选按钮，然后设置圆角的半径参数，并在绘图区中依次选取要倒圆角的边线。此时，展开【逆转参数】面板，单击【逆转顶点】列表框，并在绘图区中指定一相应的顶点。接着设定逆转距离参数，并单击【设定所有】按钮，即可完成逆转圆角特征的创建，效果如图 6-63 所示。

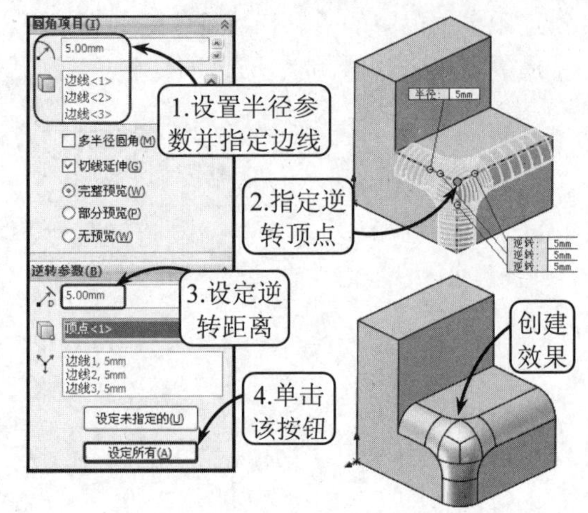

图 6-63　创建逆转圆角

此外，用户还可以通过设置相应的距离参数，

并在【逆转距离】列表框中选取指定的边线，来为每条边线设定不同的逆转距离，效果如图 6-64 所示。

● **变半径圆角**

创建变半径圆角特征可以通过对要倒圆角的边线上的多个点（变半径控制点）指定不同的半径参数值来生成圆角特征。

在【圆角类型】面板中选择【变半径】单选按钮，并在绘图区中选取要倒圆角的边线。此时，该边线上会显示系统默认使用的 3 个变半径控制点，分别位于边线的 25%、50%和 70%等距离处。用户可以依次单击选取各控制点，并在绘图区打开的表框中设置该点的位置和该点处的半径值，效果如图 6-65 所示。

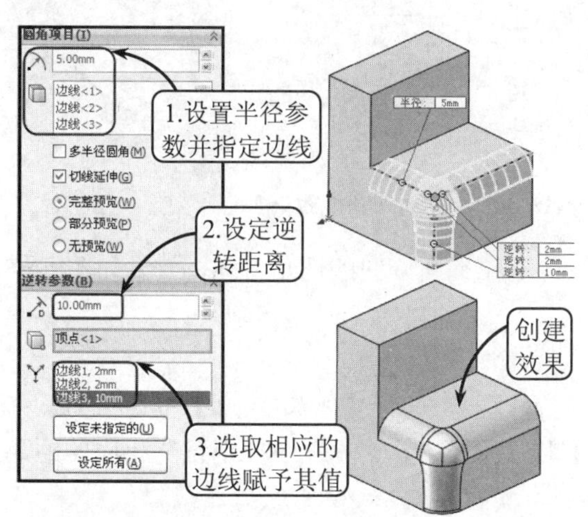

图 6-64　创建不同逆转距离的逆转圆角

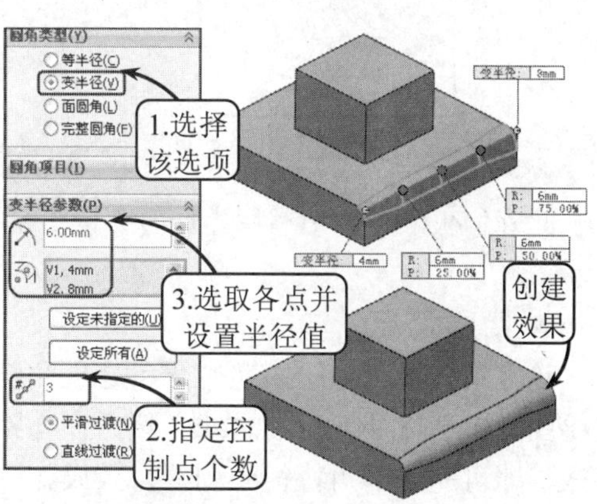

图 6-65　创建变半径圆角

此外，在【变半径参数】面板中，若选择【平滑过渡】单选按钮，表示当一个圆角边线接合一个邻面时，圆角半径将从一个半径平滑地变化到另一个半径；若选择【直线过渡】单选按钮，表示圆角半径将从一个半径线性地变化到另一个半径，但是不与邻近圆角的边线相切。

提示

在创建变半径圆角特征的过程中，如果要更改变半径控制点的位置，还可以通过鼠标直接拖动控制点到新的位置。

6.3.2　倒角特征

倒角操作是工程中处理模型周围棱角的常用方法。当零件的边缘过于尖锐时，为避免擦伤，需要对其适当地进行修剪，即为零件添加倒角特征。在 Solidworks 中，利用系统提供的【倒角】工具可以对边或角进行倒角操作。

在【特征】工具栏中单击【倒角】按钮，系统将打开【倒角】属性管理器，如图 6-66 所示。该管理器提供了 3 种创建倒角特征的方式，现分别介绍如下。

● **角度距离**

该方式通过设置角度和距离参数来创建倒角特征。在管理器中选择【角度距离】单选按钮，

并在绘图区中选取要倒角的边线，然后设置相应的距离和角度参数，即可完成倒角特征的创建，效果如图 6-67 所示。

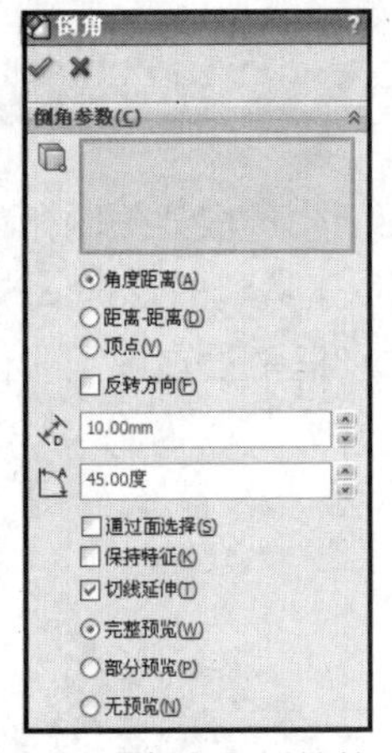

图 6-66　【倒角】属性管理器

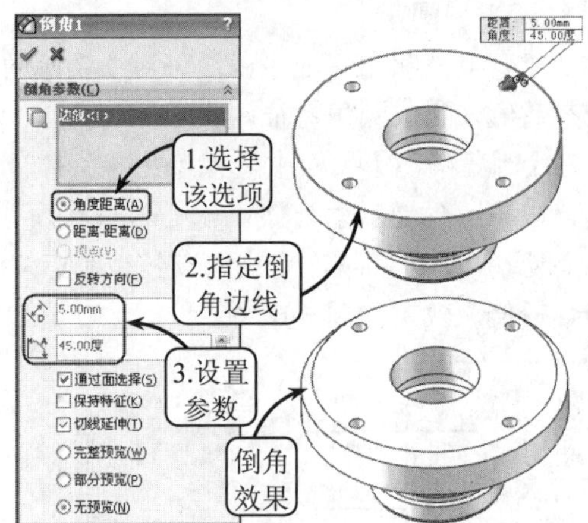

图 6-67　利用【角度距离】方式创建倒角

此外，在该面板中启用【反转方向】复选框，将生成不同方向的倒角特征，效果如图 6-68 所示。

● **距离-距离**

该方式通过设置距离参数来创建倒角特征。在管理器中选择【距离-距离】单选按钮，并在绘图区中选取要倒角的边线。然后在【距离 1】和【距离 2】文本框中分别设置相应的距离参数，即可完成倒角特征的创建，效果如图 6-69 所示。

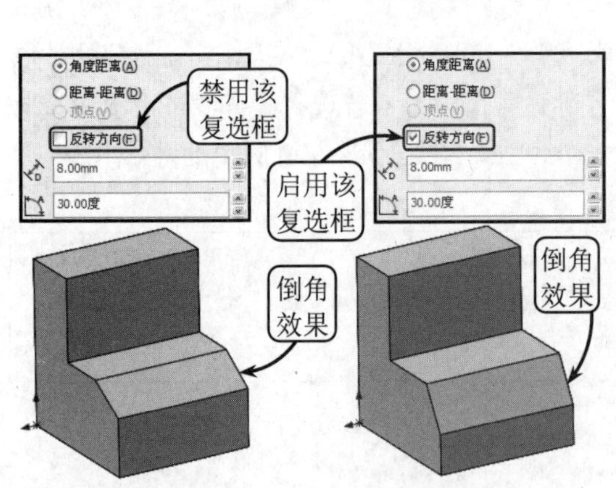

图 6-68　创建不同方向倒角

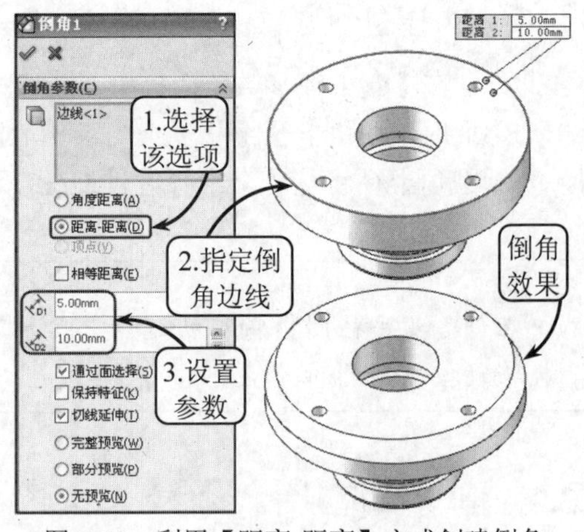

图 6-69　利用【距离-距离】方式创建倒角

● **顶点**

该方式通过在所选倒角边线的一侧输入 3 个距离值来创建倒角特征。在管理器中选择【顶点】单选按钮，并在绘图区中选取一顶点。然后在【距离 1】、【距离 2】和【距离 3】文本框中分别设置相应的距离参数，即可完成倒角特征的创建，效果如图 6-70 所示。

此外，在创建倒角特征的过程中，如果应用一个大到可以覆盖原有特征的倒角半径，启用【保持特征】复选框，系统将保持切除或凸台特征可见；禁用【保持特征】复选框，系统将以倒角形式移除切除或凸台特征，效果如图 6-71 所示。

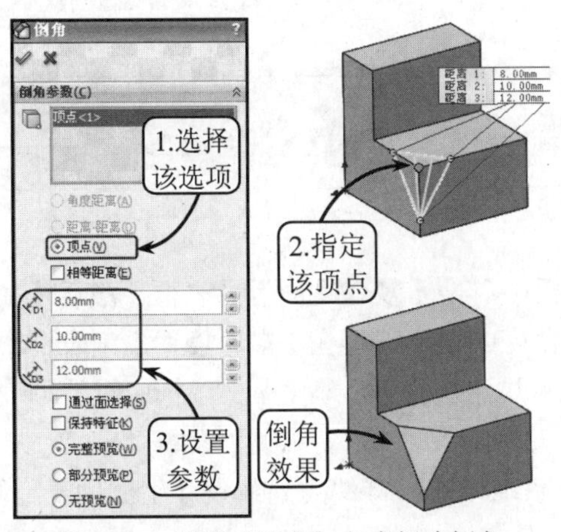

图 6-70　利用【顶点】方式创建倒角

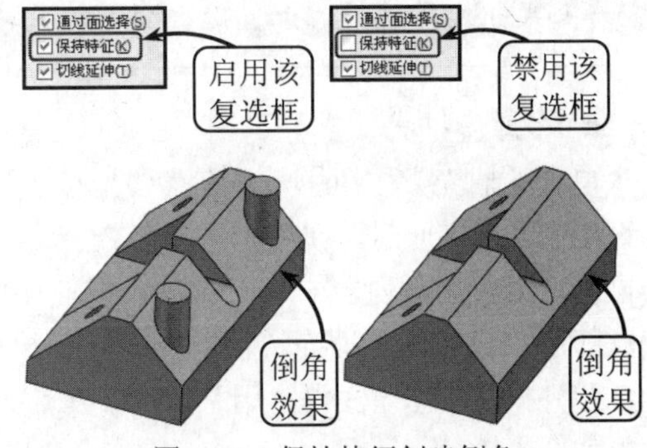

图 6-71　保持特征创建倒角

6.3.3　抽壳特征

抽壳是指从指定的平面向内移除部分材料而形成的具有一定厚度的薄壁体的操作。在零件建模过程中，利用【抽壳】工具可以使一些复杂的工作简单化，其常用于将成型实体零件掏空，使零件厚度变薄，从而大大节省了材料。

在【特征】工具栏中单击【抽壳】按钮，系统将打开【抽壳】属性管理器，如图 6-72 所示。在该管理器中，可以将指定的面敞开，并在剩余的面上生成薄壁特征；可以使用多个厚度来抽壳模型；也可以不选择模型上的任何面抽壳一实体零件，使其生成一封闭、掏空的模型，现分别介绍如下。

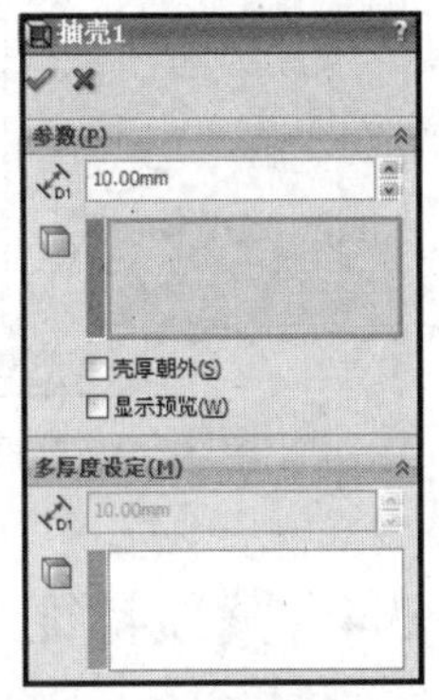

图 6-72　【抽壳】属性管理器

● 等厚度抽壳

单击【抽壳】按钮，在【厚度】文本框中设置保留面的厚度。然后单击【移除的面】列表框，并在绘图区中指定要移除的面，即可创建等厚度抽壳特征，效果如图 6-73 所示。

此外，在设定抽壳厚度后，如不选择任何实体面，系统将生成一封闭、掏空的模型。利用剖面视图可以观察其创建效果，如图 6-74 所示。

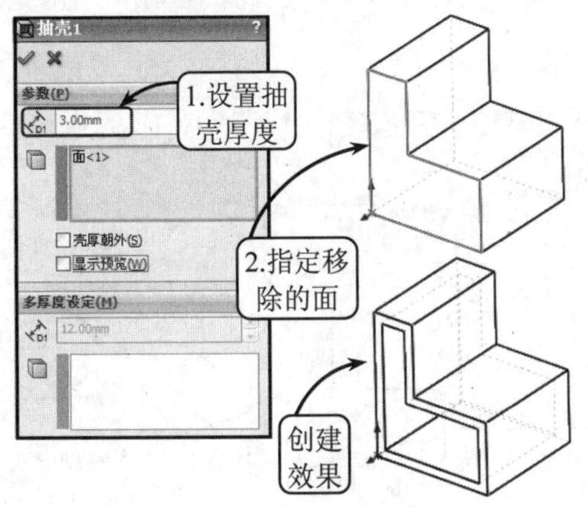

图 6-73　创建等厚度抽壳特征

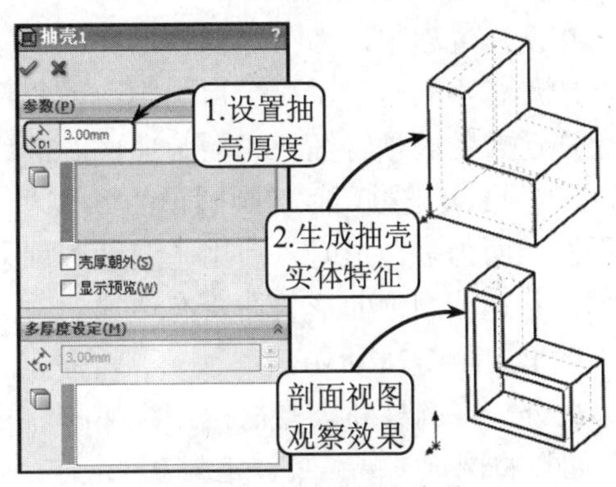

图 6-74　创建抽壳实体

如果想在零件上添加圆角特征，应当在生成抽壳之前对零件进行圆角处理。

● **多厚度抽壳**

单击【抽壳】按钮，并在【多厚度设定】面板中单击【多厚度面】列表框，激活【多厚度设定】面板。此时，在绘图区中依次指定多个要抽壳的面，其将在【多厚度面】列表框中逐一显示。然后在该列表框中依次单击选取相应的面，并分别在【多厚度】文本框中设置抽壳厚度，即可完成多厚度抽壳特征的创建，效果如图 6-75 所示。

此外，在该管理器中启用【壳厚朝外】复选框，系统将增加零件的外部尺寸生成抽壳特征，效果如图 6-76 所示。

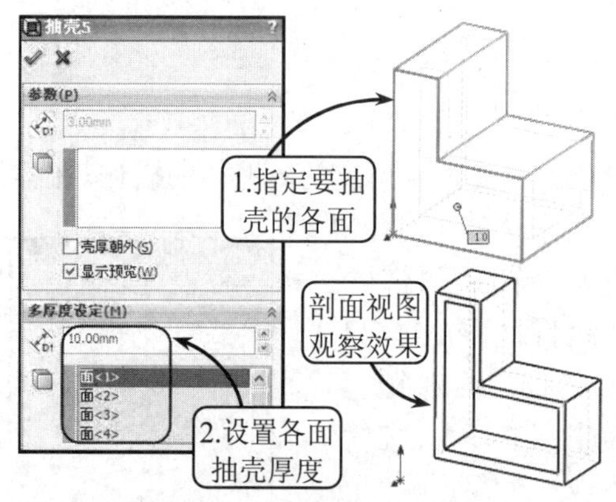

图 6-75　创建多厚度抽壳特征

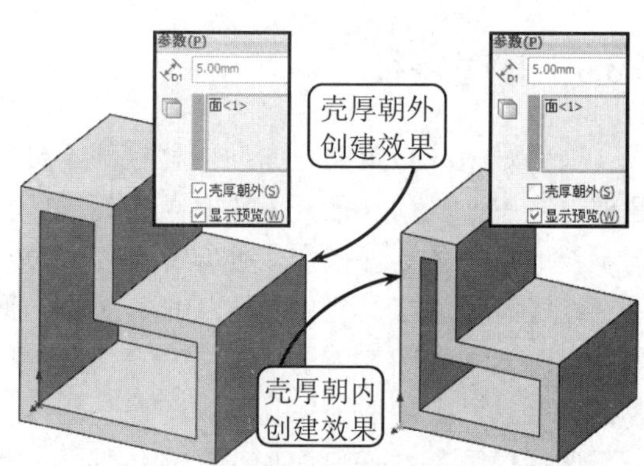

图 6-76　壳厚朝外创建抽壳特征

6.3.4　圆顶特征

圆顶特征就是在实体面上构建一个半圆造型的顶部。在 Solidworks 中，利用系统提供的【圆顶】工具可以在所选的平面或非平面上添加一个或多个圆顶特征。

单击【特征】工具栏中的【圆顶】按钮，系统将打开【圆顶】属性管理器。此时，在绘图区中指定要添加圆顶特征的面，并在【距离】文本框中设置圆顶扩展的距离参数，即可完成圆顶特征的创建，效果如图 6-77 所示。

在创建过程中，当指定的要添加圆顶特征的面的形状不同时，系统会启用相应的复选框以生成适合的圆顶特征。当面为曲面时，启用【椭圆圆顶】复选框，且椭圆圆顶的形状为一半椭面；当面为多边形时，启用【连续圆顶】复选框，且连续圆顶的形状在所有边均匀向上倾斜，效果如图 6-78 所示。

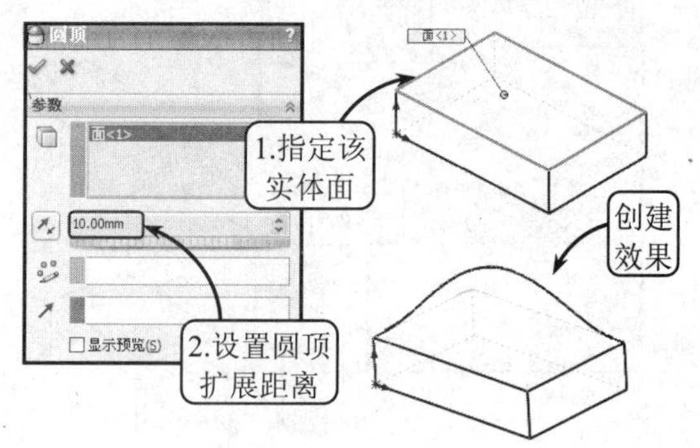

图 6-77　创建圆顶特征

此外，在圆柱和圆锥模型上添加圆顶特征时，可以将圆顶扩展距离设定为 0。此时，系统将圆弧半径作为圆顶的基础来计算距离，生成

一与相邻圆柱或圆锥面相切的圆顶特征，效果如图 6-79 所示。

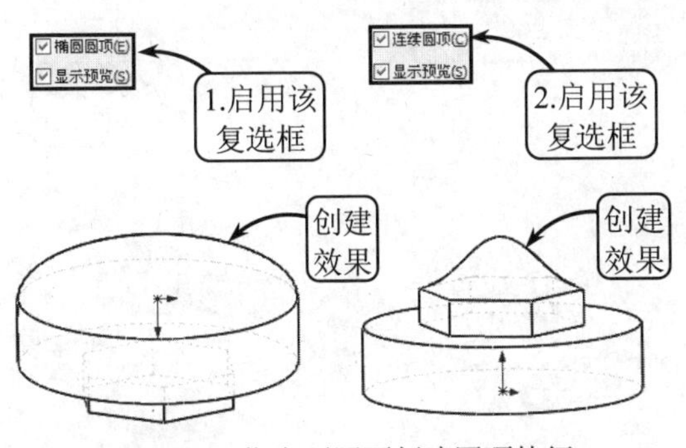

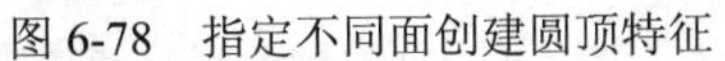

图 6-78　指定不同面创建圆顶特征

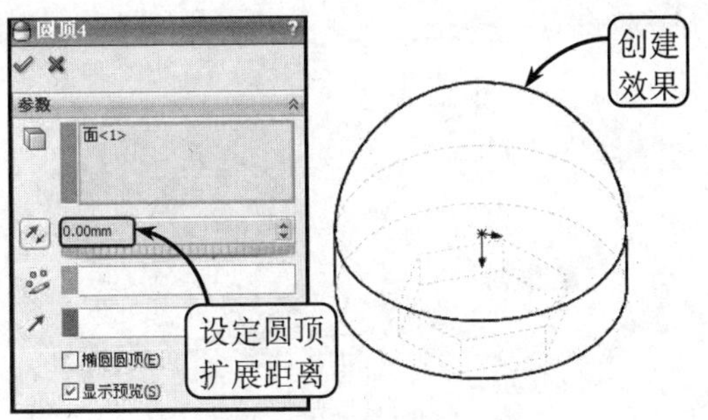

图 6-79　创建相切圆顶特征

在创建圆顶特征时，系统默认其形状为凸起，单击【反向】按钮，系统将生成一凹陷圆顶。

6.3.5　拔模特征

在机械零件的铸造工艺中，注塑件和铸件往往需要一个拔模斜面才能够顺利脱模，这就是所谓的拔模处理。在 Solidworks 中，拔模是以指定的角度斜削模型中所选的面，广泛应用于各种模具的设计领域。用户既可以在现有的零件上插入拔模特征，也可以在拉伸特征的同时进行拔模。系统提供了 3 种生成拔模特征的方法，现分别介绍如下。

- **中性面拔模**

中性面是指拔模过程中大小不变的固定面，用于指定拔摸角度参考的旋转轴。如果中性面与拔模面相交，则相交处即为旋转轴。

单击【特征】工具栏中的【拔模】按钮，系统将打开【拔模】属性管理器。此时，在【拔模类型】面板中选择【中性面】单选按钮，并设置拔模角度参数。然后在绘图区中指定一实体面为中性面，并选取要拔模的面，即可完成拔模特征的创建，效果如图 6-80 所示。

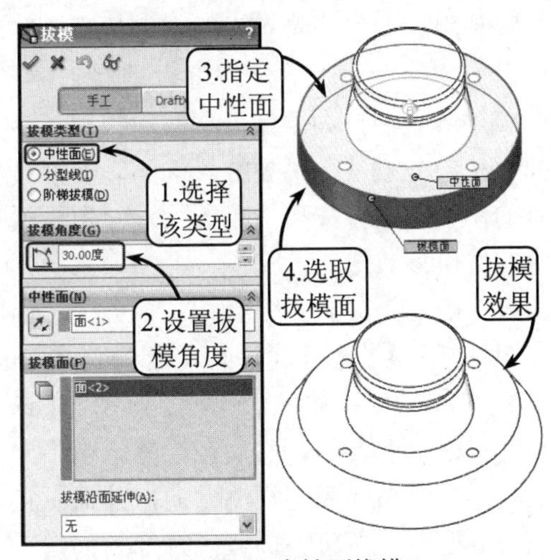

图 6-80　中性面拔模

此外，在【拔模沿面延伸】列表框中选择相应的拔模面终止方式，可以将拔模特征延伸到额外的面，各选项的具体含义如下所述。

- **无**　选择该选项，系统只在所选的面上进行拔模，效果如图 6-81 所示。
- **沿切面**　选择该选项，系统将拔模特征延伸到所有与所选面相切的面。
- **所有面**　选择该选项，系统将所有与中性面相邻的面以及从中性面拉伸的面

都进行拔模，效果如图 6-82 所示。

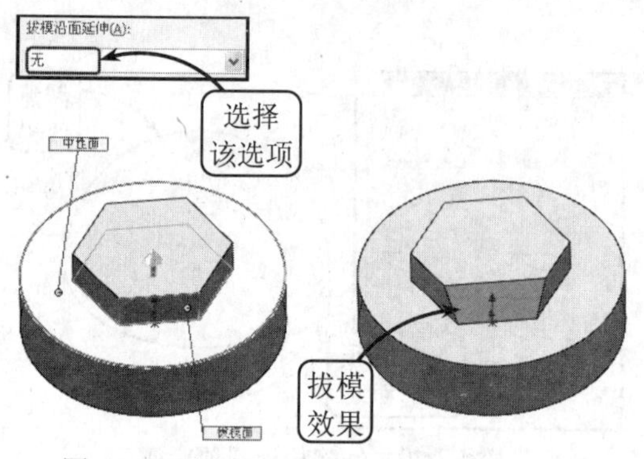

图 6-81　选择【无】选项进行中性面拔模

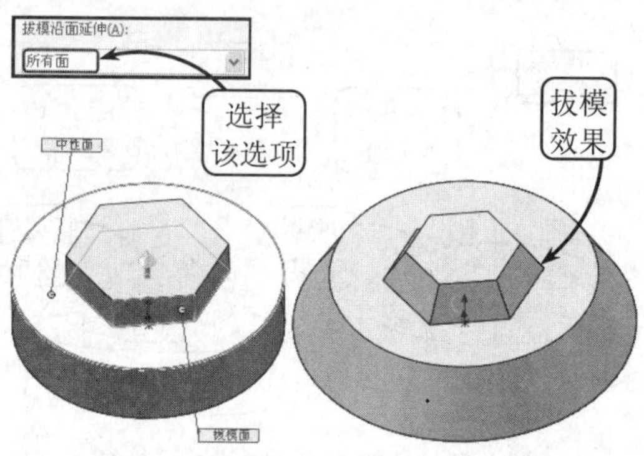

图 6-82　选择【所有面】选项进行中性面拔模

◆ **内部的面**　选择该选项，系统将所有从中性面拉伸的内部面进行拔模，效果如图 6-83 所示。

◆ **外部的面**　选择该选项，系统将所有在中性面旁边的外部面进行拔模，效果如图 6-84 所示。

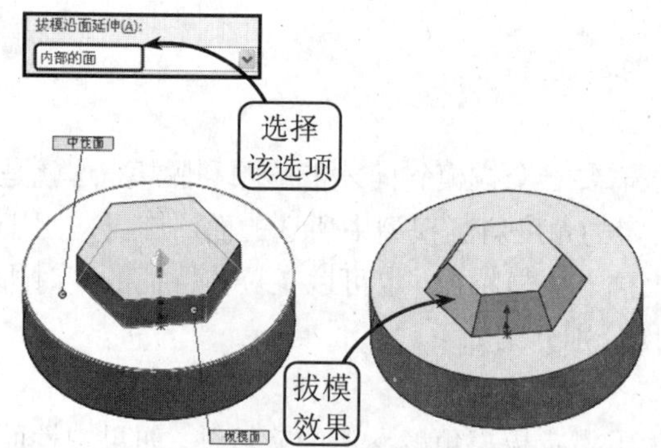

图 6-83　选择【内部的面】选项进行中性面拔模

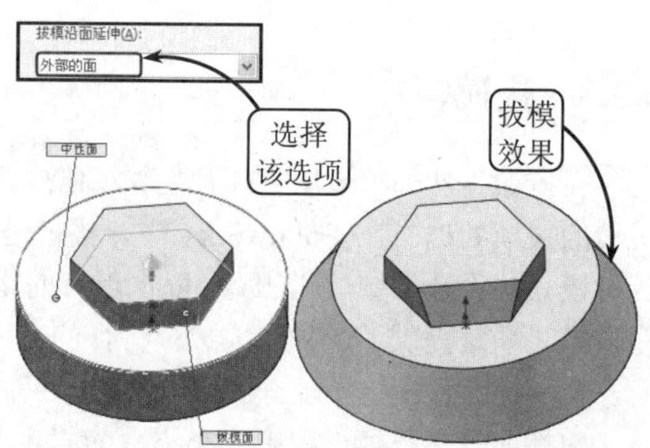

图 6-84　选择【外部的面】选项进行中性面拔模

● **分型线拔模**

利用分型线拔模可以对分型线周围的曲面进行拔模，其中分型线可以是空间的。在 Solidworks 中，如要在分型线上拔模，应首先插入一条分割线分离要拔模的面，或者使用现有的模型边线分离要拔模的面，然后再设置相应的拔模参数选项。

单击【特征】工具栏中的【拔模】按钮，系统将打开【拔模】属性管理器。此时，在【拔模类型】面板中选择【分型线】单选按钮，并设置拔模角度参数。然后在绘图区中指定一条边线或一个面作为起模的方向，并依次指定相应的分型线，即可完成拔模特征的创建，效果如图 6-85 所示。

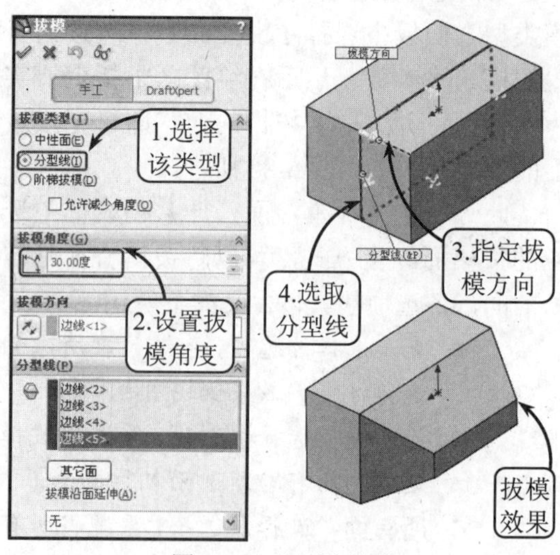

图 6-85　分型线拔模

当拔模方向与分型线间的角度大于或等于 90°，必须启用【允许减少角度】复选框，否则可能无法顺利拔模。

● **阶梯拔模**

阶梯拔模是分型线拔模的变体，利用阶梯拔模可以创建一个类似阶梯形状的较小的面，该面通过绕用来作为拔模方向的基准面旋转生成。在 Solidworks 中，创建阶梯拔模特征同样需要生成所需的分型线，且在每个拔模面上，至少有一条分型线段与基准面重合，而其他所有分型线线段均处于基准面的拔模方向上。此外，任何一条分型线线段都不能与所选基准面垂直。

单击【特征】工具栏中的【拔模】按钮，系统将打开【拔模】属性管理器。此时，在【拔模类型】面板中选择【阶梯拔模】单选按钮，并设置拔模角度参数。然后在绘图区中选取一基准面指定拔模方向，并依次指定相应的分型线，即可完成拔模特征的创建，效果如图 6-86 所示。

在拔模过程中，选择【锥形阶梯】单选按钮，可以使拔模曲面以与锥形曲面相同的方式生成；选择【垂直阶梯】单选按钮，则可以使拔模曲面与原来的主面垂直，效果如图 6-87 所示。

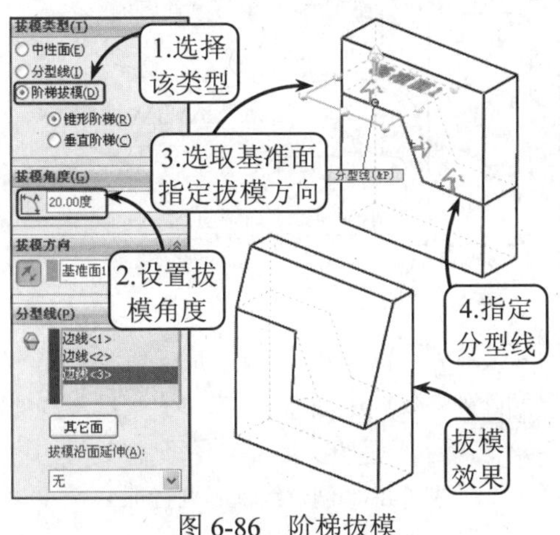

图 6-86　阶梯拔模

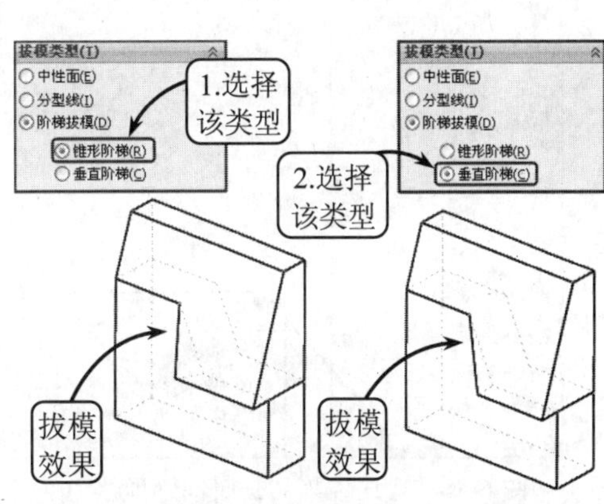

图 6-87　创建不同样式的阶梯拔模特征

此外，可以为分型线的每一线段指定不同的拔模方向，还可以在【拔模沿面延伸】列表框中选择相应的选项，设置拔模特征的面延伸特性。其方法与上述的分型线拔模相同，这里不再赘述。

6.4　复制特征

在 Solidworks 中，为了避免对单一的实体进行重复操作，可以利用系统提供的阵列工具和镜像工具对已经创建好的实体特征进行多个成组的复制操作，得到需要的实体。这样将大大

节省构建时间，便于设计人员高效快捷地完成创建任务。

6.4.1 阵列特征

阵列特征是指对所选实体对象进行相应的三维复制操作，即利用相应的阵列工具在保留源对象的基础上创建出与源对象形状相同的副本对象。在创建齿轮、齿条等按照一定顺序分布的实体特征时，利用该类工具可以大大提高创建效率。

1. 线性阵列

线性阵列是指沿一条或两条直线路径生成一个或多个特征的多个实例。在 Solidworks 中，选取要阵列的源特征后指定方向，并设置线性间距和实例总数，即可完成线性阵列特征的创建。

单击【特征】工具栏中的【线性阵列】按钮，系统将打开【线性阵列】属性管理器，如图 6-88 所示。

此时，在绘图区中选取要阵列的实体对象，并在【方向 1】和【方向 2】面板中指定阵列方向、设置相应的间距参数和实例数，即可完成线性阵列特征的创建，效果如图 6-89 所示。

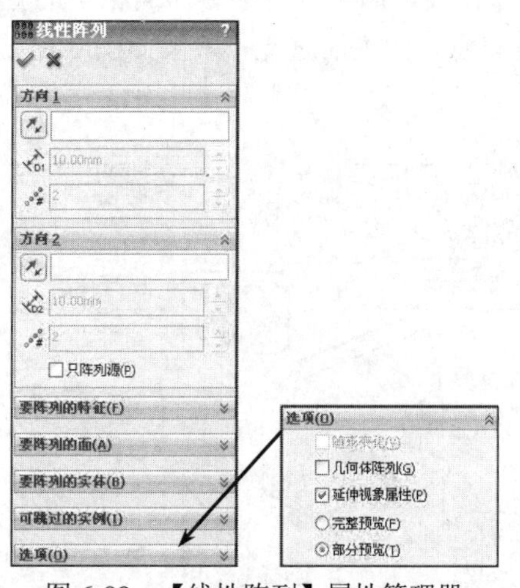

图 6-88 【线性阵列】属性管理器

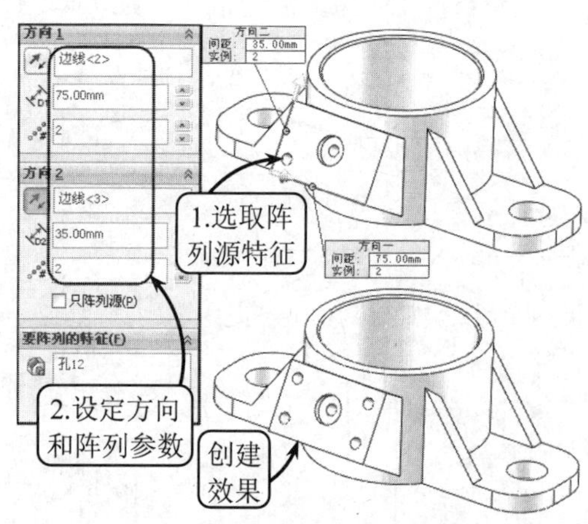

图 6-89 创建线性阵列特征

此外，如果在【方向 2】面板中启用【只阵列源】复选框，系统将在第二方向仅阵列源特征，而不复制第一方向的阵列实例，效果如图 6-90 所示。

2. 圆周阵列

圆周阵列是指绕一轴心生成一个或多个特征的多个实例。在 Solidworks 中，首先选取要阵列的源特征，并指定作为旋转中心的边线或轴。然后设置实例总数及实例的角度间距，或实例总数及生成阵列的总角度，即可完成圆周阵列特征的创建。

单击【特征】工具栏中的【圆周阵列】按钮，系统将打开【圆周阵列】属性管理器。此时，在绘图区中选取一孔特征作为阵列源特征，并指定一圆形边线作为阵列轴。然后设置实例总数及实例的角度间距，即可完成圆周阵列特征的创建，效果如图 6-91 所示。

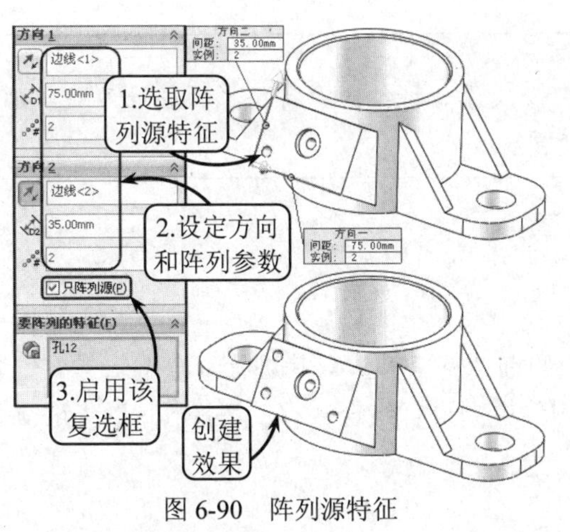

图 6-90 阵列源特征

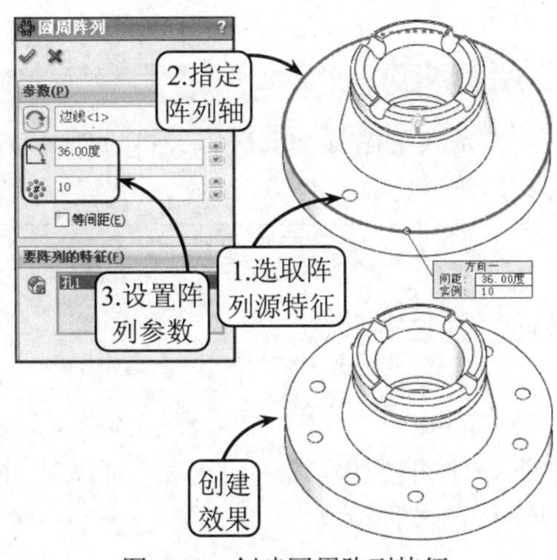

图 6-91 创建圆周阵列特征

在创建圆周阵列特征的过程中，可以指定一轴、一圆形边线、一线性边线、一草图直线、一圆柱面、一旋转面或一曲面作为阵列轴。

6.4.2 镜像特征

镜像特征是指将指定的特征对称于所选的面或基准面进行复制，生成一个特征或多个特征。用户可以指定完整特征或构成特征的面进行镜像，且如果指定的镜像面是模型上的平面，系统将绕所选面镜像整个模型。

单击【特征】工具栏中的【镜像】按钮，系统将打开【镜像】属性管理器。此时在绘图区中指定一镜像面，并选取要镜像的特征即可，效果如图 6-92 所示。

此外，如果想镜像整个模型，可以单击【要镜像的实体/曲面实体】列表框，然后在绘图区中指定要镜像的实体模型，镜像的模型即可附加到所指定的镜像面上，效果如图 6-93 所示。

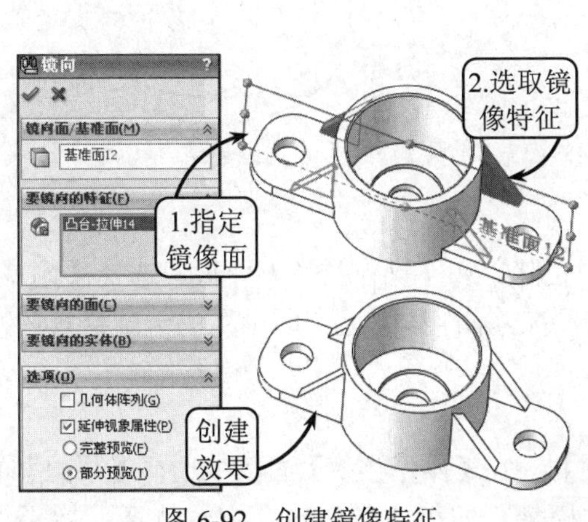

图 6-92 创建镜像特征

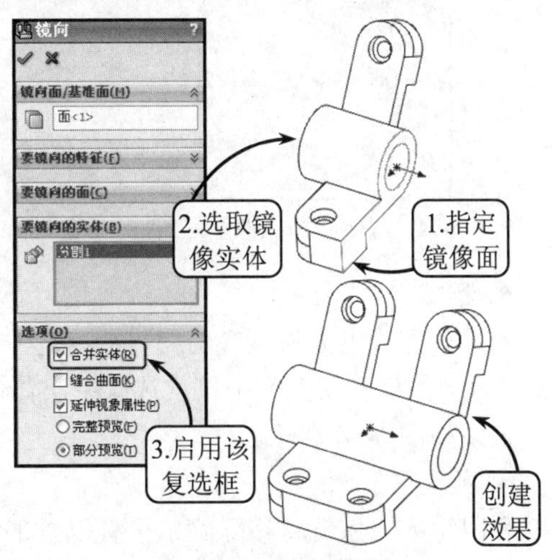

图 6-93 创建镜像实体

在完成镜像特征或镜像实体的创建后，如果修改原始特征（源特征）的属性参数，则生成的镜像特征或镜像实体也将更新以反映其变更。

6.5 组合编辑

在 Solidworks 中，除了对实体模型添加相应的细节特征外，对其进行组合编辑是三维建模的另一个重要的实现手段。用户可以对创建的实体模型进行组合或移动等操作，以生成满足设计要求的零件。

6.5.1 组合实体

在 Solidworks 中，利用系统提供的【组合】工具可以将多个实体结合以生成一单一实体零件或另一个多实体零件。单击【特征】工具栏中的【组合】按钮，系统将打开【组合】属性管理器，如图 6-94 所示。该管理器中包含创建结合实体的 3 种方式，现分别介绍如下。

● 添加

利用该方式可以将所有的所选实体相结合以生成一单一实体。在【操作类型】面板中选择【添加】单选按钮，然后在绘图区中依次选取要组合的实体模型，即可生成一结合实体特征，效果如图 6-95 所示。

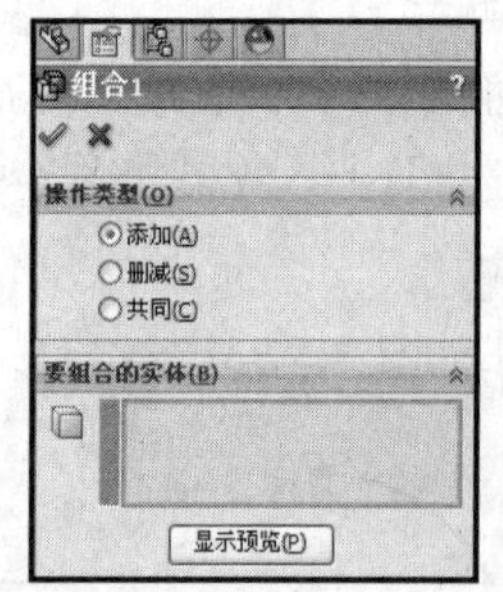

图 6-94 【组合】属性管理器

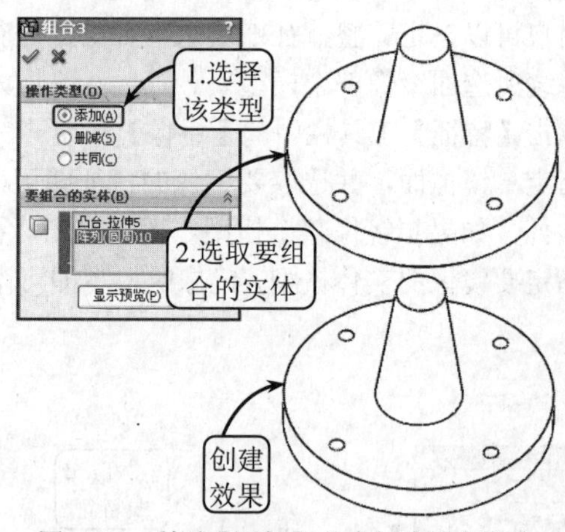

图 6-95 利用【添加】方式创建结合实体

● 删减

利用该方式可以将重叠的材料从所选主实体中移除。在【操作类型】面板中选择【删减】单选按钮，然后在绘图区中依次选取主实体模型和要减除的实体模型，即可生成一结合实体特征，效果如图 6-96 所示。

● 共同

利用该方式系统将移除除了重叠以外的所有材料。在【操作类型】面板中选择【共同】单选按钮，然后在绘图区中依次选取要组合的实体模型，即可生成一结合实体特征，效果如

图 6-97 所示。

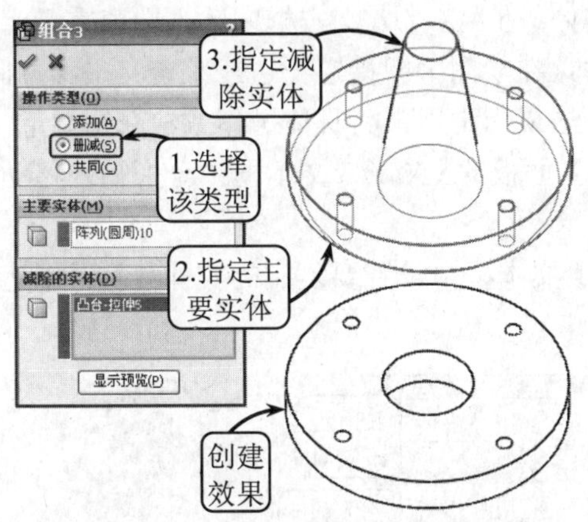

图 6-96　利用【删减】方式创建结合实体

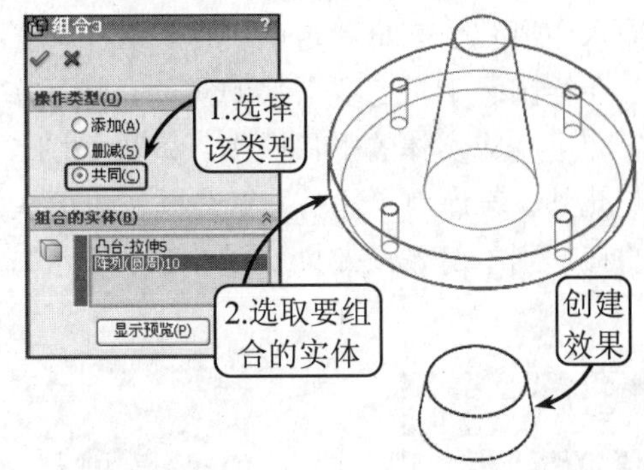

图 6-97　利用【共同】方式创建结合实体

6.5.2　移动/复制实体

在 Solidworks 中，用户可以利用系统提供的【移动/复制实体】工具对相应的实体特征进行平移或旋转操作，还可以使用约束配合放置实体，并可以复制指定的实体或曲面实体。

单击【特征】工具栏中的【移动/复制实体】按钮，系统将打开【移动/复制实体】属性管理器，如图 6-98 所示。该管理器包含【平移/旋转】和【约束】两个选项卡，可以对指定的实体进行平移、旋转和复制操作，现分别介绍如下。

1. 平移/旋转

切换至该选项卡，可以在绘图区中对指定实体进行平移或旋转操作，且选定的实体将作为单一实体一起移动，未选定的实体将被视为固定实体。此外，被指定实体的质量中心将出现一三重轴，用来平移或旋转实体，如图 6-99 所示。各操作方法如下所述。

图 6-98　【移动/复制实体】属性管理器

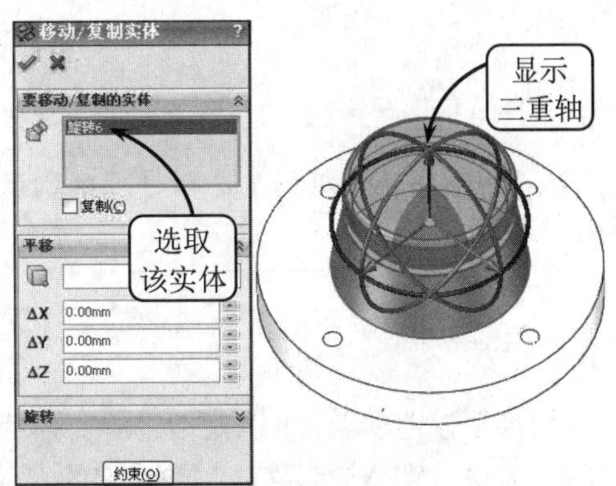

图 6-99　三重轴样式

● 平移

在 Solidworks 中，可以通过 3 种方法来平移实体：在Δ X/Y/Z 文本框中输入数值重新定位实体；在绘图区中拖动三重轴箭头以重新定位实体；在绘图区中指定一边线来定义平移方向，并输入距离数值来重新定位实体。其中，第一种方法最为常用，其具体操作方法介绍如下。

在绘图区中指定要平移的实体，然后在【平移】面板的Δ X/Y/Z 文本框中分别输入移动参数，即可完成实体的平移操作，效果如图 6-100 所示。

此外，若启用【复制】复选框，即可在【份数】文本框中设置要复制的实体数目，创建相应的移动副本对象，效果如图 6-101 所示。

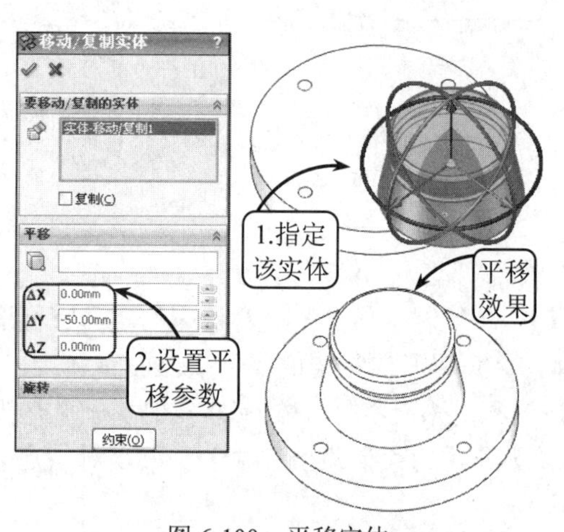

图 6-100　平移实体

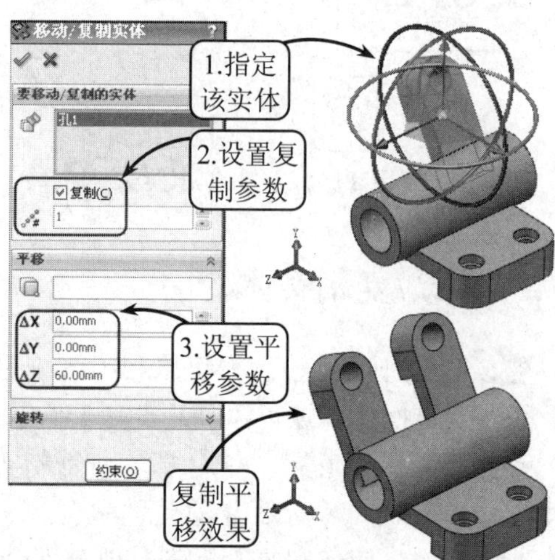

图 6-101　复制平移实体

● 旋转

在 Solidworks 中，同样可以通过 3 种方法来旋转实体：指定旋转原点的坐标后，可以在【X/Y/Z 旋转角度】文本框中设置绕 X 轴、Y 轴和 Z 轴的旋转角度；在绘图区右键单击并拖动三重轴的箭头动态地设定绕 X 轴、Y 轴和 Z 轴的旋转角度；在绘图区中指定一边线来定义旋转方向，并输入角度数值来重新定位实体。其中，第一种方法最为常用，其具体操作方法介绍如下。

在绘图区中指定要旋转的实体，默认三重轴的原点为旋转原点，然后在【X/Y/Z 旋转角度】文本框中分别设置绕 X 轴、Y 轴和 Z 轴的旋转角度，即可完成实体的旋转操作，效果如图 6-102 所示。

在旋转实体的过程中，同样可以创建相应的副本对象。其操作方法与复制平移实体相同，这里不再赘述。

2. 约束

切换至该选项卡，可以对指定的实体特征添加相应的约束配合进行移动操作，且选定的实体将作为单一实体一起移动，未选定的实体将被视为固定实体。

单击【特征】工具栏中的【移动/复制实体】按钮，并切换至【约束】选项卡。然后在绘图区中选取要移动的实体对象，并在【配合设定】面板中指定要添加的约束类型。接着单击【要配合的实体】列表框，并在绘图区中依次指定要配合的实体特征即可，效果如图 6-103 所示。

图 6-102　旋转实体

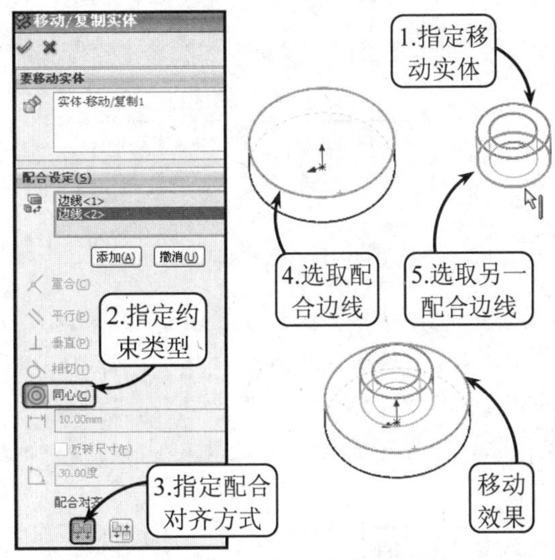

图 6-103　添加约束移动实体

如果要移动的实体特征需添加多种约束才能达到最终效果，可以单击【添加】按钮，然后指定相应的约束类型来继续移动实体。此外，在【配合设定】面板中单击【同向对齐】按钮，系统将以所选面的法向或轴向量指向相同方向来放置实体；单击【反向对齐】按钮，系统将以所选面的法向或轴向量指向相反方向来放置实体。

6.6　课堂实例 6-1：创建轴承座零件

本实例创建轴承座零件模型，如图 6-104 所示。该零件是轴承组合中的重要零件之一，主要用于固定并支撑轴类零件，被广泛应用于减速箱、动力头等组合件中。同时它配合传动零件、轴承、轴承盖以及调整垫片，用于实现回转零件要求的运动，从而保证各零件有确定的轴向位置。

该轴承座模型结构简单，主要由底座、支撑板、轴孔和加强筋等组成。在创建过程中，各个结构可以依次利用相关的草绘工具和拉伸工具分别独立创建，最后再组合在一起即可。

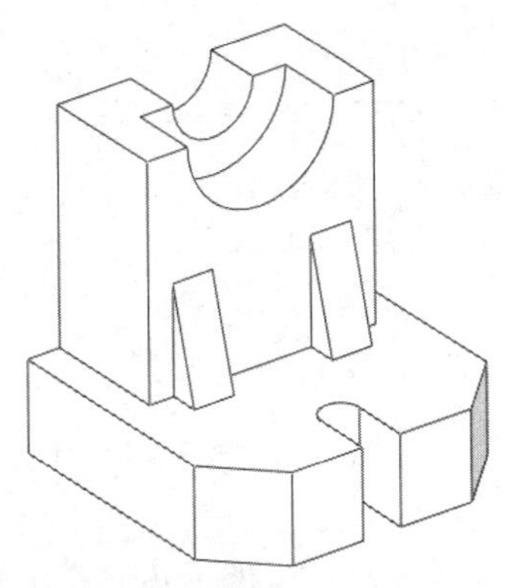

图 6-104　轴承座模型效果

操作步骤：

（1）新建一个名称为 zhouchengzuo.prt 的文件。然后单击【草图绘制】按钮，选取上视基准面为草图平面，进入草绘环境。接着利用【边角矩形】工具和【绘制倒角】工具按照图 6-105 所示绘制草图，并利用【智能尺寸】工具对其进行尺寸定位。

（2）单击【拉伸凸台/基体】按钮，然后选取上一步绘制的草图为拉伸对象，并在打开的管理器中按照图 6-106 所示设置拉伸参数，创建拉伸实体特征。

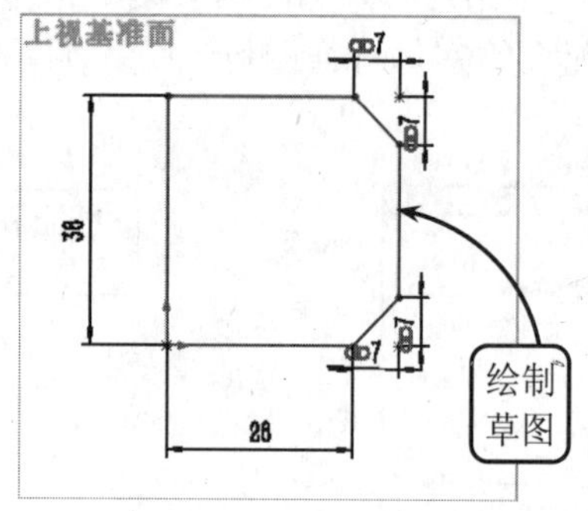

图 6-105　绘制草图

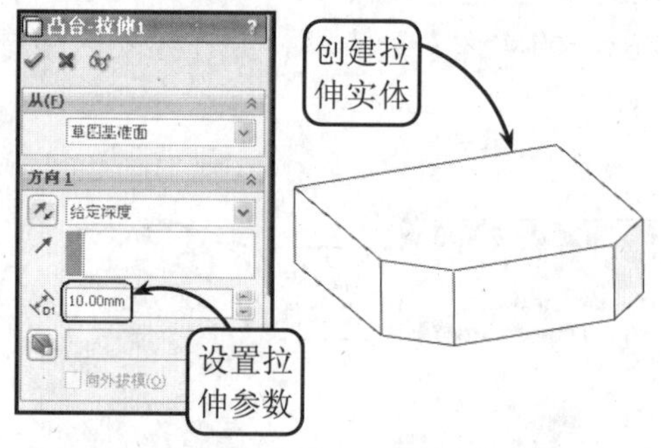

图 6-106　创建拉伸实体

（3）利用【草图绘制】工具选取图 6-107 所示的草图平面，进入草绘环境。然后利用【圆】工具和【直线】工具绘制相应的草图轮廓。接着单击【退出草图】按钮，退出草绘环境。

（4）单击【拉伸切除】按钮，选取上一步绘制的草图为操作对象，然后在打开的管理器中指定终止条件为完全贯穿类型，创建拉伸切除特征，效果如图 6-108 所示。

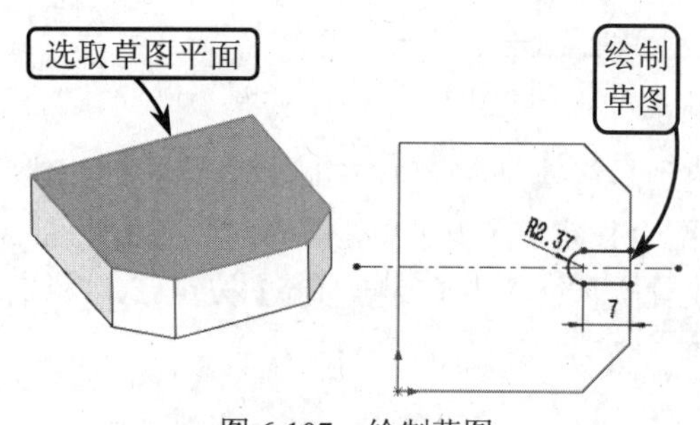

图 6-107　绘制草图

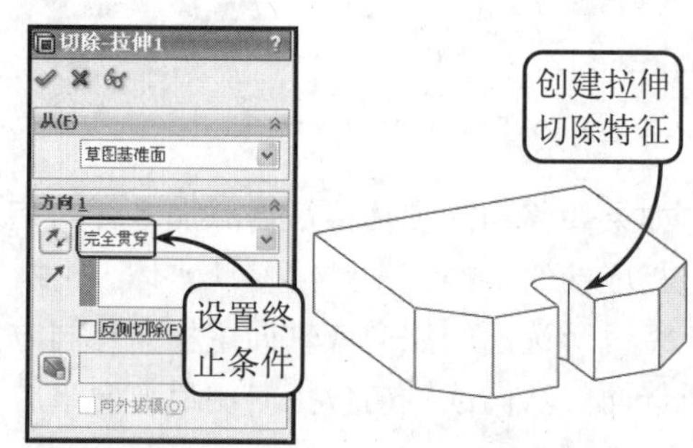

图 6-108　创建拉伸切除特征

（5）利用【草图绘制】工具按照图 6-109 所示选取草图平面，进入草绘环境。然后利用【直线】工具绘制相应的草图轮廓，并利用【智能尺寸】进行尺寸定位。接着单击【退出草图】按钮，退出草绘环境。

（6）利用【拉伸凸台/基体】工具选取上一步绘制的草图为拉伸对象，并在打开的管理器中按照图 6-110 所示设置拉伸参数，创建拉伸实体。

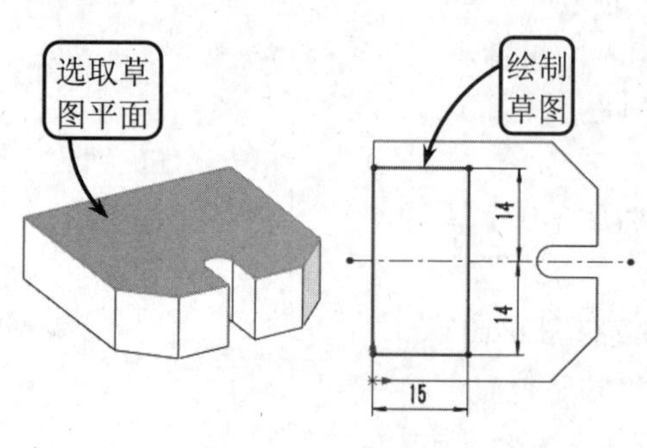

图 6-109　绘制草图

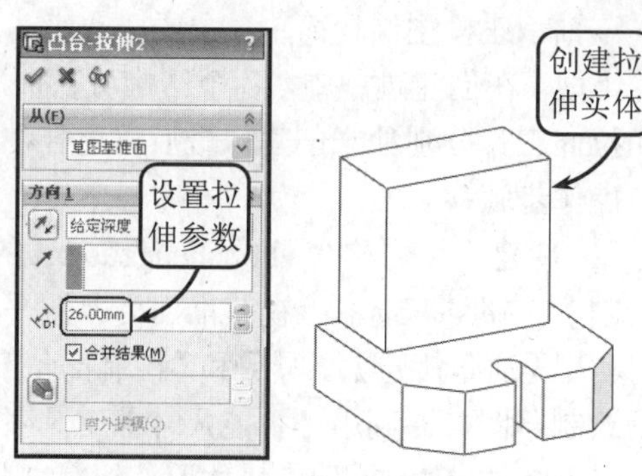

图 6-110　创建拉伸实体

（7）利用【草图绘制】工具按照图 6-111 所示选取草图平面，进入草绘环境。然后利用【圆】工具绘制相应的草图轮廓，并利用【智能尺寸】进行尺寸定位。接着单击【退出草图】按钮，退出草绘环境。

（8）利用【拉伸切除】工具选取上一步绘制的草图为操作对象，并在打开的管理器中按照图 6-112 所示设置相应的参数，创建拉伸切除特征。

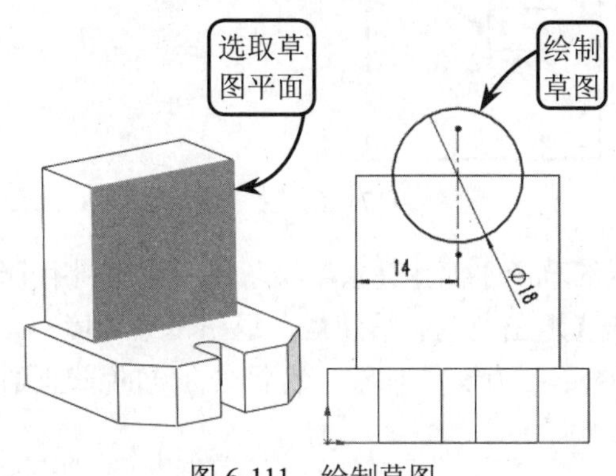

图 6-111　绘制草图

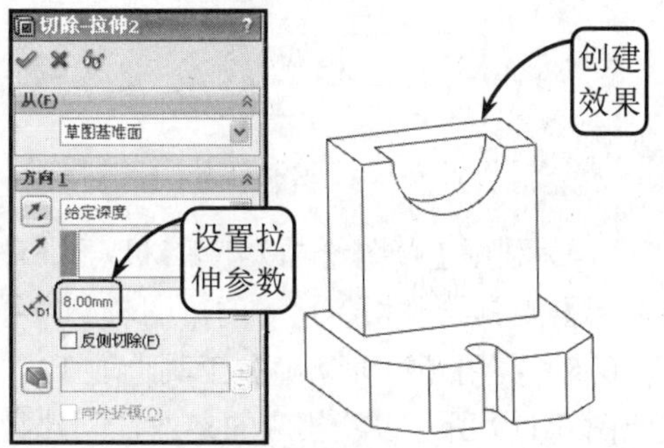

图 6-112　创建拉伸切除特征

（9）利用【草图绘制】工具按照图 6-113 所示选取草图平面，进入草绘环境。然后利用【圆】工具绘制相应尺寸的草图轮廓，接着单击【退出草图】按钮，退出草绘环境。

（10）利用【拉伸切除】工具选取上一步绘制的草图为操作对象，并在打开的管理器中按照图 6-114 所示设置相应的参数，创建拉伸切除特征。

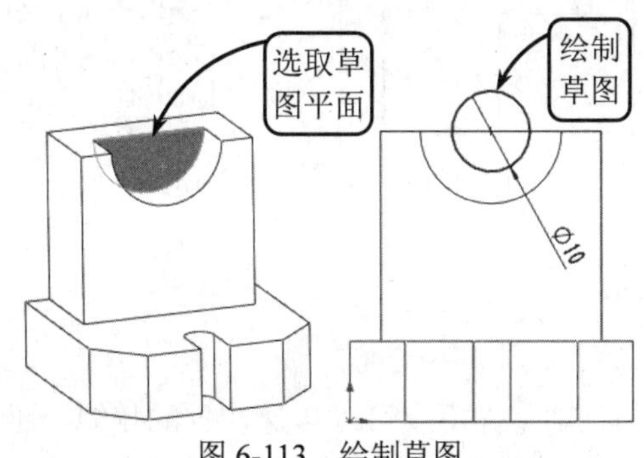

图 6-113　绘制草图

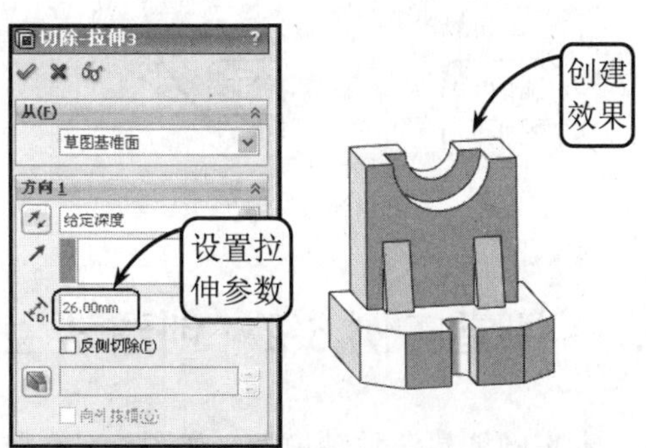

图 6-114　创建拉伸切除特征

（11）单击【基准面】按钮，选取前视基准平面为第一参考，然后在打开的管理器中按照图 6-115 所示设置偏移参数，创建新基准面。

（12）利用【草图绘制】工具选取上一步创建的基准面为草图平面，进入草绘环境。然后利用【直线】工具绘图 6-116 所示尺寸的草图，接着单击【退出草图】按钮，退出草绘环境。

（13）利用【拉伸凸台/基体】工具选取上一步绘制的草图为拉伸对象，并在打开的管理器中按照图 6-117 所示设置拉伸参数，创建拉伸实体特征。

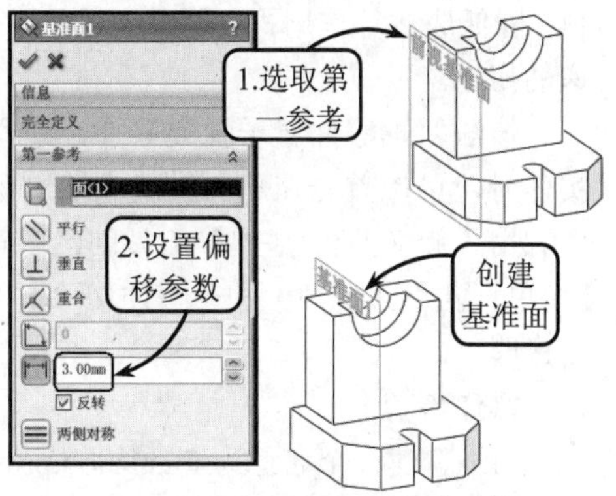

图 6-115　创建基准面

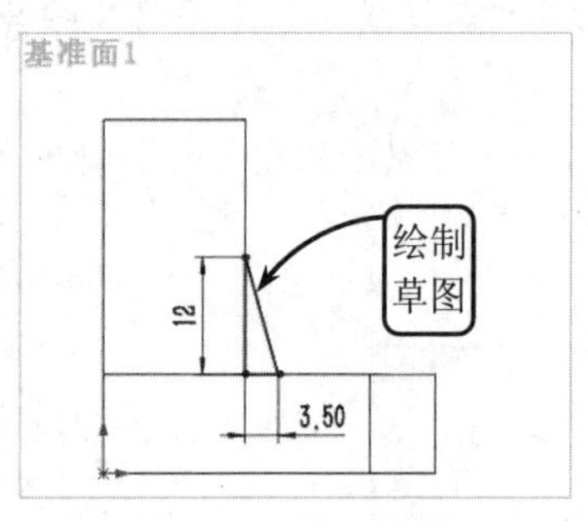

图 6-116 绘制草图

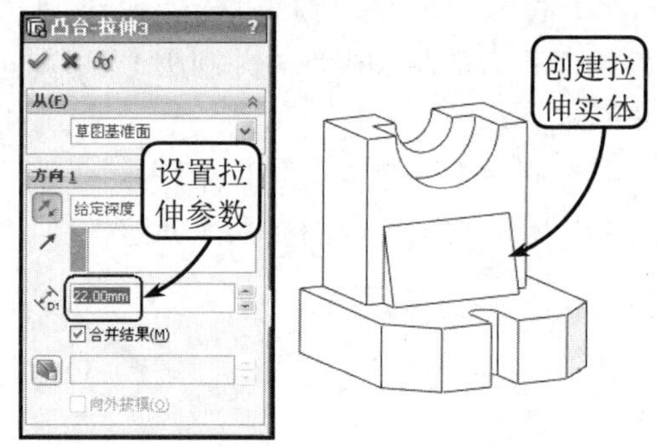

图 6-117 创建拉伸实体

（14）利用【草图绘制】工具选取图 6-118 所示的草图平面，进入草绘环境。然后利用【边角矩形】工具绘制相应尺寸的草图轮廓，接着单击【退出草图】按钮，退出草绘环境。

（15）利用【拉伸切除】工具选取上一步绘制的草图为操作对象，然后在打开的管理器中按照图 6-119 所示设置相应的参数，创建拉伸切除特征。

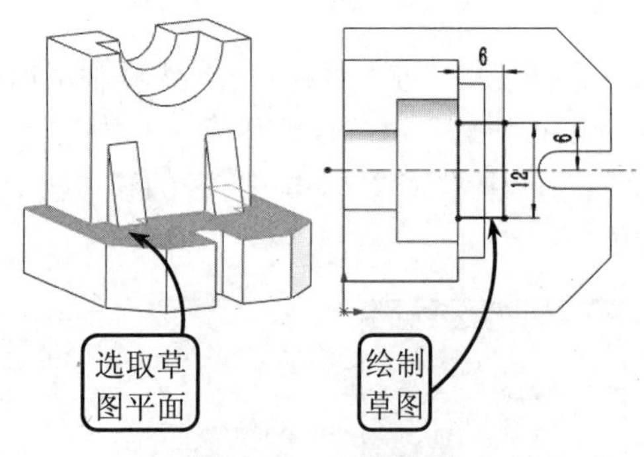

图 6-118 绘制草图

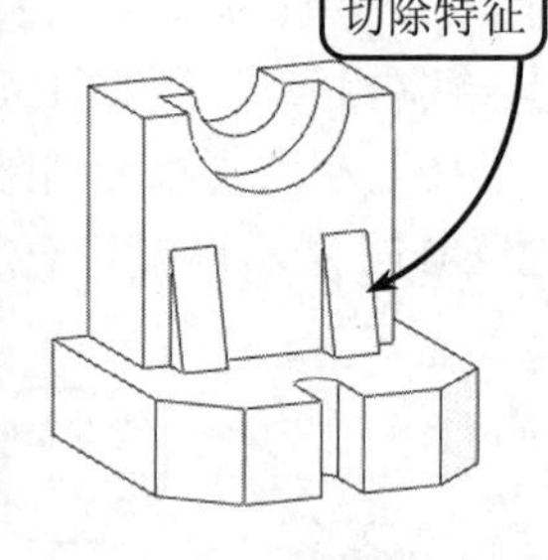

图 6-119 创建切除拉伸特征

6.7 课堂实例 6-2：创建法兰轴零件

本实例创建法兰轴模型，如图 6-120 所示。该法兰轴零件不仅可以传递较大的扭矩，还可以支撑和固定轴上的零件。其中，该模型上的中心通孔能够减轻轴身的重量，可以起到节省材料、降低成本等作用；左端螺纹以及半圆槽可以对轴上零件起轴向固定作用，并可以增加所传递的扭矩。

该法兰轴零件属于轴类零件，中间轴身处结构简单。在创建实体时，可以首先在草图模式中绘制出该法兰轴的一半图形，然后利用【旋转凸台/基体】工具创建出轴体的大致特征，最后利用【简单直孔】、【倒角】和【拉伸切除】等工具完成其余细节特征的创建即可。

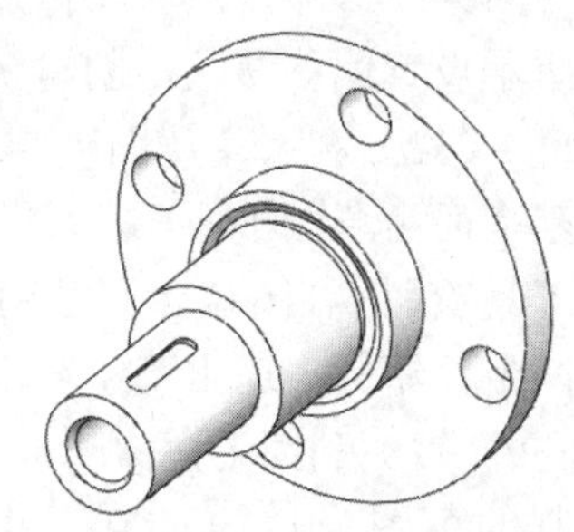

图 6-120 法兰轴模型图

操作步骤：

（1）新建一个名称为 falanzhou.prt 的文件。然后单击【草图绘制】按钮，选取前视基准面为草图平面，进入草绘环境。接着

利用【直线】工具＼绘制图 6-121 所示的草图轮廓，并利用【智能尺寸】工具对其进行尺寸定位。

（2）绘制完截面的主体轮廓后，继续利用【直线】工具在直径为 Φ45mm 的端面处按照图 6-122 所示尺寸要求绘制退刀槽轮廓。

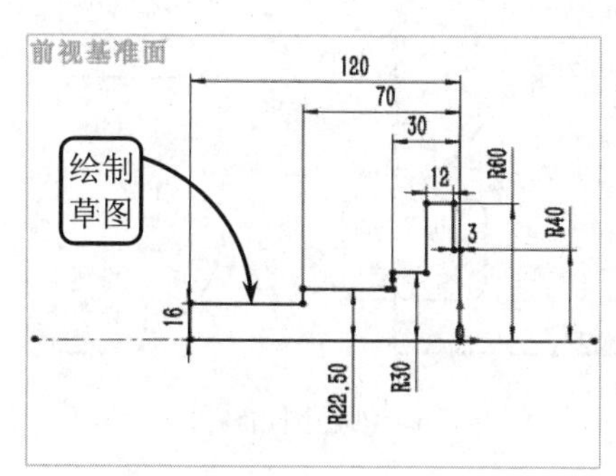

图 6-121　绘制草图

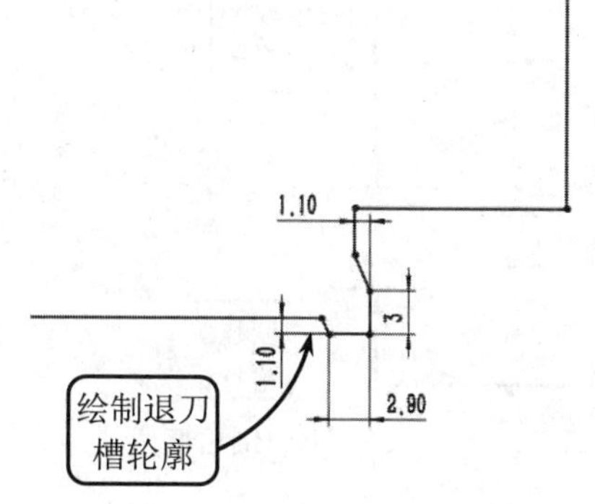

图 6-122　绘制退刀槽轮廓

（3）单击【旋转凸台/基体】按钮，选取上述绘制的草图为旋转对象，并按照图 6-123 所示指定旋转轴，创建回转实体特征。

（4）单击【简单直孔】按钮，选取坐标原点为孔中心，并在打开的管理器中按照图 6-124 所示设置相应的参数，创建孔特征。

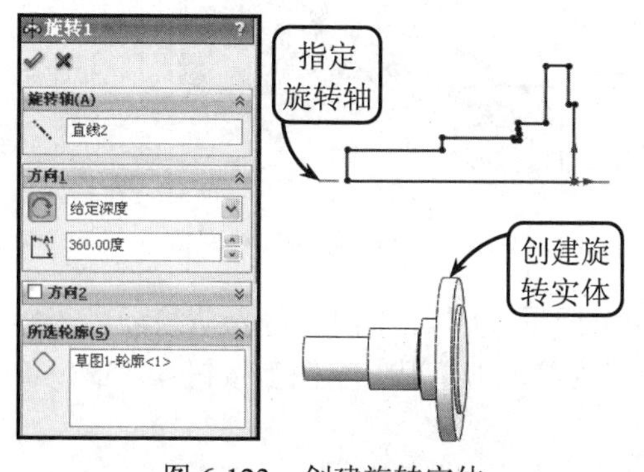

图 6-123　创建旋转实体

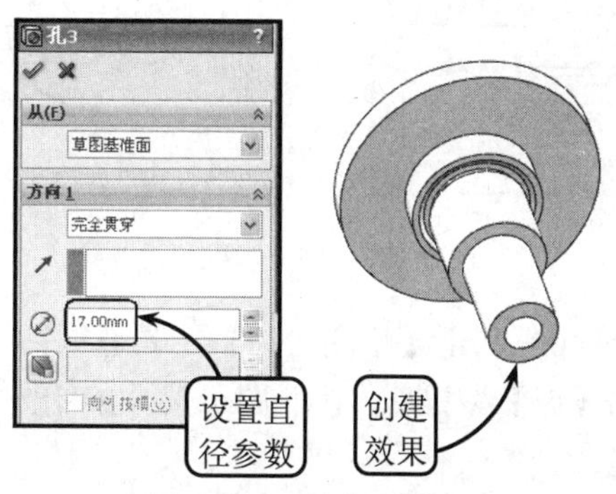

图 6-124　创建孔特征

（5）单击【倒角】按钮，按照图 6-125 所示选取倒角边线，并在打开的管理器中设置相应的参数，创建倒角特征。

（6）按照上步创建倒角的方法，选取图 6-126 所示的倒角边并设置相应的参数，继续创建倒斜角特征。

（7）单击【基准面】按钮，选取前视基准平面为第一参考，并在打开的管理器中按照如图 6-127 所示设置偏移参数，创建新基准面。

（8）利用【草图绘制】工具选取上步创建的基准面为草图平面，进入草绘环境。然后单击【直槽口】按钮，绘制图 6-128 所示尺寸要求的草图轮廓。接着单击【退出草图】按钮，退出草绘环境。

（9）单击【拉伸切除】按钮，选取上步绘制的草图为操作对象，并在打开的管理器中按照图 6-129 所示设置相应的参数，创建拉伸切除特征。

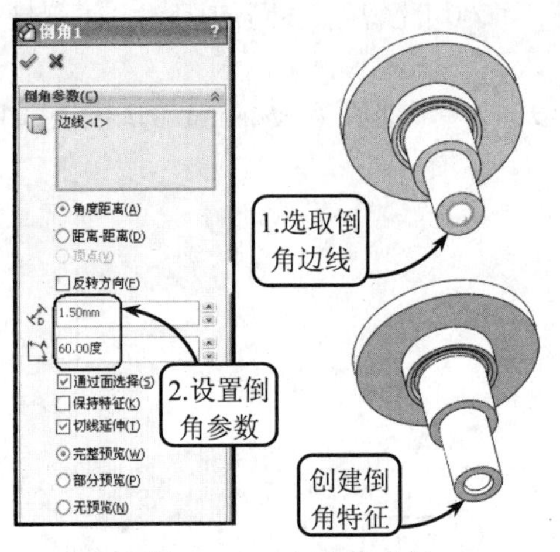

图 6-125　创建倒角特征

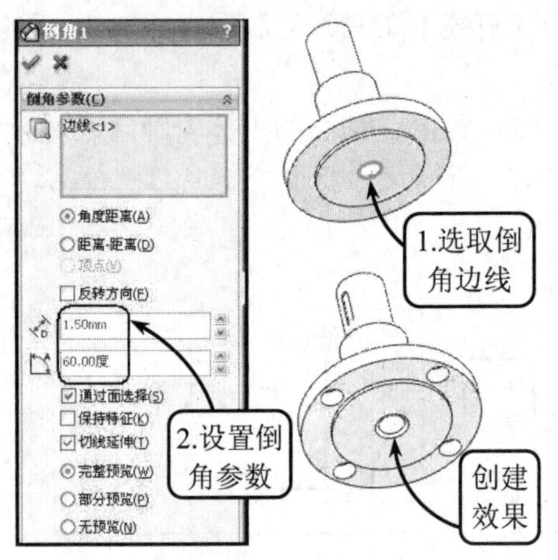

图 6-126　创建倒角特征

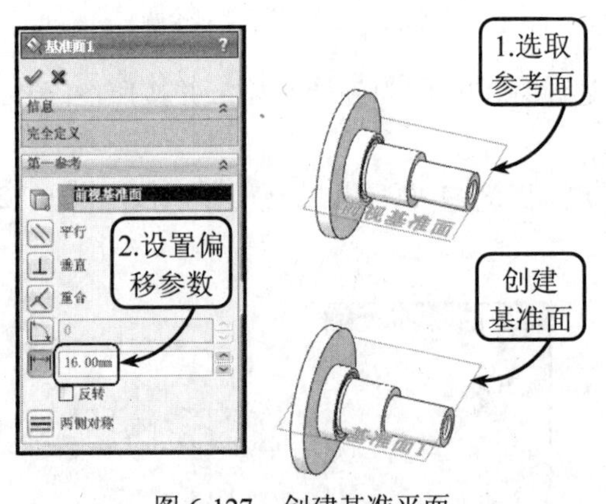

图 6-127　创建基准平面

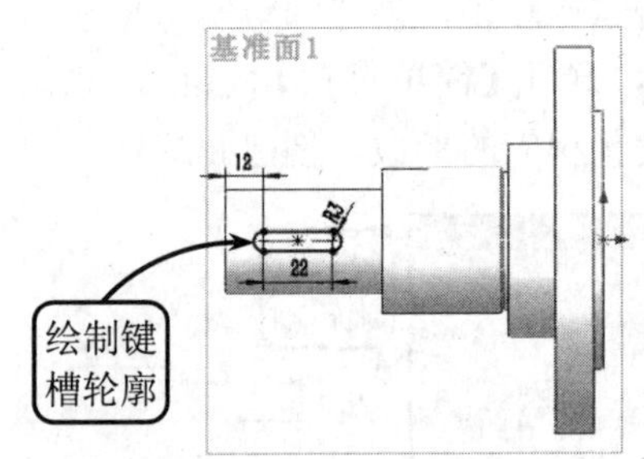

图 6-128　绘制键槽轮廓

（10）利用【草图绘制】工具选取图 6-130 所示的平面为草图平面，进入草绘环境。然后单击【点】按钮，按照图示尺寸绘制定位点轮廓。接着单击【退出草图】按钮，退出草绘环境。

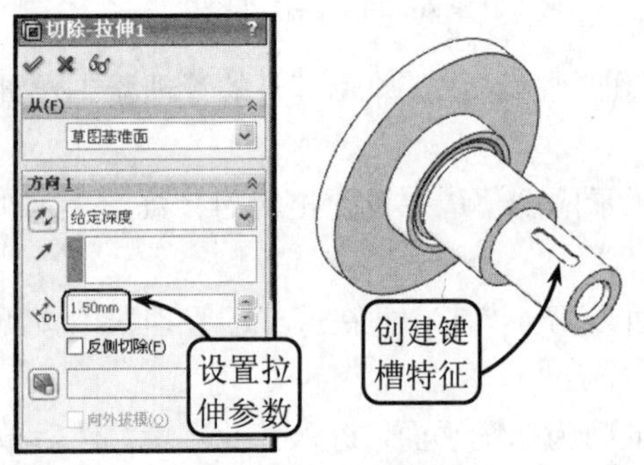

图 6-129　创建键槽特征

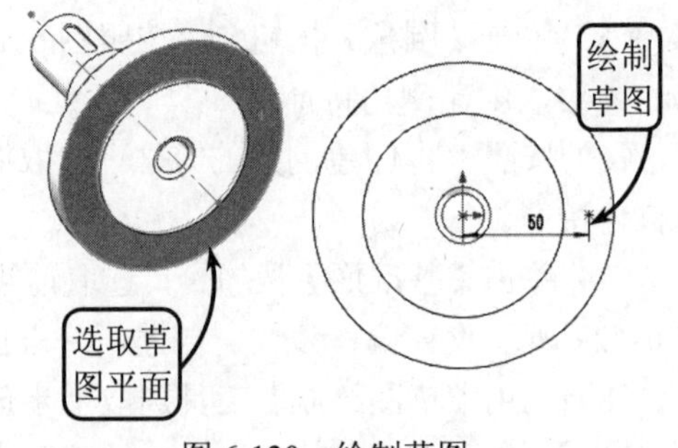

图 6-130　绘制草图

（11）单击【简单直孔】按钮，选取上一步绘制的点为孔中心，并在打开的管理器中按照图 6-131 所示设置相应的参数，创建孔特征。

（12）单击【圆周阵列】按钮，然后按照图 6-132 所示选取阵列轴和阵列对象，并在打

开的管理器中设置相应的阵列参数，创建孔的阵列特征。

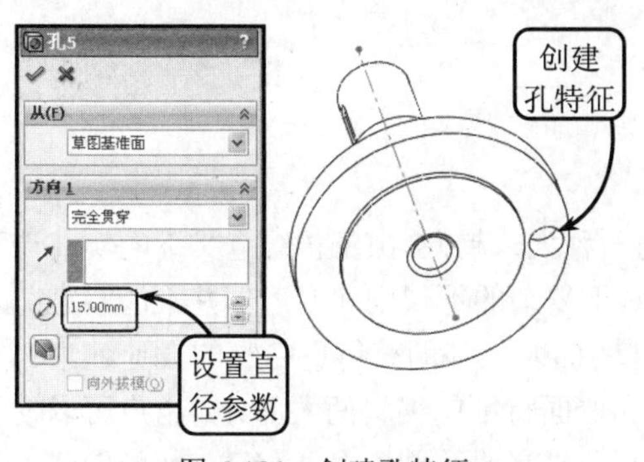

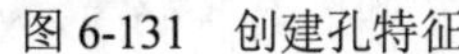
图 6-131　创建孔特征

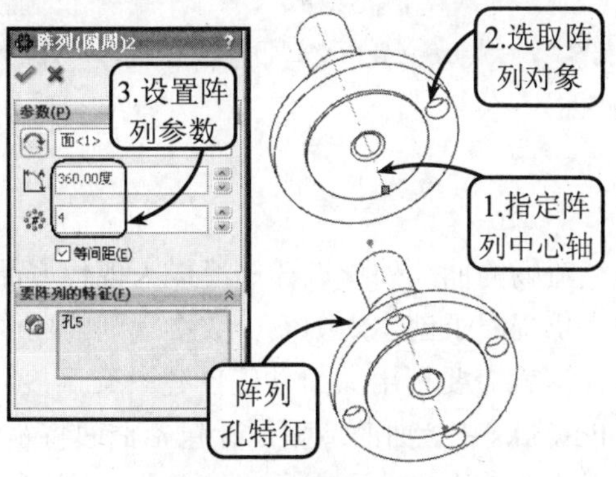

图 6-132　阵列孔特征

6.8　扩展练习：创建定位板模型

本练习创建定位板零件实体模型，效果如图 6-133 所示。该定位板零件主要用以配合其他零件相对于轴类零件之间的定位，其主要由空心圆柱体、分布在两侧的定位板和定位板上的沉头孔组成。其中，中部的空心圆柱体具有中心通孔特征，主要和定位轴相配合；分布于圆柱体两侧并成一定角度的定位板以及定位板上的沉头孔，主要起固定作用。

图 6-133　定位板实体效果图

该定位板模型具有对称结构，创建该实体模型时利用【镜向】工具比较简单。首先创建出大定位支板模型，然后创建中部的圆柱体和小定位支板实体特征。接着在相应平面上绘制圆，并利用【拉伸切除】工具创建所需的孔特征。最后利用【镜向】工具进行相关的镜向操作，即可完成该定位板零件的创建。

6.9　扩展练习：创建缸盖零件

本练习创建液压缸缸盖零件的实体模型，效果如图 6-134 所示。该缸盖零件主要由底座、支撑圆柱体、具有油孔和连接螺孔特征的长方体凸台以及肋板组成。其中，底座起与缸体连接的作用；支撑圆柱体与缸体配合，起到密封的作用；长方体凸台处于圆柱实体一侧，用于安装油管；肋板用于加强零件的整体刚性。

创建该缸盖零件的实体模型时，首先利用【草图】和【拉伸凸台-基体】工具创建出该缸盖的大致实体模型。其中，在创建长方体凸台特征时，可以利用【基准面】工具创建出与底座成一定夹角的基准平面作为放置平面，然后进行相应的拉伸操作即可。接着利用【拉伸切除】工具创建拉伸去除实体，以构造该模型的内部结构特征。最后利用【简单直孔】工具创建相应的孔特征，即可完成该实体模型的创建。

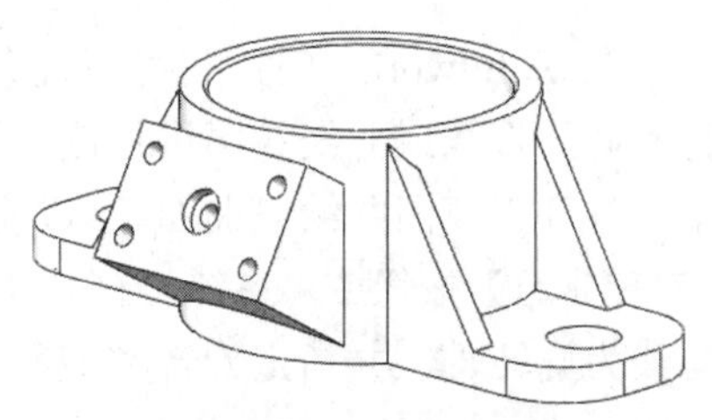
图 6-134　缸盖实体效果图

第 7 章　曲面造型设计

流畅的曲面外形设计已经成为现代产品发展的一种大众趋向。由于传统意义下的实体造型技术仍局限于创建规则或少数不规则的曲面形体，对于复杂的不规则曲面形体并不能够完美表达，这就需要利用曲面功能创建具有高度可操控性的曲面，辅助获得更完整的设计效果。在 Solidworks 中，曲面造型设计包括曲面特征的创建和曲面特征的编辑两大部分。用户可以使用前者方便地生成曲面或者实体模型，再通过后者对已生成的曲面进行各种修改，从而创建出风格多变的曲面造型，以满足不同的产品设计需求。

7.1　基本曲面造型工具

基本曲面特征是构建曲面的最基本单元，属于曲面设计中最简单、最基础的特征。这些特征主要通过草绘剖截面的拉伸、旋转、扫描和放样等操作获得。通常设计者都是使用这些特征作为载体，添加或细化其他特征，从而创建出形状各异的曲面特征。

7.1.1　拉伸曲面

拉伸曲面的造型方法和创建拉伸特征的方法相似，不同点在于曲面拉伸操作的草图对象可以封闭也可以不封闭，且生成的是曲面而不是实体特征。

绘制曲面的草图轮廓，然后单击【曲面】工具栏中的【拉伸曲面】按钮，系统将打开【曲面-拉伸】属性管理器。此时，在该管理器中指定要生成的拉伸曲面的开始和终止条件，并设置相应的参数，即可完成曲面的创建，效果如图 7-1 所示。

该管理器中各参数选项的含义在之前讲述创建拉伸特征的章节中已详细介绍，这里不再赘述。

7.1.2　旋转曲面

在 Solidworks 中，利用系统提供的【旋转曲面】工具可以从交叉或非交叉的草图中，选择不同的直线或曲线轮廓进行旋转操作生成曲面。

打开一草图并绘制曲面轮廓，以及其将围绕旋转的中心线。然后单击【曲面】工具栏中的【旋转曲面】按钮，系统将打开【曲面-旋转】属性管理器。此时，在绘图区中选取绘制的中心线为旋转轴，并指定旋转类型和参数，即可完成曲面的创建，效果如图 7-2 所示。

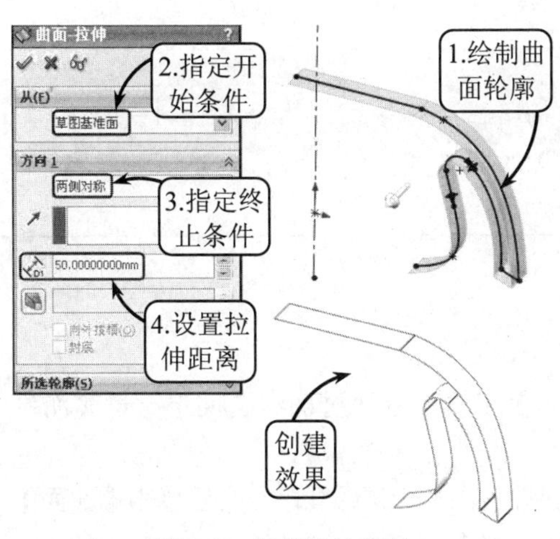
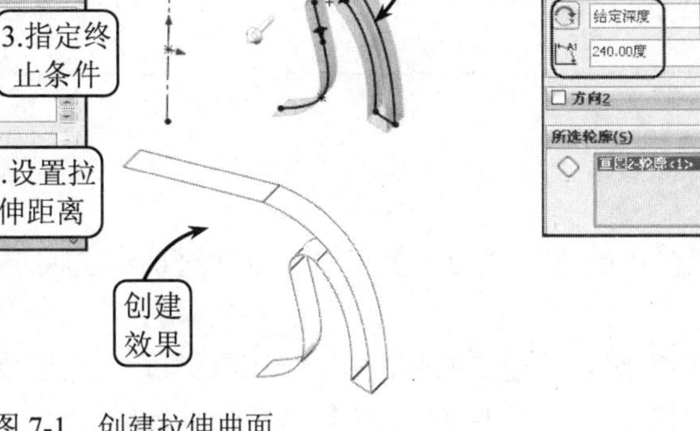

图 7-1　创建拉伸曲面

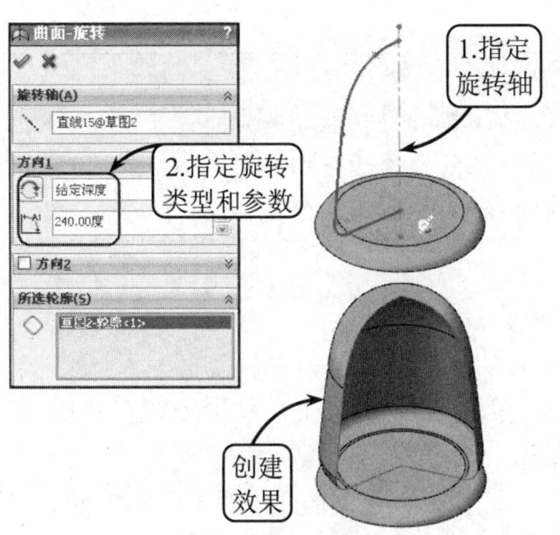

图 7-2　创建旋转曲面

7.1.3　扫描曲面

在 Solidworks 中，利用系统提供的【扫描曲面】工具可以通过绘制的扫描轮廓和扫描路径来创建曲面，也可以通过引导线进行扫描。且在利用引导线创建扫描曲面时，引导线的端点必须贯穿轮廓图元。用户可以添加相应的几何关系，强迫引导线贯穿轮廓曲线。

建立相应的基准面，并绘制扫描路径和扫描轮廓。然后单击【曲面】工具栏中的【扫描曲面】按钮，系统将打开【曲面-扫描】属性管理器。此时，在绘图区中依次指定扫描轮廓和扫描路径，并设置相应的扫描选项，即可完成曲面的创建，效果如图 7-3 所示。

此外，如利用引导线创建扫描曲面，应在引导线与轮廓之间建立重合或穿透几何关系。且生成的曲面特征的中间轮廓由路径及引导线共同决定，如图 7-4 所示。

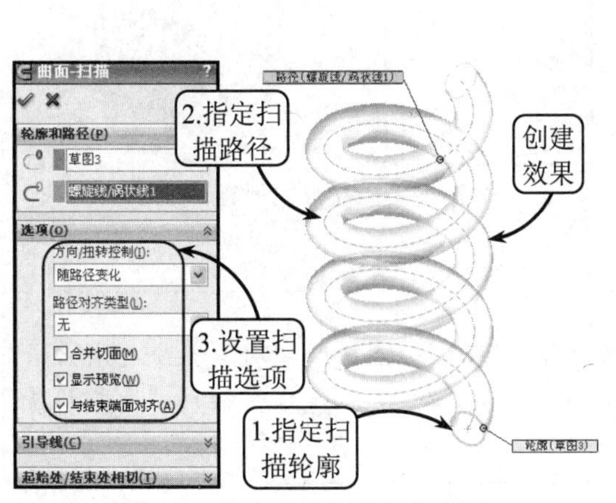

图 7-3　指定路径创建扫描曲面

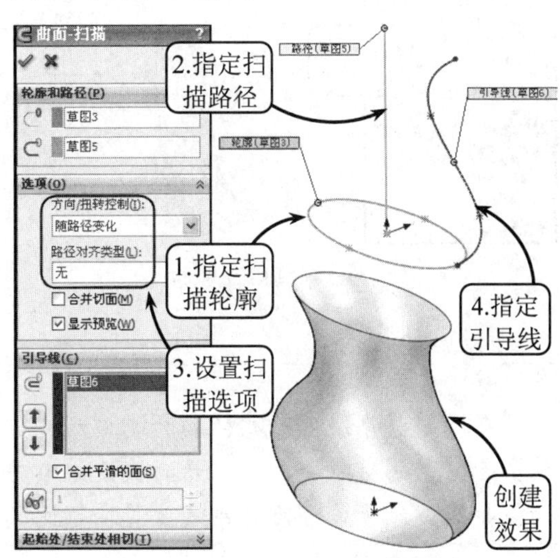

图 7-4　利用引导线创建扫描曲面

在利用引导线扫描曲面之前，应该先绘制扫描路径和引导线，然后再绘制截面轮廓。且应在截面轮廓中引导线与轮廓的相交处添加穿透几何关系，使截面受引导线的约束，但引导线不受截面的约束。

7.1.4 放样曲面

在 Solidworks 中，利用系统提供的【放样曲面】工具可以通过曲线之间进行过渡而生成曲面。

建立相应的基准面并绘制放样轮廓，且建立的基准面不一定要平行。然后单击【曲面】工具栏中的【放样曲面】按钮，系统将打开【曲面-放样】属性管理器。此时，在绘图区中依次指定放样的截面轮廓，即可完成相应的曲面特征的创建，效果如图 7-5 所示。

与利用引导线生成扫描曲面一样，在 Solidworks 中也可以使用一条或多条引导线连接轮廓来生成放样曲面。引导线之间可以相交，但各引导线必须与所有轮廓相交。通过引导线可以帮助控制放样曲面的形状，效果如图 7-6 所示。

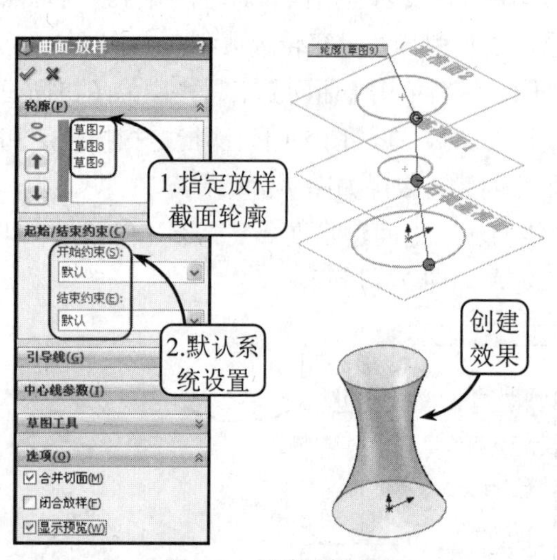

图 7-5 创建放样曲面

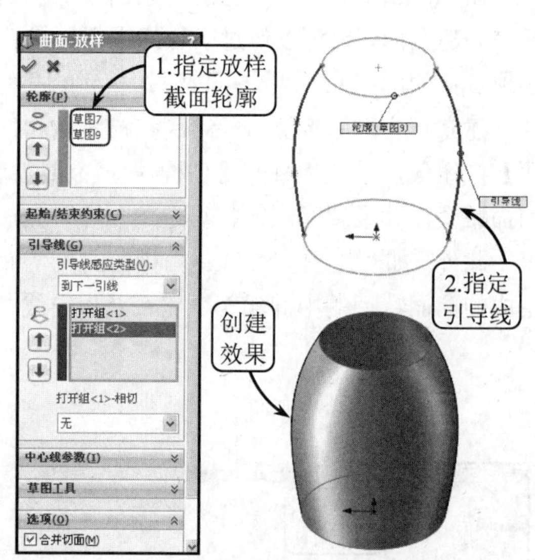

图 7-6 指定引导线创建放样曲面

在利用引导线创建放样曲面的过程中，如果在绘图区中无法选取一引导线，可以右键单击绘图区的空白处，在打开的快捷菜单中选择 SelectionManager 选项，然后再选取相应的引导线；或者将每条引导线放置在不同的草图中。

7.1.5 平面区域

平面区域就是将所选区域用平面补起来。其中，可选的区域对象包括非相交闭合草图、一

组闭合边线、多条共有平面分型线以及一对平面实体（曲线或边线）。在 Solidworks 中，可以在草图中生成有边界的平面区域，也可以在零件中生成有一组闭环边线边界的平面区域。

打开一草图并绘制一个非相交、单一轮廓的闭环草图。然后单击【曲面】工具栏中的【平面区域】按钮，系统将打开【平面】属性管理器。此时，在绘图区中选取该闭环草图，即可完成平面区域的创建，效果如图 7-7 所示。

此外，如果要在零件中生成平面区域，可以在绘图区中指定一对平面实体（边线或曲线），也可以依次选取零件上的一组闭环边线，效果如图 7-8 所示。

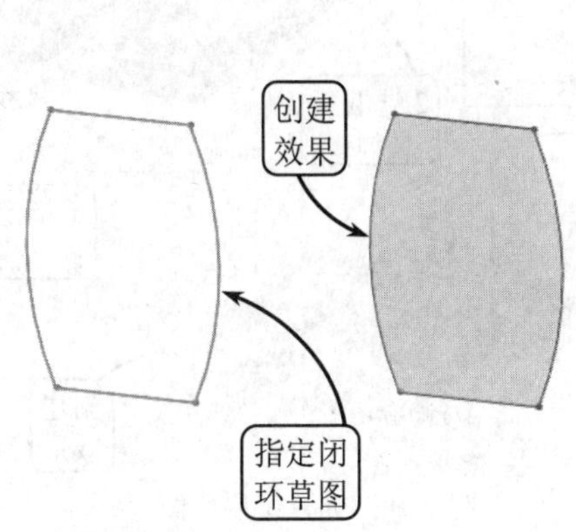

图 7-7　指定闭环草图创建平面区域

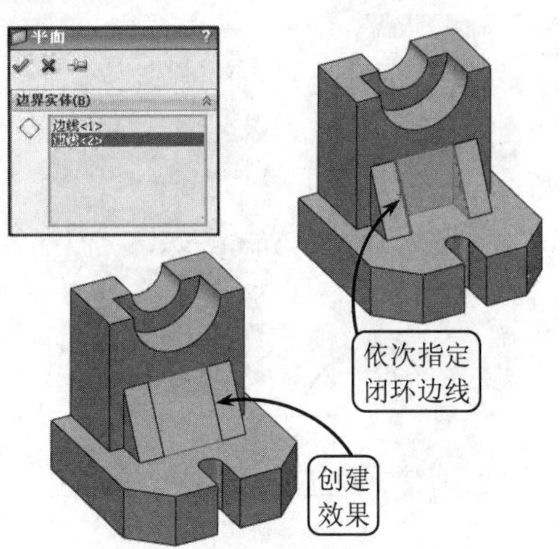

图 7-8　在零件上创建平面区域

在创建平面区域的过程中，所选的边界实体组中的所有边线必须位于同一基准面上，否则无法生成平面区域。

7.1.6　等距曲面

等距曲面就是将指定的曲面以指定的距离作平移复制操作。在 Solidworks 中，对于已经存在的曲面，不论是模型的轮廓面还是生成的曲面，都可以像创建等距曲线一样创建等距曲面。

单击【曲面】工具栏中的【等距曲面】按钮，系统将打开【等距曲面】属性管理器。此时，在绘图区中指定相应的曲面，并设置距离参数，即可完成等距曲面的创建，效果如图 7-9 所示。

在创建等距曲面的过程中，可以单击【反转等距方向】按钮更改等距的方向。此外，还可以生成距离为零的等距曲面。

7.1.7　延展曲面

在 Solidworks 中，延展曲面就是沿指定的平面方向来延展实体或曲面的边线，以生成相应的曲面特征。延展曲面在拆模时最为常用，当零件进行模塑并在产生公母模之前，必须先生成模块与分模面，延展曲面就用来生成分模面。

单击【曲面】工具栏中的【延展曲面】按钮，系统将打开【延展曲面】属性管理器。此时，在绘图区中指定一基准面作为延展方向参考，生成的曲面将平行于所选参考而延展。然后选取一组连续边线作为要延展的边线，并设置相应的延展距离参数即可，效果如图 7-10 所示。

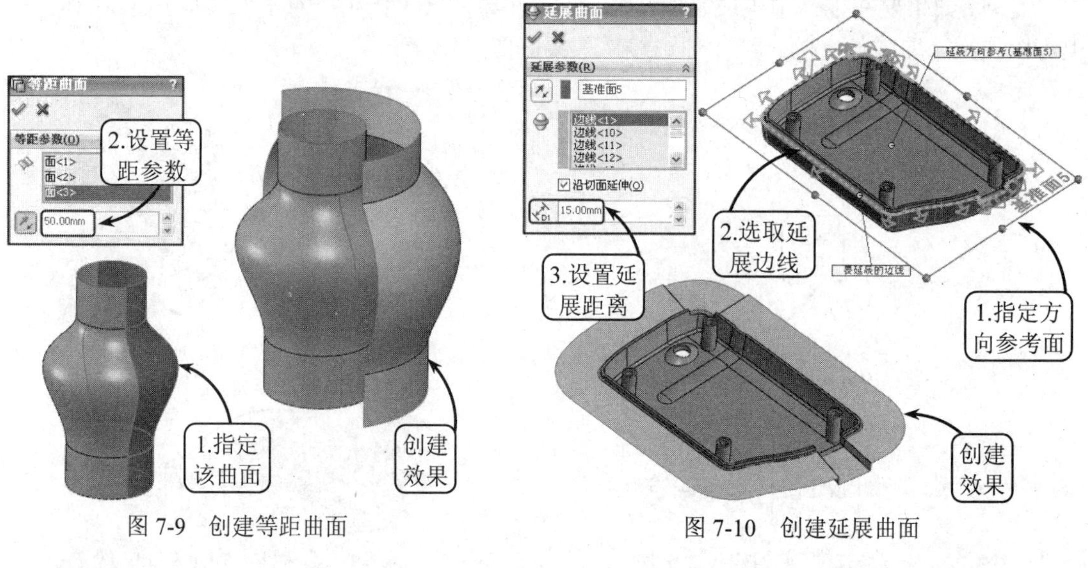

图 7-9　创建等距曲面

图 7-10　创建延展曲面

提示

在创建延展曲面的过程中，可以单击【反转延展方向】按钮以相反方向延展曲面。此外，如果模型有相切面，启用【沿切面延伸】复选框，生成的曲面将沿零件的切面延伸。

7.1.8　填充曲面

填充曲面是指在现有模型边线、草图或曲线（包括组合曲线）定义的边界内，构成带任何边数的曲面。用户可以通过创建该特征来填充模型中有缝隙的曲面。

在 Solidworks 中，利用【填充曲面】工具可以纠正没有正确输入到 Solidworks（有丢失的面）的零件，可以填充用于型心和型腔造型的零件中的孔，可以构建用于工业设计应用的曲面，还可以生成相应的实体特征。

单击【曲面】工具栏中的【填充曲面】按钮，系统将打开【填充曲面】属性管理器，如图 7-11 所示。

其中，在【曲率控制】下拉列表中包含 3 种方式：选择【相触】选项，可以在所选边界内生成曲面；选择【相切】选项，可以在所选边界内生成曲面，但保持修补边线的相切；选择【曲率】选项，可以在与相邻曲面交界的边界边线上生成与所选曲面的曲率相配套的曲面。现以常用的【相触】方式为例，介绍具体操作方法。

单击【填充曲面】按钮，并在打开的管理器中指定【相触】为曲率控制方式。然后在模型上选取要修补的曲线边界，并默认系统的其他选项设置，即可创建相应的填充曲面特征，效

果如图 7-12 所示。

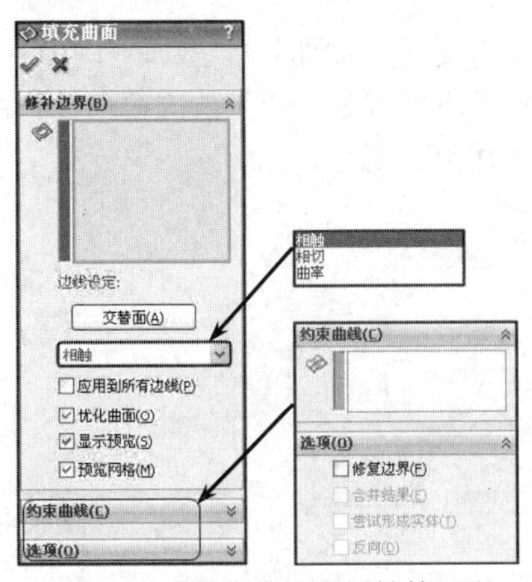

图 7-11　【填充曲面】属性管理器

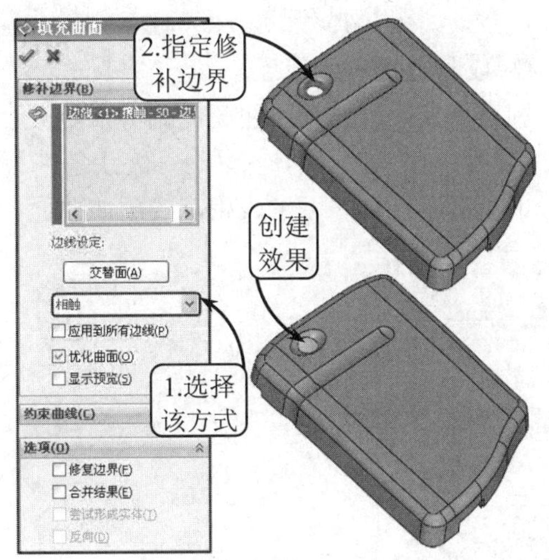

图 7-12　创建填充曲面

此外，如启用【选项】面板中的【修复边界】复选框，系统将通过自动建造遗失部分或裁剪过大部分来构造有效边界，以生成相应的填充曲面特征。

7.2　曲面编辑

由于曲面形状的多样化，致使仅仅利用基本曲面造型工具很难一次性地创建出完美的曲面。在创建高级曲面的过程中，当曲面被创建后，往往需要对曲面进行相关的编辑才能符合设计的要求。在 Solidworks 中，可以对原有的曲面进行延伸、剪裁和加厚等编辑操作，从而创建出风格多变的自由曲面造型。且编辑后生成的曲面大部分都是参数化的，通过参数化关联，再生的曲面随着基面的改变而变化。

7.2.1　延伸曲面

延伸曲面可以在现有曲面的边缘，沿着切线方向，以直线或随曲面的弧度产生附加的曲面。在 Solidworks 中，可以通过指定一条边线、多条边线，或一个面来延伸曲面。

1. 指定边线延伸曲面

用户可以通过指定边线以 3 种方式延伸曲面，且此时生成的曲面将沿边线的基准面进行延伸，现分别介绍如下。

● 距离

该方式是创建延伸曲面最常用的方法，用户可以通过设置相应的距离参数来延伸曲面。

单击【曲面】工具栏中的【延伸曲面】按钮，并在绘图区中指定一要拉伸的边线。然后

在【终止条件】面板中选择【距离】单选按钮，并设置相应的距离参数，即可生成指定的延伸曲面，效果如图 7-13 所示。

- **成形到某一点**

利用该方式可以将曲面延伸到所指定的点或顶点。单击【延伸曲面】按钮，并在绘图区中指定一要拉伸的边线。然后在【终止条件】面板中选择【成形到某一点】单选按钮，并在绘图区中指定一点，即可生成相应的延伸曲面，效果如图 7-14 所示。

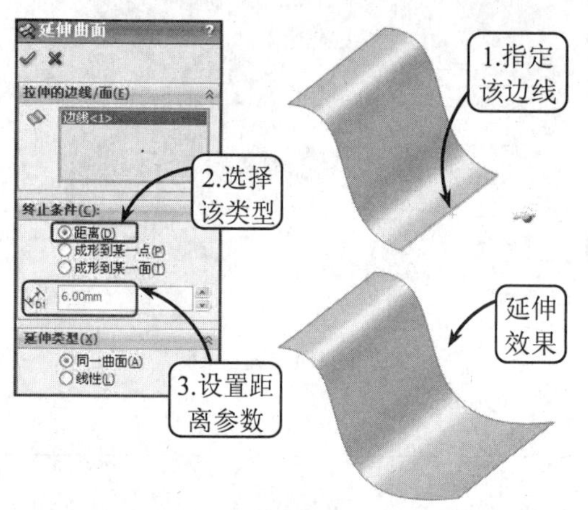

图 7-13　设置距离延伸曲面

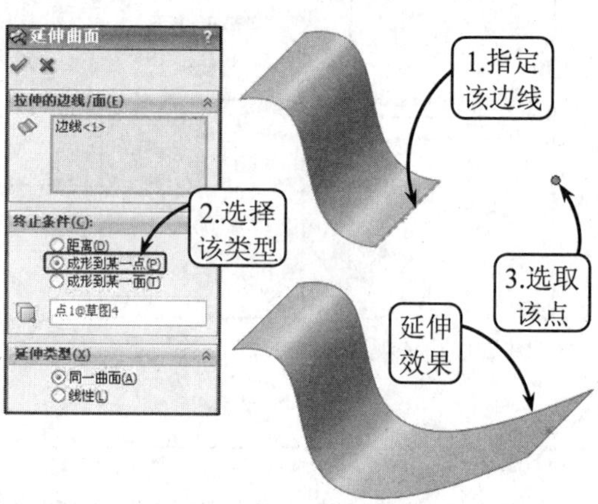

图 7-14　延伸曲面到点

- **成形到某一面**

利用该方式可以将曲面延伸到所指定的面或曲面。单击【延伸曲面】按钮，并在绘图区中指定一要拉伸的边线。然后在【终止条件】面板中选择【成形到某一面】单选按钮，并在绘图区中选取一面，即可生成相应的延伸曲面，效果如图 7-15 所示。

此外，在【延伸类型】面板中选择【同一曲面】单选按钮，系统将沿曲面的几何体延伸曲面；选择【线性】单选按钮，系统将沿边线相切于原有曲面来延伸曲面，效果如图 7-16 所示。

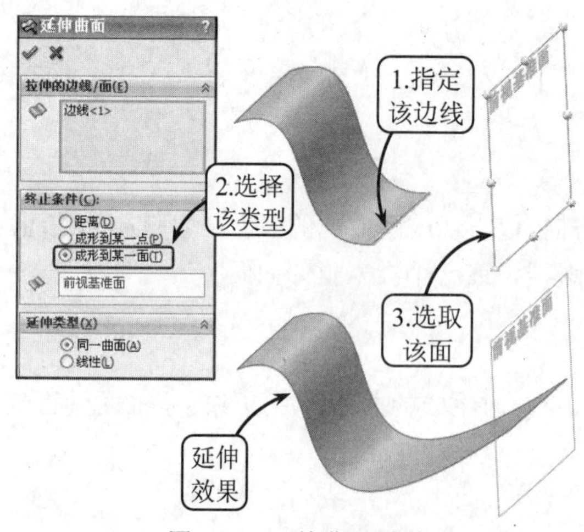

图 7-15　延伸曲面到面

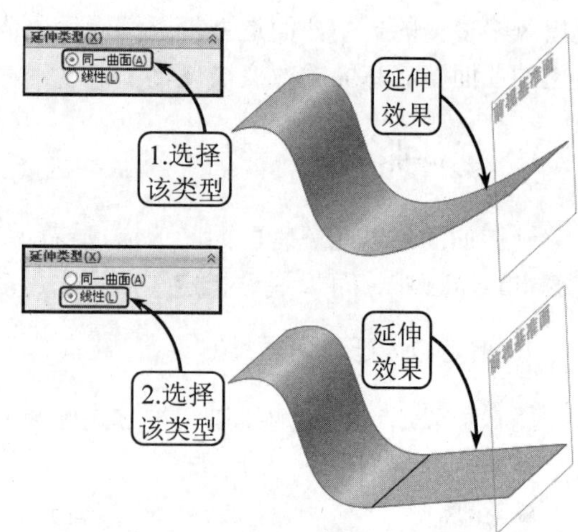

图 7-16　选择不同类型延伸曲面

2. 指定面延伸曲面

对于面，曲面将沿面的所有边线进行延伸。单击【延伸曲面】按钮，并在绘图区中指定一要拉伸的面。然后在【终止条件】面板中选择【距离】单选按钮，并设置相应的距离参数，即可生成指定的延伸曲面，效果如图 7-17 所示。

7.2.2　圆角曲面

在 Solidworks 中，对于曲面实体中以一定角度相交的两个相邻面，可以利用系统提供的【圆角】工具使其之间的边线平滑。曲面圆角的生成方法与创建实体圆角特征的原理相同，这里仅以在曲面设计中常用的【面圆角】方式为例，介绍创建圆角曲面的具体操作方法。

单击【曲面】工具栏中的【圆角】按钮，系统将打开【圆角】属性管理器。此时，在【圆角类型】面板中选择【面圆角】单选按钮，然后在绘图区中依次选取要圆角化的曲面对象，并设置圆角的半径参数即可，效果如图 7-18 所示。

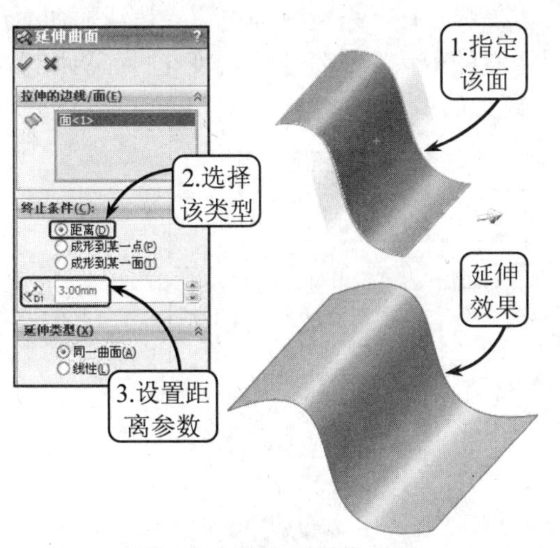

图 7-17　指定面延伸曲面

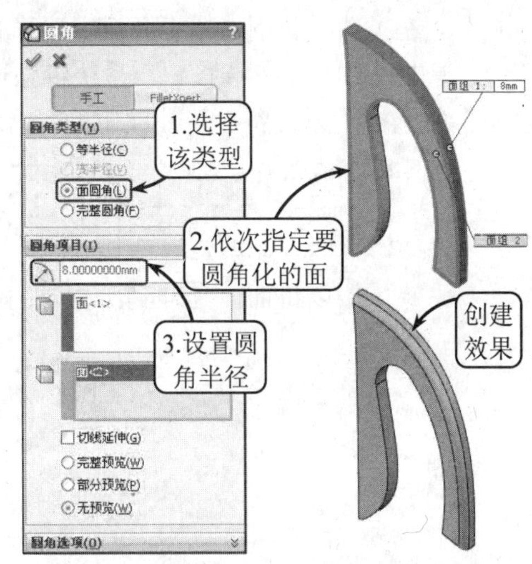

图 7-18　创建圆角曲面

此外，还可以在不相邻的曲面之间生成圆角曲面特征。且在【圆角选项】面板中选择【剪裁和附加】单选按钮，系统将剪裁圆角的面并将曲面缝合成一个曲面实体；选择【不剪裁或附加】单选按钮，系统将添加新的圆角曲面，但不剪裁面或缝合曲面，效果如图 7-19 所示。

7.2.3　剪裁曲面

剪裁曲面就是采用布尔运算的方法，指定曲面、基准面或草图作为剪裁工具来剪裁相交曲面，或者将曲面和其他曲面联合使用作为相互的剪裁工具。在 Solidworks 中，剪裁曲面主要包括标准和相互两种方式，现分别介绍如下。

- **标准**

该方式是使用曲面、草图实体、曲线或基准面等线性图元修剪曲面。单击【曲面】工具栏中的【剪裁曲面】按钮，系统将打开【剪裁曲面】属性管理器。此时，在【剪裁类型】面板中选择【标准】单选按钮，然后在绘图区中依次指定剪裁工具和要保留的曲面部分即可，效果

如图 7-20 所示。

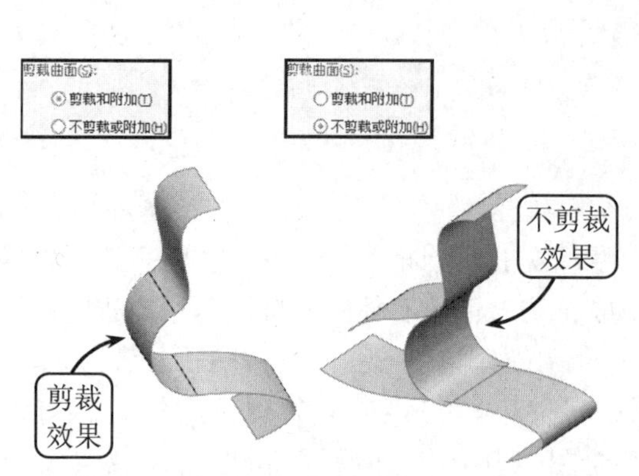

图 7-19　指定不相邻曲面创建圆角曲面

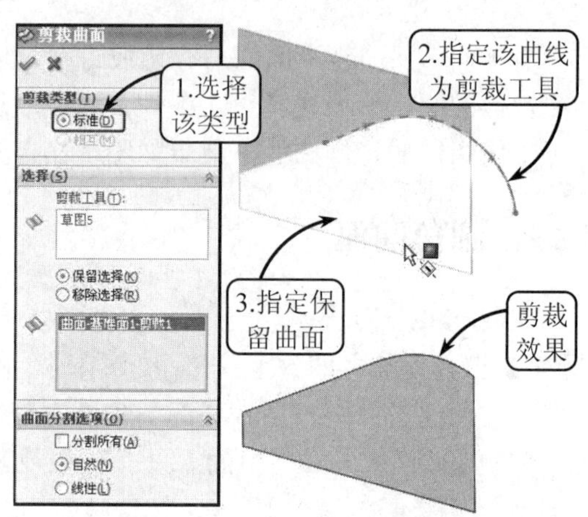

图 7-20　利用【标准】方式剪裁曲面

此外，在【曲面分割选项】面板中选择【自然】单选按钮，系统将强迫边界边线随曲面形状变化；选择【线性】单选按钮，系统将强迫边界边线随剪裁点的线性方向变化；而启用【分割所有】复选框，系统将显示曲面中的所有分割，效果如图 7-21 所示。

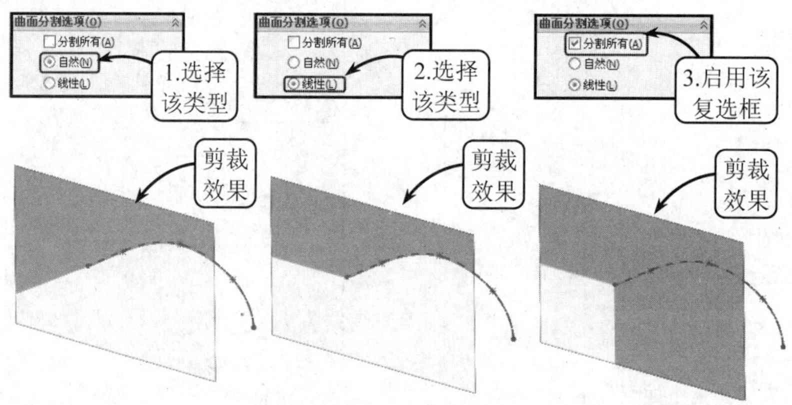

图 7-21　指定不同方式剪裁曲面

● **相互**

该方式是使用曲面本身来相互剪裁，且在绘图区中应至少选取两个相交曲面作为剪裁曲面。单击【曲面】工具栏中的【剪裁曲面】按钮，并在【剪裁类型】面板中选择【相互】方式。然后在绘图区中依次选取作为剪裁曲面的相交曲面，并指定保留的曲面部分即可，效果如图 7-22 所示。

7.2.4　加厚曲面

在 Solidworks 中，用户可以通过加厚一个或多个相邻曲面来生成实体特征。且如果加厚的曲面由多个相邻的曲面组成，则必须先缝合曲面才能进行加厚操作。

在【曲面】工具栏中单击【加厚】按钮，系统将打开【加厚】属性管理器。此时，在绘图区中选取要加厚的曲面特征，然后在管理器中指定加厚方式，并设置厚度参数即可，效果如

图 7-23 所示。

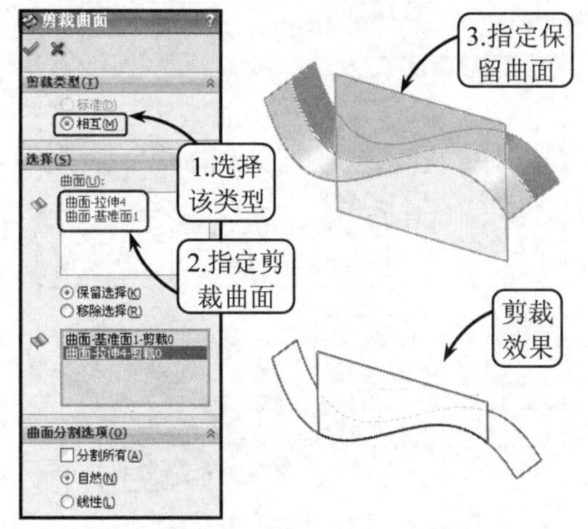

图 7-22　利用【相互】方式剪裁曲面

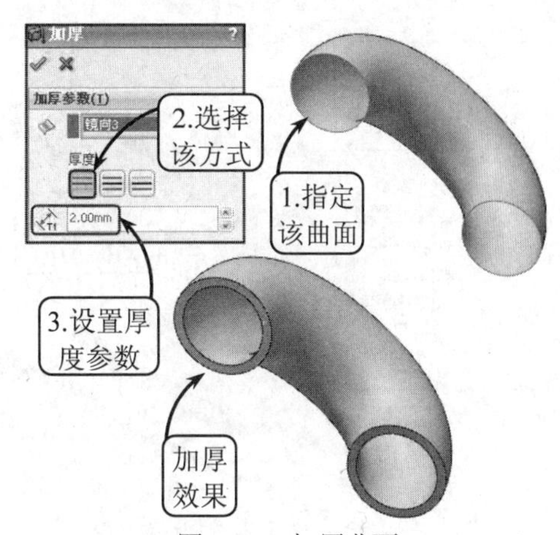

图 7-23　加厚曲面

提示

此外，造型转折处的曲率状态也关系着加厚的成败。例如，在转折处如果加厚后会使厚度彼此严重碰撞相交，则就无法执行加厚操作。

7.3 曲面操作

在曲面造型的设计过程中，除了创建和编辑相应的曲面特征外，还可以将现有的片体或曲面作为基面，通过 Solidworks 软件提供的各种曲面操作工具再生成相应的新曲面，以进行相关的造型设计。具体的曲面操作包括移动曲面、缝合曲面和替换曲面等，现分别介绍如下。

7.3.1 移动曲面

在 Solidworks 中，用户可以利用【移动面】工具直接在实体或曲面模型上，以等距、平移以及旋转的方式来控制面的变化。

- **等距**

选择该方式可以设定距离等距移动所选面或特征。且如果选取的是曲面特征，在移动过程中，曲面半径将相应地增大。

单击【特征】工具栏中的【移动面】按钮，系统将打开【移动面】属性管理器。此时，选择【等距】单选按钮，并在绘图区中选取要移动的曲面特征，然后在管理器中设置距离参数，即可创建相应的移动面特征，效果如图 7-24 所示。

- **平移**

选择该方式可以设定距离在所选方向上平移所选面或特征。且如果选取的是曲面特征，在移动过程中，曲面半径将保持不变。

单击【特征】工具栏中的【移动面】按钮，系统将打开【移动面】属性管理器。此时，

选择【平移】单选按钮，并在绘图区中选取要移动的曲面特征和方向参考边线，然后在管理器中设置距离参数，即可创建相应的移动面特征，效果如图 7-25 所示。

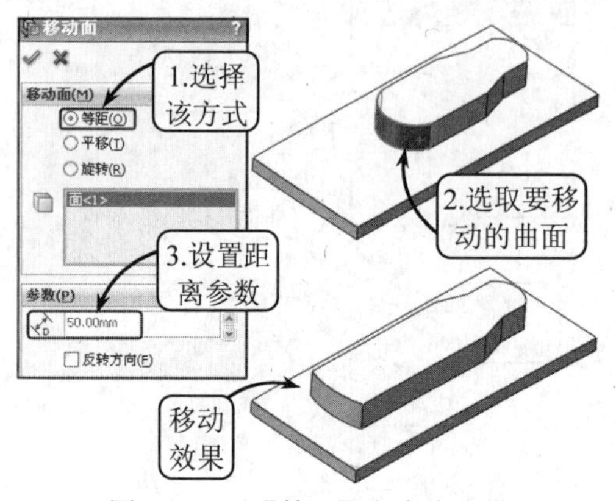

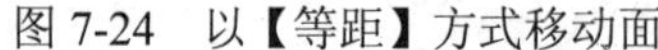
图 7-24　以【等距】方式移动面

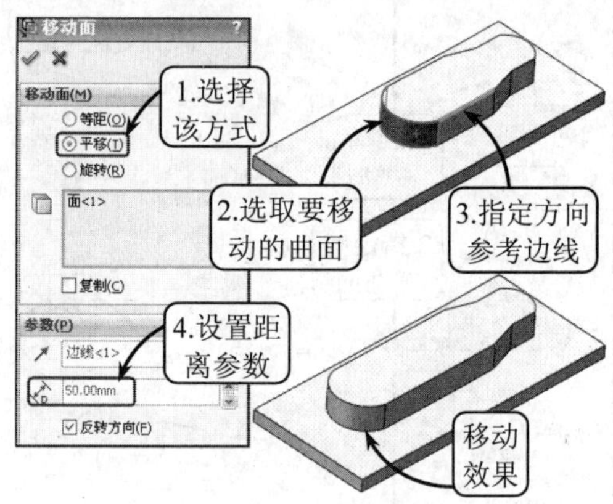

图 7-25　以【平移】方式移动面

● **旋转**

选择该方式可以设定角度绕所选轴旋转所选面或特征。单击【特征】工具栏中的【移动面】按钮，系统将打开【移动面】属性管理器。此时，选择【旋转】单选按钮，并在绘图区中选取要旋转的曲面特征和旋转轴线，然后在管理器中设置角度参数，即可创建相应的移动面特征，效果如图 7-26 所示。

7.3.2　缝合曲面

缝合曲面就是将相连的两个或多个曲面连接成一体。用户可以将选取的曲面缝合至某公差内，而当两条曲面边线的距离超出公差范围时，所产生的缝合缝隙将被视为开放。在 Solidworks 中进行缝合曲面时，曲面的边线必须相邻且不重叠；要缝合的曲面不必处于同一基准面上；必须选择整个曲面实体或选择一个或多个相邻曲面实体。

单击【曲面】工具栏中的【缝合曲面】按钮，系统将打开【缝合曲面】属性管理器。此时，在绘图区中依次选取要缝合的曲面即可，效果如图 7-27 所示。

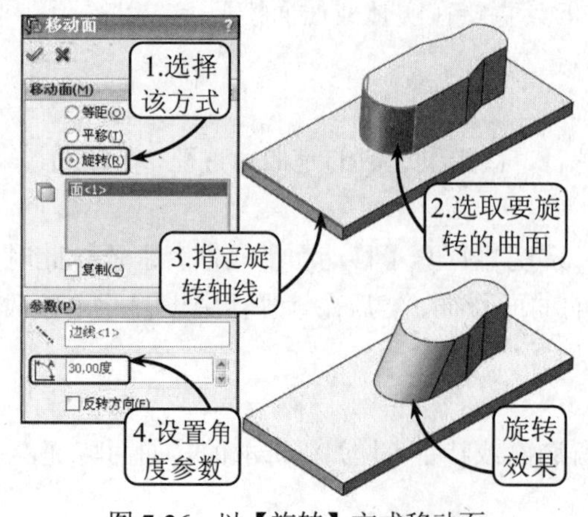

图 7-26　以【旋转】方式移动面

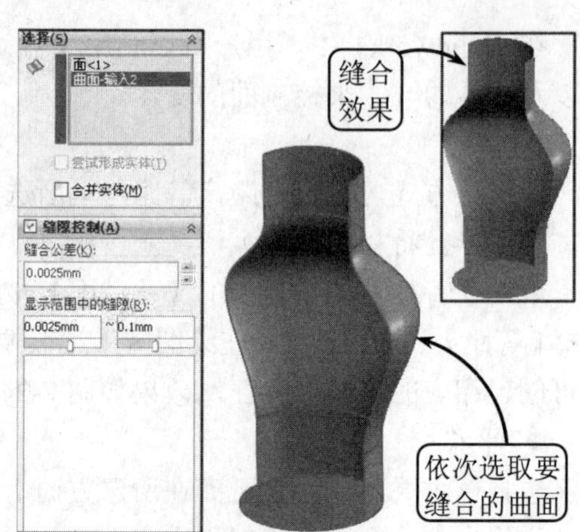

图 7-27　缝合曲面

缝合后的曲面外观没有任何变化，但是多个曲面已经可以作为一个实体被进行选取和操作。而在【选择】面板中启用【尝试形成实体】复选框，闭合的曲面将生成一实体模型；启用【合并实体】复选框，缝合面将与相同的内在几何体进行合并。

此外，空间曲面在经过剪裁、拉伸或圆角等操作后，可以自动缝合，而不需要进行缝合曲面操作。

7.3.3　替换曲面

替换面是指以新曲面替换现有实体中的指定面。替换曲面实体不必与旧的面具有相同的边界。且在替换面的过程中，原来实体中的相邻面会自动剪裁并延伸到替换面上而生成新的面。

在 Solidworks 中，可以指定一个曲面来替换单个面或一组相连的面，也可以一次指定一个曲面来替换一组以上的面，现分别介绍如下。

1. 替换单个面

确认替换曲面比要替换的目标面更大，然后单击【曲面】工具栏中的【替换面】按钮，系统将打开【替换面】属性管理器。此时在绘图区中依次指定替换的目标面和替换曲面，即可完成相应的替换面操作，效果如图 7-28 所示。

在替换面的过程中，要替换的目标面可以不必相切，但必须相连。此外，当替换曲面比要替换的目标面小时，替换曲面将按照其曲率，延伸到与相邻面相接。

2. 替换多组面

单击【替换面】按钮，然后在绘图区中依次选取两个面组作为要替换的目标面，并按照替换目标面的顺序依次指定替换曲面，即可完成相应的替换面操作，效果如图 7-29 所示。

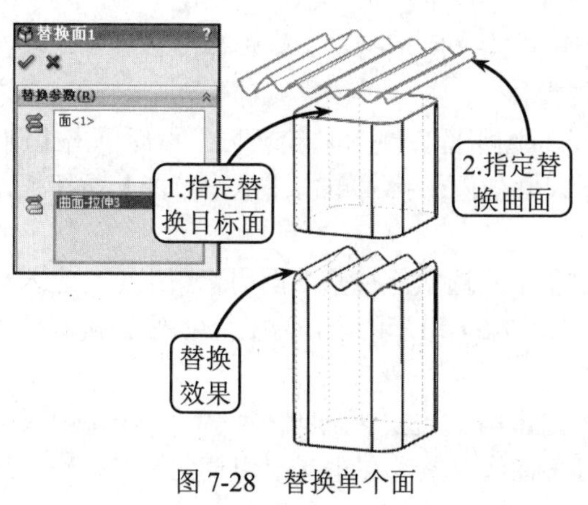

图 7-28　替换单个面

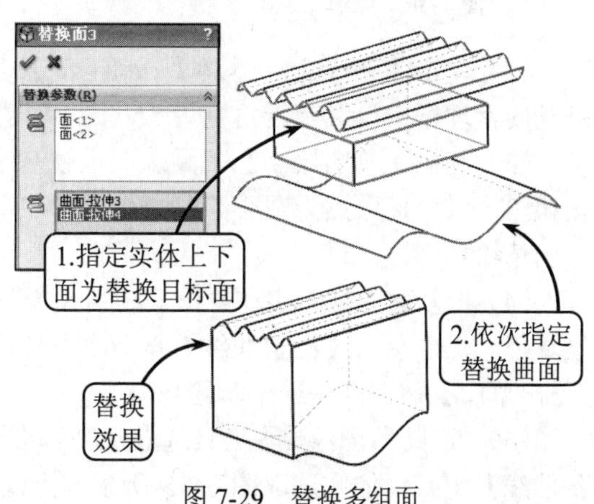

图 7-29　替换多组面

在 Solidworks 中，替换曲面可以是任何类型的曲面特征，如拉伸曲面和放样曲面等，也可以是缝合曲面实体，或复杂的输入曲面实体。

7.4 课堂实例 7-1：创建可乐瓶造型

本实例设计一个可乐瓶造型，效果如图 7-30 所示。可乐瓶不仅是盛装可乐等碳酸饮料的容器，同时又是该饮料产品外在形式上的一种形象代言，因此在造型设计上除了要方便使用，还要美观大方。

该可乐瓶主要由瓶底、瓶身和瓶口，以及装饰凸台和瓶底槽组成。在创建该可乐瓶实体模型时，可以利用旋转工具创建其瓶体轮廓造型，然后在此基础上创建其他细节特征，即可完成可乐瓶的创建。在创建过程中重点是利用曲面创建实体或者修剪实体达到所需的设计效果，同时在创建该模型曲线时，还需要注意准确绘制模型轮廓曲线。

操作步骤：

（1）新建一个名称为 keleping.prt 的文件。然后单击【草图绘制】按钮，选取上视基准面为草图平面，进入草绘环境。接着利用【圆】和【直线】工具绘制图 7-31 所示尺寸的草图轮廓。最后单击【退出草图】按钮，退出草绘环境。

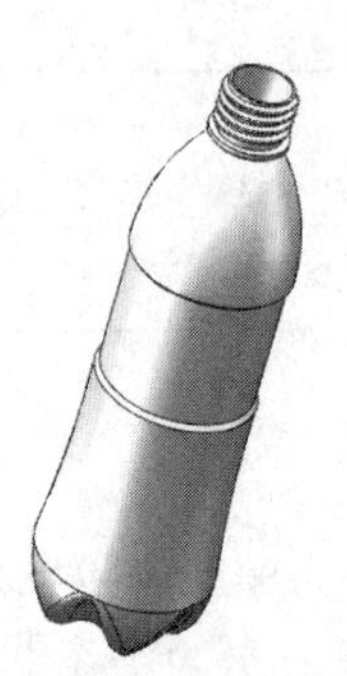

图 7-30　可乐瓶造型效果

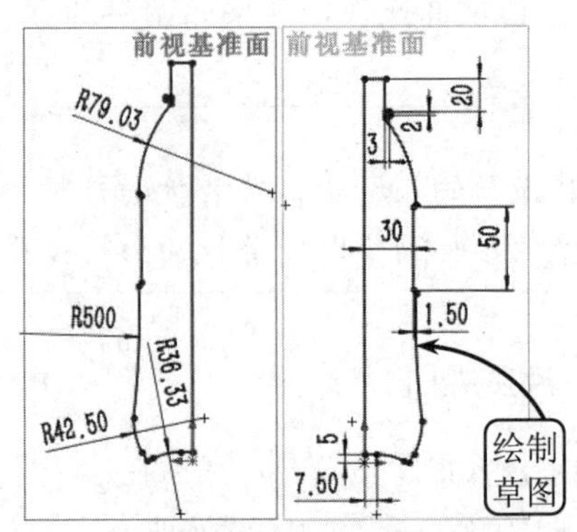

图 7-31　绘制草图

（2）单击【旋转凸台/基体】按钮，然后按照图 7-32 所示指定旋转轴和旋转轮廓，并在打开的管理器中设置旋转角度为 360°，创建旋转实体。

（3）利用【草图绘制】工具选取上视基准面为草图平面，进入草绘环境。然后单击【圆】按钮，以坐标原点为圆心绘制一个图 7-33 所示尺寸的圆。接着单击【退出草图】按钮，退出草绘环境。

（4）将创建的回转实体隐藏。利用【草图绘制】工具选取前视基准面为草图平面，进入草绘环境。然后单击【样条曲线】按钮，依次选取图 7-34 所示的点绘制样条曲线。接着单击【退出草图】按钮，退出草绘环境。

（5）利用【草图绘制】工具选取上视基准面为草图平面，进入草绘环境。然后继续利用【样条曲线】工具，依次选取图 7-35 所示的点绘制样条曲线。接着单击【退出草图】按钮，退出草绘环境。

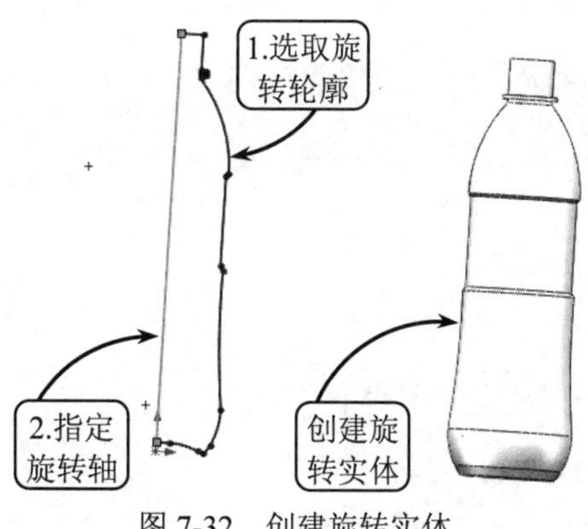

图 7-32　创建旋转实体

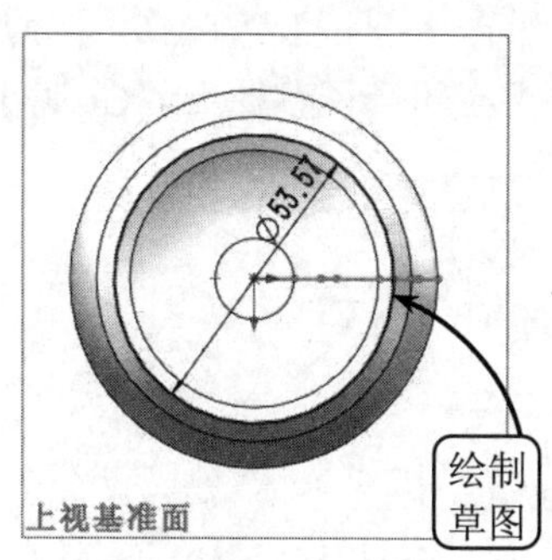

图 7-33　绘制草图

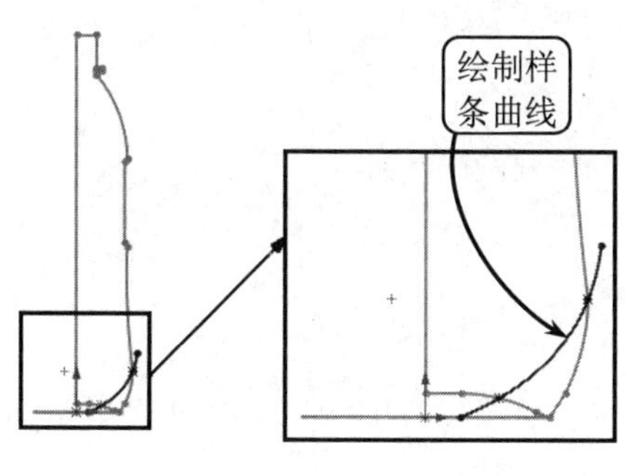

图 7-34　绘制样条曲线

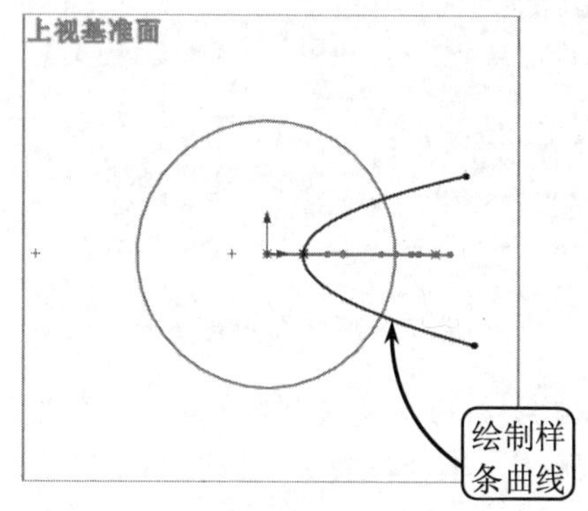

图 7-35　绘制样条曲线

（6）单击【扫描曲面】按钮，在绘图区中依次选取图 7-36 所示的扫描轮廓和路径，创建相应的扫描曲面。

（7）显示之前创建的回转实体。单击【圆周阵列】按钮，按照如图 7-37 所示选择阵列源特征和阵列轴线，并在打开的管理器中设置相应的阵列参数，创建面的圆周阵列特征。

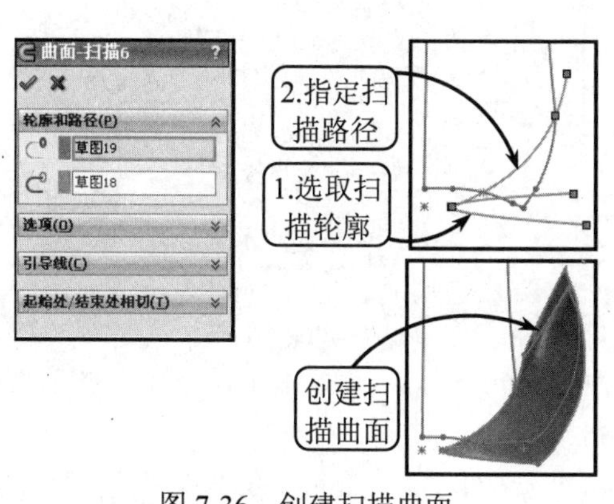

图 7-36　创建扫描曲面

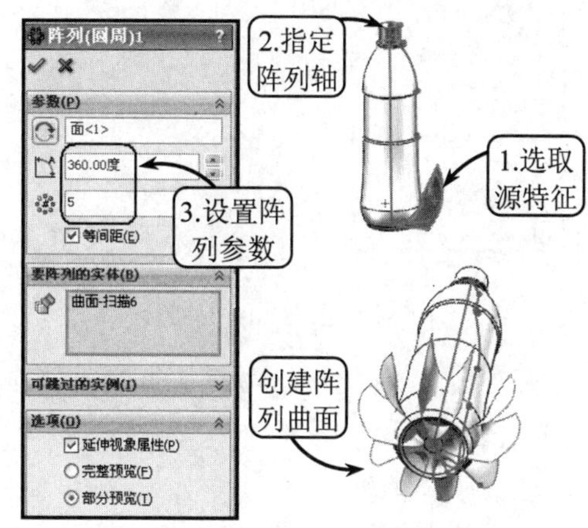

图 7-37　阵列曲面特征

（8）单击【分割】按钮，选取上步创建的阵列曲面为剪裁曲面，并单击【切除零件】按钮。然后在【所产生的实体】列表中依次勾选实体 1、2、3、4 和 6，并启用【消耗切除实体】

复选框，创建分割实体特征，效果如图 7-38 所示。

（9）单击【圆角】按钮，按照图 7-39 所示依次选取要倒圆角的边线，并在打开的管理器中设置相应的半径参数，创建圆角特征。

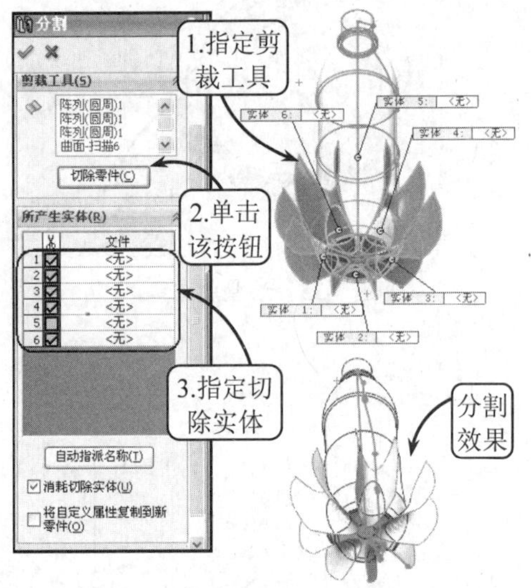

图 7-38　创建分割实体

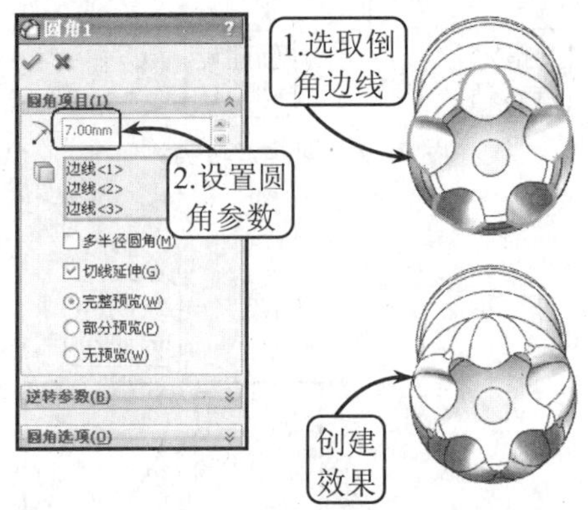

图 7-39　创建圆角特征

（10）继续利用【圆角】工具，按照图 7-40 所示依次选取相应的边线，并在打开的管理器中设置圆角半径参数，创建圆角特征。

（11）单击【抽壳】按钮，按照图 7-41 所示选取移除面，并在打开的管理器中设置厚度参数为 1mm，创建抽壳特征。

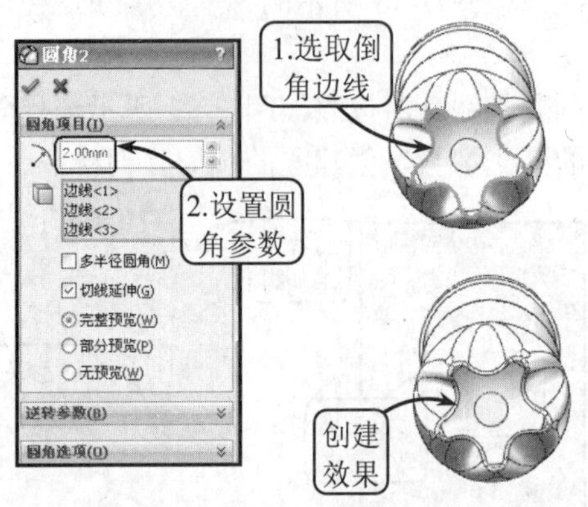

图 7-40　创建圆角特征

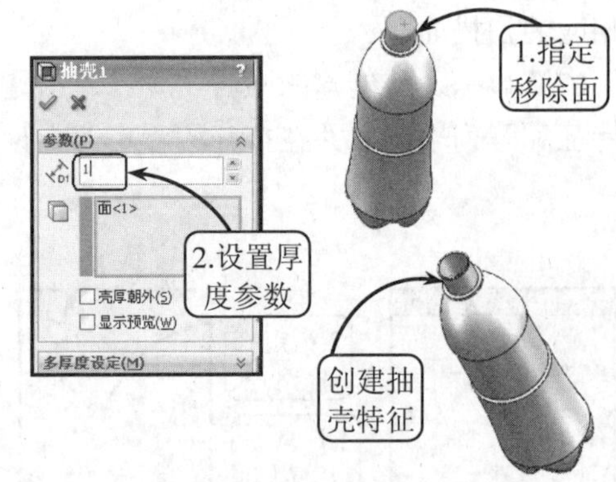

图 7-41　创建抽壳特征

（12）利用【草图绘制】工具选取图 7-42 所示的实体面为草图平面，进入草图环境。然后利用【圆】工具以坐标原点为圆心绘制一个直径为 Φ25mm 的圆。接着单击【退出草图】按钮，退出草绘环境。

（13）单击【螺旋线】按钮，选取上步绘制的圆为基准，在打开的管理器中按照图 7-43 所示设置相应的参数，创建螺旋线特征。

（14）利用【草图绘制】工具选取右视基准面为草图平面，进入草图环境。然后利用【直线】工具绘制图 7-44 所示尺寸的草图轮廓。接着单击【退出草图】按钮，退出草绘环境。

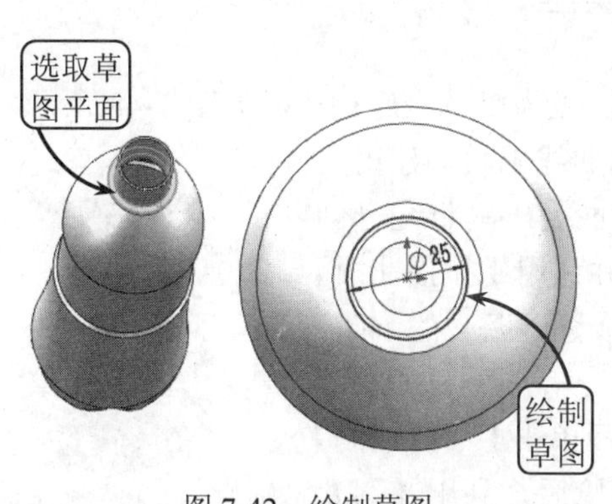

图 7-42　绘制草图

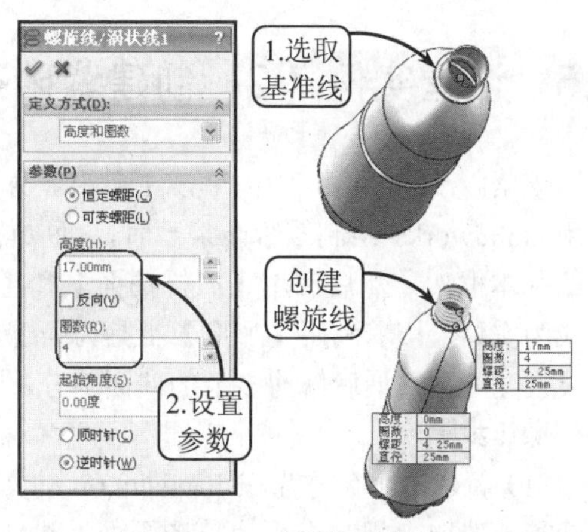

图 7-43　创螺旋线特征

（15）单击【扫描】按钮，依次选取之前绘制的草图和螺旋线为扫描轮廓和路径，创建扫描实体特征，效果如图 7-45 所示。

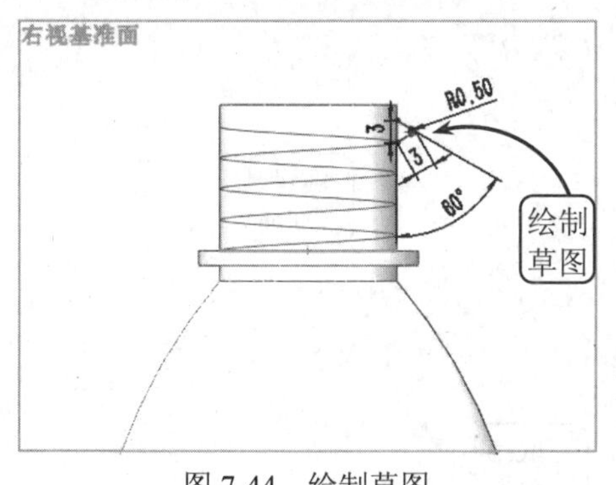

图 7-44　绘制草图

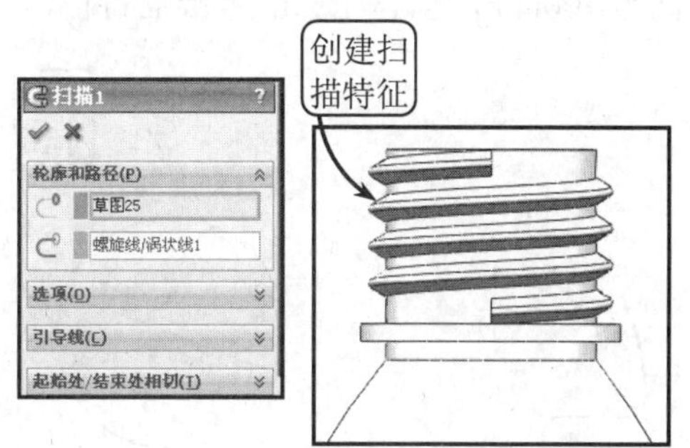

图 7-45　创建扫描实体特征

（16）单击【倒角】按钮，选取图 7-46 所示的倒角边线，并在打开的管理器中设置相应的倒角参数，创建倒角特征。

（17）继续利用【倒角】工具选取图 7-47 所示的倒角边线，并在打开的管理器中设置相应的倒角参数，创建倒角特征。至此，即可完成可乐瓶模型的创建。

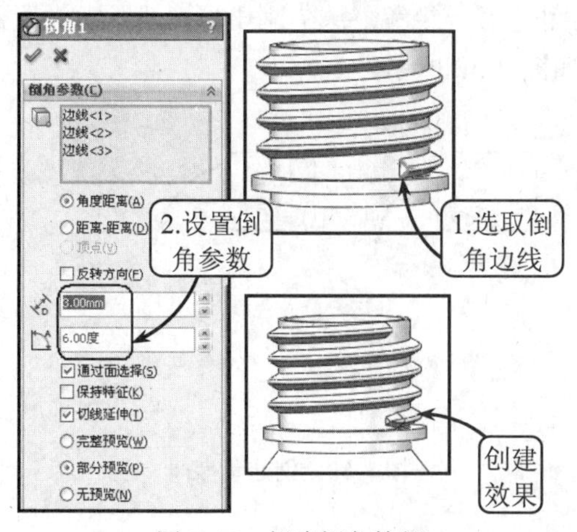

图 7-46　创建倒角特征

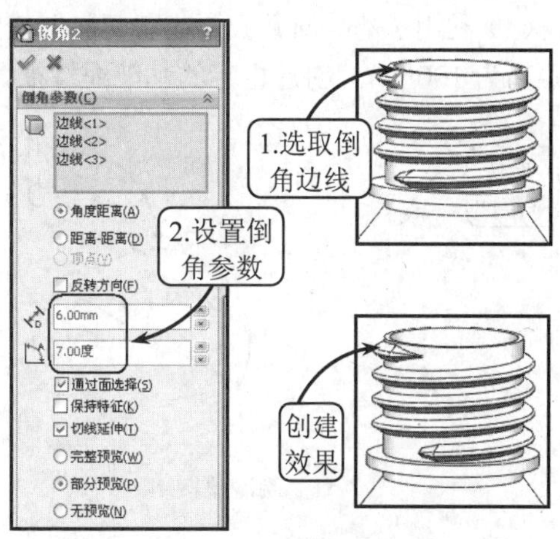

图 7-47　创建倒角特征

7.5 课堂实例 7-2：创建紫砂茶壶模型

该紫砂茶壶结构较为简单，主要由壶身、壶把、壶嘴以及壶底构成，如图 7-48 所示。在利用 Solidworks 绘制该紫砂茶壶时，可以首先利用曲线工具构建出壶身的基本框架，然后利用【放样曲面】和【填充曲面】工具将壶身创建成为实体，接着利用【加厚】工具为壶壁加厚，并利用【扫描曲面】工具创建壶把，最后修剪多余的曲面部分，即可完成紫砂茶壶的创建。

图 7-48 紫砂茶壶模型

操作步骤：

（1）新建一个名称为 zishachahu.prt 的文件。然后单击【草图绘制】按钮，选取上视基准面为草图平面。进入草绘环境后，利用【圆】工具以坐标原点为圆心，绘制一个图 7-49 所示尺寸的圆。接着单击【退出草图】按钮，退出草绘环境。

（2）单击【基准面】按钮，选取上视基准面为第一参考，并在打开的管理器中设置偏移距离为 100mm，创建相应的基准面特征，效果如图 7-50 所示。

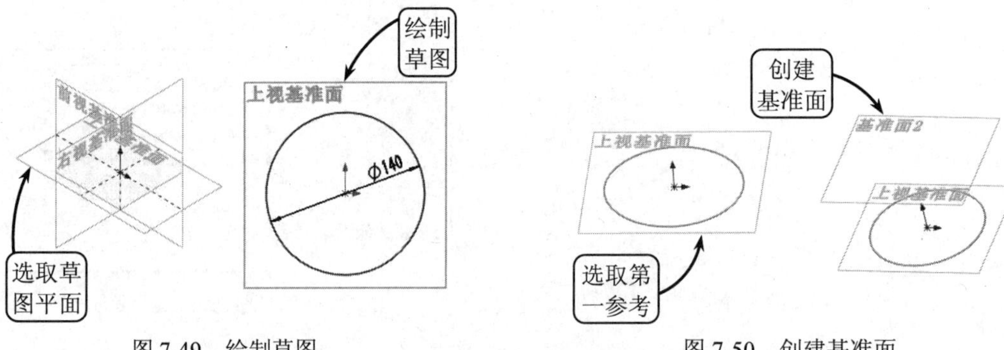

图 7-49 绘制草图　　图 7-50 创建基准面

（3）利用【草图绘制】工具选取上步创建的基准面为草图平面。进入草绘环境后，利用【圆】工具以坐标原点为圆心，绘制一个图 7-51 所示尺寸的圆。然后单击【退出草图】按钮，退出草绘环境。

（4）利用【基准面】工具选取之前创建的基准面为第一参考，并在打开的管理器中设置偏移距离为 100mm，创建相应的基准面特征，效果如图 7-52 所示。

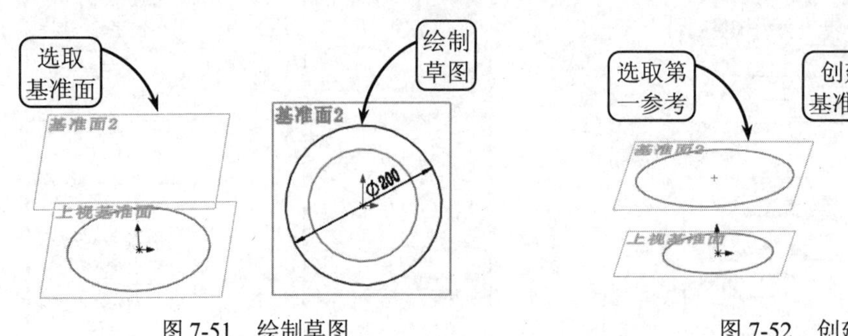

图 7-51 绘制草图 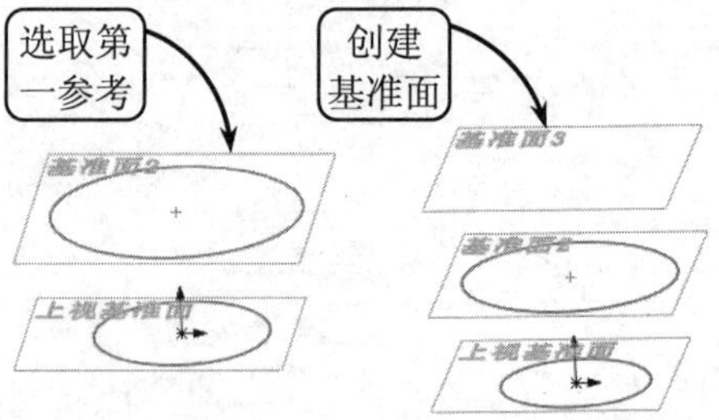　　图 7-52 创建基准面

（5）利用【草图绘制】工具选取上步创建的基准面为草图平面。进入草绘环境后，利用【圆】工具以坐标原点为圆心，绘制一个图 7-53 所示尺寸的圆。然后单击【退出草图】按钮，退出草绘环境。

（6）利用【基准面】工具选取之前创建的基准面为第一参考，并在打开的管理器中设置偏移距离为 100mm，创建相应的基准面特征，效果如图 7-54 所示。

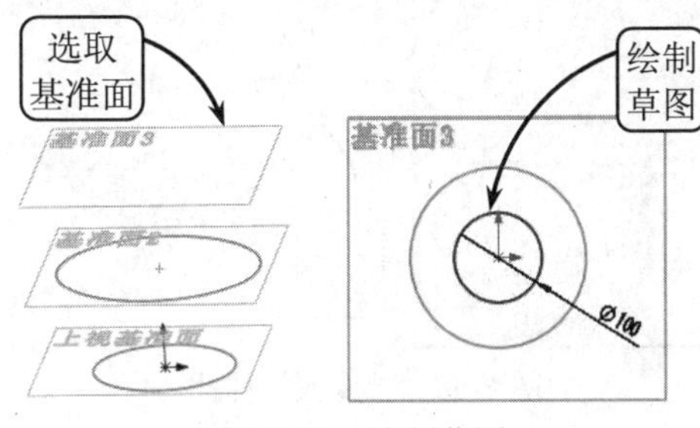

图 7-53　绘制草图

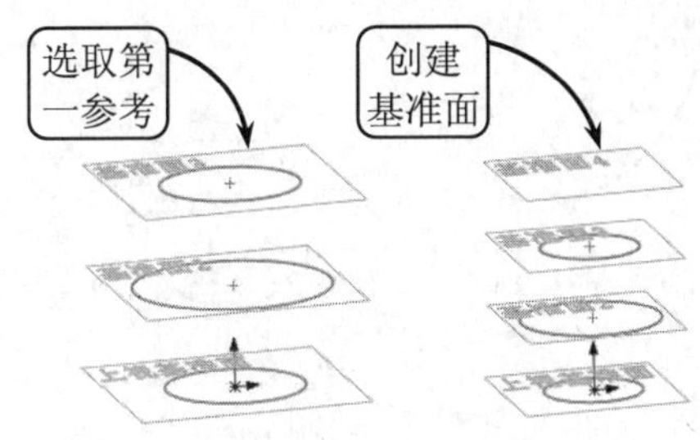

图 7-54　创建基准面

（7）利用【草图绘制】工具选取上步创建的基准面为草图平面。进入草绘环境后，利用相关草绘工具绘制图 7-55 所示尺寸的草图轮廓。然后单击【退出草图】按钮，退出草绘环境。

（8）利用【草图绘制】工具选取前视基准面为草图平面。进入草绘环境后，利用【样条曲线】工具按照图 7-56 所示依次连接各圆上的节点，并对各点添加【穿透】几何关系。然后单击【退出草图】按钮，退出草绘环境。

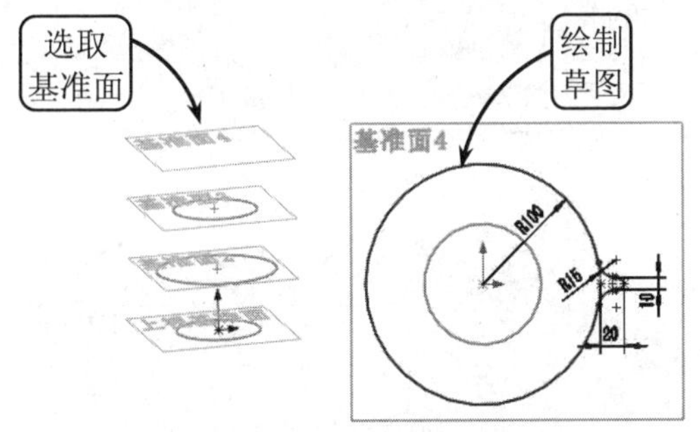

图 7-55　绘制草图

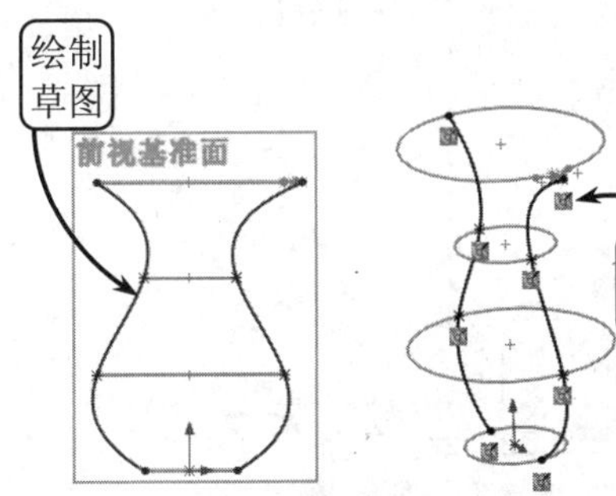

图 7-56　绘制草图

（9）利用【草图绘制】工具选取右视基准面为草图平面，并利用【样条曲线】工具按照图 7-57 所示依次连接各圆上的节点。然后利用【镜向实体】工具绘制另一条样条曲线，并分别对各点添加【穿透】几何关系。接着单击【退出草图】按钮，退出草绘环境。

（10）单击【边界曲面】按钮，然后分别选取上述绘制的 4 个圆为轮廓对象、4 条样条曲线为引导线，创建相应的放样曲面，效果如图 7-58 所示。

（11）利用【草图绘制】工具选取右视基准面为草图平面，然后单击【点】按钮，在右视基准面内绘制距离坐标系原点 5mm 的点。接着单击【填充曲面】按钮，分别选择底部圆轮廓为修补边界，指定该点为约束曲线，创建杯底曲面。用户可以切换为剖面视图观察创建效果，如图 7-59 所示。

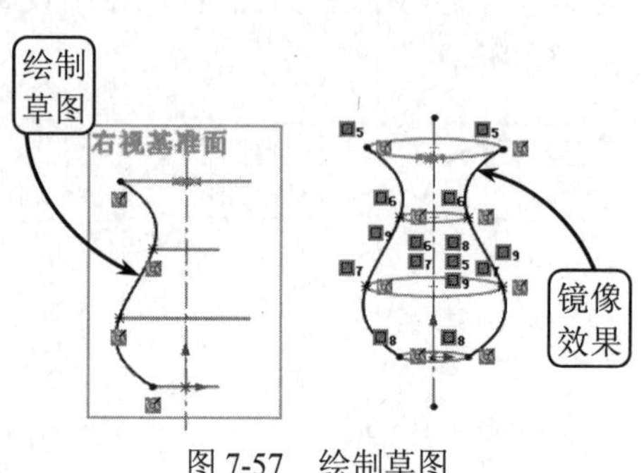

图 7-57　绘制草图

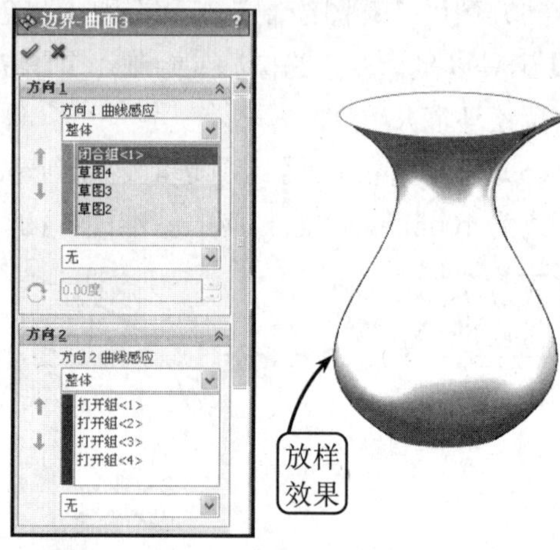

图 7-58　创建放样曲面

（12）利用【草图绘制】工具选取右视基准面为草图平面。进入草绘环境后，利用【圆】工具绘制图 7-60 所示的圆轮廓，并利用【智能尺寸】工具添加驱动尺寸。然后单击【退出草图】按钮，退出草绘环境。

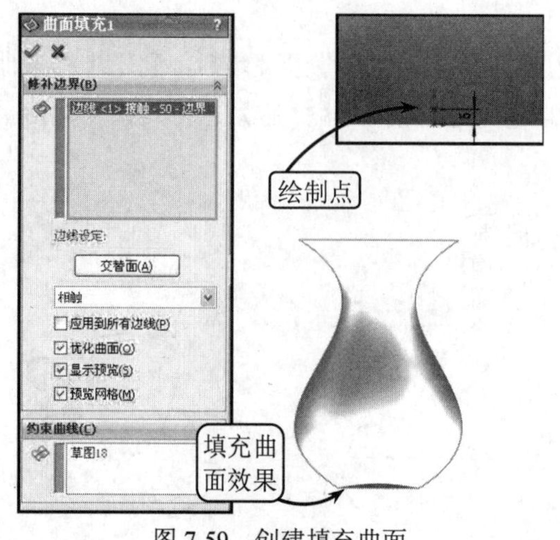

图 7-59　创建填充曲面

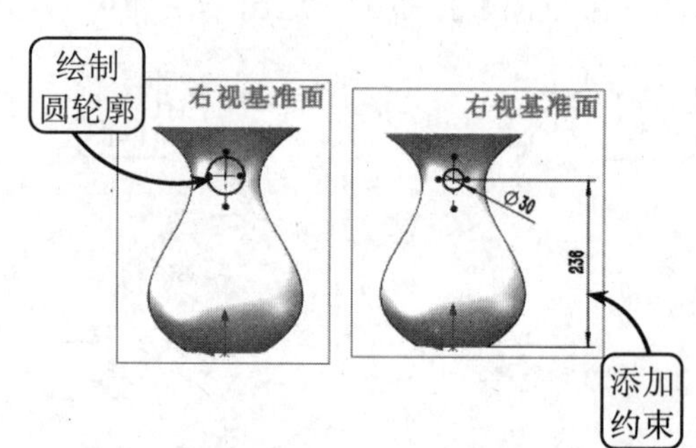

图 7-60　绘制圆轮廓

（13）利用【草图绘制】工具选取前视基准面为草图平面，并利用【样条曲线】工具按照图 7-61 所示绘制一条曲线。然后单击【扫描曲面】按钮，选择上步绘制的圆为扫描轮廓，并指定所绘样条曲线为路径，创建扫描曲面，效果如图 7-61 所示。

（14）单击【剪裁曲面】按钮，选取之前创建的放样曲面为剪裁工具。然后选择裁剪类型为【移除选择】，并选择上步创建的处于放样曲面内部的扫描曲面为要移除的部分，进行剪裁操作，效果如图 7-62 所示。

（15）单击【加厚】按钮，在打开的管理器中设置厚度参数为 2mm，加厚类型为【侧边 1】，对放样曲面进行加厚操作，效果如图 7-63 所示。

（16）继续利用【加厚】工具，依次对创建的扫描曲面和填充曲面进行加厚操作，其中厚度参数分别为 1mm 和 2mm，加厚类型分别为【侧边 1】和【侧边 2】，效果如图 7-64 所示。

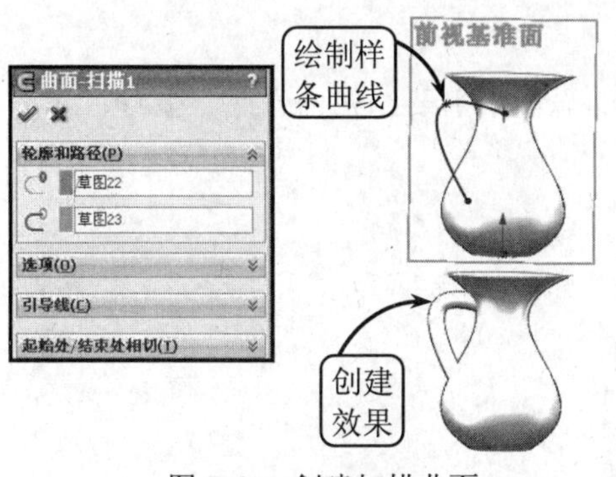

图 7-61　创建扫描曲面

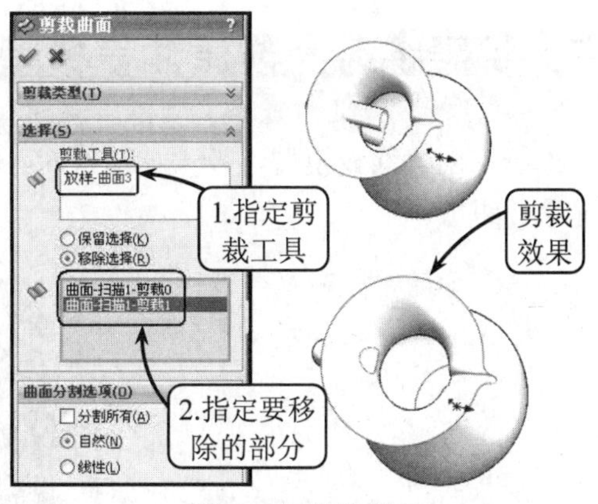

图 7-62　剪裁曲面

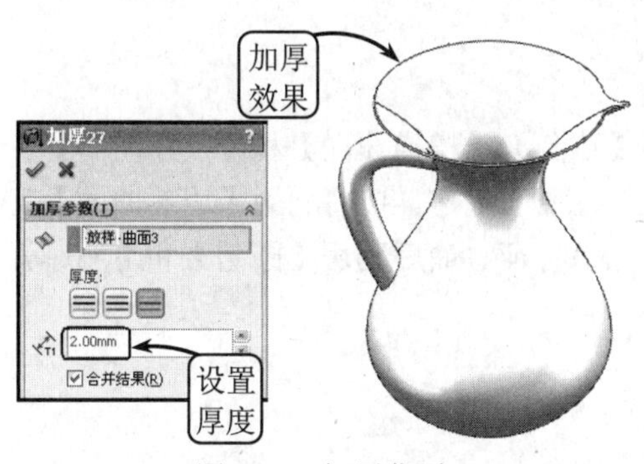

图 7-63　加厚曲面

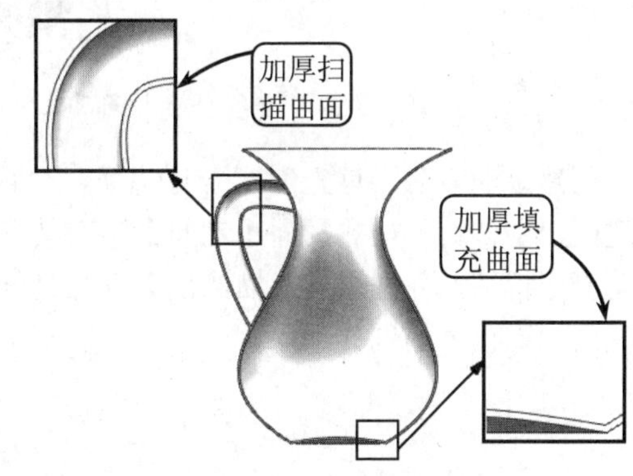

图 7-64　加厚曲面

7.6　扩展练习：创建茶壶实体模型

本练习创建一个茶壶实体模型，效果如图 7-65 所示。茶壶是一种供泡茶和斟茶用的带嘴器皿，是茶具的一个重要组成部分。茶壶由壶盖、壶身、壶把和壶嘴 4 部分组成。

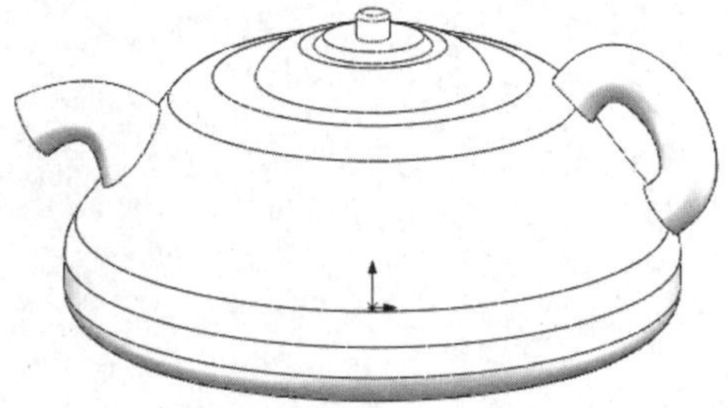

图 7-65　茶壶实体模型效果

创建该实体模型时，可以利用【旋转曲面】工具创建出茶壶的主体外形。然后绘制壶嘴顶部和底部的截面，利用【放样曲面】工具创建壶嘴的整体外形，接着利用【扫描曲面】工具创建壶把支撑部分。最后利用【加厚】工具对创建的曲面进行加厚操作，即可完成该茶壶实体模型的创建。

7.7 扩展练习：创建油壶模型

本练习创建油壶模型，效果如图 7-66 所示。该油壶模型主要结构由壶底、壶身、壶把手和壶盖所组成。

图 7-66 油壶模型效果

创建该油壶时，首先创建壶身特征，然后利用【草图】、【扫描曲面】和【拉伸曲面】工具创建壶盖主体特征，并利用【镜向】等工具完成壶盖特征的创建。接着利用【边界曲面】工具创建壶底特征，并利用【扫描曲面】等工具创建壶把手特征。最后利用【圆角】和【加厚】工具完成油壶模型的创建即可。

第 3 篇

工 程 应 用

Solidworks 软件的工程应用主要包括工程制图、装配设计和钣金设计三大块。其中，利用 Solidworks 的工程图功能模块可以快速地将创建的零件和装配模型生成二维工程图样。且由于所建立的二维工程图是投影三维实体模型得到的，因此实体模型的尺寸、形状和位置的任何改变，都会引起二维工程图作出相应变化。而 Solidworks 的装配设计是在零部件间添加相应的配合关系以确定其在产品中的位置，且整个装配部件保持关联性，如果某部件被修改，则引用的相关装配部件将自动更新。此外，利用 Solidworks 的钣金模块可以针对一些具有薄壁特点的产品设计其外形，如计算机机箱和机床护罩等。

第8章 工 程 制 图

在机械加工过程中，零件的制造一般都是依据二维工程图来完成的。因此，在三维建模环境中完成零件设计后，创建该零件模型的二维工程图并添加相关的标注是极其必要的。在Solidworks中，利用工程制图模块可以方便地得到与实体模型相一致的二维工程图。且由于该工程图与三维实体模型是完全关联的，当改变实体模型时，工程图尺寸会同步自动更新，保证了二维工程图的准确性。

8.1 创建工程图

工程图是设计部门提供给生产部门用于生产制造和检验零部件的重要技术文件，由一组视图、尺寸、技术要求，以及标题栏和明细表4部分组成。且在创建工程图之前，通过设置文档设定、图纸格式和图纸属性等参数，可以达到高效、统一和清晰的设计效果。

8.1.1 工程图文件

Solidworks 的工程图文件包含了图纸格式/大小和图纸内容两个相对独立的部分。新建工程图文件是进入工程制图环境的第一步，也是创建相应二维工程图的基础。

1. 工程图文件类型

工程图文件通常以模型被还原而生成，即模型的所有信息都可在工程图文件中使用。用户可以使用以下文件类型在生成、打开和操作工程图文件时，改善其性能和显示。

- **大型装配体模式**

大型装配体模式是用于操作和处理 Solidworks 装配体的一个系统选项，虽然该选项主要针对装配体文件，但也可以用于工程图的创建。在【装配体】工具栏中单击【大型装配体模式】按钮，即可切换至该模式。

- **轻化工程图**

使用大型装配体模式意味着同时使用轻化工程图，工程图可以采用类似于装配体的轻化格式装入。因为仅在需要时才装入所有模型数据，所以轻化工程图的效率更高，可以明显提高大型装配体的性能。

欲将装配体零部件设定为轻化或还原，可以右键单击某零部件，然后选择【设定为轻化】或【设定为还原】选项即可。当零件为轻化状态时，FeatureManager 设计树中的零件图标将变为羽毛图标。同样欲将工程图设定为轻化或还原，可以右键单击某工程图视图，然后选择【设定还原到轻化】或【设定轻化到还原】选项即可。此时，FeatureManager 设计树中的工程图图标也将变为羽毛图标。

在 Solidworks 中使用轻化工程图，可以生成所有类型的工程视图；可以将注解附加到所有视图的模型上；可以为模型中的视图标注尺寸；可以指定边线属性（比如切边显示等）；可以选择边线和定点等视图元素；还可以将子装配体的工程图设置为轻化或还原。

● **分离的工程图**

利用分离的工程图，用户不需要把模型文件装入到内存中，即可打开工程图文件或在工程图文件中工作。该类型的工程图与外部参考是分离的。单击【标准】工具栏上的【保存】按钮，系统将打开【另存为】对话框，如图 8-1 所示。此时，指定保存类型为【分离的工程图】，并输入文件名称，然后单击【保存】按钮，即可生成分离的工程图。

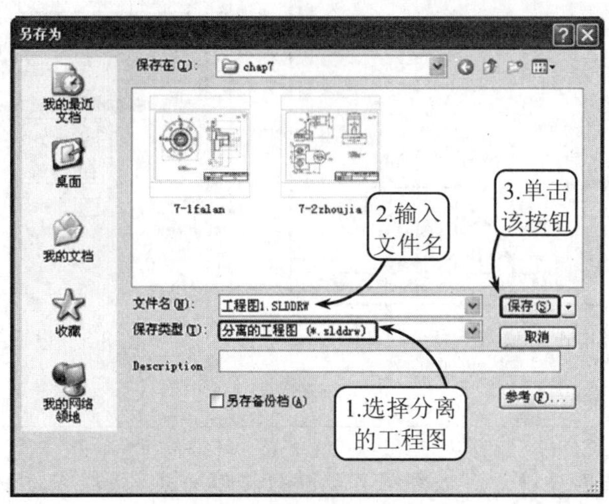

图 8-1　【另存为】对话框

在操作分离工程图时，如果需要对参考模型进行处理，系统将提示用户装入模型文件。此时，用户可以右键单击视图，在打开的快捷菜单中选择【装入模型】选项，手工装入模型即可。

在 Solidworks 中，用户可以将分离的工程图文件传送给其他 Solidworks 用户，而不需要传送对应的模型文件；可以对视图和模型的更新进行更多的控制；当设计组的设计员在编辑模型时，其他的设计员可以独立地在工程图中进行操作，如对工程图添加细节和注解等；当工程图和模型同步时，添加到工程图中的细节及尺寸会因模型上几何和拓扑的修改而更新。

提示

在【另存为】对话框中，用户可以通过选择【分离的工程图】和【工程图】保存类型实现标准工程图和分离工程图之间的相互转换。

2. 进入工程图模式

进入工程图模式主要有两种方法：新建工程图文件或者利用【标准】工具栏中的工具从打开的零件/装配体文件中进入工程图模块，现分别介绍如下。

● **新建工程图文件**

该方法是所有绘图软件普遍采用的一种方法。打开 Solidworks 软件，单击【新建】按钮，系统将打开【新建 Solidworks 文件】对话框，如图 8-2 所示。此时，在该对话框中双击【工程

图】按钮，或者依次单击【工程图】和【确定】按钮，即可进入工程制图模式。

- **从零件/装配体制作工程图**

该方法的优势在于：可以预先设置图纸格式/大小。在 Solidworks 软件中打开一个零件类文件，然后单击【标准】工具栏中的【从零件/装配体制作工程图】按钮，系统将打开【图纸格式/大小】对话框，如图 8-3 所示。此时，在该对话框中选择需要的图纸格式，并单击【确定】按钮，即可进入工程图模式。

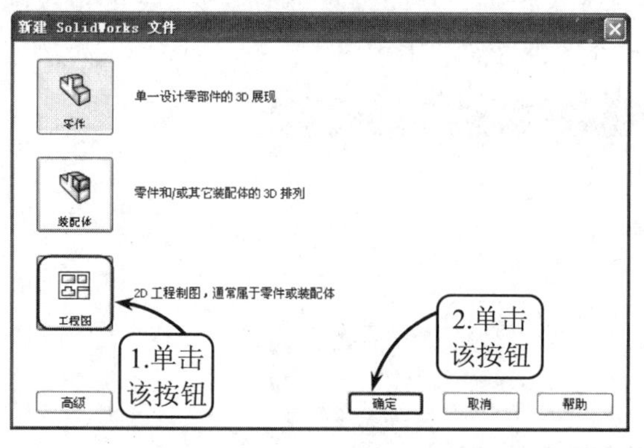

图 8-2 【新建 Solidworks 文件】对话框

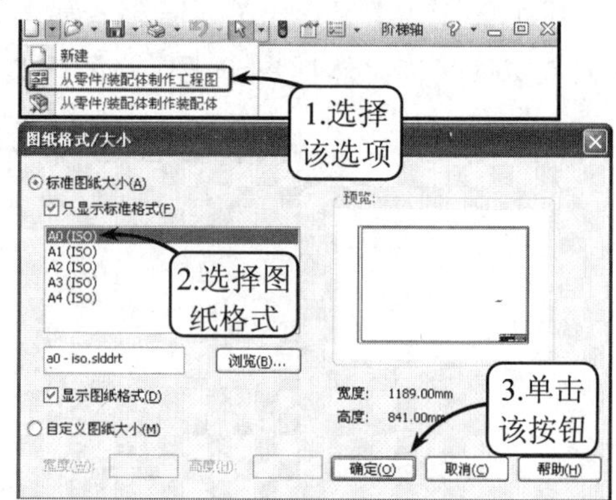

图 8-3 设置图纸格式/大小

Solidworks 工程图的建立是以零件或装配体模型为基础的，因此在建立工程图之前，必须保存相关的零件或装配体模型文件。

8.1.2 工程图参数预设置

在工程图文件中，作为承载图形信息的介质，图纸的格式/大小、背景色和视口等将影响到图形的显示效果；而对于一定格式和大小的图纸，需要靠调整图形的比例和尺寸等来达到合适的效果。用户可以先预设工程图的参数选项，获得所创建文件的大致要求，然后在创建工程图的具体过程中通过编辑图形来达到最终效果。

1. 工程图系统设置

在进行工程图的创建之前，用户可以根据自己的习惯设置相应的文档属性，避免制图过程中再次编辑的烦琐性，以达到事半功倍的效果。在 Solidworks 中，可以通过在【系统选项】和【文档属性】选项卡中设置相应的参数选项，使得创建的 Solidworks 工程图样符合用户的标准以及绘图仪或打印机的标准。

在【标准】工具栏中单击【选项】按钮，系统将打开关于选项设置的对话框，如图 8-4 所示。用户可以在该对话框中切换至相应的项目，设定有关工程图的参数选项，现分别介绍如下。

- **工程图**

在【系统选项】选项卡中选择【工程图】项目，系统将打开 Solidworks 软件中有关工程

图系统属性设置的相关选项，如图 8-4 所示。对于初学者来说，无需全部理解，默认系统的选项设置即可。

● **显示类型**

在【系统选项】选项卡中选择【显示类型】项目，系统将打开 Solidworks 软件中有关工程图显示设置的相关选项，如图 8-5 所示。各选项组中选项的具体含义如下所述。

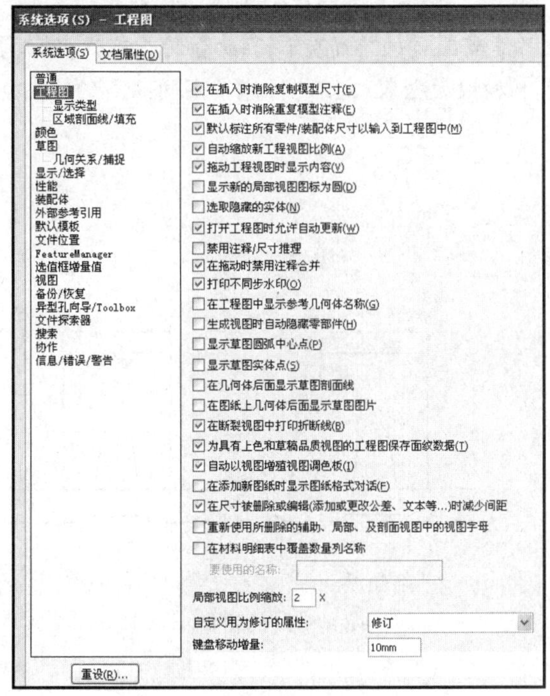

图 8-4　【系统选项】对话框

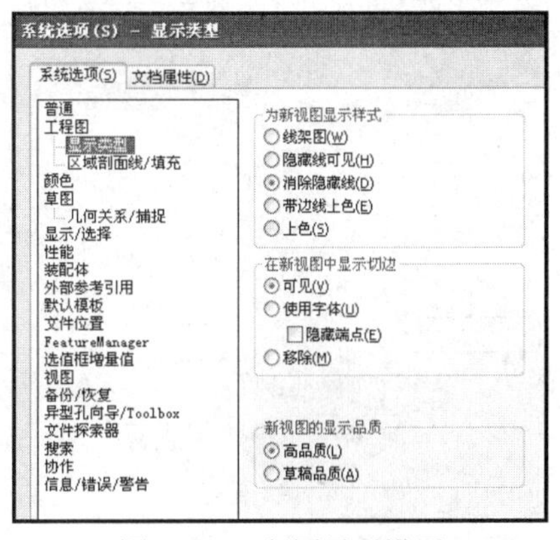

图 8-5　工程图显示设置

◆ **为新视图显示样式**　该选项组中包含 5 种不同的视图显示样式，选择【线架图】选项，系统将以一种线型显示所有边线；选择【隐藏线可见】选项，系统将显示可见的边线和隐藏的边线；选择【消除隐藏线】选项，系统将只显示可见的边线，隐藏不可见的边线；选择【带边线上色】选项，系统将在消除隐藏线的模式下，显示模型中各面的默认或指定颜色；选择【上色】选项，系统将显示模型各表面的颜色，且不显示模型边线。不同样式的视图显示效果如图 8-6 所示。

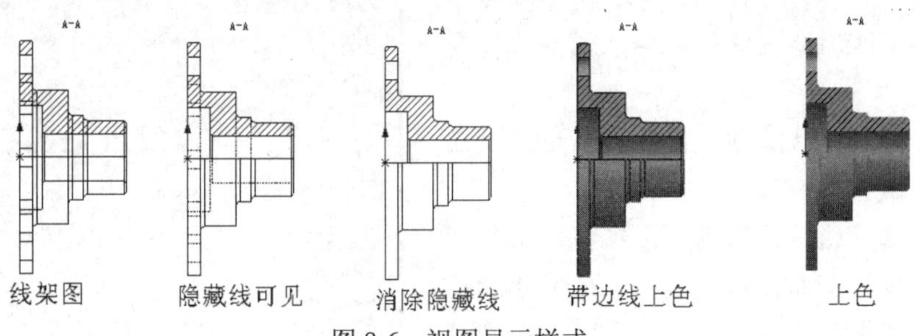

图 8-6　视图显示样式

◆ **在新视图中显示切边**　在该选项组中可以设置视图的切边显示样式。其中，切边是指不同曲面之间或曲面与平面之间相切时生成的切线。如选择【可见】选项，切边

将显示为实线；如选择【使用字体】选项，在工程图文件为激活状态条件下，可以使用【文档属性】|【线型】项目中定义的切边显示样式，且可以指定是否隐藏线条端点；如选择【移除】选项，系统将不显示切边。切边的不同显示效果如图 8-7 所示。

◆ **新视图的显示品质** 在该选项组中可以设置视图的不同显示品质，以选择实现清晰的效果或者使用较低的物理内存。其中，选择【高品质】选项，模型将被还原，主要应用于最后计算的案例，如已经用草稿品质的单元验证了设置的正确性；选择【草稿品质】选项，模型将被轻化，用来加快大型装配体的性能。不同品质的视图显示效果如图 8-8 所示。

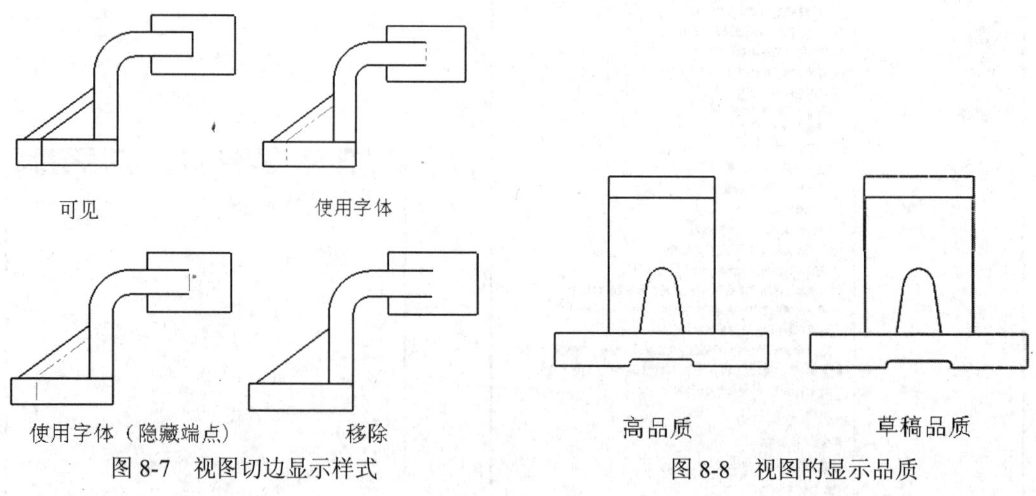

图 8-7 视图切边显示样式

图 8-8 视图的显示品质

指定的显示类型均适用于新创建的工程视图，而从现有视图生成的新视图除外。如果用户从现有视图生成新的视图（如投影视图），新视图将使用源视图的显示设定。

● **区域剖面线/填充**

在【系统选项】选项卡中选择【区域剖面线/填充】项目，系统将打开 Solidworks 软件中有关工程图填充设置的相关选项，如图 8-9 所示。用户可以将设置的剖面线样式应用到工程图中的剖切面或封闭环中，该项目中各选项的具体含义如下所述。

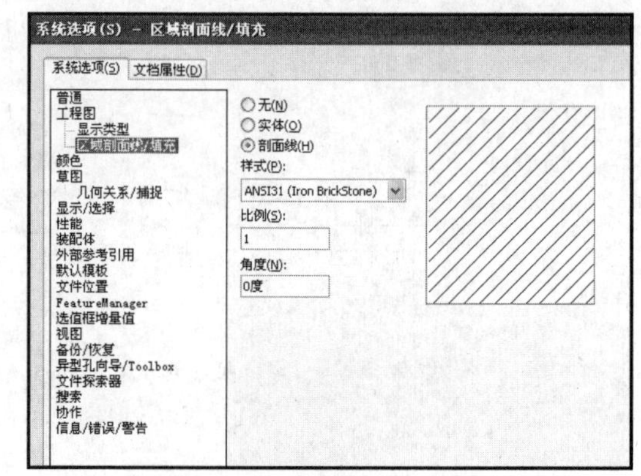

图 8-9 工程图填充区域设置

◆ **无** 选择该选项，系统将不填充剖面区域。

◆ **实体** 选择该选项，系统将以实体模式填充剖面区域，且填充的实体颜色为黑色。

◆ **剖面线** 系统默认以该模式对剖面区域进行填充，且在该模式下可以设置剖

面线的图形样式、间隔距离和倾斜角度。不同的区域填充效果如图 8-10 所示。

- **文档属性**

切换至【文档属性】选项卡，用户可以根据自己的特殊需求，选择不同的标准、单位、线型和线条样式等参数选项设计工程图模板，如图 8-11 所示。该选项卡中各主要项目的选项含义如下所述。

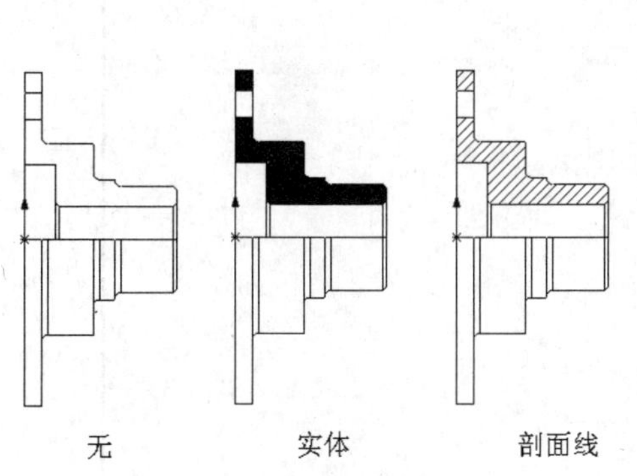

图 8-10　区域填充效果

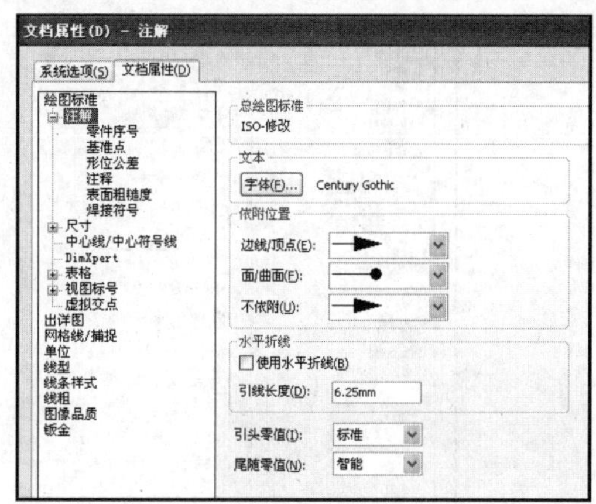

图 8-11　【文档属性】选项卡

◆ **注解**　在该项目中可以设置零件序号、基准点、形位公差、注释、表面粗糙度和焊接符号的样式，如图 8-11 所示。

◆ **尺寸**　在该项目中可以设置尺寸的文字样式、引线/箭头样式和各种尺寸标注样式等，如图 8-12 所示。

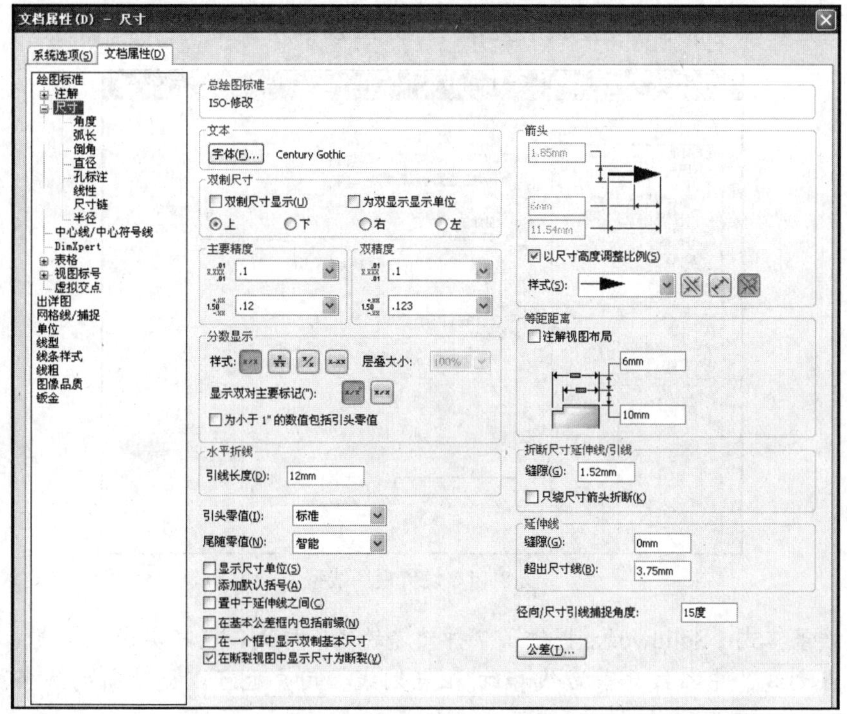

图 8-12　设置标注尺寸样式

◆ **表格** 在该项目中可以指定折弯、材料明细表和孔等选项的表格样式，其中包括设置边界、符号和文本等参数。

◆ **视图标号** 在该项目中可以设置辅助视图、局部视图、剖面视图和正交视图的文档属性，包括字体、线条样式、标号选项和箭头等，如图 8-13 所示。

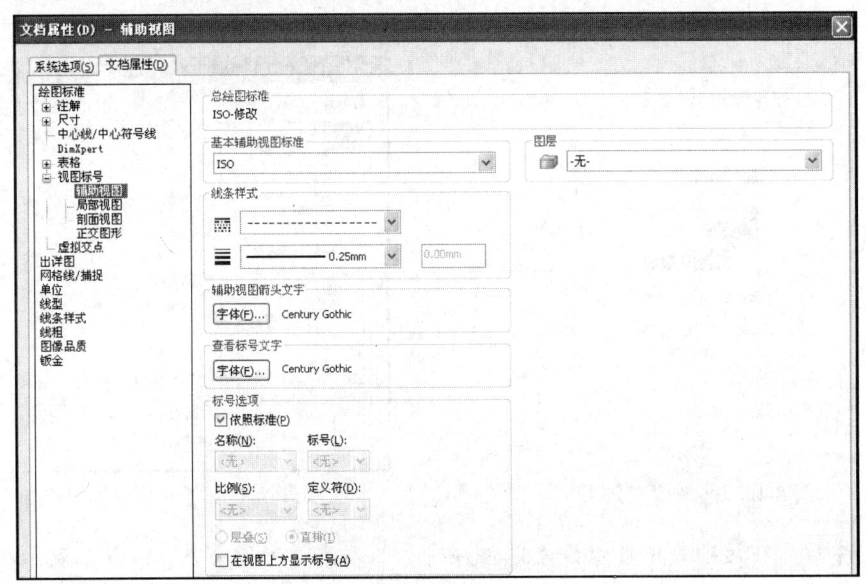

图 8-13 设置视图标号

◆ **线型** 在该项目中可以设置活动工程图文档中各种边线的样式和线宽，包括可见边线、隐藏边线、草图曲线、装饰螺纹线和区域剖面线等类型，且用户可以在保存之前通过预览窗框中查看预设置效果，如图 8-14 所示。

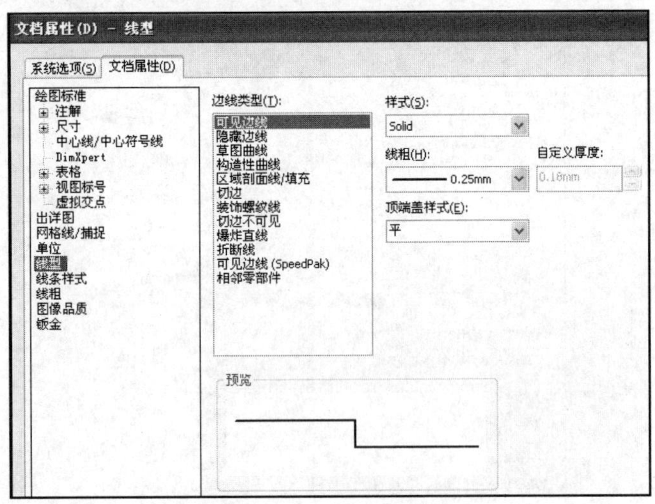

图 8-14 设置视图线型

◆ **线条样式** Solidworks 提供了 7 种锁定的线条样式，包括实线、虚线、双点划线、点划线、中心线、剪裁线和细/粗点划线。用户也可以创建新的线条样式，并以“***.sldlin”文件类型进行保存，如图 8-15 所示。

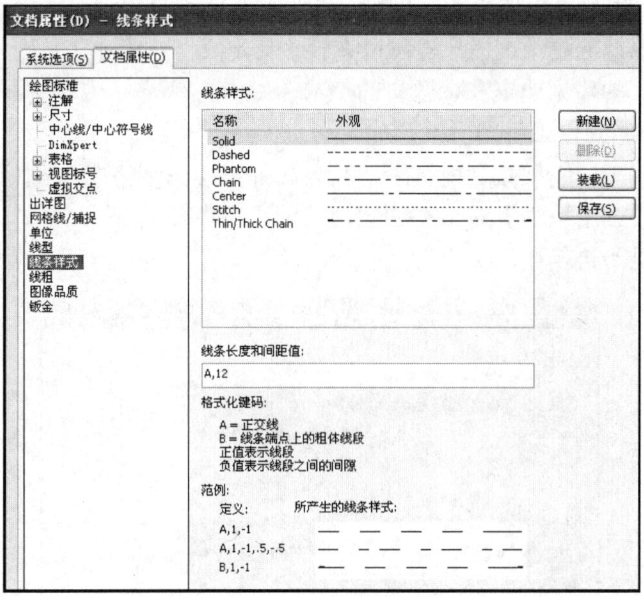

图 8-15　设置线条样式

2. 图纸格式/大小

图纸格式文件包括图框、标题栏、材料明细表的定位点和用户自定义属性等内容。Solidworks 提供了多种规格的图纸格式/大小，用户可以在添加工程图内容之前预先设置好图纸格式/大小以符合自己的需求。

在 Solidworks 中，进入工程图模式的方式不同，设置图纸格式/大小的方法也不相同，现分别介绍如下。

- **新建工程图文件**

当采用该方式进入工程图模式后，在图纸的空白区域单击鼠标右键，选择快捷菜单中的【属性】选项，系统将打开【图纸属性】对话框，如图 8-16 所示。

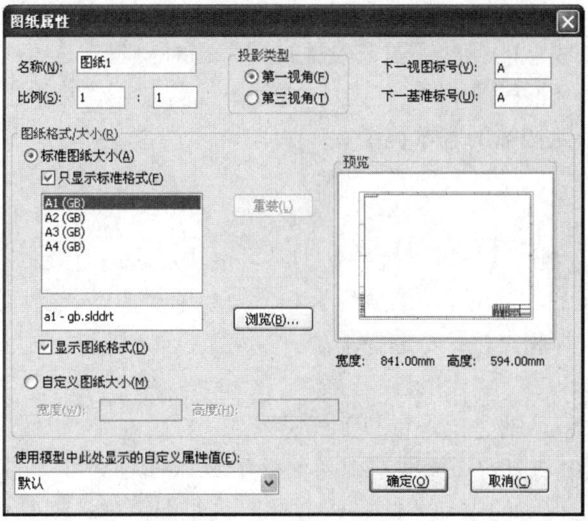

图 8-16　【图纸属性】对话框

在该对话框中，用户可以通过输入图纸名称、设置图纸比例、选择标准图纸大小和指定投影类型来完成图纸属性的更改。用户也可以选择【自定义图纸大小】单选按钮，然后输入相应的宽度和高度参数，创建无边框和标题栏的空白图纸。

● 从零件/装配体制作工程图

采用该方式进入工程图模式之前，系统会自动弹出【图纸格式/大小】对话框，如图 8-17 所示。该对话框与【图纸属性】对话框相比，只能设置图纸格式/大小，而没有比例缩放和投影类型等选项，这里不再赘述。

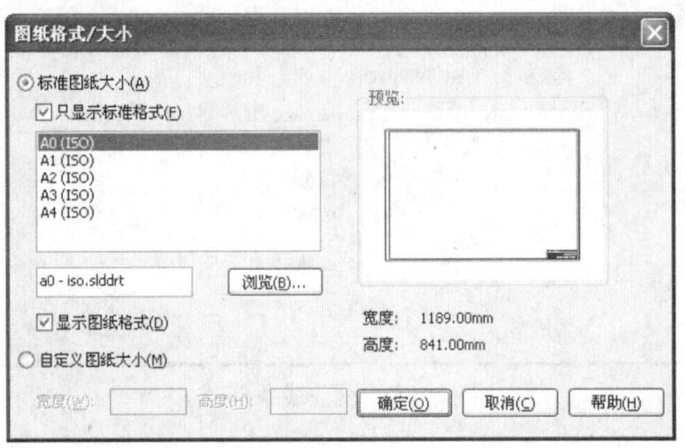

图 8-17 【图纸格式/大小】对话框

8.2 添加视图

在工程图中，视图是组成工程图的最基本的元素。图纸空间内的视图都是模型视图的复制，且仅存在于所显示的视图上。添加视图操作就是一个生成模型视图的过程，即向图纸空间中放置各种视图。一个工程图中可以包含若干个视图，这些视图可以是基本视图、投影视图或剖视图等，通过这些视图的组合可以清楚地对三维实体模型进行描述。

8.2.1 基本视图

基本视图包括零件模型的标准视图、模型视图和相对视图，是组成 Solidworks 工程图文件的基础元素。由于一个工程图中至少包含一个基本视图，因此在建立工程图时，应尽量添加能反映实体模型主要形状特征的基本视图。

1. 标准视图

在 Solidworks 中，利用【标准三视图】工具可以快速添加所显示零件或装配体的 3 个相关的默认正交视图。其中，当在【图纸属性】对话框中选择【第一视角】投影类型时，添加的三视图依次为前视、左视和上视；若选择【第三视角】投影类型时，默认添加的标准三视图依次为上视、右视和前视。

单击【新建】按钮，创建一张新的工程图图纸。然后在【视图布局】工具栏中单击【标准三视图】按钮，系统将打开【标准三视图】属性管理器。此时，单击该管理器中的【浏览】按钮，并选择要生成工程图的零件或装配体文件，系统即可自动添加相应的三视图，效果如

图 8-18 所示。

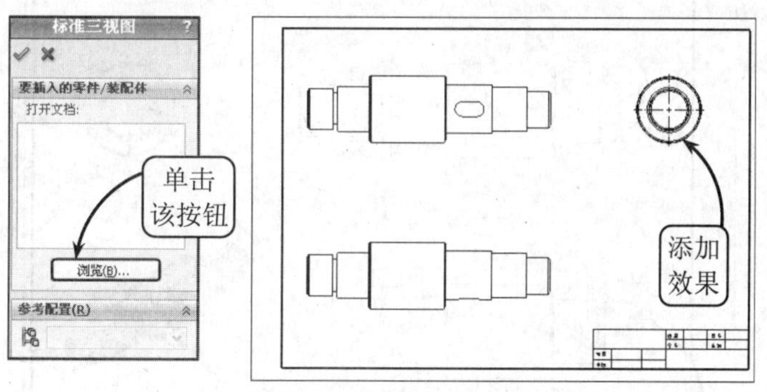

图 8-18　创建标准三视图

此外，当新建一张工程图图纸后，用户也可以在右侧【任务窗格】的【视图调色板】选项卡中浏览到目标文件并打开，然后选择相应的视图拖放到图纸中。

系统默认添加的 3 个正交视图有固定的对齐关系。其中，上视和前视可以竖直移动，侧视图可以水平移动。

2. 模型视图

在 Solidworks 中，利用【模型视图】工具可以生成模型中预定义的某一个或多个视图。进入工程图模式后单击【模型视图】按钮，系统将打开【模型视图】属性管理器，如图 8-19 所示。

图 8-19　【模型视图】属性管理器

此时，单击【浏览】按钮，选择要创建模型视图的零件文件。然后在【方向】面板中指定所需的定向视图，放置到图纸中的合适位置，并在【显示样式】面板中设定各放置视图的显示样式。接着设置相关的视图比例，即可创建指定的模型视图，效果如图 8-20 所示。

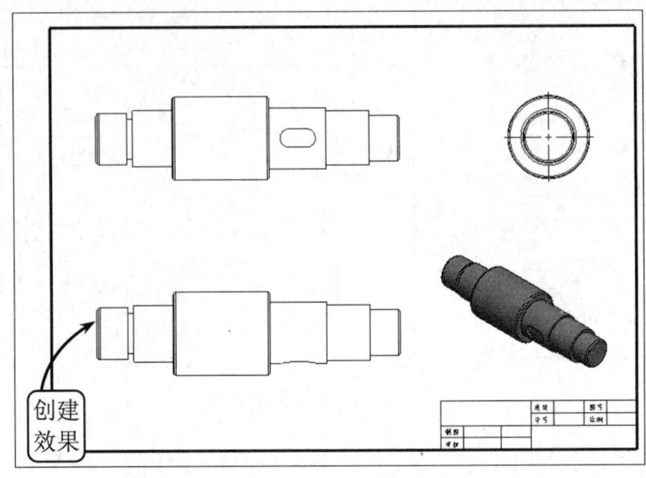

图 8-20　创建多模型视图

此外，用户可以启用【方向】面板中的【生成多视图】复选框，然后选择所需的视图创建多个模型视图；还可以通过启用【输入选项】面板中的各复选框，创建带有注解的模型视图。

创建完多模型视图后，用户可以对某个模型视图单独进行编辑设置，且编辑结果不会影响到其他的模型视图。例如可以单独为指定视图输入注解、更改比例或改变显示样式等。

3. 相对视图

相对视图是一个正交视图，由模型中两个直交面或基准面及各自的具体方位的规格定义。当默认的视图类型不能满足要求时，用户可以利用【相对视图】工具创建第一个正交视图，然后利用【投影视图】工具生成其他正交视图。

进入工程图模式后单击【相对视图】按钮，系统将打开【相对视图】属性管理器，且指针形状将变为。然后切换到另一窗口中打开要创建相对视图的模型。此时，在打开的【相对视图】属性管理器中指定相对视图的两个参考视向，并在模型上依次指定各视向的参考面，且这两个参考视向必须正交，如图 8-21 所示。

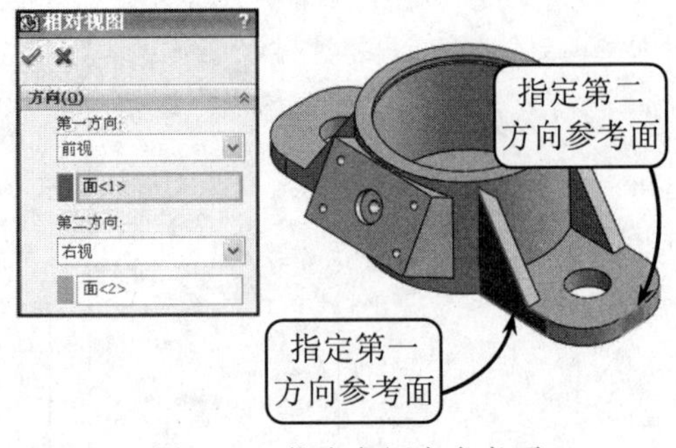

图 8-21　指定各视向参考面

完成上述操作后，单击【确定】按钮，系统将返回工程图界面。此时，在管理器中设定要创建视图的参数选项，并在图纸中指定其放置位置，即可完成相对视图的创建，效果如图 8-22 所示。

当模型中默认的前视图不能满足要求的时候，利用【相对视图】工具可以创建指定方向的视图效果。

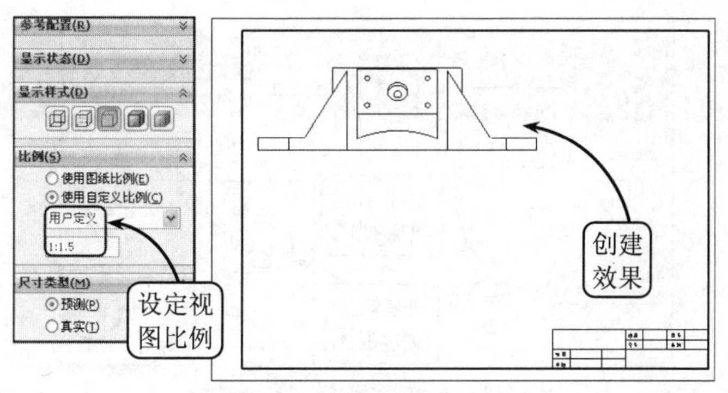

图 8-22　创建相对视图

8.2.2　投影视图

一般情况下，单一视图很难将一个复杂实体模型的形状表达清楚。在添加完单一视图后，还需要添加相应的投影视图才能够完整地展现实体模型的形状和结构特征。

在 Solidworks 中，用户可以利用【投影视图】工具折叠工程图中已存在的视图，生成以该视图为基准的 8 种可能投影方向之一的视图。且所产生的视向受在【图纸属性】对话框中指定的投影类型的影响。利用【投影视图】工具可以在任何正交视图中插入投影的视图。

添加完单一视图后，单击【视图布局】工具栏中的【投影视图】按钮，系统将打开【投影视图】属性管理器。此时，在图纸区域中选择要投影的基准视图，然后移动指针至指定的位置放置，并在管理器中设置投影视图的相应参数选项即可，效果如图 8-23 所示。

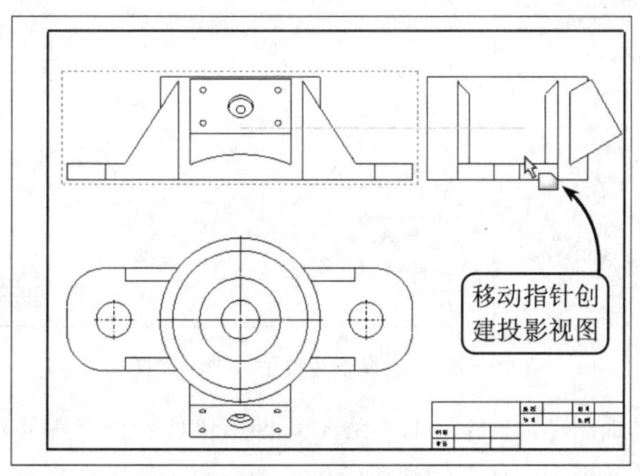

图 8-23　创建投影视图

此外，用户还可以利用该工具在轴测视图、剖视图和爆炸装配体等视图中生成投影视图，但不能从局部视图生成，效果如图 8-24 所示。

在插入投影视图时，系统默认投影视图自动与父视图对齐。若移动鼠标时按住 Ctrl 键，则解除对齐关系，从而可以将视图放置在图纸中的任意位置。

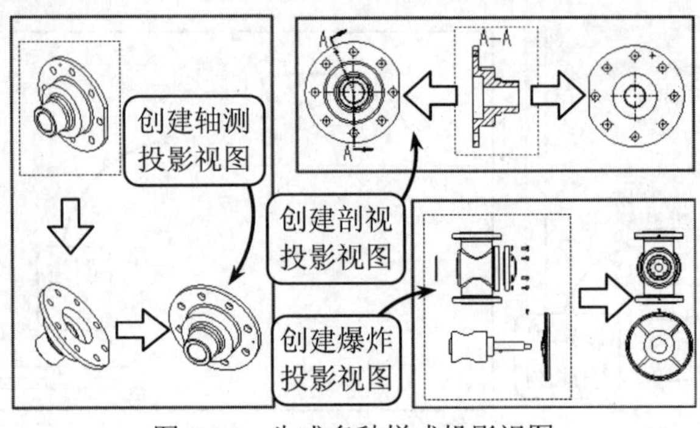

图 8-24 生成多种样式投影视图

8.2.3 辅助视图

当零件模型中包含有斜面特征时，只以一般的正投影视图来观测的话，可能无法了解斜面上的实际形状。此时，用户可以通过添加相应的辅助视图来表达。在 Solidworks 中，辅助视图是指垂直于现有视图中参考边线的正投影视图。其中，参考边线可以是零件中的一条边、侧影轮廓线、轴线或草图直线，但不能是水平或竖直的，否则生成的就是投影视图。

单击【辅助视图】按钮，系统将打开【辅助视图】属性管理器。此时，在图纸中的视图上选择相应的参考边，并在打开的管理器中设置要添加的辅助视图的相关参数选项。然后移动指针至图纸中的适当位置，单击放置该视图即可，效果如图 8-25 所示。

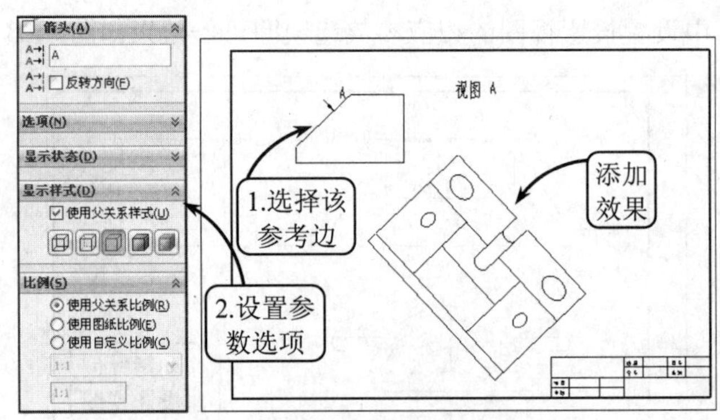

图 8-25 由模型边线生成辅助视图

此外，用户也可以利用【直线】工具在模型视图范围内绘制草图直线，然后利用【辅助视图】工具创建相应的辅助视图。如要编辑所绘的草图直线，可以选择创建的辅助视图，然后右键单击视图箭头，在打开的快捷菜单中选择【编辑草图】选项，即可编辑所绘的直线。完成编辑后退出草图，即可利用该草图重建辅助视图，效果如图 8-26 所示。

提示

将指针移动到辅助视图箭头上时，其形状将变为，此时即可拖动箭头至合适的位置。如果想要改变箭头大小，则选择【选项】|【文档属性】|【视图标号】|【剖面视图】选项，在【剖面视图/大小】面板中设置箭头的样式即可。

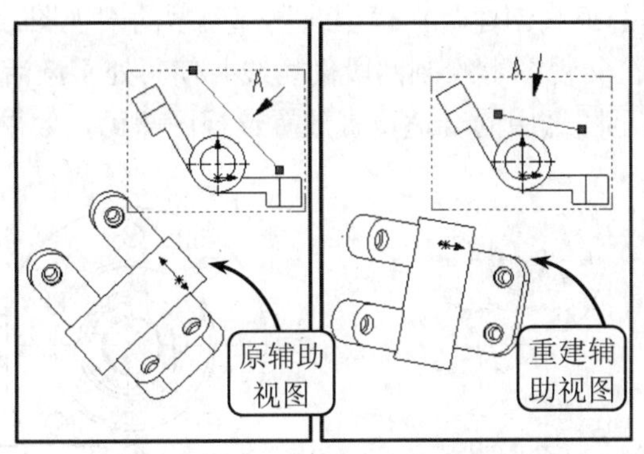

图 8-26 由草图直线生成辅助视图

8.2.4 剖视图

当零件的内部结构较为复杂时，视图中就会出现较多的虚线，致使图形表达不清楚，给看图、作图以及标注尺寸带来了困难。此时，就可以利用 Solidworks 软件中提供的剖切视图工具创建相应的剖视图，以便更清晰、更准确地表达零件内部的结构特征。

1. 剖面视图

在 Solidworks 中，用户可以利用【剖面视图】工具通过绘制一条剖切线“剖开”视图，从而建立一个新的工程视图来表达机件的内部结构。其中，可以用于剖切的线段包括直切线、阶梯线或同心圆弧，且新建的剖面视图会自动与父视图对齐。

利用【中心线】工具在父视图上绘制剖切线并使其处于选中状态，然后单击【剖面视图】按钮，系统将打开【剖面视图】属性管理器，如图 8-27 所示。

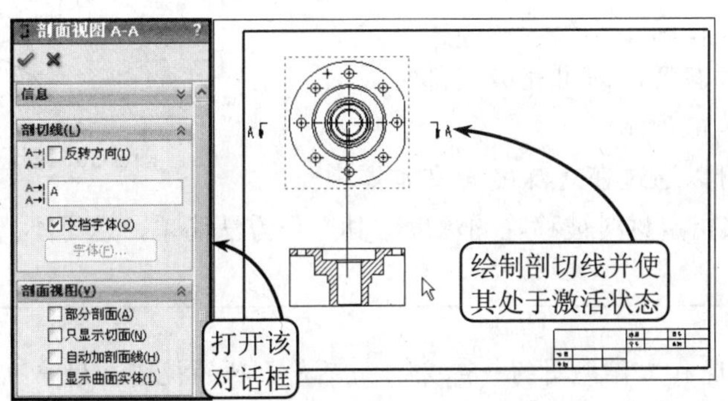

图 8-27 【剖面视图】属性管理器

其中，用户可以通过在【剖面视图】面板中启用【部分剖面】或【只显示切面】复选框生成相应的剖面视图，效果如图 8-28 所示。

此外，用户可以拖动剖切标签自由移动，可以通过双击修改剖切标签显示内容，可以双击剖切箭头更改方向，可以拖动箭头改变箭头长度，还可以拖动剖切线改变剖切线长度。

2. 旋转剖视图

旋转剖视图与剖面视图类似，只是其剖切线由连接到一个夹角的两条或多条线段组成。用户可以利用【旋转剖视图】工具创建贯穿模型或局部模型的剖视图效果。

利用【中心线】工具在父视图上绘制两段剖切线并使其处于激活状态，然后单击【旋转剖视图】按钮，移动指针至图纸中的合适位置放置该视图即可，效果如图 8-29 所示。

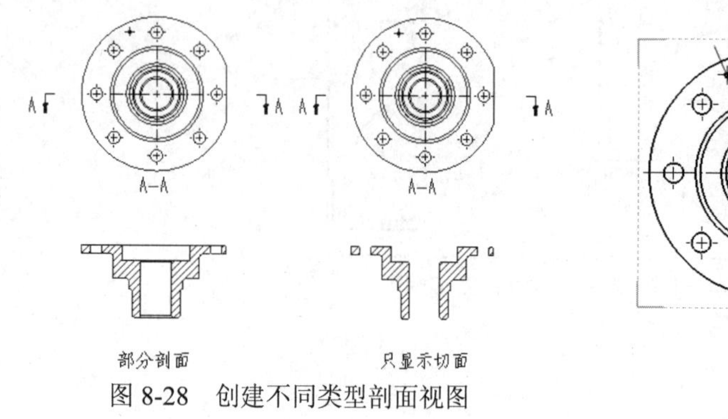

图 8-28　创建不同类型剖面视图

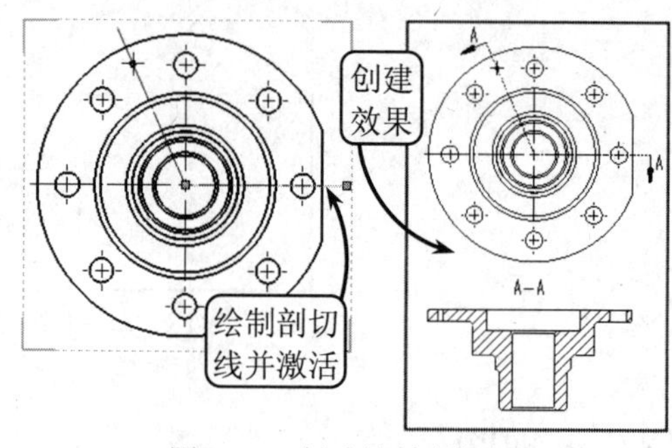

图 8-29　创建旋转剖视图

3. 局部剖视图

大多数情况下，零件的结构不是对称分布的。此时，用户可以采用局部剖视图的方法，通过剖切平面局部地剖开零件来表达其内部结构。其中，视图中剖视的部分表达零件的内部结构，不剖的部分表达机件的外部形状。

利用【草图】工具栏中的相关工具在要进行剖切的视图中绘制一个封闭区域，并使其处于激活状态。然后单击【视图布局】工具栏中的【断开的剖视图】按钮，系统将打开【断开的剖视图】属性管理器。此时，在同一或相关视图中选择一草图几何体作为深度参考，即可完成局部剖视图的创建，效果如图 8-30 所示。

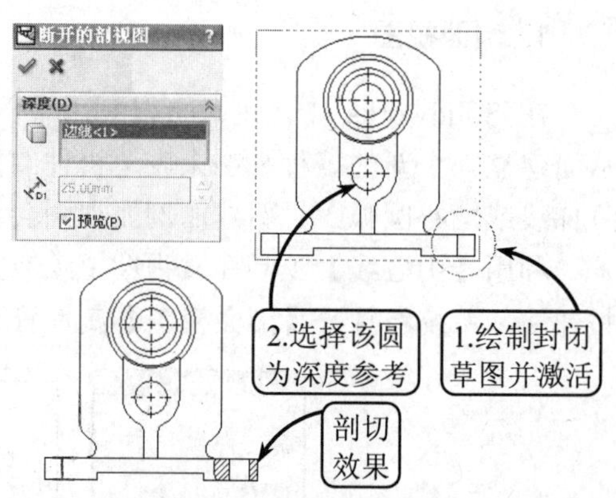

图 8-30　创建局部剖视图

此外，用户也可以通过在【深度】文本框中设置具体的参数值来指定材料被移除的深度。其操作方法简单，这里不再赘述。

局部剖视图为现有工程视图的一部分，而不是单独的视图。用户也可以通过单击【断开的剖视图】按钮后绘制一封闭的样条曲线来定义要局部剖开的视图部分。

8.2.5　局部视图

在工程图中，用户还可以通过生成一个局部视图来显示一个视图的某个部分，且通常情况下以放大比例显示。其中，该局部视图可以是正交视图、等轴测视图或剖面视图等。

单击【局部视图】按钮，在图纸中需要放大显示的部分绘制一个圆，此时，系统将打开【局部视图】属性管理器。设置所创建的局部视图的相应参数选项，然后移动指针至合适的位

置放置该视图即可，效果如图 8-31 所示。

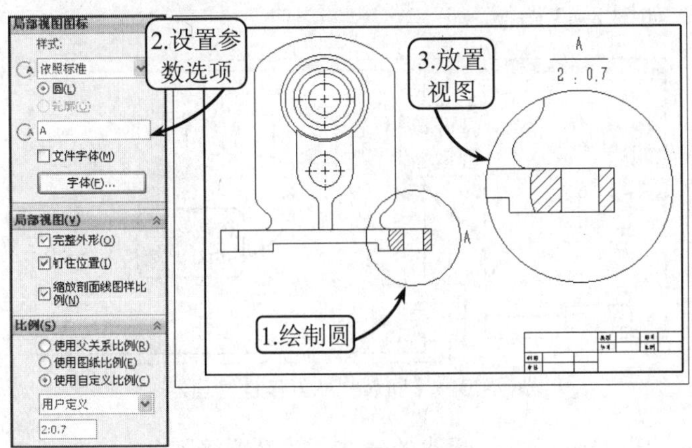

图 8-31　添加局部视图

此外，用户还可以在【局部视图图标】面板中设置图标的显示样式、标号字母和字体样式。其中，若选择【按照标准】选项，局部圆的样式将由当前的标绘标准所决定，其余各选项的图标样式如图 8-32 所示。

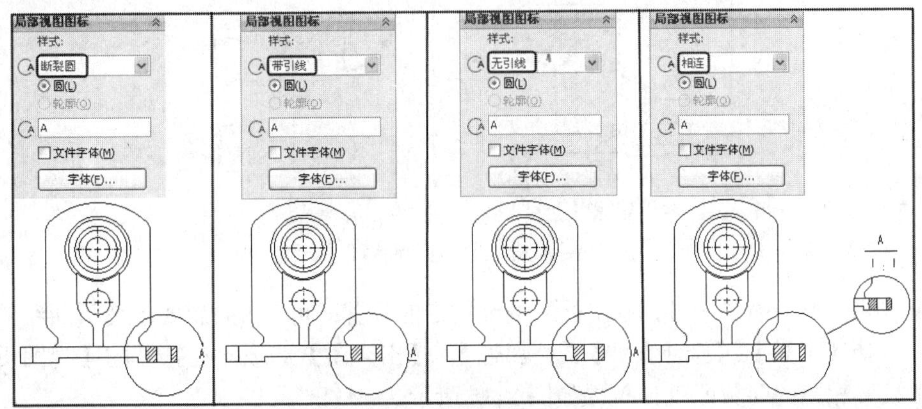

图 8-32　局部视图图标样式

提示

若要生成一圆以外的轮廓，应在单击【局部视图】按钮之前利用相关的草绘工具在要放大的区域周围绘制一个闭环轮廓。且用户可以为所绘草图添加尺寸或几何关系，以相对于模型精确定位轮廓。

8.2.6　断裂视图

对于轴、杆和型材等较长的机件，当其沿长度方向的形状一致或按一定规律变化时，用户可以利用【断裂视图】工具将其断开后缩短绘制，而与断裂区域相关的参考尺寸和模型尺寸，则反映实际的模型尺寸。

单击【断裂视图】按钮，然后在图纸区域中选取要断开的工程视图，系统将打开【断裂视图】属性管理器，如图 8-33 所示。

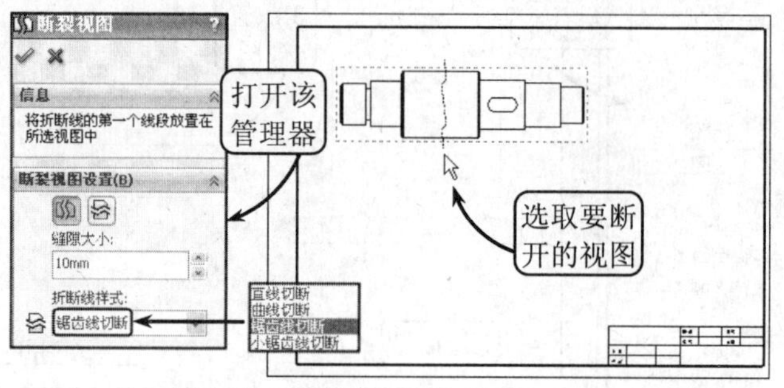

图 8-33 【断裂视图】属性管理器

此时，在打开的管理器中指定折断线的样式，并设置缝隙参数，然后在视图中的适当位置单击两次，放置两条折断线，即可生成相应的折断特征，效果如图 8-34 所示。

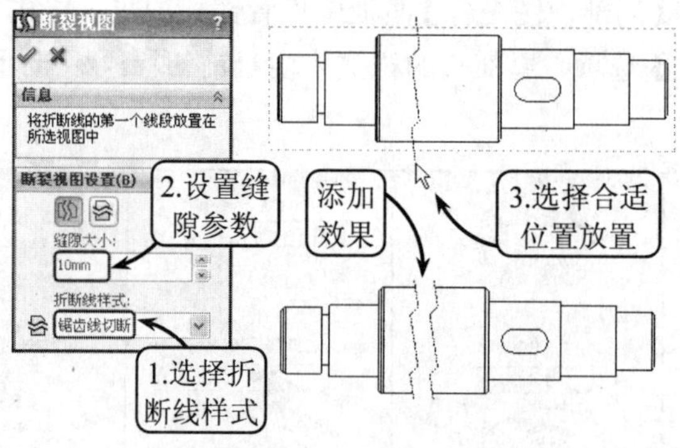

图 8-34 添加折断特征

如果想要改变断裂的区域，拖动折断线至指定的位置即可；如果想要改变折断线的延伸长度，可以选择【工具】|【选项】|【文档属性】|【出详图】选项，在打开的【视图折断线】选项组中设置相应的参数即可，效果如图 8-35 所示。

此外，如果想将投影视图中的折断与父视图中的折断对齐，可以在投影视图上单击右键选择【属性】选项，然后在打开的【工程视图属性】对话框中启用【折断线与父视图对齐】复选框即可，效果如图 8-36 所示。

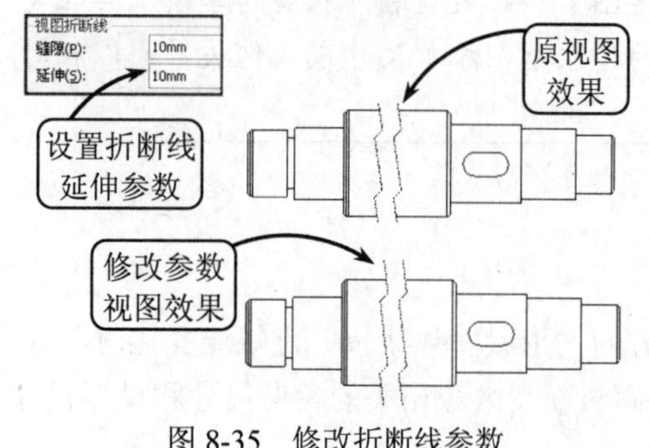

图 8-35 修改折断线参数

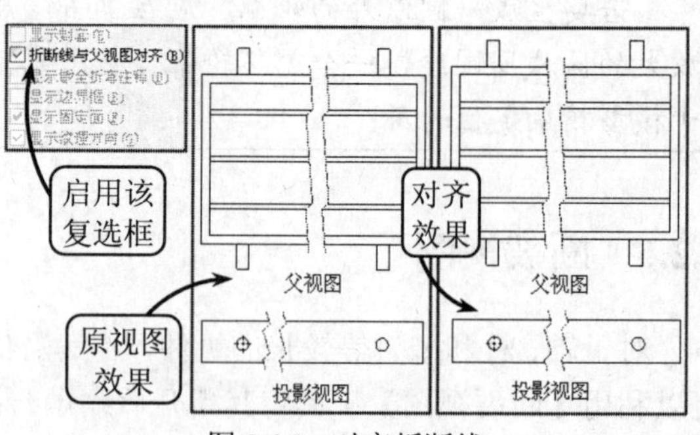

图 8-36 对齐折断线

8.3　标注工程图

工程图的标注是反映零件尺寸和公差信息的最重要的方式，利用工程图标注功能，可以向工程图中添加尺寸、形状公差、制图符号和文本注释等标注内容。当对工程图进行标注后，即可完整地表达出零件的尺寸、形位公差和表面粗糙度等重要信息。此时，工程图才可以作为生产加工的依据，因此，工程图的标注在实际生产中起着至关重要的作用。

8.3.1　注解

注解是符号，其提供了制造和装配的附加信息，以增强工程图的效果。在 Solidworks 中，用户可以使用多种类型的注解：尺寸、文字、引线、箭头和一些特殊符号。其中，尺寸标注的方法与草绘中添加基本尺寸的方法相同，这里不再赘述。现介绍几种常用的注解符号的添加方法。

● **基准特征符号**

在工程视图中，用户可以将基准特征符号添加到表示零件基准面的投影边上。在【注解】工具栏中单击【基准特征符号】按钮，系统将打开【基准特征】属性管理器，如图 8-37 所示。

此时，在该管理器中设置基准特征符号的样式，然后在视图上的适当位置依次单击放置附加项及该符号即可，效果如图 8-38 所示。

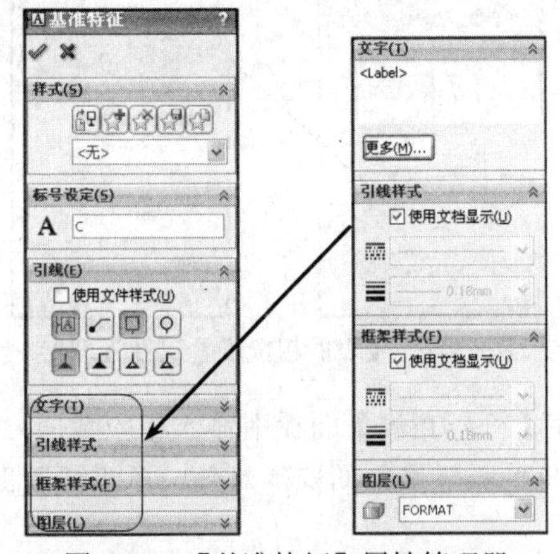

图 8-37　【基准特征】属性管理器

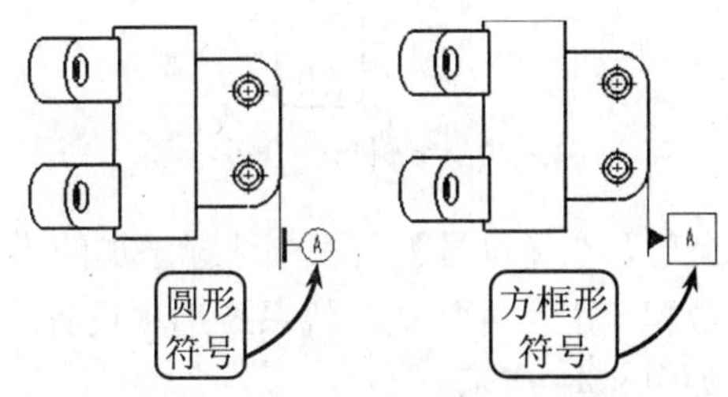

图 8-38　添加基准特征符号

● **形位公差符号**

形位公差符号是工程图上的一种注解，可以带引线或不带引线。在添加过程中它们依附于某个尺寸，以指定具体的几何形状和位置。现以添加【直线度】形位公差为例，介绍其具体操作方法。

在视图中选择一条模型边线，然后单击【形位公差符号】按钮，系统将打开【形位公差】对话框，如图 8-39 所示。此时，在【符号】下拉列表框中选择【直性】符号，然后单击【直径】按钮添加直径符号，并在【公差 1】文本框中输入数值 0.003。接着单击【确定】按钮，即可完成【直线度】形位公差符号的添加。

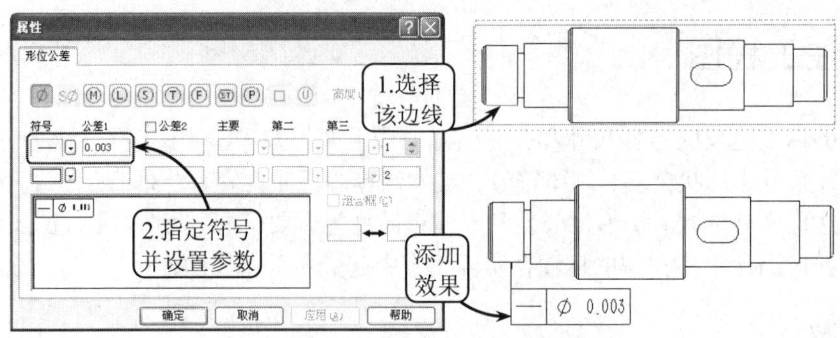

图 8-39 添加直线度形位公差符号

完成形位公差符号的添加后，如想对其进行相应的编辑，可以单击选取形位公差符号框，然后在打开的【形位公差】属性管理器中设置参数选项即可，效果如图 8-40 所示。

● **表面粗糙度符号**

表面粗糙度表示了零件表面的光滑程度，也决定了不同的加工方法。单击【表面粗糙度符号】按钮，系统将打开【表面粗糙度】属性管理器，如图 8-41 所示。

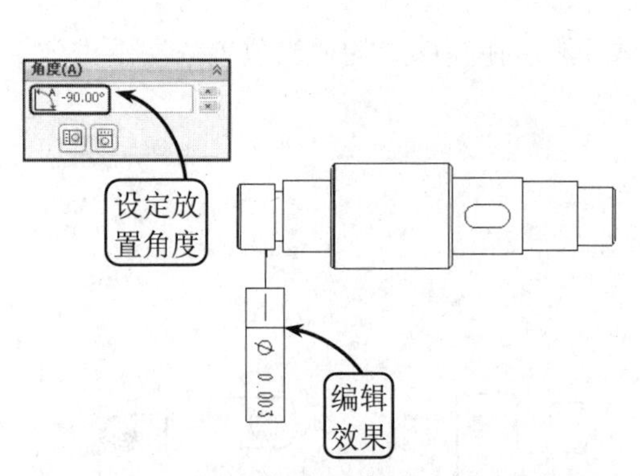

图 8-40 编辑形位公差符号

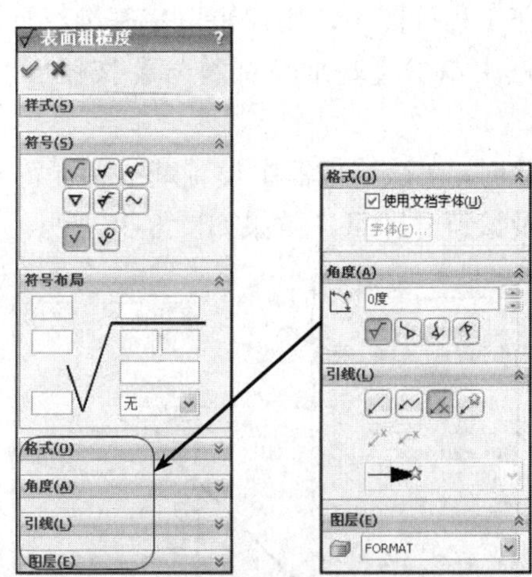

图 8-41 【表面粗糙度】属性管理器

此时，在【符号】面板中选择添加的类型，并在【符号布局】面板中输入相应数值，然后设置放置角度，并默认其他系统选项设置。接着移动光标至指定的标注对象，单击放置即可，效果如图 8-42 所示。

● **孔标注符号**

对于由异型孔向导或圆形切除特征创建的孔，用户可以使用【孔标注】工具为其添加从动直径尺寸。

单击【孔标注】按钮，然后在视图上选择孔的边线，并拖动光标至适当位置放置，即可插入孔标注符号。一般情况下，该符号的标注内容包含一直径符号∅和孔直径的尺寸。如果孔的深度已知，其内容也将包含深度符号↧和深度的尺寸。此外，如果标注的是利用异型孔向导工具生成的孔，标注内容还将包含额外的信息，如沉头孔的尺寸或孔实例数，效果如图 8-43 所示。

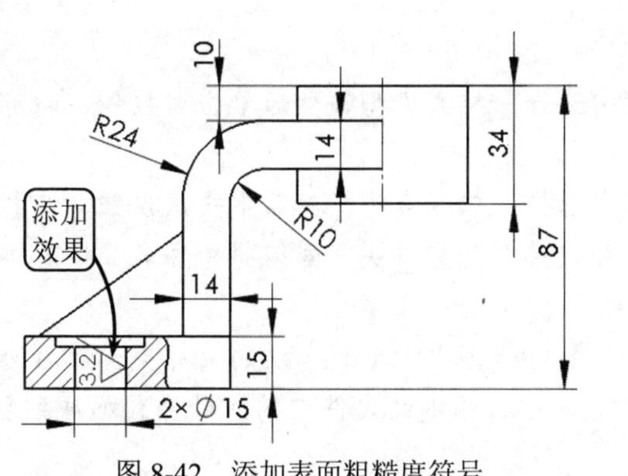

图 8-42　添加表面粗糙度符号

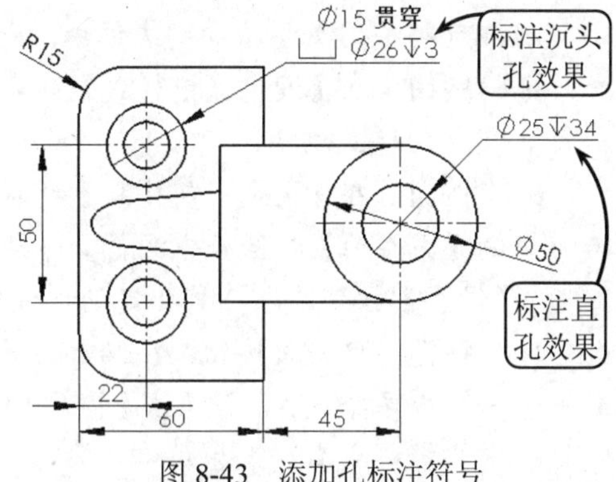

图 8-43　添加孔标注符号

在插入孔标注符号的同时，系统也将打开【尺寸】属性管理器。用户可以在该管理器中设置孔标注符号的样式和内容，例如设定公差尺寸和精度，效果如图 8-44 所示。

8.3.2　注释

注释是一种文字注解，其可以自由浮动或固定，也可以带引线并依附在模型的顶点、边线或者面上。在 Solidworks 中，注释内容包含简单的文字、符号、参数文字或超文本链接，而引线可能是直线、折弯线，或者多转折引线。

单击【注解】工具栏上的【注释】按钮，系统将打开【注释】属性管理器，如图 8-45 所示。该管理器中各主要选项的含义介绍如下。

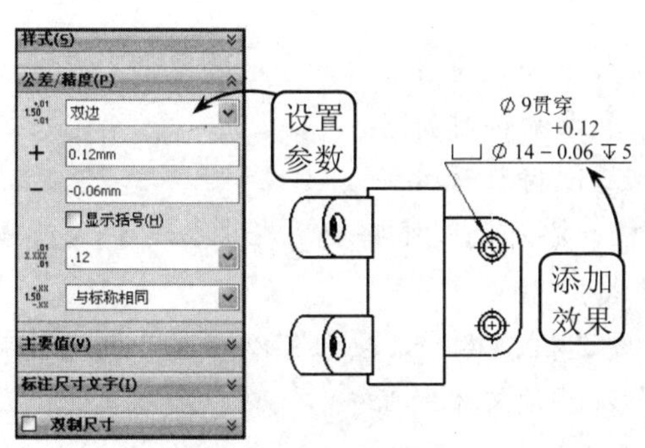

图 8-44　设置孔标注符号

图 8-45　【注释】属性管理器

● **样式**

在该面板中可以指定注释常用的两种类型。带文字：如果在注释中键入文本并将其另存为常用注释，该文本便会随注释属性保存。当生成新注释时，选择该常用注释并将注释放在图形区域中，注释便会与该文本一起出现。不带文字：如果生成不带文本的注释并将其另存为常用注释，则只保存注释属性。【样式】面板中各选项的含义如下所述。

◆ **按钮**　单击该按钮可以将默认类型应用到所选注释。

◆ 按钮　单击该按钮，在弹出的对话框中，输入新的名称，然后单击【确定】按钮，即可将常用类型添加到文件中。

◆ 按钮　在【设定当前样式】列表框中选择一样式类型，然后单击该按钮，即可将指定的样式删除。

◆ 按钮　在【设定当前样式】列表框中选择一样式类型，然后单击该按钮，在打开的【另存为】对话框中浏览到希望保存该类型的文件夹，并编辑文件名。接着单击【保存】按钮，即可将指定的样式保存。

◆ 按钮　单击该按钮，在弹出的【打开】对话框中浏览到合适的文件夹，然后选择一个或多个文件，并单击【打开】按钮，即可将指定的文件中的注释样式加载到【设定当前样式】列表框中。

● **文字格式**

在该面板中可以根据需要进行添加符号、设置文字大小和对齐方式，并将其链接到相应的属性等操作。各选项的具体含义如下所述。

◆ **文字对齐格式**　单击【左对齐】按钮，注释文字将往左对齐；单击【居中】按钮，文字将往中间对齐；单击【右对齐】按钮，文字将往右对齐；单击【套合文字】按钮，文字将往两边对齐。

◆ **角度**　在该文本框中可以输入角度数值控制输入文字的角度，其中输入的角度为正时，系统将逆时针旋转注释文字。

◆ 按钮　单击该按钮可以在注释中插入超文本链接。

◆ 按钮　单击该按钮可以将注释链接到文件属性。

◆ 按钮　将指针移至注释文字框中的适当位置，然后单击该按钮，即可在打开的【符号】对话框中选择相应的符号进行添加。

◆ 按钮　单击该按钮可以将注释内容固定到位，当编辑注释时，可以调整边界框，但不能移动注释本身。

◆ 按钮　单击该按钮可以在注释中插入形位公差符号。

◆ 按钮　单击该按钮可以在注释中插入表面粗糙度符号。

◆ 按钮　单击该按钮可以在注释中插入基准特征符号。

◆ **【使用文档字体】复选框**　启用该复选框，添加的文字将使用在【工具】|【选项】|【文档属性】|【注释】中指定的字体样式。

◆ **【字体】按钮**　禁用【使用文档字体】复选框，单击该按钮可以在打开的【选择字体】对话框中选择新的字体样式、大小及其他文本效果。

● **引线**

在该面板中可以指定注释箭头和引线样式。其中，单击【引线】按钮、【多转折引线】按钮、【无引线】按钮或【自动引线】按钮可以确定引线样式；单击【引线靠左】按钮、【引线向右】按钮或【引线最近】按钮，可以确定引线的位置；单击【直引线】按钮、【折弯引线】按钮或【下划线引线】按钮可以确定文本的位置。

此外，在【箭头样式】列表框中可以选择相应的箭头样式。而若启用【应用到所有】复选框，系统将更改应用到所选注释的所有箭头。如果所选注释有多条引线，而自动引线没有被选择，则可以给每个单独引线使用不同的箭头样式。

◆ **引线样式**　在该面板中可以设置引线的线型和线宽。如启用【使用文档显示】复选框，则将使用【工具】|【选项】|【文档属性】中指定的线型和线宽；如禁用【使用文档显示】复选框，则用户可以自定义引线的线型和相应的线宽。

◆ **边界**　在该面板中可以指定文字的边框形状及大小。其中，在【样式】列表框中可以指定文字边框的类型，在【大小】列表框中可以设置文字是否紧密配合或固定边框大小来容纳指定的字符数量，用户也可以自定义边框的大小。

设置完相应的参数选项后，在指定的视图边线上单击鼠标左键确定箭头位置，然后拖动引线至适当位置再次单击左键，激活文字输入框。此时系统将弹出【格式化】对话框，在该对话框中指定文字样式，并在绘图区中的文字输入框内输入相应的文字，即可完成注释内容的添加，效果如图 8-46 所示。

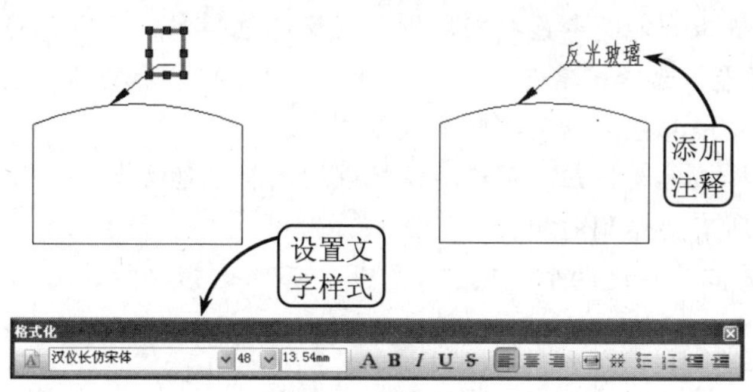

图 8-46　添加注释

8.4　输出工程图

工程图作为生成加工的依据，还需要将其以实际图纸的形式打印出来。且在打印工程图纸之前需要进行页面和线宽等的设置，然后根据图纸的比例设置合适的参数进行打印，即可得到理想的指导性文件。

8.4.1　打印设置

Solidworks 软件只是创建工程图的一种手段，其比手工绘图精确、高效，但最终目的都是为生产、安装和调试等服务，此时就需要将创建的工程图以实际图纸的形式打印出来。且在打印工程图纸之前，一般需要进行页面和线宽等参数选项的设置。

1. 页面设置

在 Solidworks 中，可以打印整个工程图纸，或只打印图纸中所选的区域。同时，还可以选择黑白打印（默认值）或彩色打印，也可为单独的工程图纸指定不同的打印方式。选择【文件】|【页面设置】选项，系统将打开【页面设置】对话框，如图 8-47 所示。该对话框中各主要选项的含义如下所述。

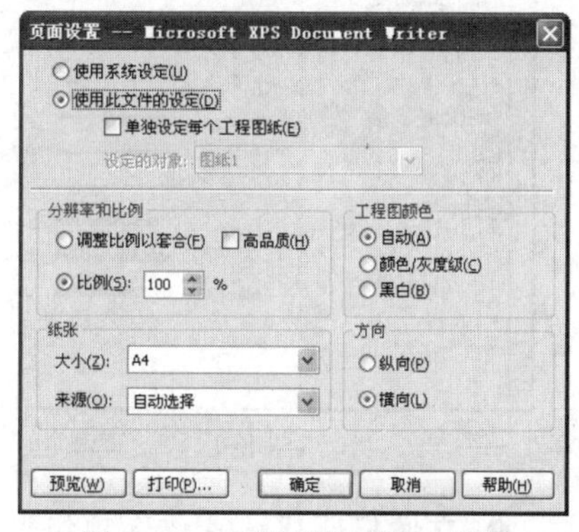

图 8-47　【页面设置】对话框

- **使用系统设定** 选择该单选按钮，即使用 Solidworks 软件的系统设定选项，对所有文件一致。
- **使用此文件的设定** 选择该单选按钮，即使用文档属性中的设定。用户可以选择单独设定每个工程图纸，通过在【设定的对象】列表框中选择工程图纸来为工程图中的每个图纸指定设定。
- **分辨率和比例** 在该选项组中选择【调整比例以套合】单选按钮，系统将自动缩放视图比例以最佳效果套合在工程图纸上，且此时工程图纸的比例与视图的比例变为一样；选择【比例】单选按钮，则用户可以自定义任何比例大小。
- **工程图颜色** 在该选项组中可以设置工程图线条的颜色，各单选按钮的含义介绍如下。
  - ◆ **自动** 选择该单选按钮，Solidworks 软件将检测打印机或绘图机的能力。如果打印机或绘图机报告能够彩色打印，则将发送彩色信息；否则，将发送黑白信息。
  - ◆ **颜色/灰度级** 选择该单选按钮，不论打印机或绘图机报告的能力如何，Solidworks 软件都将发送彩色数据到打印机或绘图机。
  - ◆ **黑白** 选择该单选按钮，不论打印机或绘图机的能力如何，Solidworks 软件都将以黑白发送所有实体到打印机或绘图机。
- **纸张大小和方向** 在这两个选项组中，用户可以选择打印的图纸大小和视图相对图纸的排列方向。

2. 线宽设置

在工程图文档属性中，可以为工程图文档和工程图模板设定用在打印设定中的线粗。选择【工具】|【选项】|【文档属性】|【线粗】选项，在展开的对话框中可以设置相应的参数值，以设定打印时的线粗显示，如图 8-48 所示。

8.4.2 输出图纸

完成页面属性的设置后，在【标准】工具栏中单击【打印】按钮，系统将打开【打印】对话框，如图 8-49 所示。该对话框中各主要选项的含义如下所述。

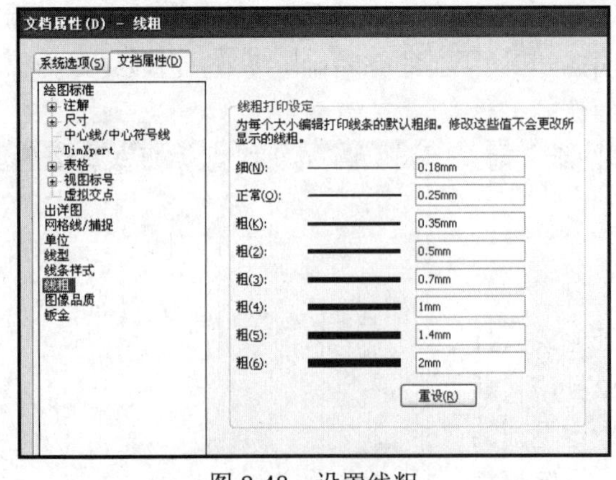

图 8-48 设置线粗

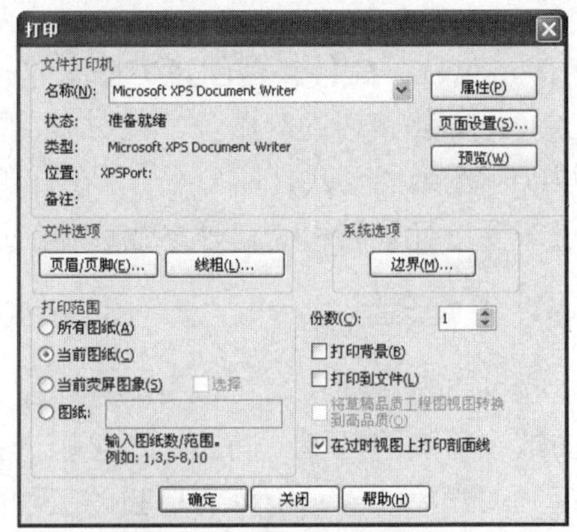

图 8-49 【打印】对话框

- **文件打印机** 在该选项组中可以设定打印机的相关参数选项。其中，在【名称】列表

框中选择相应的打印机，系统将提供有关打印机的状态、类型和位置等只读信息；单击【属性】按钮，可以设定所选打印机特有的参数选项；单击【页面设置】按钮，可以重新指定页面设置选项及高级打印机选项；单击【预览】按钮，可以将活动文档图像发送到打印机之前预览图像。

- **系统选项**　在该选项组中可以为打印的文档设定边距，且所有的 Solidworks 文件均保存这些设置。单击【边界】按钮，在打开的对话框中分别输入上、下、左、右边界值，或者启用【使用打印机的边界】复选框即可。
- **文件选项**　在该选项组中单击【页眉/页脚】按钮，可以在打开的对话框中设置插入页码、时间、页数、文件名和日期的位置，且可以设置字体样式和大小。
- **打印范围**　在该选项组中可以针对图纸选择合适的范围进行打印。其中，选择【所有图纸】单选按钮，可以打印工程图文档中的所有图纸；选择【当前图纸】单选按钮，可以打印当前工程图图纸；选择【当前荧屏图像】单选按钮，可以打印荧屏上的图像；选择【图纸】单选按钮，可以打印输入的工程图图纸。

完成上述参数的设置后，单击【确定】按钮，系统将打开【文件另存为】对话框，如图 8-50 所示。此时，在该对话框中指定保存路径并输入文件名，然后单击【保存】按钮，即可将指定的图纸文件自动进行打印。

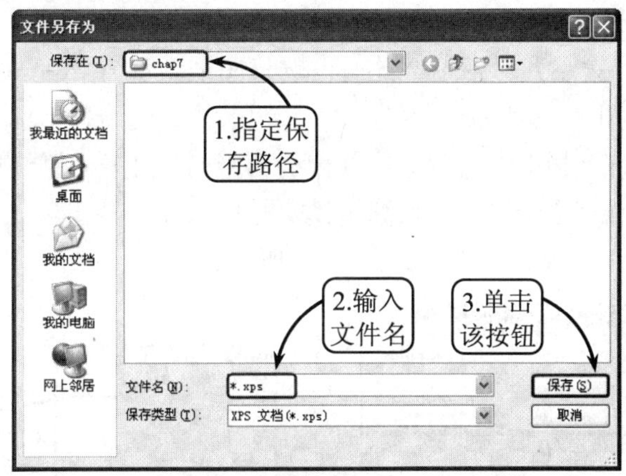

图 8-50　【文件另存为】对话框

8.5　课堂实例 8-1：创建法兰轴零件工程图

本实例创建一个法兰轴零件工程图，效果如图 8-51 所示。其主要由法兰和主轴两部分组成，在机械传动中用于直径差距较大的齿轮间的扭矩传动。其中，主轴采用三支承结构，以提高主轴刚度；前支承采用圆锥滚子轴承，用来承受径向力和向右的轴向力；中间支承采用圆锥滚子轴承，用于承受径向力和向左的轴向力；后支承用深沟球支承主要用来支承径向力。

该轴左端的法兰用于与直径较大的齿轮或其他零件之间的连接；轴颈处的退刀槽一方面可以满足加工工艺的需要，另一方面可以减小轴身的应力集中，从而提高轴身的疲劳强度。此外，该轴内部为空心结构，前端是带有锥度的锥孔和精密定心外圆柱面，刀具和刀杆以锥柄与锥孔配合定心。

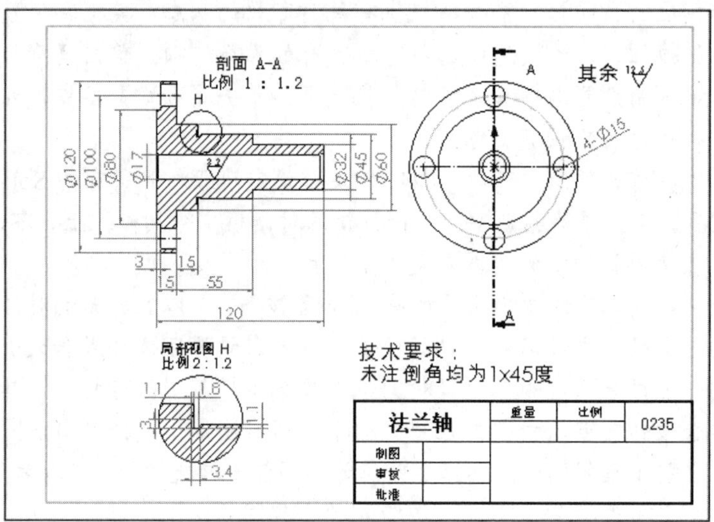

图 8-51 法兰轴工程图

操作步骤：

（1）单击【打开】按钮，打开已有的“falanzhou.sldprt”图形文件。然后单击【标准】工具栏中的【从零件/装配体制作工程图】按钮，并在弹出的对话框中单击【确定】按钮，系统将打开【图纸格式/大小】对话框。此时，选择图纸大小为 A3（ISO），并单击【确定】按钮新建图纸，效果如图 8-52 所示。

（2）在【特征管理设计树】中右键单击新建的图纸名，打开右键快捷菜单。然后在该快捷菜单中选择【编辑图纸格式】选项，进入编辑模式并将原标题栏删除。接着单击绘图区域右上角的按钮，退出图纸编辑模式，效果如图 8-53 所示。

图 8-52 新建图纸

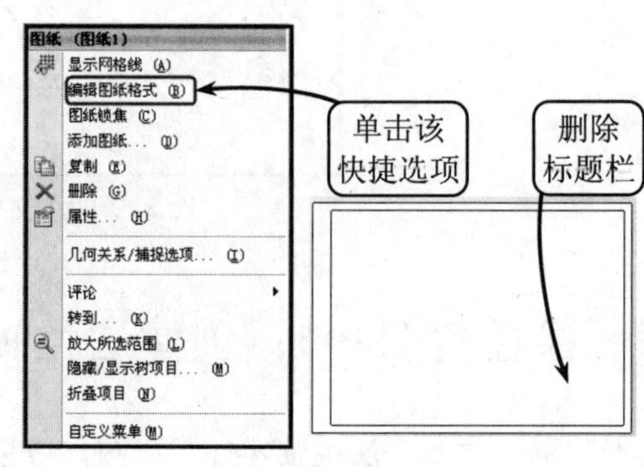

图 8-53 删除标题栏

（3）在【任务窗格】中单击按钮展开【视图调色板】，然后将图 8-54 所示的工程视图拖动到图纸右侧的适当位置，放置该视图以作为主视图。

（4）右键单击【特征管理设计树】中的主视图名称，在打开的快捷菜单中选择【编辑特征】选项，系统将打开【工程图视图】属性管理器。此时，在【比例】面板中设置比例大小为 1:1.2，并单击【关闭对话框】按钮，完成主视图的比例调整，效果如图 8-55 所示。

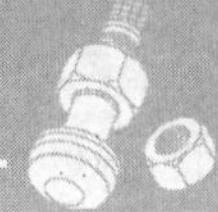

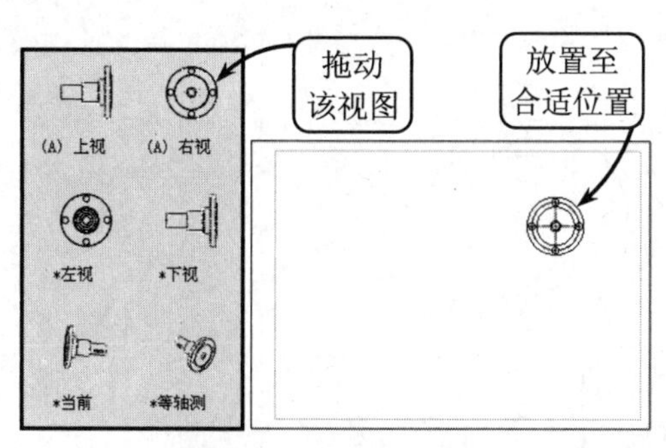

图 8-54　添加主视图

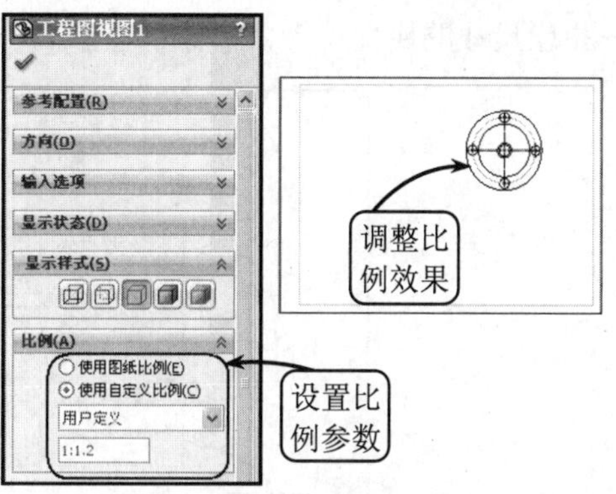

图 8-55　调整视图比例

（5）单击【剖面视图】按钮，按照系统的提示沿剖切线方向绘制一条线。系统将打开【剖面视图】属性管理器，此时设置相应的参数，并将剖视图放置至合适位置，效果如图 8-56 所示。

（6）单击【局部放大图】按钮，在打开的管理器中指定创建类型为【圆形】，并选取相应的中心点和边界点位置。然后设置比例大小为 2:1.2，并放置至合适的位置，即可完成局部放大图的创建，效果如图 8-57 所示。

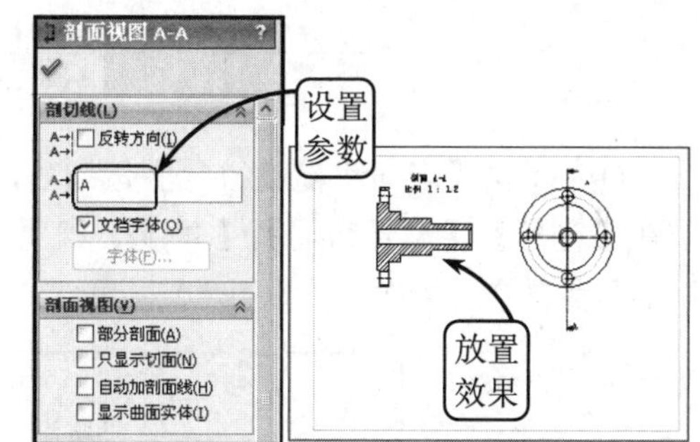

图 8-56　添加剖视图

（7）在【标准】工具栏中选择【选项】|【文档属性】|【尺寸】选项，在打开的【文档属性-尺寸】对话框中分别设置字体、主要精度、箭头和延伸线等尺寸属性。然后在【单位】选项中设置单位系统为 MMGS（毫米、克、秒），效果如图 8-58 所示。

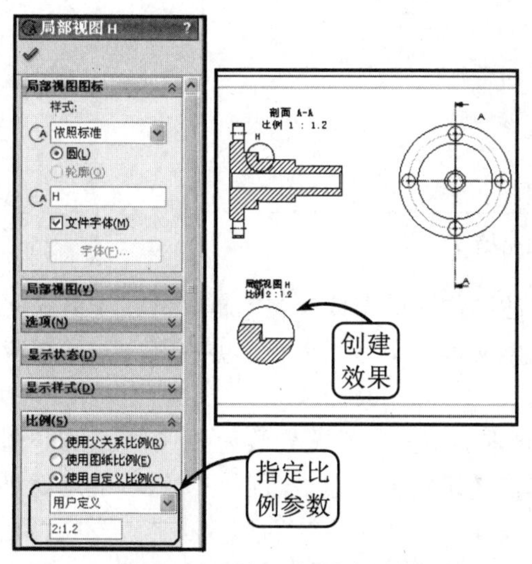

图 8-57　添加局部放大视图

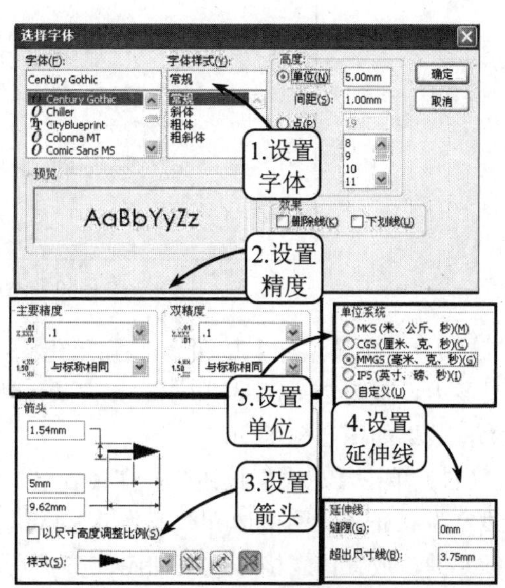

图 8-58　设置尺寸属性和单位

（8）单击【注解】工具栏中的【智能尺寸】按钮，在视图中标注主要的线性尺寸。然后打开相应尺寸的属性管理器，添加直径符号，效果如图 8-59 所示。

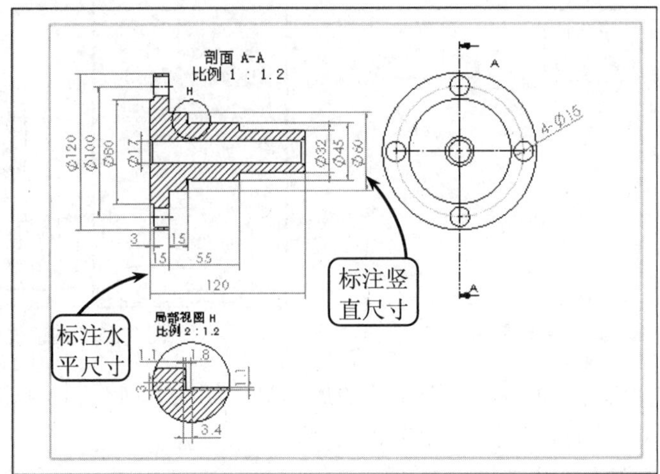

图 8-59　标注线性尺寸

（9）单击【表面粗糙度符号】按钮，系统将打开【表面粗糙度】属性管理器。此时，分别在【符号】、【符号布局】、【角度】和【引线】中设置相应参数选项，并依次选取图 8-60 所示的位置放置该符号。

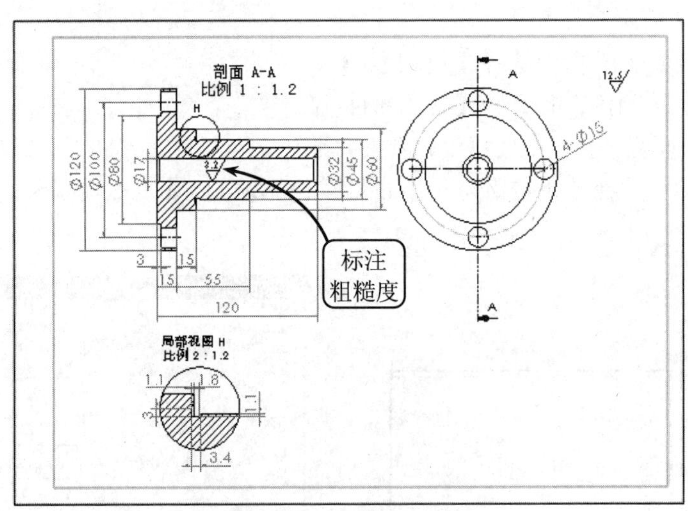

图 8-60　添加表面粗糙度符号

（10）单击【注释】按钮 A，在绘图区中选取适当位置单击放置文本框，并在【格式化】工具条中设置为 28 号字号和左对齐方式。然后调整文本框至适当大小，并在其中输入相应的文本，效果如图 8-61 所示。

（11）单击【总表】按钮，在【表格】属性管理器中分别设置列数为 5、行数为 5、框边界线宽为 0.5mm、网格边界线宽为 0.25mm，并单击【确定】按钮。然后在图纸右下角处点击鼠标左键，放置该表格，效果如图 8-62 所示。

（12）右键单击表格，在弹出的右键快捷菜单中选择【格式化】|【整个表】选项，然后分

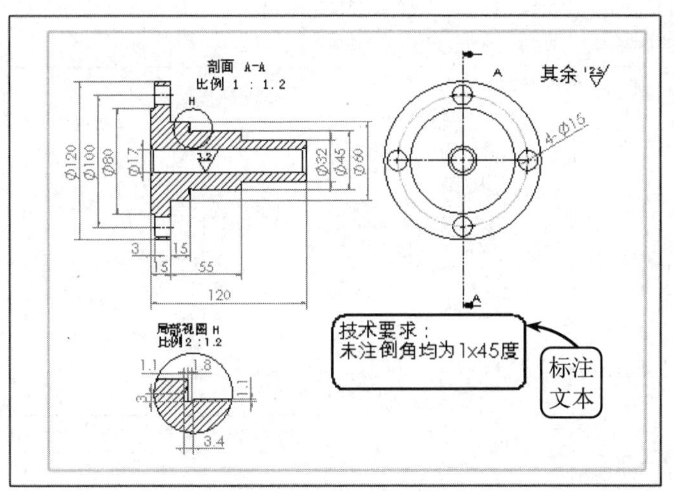

图 8-61　添加文本

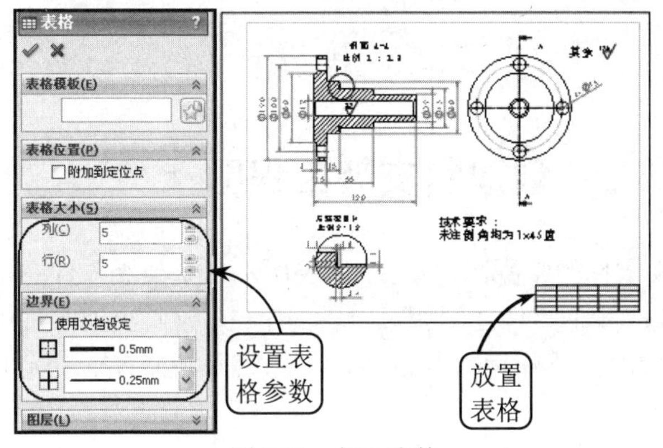

图 8-62　插入表格

别设置列宽为 40mm、行高为 12mm。接着按住 Shift 键选取相应的单元格，利用【合并单元格】工具将其合并，效果如图 8-63 所示。

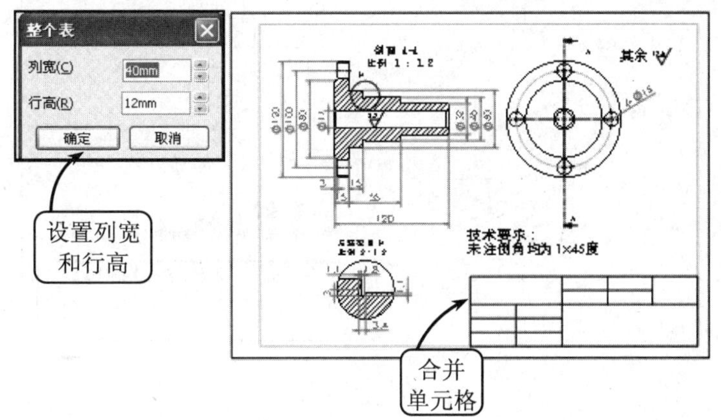

图 8-63　编辑标题栏

（13）利用【注释】工具，分别在标题栏中的相应位置添加文本，效果如图 8-64 所示。然后单击【保存】按钮，按系统提示保存该图形文件。至此，法兰轴零件的工程图创建完成。

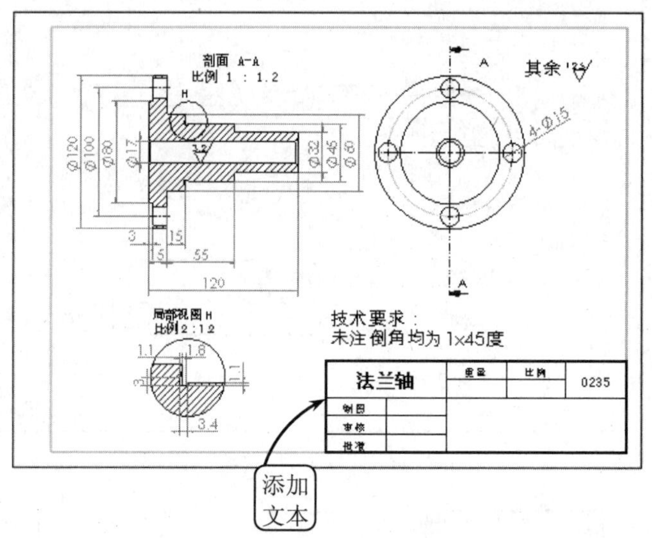

图 8-64　添加标题栏文本

8.6　课堂实例 8-2：创建斜支架工程图

本实例绘制斜支架零件的工程图，如图 8-65 所示。支架类零件在机械领域中的应用比较广泛，主要起到两零件或多个零件之间相对位置的定位。该斜支架零件用于轴类零件与其他零件之间成一定角度位置的定位作用，其主要结构由直角形底座、空心圆柱体以及 T 型肋板组成。

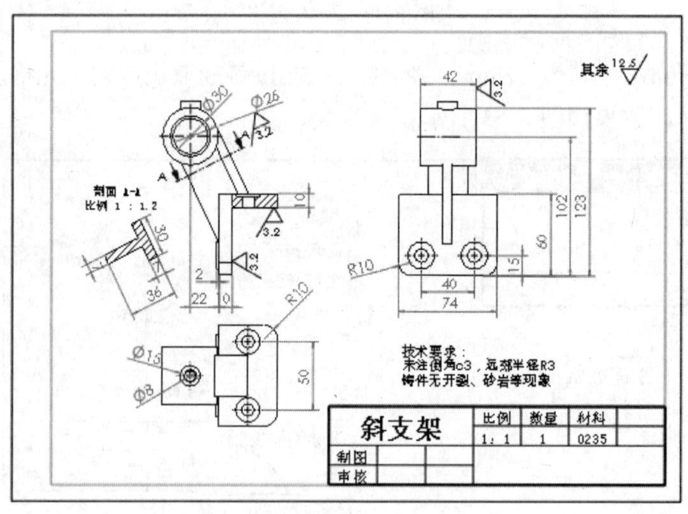

图 8-65　斜支架工程图

在绘制该斜支架零件的工程图时，可以先在图纸页中添加反映该零件主要形状特征的主视图和左视图，然后利用【剖面视图】工具绘制出主视图中 T 型肋板处全剖视图，并将全剖视

图移动至合适位置。接着利用【投影视图】工具创建出俯视图，并利用【断开的剖视图】工具绘制出主视图中沉头螺孔的局部剖视图。最后利用相应的尺寸标注、表面粗糙度、表格以及文本标注等工具为图形添加所需的注释，即可完成该斜支架零件工程图的绘制。

操作步骤：

（1）单击【打开】按钮，打开已有的“xiezhijia.sldprt”图形文件。然后单击【标准】工具栏中的【从零件/装配体制作工程图】按钮，并在弹出的对话框中单击【确定】按钮，系统将打开【图纸格式/大小】对话框。此时，选择图纸大小为 A3（ISO），并单击【确定】按钮新建图纸，效果如图 8-66 所示。

（2）在【特征管理设计树】中右键单击新建的图纸名，打开右键快捷菜单。然后在该快捷菜单中选择【编辑图纸格式】选项，进入编辑模式并将原标题栏删除。接着单击绘图区域右上角的按钮，退出图纸编辑模式，效果如图 8-67 所示。

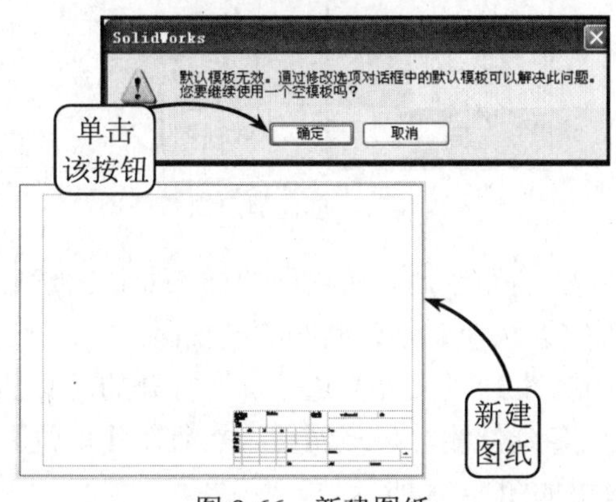

图 8-66　新建图纸

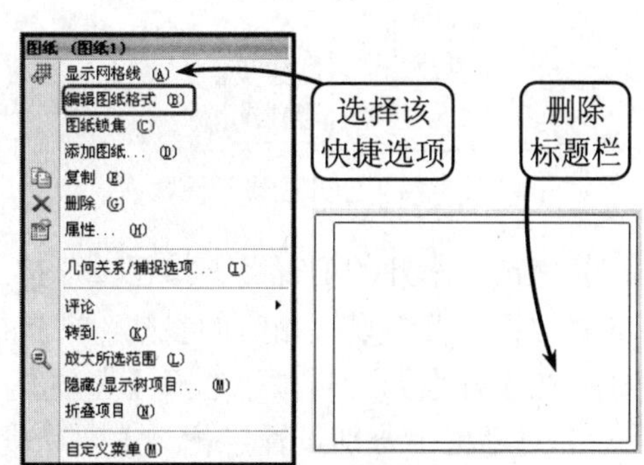

图 8-67　删除原标题栏

（3）在【任务窗格】中单击按钮展开【视图调色板】，然后将图 8-68 所示的工程视图拖动到图纸左侧适当位置，放置该视图以作为主视图。

（4）右键单击【特征管理设计树】中的主视图名称，在打开的快捷菜单中选择【编辑特征】选项，系统将打开【工程图视图】属性管理器。此时，在【比例】面板中设置比例大小为 1:1.2，并单击【关闭对话框】按钮，完成主视图的比例调整，效果如图 8-69 所示。

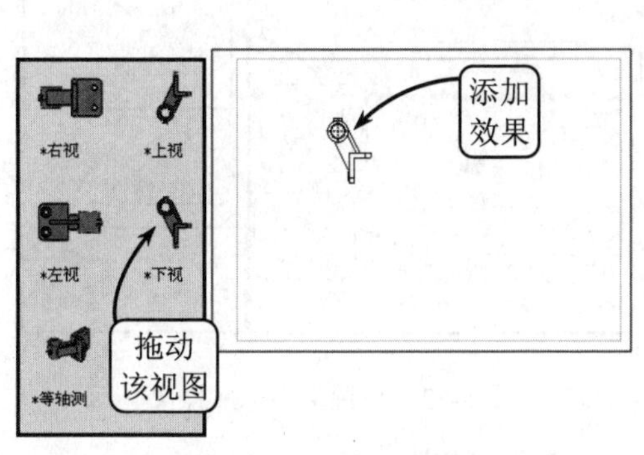

图 8-68　创建主视图

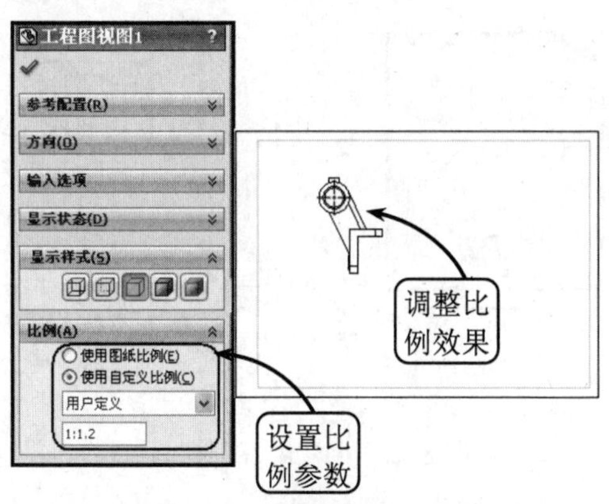

图 8-69　调整主视图比例

（5）在【视图布局】工具栏中单击【投影视图】按钮，然后选取绘图区中的主视图为参考视图，将其向下拖动至合适位置，并单击左键放置创建的投影视图。接着利用相同的方法添加左视图，效果如图 8-70 所示。

（6）单击【剖面视图】按钮，按照系统的提示沿剖切线方向绘制一条线。系统将打开【剖面视图】属性管理器，此时设置相应的参数，并将剖视图放置至合适位置，效果如图 8-71 所示。

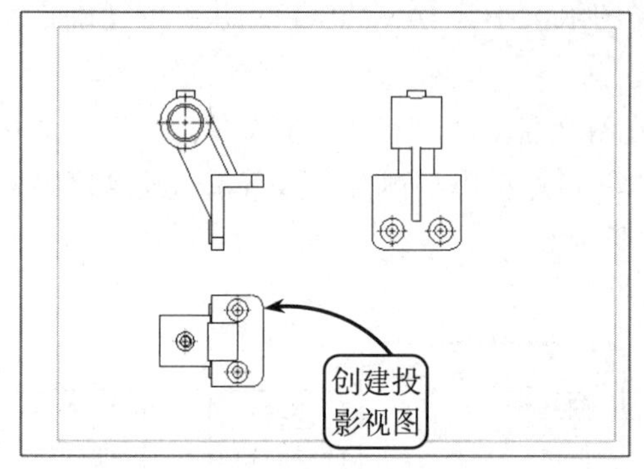

图 8-70　创建投影视图

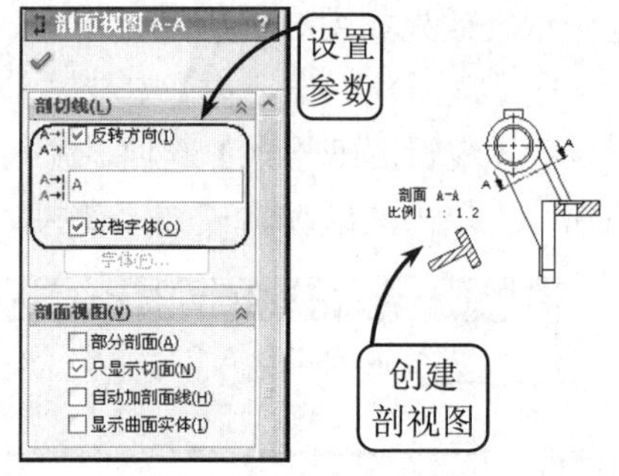

图 8-71　创建剖面视图

（7）单击【断开的剖视图】按钮，按照图 8-72 所示绘制一条封闭的样条曲线。然后在打开的属性管理器中设置相应的参数，并单击【确定】按钮，创建断开的剖视图。

（8）在【标准】工具栏中选择【选项】|【文档属性】|【尺寸】选项，在打开的【文档属性-尺寸】对话框中分别设置字体、主要精度、箭头和延伸线等尺寸属性。然后在【单位】选项中设置单位系统为 MMGS（毫米、克、秒），效果如图 8-73 所示。

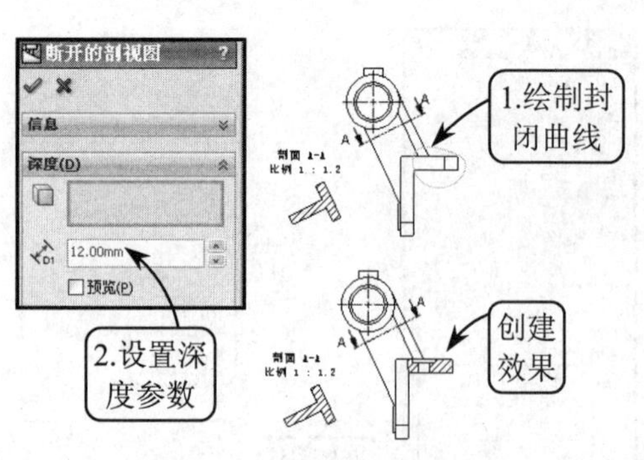

图 8-72　创建断开剖视图

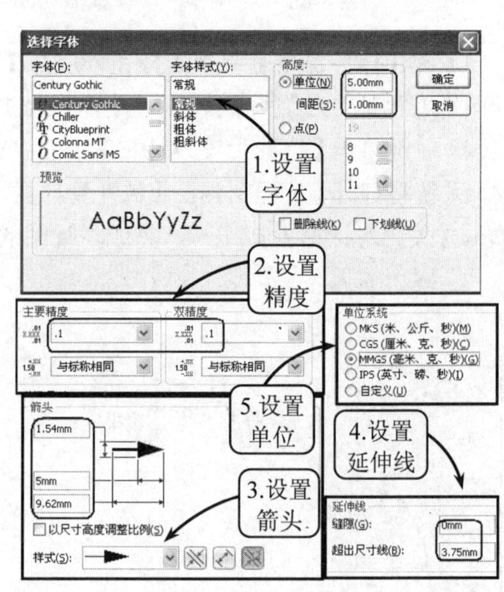

图 8-73　设置文字标注样式

（9）单击【注解】工具栏中的【智能尺寸】按钮，在视图中标注主要的线性尺寸。然后打开相应尺寸的属性管理器，添加直径和半径符号，效果如图 8-74 所示。

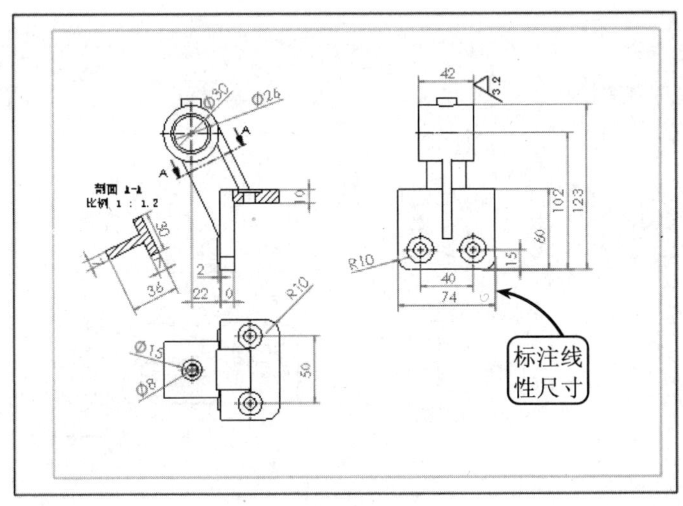

图 8-74　标注尺寸

（10）单击【表面粗糙度符号】按钮，系统将打开【表面粗糙度】属性管理器。此时，分别在【符号】、【符号布局】、【角度】和【引线】中设置相应参数选项，并依次选取图 8-75 所示的位置放置该符号。

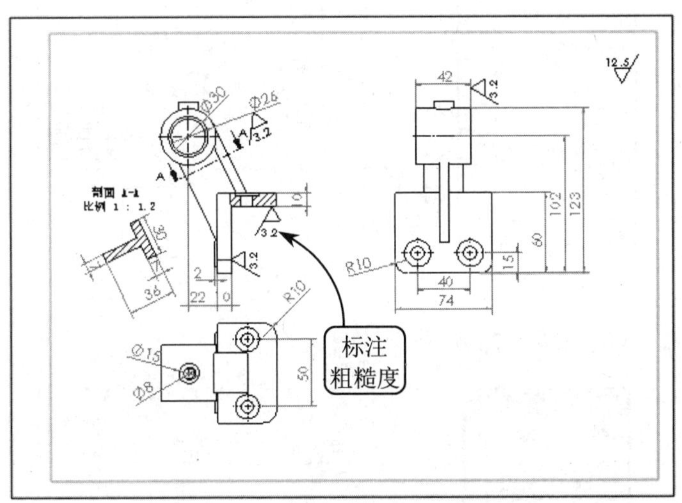

图 8-75　添加表面粗糙度符号

（11）单击【注释】按钮 A，在绘图区中选取适当位置单击放置文本框，并在【格式化】工具条中设置为 28 号字号和左对齐方式。然后调整文本框至适当大小，并在其中输入相应的文本，效果如图 8-76 所示。

（12）单击【总表】按钮，在【表格】属性管理器中分别设置列数为 5、行数为 4、框边界线宽为 0.5mm、网格边界线宽为 0.25mm，并单击【确定】按钮。然后在图纸右下角处点击鼠标左键，放置该表格，效果如图 8-77 所示。

（13）右键单击表格，在弹出的右键快捷菜单中选择【格式化】|【整个表】选项，然后分别设置列宽为 30mm、行高为 12mm。接着按住 Shift 键选取相应的单元格，利用【合并单元

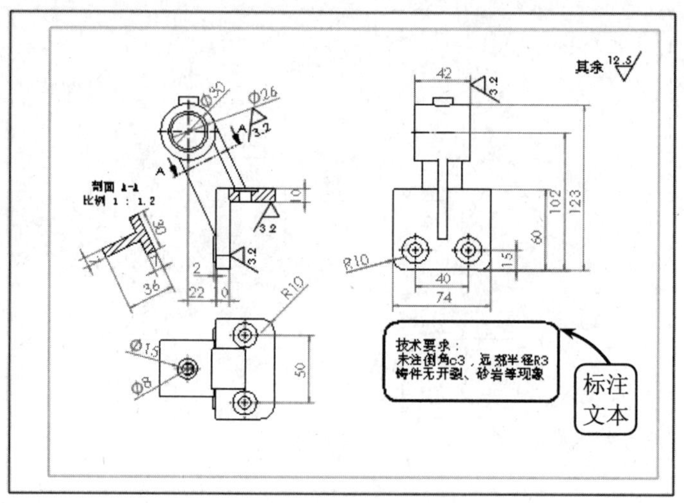

图 8-76 添加文本

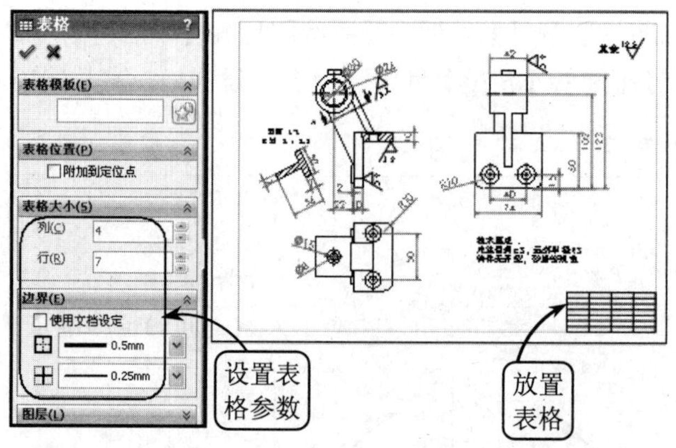

图 8-77 添加表格

格】工具将其合并，效果如图 8-78 所示。

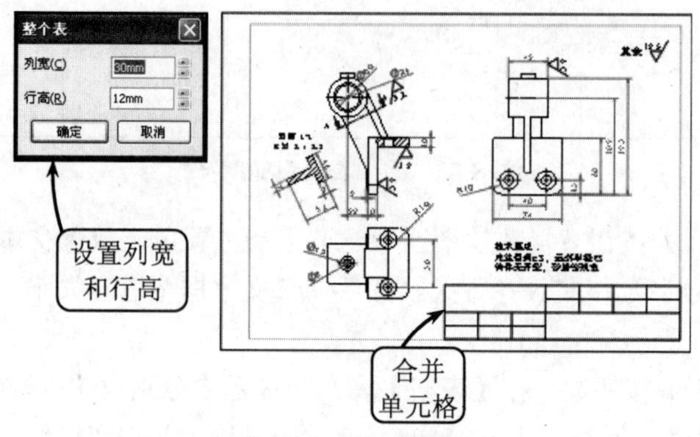

图 8-78 编辑标题栏

（14）利用【注释】工具，分别在标题栏中的相应位置添加文本，效果如图 8-79 所示。然后单击【保存】按钮，按系统提示保存该图形文件。至此，斜支架零件的工程图创建完成。

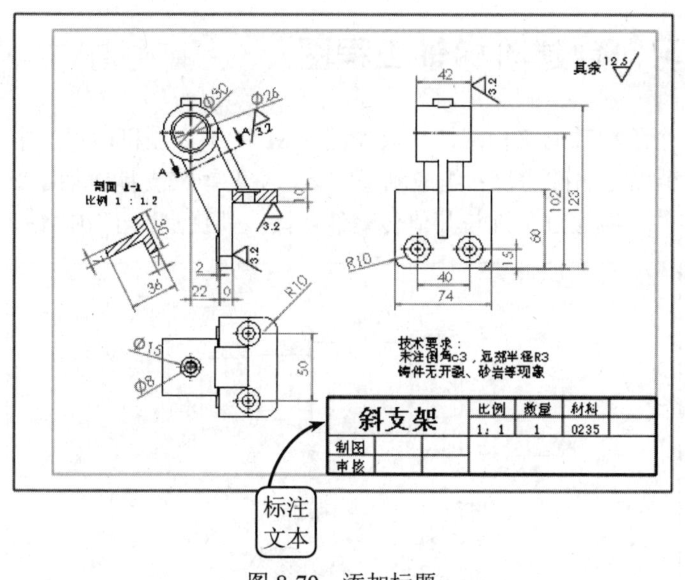

图 8-79　添加标题

8.7　扩展练习：创建钳口工程图

本练习创建钳口的零件工程图，效果如图 8-80 所示。该零件是虎钳上的活动钳口，一般由钳体、固定孔和 U 型槽等特征组成，主要起夹持工件的作用。其中，固定孔用来固定该钳口本体，U 型槽可以通过螺栓调整活动钳口相对于夹紧工间的位移增量。

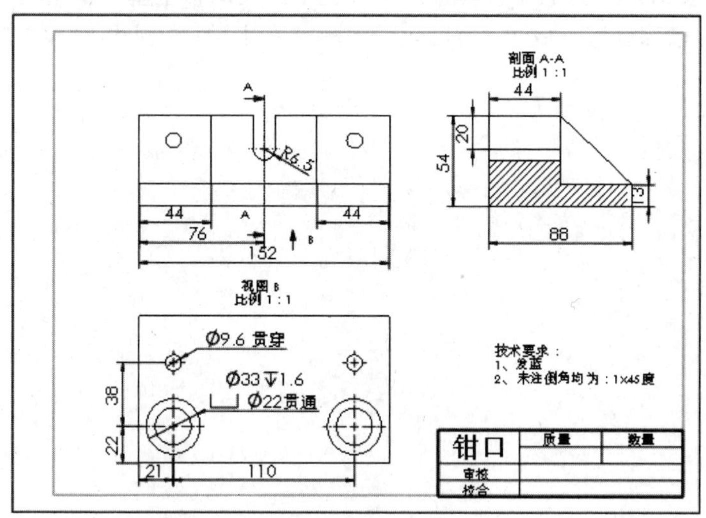

图 8-80　钳口工程图

在绘制钳口工程图时，可以先添加表达其主要形状特征的 3 个视图，然后分别进行尺寸和文本的标注，即可完成该零件工程图的创建。

8.8 扩展练习：创建阶梯轴工程图

本练习创建一个阶梯轴的工程图，效果如图 8-81 所示。在机械设计中，阶梯轴属于轴类零件，由两个或两个以上的截面尺寸组成轴类实体，主要用来支撑传动零部件、传递扭矩和承受载荷。该轴类零件一般通过平键与其他传动件连接，其优点在于牢固轴上零件定位。

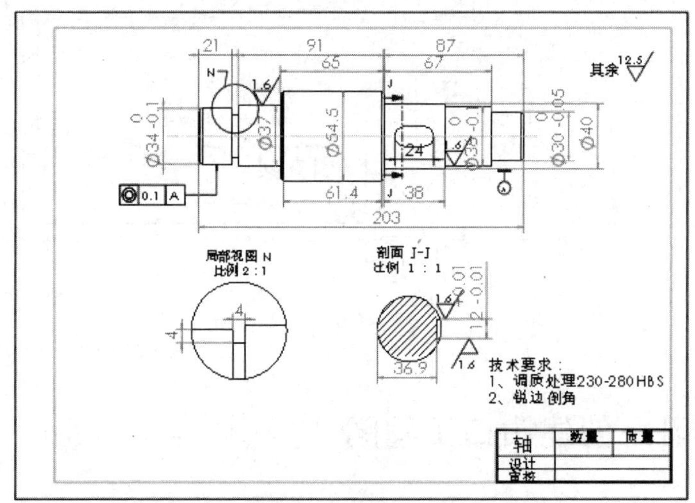

图 8-81　阶梯轴工程图

在创建阶梯轴工程图时，首先利用实体模型投影出基本视图，然后利用全剖视图工具将轴的键槽位置进行全剖处理，并利用移动视图工具将全剖视图移至基本视图的下方。接着利用局部放大视图将退刀槽部位进行放大。最后在工程图中添加尺寸标注和技术要求，并创建和编辑标题栏即可。

第 9 章　装配建模

装配设计模块是 Solidworks 中集成的一个重要的应用模块，使用该模块不仅能够将产品的各个零部件快速组合在一起，形成产品的整体结构，同时还可对整个结构执行爆炸操作，从而更加清晰地查看产品的内部结构以及部件的装配顺序。

9.1　装配零部件

装配就是把加工好的零件按一定的顺序和技术连接到一起，成为一部完整的产品，并且可靠地实现产品的设计功能。用户可以通过在装配模块中模拟真实的装配操作和创建相应的装配工程图来了解机器的工作原理和构造。在 Solidworks 中，对现有零部件进行定位的方式都是通过为零部件之间添加配合关系来实现的。

9.1.1　装配体文件的建立方法

将单一的零部件文件添加到装配体文件中，系统会在装配体和零部件之间生成关联性的链接。因此，当 Solidworks 打开装配体文件时，系统会查找相应的零部件文件，并在装配体文件中显示。且通常情况下，为了方便管理，常将装配体文件和其下的零部件文件放在同一个目录中。此外，当对零部件进行修改时，系统会自动将其修改效果应用到该零部件的装配体中。

1. 装配体文件结构

要想创建装配体文件，首先需要对其文件结构有一定的认识和了解。图 9-1 所示的截止阀装配结构，其文件特征管理器中各选项的含义如图所述。

在装配结构的特征管理器中，每一个零部件名称都有一个前缀，此前缀提供了有关该零部件与其他零部件关系的信息：(–) 表示欠定义，(+) 表示过定义，(固定) 表示固定，(?) 表示无解。此外，一个相同的零部件可以在同一个装配体中被多次使用，每个零部件之后都有后缀“n”，且每添加一个零部件到装配体中，数目 n 都会相应增加。

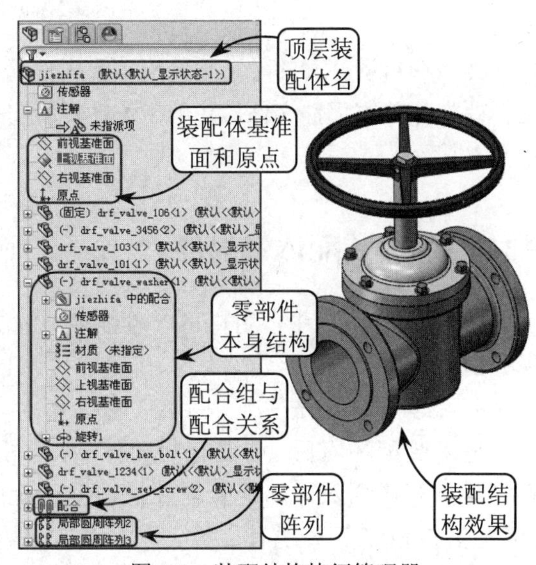

图 9-1　装配结构特征管理器

提示

在装配结构的特征管理器中，如果一零部件没有前缀，则表明该零部件的位置已完全定义。

2. 创建装配体文件

创建装配体文件，即将相应的零部件添加至装配环境中，然后通过装配配合相互关联定义，生成一装配体结构。

打开 Solidworks 软件，在【标准】工具栏中单击【新建】按钮，系统将打开【新建 Solidworks 文件】对话框。此时，在该对话框中双击【装配体】按钮，系统即可进入装配环境，效果如图 9-2 所示。

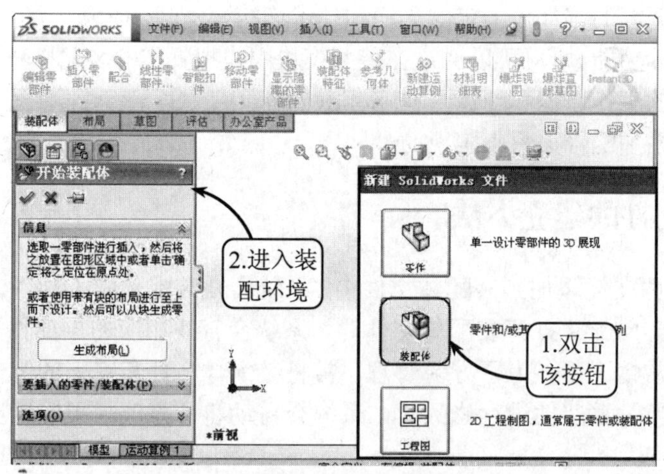

图 9-2 创建装配体文件

然后在自动打开的【开始装配体】属性管理器中单击【浏览】按钮，在【打开】对话框中选择要添加的零部件文件，并单击【打开】按钮，即可将该零部件加载至装配环境中，效果如图 9-3 所示。

9.1.2 加载装配体零部件

在 Solidworks 中，用户可以通过多种方法将零部件添加到一个新的或现有的装配体中，现分别介绍如下。

- **工具栏加载法**

进入装配环境后，在现有装配体中，单击【装配体】工具栏中的【插入零部件】按钮，系统将打开【插入零部件】属性管理器。此时，从清单中选择一零件或装配体，或者单击【浏览】按钮打开一现有文件，然后在绘图区中的适当位置单击放置即可，效果如图 9-4 所示。

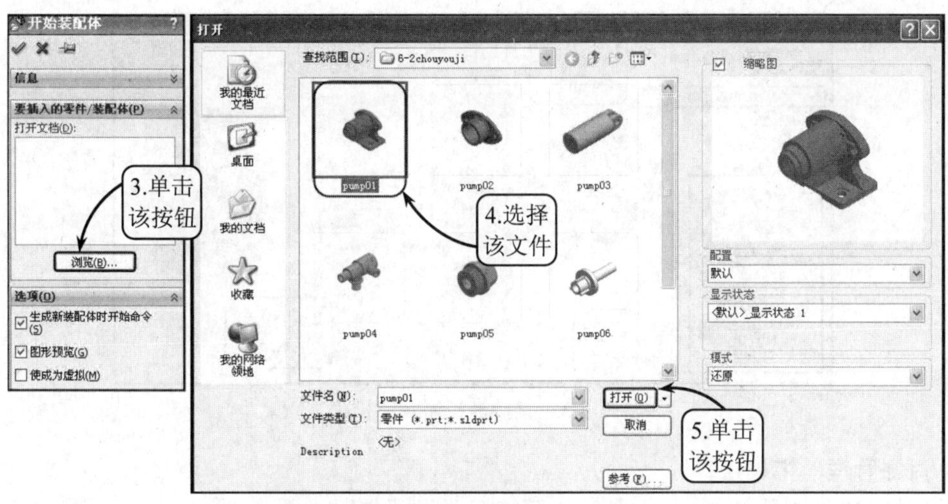

图 9-3 添加零部件至装配体

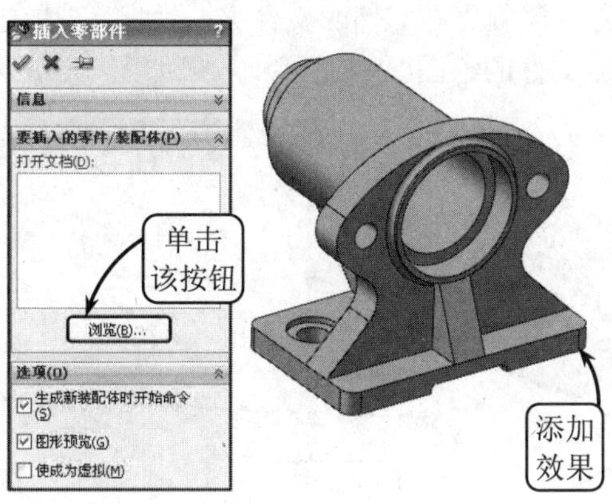

图 9-4 利用工具栏添加零部件

此外，在该管理器中启用【生成新装配体时开始命令】复选框，系统将在生成新装配体时自动打开【开始装配体】属性管理器。如果第一个装配体任务是插入零部件或生成布局之外的普通事项，则需禁用该复选框。

如果想插入多个零部件但不想重新打开 PropertyManager，可以在该管理器的上部单击【保持可见】按钮，系统即可将 PropertyManager 钉住。

- **直接拖拉法**

该方法是指从一个已打开的零部件文件窗口中，将零部件直接拖拉到装配体窗口中以生成附加实例。

打开目标装配体文件，并打开源文件（零部件文件，或其他包含零部件的装配体文件）。然后选择【窗口】|【纵向平铺】选项，按住鼠标左键从源窗口的 FeatureManager 设计树中，将零部件名称拖拉到装配体窗口中欲与其装配的零部件名称下面，系统会自动添加相应的配合关系，效果如图 9-5 所示。

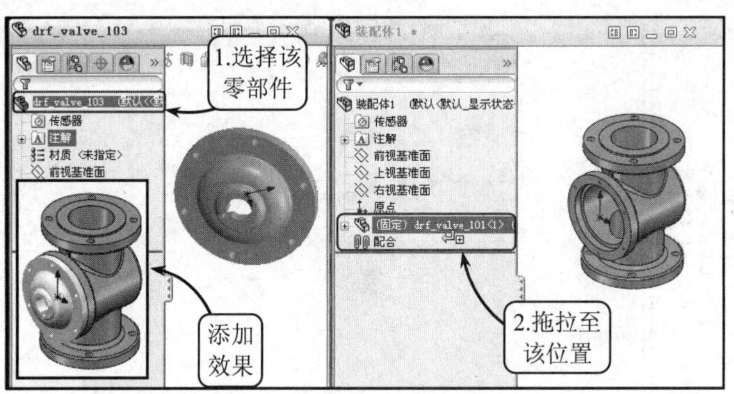

图 9-5　直接拖拉添加零部件

● **资源管理器拖拉法**

该方法是指使用传统的 Windows 资源管理器界面来添加零部件。打开一个装配体，然后打开资源管理器，并浏览到包含所需零部件的文件夹。此时，在指定目录下的零部件名称上按住鼠标左键，拖动至装配体文件的绘图区中即可，效果如图 9-6 所示。

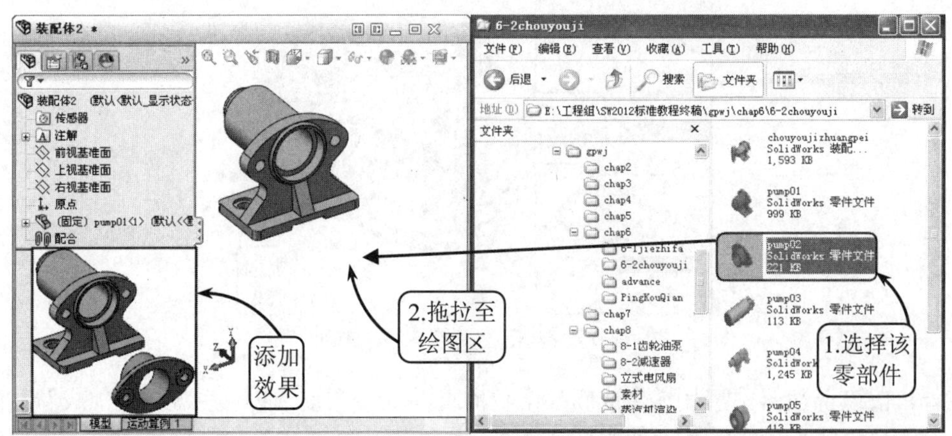

图 9-6　利用资源管理器添加零部件

● **直接复制法**

当零部件在现有的装配体文件上时，可以不用重新加载，直接通过复制操作添加该零部件。在装配体的绘图区中，按住 Ctrl 键选取要复制的零部件，移动到相应的位置，即可添加该零部件，效果如图 9-7 所示。

此外，当按住 Ctrl 键选取要复制的零部件移动至另一个零部件（潜在的配合搭档）的实体上时，指针的形状会发生改变，以指示零部件放在该位置时所产生的配合关系。此时，选择合适的位置丢放零部件，系统将自动添加配合关系，效果如图 9-8 所示。

9.1.3　装配体的配合方式

配合是指系统根据零部件的相互关系，精确地定位其在装配体中的位置。在 Solidworks 中，用户可以通过添加配合，生成如重合、垂直和相切等几何关系来定位零部件，即定义其如何相对于彼此来移动和旋转。且每种配合仅对于圆锥、圆柱、基准面和拉伸等几何体的特定组合有效。

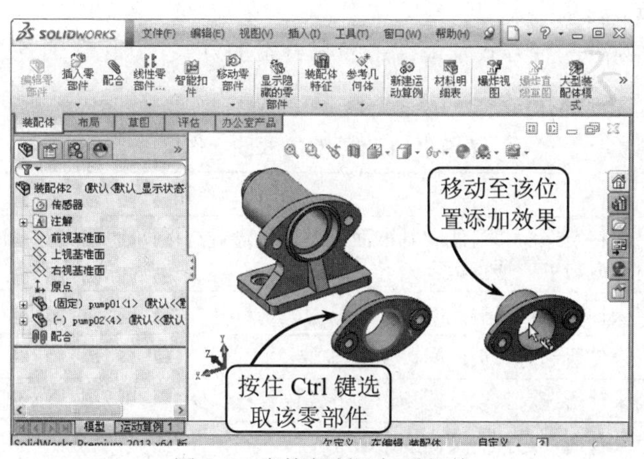

图 9-7　直接复制添加零部件

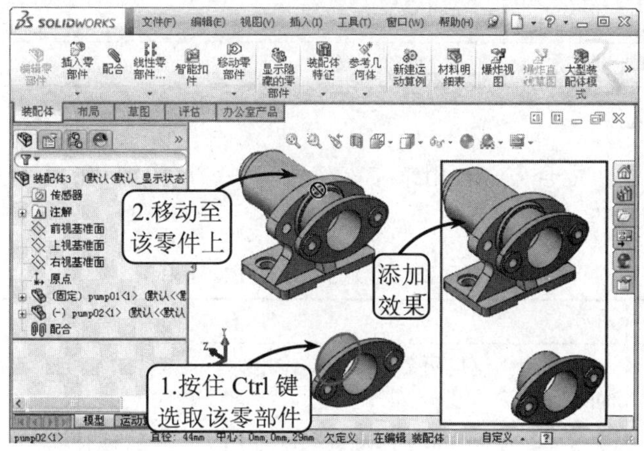

图 9-8　复制添加零部件

单击【装配体】工具栏中的【配合】按钮，系统将打开【配合】属性管理器，如图 9-9 所示。在该管理器中包含标准配合、高级配合和机械配合 3 类配合方式，现分别介绍如下。

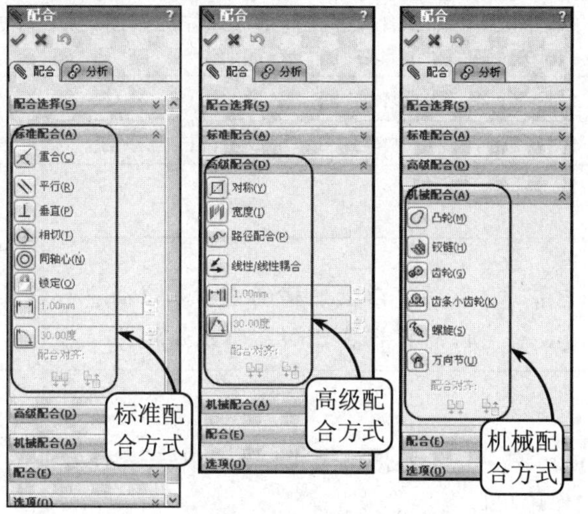

图 9-9　配合方式

● **标准配合方式**

在装配过程中，标准配合方式是最常用的配合添加方式，其包含的各个功能按钮的作用可以参照表 9-1。

表 9-1　标准配合方式图标作用

图标	名称	作　用
	重合	用来将所选面、边线和基准面等对象，通过选取两个顶点，以重合的方式定位（相互组合或与单一顶点组合）
	平行	用来使所选对象彼此间保持平行的关系
	垂直	用来使所选对象彼此间以 90° 来放置
	相切	用来使所选对象以彼此相切的方式放置（至少有一对象必须为圆柱面、圆锥面或球面）
	同轴心	用来使所选对象有共同的中心
	锁定	用来保持两个零部件之间的相对位置和方向
	距离	用来以指定的距离放置所选对象
	角度	用来以指定的角度放置所选对象

● **高级配合方式**

在装配过程中，高级配合方式被用来在零部件间添加更为细致的配合关系，其包含的各个功能按钮的作用可以参照表 9-2。

表 9-2　高级配合方式图标作用

图标	名　称	作　用
	对称	对称配合强制使两个相似的实体相对于零部件的基准面或平面或者装配体的基准面对称
	等宽配合	宽度配合使标签位于凹槽宽度内的中心。其中，凹槽宽度参考可以包含两个平行平面或两个非平行平面（带或不带拔模）；标签参考除了可以包含上述的两类对象，还可以包含一个圆柱面或轴
	路径配合	路径配合可以将零部件上所选的点约束到路径。用户可以在装配体中选择一个或多个实体来定义路径，也可以定义零部件在沿路径经过时的纵倾、偏转和摇摆
	线性/线性耦合	线性/线性耦合配合可以在一个零部件的平移和另一个零部件的平移之间建立几何关系
	距离	允许零部件在距离配合的一定数值范围内移动
	角度	允许零部件在角度配合的一定数值范围内移动

在添加等宽配合关系时，标签可以沿凹槽的中心基准面平移以及绕与中心基准面垂直的轴旋转。此外，宽度配合可以防止标签侧向平移或旋转。

● **机械配合方式**

此外，在 Solidworks 中，系统还提供了机械配合方式，使专业的设计人员事半功倍。其包含的各个功能按钮的作用可以参照表 9-3。

表 9-3　机械配合方式图标作用

图标	名称	作　用
	凸轮推杆	该配合迫使圆柱、基准面或点与一系列相切的拉伸面重合或相切
	铰链	该配合将两个零部件之间的移动限制在一定的旋转范围内，其效果相当于同时添加同轴心和重合配合。此外该配合还可以限制两个零部件之间的移动角度
	齿轮配合	该配合强迫两个零部件绕所选轴相对旋转，且有效的旋转轴包括圆柱面、圆锥面、轴和线性边线
	齿条小齿轮配合	通过齿条和小齿轮配合，某个零部件（齿条）的线性平移会引起另一零部件（小齿轮）作圆周旋转，反之亦然
	螺旋配合	该配合将两个零部件约束为同心，且还可以在一个零部件的旋转和另一个零部件的平移之间添加纵倾几何关系。一零部件沿轴方向的平移会根据纵倾几何关系引起另一个零部件的旋转。同样，一个零部件的旋转可引起另一个零部件的平移
	万向节配合	该配合可以使一个零部件（输出轴）绕自身轴的旋转由另一个零部件（输入轴）绕其轴的旋转驱动

在 Solidworks 中，配合关系作为一个系统整体求解，且添加配合的顺序无关紧要，所有的配合均在同时解出。

9.1.4　配合操作

在装配过程中，配合关系是指零部件间的装配关系，用来确定零部件在装配过程中的相对位置。配合关系可以由一个或多个关联约束组成，而关联约束则用来限制零部件在装配中的自由度。

1. 添加配合

在 Solidworks 中，配合可以在装配体零部件之间生成几何关系。当添加配合关系时，可以定义零部件作线性或旋转运动所允许的方向。且可以在其自由度之内移动零部件，从而直观化装配体的行为。例如添加一重合配合可以迫使两个平面变成共平面，此时面可沿彼此移动，但不能分离开；添加一同轴心配合可以迫使两个圆柱面变成同心，此时面可沿共同轴移动，但不能从此轴拖开。

单击【装配体】工具栏中的【配合】按钮，系统将打开【配合】属性管理器。然后在绘图区中依次选取要添加配合的实体特征，该管理器中将显示可供选择的配合关系。且此时系统将自动选择一默认的配合，并移动零部件到位以预览配合效果，如图 9-10 所示。

此外，如系统选择的默认配合不符合装配设计要求，用户可以通过手动的方式自行选择相应的配合关系进行添加。单击【装配体】工具栏中的【配合】按钮，在打开的管理器中选择要添加的配合关系，并进行相应的参数设置。然后在绘图区中依次选取要添加配合的实体特征即可，效果如图 9-11 所示。

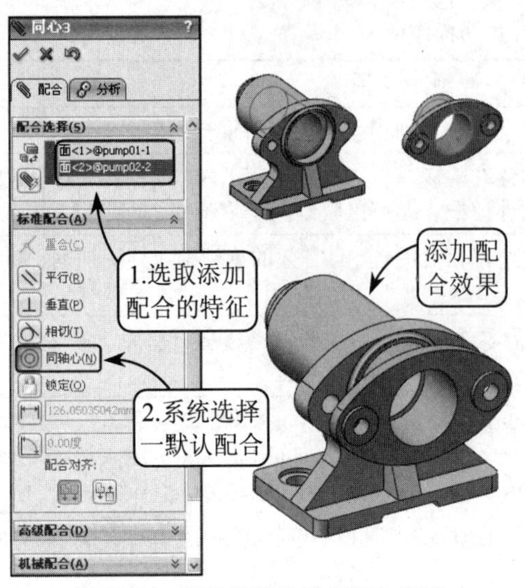

图 9-10　按系统默认选项添加配合

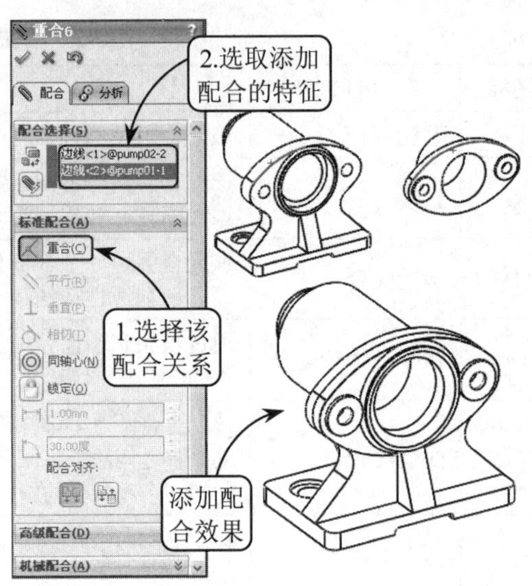

图 9-11　手动添加配合

在装配过程中，很多零部件往往需要添加多种配合关系才能完成定位。用户只需在完成每种配合关系添加时，单击【配合】属性管理器中的【确定】按钮，即可继续进行添加配合操作。

在添加配合的过程中，如果新配合与现有配合相冲突，系统将询问是否想迫使新配合解出。此时，单击【是】按钮，新配合将被解出，有冲突的配合将断开，并显示有一红色错误；单击【编号】按钮，新配合将生成但不解出，并显示有红色错误。

2. 编辑配合关系

在完成零部件的装配后，如现有零部件的配合不符合设计要求，可以将已经装配完成的零部件和添加的配合关系同时删除，也可以将其他相似零部件替换现有零部件，并且可以根据需要仍然保持前续零部件的配合关系。

在 FeatureManager 设计树中展开【配合】文件夹，并用右键单击一配合名称。然后在打开的快捷菜单中单击【编辑特征】按钮，系统将打开相应的配合属性管理器。此时，在该管理器中修改现有的配合关系选项，或者删除现有的要配合的实体特征和配合关系，重新添加新的配合关系，即可对相应的零部件进行重新装配，效果如图 9-12 所示。

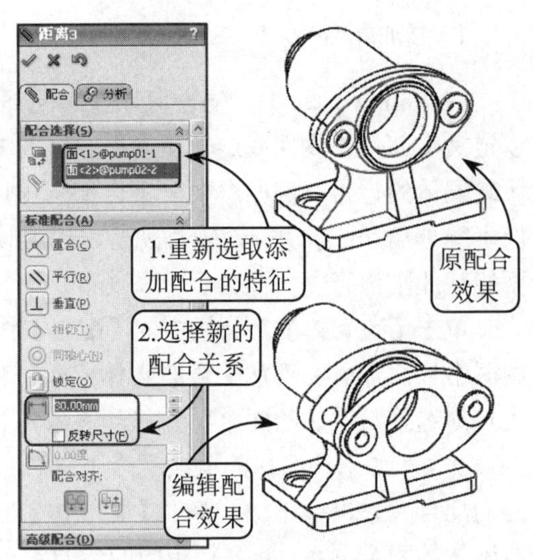

图 9-12　编辑配合关系

此外，如要同时编辑多个配合，可以在 FeatureManager 设计树中选择多个配合名称，然后单击右键并选择【编辑特征】选项，此时所有配合关系将显示在打开的属性管理器的【配合】面板中，用户可以选择相应的配合关系进行编辑。

9.2　编辑装配零部件

在装配过程中，对于按照圆周或线性分布的零部件，以及沿一个基准面对称分布的零部件，用户可以使用相关的零部件阵列工具和镜像工具一次获得多个特征。通过阵列或镜像操作生成的零部件将按照原零部件的配合关系进行相应的定位，极大地提高了产品装配的准确率。

9.2.1　装配体特征

在完成零部件装配或打开现有的装配体后，如需要对现有的零部件进行实体特征的编辑操作，如创建孔特征、圆角和倒角特征，以及各切除特征等，均可以利用系统提供的【装配体特征】工具在装配体模式下直接创建，这是 Solidworks 软件的一大特色。

一般情况下，由于担心在装配体中对零部件所做的变更无法确实地反映在零件上，多数的 3D CAD 软件系统不支持用户直接在装配模式下对零部件进行编辑操作。即便是 Solidworks 软件支持该方式，也是有范围的。在 Solidworks 中，只可生成存在于装配体中的特征，且不会对源零部件文件产生影响。

在【装配体】工具栏中单击【装配体特征】下拉列表，系统将展开可以创建的装配体特征类型，如图 9-13 所示。

在该下拉列表中可以选择相应的工具直接在装配体模式下创建实体特征，如单击【圆角】按钮，然后在零部件上选取要圆角处理的边线或面，并设置相应的圆角参数，即可创建指定的圆角特征，效果如图 9-14 所示。其余各工具的具体操作方法在前面的章节中已经详细介绍，这里不再赘述。

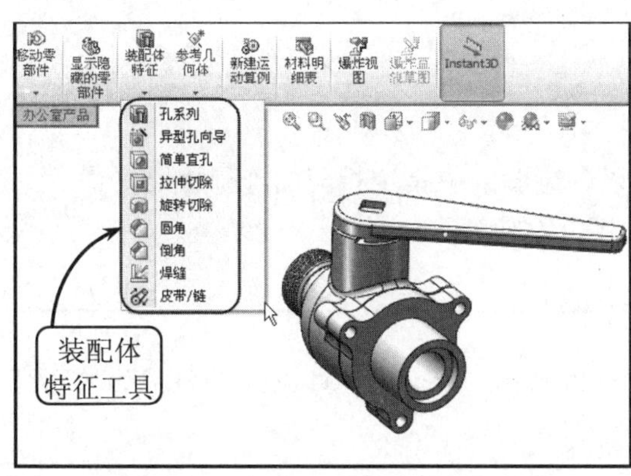

图 9-13　【装配体特征】下拉列表

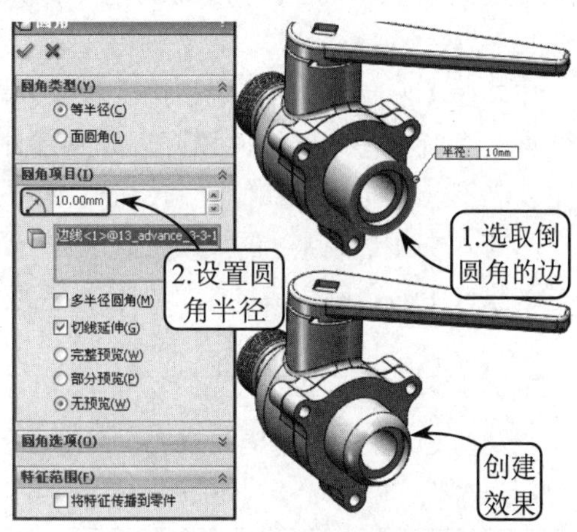

图 9-14　创建圆角特征

此外，当生成装配体特征时，可以指定该特征影响到哪些零部件。在利用相应的装配体特征工具打开的各属性管理器中，如选择【特征范围】面板中的【所有零部件】单选按钮，每次特征重新生成时，系统都将特征应用到模型中的所有实体；如选择【所选零部件】单选按钮，系统将特征应用到所选择的零部件；如启用【将特征传播到零件】复选框，系统将特征添加到每个受影响的零部件文件中。

在添加装配体特征之前完全定义装配体的零部件位置，或固定零部件的位置，可以有助于防止以后移动零部件时出现意外的错误。

9.2.2 阵列装配零部件

在装配设计过程中，经常会遇到包含线性或圆周阵列的螺栓、销钉或螺钉等定位零部件进行装配的情况，单独依靠添加配合关系，很难快速地完成装配工作。而使用相关的零部件阵列工具可以一次生成多个零部件并确定其位置，快速地创建装配体中的阵列特征。

1. 零部件线性阵列

线性阵列是指沿一个或两个方向在装配体中生成指定零部件的多个复制对象。在 Solidworks 中，选取要阵列的源零部件后指定方向，并设置线性间距和实例总数，即可完成零部件线性阵列特征的创建。

单击【装配体】工具栏中的【线性零部件阵列】按钮，系统将打开【线性阵列】属性管理器。此时，在【方向 1】和【方向 2】面板中指定阵列方向，设置相应的间距参数和实例数，并在绘图区中选取要阵列的源零部件，即可完成零部件线性阵列特征的创建，效果如图 9-15 所示。

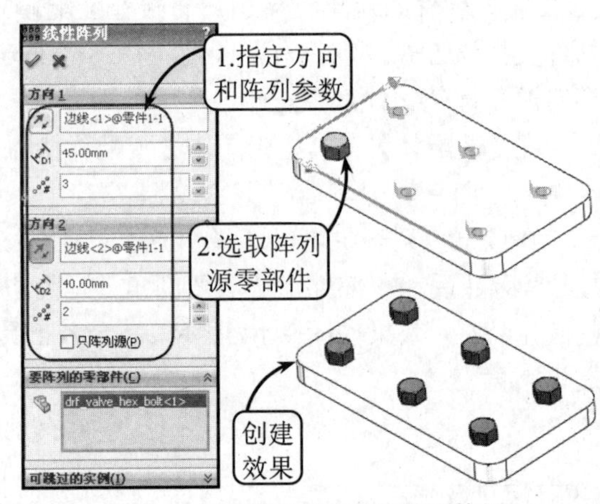

图 9-15　创建零部件线性阵列特征

如果在【方向 2】面板中启用【只阵列源】复选框，系统将在第二方向仅阵列源零部件，而不复制第一方向的零部件阵列特征，效果如图 9-16 所示。

此外，单击【要跳过的实例】列表框，还可以在绘图区中指定相应的阵列特征位置点，以跳过这些选中的实例生成线性阵列特征，效果如图 9-17 所示。

根据默认，所有实例均使用与源零部件相同的配置。若想更改配置，编辑实例的零部件属性即可。

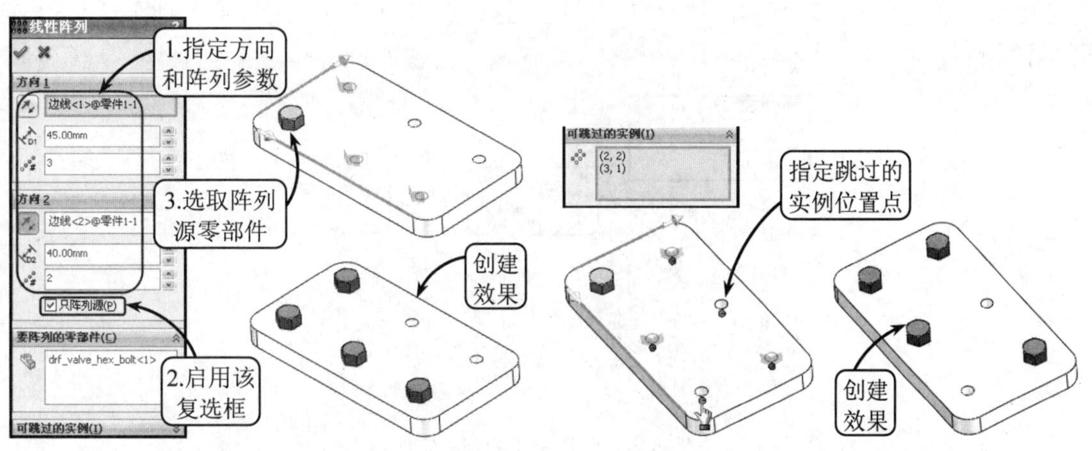

图 9-16　阵列源零部件　　　　图 9-17　跳过指定的阵列实例

2. 零部件圆周阵列

圆周阵列是指绕一轴心生成指定零部件的多个复制对象。在 Solidworks 中，首先选取要阵列的源零部件，并指定一阵列轴。然后设置实例总数及实例的角度间距，或实例总数及生成阵列的总角度，即可完成零部件的圆周阵列特征的创建。

单击【装配体】工具栏中的【零部件圆周阵列】按钮，系统将打开【圆周阵列】属性管理器。此时，在绘图区中选取一螺栓作为阵列源零部件，并指定一圆形边线作为阵列轴。然后设置实例总数及实例的角度间距，即可完成圆周阵列特征的创建，效果如图 9-18 所示。

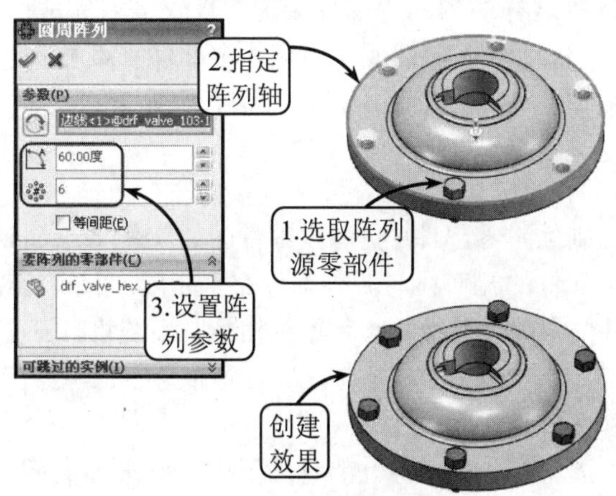

图 9-18　创建零部件圆周阵列特征

在创建零部件圆周阵列特征的过程中，可以指定一圆形边线、一线性边线、一草图直线、一圆柱面、一旋转面或一曲面作为阵列轴。

此外，在创建零部件圆周阵列特征的过程中，同样可以单击【要跳过的实例】列表框，并

在绘图区中指定相应的阵列实例位置点，以跳过这些选中的实例生成圆周阵列特征，效果如图 9-19 所示。

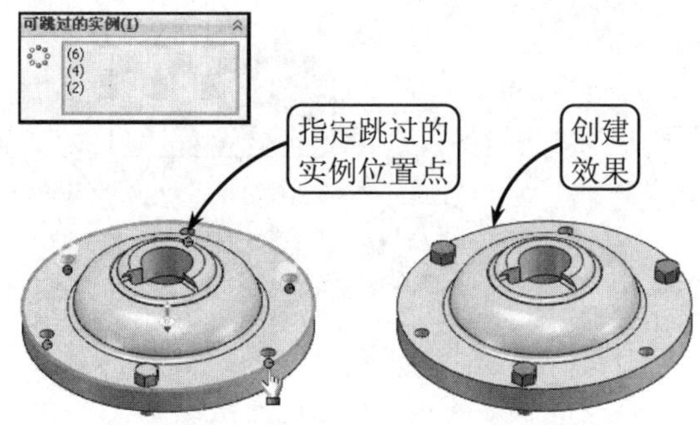

图 9-19　跳过指定的阵列实例

此外，可以解散零部件阵列，使各零部件独立。该方式的优点在于：可以单独移动和旋转阵列中的零部件；缺点在于：由于阵列特征已经消失，所以无法隐藏和压缩阵列中的所有零部件。

9.2.3　镜像装配零部件

镜像零部件是指将指定的零部件对称于所选的面或基准面进行复制，生成一个或多个零部件，特别适合像汽车底座等这样对称的零部件装配，仅仅需要完成一边的装配工作即可。在 Solidworks 中，可以通过镜像现有的零件或子装配体零部件来添加零部件，且生成的新零部件可以是源零部件的复制版本或相反方位版本，现分别介绍如下。

1. 复制版本

在镜像操作生成的复制版本零部件中，源零部件的新实例将添加到装配体中，且不会生成新的文档或配置。复制零部件的几何体与源零部件完全相同，只有零部件的方位不同。

单击【装配体】工具栏中的【镜像零部件】按钮，系统将打开【镜像零部件】属性管理器，如图 9-20 所示。此时，在绘图区中指定一基准面作为镜像所参考的实体，并选取一个或多个要镜像或复制的零部件。

然后单击【下一步】按钮，在新打开的管理器中，单击【重新定向】按钮或，浏览 4 种可用的方向。接着为复制版本的零部件确定一方向，并单击【确定】按钮，即可将零部件的新实例添加到该装配体中，使其绕所选择的基准面形成镜像效果，如图 9-21 所示。

在选取要镜像的零部件时，如果选择一个子装配体，则系统会同时选择其所有的零部件。

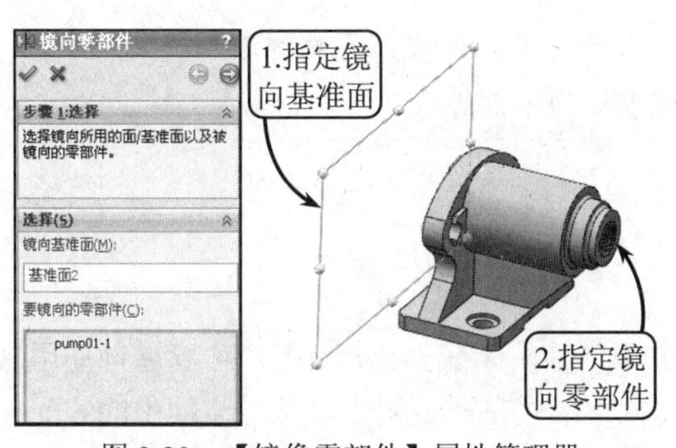

图 9-20 【镜像零部件】属性管理器

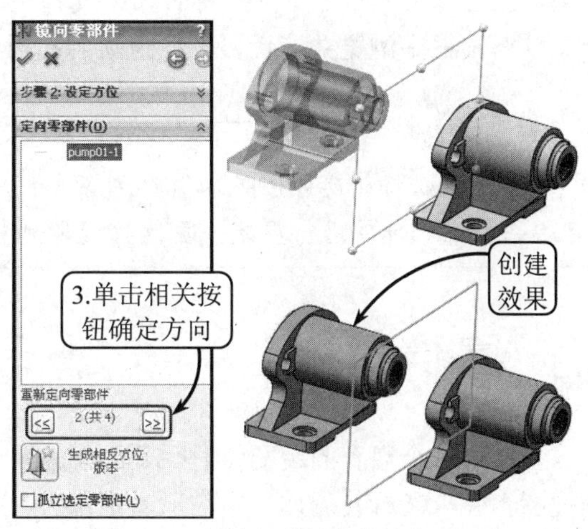

图 9-21 创建复制版本的镜像零部件

2. 相反方位版本

在镜像操作生成的相反方位版本零部件中，源零部件的新实例同样将添加到装配体中，且会生成新的文档或配置。此外，由于新零部件的几何体是镜像所得的，所以与源零部件不同。

单击【装配体】工具栏中的【镜像零部件】按钮，系统将打开【镜像零部件】属性管理器。此时，在绘图区中指定相应的镜像基准面和要镜像的零部件，并单击【下一步】按钮。然后在【定向零部件】列表框中选择要生成相反方位版本的零部件，并单击【生成相反方位版本】按钮，图标会显示在该零部件旁边，表示已经生成一个相反方位版本，效果如图 9-22 所示。

接着单击【下一步】按钮，系统将打开新的管理器，如图 9-23 所示。此时，用户可以指定是将生成的相反方位版本零部件保存在新文件中，还是作为派生配置保存在现有文件中。

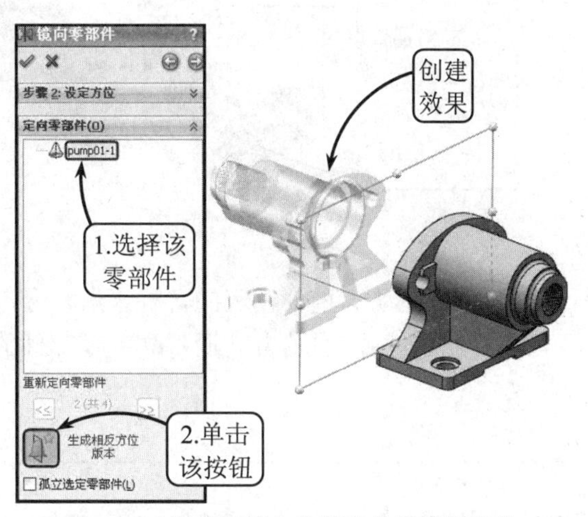

图 9-22 创建相反方位版本的镜像零部件

图 9-23 指定保存方式和命名规则

此外，在该管理器中还可以设置新文件或配置的命名规则：可以对原来的名称添加前缀或后缀，也可以输入自定义的名称。如果选择生成新文件，还可以单击【浏览】按钮，在打开的文件对话框中浏览并选择要替换为新的相反方位零部件文件的任何现有文件。

用户可以将相反方位版本保存到新文件中，或作为派生配置保存到源零部件文件中，且如果对源零部件进行更改，更改将延伸到相反方位的零部件。

9.3 爆炸视图

在打开一个现有的装配体时，或者在执行当前零部件的装配操作后，用户可以通过使用爆炸视图功能来参看装配体下属的所有零部件，以及各零部件在子装配体以及总装配中的装配关系和约束关系。

9.3.1 生成爆炸视图

装配“分解图”，又称为“爆炸图”，是指在装配模型中零部件按照装配关系偏离原来的位置的拆分图形。其可以用来强调物体的装配顺序，使设计者或制造者对物体的所有零部件、装配顺序以及零部件彼此间的位置关系一目了然。在 Solidworks 中，用户可以通过在绘图区中选择和拖动零件来生成爆炸视图。

在【装配体】工具栏中单击【爆炸视图】按钮，系统将打开【爆炸】属性管理器。然后在绘图区中选取一个或多个零部件作为第一个爆炸步骤中的零部件，将有一三重轴显示在图形区域中。此时，可以通过拖动三重轴上相应的臂杆来爆炸零部件，或者通过在【爆炸方向】和【爆炸距离】文本框中设置参数来爆炸零部件，效果如图 9-24 所示。

图 9-24 爆炸零部件

此外，在以一个步骤爆炸多个零部件时，还可以沿轴对它们进行均分，并自动调整零部件的间距：在绘图区中选取两个或更多的零部件，并启用【拖动后自动调整零部件间距】复选框，然后拖动三重轴相应的臂杆来爆炸零部件即可。此时，其中的一个零部件将保持在原位，系统会沿着相同的轴自动调整剩余零部件的间距，使之相等，效果如图 9-25 所示。

在拖动三重轴臂杆爆炸零部件后，还可以拖动零部件上的控标 来移动这些零部件，以及更改它们在链中的顺序。此外，还可以移动【调整零部件链之间的间距】上的滑块来更改自动调整的间距。

按照上述介绍的方式依次选取相应的零部件，或者一次选取整个装配体零部件，即可通过拖动或设置爆炸距离来生成爆炸视图，效果如图 9-26 所示。且系统会在【爆炸步骤】列表框中生成相应的爆炸步骤。

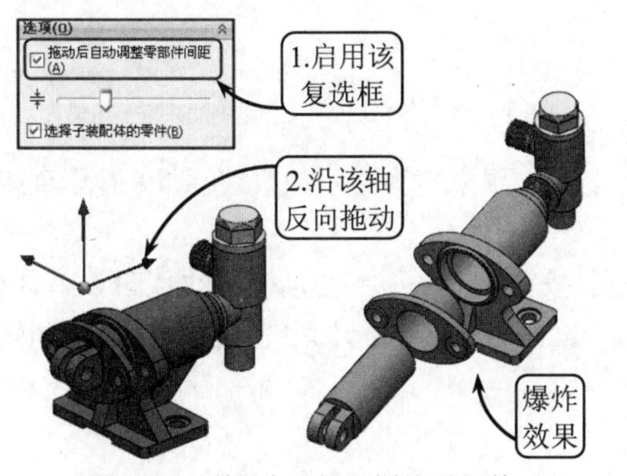

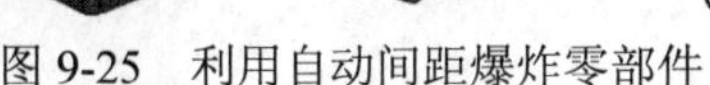
图 9-25　利用自动间距爆炸零部件

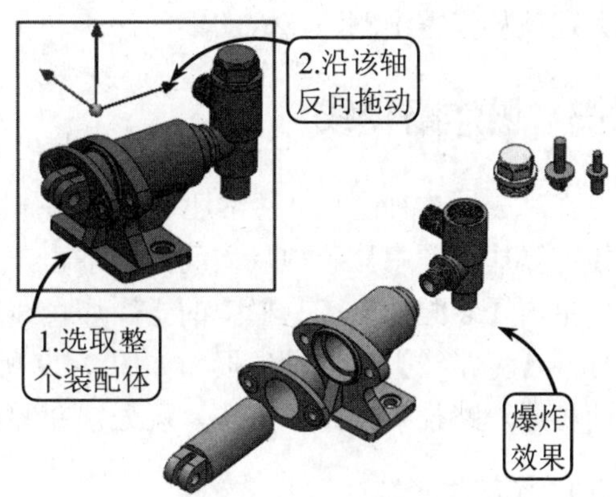

图 9-26　生成爆炸视图

此外，在装配体爆炸时，不能为装配体中的零部件添加配合关系。

9.3.2　编辑爆炸视图

在 Solidworks 的装配环境中，可以在生成爆炸视图时或保存爆炸视图之后，根据需要编辑要添加、删除或重新定位零部件的爆炸步骤，使爆炸效果更加清晰、一目了然。

在 ConfigurationManager 中右键单击爆炸视图，然后选择【编辑特征】选项，系统即可返回至【爆炸】属性管理器，如图 9-27 所示。

在该管理器的【爆炸步骤】列表框中右击相应的爆炸步骤名称，并选择【编辑步骤】选项，三重轴将重新显示在绘图区中，且控标➡将显示在各零部件上，如图 9-28 所示。

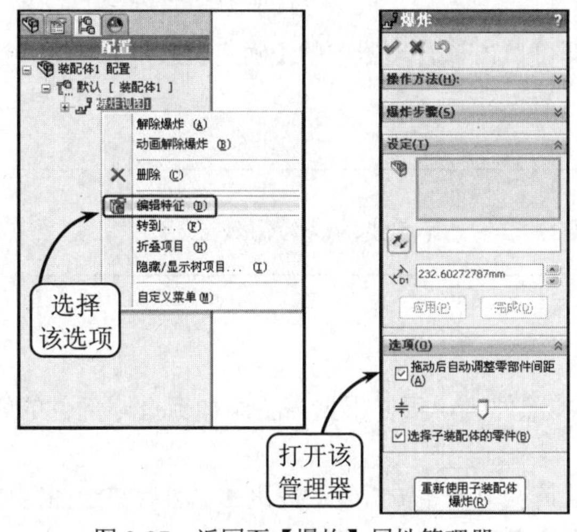

图 9-27　返回至【爆炸】属性管理器

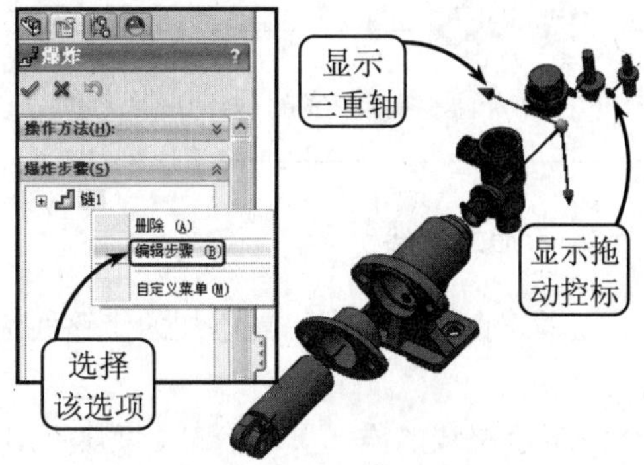

图 9-28　编辑爆炸步骤

此时，即可根据需要重新定位零部件：若拖动相应零部件上的控标➡，可以沿当前轴移动零部件；若要更改零部件爆炸所沿的轴，可以单击三重轴上的一个轴，然后单击【应用】按钮即可。此外，还可以选择相应的零部件添加到指定的爆炸步骤中，或者通过右键单击并选取【删除】选项从步骤中删除选取的零部件。

9.3.3 爆炸路径线

在生成爆炸视图后，通常还可以在爆炸图面上添加用来对齐指示的直线，即“爆炸直线”，以便在爆炸视图中显示项目之间的关系。

单击【装配体】工具栏中的【爆炸直线草图】按钮，系统将激活【爆炸草图】工具栏，并打开【步路线】属性管理器，如图 9-29 所示。在 Solidworks 中，系统提供了步路线和转折线两种爆炸路径线的添加方式，现分别介绍如下。

1. 添加步路线

在【爆炸草图】工具栏中单击【步路线】按钮，然后在绘图区中选取要连接的两个零部件上的实体特征，可以是一个面、圆形边线或者直边。此时，添加的步路线的预览效果即可显示，如图 9-30 所示。

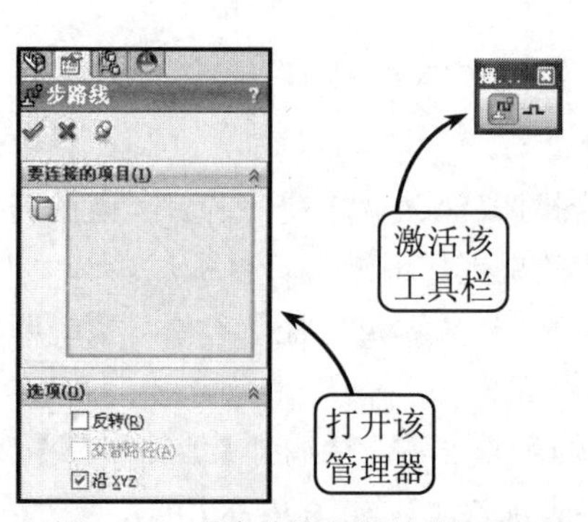

图 9-29 【步路线】属性管理器

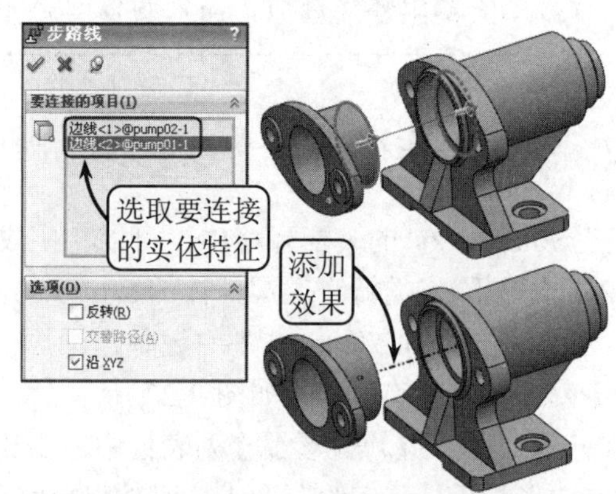

图 9-30 添加步路线

当添加的步路线的预览效果符合要求时，即可单击该管理器中的【确定】按钮✔，然后按照相同的操作步骤进行下一步路线的添加。

在添加爆炸路径线的过程中，爆炸直线草图中的所有直线均以幻影线显示。

2. 添加转折线

在爆炸直线草图中，当添加的步路线通过零部件时，可以根据需要添加穿过零部件的转折线。

完成步路线的添加后，单击【爆炸草图】工具栏中的【转折线】按钮，然后在绘图区中单击选取一步路线。此时，移动指针预览转折线的宽度和深度，当符合要求时，再次单击鼠标

左键，即可完成转折线的添加，效果如图 9-31 所示。

此外，当完成爆炸路径线的添加后，还可以编辑爆炸直线草图，以便添加、删除或更改相应的爆炸直线。在 ConfigurationManager 中展开生成的爆炸视图，然后右键单击【3D 爆炸】选项，并在打开的快捷菜单中选择【编辑草图】选项，即可对添加的爆炸路径线进行相应编辑，如图 9-32 所示。

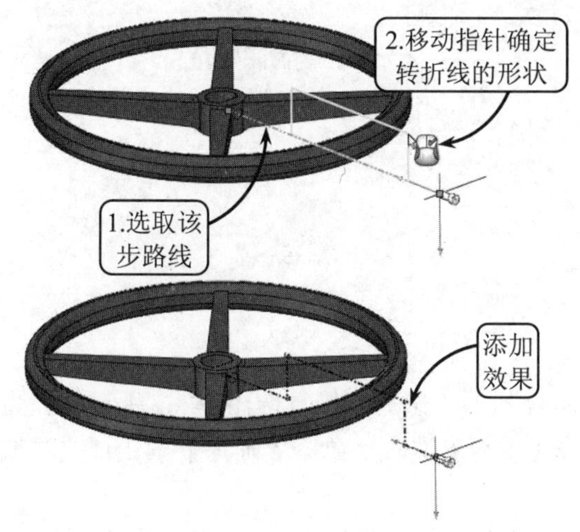

图 9-31　添加转折线

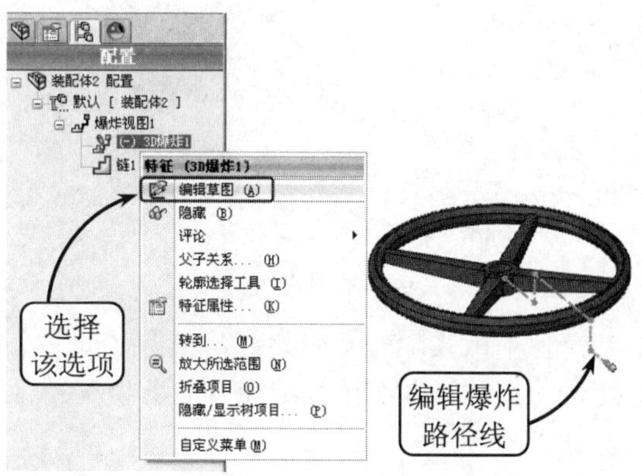

图 9-32　编辑爆炸直线草图

9.4　典型实例 9-1：创建抽油机装配模型

本例创建抽油机装配模型，效果如图 9-33 所示。其主要结构包括固定在支座上的桶状缸体，与缸体连接的端盖和三通体结构零件，还有缸体中的拉杆和三通体结构零件中的轴类零件。缸体中的拉杆在别的动力作用下，作往复的直线运动，引起与缸体密封连接的三通体内的空气压力产生变化。油在压力差的作用下，通过三通体底部的接口被吸入，由侧边的接口流出，完成油的抽取。

图 9-33　抽油机装配模型

创建该装配模型，主要用到重合、同轴心、角度和平行等配合类型。在定位三通体结构的位置时，除了设置重合、同轴心外，还要通过角度配合，设置两平面间的角度。三通体内部结构的多个零件可以采取从下往上依次定位。而拉杆除了设置与缸体重合、同轴心外，还要设置它的顶端侧面与底座的相应侧面为平行配合，才能准确定位。

操作步骤：

（1）新建装配体文件，打开【开始装配体】属性管理器。然后在【要插入的零件/装配体】面板中单击【浏览】按钮，并在打开的对话框中打开本书配套光盘文件“pump01.sldprt”，即组件 1。接着单击【确定】按钮✔，系统将以“定位原点处”方式固定组件 1，效果如图 9-34 所示。

（2）单击【装配体】工具栏中的【插入零部件】按钮，按照上一步的方法打开本书配套光盘文件“pump02.sldprt”，在窗口任意位置单击放置该组件 2，效果如图 9-35 所示。

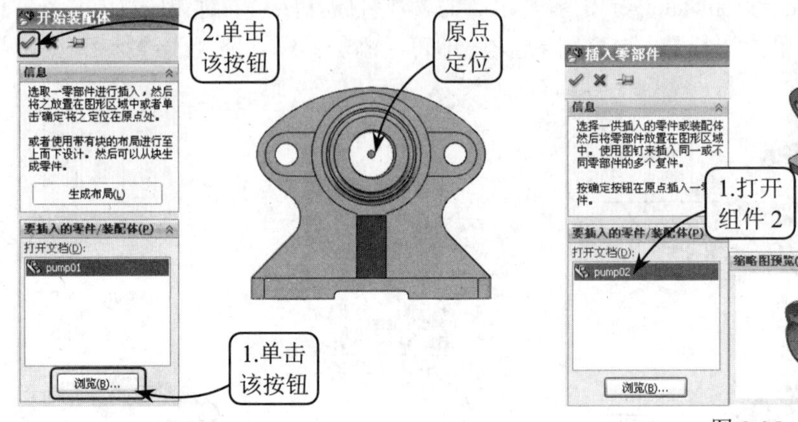

图 9-34　固定组件 1

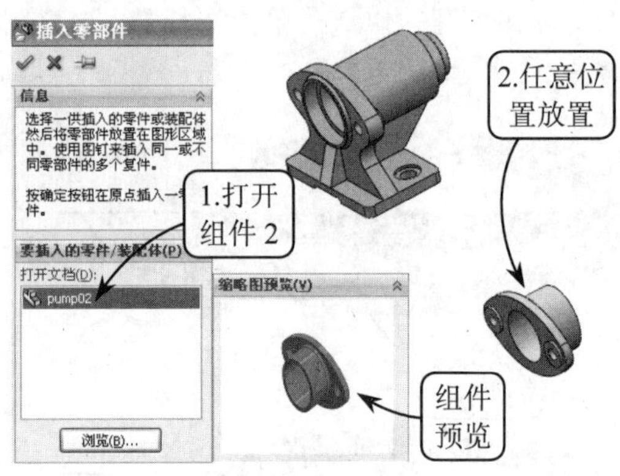

图 9-35　插入组件 2

（3）单击【配合】按钮，打开【配合】属性管理器。然后分别选取图 9-36 所示的面为要配合的实体，并在【标准配合】下拉菜单中选择【重合】选项，单击【确定】按钮完成该配合。

（4）分别选取组件 2 的凸台外表面和组件 1 的内孔表面为要配合的实体，并在【标准配合】下拉菜单中选择【同轴心】选项，单击【确定】按钮完成该配合，效果如图 9-37 所示。

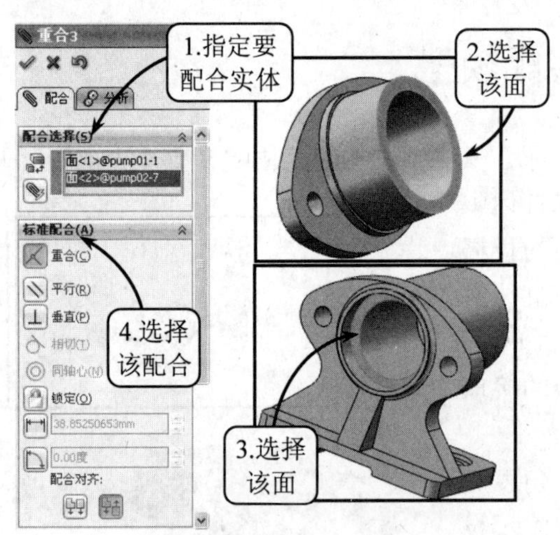

图 9-36　设置重合配合

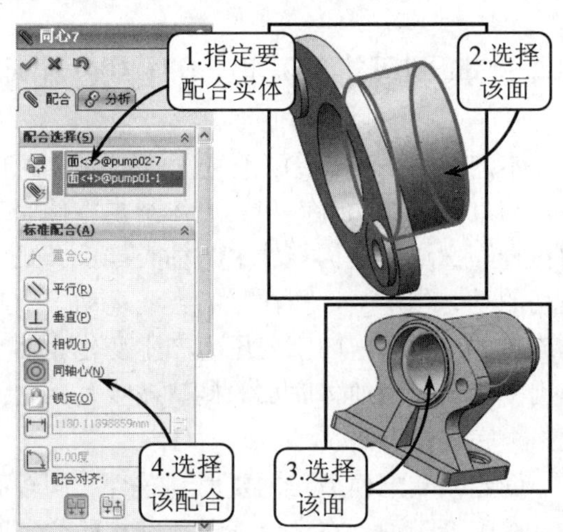

图 9-37　设置同轴心配合

（5）分别选取组件 2 的小孔内表面和组件 1 的对应孔内表面为要配合的实体，并在【标准配合】下拉菜单中选择【同轴心】选项，单击【确定】按钮，完成组件 2 的定位，效果如图 9-38 所示。

（6）利用【插入零部件】工具，按照上面的方法打开光盘文件“pump04.sldprt”并放置该组件 3。然后利用【配合】工具，分别选取组件 3 与组件 1 的对应平面为要配合的实体表面，执行重合配合操作，效果如图 9-39 所示。

（7）分别选取组件 3 的边线和组件 1 的对应边线为要配合的实体，并在【标准配合】下拉菜单中选择【同轴心】选项，单击【确定】按钮完成配合，效果如图 9-40 所示。

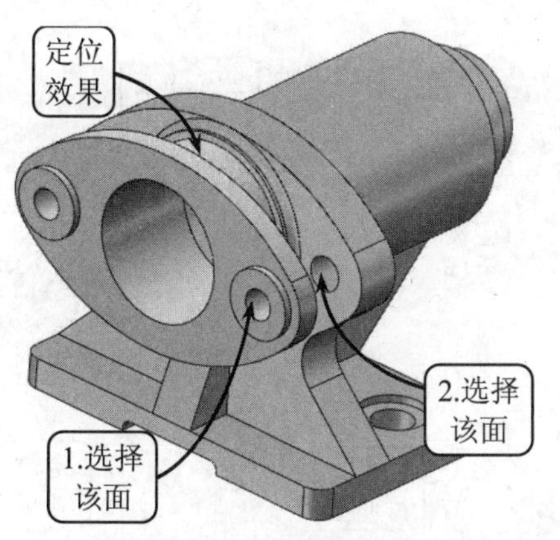

图 9-38 设置同轴心配合并定位组件 2

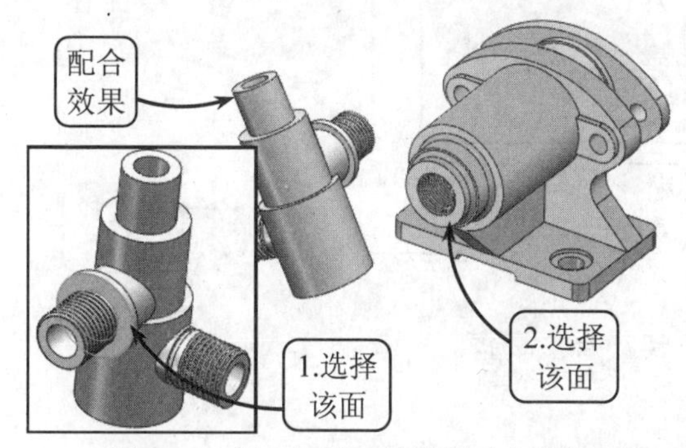

图 9-39 插入组件 3 并设置重合配合

（8）继续在【配合选择】下拉菜单中指定要配合的实体，选择配合类型为【角度】。然后输入配合角度为 90°，并设置配合对齐方式为【反向配合】，单击【确定】按钮，完成组件 3 的定位，效果如图 9-41 所示。

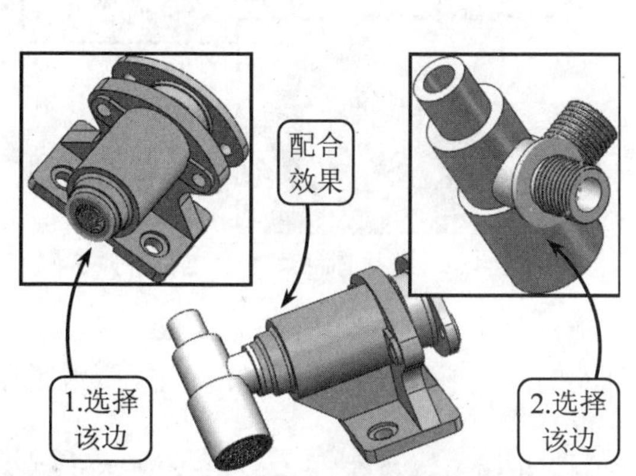

图 9-40 设置同轴心配合

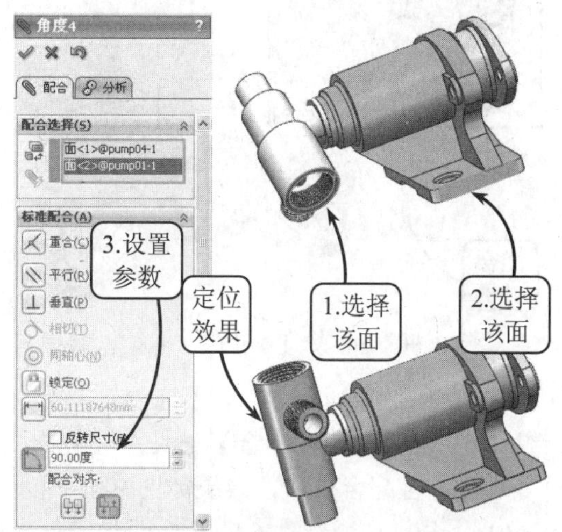

图 9-41 设置角度配合并定位组件 3

（9）利用【插入零部件】工具，按照上面的方法打开光盘文件“pump07.sldprt”并放置该组件 4。然后利用【配合】工具，依次选取组件 4 与组件 3 的对应平面为要配合的实体表面，执行重合配合操作，效果如图 9-42 所示。

（10）分别选取组件 4 的轴表面和组件 3 的底端轴边线为要配合的实体，并在【标准配合】下拉菜单中选择【同轴心】选项，单击【确定】按钮，完成组件 4 的定位，效果如图 9-43 所示。

（11）利用【插入零部件】工具，按照上面的方法打开光盘文件“pump06.sldprt”并放置该组件 5。然后利用【配合】工具，依次选取组件 5 的圆台底面与组件 3 的对应平面为配合表面，执行重合配合操作，效果如图 9-44 所示。

（12）分别选取组件 5 的孔曲面与组件 4 的对应轴曲面为配合表面，并在【标准配合】下拉菜单中选择【同轴心】选项，单击【确定】按钮，完成组件 5 的定位，效果如图 9-45 所示。

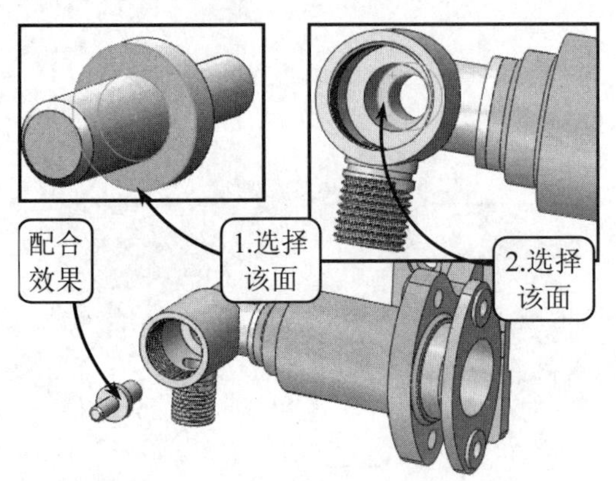

图 9-42　插入组件 4 并设置重合配合

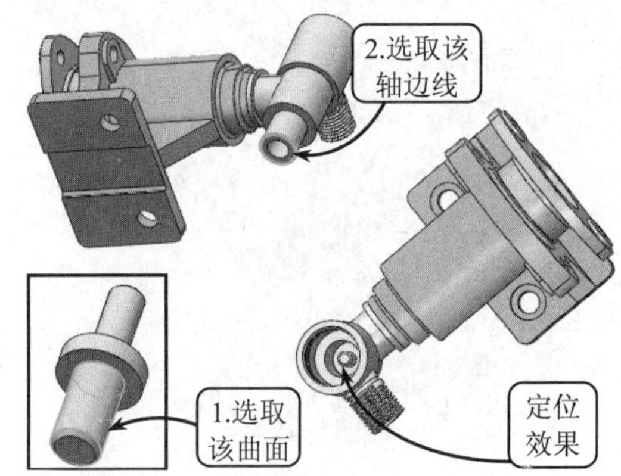

图 9-43　设置同轴心配合并定位组件 4

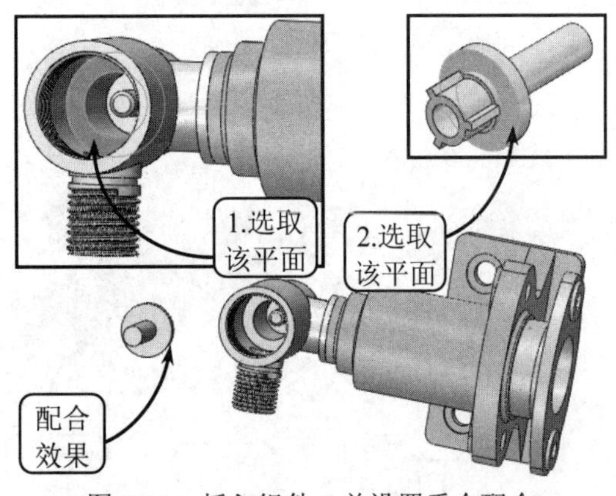

图 9-44　插入组件 5 并设置重合配合

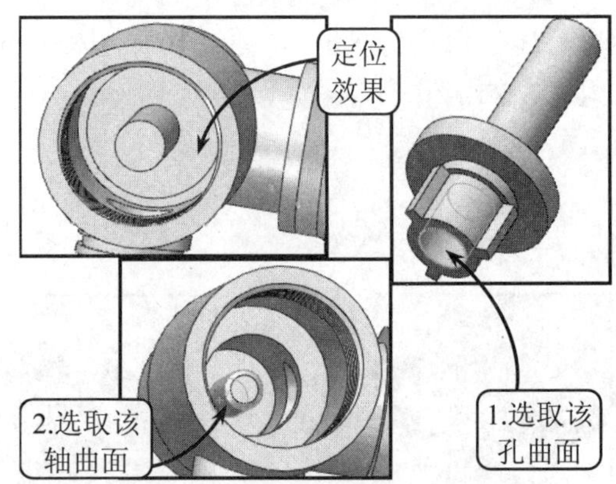

图 9-45　设置同轴心配合并定位组件 5

（13）利用【插入零部件】工具，按照上面的方法打开光盘文件“pump05.sldprt”并放置该组件 6。然后利用【配合】工具，依次选取组件 6 的圆台下表面与组件 3 的上平面为配合表面，执行重合配合操作，效果如图 9-46 所示。

（14）分别选取组件 6 的孔曲面与组件 3 的对应轴边线为要配合的实体，并在【标准配合】下拉菜单中选择【同轴心】选项，单击【确定】按钮✔完成配合。然后利用相同方法设置【锁定】配合，完成组件 6 的定位，效果如图 9-47 所示。

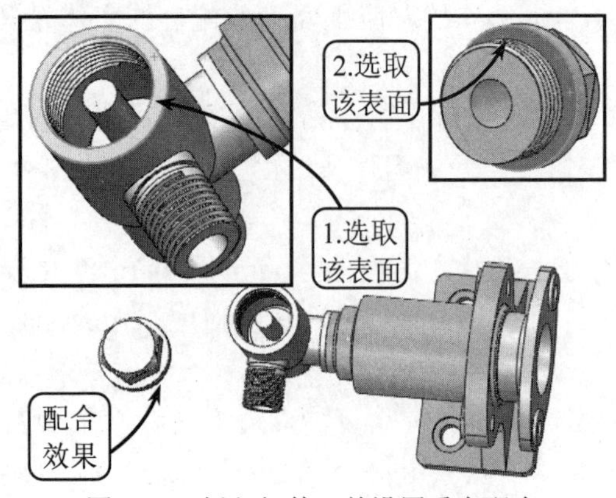

图 9-46　插入组件 6 并设置重合配合

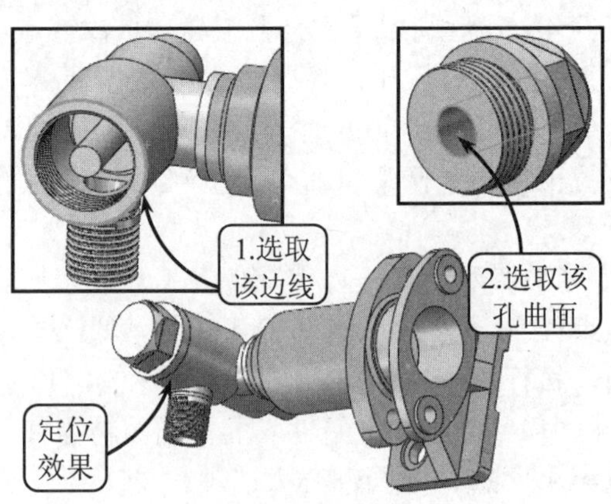

图 9-47　设置同轴心配合并定位组件 6

（15）继续利用【插入零部件】工具，按照上面的方法打开光盘文件“pump03.sldprt”并放置该组件7。然后利用【配合】工具，依次选取组件7的轴端面与组件1的对应面为配合表面，执行重合配合操作，效果如图9-48所示。

（16）在【标准配合】下拉菜单中选择【同轴心】选项，并分别选取组件7的轴表面和组件2的孔表面为参照面，系统将执行对齐操作，效果如图9-49所示。

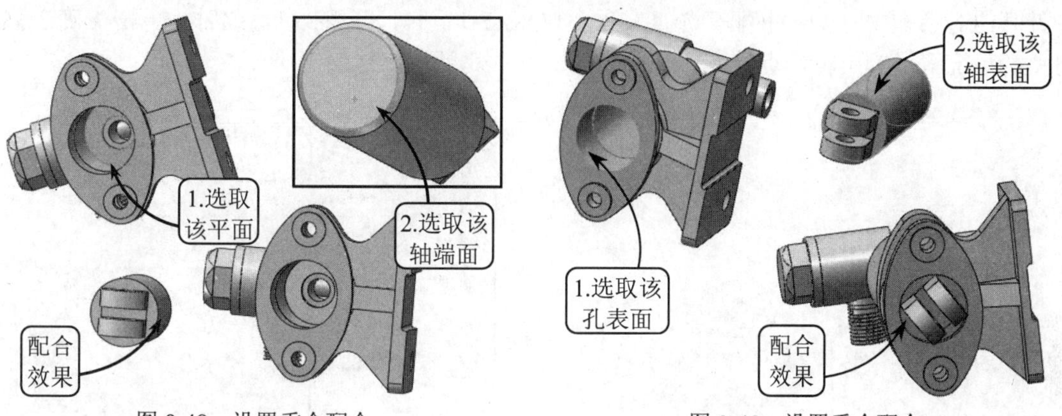

图9-48　设置重合配合　　图9-49　设置重合配合

（17）继续在【标准配合】下拉菜单中选择配合类型为【平行】，然后分别选取组件7的侧面与组件1的底座侧面为要配合的实体表面，单击【确定】按钮，完成组件7的定位，效果如图9-50所示。

（18）单击【保存】按钮，系统将打开【另存为】对话框。然后设置保存路径和保存类型，并输入文件名为“chouyoujizhuangpei”，单击【保存】按钮即可，效果如图9-51所示。

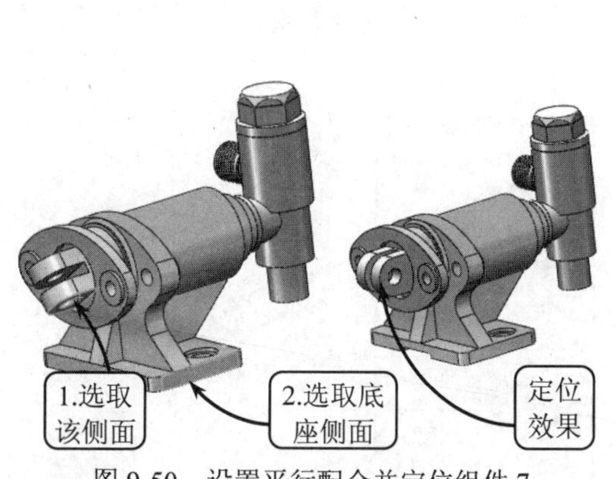

图9-50　设置平行配合并定位组件7

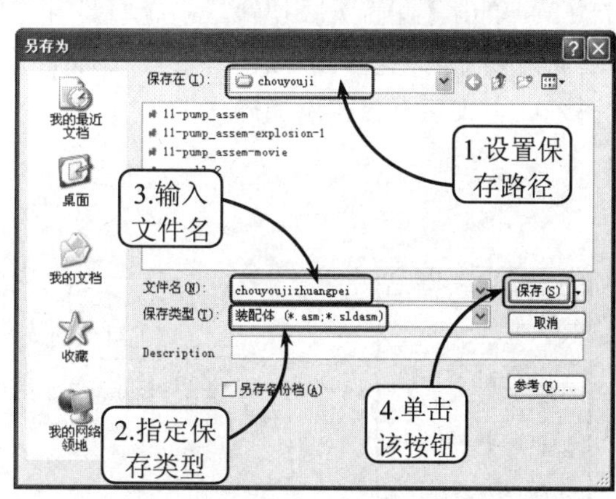

图9-51　保存该文件

9.5　典型实例9-2：创建平口钳装配模型

本案例创建平口钳装配体，效果如图9-52所示。平口钳是钳工加工的重要工具，主要利用螺杆或其他机构使两钳口作相对移动而夹持工件。一般由底座、钳身、固定钳口和活动钳口，以及使活动钳口移动的传动机构组成。其中，钳身中间加工有滑轨用于放置活动钳口，螺杆可以通过旋转使活动钳口移动。

在创建平口钳实体装配模型时，一般以钳身作为基准部件进行装配操作。其中，对于轴类以及具有圆形端面重合的零件之间的装配，应利用【同轴心】配合类型；而对于具有重合平面的零件之间的装配，则可以利用【重合】配合类型，完成平口钳的装配。

操作步骤：

（1）新建装配体文件，系统将打开【开始装配体】属性管理器。然后单击【浏览】按钮，在打开的对话框中打开本书配套光盘文件“PQK-2.sldprt”，即组件 1。此时，单击【确定】按钮✔，系统将以“定位原点处”方式固定组件 1，效果如图 9-53 所示。

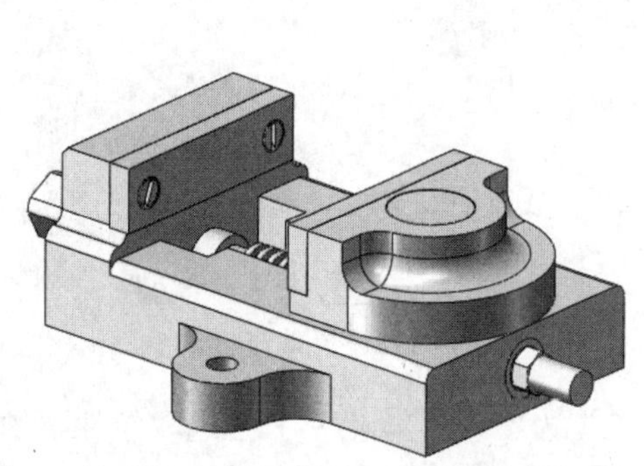

图 9-52　平口钳装配模型

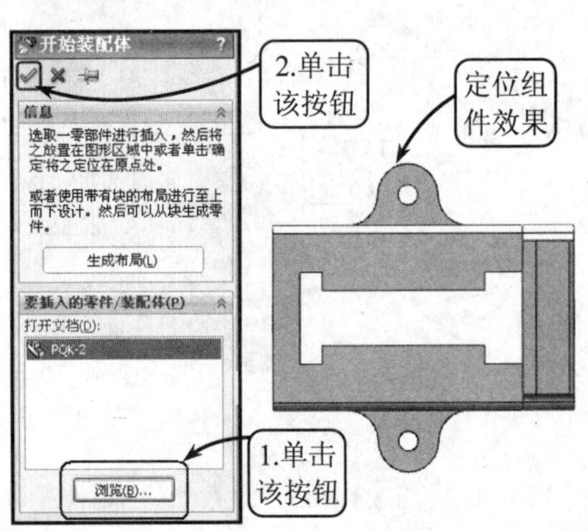

图 9-53　定位组件 1

（2）单击【装配体】工具栏中的【插入零部件】按钮，按照上一步的方法打开本书配套光盘文件“PQK-8.sldprt”，在窗口任意位置单击放置该组件 2，效果如图 9-54 所示。

（3）单击【配合】按钮，系统将打开【配合】属性管理器。此时，分别选取图 9-55 所示的面为要配合的实体表面，然后在【标准配合】面板中选择【重合】选项，并单击【确定】按钮✔，完成该配合的添加操作。

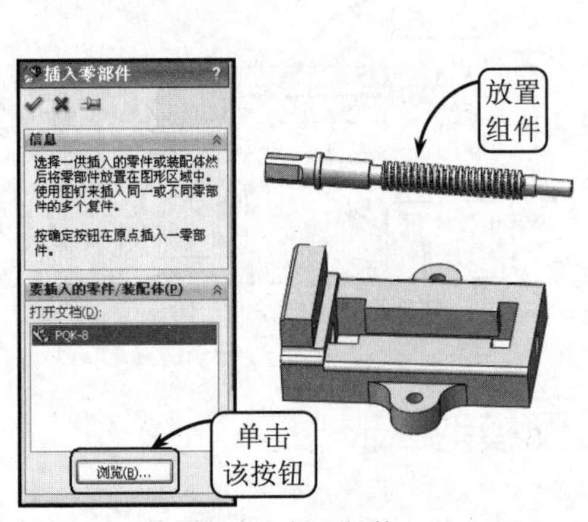

图 9-54　插入组件 2

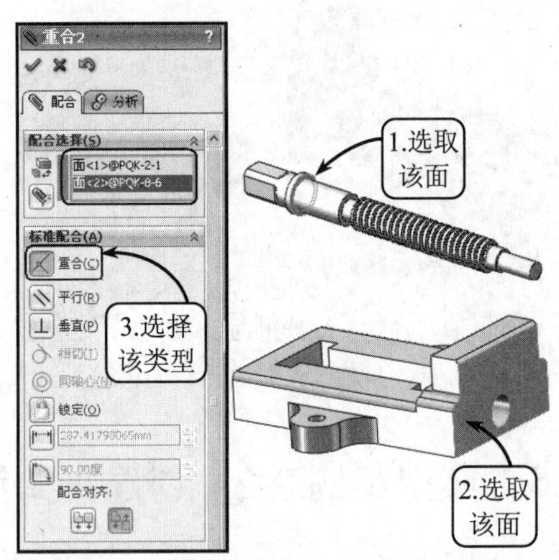

图 9-55　添加重合配合

（4）完成上述操作后，在【标准配合】面板中选择【同轴心】选项，并依次按照图 9-56 所示选取组件 1 和组件 2 上的相应面为要配合的实体面，然后单击【确定】按钮✔，完成组件

2 的定位操作。

（5）利用【插入零部件】工具按照上述方法打开光盘文件“PQK-9.sldprt”，并放置组件 3。然后利用【配合】工具，在【标准配合】面板中选择【重合】选项，并按照图 9-57 所示依次选取两个面作为要配合的实体表面，执行配合操作。

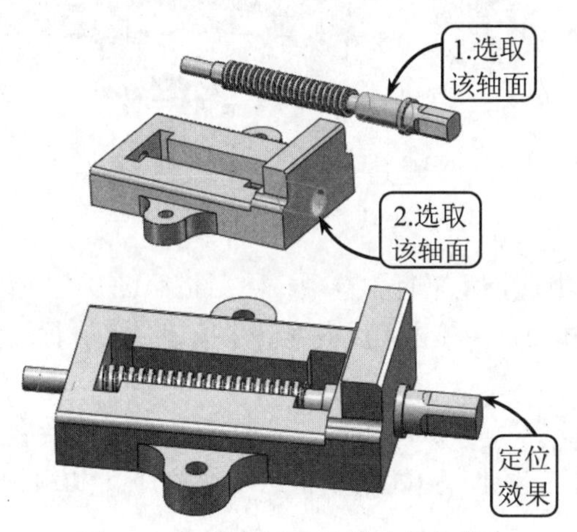

图 9-56　添加同心配合并定位组件 2

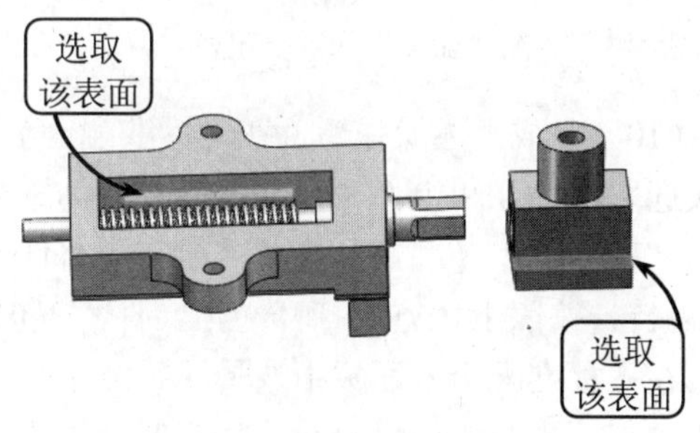

图 9-57　添加重合配合

（6）完成上述操作后，在【标准配合】面板中选择【同轴心】选项，然后按照图 9-58 所示分别选取组件 3 和组件 2 上的螺纹面作为配合实体面，执行配合操作。

（7）完成上述操作后，在【标准配合】面板中选择【距离】选项，然后依次选取图 9-59 所示组件上的面作为配合实体面，并设置距离参数为 100mm，执行配合操作。接着单击【确定】按钮，完成组件 3 的定位。

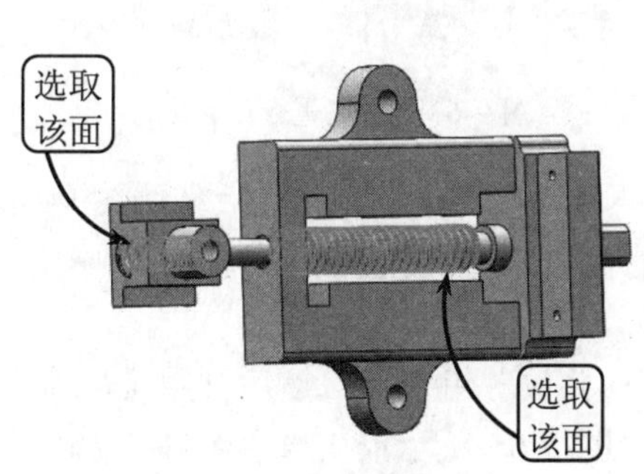

图 9-58　添加同心配合

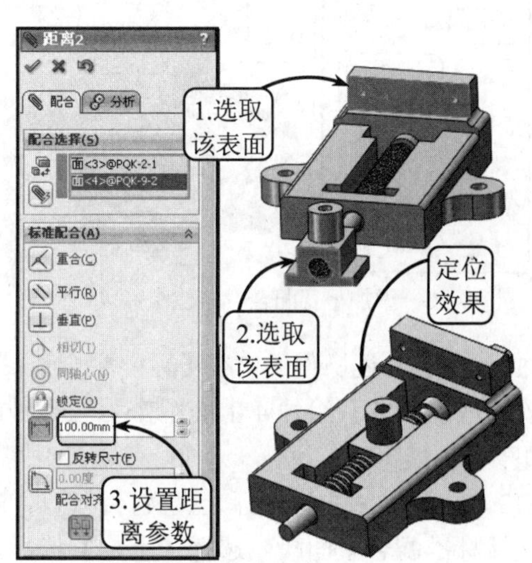

图 9-59　添加距离配合并定位组件 3

（8）按照上述方法打开光盘文件“PQK-5.sldprt”并放置组件 4。然后利用【配合】工具，在【标准配合】面板中选择【重合】选项，并按照图 9-60 所示依次选取组件 4 和组件 1 上的平面作为配合实体面，执行配合操作。

（9）完成上述操作后，在【标准配合】面板中选取【同轴心】选项，然后按照图 9-61 所

示分别选取组件 4 和组件 3 上的轴面作为配合实体面，执行配合操作。

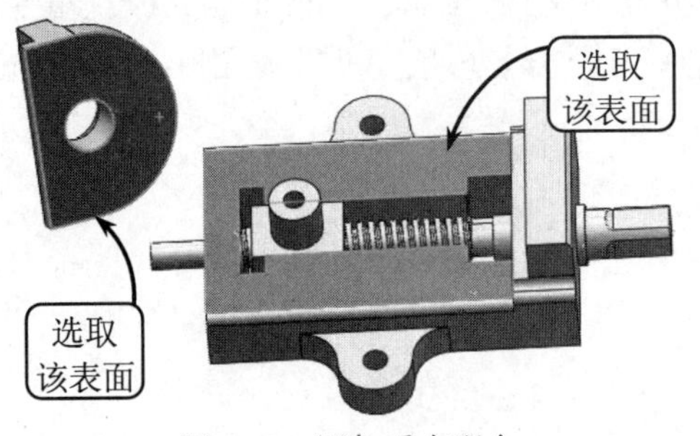

图 9-60 添加重合配合

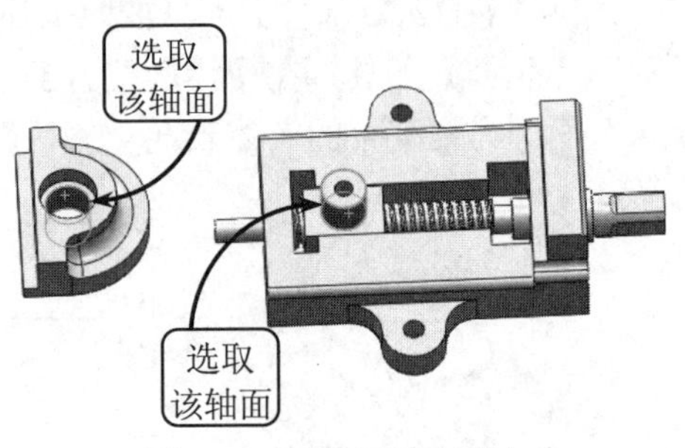

图 9-61 添加同轴心配合

（10）完成上述操作后，在【标准配合】面板中选择【平行】选项，然后按照图 9-62 所示依次选取组件 4 和组件 3 上的相应表面为配合实体面，并单击【反向对齐】按钮，执行配合操作。接着单击【确定】按钮，完成组件 4 的定位。

（11）按照上述方法打开光盘文件“PQK-4.sldprt”，并放置组件 5。然后利用【配合】工具，在【标准配合】面板中选择【重合】选项，并按照图 9-63 所示依次选取组件 5 和组件 4 的相应表面作为实体配合面，执行配合操作。

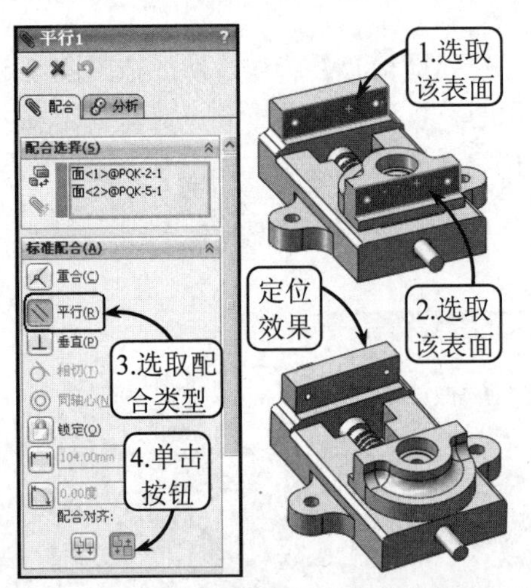

图 9-62 添加平行配合并定位组件 4

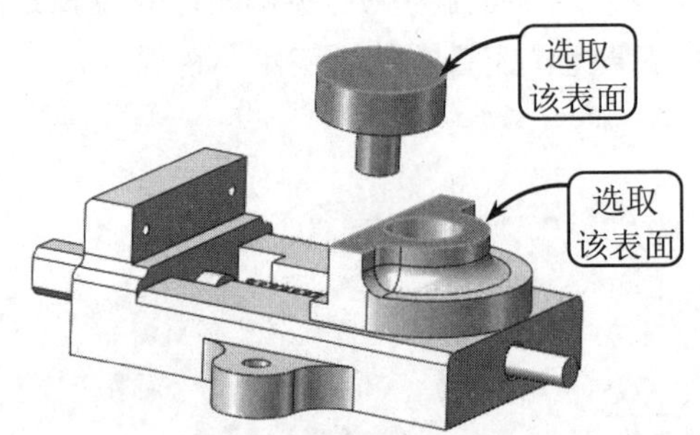

图 9-63 添加重合配合

（12）完成上述操作后，在【标准配合】面板中选择【同轴心】选项，然后按照图 9-64 所示依次选取组件 5 和组件 4 上的圆作为配合对象，执行配合操作。接着单击【确定】按钮，完成组件 5 的定位。

（13）按照上述方法打开光盘文件“PQK-4.sldprt”，并放置组件 6。然后利用【配合】工具，在【标准配合】面板中选择【重合】选项，并按照图 9-65 所示依次选取组件 5 和组件 1 上的相应面作为实体配合面，并执行配合操作。

（14）完成上述操作后，在【标准配合】面板中选择【接触】选项，然后按照图 9-66 所示依次选取组件 6 和组件 1 上的另外一组面作为实体配合面，执行配合操作。

（15）完成上述操作后，在【标准配合】面板中选择【重合】选项，然后按照图 9-67 所示分别选取组件 6 和组件 1 的相应表面为实体配合面，执行配合操作。接着单击【确定】按钮，

完成组件 6 的定位。

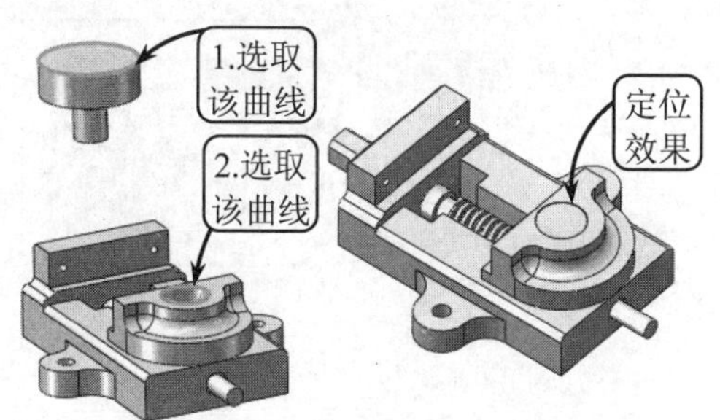

图 9-64　添加同心配合并定位组件 5

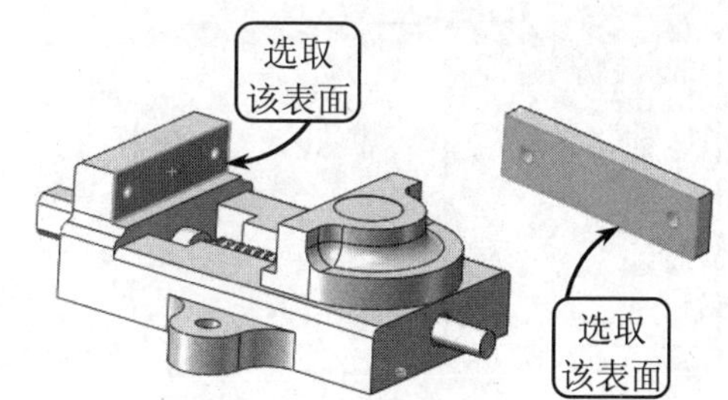

图 9-65　添加重合配合

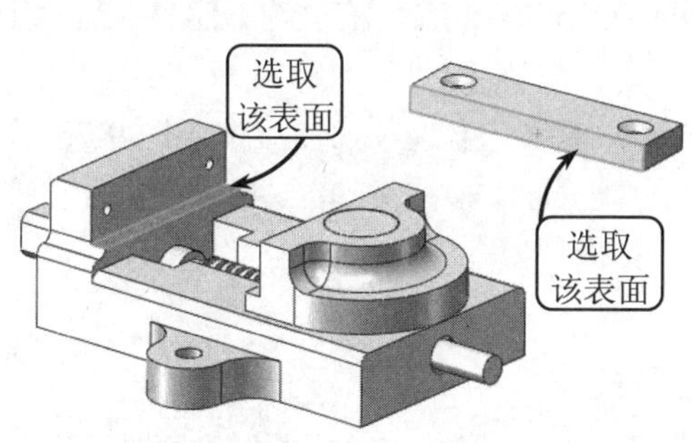

图 9-66　添加重合配合

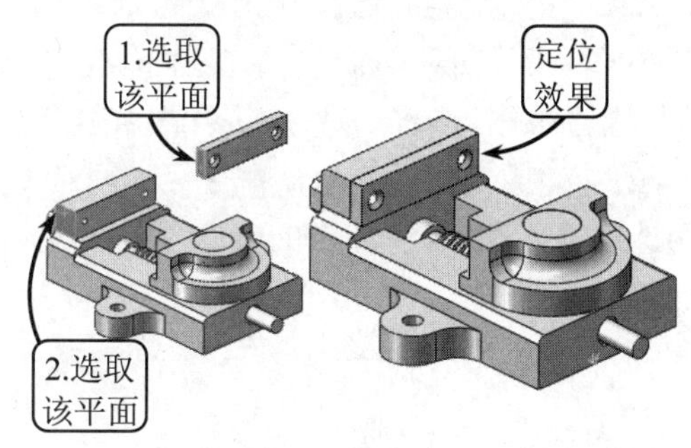

图 9-67　添加重合配合并定位组件 6

（16）继续打开光盘文件“PQK-4.sldprt”，并按照上述方法重复添加该组件 7 至装配体上的相应的位置，效果如图 9-68 所示。

（17）按照上述方法打开光盘文件“PKQ-1.sldprt”，并放置组件 8。然后利用【配合】工具，在【标准配合】面板中选择【同轴心】选项，并按照图 9-69 所示依次选取组件 8 和组件 6 的相应边线作为配合对象，执行配合操作。

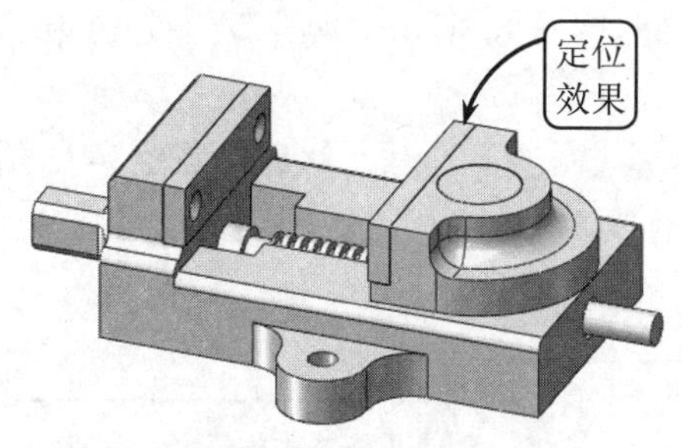

图 9-68　定位组件 7

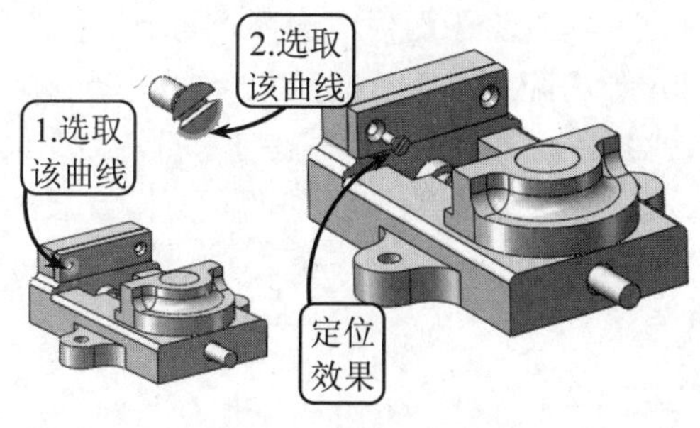

图 9-69　添加同轴心配合

（18）完成上述操作后，在【标准配合】面板中选择【重合】选项，然后按照图 9-70 所示依次选取组件 6 和组件 8 上的相应面作为实体配合面，执行配合操作。接着单击【确定】按钮 ✔，完成组件 8 的定位。

（19）继续打开光盘文件“PQK-1.sldprt”，并按照上述方法重复添加相同组件 9、10 和 11 至装配体上的相应的位置，效果如图 9-71 所示。

图 9-70　定位组件 8　　　　图 9-71　定位相同组件

（20）按照上述方法打开光盘文件“PQK-7.sldprt”，并放置组件 12。然后利用【配合】工具，在【标准配合】面板中选择【同轴心】选项，并按照图 9-72 所示依次选取组件 12 和组件 1 的相应边线作为配合对象，执行配合操作。

（21）完成上述操作后，在【标准配合】面板中选择【重合】选项，然后按照图 9-73 所示分别选取组件 12 和组件 1 的两个面作为配合面，执行配合操作。接着单击【确定】按钮✔，完成组件 12 的定位。

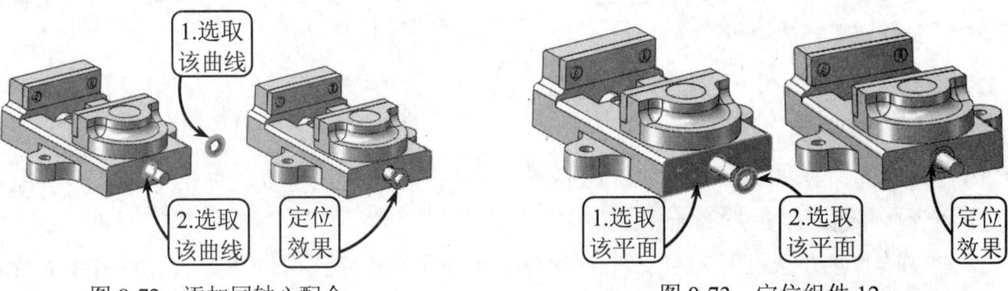

图 9-72　添加同轴心配合　　　　图 9-73　定位组件 12

（22）按照上述方法打开光盘文件“PQK-6.sldprt”，并放置组件 13。然后利用【配合】工具，在【标准配合】面板中选择【同轴心】选项，并按照图 9-74 所示依次选取组件 13 和组件 2 的边线作为配合对象，执行配合操作。

（23）完成上述操作后，在【标准配合】面板中选择【重合】选项，然后按照图 9-75 所示分别选取组件 13 和组件 12 的两个面作为配合面，执行配合操作。接着单击【确定】按钮✔，完成组件 13 的定位。

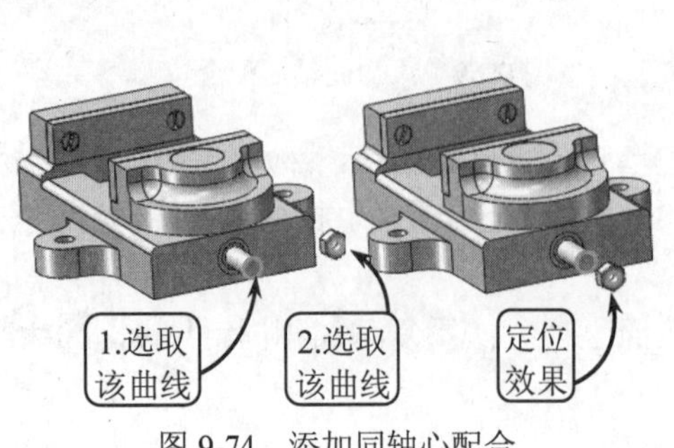

图 9-74　添加同轴心配合

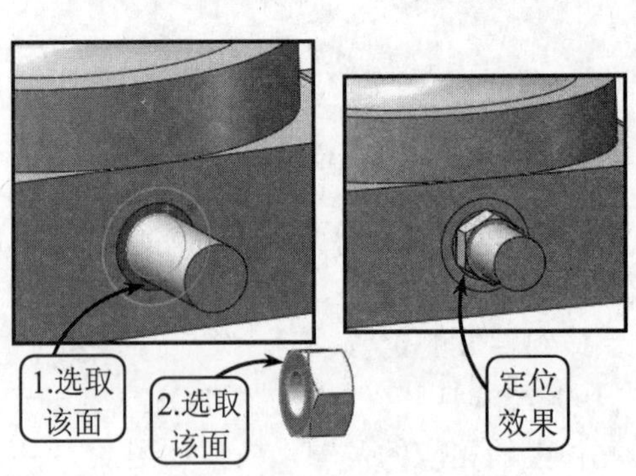

图 9-75　定位组件 13

9.6　扩展练习：订书机装配建模

本练习装配一订书机模型，效果如图 9-76 所示。使用订书机可以将多页纸张装订在一起。该订书机结构主要包括一底座，其一端安置有枢部，并配合枢轴与主订轨和按压壁枢接，内部一弹簧顶持于主订轨和底座之间。此外，按压壁一端向下突伸出一推钉板，中部枢接一拉柄，并且该拉柄一端与一推钉座拉引。

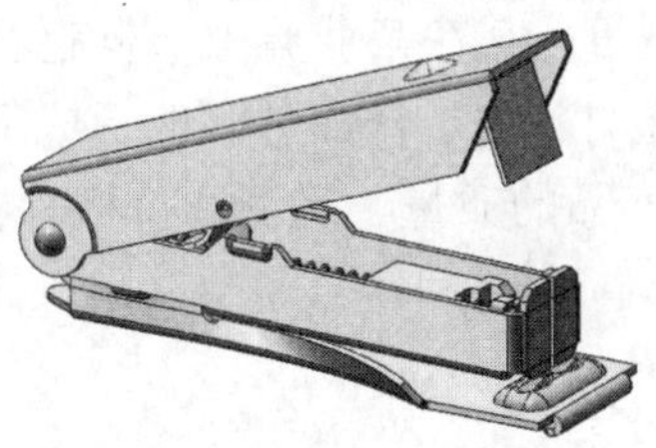

图 9-76　订书机装配效果

创建该订书机装配结构，首先以主订轨为基础模型，围绕该主订轨装配其他零件，如底座、按压壁、弹簧和推钉板等。装配时，主要通过利用重合、同轴心和相切配合方式来完成。

9.7　扩展练习：电熨斗装配建模

本练习装配一电熨斗模型，效果如图 9-77 所示。电熨斗是利用电热来熨烫衣物的清洁电器。该电熨斗主要结构包括熨斗主体、上盖、下盖、后盖、温调旋钮、压力旋钮、电源开关和尾线等。其体形为尖端流线型，这样可以轻松熨烫难以触及的区域。此外整体上小下大的造型，在减小外观造型所占体积的同时，又增大了内部水箱的容积量。

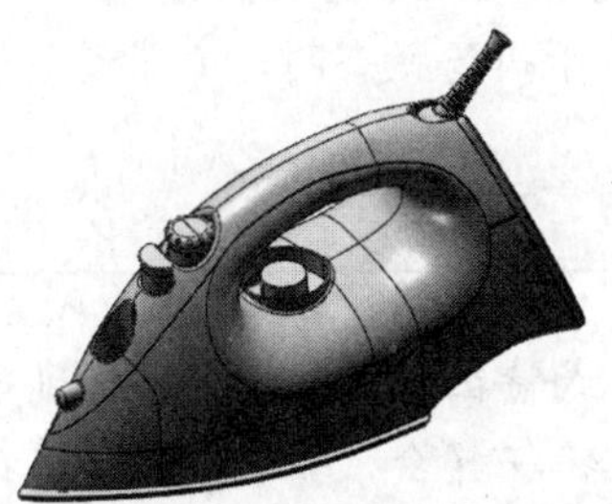

图 9-77　电熨斗装配效果

创建该电熨斗装配结构，首先以熨斗主体为基础模型，围绕该主体装配其他零件，如上盖、下盖、后盖和调温旋钮等，主要通过利用重合和同轴心配合方式来完成定位。其中，在装配电熨斗的尾线时，还需要设置使尾线与水平方向成一定的角度。

第 10 章　钣金设计

钣金是针对金属薄板（通常在 6mm 以下）的一种综合冷加工工艺，包括剪、冲、切、复合、折、焊接、铆接、拼接和成型等，其在工业界中一直起着重要的角色，如车体内部的钣金骨架、机床的外围罩壳等都是钣金件。由于产品外观的形成基本都是通过钣金加工完成的，因此钣金的设计质量深深地影响着产品的质量、造型和价格等各方面。

10.1　创建主要钣金壁

钣金件是一种比较特殊的实体特征，是带有折弯角的薄壁零件。其通常用作零部件的外壳，或用于支撑其他零部件。而钣金壁是构成钣金件的最基本、最重要的特征，其中主要钣金壁是钣金设计中的第一个特征，也是其他各类钣金特征的参考特征。即只有在创建了主要钣金壁后，才可以添加其他特征。

10.1.1　基体法兰/薄片

基体法兰是新钣金零件的第一个特征，类似于拉伸特征。在特征管理器中，生成的基体法兰特征包括钣金、基体-法兰和平板型式 3 个新特征，如图 10-1 所示。

其中，【钣金】特征包含系统默认的折弯参数信息，如折弯半径、折弯系数、折弯扣除或默认释放槽类型；【基体-法兰】特征代表钣金零件的第一个实体特征，包括深度和厚度等信息；在默认情况下，当零件处于折弯状态时，【平板型式】特征是被压缩的，将该特征解除压缩即可展开钣金零件。

在特征管理器中，当平板型式特征被压缩时，添加到零件的所有新特征均自动插入到平板型式特征上方；当平板型式特征解除压缩后，新特征插入到平板型式特征下方，并且不在折叠零件中显示。

在 Solidworks 中，基体法兰特征都是从草图生成的，且草图可以是单一开环、单一闭环或多重封闭轮廓。此外，基体-法兰特征的厚度和折弯半径将成为其他钣金特征的默认值。

在【钣金】工具栏中单击【基体-法兰/薄片】按钮，并在绘图区中指定一基准面绘制基体法兰特征的草图轮廓，效果如图 10-2 所示。

完成特征轮廓的绘制后，系统将打开【基体法兰】属性管理器，如图 10-3 所示。在该管理器中设置基体法兰特征的终止条件和深度参数，并指定钣金厚度和折弯半径值，即可完成基体法兰特征的创建。

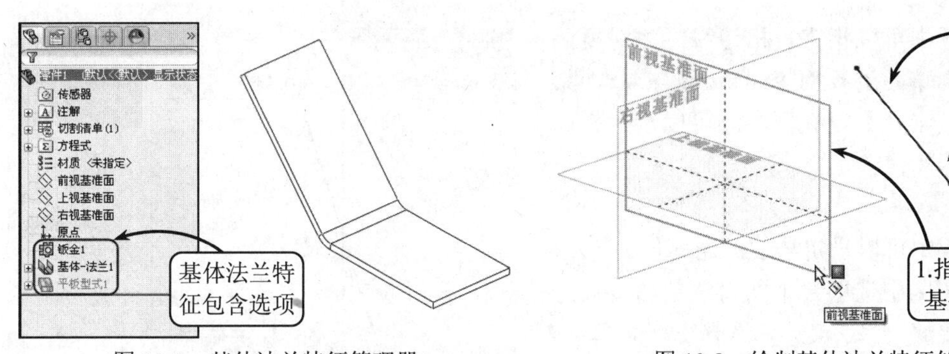

图 10-1　基体法兰特征管理器　　　　图 10-2　绘制基体法兰特征轮廓

此外，在该管理器的【折弯系数】面板中还可以指定一折弯系数类型：如选择了【K-因子】、【折弯系数】或【折弯扣除】选项，需设置相应的参数值；如选择了【折弯系数表】或【折弯计算】选项，则需从下拉菜单中指定一个表，或单击【浏览】按钮来指定相应的表格，如图 10-4 所示。

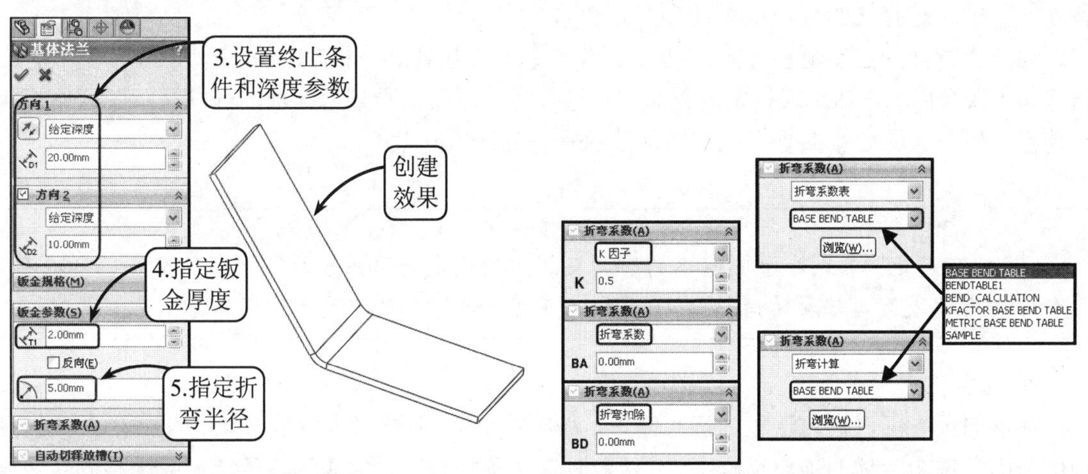

图 10-3　创建基体法兰特征　　　　图 10-4　指定折弯系数类型

提示

在创建基体法兰特征的过程中，如果其轮廓是单一闭环轮廓草图，就不会出现【方向 1】和【方向 2】面板。

10.1.2　边线法兰

边线法兰特征是将法兰添加到钣金零件的所选边线上。在 Solidworks 中，用户可以在线性边线或曲边上添加边线法兰特征，且该法兰特征的褶边厚度将链接到钣金零件的厚度上。

打开一钣金零件，然后在【钣金】工具栏中单击【边线法兰】按钮，系统将打开【边线-法兰】属性管理器，如图 10-5 所示。该管理器中包含多个面板，各面板中主要选项的含义介绍如下。

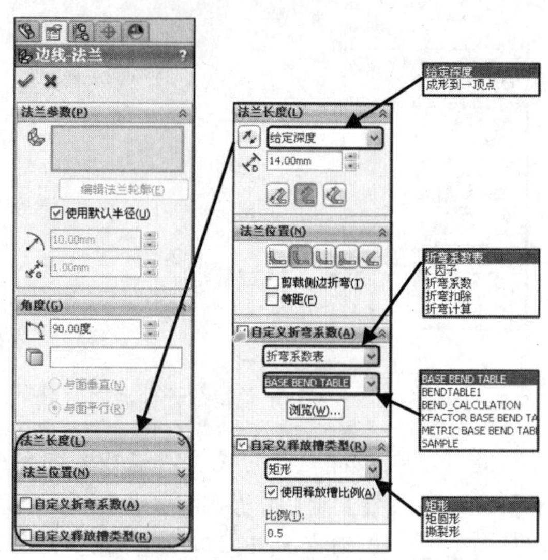

图 10-5 【边线-法兰】属性管理器

● **法兰参数**

在该面板中可以指定目标边线，并对要添加的特征轮廓草图进行相应编辑。此外，如禁用【使用默认半径】复选框，还可以设置折弯半径和缝隙距离值。

● **角度**

在该面板中可以设定法兰的角度值。此外，还可以在绘图区中选取一个面为法兰角度设定平行或垂直几何关系。其中，选择【与面垂直】单选按钮，创建的边线法兰特征将与选择的面垂直；选择【与面平行】单选按钮，创建的边线法兰特征将与选择的面平行。

● **法兰长度**

在该面板中可以指定法兰特征的长度终止条件。其中，选择【给定深度】选项，可以设定边线法兰特征的长度值和方向，且可以单击【外部虚拟交点】按钮、【内部虚拟交点】按钮和【双弯曲】按钮来指定测量原点；选择【成形到一顶点】选项，可以在绘图区中指定一顶点，生成与法兰平面垂直或与基体法兰平行的边线法兰。

虚拟交点是指在两个草图实体的虚拟交叉点处生成一草图点，即使实际交点已不存在（例如被圆角或倒角移除的角部），但虚拟交点处的尺寸和几何关系仍保持不变。

● **法兰位置**

在该面板中可以设定法兰的折弯位置。其中，单击【材料在内】按钮，生成的法兰特征顶部与固定钣金实体的顶部重合；单击【材料在外】按钮，生成的法兰特征底部与固定钣金实体的顶部重合；单击【折弯在外】按钮，生成的法兰特征底部将依据折弯半径而等距；单击【虚拟交点的折弯】按钮，系统将保留原有边线尺寸并变更折弯材料条件，以自动与法兰的终止条件匹配；单击【与折弯相切】按钮，生成的法兰特征位置将始终与所选边线相连的侧面相切，且法兰长度将始终保持精确的长度，效果如图 10-6 所示。

此外，在该面板中启用【剪裁侧边折弯】复选框，系统将移除额外的材料；启用【等距】复选框，则可以指定一等距终止条件。

● **自定义折弯系数**

启用该面板，可以指定一折弯系数类型，如选择了【K-因子】、【折弯系数】或【折弯扣除】选项，需设置相应的参数值；如选择了【折弯系数表】或【折弯计算】选项，则需从下拉列表中指定一个表，或单击【浏览】按钮来指定相应的表格。

● **自定义释放槽类型**

启用该面板，系统会根据需要自动添加释放槽切割。在该面板中，用户可以指定要添加的释放槽类型，并进行相关的参数选项设置。

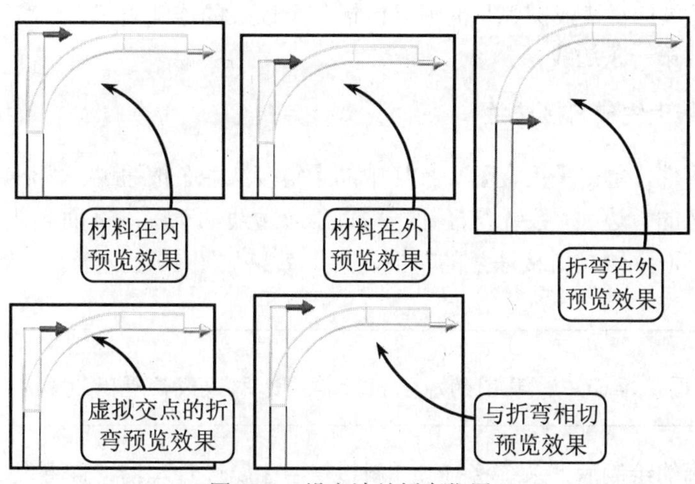

图 10-6　设定法兰折弯位置

打开一钣金零件，单击【钣金】工具栏中的【边线法兰】按钮。然后在绘图区中指定一条或多条边线，并在打开的【边线-法兰】属性管理器中设置该法兰的相关参数选项，即可完成边线法兰特征的创建，效果如图 10-7 所示。

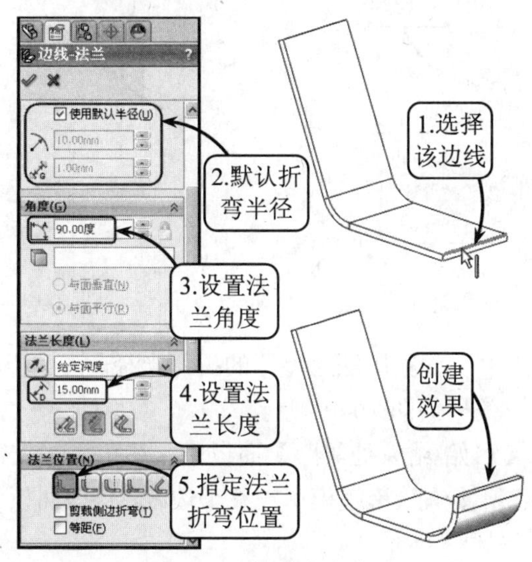

图 10-7　创建边线法兰

在 Solidworks 中，除了可以添加法兰到一个或多个线性边线上，还可以在弯曲边线上添加边线法兰特征。但曲边必须作为平面的边界，且多条边线必须相切。此时生成的边线法兰的默认方向与边线上的基体法兰垂直。

10.1.3　斜接法兰

在 Solidworks 中，针对需要在边线进行一定角度连接的模型，可以利用【斜接法兰】工具将一系列法兰特征添加到钣金零件的一条或多条边线上。其中，斜接法兰的草图必须遵循以下条件：草图可以包括直线或圆弧，也可以包括一个以上的连续直线，且草图基准面必须垂直于生成斜接法兰的第一条边线。

1. 在相切边线上生成斜接法兰

打开一钣金零件，单击【钣金】工具栏中的【斜接法兰】按钮。然后在绘图区中选取边线系列开头终点旁的一边线，系统将打开一垂直于该边线的草图基准面，用户可以利用相应的草绘工具在该基准面上绘制斜接法兰的草图轮廓，效果如图 10-8 所示。

在打开的草图基准面中，草图的原点位于单击选取边线位置附近最近的终点。

完成草图轮廓的绘制后，系统将打开【斜接法兰】属性管理器，且将选定斜接法兰特征的第一条边线，并在绘图区中显示该斜接法兰特征的预览。此时，单击所选边线中点处的【延伸】按钮，即可将与所选边线相切的所有边线指定为要斜接的边线，效果如图 10-9 所示。

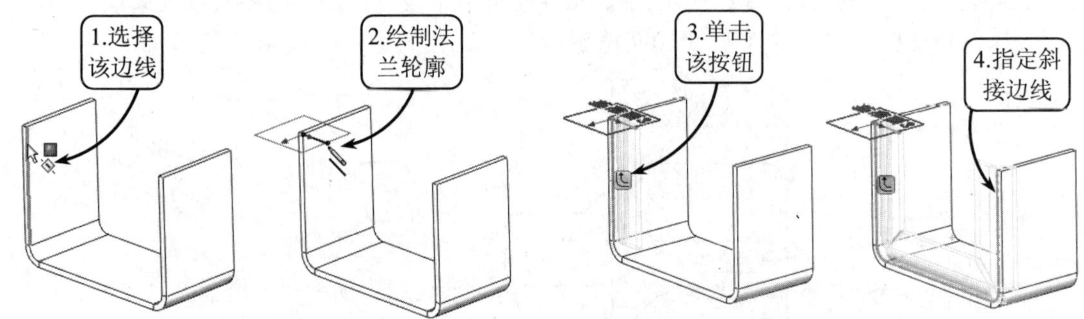

图 10-8　绘制斜接法兰轮廓　　图 10-9　指定斜接边线

此时，在打开的管理器中设置斜接法兰特征的折弯半径、法兰折弯位置等参数选项，即可完成斜接法兰特征的创建，效果如图 10-10 所示。

此外，在该管理器的【启始/结束处等距】面板中，还可以根据需要为部分斜接法兰指定等距距离。而若要使创建的斜接法兰跨越模型的整个边线，将该面板中各文本框的数值设置为零即可。

2. 在非相切边线上生成斜接法兰

打开一钣金零件，然后单击【钣金】工具栏中的【斜接法兰】按钮，并按照标准绘制斜接法兰的草图轮廓。接着在绘图区中依次指定要斜接的边线，并设置法兰的相应参数选项，即可完成斜接法兰的创建，效果如图 10-11 所示。

如果使用圆弧生成斜接法兰，圆弧不能与厚度边线相切，可与长边线相切，或通过在圆弧和厚度边线之间放置一小的草图直线来连接两草图实体。

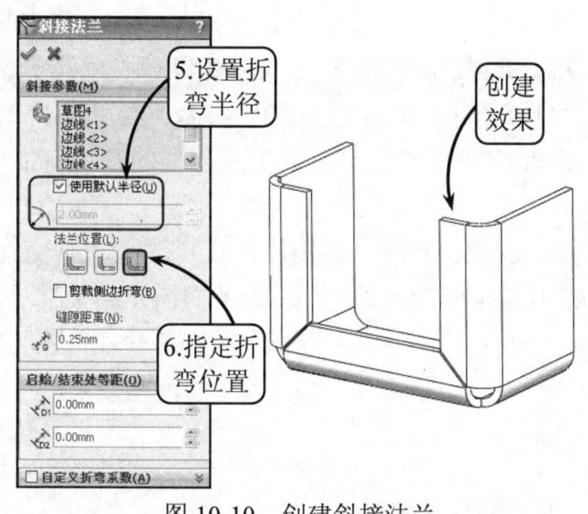

图 10-10　创建斜接法兰

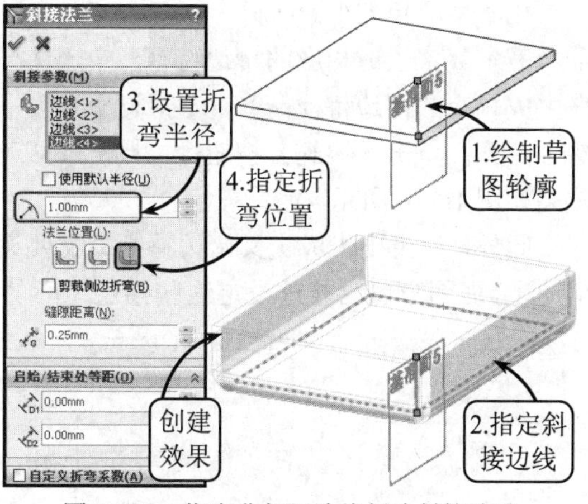

图 10-11　指定非相切边线创建斜接法兰

10.2　钣金折弯与展平

钣金折弯能够将二维的薄壁特征创建为具有一定折弯角度的三维特征，从而可以扩大钣金件的应用范围，并提高整体强度。而钣金展平是将三维的折弯钣金件展平为二维的平面薄板。

10.2.1　褶边

在 Solidworks 中，利用【褶边】工具可以卷曲钣金件上所选的边线生成褶边特征。且在使用该工具时，所选边线必须为直线，而斜接边角将被自动添加到交叉褶边上。此外，如果选择多个要添加褶边的边线，则这些边线必须在同一个面上。

打开一钣金零件，单击【钣金】工具栏中的【褶边】按钮，系统将打开【褶边】属性管理器，如图 10-12 所示。

此时，在绘图区中选择要添加褶边的边线，并指定要添加褶边的位置。然后选择褶边的类型，并设置其参数大小，即可完成褶边特征的创建，效果如图 10-13 所示。

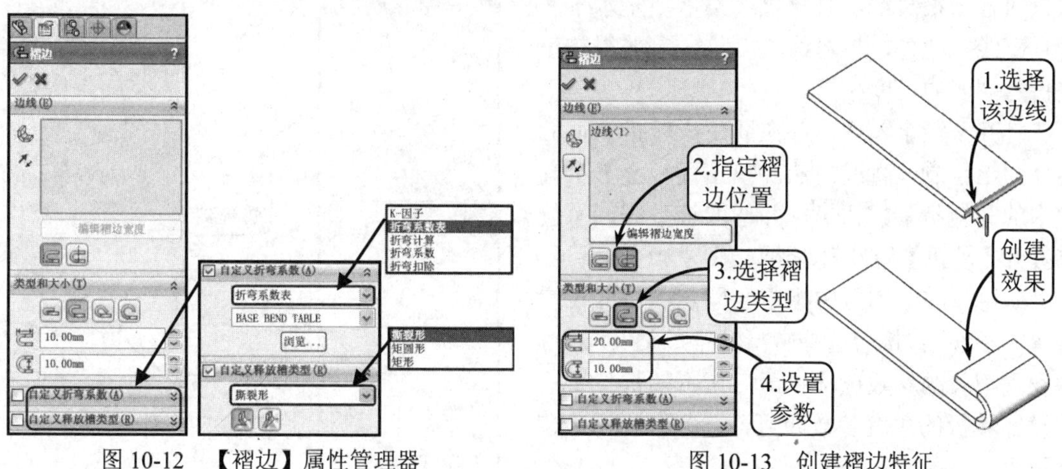

图 10-12　【褶边】属性管理器　　图 10-13　创建褶边特征

在【类型和大小】面板中，包含 4 种褶边类型。其中，单击【闭合】按钮，可以通过设置长度参数来生成相应的褶边特征；单击【开环】按钮，可以通过设置长度和缝隙距离参数来生成相应的褶边特征；单击【撕裂形】按钮，可以通过设置角度和半径参数来生成相应的褶边特征；单击【滚轧】按钮，同样可以通过设置角度和半径参数来生成相应的褶边特征，效果如图 10-14 所示。

此外，如果要生成交叉褶边特征，需要设定切口缝隙。此时，斜接边角被自动添加到交叉褶边上，而用户可以通过设定这些褶边之间的缝隙生成相应的褶边特征，效果如图 10-15 所示。

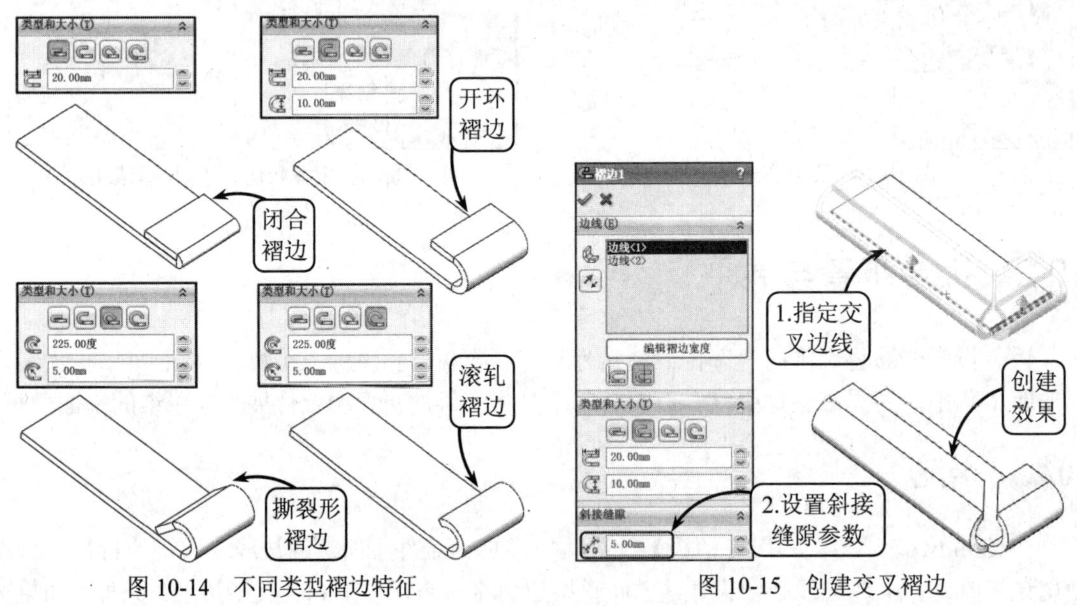

图 10-14　不同类型褶边特征　　　　图 10-15　创建交叉褶边

10.2.2　转折

在 Solidworks 中，利用【转折】工具可以将材料通过从草图线生成的两个折弯添加到钣金零件上。在创建转折特征的过程中，草图必须只包含一根直线，且该直线不需要是水平和垂直直线。此外，折弯线长度不一定非得与正在折弯的面的长度相同。

打开一钣金零件，并在欲生成转折特征的实体面上绘制一直线。然后单击【钣金】工具栏中的【转折】按钮，并选取该直线，系统将打开【转折】属性管理器，如图 10-16 所示。

此时，在绘图区中指定一固定面，并设置折弯半径参数。接着选择转折特征的终止条件，并设置相关的参数选项。最后指定转折位置，并设置转折的角度参数即可，效果如图 10-17 所示。

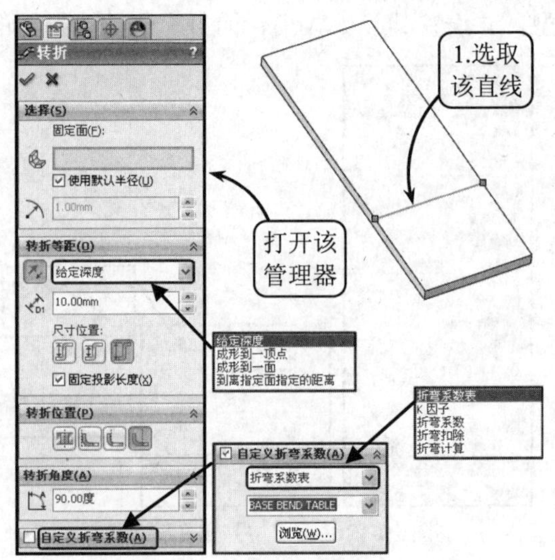

图 10-16　【转折】属性管理器

在该管理器的【转折等距】面板中，可以

分别单击【外部等距】按钮、【内部等距】按钮和【总尺寸】按钮来设定尺寸的测量位置。如想使转折的面保持相同长度，启用【固定投影长度】复选框，薄片的原有长度将被保留；禁用【固定投影长度】复选框，则无材料添加到薄片来制作突出，效果如图 10-18 所示。

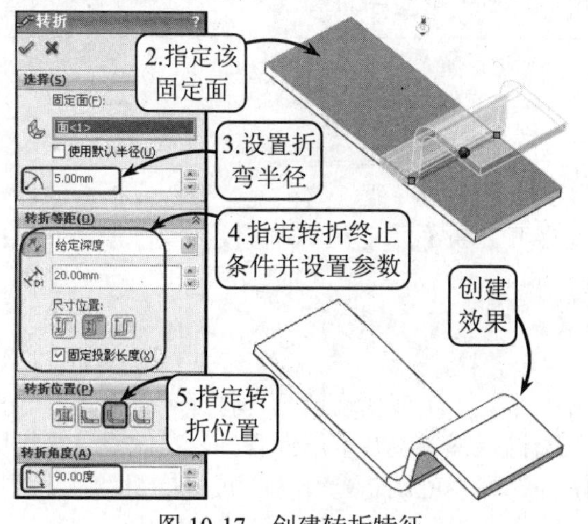

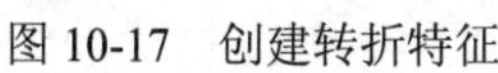

图 10-17　创建转折特征

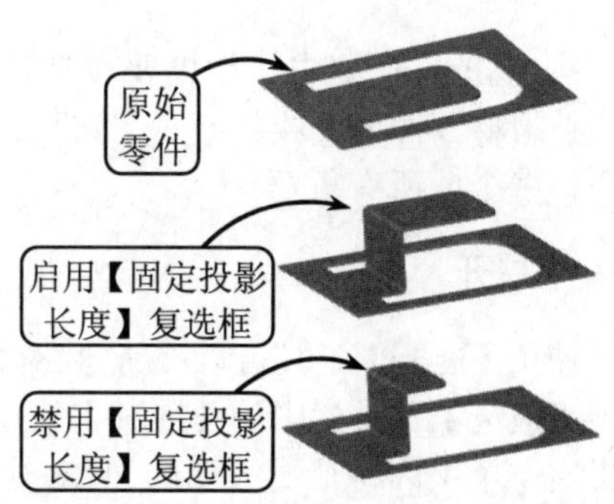

图 10-18　固定投影长度复选示例

10.2.3　放样折弯

在 Solidworks 中，可以使用放样特征在两个草图之间生成钣金零件。且钣金零件中放样的折弯同放样特征一样，使用由放样连接的两个开环轮廓草图。此外，基体法兰特征不能与放样的折弯特征一起使用，且放样的折弯不能被镜像。

在创建放样折弯特征的过程中，所使用的两个草图必须符合以下准则：草图必须为无尖锐边线的开环轮廓；轮廓开口应同向对齐以使平板型式更精确；每个草图中的轮廓线段类型相同。

生成两个单独的开环轮廓草图，然后单击【钣金】工具栏中的【放样折弯】按钮，系统将打开【放样折弯】属性管理器。此时，在绘图区中依次选取两个草图，并在草图上确认想要放样路径经过的点。接着，为钣金零件设定一厚度参数值，即可完成放样折弯特征的创建，效果如图 10-19 所示。

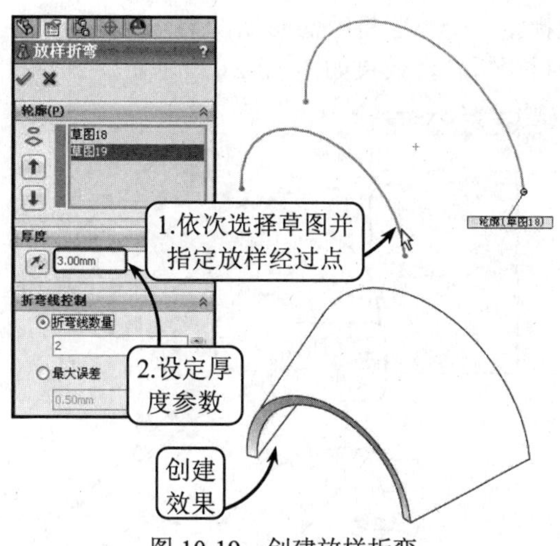

图 10-19　创建放样折弯

如有必要，还可以通过单击【上移】按钮和【下移】按钮来调整轮廓的顺序，或重新选择草图将不同的点连接在轮廓上查看路径预览。此外，在【折弯线控制】面板中，可以选择【折弯线数量】单选按钮，并设定到控制平板型式折弯线的粗糙度；或选择【最大误差】单选按钮，并设定一误差值，且降低最大误差数值可以增加折弯线数量。

在创建放样折弯特征的过程中，所选取的草图没有必要位于平行基准面上。但是，只有当草图位于平行基准面上时，系统才会在平板型式中显示折弯线。

10.2.4 展开钣金零件

在 Solidworks 中，如果要在具有折弯的零件上添加特征，如钻孔、挖槽或折弯的释放槽等，必须将零件展开或折叠。用户可以利用【展开】和【折叠】工具在钣金零件中展开或折叠一个、多个或所有折弯。

1. 展开

使用【展开】工具可以在钣金零件中展开一个、多个或所有折弯。打开一钣金零件，然后单击【钣金】工具栏中的【展开】按钮，系统将打开【展开】属性管理器。此时，在绘图区中指定一个不因特征而移动的面作为固定面，并选择相应的折弯作为要展开的折弯，即可将所选折弯展开，效果如图 10-20 所示。

此外，在展开折弯的过程中，如单击【收集所有折弯】按钮，即可将零件中所有合适的折弯展开。

2. 折叠

使用【折叠】工具可在钣金零件中折叠一个、多个或所有折弯。打开一钣金零件，然后单击【钣金】工具栏中的【折叠】按钮，系统将打开【折叠】属性管理器。此时，在绘图区中指定一个不因特征而移动的面作为固定面，并选择相应的折弯作为要折叠的折弯，即可将所选折弯折叠，效果如图 10-21 所示。

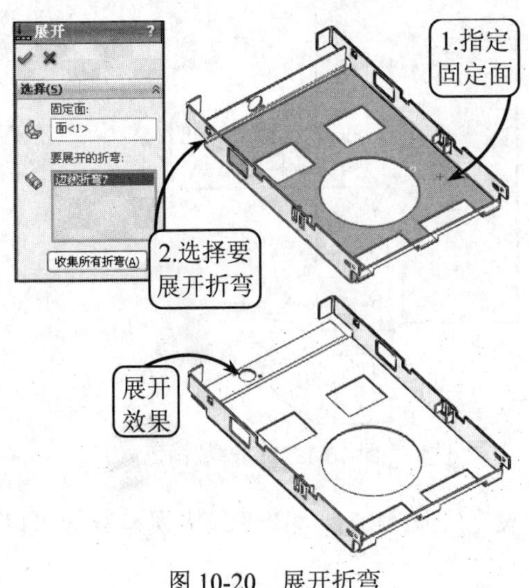

图 10-20　展开折弯

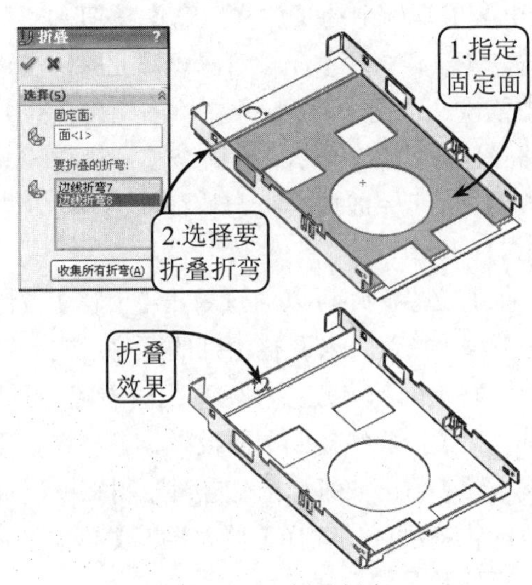

图 10-21　折叠折弯

当需要添加穿过折弯的切除时，使用这两种特征的组合能起到很好的效果。首先，添加展开特征以展开折弯，然后添加切除，最后添加一折叠特征将折弯返回到其折叠状态即可。

10.3　编辑钣金特征

在 Solidworks 中，当完成钣金零件特征的创建后，如达不到预期的设计效果，还可以利用系统提供的相关工具对生成的钣金件进行编辑修改。

10.3.1　闭合角

在 Solidworks 中，用户可以在钣金法兰之间添加闭合角，且添加的闭合角特征会在钣金特征之间添加材料。在创建闭合角特征的过程中，可以通过为想闭合的所有边角选择面来同时闭合多个边角，可以关闭非垂直边角，还可以将闭合边角应用到带有 90°以外折弯的法兰。

生成一包含欲闭合区域的钣金零件，如利用【基体法兰】和【斜接法兰】工具生成一钣金零件，然后在【钣金】工具栏的【边角】列表框中单击【闭合角】按钮，系统将打开【闭合角】属性管理器，如图 10-22 所示。

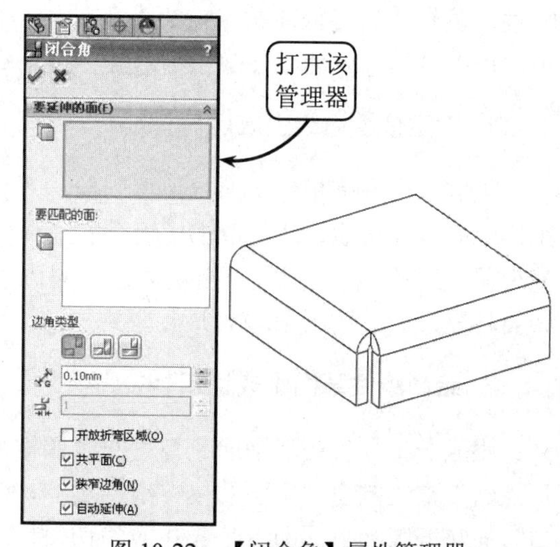

图 10-22　【闭合角】属性管理器

此时，在绘图区中选择角上的一个或多个平面作为要延伸的面，系统会自动尝试查找要匹配的面。如没找到相匹配的面，则可以通过手工的方式进行选取。接着选择一边角类型，并设置相应的参数选项，即可完成闭合角特征的创建，效果如图 10-23 所示。

闭合角特征包含 3 种边角类型，分别单击【对接】按钮、【重叠】按钮和【欠重叠】按钮可以生成不同样式的闭合角特征，效果如图 10-24 所示。

此外，可以在【缝隙距离】文本框中设置相应的参数来调整由边界角特征所添加的两个材料截面之间的距离；可以在【重叠/欠重叠比率】文本框中设置参数来调整重叠的材料与欠重叠材料之间的比率，其中数值 1 表示重叠和欠重叠相等。

启用【共平面】复选框，系统将闭合角对齐到与选定面共平面的所有面；启用【狭窄边角】复选框，系统将使用折弯半径的算法缩小折弯区域中的缝隙。

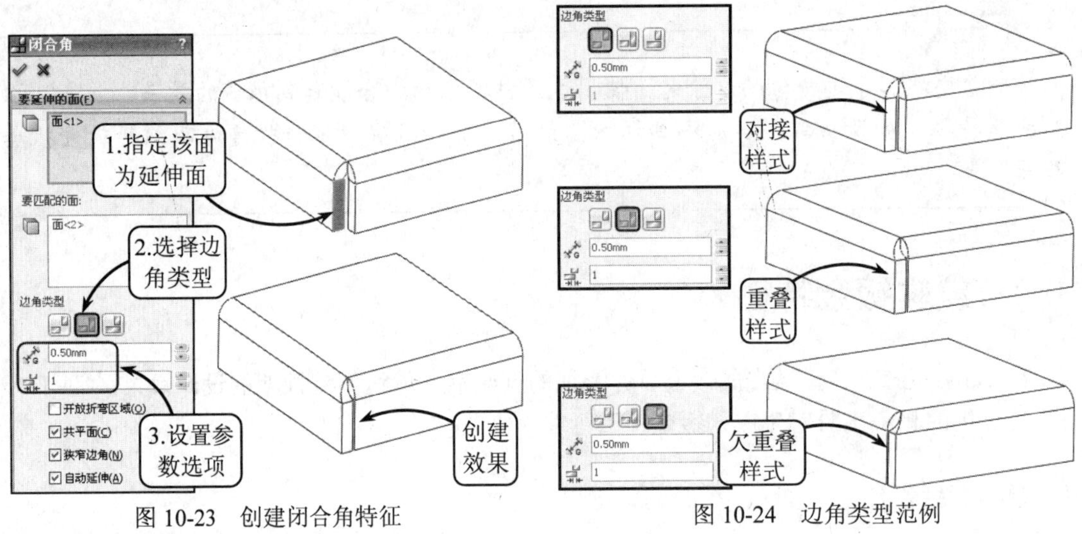

图 10-23　创建闭合角特征　　　　图 10-24　边角类型范例

10.3.2　生成切口

利用【切口】工具可以将类似盒子状的实体，通过切开其边角形成像钣金零件一样展开的零件。虽然切口特征通常用在钣金零件中，但用户可以将其添加到任何零件。在 Solidworks 中，可以沿所选内部或外部模型边线生成切口特征，也可以从线性草图实体上生成切口特征。

1. 指定模型边线生成切口特征

生成一个具有相邻平面且厚度一致的零件，且这些相邻平面形成一条或多条线性边线或一组连续的线性边线。然后单击【钣金】工具栏中的【切口】按钮，系统将打开【切口】属性管理器。此时，在绘图区中指定要切开的边线，并设定方向和切口缝隙距离，即可生成相应的切口特征，效果如图 10-25 所示。

2. 绘制线性草图生成切口特征

生成一个具有相邻平面且厚度一致的零件后，利用相应的草图绘制工具，从顶点开始并在顶点结束来绘制通过平面的单一线性实体，然后选择该草图实体作为要切开的对象，并设定切口方向和缝隙参数，即可生成相应的切口特征，效果如图 10-26 所示。

在指定要切开的实体对象后，系统都将根据默认在两个方向插入切口。此时，如单击【更改方向】按钮，切口方向将依次切换到一个方向，接着是另一方向，然后返回到两个方向。

10.3.3　将实体零件转换为钣金零件

在 Solidworks 中，用户可以通过转换实体或曲面实体来生成钣金零件。且生成钣金零件

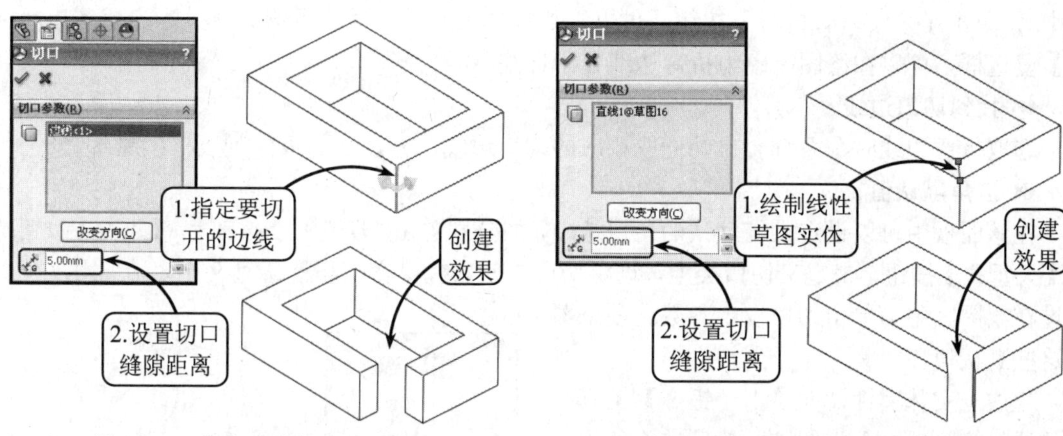

图 10-25　指定边线创建切口特征　　　　图 10-26　绘制草图创建切口特征

后，还可以在该零件上添加所有的钣金特征。一般情况下，可以将没有抽壳或圆角特征、抽壳或圆角特征二者有一，以及抽壳或圆角特征都有的实体或曲面实体转换为钣金零件。

利用【转换到钣金】工具可以将指定的实体零件转换成钣金零件所需的厚度、折弯和切口。单击【钣金】工具栏中的【转换到钣金】按钮，系统将打开【转换到钣金】属性管理器，如图 10-27 所示。该管理器中包含多个面板，各主要面板中选项的含义介绍如下。

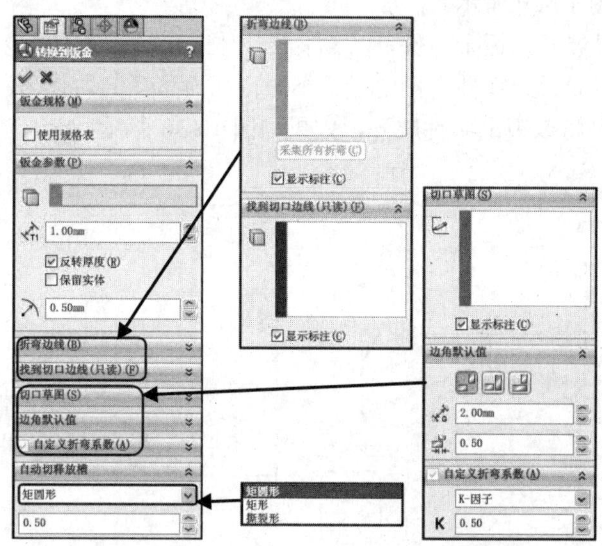

图 10-27　【转换到钣金】属性管理器

- **钣金规格**

在该面板中启用【使用规格表】复选框，可以选取规格表作为钣金特征的基准。此时，钣金参数（材料厚度、折弯半径和折弯计算方法）都将使用规格表中存储的参数值。且该复选框只在第一次使用【转换到钣金】工具时可供使用。

- **钣金参数**

在该面板中可以指定零件展开时位置保持不变的面，并设定钣金的厚度参数和折弯的默认半径值。

- **折弯边线**

在该面板中可以选择要形成折弯的模型边线，且当有预先存在的折弯时（例如在输入的零件中)，单击【采集所有折弯】按钮，可以查找零件中所有合适的折弯。此外，启用【显示标注】复选框，可以在绘图区中为折弯边线显示标注。

● **找到切口边线**

选取折弯边线时，系统会自动选取相应的切口边线，并在该面板的列表框中显示。

● **边角默认值**

在该面板中可以设定系统默认的切口选项，如分别单击【明对接】按钮、【重叠】按钮和【欠重叠】按钮来定义切口类型，设定切口的默认缝隙宽度和默认重叠比率值。用户可以通过在绘图区中为单个切口设定参数选项来覆盖这些默认值。

生成一实体零件，并单击【钣金】工具栏中的【转换到钣金】按钮。然后在实体上指定一个面作为钣金零件的固定面，并设置钣金厚度和默认折弯半径参数值，效果如图 10-28 所示。

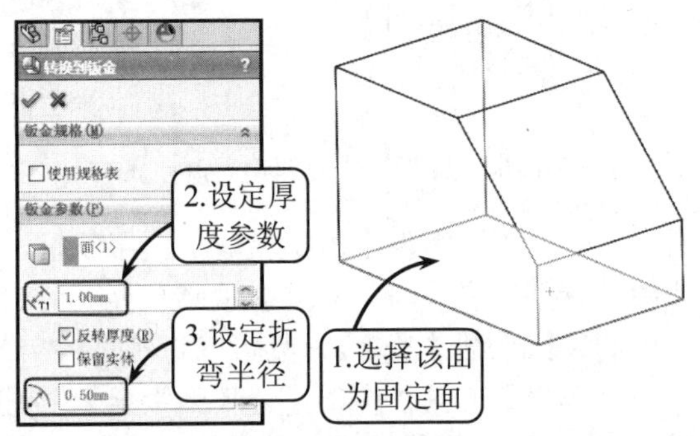

图 10-28　指定固定面并设置钣金参数

接着在实体上选择要形成折弯的模型边线，并默认系统的边角默认值，即可生成相应的钣金零件，效果如图 10-29 所示。

此时，用户还可以展开该钣金零件，以观察其整体效果。单击【钣金】工具栏中的【展开】按钮，然后在转换后的钣金零件上指定一个不因特征而移动的面作为固定面，并单击【收集所有折弯】按钮，即可将该钣金零件展开，效果如图 10-30 所示。

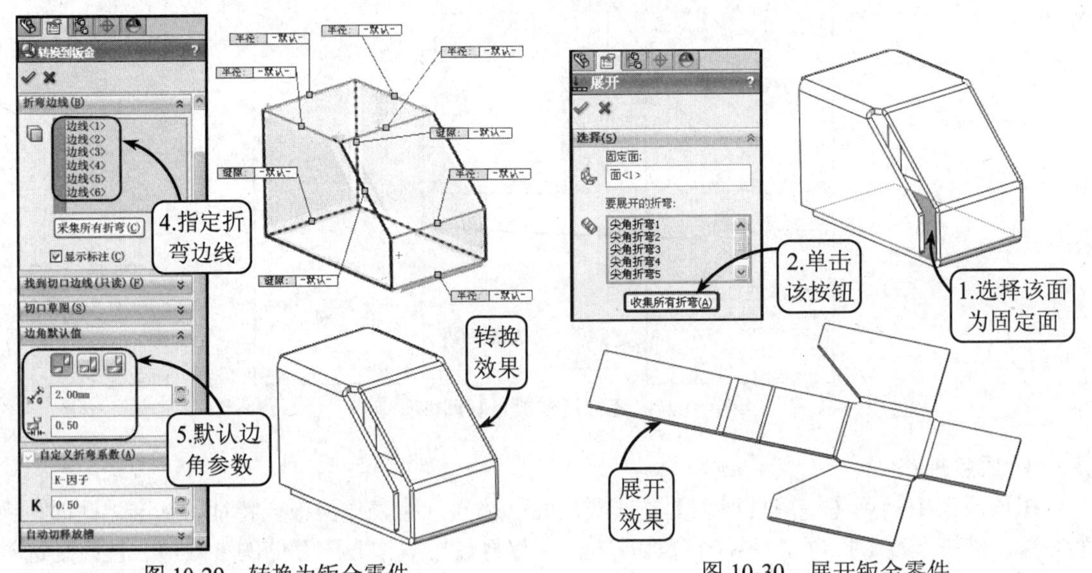

图 10-29　转换为钣金零件　　图 10-30　展开钣金零件

10.3.4　利用圆角折弯生成钣金零件

在 Solidworks 中，用户可以利用系统提供的【插入折弯】工具将现有零件生成一钣金零件。且在插入折弯特征的过程中，系统也允许在生成的钣金零件上添加切口。

绘制一闭环或开环的轮廓，并利用【抽壳】或【拉伸】工具将其生成薄壁特征零件。然后单击【钣金】工具栏中的【插入折弯】按钮，系统将打开【折弯】属性管理器。此时，在零件上指定一个面作为固定面，并设置折弯半径。接着在零件上选择内部或外部边线作为要切口的边线，并设定切口缝隙距离即可，效果如图 10-31 所示。

此时，用户同样可以展开该钣金零件，以观察其整体效果。单击【钣金】工具栏中的【展开】按钮，然后在生成的钣金零件上指定一个不因特征而移动的面作为固定面，并单击【收集所有折弯】按钮，即可将该钣金零件展开，效果如图 10-32 所示。

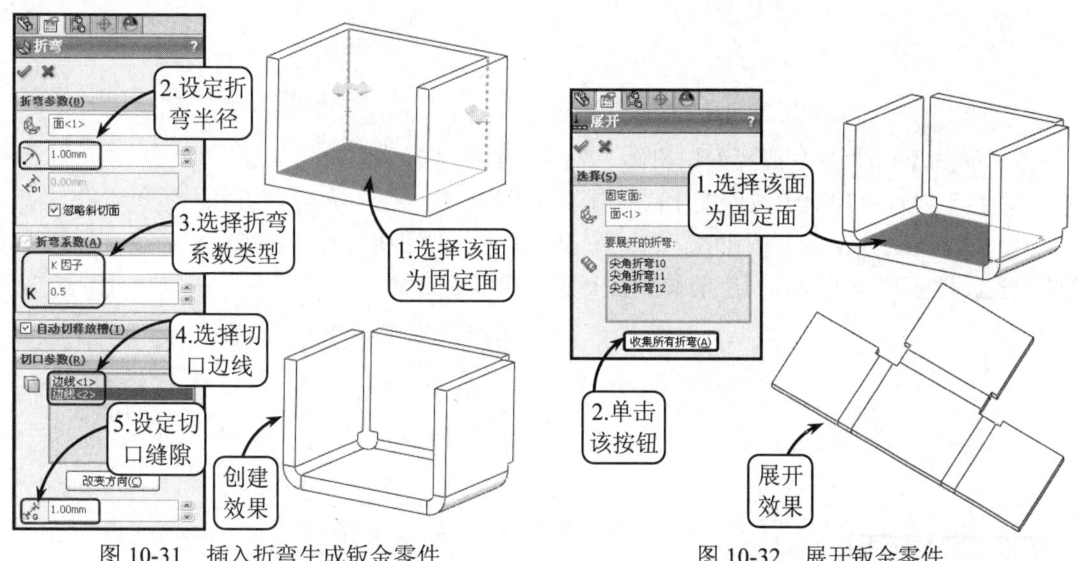

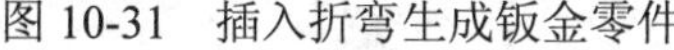

图 10-31　插入折弯生成钣金零件　　　　图 10-32　展开钣金零件

提示

在插入折弯生成钣金零件的过程中，所设定的选项及为折弯半径、折弯系数，以及自动切释放槽指定的数值会成为下一个新生成的钣金零件的默认设置。

10.4　课堂实例 10-1：创建指甲钳钣金模型

本实例创建指甲钳产品钣金模型，如图 10-33 所示。该产品属于多功能指甲钳，不仅有主要起修剪作用的外部钳身，而且还包括用于切割、削皮以及修整作用的内部钳身等部件。本例所创建的钣金模型是外部的主要钳身部分。

创建该钳身部分时，可以先利用【基体法兰】工具创建出具有钳体形状特点的主要特征，然后利用【倒角】工具在钳口处添加刀口薄壁，最后利用【拉伸切除】工具制作出相应的孔特征，即可完成该指甲钳钳身钣金造型的创建。

操作步骤：

（1）新建一零件文件。然后单击【草图绘制】按钮，选取上视基准面为草图平面，并利用【直线】和【圆弧】工具绘制图 10-34 所示尺寸的草图轮廓。接着单击【退出草图】按钮，退出草绘环境。

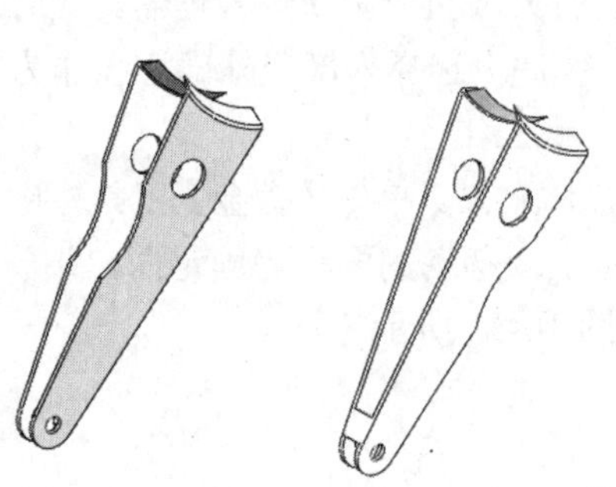

图 10-33　指甲钳钳身钣金模型

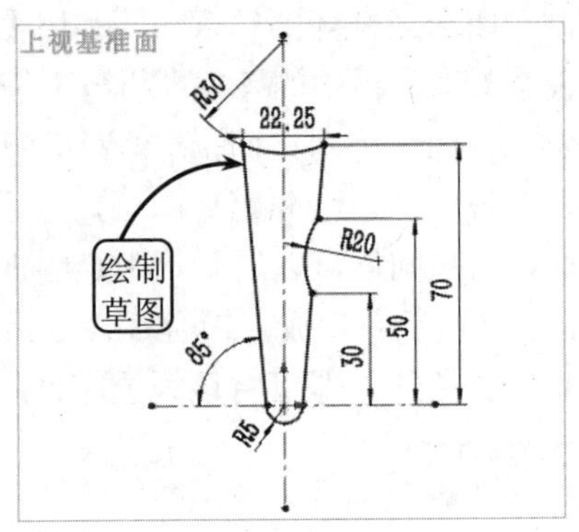

图 10-34　绘制草图

（2）单击【基体法兰/薄片】按钮，选取上步绘制的草图轮廓为操作对象，并在打开的【基体-法兰】属性管理器中按照图 10-35 所示设置相应的参数，创建基体法兰特征。

（3）单击【边线法兰】按钮，选取图 10-36 所示的边线为操作对象，然后在打开的【边线法兰】属性管理器中设置相应的参数，创建边线法兰特征。

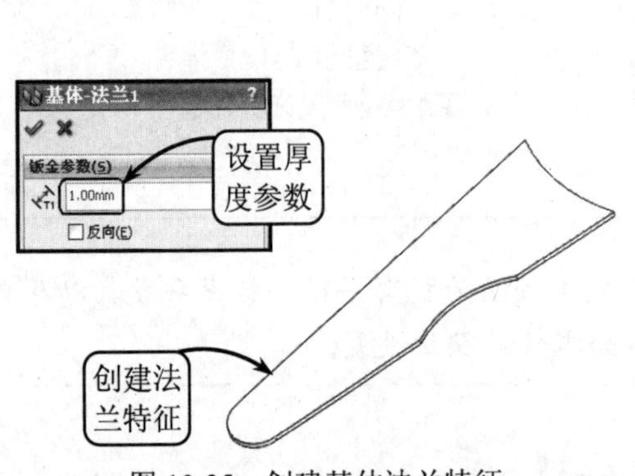

图 10-35　创建基体法兰特征

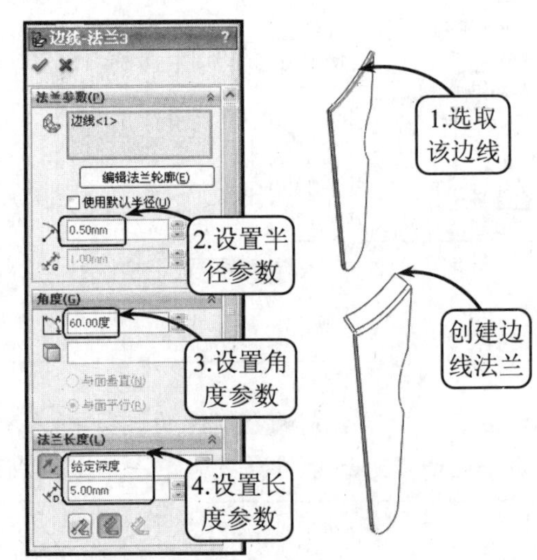

图 10-36　创建边线法兰特征

（4）单击【倒角】按钮，选取图 10-37 所示的要倒角的边线，然后在打开的管理器中设置相应的倒角参数，创建倒角特征。

（5）利用【草图绘制】工具选取图 10-38 所示的草图平面进入草绘环境。然后利用【直线】工具绘制相应的草图轮廓，并利用【智能尺寸】工具进行尺寸定位。接着单击【退出草图】按钮，退出草绘环境。

（6）单击【拉伸凸台/基体】按钮，选取上步绘制的草图轮廓为拉伸对象，然后在打开的管理器中设置终止条件为给定深度、拉伸厚度为 1mm，创建拉伸实体特征，效果如图 10-39 所示。

（7）单击【镜像】按钮，然后在绘图区中指定图 10-40 所示的实体面为镜像面，并选取之前创建的实体特征为镜像对象，创建镜像特征。

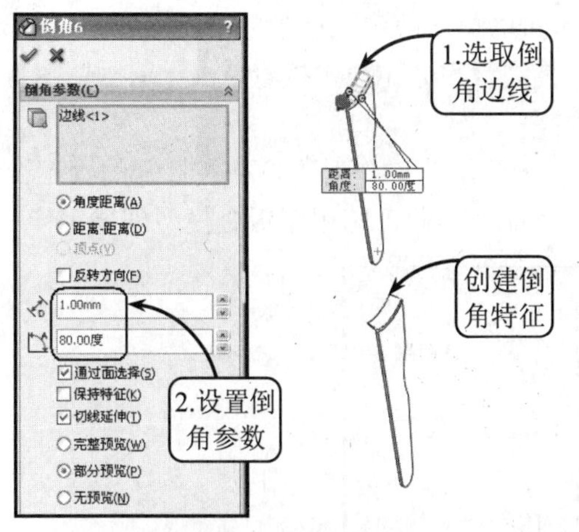

图 10-37　创建倒角特征

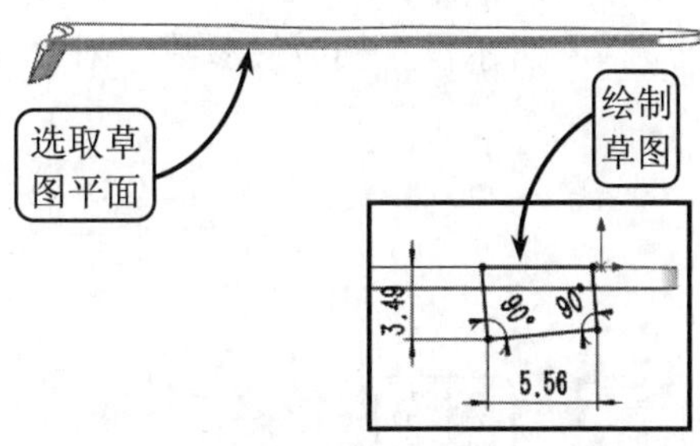

图 10-38　绘制草图

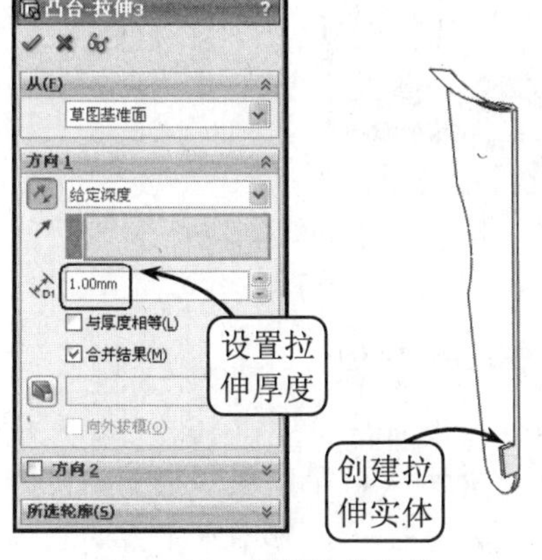

图 10-39　创建拉伸实体

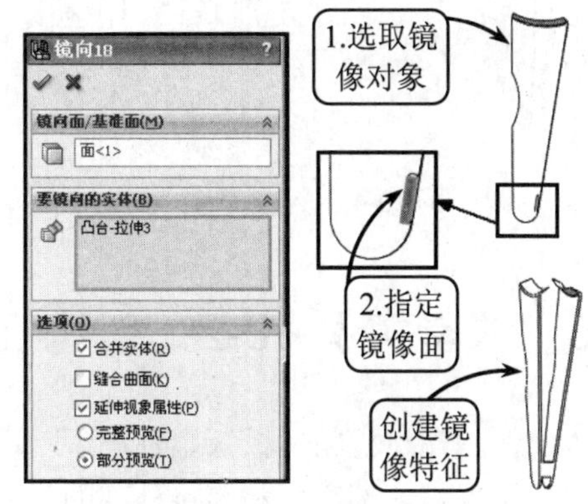

图 10-40　创建镜像实体特征

（8）利用【草图绘制】工具选取图 10-41 所示的草图平面进入草绘环境。然后利用【圆】工具绘制相应的草图轮廓，并利用【智能尺寸】工具进行尺寸定位。接着单击【退出草图】按钮，退出草绘环境。

（9）单击【拉伸切除】按钮，然后选取上步绘制的草图轮廓为拉伸对象，并在打开的【切除-拉伸】属性管理器中按照图 10-42 所示设置相应的参数，创建拉伸切除特征。

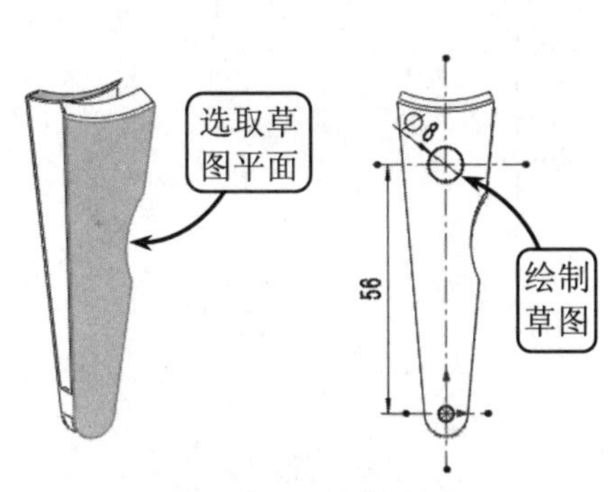

图 10-41　绘制草图

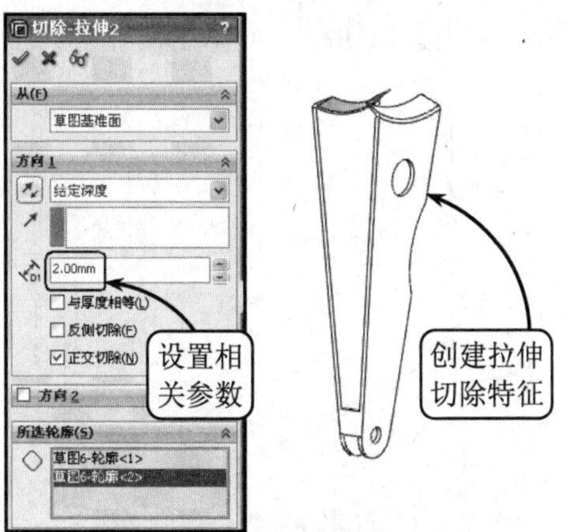

图 10-42　创建拉伸切除特征

（10）利用【草图绘制】工具选取图 10-43 所示的草图平面进入草绘环境。然后利用【圆】工具绘制相应的草图轮廓，并利用【智能尺寸】工具进行尺寸定位。接着单击【退出草图】按钮，退出草绘环境。

（11）利用【拉伸切除】工具选取上步绘制的草图轮廓为操作对象，并在打开的管理器中按照图 10-44 所示设置相应的参数，创建拉伸切除特征。至此，指甲钳钣金模型创建完毕。

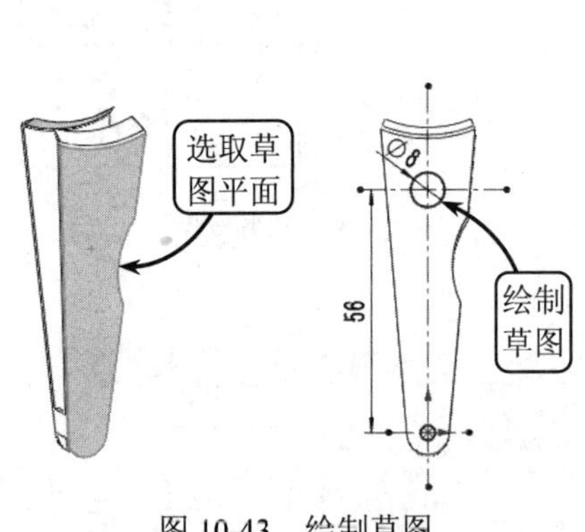

图 10-43　绘制草图

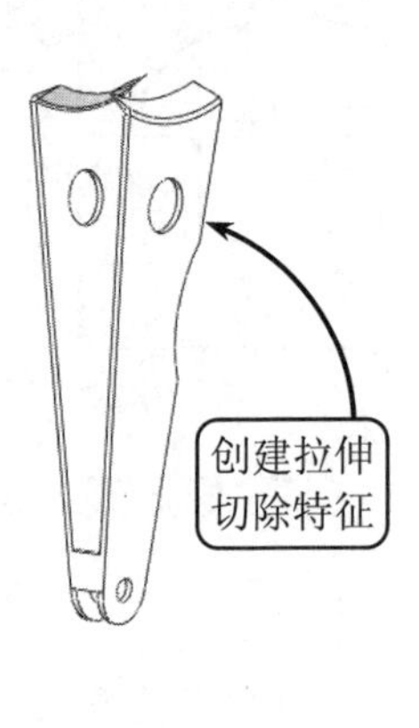

图 10-44　创建拉伸切除特征

10.5　课堂实例 10-2：创建机箱底板钣金零件

本实例创建一机箱底板钣金件模型，效果如图 10-45 所示。机箱底板即电脑主机外的护壳装置，用于保护内部零件和连接外部的线路。该机箱底板呈 L 形，其中水平方向上为底座，竖直方向上为机箱的后盖，其上有多个凹槽和通孔，主要为各种接线槽和 PCI 槽。

创建该机箱底板钣金件模型，首先利用【基体法兰】工具创建底板薄壁，并利用【斜接法兰】和【镜像】工具在其周围添加侧壁，然后利用相应的工具创建后盖的通风窗口和凹槽即可。

操作步骤：

（1）新建一零件文件。然后单击【草图绘制】按钮，选取上视基准面为草图平面进入草绘环境，并利用【直线】工具和【智能尺寸】工具绘制图 10-46 所示尺寸的草图轮廓。然后单击【退出草图】按钮，退出草绘环境。

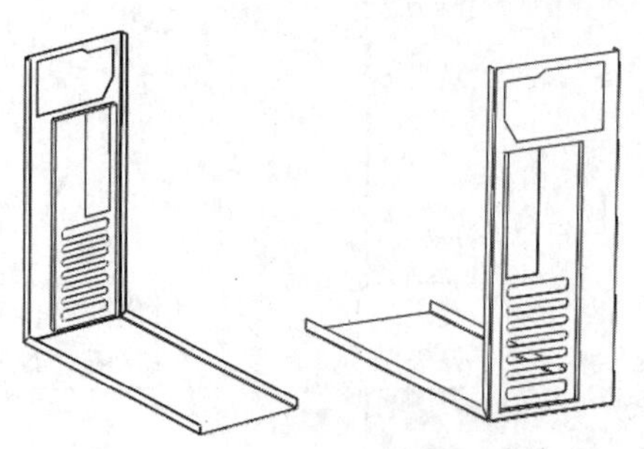

图 10-45　机箱底板钣金件模型效果

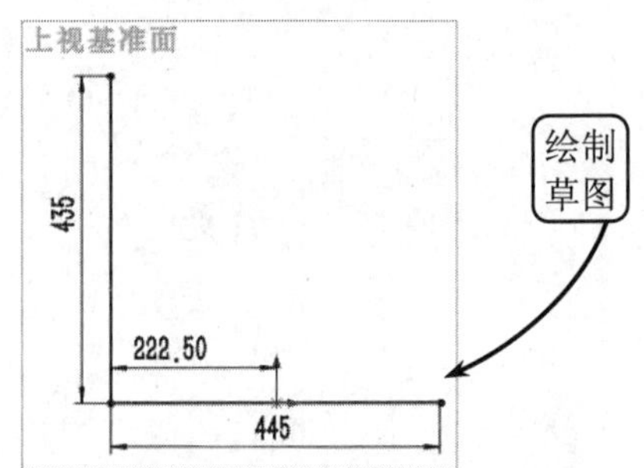

图 10-46　绘制草图

（2）单击【基体法兰/薄壁】按钮，选取上步绘制的草图轮廓为操作对象，并在打开的属性管理器中按照图 10-47 所示设置相应的参数，创建基体法兰特征。

（3）利用【草图绘制】工具选取图 10-48 所示的草图平面进入草绘模式。然后利用【直线】和【智能尺寸】工具绘制相应尺寸的草图轮廓。接着单击【退出草图】按钮，退出草绘环境。

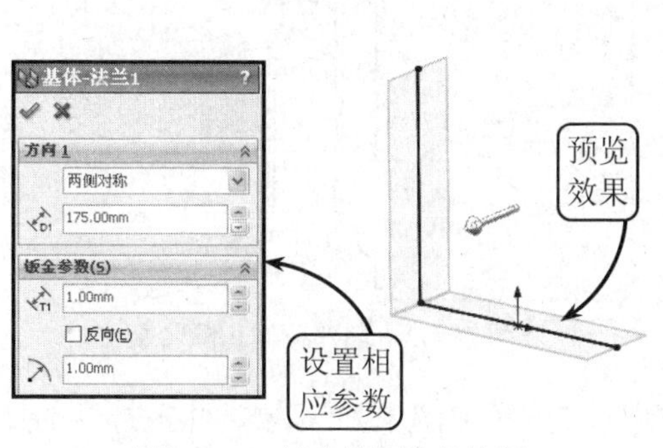

图 10-47　创建基体法兰特征

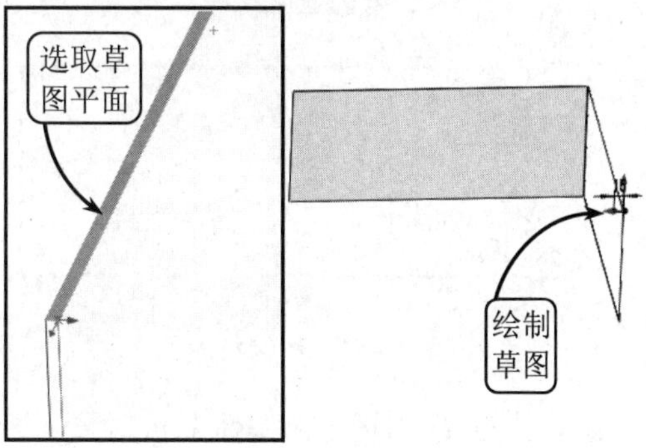

选取草图平面
绘制草图

图 10-48　绘制草图

（4）单击【钣金】工具栏中的【斜接法兰】按钮，选取上步绘制的直线和图 10-49 所示的两条边线为操作对象，并在打开的【斜接法兰】属性管理器中设置折弯半径参数，创建斜接法兰特征。

（5）单击【特征】工具栏中的【镜像】按钮，然后在绘图区中指定上视基准面为镜像面，并选取上步创建的斜接法兰特征为要镜像的特征，创建镜像特征，效果如图 10-50 所示。

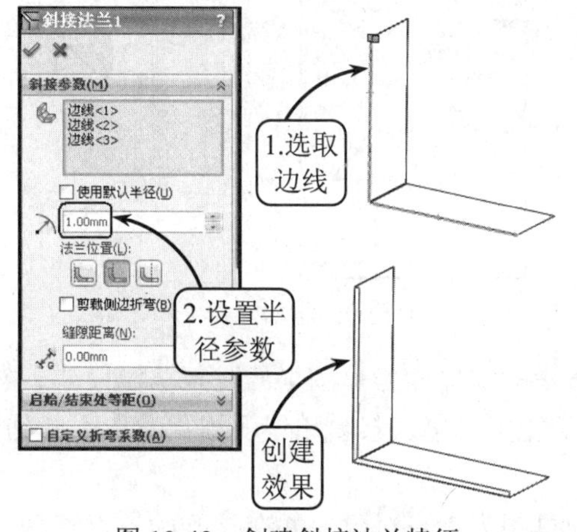

图 10-49　创建斜接法兰特征

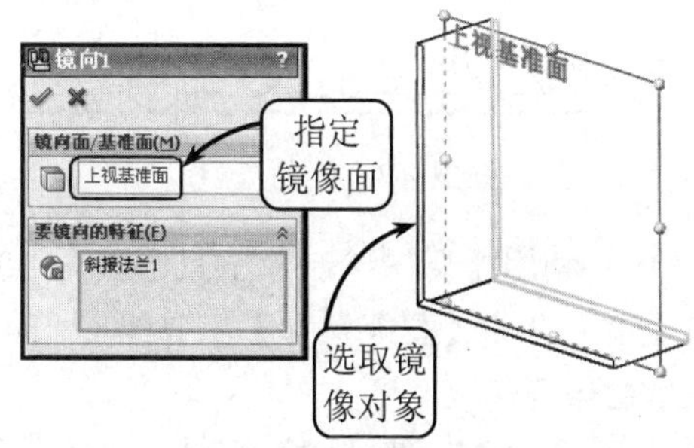

图 10-50　创建镜像特征

（6）利用【草图绘制】工具选取图 10-51 所示的实体面为草图平面进入草绘模式。然后利用【直线】工具和【智能尺寸】工具绘制图示尺寸的草图轮廓。接着单击【退出草图】按钮，退出草绘环境。

（7）单击【拉伸切除】按钮，然后选取上步绘制的草图轮廓为操作对象，并在打开的属性管理器中按照图 10-52 所示设置相应的参数选项，创建拉伸切除特征。

（8）利用【草图绘制】工具选取图 10-53 所示的实体面为草图平面进入草绘模式。然后利用【直线】工具和【智能尺寸】工具绘制图示尺寸的草图轮廓。接着单击【退出草图】按钮，退出草绘环境。

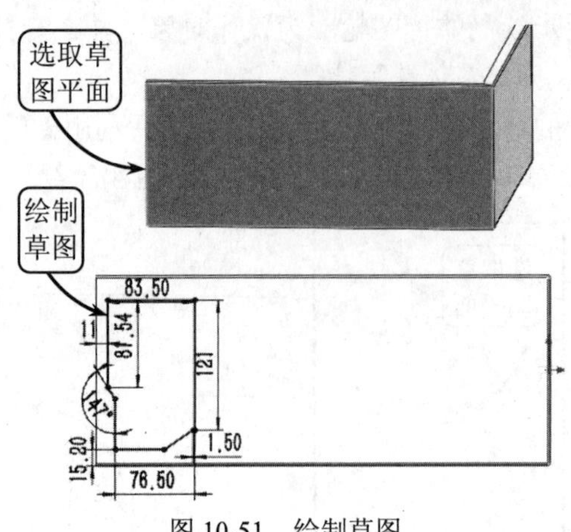

图 10-51　绘制草图

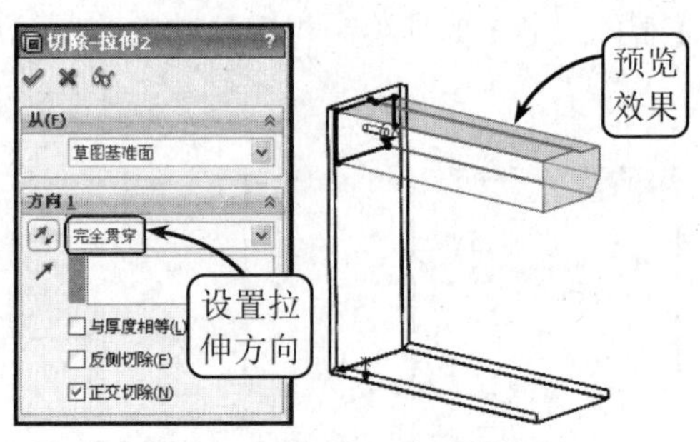

图 10-52　创建拉伸切除特征

（9）单击【拉伸凸台/基体】按钮，选取上步绘制的草图为操作对象，并在打开的属性管理器中设置拉伸方向为给定深度，厚度参数为 10mm，创建拉伸实体特征，效果如图 10-54 所示。

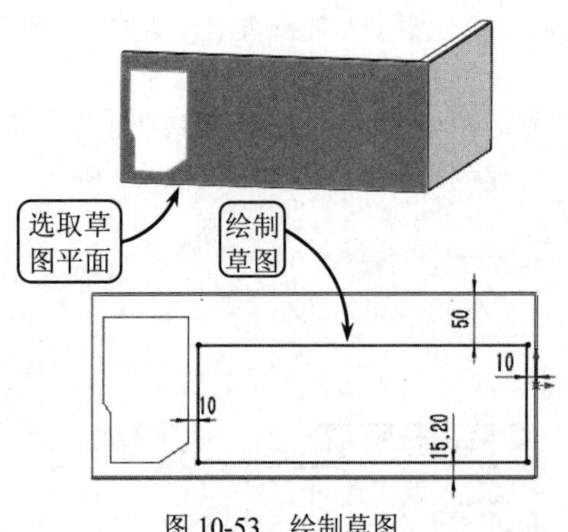

图 10-53　绘制草图

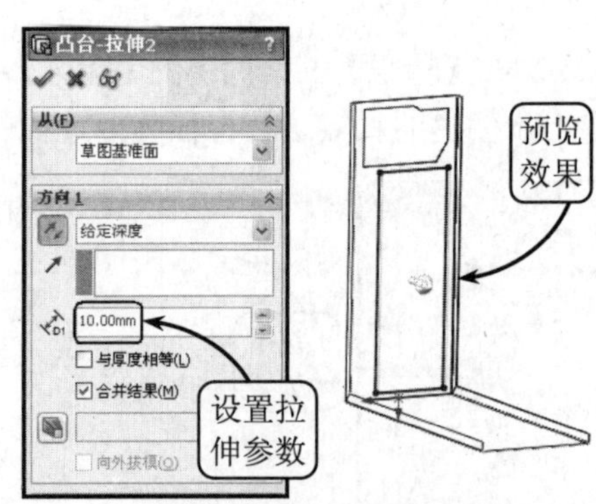

图 10-54　创建拉伸实体特征

（10）利用【草图绘制】工具选取图 10-55 所示的实体面为草图平面进入草绘模式。然后利用【矩形】和【智能尺寸】工具绘制图示尺寸的矩形轮廓。接着单击【退出草图】按钮，退出草绘环境。

（11）利用【拉伸切除】工具选取上步绘制的草图为操作对象，并在打开的属性管理器中按照图 10-56 所示设置相应的参数，创建拉伸切除特征。

（12）利用【草图绘制】工具选取图 10-57 所示的实体面为草图平面进入草绘模式。然后利用【矩形】和【智能尺寸】工具绘制图示尺寸的矩形轮廓。接着单击【退出草图】按钮，退出草绘环境。

（13）利用【拉伸切除】工具选取上步绘制的草图轮廓为操作对象，并在打开的属性管理器中按照图 10-58 所示设置拉伸方向为完全贯穿，创建拉伸切除特征。

（14）利用【草图绘制】工具选取图 10-59 所示的实体面为草图平面进入草绘模式。然后利用【矩形】和【圆角】工具绘制图示尺寸的矩形轮廓。接着单击【退出草图】按钮，退出草绘环境。

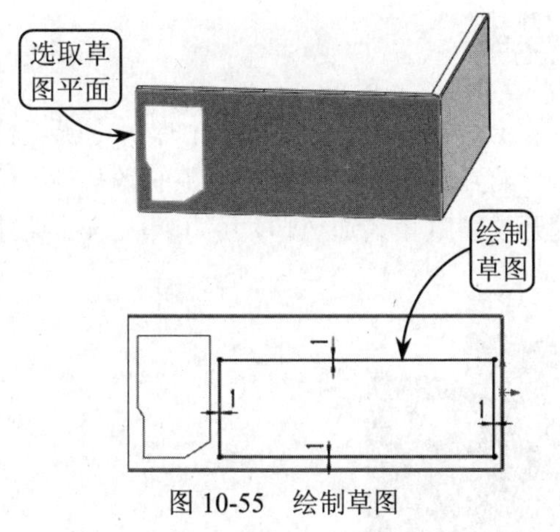

图 10-55　绘制草图

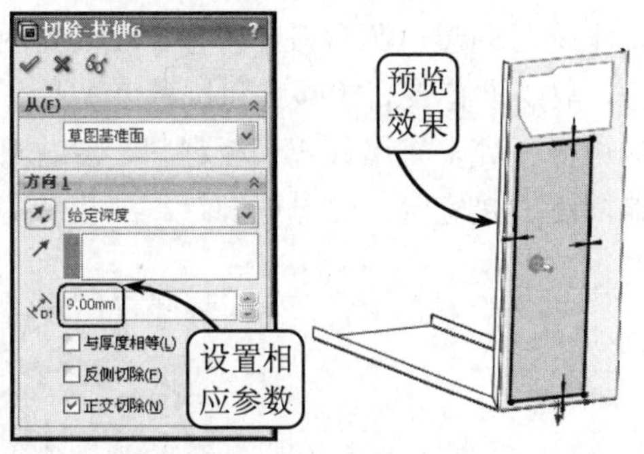

图 10-56　创建拉伸切除特征

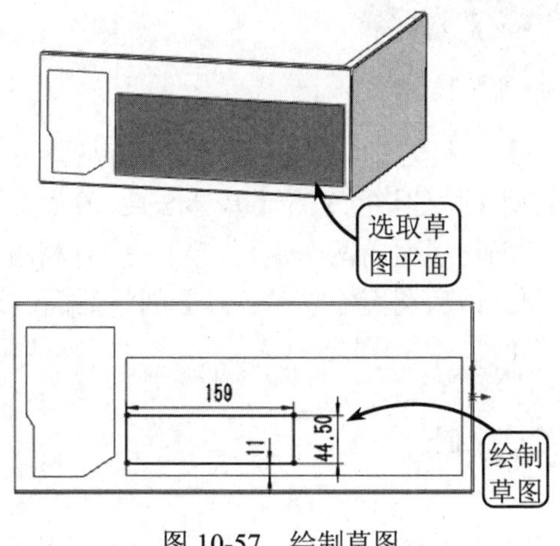

图 10-57　绘制草图

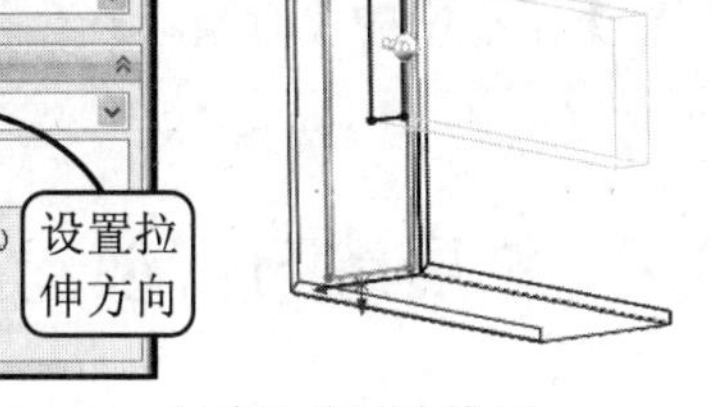

切除-拉伸8　从(F)　草图基准面　方向1　完全贯穿　与厚度相等(L)　反侧切除(F)　正交切除(N)　设置拉伸方向

图 10-58　创建拉伸切除特征

（15）选择【插入】|【扣合特征】|【通风口】选项，系统将打开【通风口】属性管理器。此时按照图 10-60 所示设置相应的参数，创建通风口特征。至此，电脑机箱底板钣金件模型创建完毕。

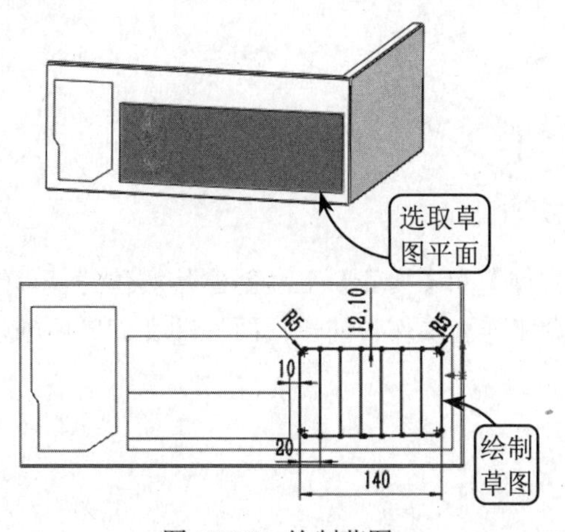

图 10-59　绘制草图

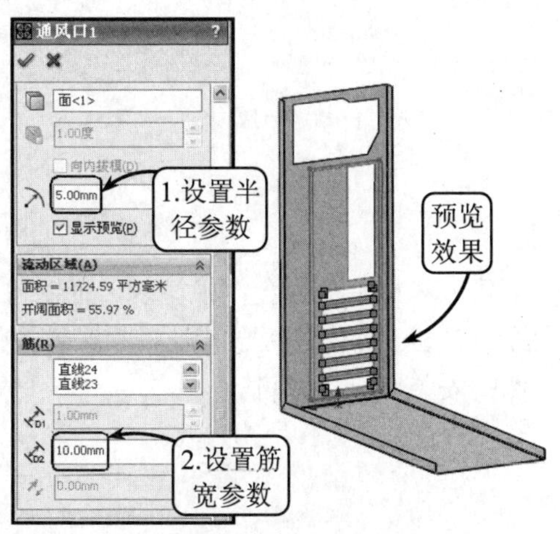

图 10-60　创建通风口特征

10.6 扩展练习：创建电源盒钣金模型

本练习创建电源盒钣金模型，效果如图 10-61 所示。电源盒是台式电脑中保护电源组件的外壳，故要求有较高的强度和抗弯度。考虑到外壳影响到电磁波的屏蔽和电源的散热性，目前好的电源外壳多采用镀锌钢板材料。该电源盒后壁开设了蜂巢式通风口，可直接吸入 5 英寸驱动器附近的热空气，经过电源最终排出机箱外。

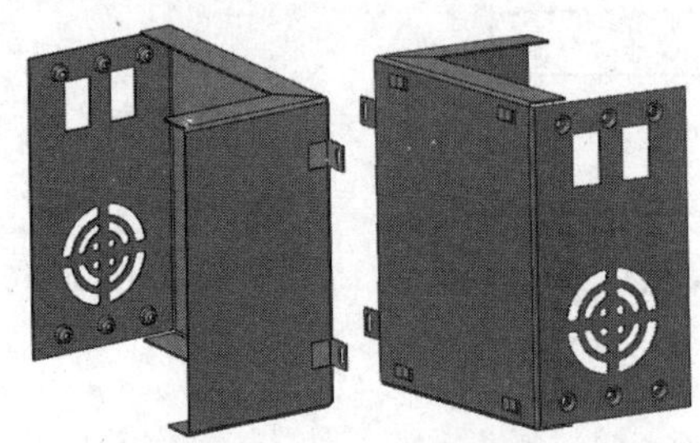

图 10-61　电源盒钣金模型

创建该电源盒时，可首先利用【基体法兰/薄片】工具创建基体法兰，并在该基体上利用【斜接法兰】工具选择侧边线创建斜接法兰。然后利用【拉伸切除】和【基体法兰/薄片】等工具创建正面的连接片，并继续利用【拉伸切除】工具创建后面的两个矩形切口。接着利用【扣合特征】子项中的【通风口】工具创建后面的散热口。最后利用【成形工具】创建后面的连接孔即可。

10.7 扩展练习：创建风机上盖钣金零件

本练习创建一风机上盖钣金件模型，效果如图 10-62 所示。风机上盖是一种常见的钣金件，其顶面上有 4 个小冲孔，两边各有 3 个安装孔。其最大特点是 4 个拐角处的凹槽，这样可以有效避免在弯曲或展平时发生材料扭曲变形。

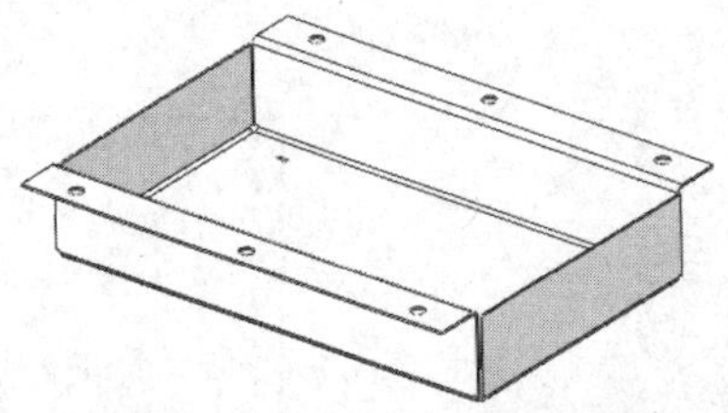

图 10-62　风机上盖钣金件模型效果

创建该风机上盖钣金件模型时，可以通过【拉伸】和【抽壳】工具创建其实体特征。然后利用【切口】工具创建钣金特征，并通过拉伸切除和阵列操作，创建顶面的冲孔。最后创建其上两侧的安装孔特征即可。

第 4 篇

工程实践

Solidworks 软件提供了多种特征建模的方法，如通过绘制截面草图，进而通过扫描创建三维实体，即草图参数化建模；利用曲线和曲面特征设计产品的曲面外形，即曲面建模；还有将产品的各个部件进行组织和定位的装配建模；以及专门针对薄壁类产品的钣金设计。利用这些特征建模的方法，完全可以满足各种类型的复杂模型的创建。此外，当零件在建模环境中创建完成后，还可以为零件模型创建二维工程图并为其添加标注，来作为加工部门传递工程信息的标准，方便零件的后期加工和制造。

本篇主要通过案例讲解特征建模、曲面建模、工程制图、产品装配和钣金设计等模块的具体操作和方法，让用户更深入地了解 Solidworks 2013 在工程设计中的具体应用。

第11章 零件设计

在 Solidworks 中，可以利用其特征建模模块提供的基体特征、附加特征和细节特征等各类用于创建实体特征模型的工具，创建出符合设计需求的实体模型。当利用这些工具进行实际的零件设计时，应当首先使用基体特征工具创建零件的大致模型，再利用细节特征工具添加零件的细部特征，以完成零件的设计意图。零件的建模过程应与零件在实际中的加工过程一致，并且最好进行全参数化的建模，以便于零件的修改与更新。

本章将通过两个典型案例，进一步详细介绍在零件设计中 Solidworks 特征建模工具的具体应用方法。

11.1 创建缸盖实体模型

本案例创建一个油缸端盖模型，如图 11-1 所示。缸盖属于盘类零件的一种，主要由底座、导向套以及固定孔等特征组成。其中，底座通过固定螺栓孔与缸体连接，在密封装置的配合作用下密封端口，防止液压油外泄；导向套主要用于缸盖的导向，在实际应用中，导向套和底座合为一体，并在导向套内壁上开有旋转槽，以安装防尘圈，防止外部杂质或颗粒进入缸体内部。

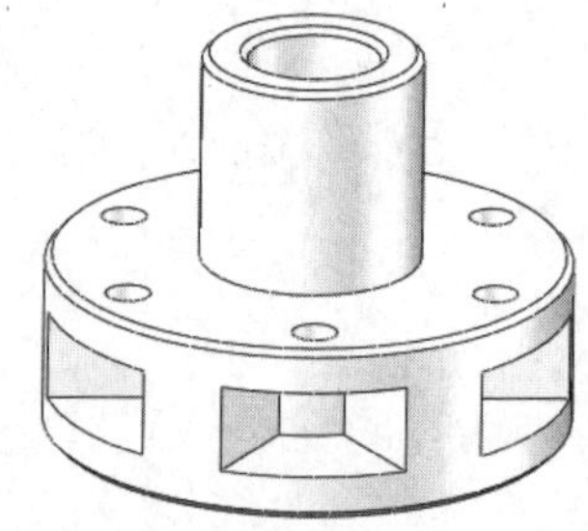

图 11-1 缸盖模型

该缸盖模型结构规则对称，在创建过程中同样可以使用阵列特征的方法简化操作过程。用户可以先利用【拉伸凸台/基体】和【拉伸切除】工具创建缸盖的主体结构，然后利用【镜像】工具完成缸盖实体的创建，最后利用【简单直孔】和【圆周阵列】工具完成该模型的细节特征即可。

操作步骤：

（1）新建一个名称为 ganggai.prt 的文件。然后单击【草图绘制】按钮，选取上视基准面为草图平面，进入草绘环境。接着单击【圆】按钮，按照图 11-2 所示绘制草图。最后单击【退出草图】按钮，退出草绘环境。

（2）单击【拉伸凸台/基体】按钮，选取上步绘制的草图为拉伸对象，并在打开的管理器中按照图 11-3 所示设置拉伸参数，创建拉伸实体。

（3）利用【草图绘制】工具按照图 11-4 所示选取草图平面，进入草绘环境。然后利用相应的工具绘制图示尺寸的草图轮廓。接着单击【退出草图】按钮，退出草绘环境。

（4）利用【拉伸凸台/基体】工具选取上步绘制的草图为拉伸对象，并在打开的管理器中按照图 11-5 所示设置拉伸参数，创建拉伸实体。

（5）单击【圆周阵列】按钮，然后按照图 11-6 所示选取阵列轴和特征，并在打开的管理器中设置相应的阵列参数，创建阵列特征。

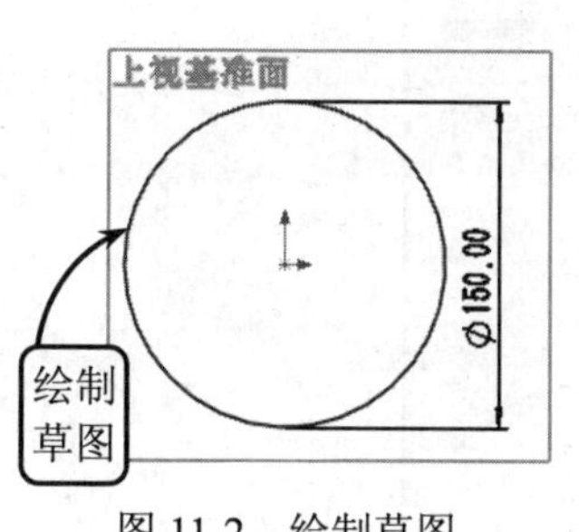

图 11-2　绘制草图

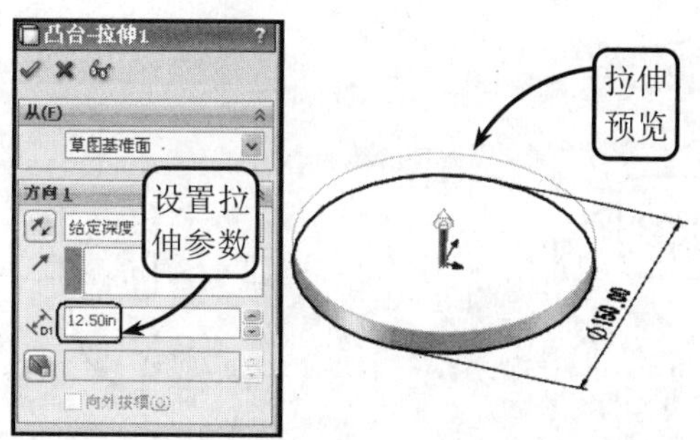

图 11-3　创建拉伸实体

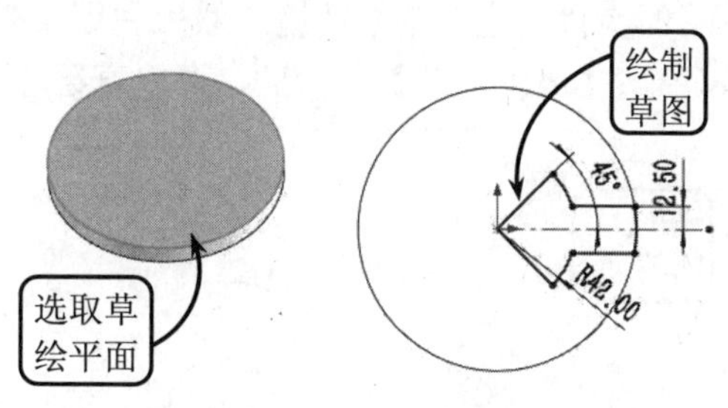

图 11-4　绘制草图

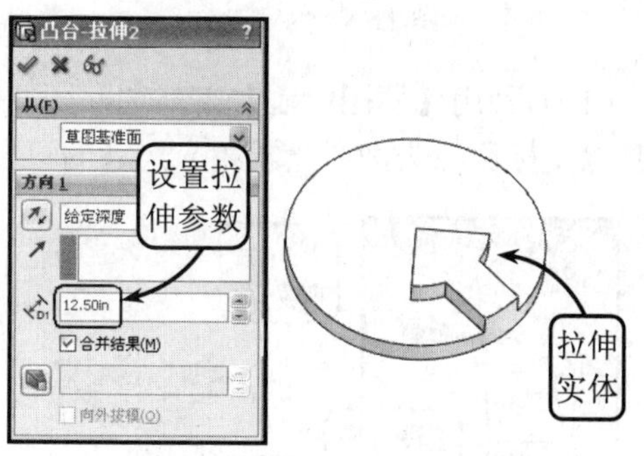

图 11-5　创建拉伸实体

（6）单击【镜像】按钮，然后在绘图区中选取图 11-7 所示的实体为镜像对象，并指定相应的实体面为镜像平面，创建镜像实体特征。

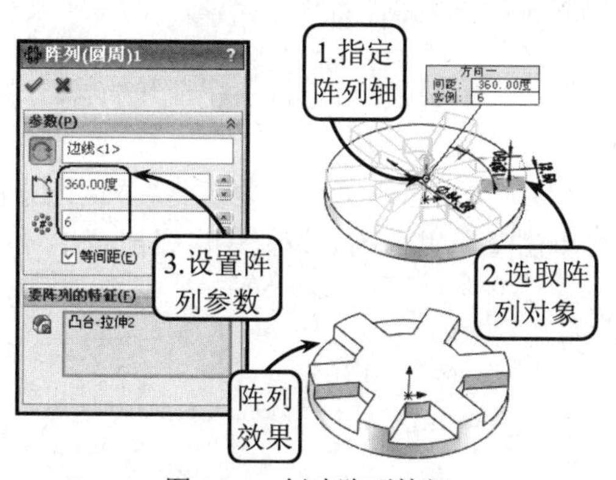

图 11-6　创建阵列特征

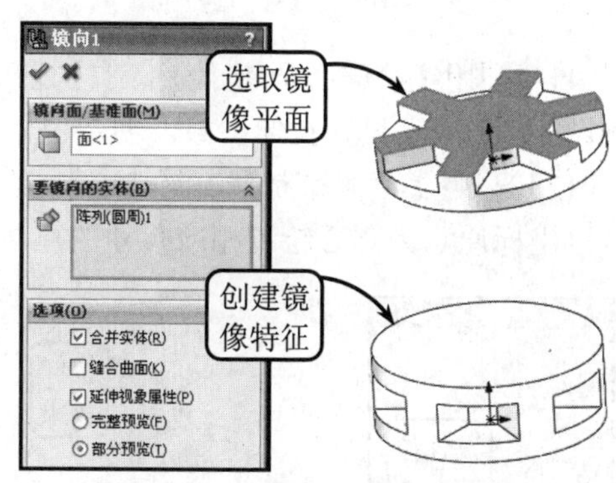

图 11-7　创建镜像实体特征

（7）利用【草图绘制】工具选取图 11-8 所示的实体面为草图平面，进入草绘环境。然后利用【中心线】、【圆】和【点】工具绘制相应的草图，并利用【智能尺寸】工具对其进行尺寸定位。接着单击【退出草图】按钮，退出草绘环境。

（8）单击【简单直孔】按钮，选取上一步绘制的点为孔中心，并在打开的管理器中按照图 11-9 所示设置相应的参数，创建孔特征。

（9）利用【圆周阵列】工具选取上步创建的孔特征为阵列对象，然后按照图 11-10 所示指定阵列轴，并设置相应的阵列参数，创建孔的阵列特征。

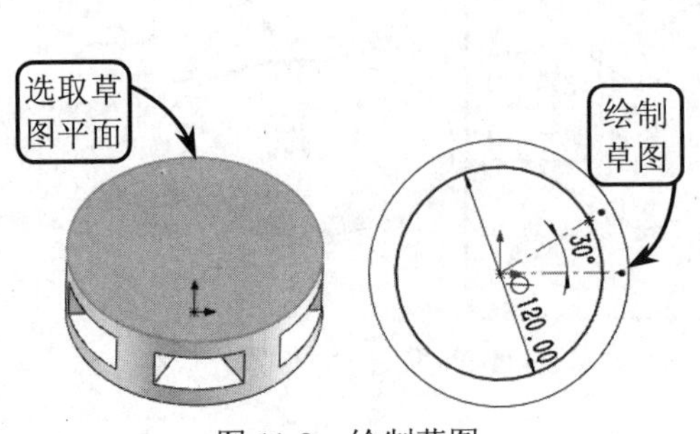

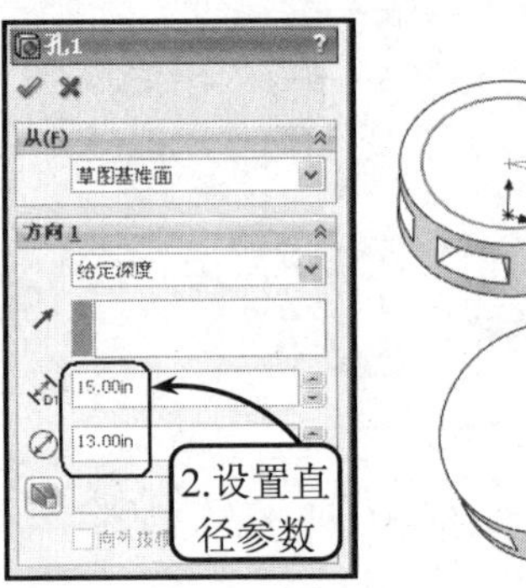

图 11-8　绘制草图　　　　图 11-9　创建孔特征

（10）利用【草图绘制】工具选取图 11-11 所示的实体面进入草绘环境。然后利用【圆】工具以坐标原点为圆心绘制相应尺寸的草图。接着单击【退出草图】按钮，退出草绘环境。

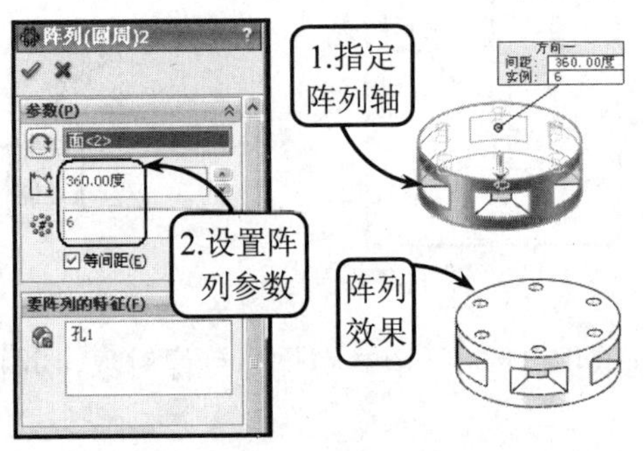

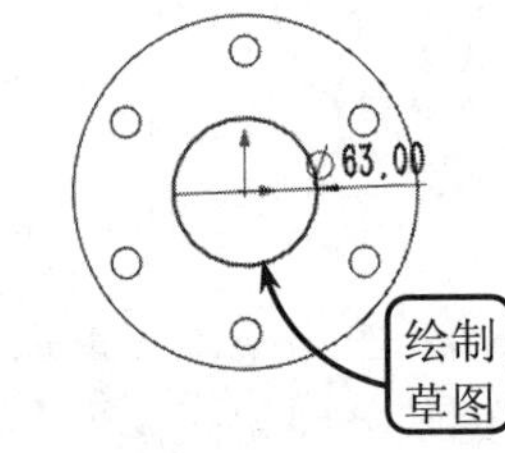

图 11-10　创建阵列特征　　　　图 11-11　绘制草图

（11）利用【拉伸凸台/基体】工具选取上步绘制的草图为拉伸对象，并在打开的管理器中按照图 11-12 所示设置拉伸参数，创建拉伸实体特征。

（12）利用【草图绘制】工具选取图 11-13 所示的实体面进入草绘环境。然后利用【圆】工具以坐标原点为圆心绘制相应尺寸的草图。接着单击【退出草图】按钮，退出草绘环境。

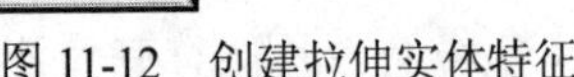

图 11-12　创建拉伸实体特征　　　　图 11-13　绘制草图

（13）单击【拉伸切除】按钮，选取上步绘制的草图为操作对象，并在打开的管理器中指定终止条件为完全贯穿类型，创建拉伸切除特征，效果如图 11-14 所示。

（14）单击【倒角】按钮，在打开的管理器中设置相应的倒角参数，然后依次选取图 11-15 所示的倒角边线，创建倒角特征。

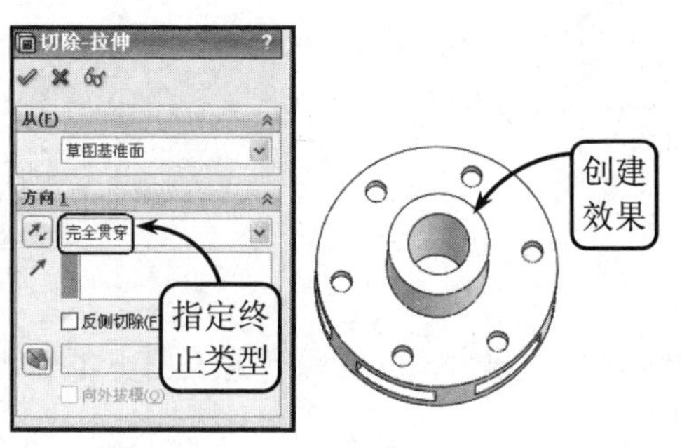

图 11-14　创建拉伸切除特征

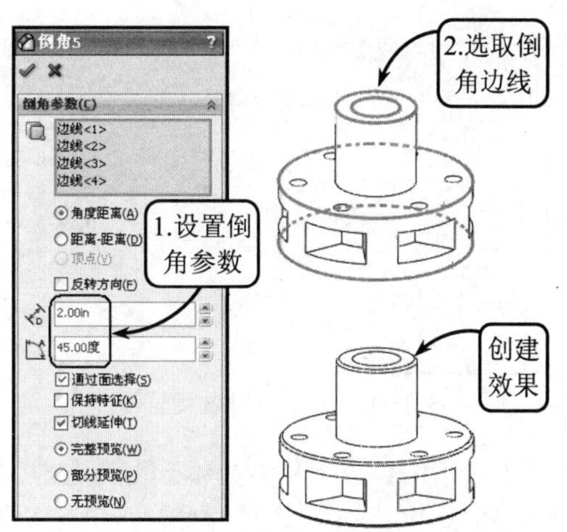

图 11-15　创建倒角特征

11.2　创建法兰套模型

本案例创建一个法兰套零件，效果如图 11-16 所示。法兰套是缸体套筒的一种特殊类型，常布置在液压缸体内部，通过密封装置的密封作用与缸杆或活塞直接接触。工作状态下，法兰套通过均布的螺栓孔与缸体固定连接，套筒外壁的矩形平面用于固定电控的行程开关、继电器以及其他电控装置。当缸杆或活塞动作时，固定行程开关的面板一侧向内，另一侧向外。其中，内侧开关监控到活塞或缸盖行程到位时，指示灯亮，表明一个动作已经完成。

分析该法兰套模型可知，其结构规则对称，在创建过程中可以使用阵列特征的方法简化操作过程。用户可以先利用【拉伸凸台/基体】、【拉伸切除】和【孔】工具创建法兰套的主体结构，然后利用【镜像】和相关阵列工具完成细节特征的创建即可。

操作步骤：

（1）新建一个名称为 falantao.prt 的文件。然后单击【草图绘制】按钮，选取上视基准面为草图平面，进入草绘环境。接着单击【圆】按钮，按照图 11-17 所示的尺寸绘制草图。

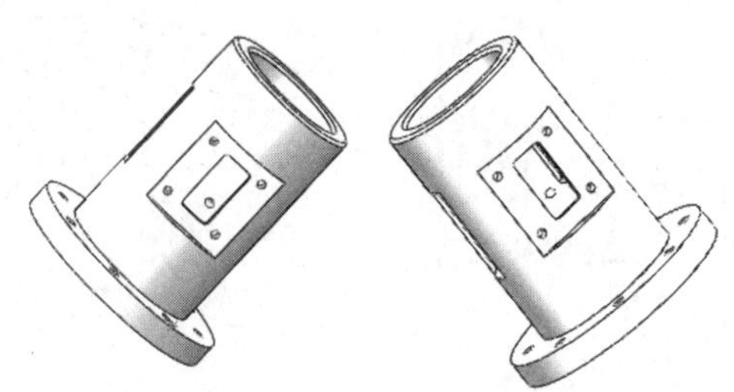

图 11-16　法兰套零件模型

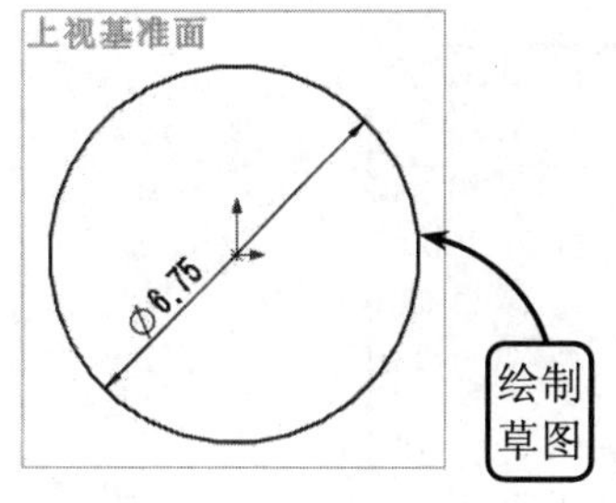

图 11-17　绘制草图

（2）单击【拉伸凸台/基体】按钮，并选取上一步绘制的草图为拉伸对象，然后在打开的管理器中按照图 11-18 所示设置拉伸参数，创建拉伸实体特征。

（3）利用【草图绘制】工具选取图 11-19 所示的平面为草图平面，进入草绘环境。然后利用【圆】工具以坐标原点为圆心绘制直径为 Φ4.5mm 的圆轮廓。接着单击【退出草图】按钮，

退出草绘环境。

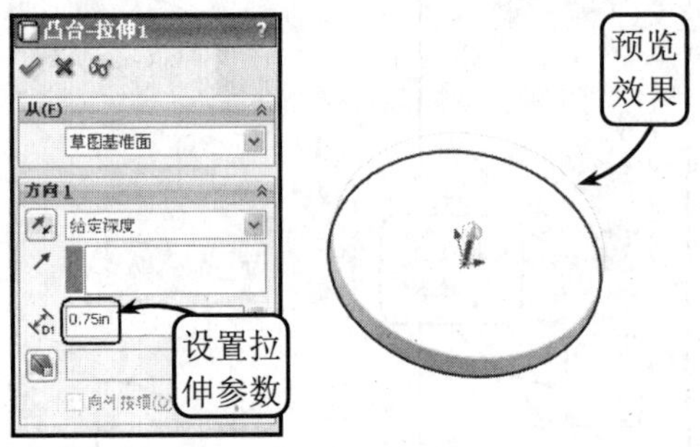

图 11-18　创建拉伸实体特征

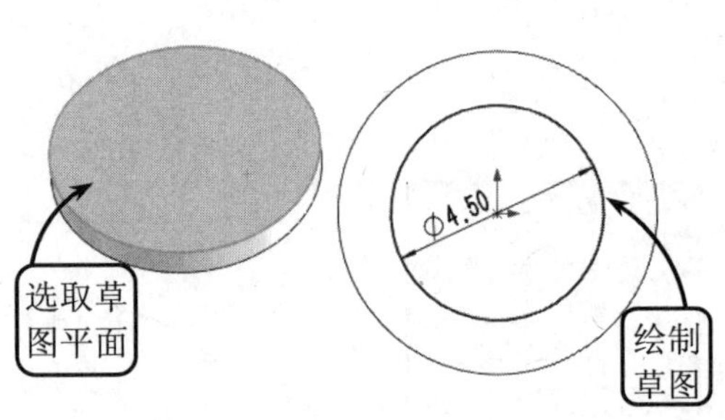

图 11-19　绘制草图

（4）利用【拉伸凸台-基体】工具选取上一步绘制的草图为拉伸对象，并在打开的管理器中按照图 11-20 所示设置拉伸参数，创建拉伸实体特征。

（5）单击【简单直孔】按钮，选取坐标原点为孔心，然后在打开的管理器中按照图 11-21 所示设置相应的孔直径参数，创建孔特征。

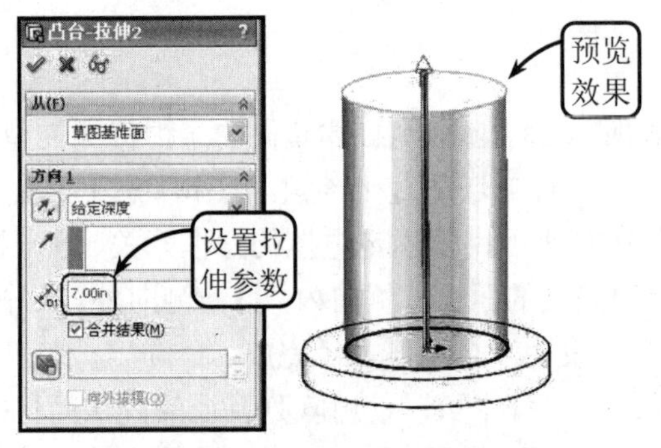

图 11-20　创建拉伸实体特征

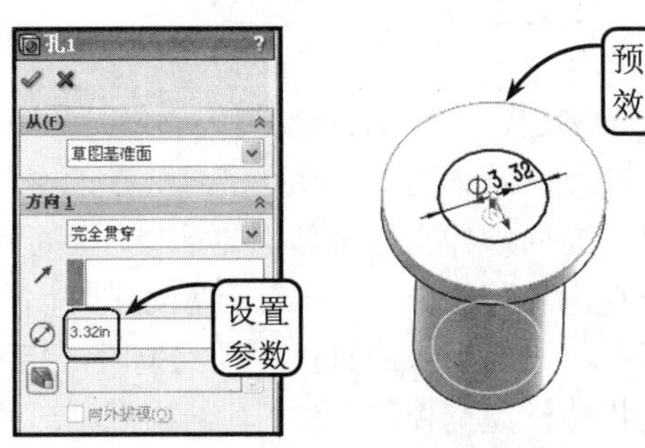

图 11-21　创建孔特征

（6）单击【倒角】按钮，按照图 11-22 所示选取倒角边线，然后在打开的管理器中设置相应的倒角参数，创建倒角特征。

（7）继续利用【倒角】工具，按照图 11-23 所示选取倒角边线，并在打开的管理器中设置相应的倒角参数，创建倒角特征。

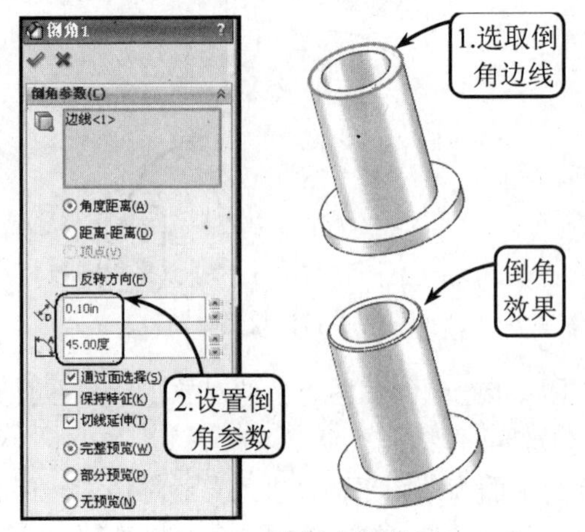

图 11-22　创建倒角特征

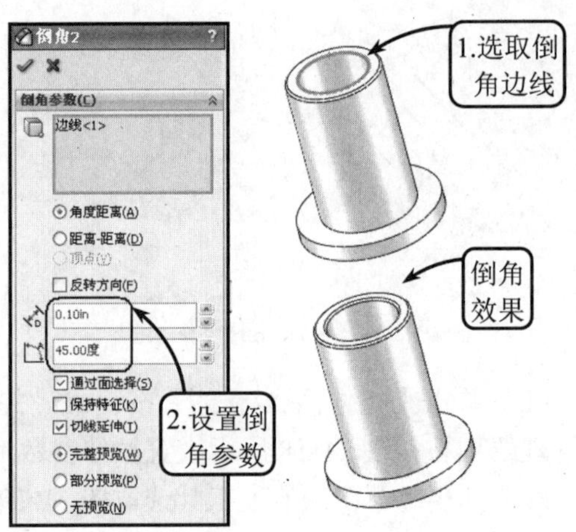

图 11-23　创建倒角特征

（8）利用【草图绘制】工具，按照图 11-24 所示选取草图平面。然后单击【点】按钮绘制草图，并利用【智能尺寸】工具进行尺寸定位。接着单击【退出草图】按钮，退出草绘环境。

（9）利用【简单直孔】工具，选取上一步绘制的点为孔中心，然后在打开的管理器中按照图 11-25 所示设置相应的孔直径参数，创建孔特征。

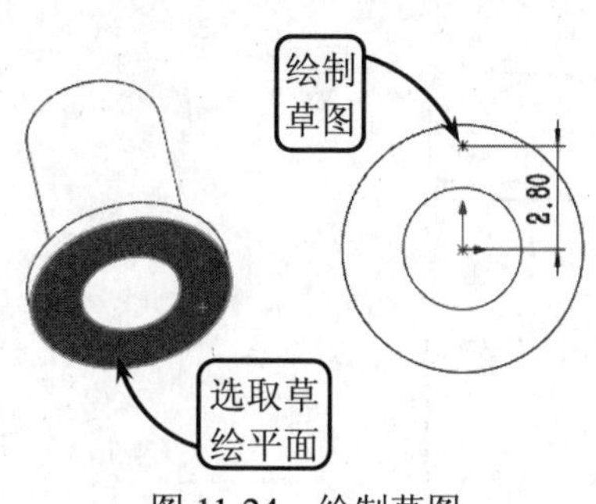

图 11-24　绘制草图

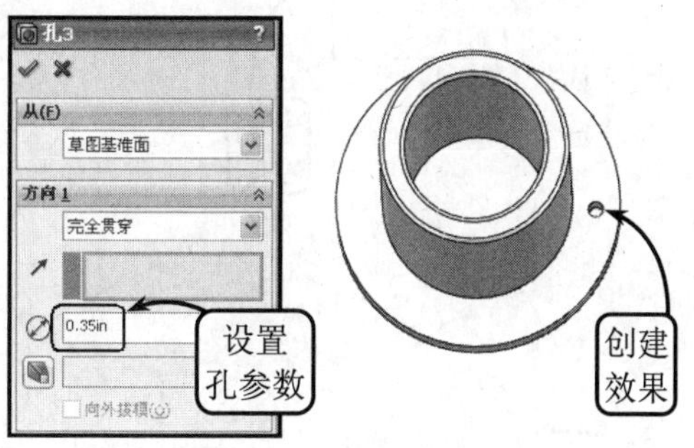

图 11-25　创建孔特征

（10）单击【圆周阵列】按钮，然后按照图 11-26 所示选取阵列轴和阵列对象，并在打开的管理器中设置相应的阵列参数，创建孔的阵列特征。

（11）单击【基准面】按钮，选取前视基准面为第一参考，然后在打开的管理器中按照图 11-27 所示设置相应的偏移参数，创建新基准面。

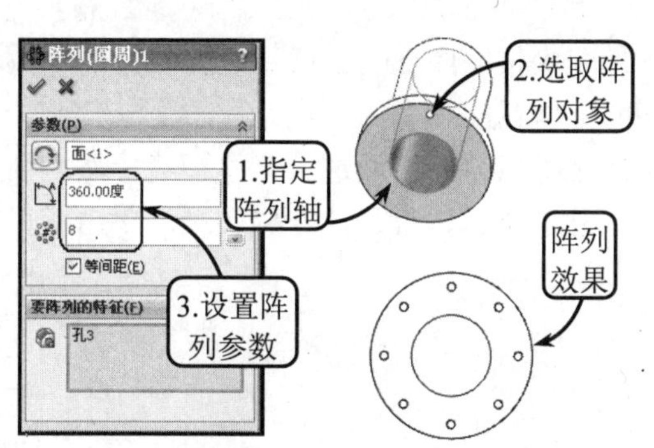

图 11-26　创建阵列特征

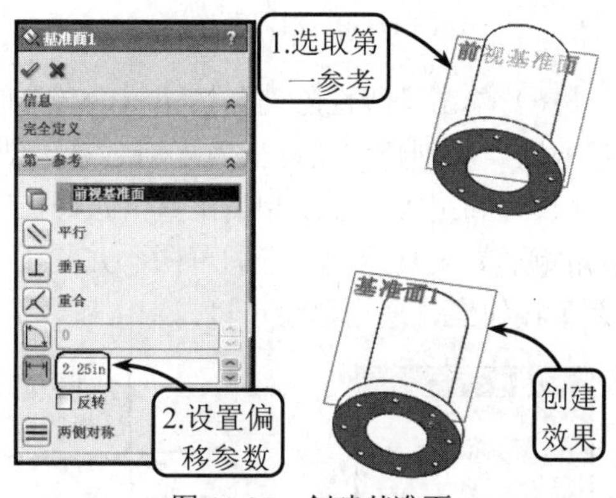

图 11-27　创建基准面

（12）利用【草图绘制】工具，选取上一步创建的基准面为草图平面进入草绘环境。然后单击【边角矩形】按钮，绘制图 11-28 所示的矩形，并利用【智能尺寸】工具对其进行尺寸定位。最后单击【退出草图】按钮，退出草绘环境。

（13）单击【拉伸切除】按钮，选取上一步绘制的草图为操作对象，然后在打开的管理器中按照图 11-29 所示设置相应的参数，创建拉伸切除特征。

（14）利用【草图绘制】工具，按照图 11-30 所示选取草图平面，进入草绘环境。然后利用【点】工具绘制定位点草图，并利用【智能尺寸】工具进行尺寸定位。

（15）利用【简单直孔】工具选取上一步绘制的点为孔中心，然后在打开的管理器中按照图 11-31 所示设置相应的孔参数，创建孔特征。

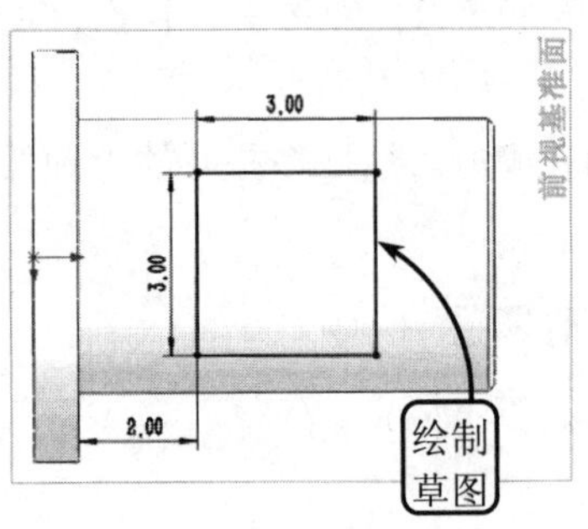

图 11-28　绘制草图

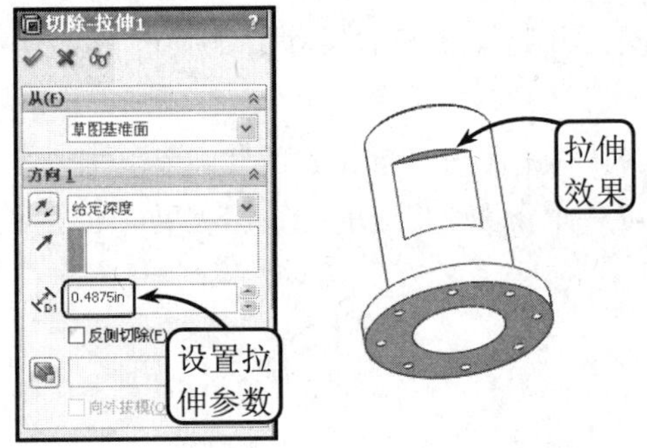

图 11-29　创建拉伸切除特征

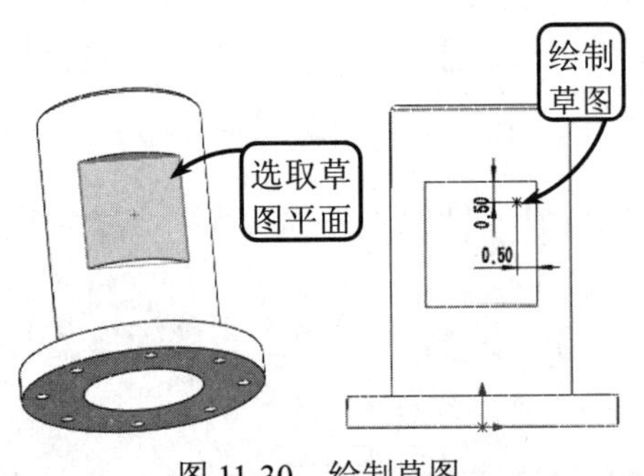

图 11-30　绘制草图

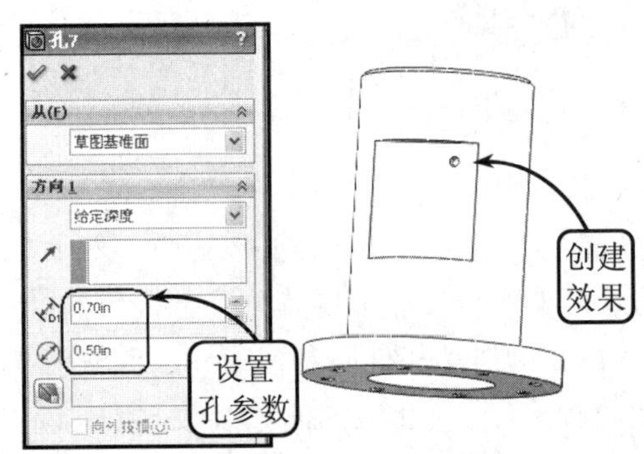

图 11-31　创建孔特征

（16）单击【线性阵列】按钮，在打开的管理器中按照图 11-32 所示设置相应的参数，并选取上一步创建的孔特征为阵列对象，创建孔的阵列特征。

（17）利用【草图绘制】工具，按照图 11-33 所示选取草图平面进入草绘环境，然后利用【边角矩形】工具绘制相应的草图，并利用【智能尺寸】工具进行尺寸定位。最后单击【退出草图】按钮，退出草绘环境。

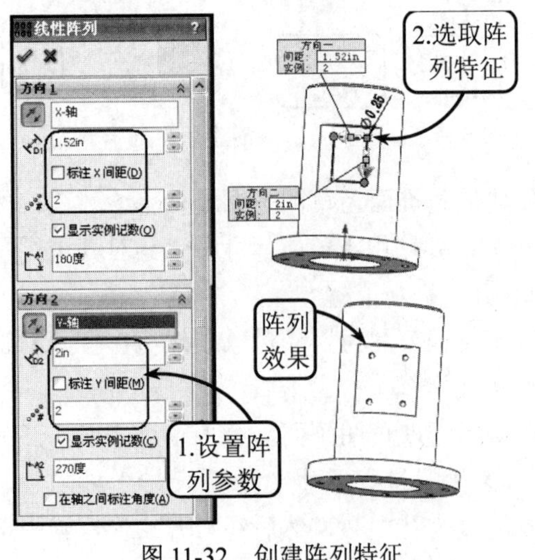

图 11-32　创建阵列特征

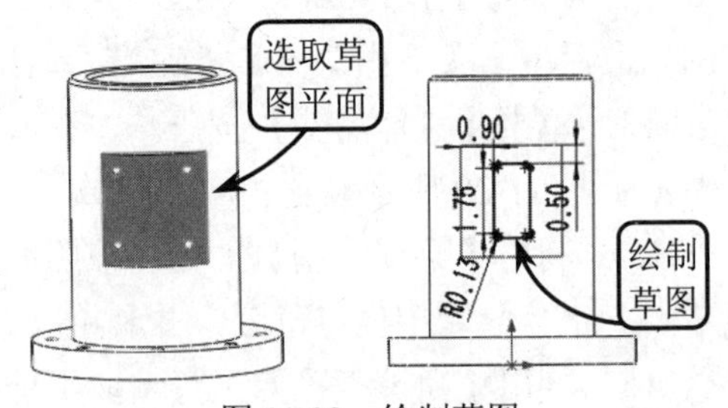

图 11-33　绘制草图

（18）利用【拉伸切除】工具，选取上一步绘制的草图为操作对象，然后在打开的管理器

中按照图 11-34 所示设置相应的参数，创建拉伸切除特征。

（19）利用【圆周阵列】工具，按照图 11-35 所示选取阵列轴和阵列对象，然后在打开的管理器中设置相应的阵列参数，创建阵列特征。

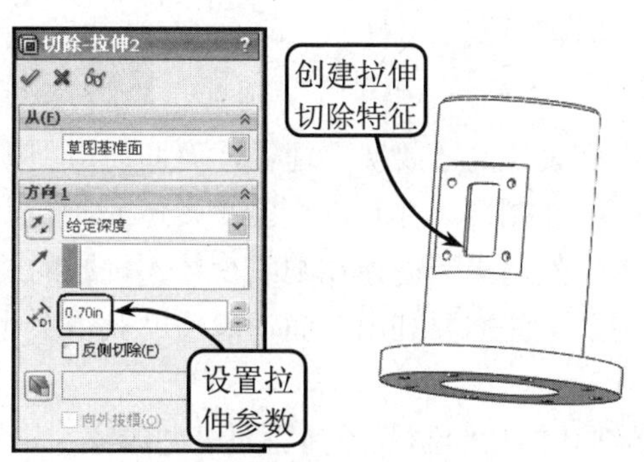

图 11-34　创建拉伸切除特征

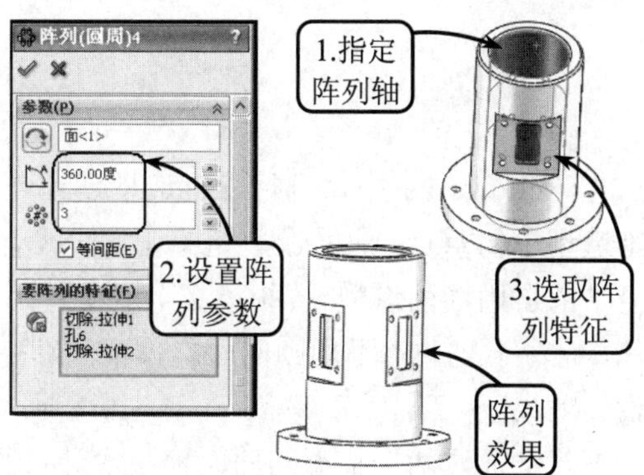

图 11-35　创建圆周阵列特征

第 12 章　曲面造型设计

在 Solidworks 中，进行三维造型设计是零件产品设计的重要实现途径，而曲面造型则是三维造型中的重点。曲面造型能够让用户设计复杂的曲面外形，并且可直接在实体或薄壳上设计复杂的自由曲面造型。传统意义下的实体造型技术仍然局限于创建规则或少数不规则的曲面形体，而对于复杂的不规则曲面形体不能够完美表达，这就需要利用曲面功能辅助获得更完整的设计效果。

本章将通过两个典型的曲面模型设计过程，详细介绍从绘制草图到曲面成型的整个过程。重点让用户掌握曲面造型工具的使用方法和操作技巧。

12.1　创建电热壶造型

本案例设计一个电热壶造型，效果如图 12-1 所示。电热壶主要由壶体底座、壶身、壶把、壶嘴和壶身顶部的水位指示按钮组成，是用来将食用水或饮料加热到可以饮用的家电装置。它能快速地将水煮沸，可以满足当代快速高效的快节奏生活需要，是现代生活中不可缺少的用品。

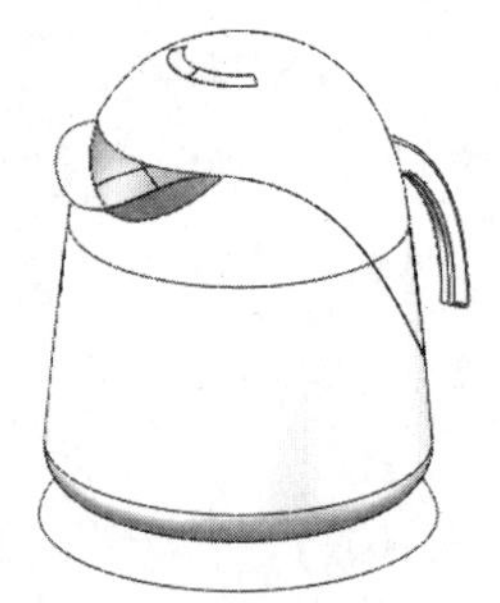

图 12-1　电热壶造型效果

创建该电热壶的重点是通过曲面与曲面间的修剪，或曲面对实体进行修剪来完成壶体的造型设计。在设计该电热壶曲面模型时，可以由整体到局部，即首先创建电热壶的壶身模型，然后抽取复制该壶身模型，以复制的壶身模型为基础修剪出上下壶身。接着创建电热壶的其他组装件，如壶柄和壶嘴等。

操作步骤：

（1）新建一个名称为 dianrehu.prt 的文件。然后单击【草图绘制】按钮，选取上视基准面为草图平面，进入草绘环境。接着利用【圆】和【直线】工具绘制图 12-2 所示尺寸的草图轮廓。最后单击【退出草图】按钮，退出草绘环境。

（2）单击【旋转凸台/基体】按钮，选取上步绘制的草图轮廓为旋转对象，并按照图 12-3 所示指定旋转轴。然后在打开的管理器中设置旋转角度为 360°，创建旋转实体特征。

（3）利用【草图绘制】工具选取前视基准面为草图平面，进入草绘环境。然后利用相应的工具绘制图 12-4 所示尺寸的草图轮廓。接着单击【退出草图】按钮，退出草绘环境。

（4）利用【旋转凸台/基体】工具选取上步绘制的草图轮廓为旋转对象，并按照图 12-5 所示指定旋转轴。然后在打开的管理器中设置旋转角度为 360°，创建旋转实体特征。

（5）将创建的实体隐藏。然后利用【草图绘制】工具选取前视基准面为草图平面，进入草绘环境。接着利用【样条曲线】工具依次选取图 12-6 所示的点绘制草图轮廓。最后单击【退出草图】按钮，退出草绘环境。

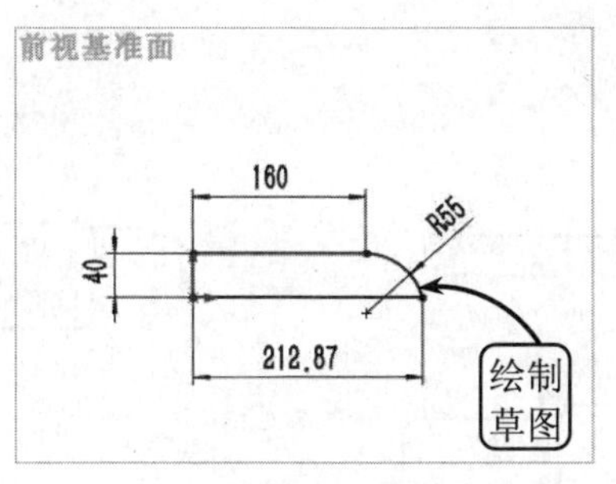

图 12-2　绘制草图

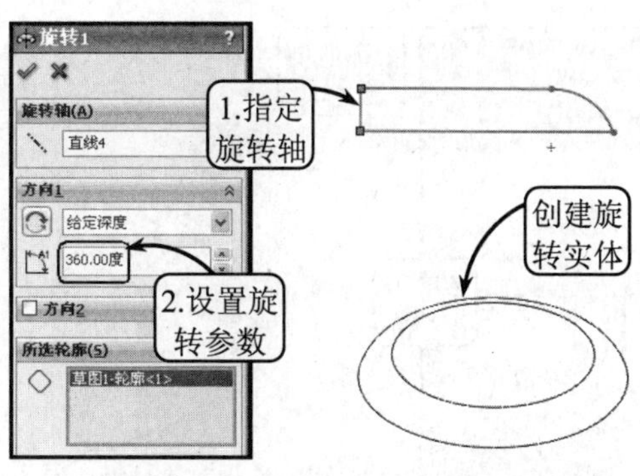

图 12-3　创建旋转实体特征

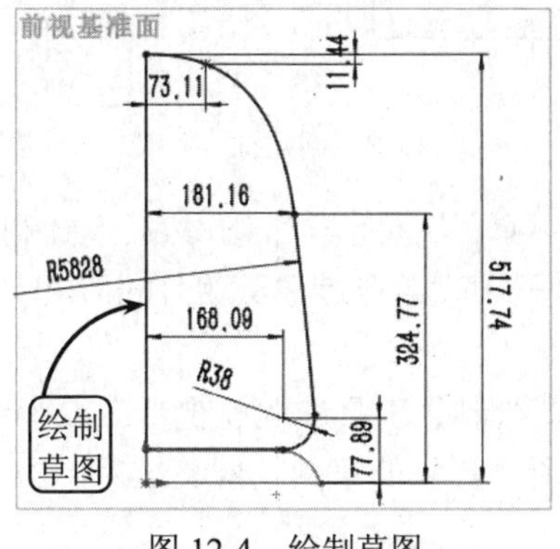

图 12-4　绘制草图

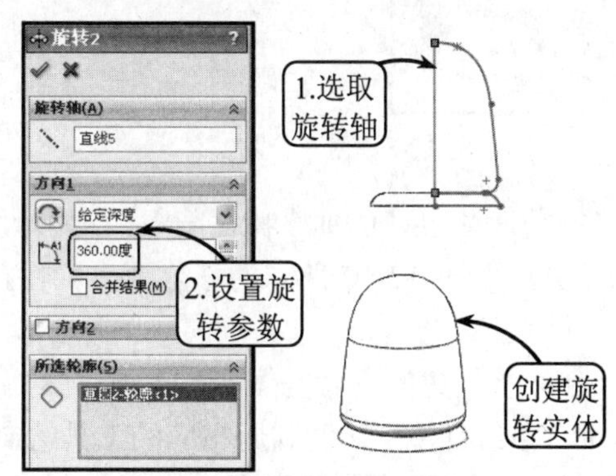

图 12-5　创建旋转实体特征

（6）单击【拉伸曲面】按钮，选取上步绘制的样条曲线为拉伸对象，并在打开的管理器中按照图 12-7 所示设置相应的参数，创建拉伸曲面特征。

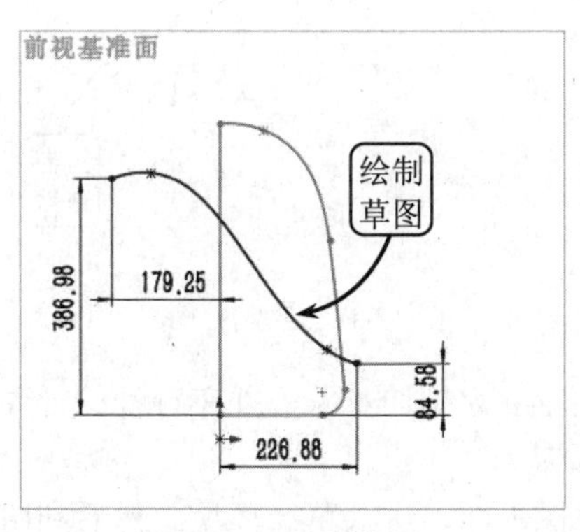

图 12-6　绘制草图

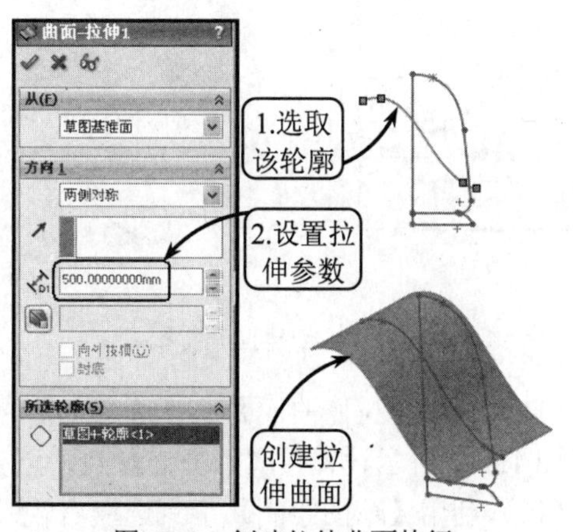

图 12-7　创建拉伸曲面特征

（7）将回转实体特征显示。然后单击【分割】按钮，选取上步创建的曲面为剪裁工具，并单击【切除零件】按钮。接着按照图 12-8 所示启用相应的复选框，创建分割实体特征。最后将回转实体上半部分隐藏。

（8）单击【抽壳】按钮，然后按照图 12-9 所示选取移除面，并在打开的管理器中设置厚度参数为 1mm，创建抽壳特征。

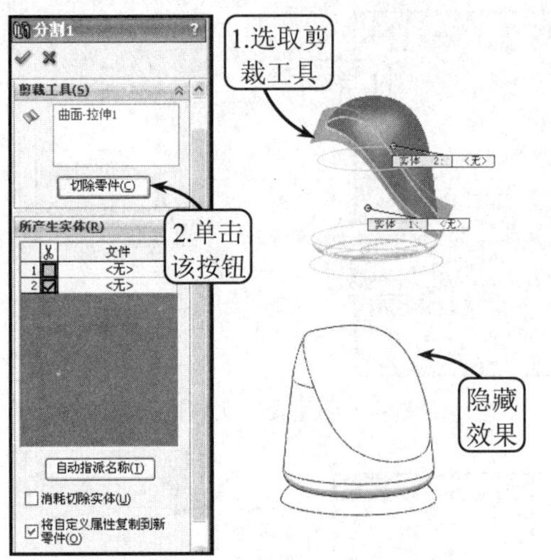

图 12-8　创建分割实体　　　　图 12-9　创建抽壳特征

（9）将上步创建的抽壳特征隐藏，并显示之前隐藏的回转实体上半部分。然后继续利用【抽壳】工具选取图 12-10 所示的移除面，并在打开的管理器中设置厚度参数为 1mm，创建抽壳特征。

（10）将创建的所有实体特征隐藏。然后利用【草图绘制】工具选取前视基准面为草图平面，进入草绘环境。接着利用相应的工具绘制图 12-11 所示尺寸的草图轮廓。最后单击【退出草图】按钮，退出草绘环境。

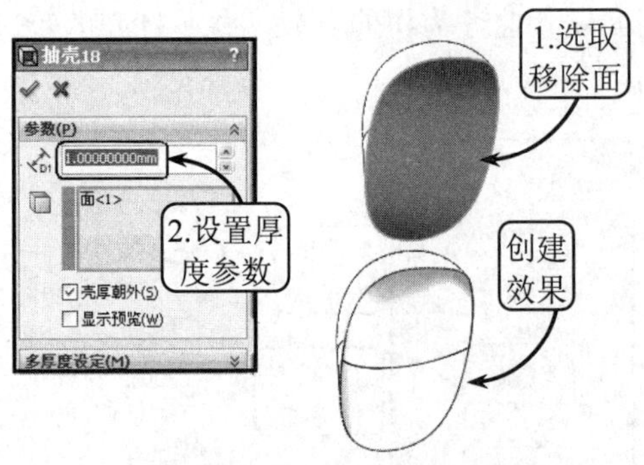

图 12-10　创建抽壳特征

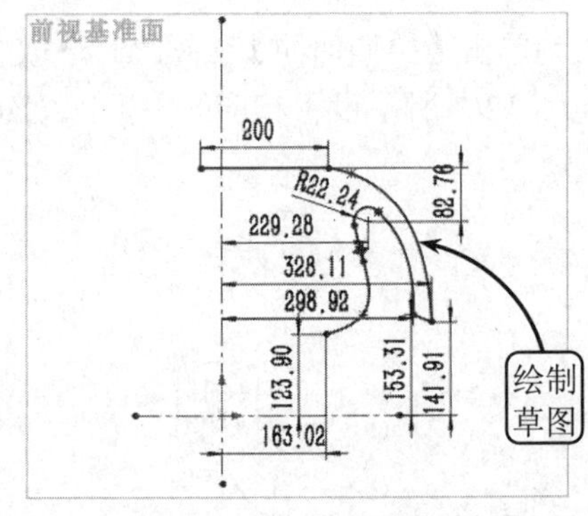

图 12-11　绘制草图

（11）利用【拉伸曲面】工具选取上步绘制的草图轮廓为拉伸对象，并在打开的管理器中按照图 12-12 所示设置相应的拉伸参数，创建拉伸曲面特征。

（12）利用【草图绘制】工具选取右视基准面为草图平面，进入草绘环境。然后利用【矩形】工具绘制图 12-13 所示尺寸的草图轮廓。接着单击【退出草图】按钮，退出草绘环境。

（13）单击【拉伸凸台/基体】按钮，然后选取上步绘制的草图为拉伸对象，并在打开的管理器中按照图 12-14 所示设置拉伸参数，创建拉伸实体特征。

（14）利用【分割】工具选取之前创建的拉伸曲面为剪裁曲面，并单击【切除零件】按钮。然后在【所产生的实体】列表中勾选实体 2，并启用【消耗切除实体】复选框，创建分割实体，效果如图 12-15 所示。

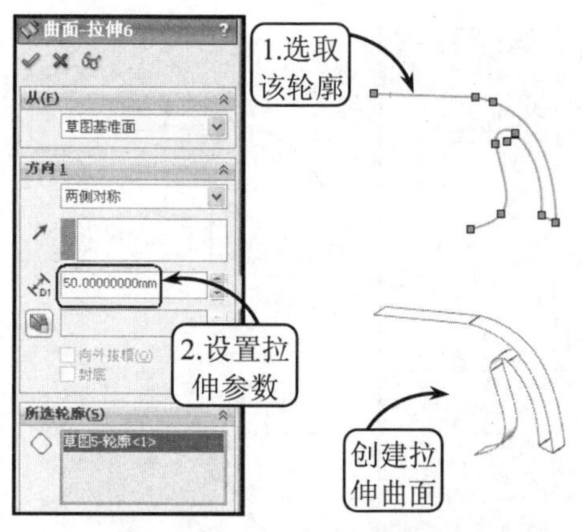

图 12-12　创建拉伸曲面特征

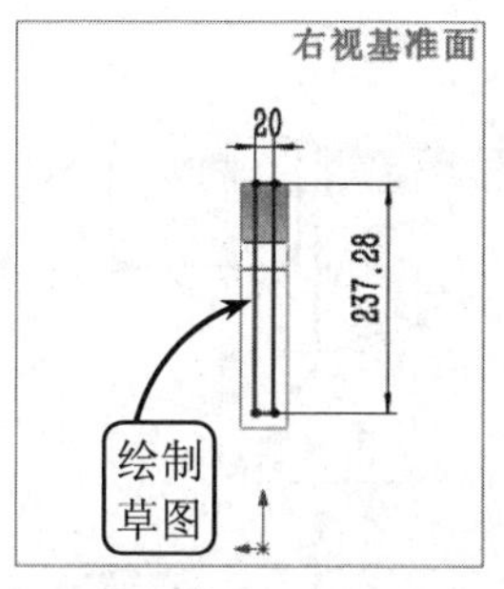

图 12-13　绘制草图

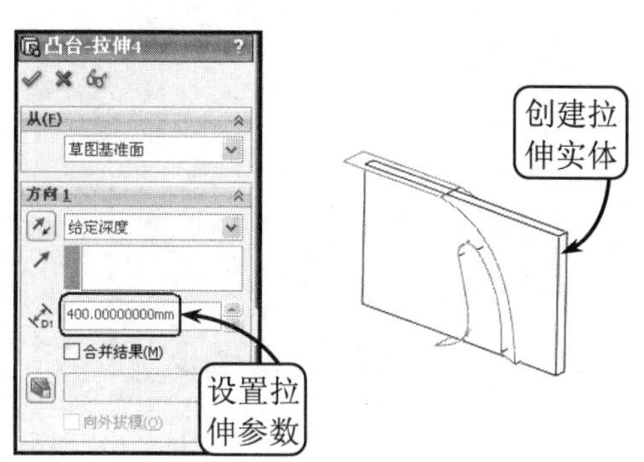

图 12-14　创建拉伸实体特征

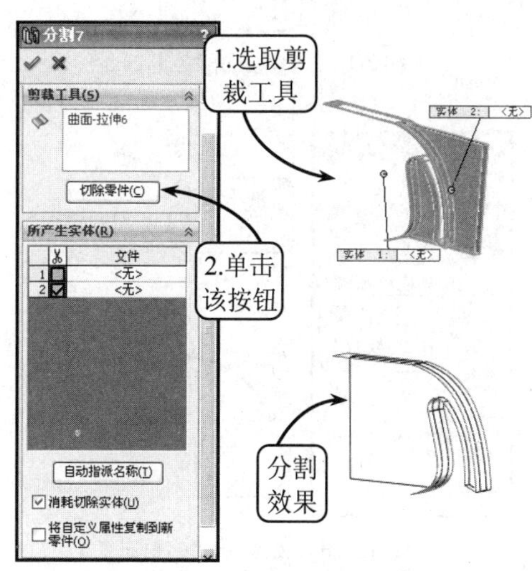

图 12-15　创建分割实体特征

（15）隐藏之前创建的拉伸曲面特征。然后单击【圆角】按钮，依次选取图 12-16 所示的要倒角的边线，并在打开的管理器中设置参数，创建相应的倒圆角特征。

（16）显示之前创建的抽壳上半部分特征。然后利用【分割】工具选取图 12-17 所示的曲面为裁剪工具，并单击【切除零件】按钮。接着在【所产生的实体】列表中勾选实体 2，并启用【消耗切除实体】复选框，创建分割实体特征。

（17）显示之前创建的全部实体特征。然后单击【基准面】按钮，选取右视基准面为第一参考，并在打开的管理器中按照图 12-18 所示设置偏移参数，创建新基准面。

（18）利用【草图绘制】工具选取上步创建的基准面为草图平面，进入草绘环境。然后利用【样条曲线】工具绘制图 12-19 所示的草图轮廓。接着单击【退出草图】按钮，退出草绘环境。

（19）继续利用【草图绘制】工具选取前视基准面为草图平面，进入草绘环境。然后利用【样条曲线】工具绘制图 12-20 所示的草图轮廓。接着单击【退出草图】按钮，退出草绘环境。

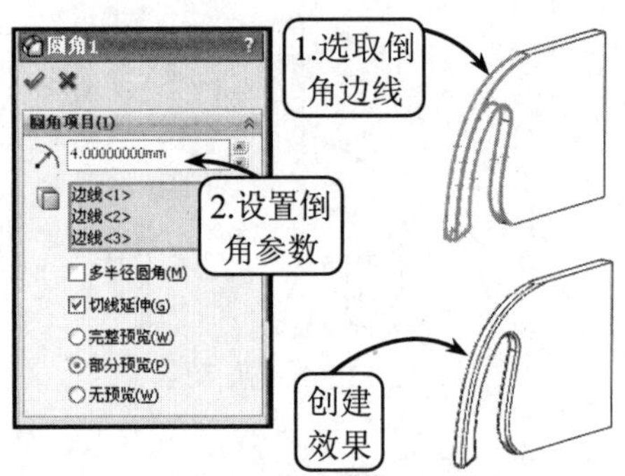

图 12-16　创建圆角特征

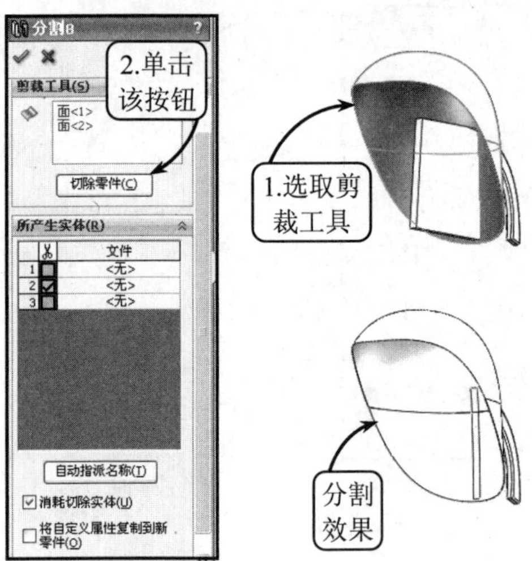

图 12-17　创建分割实体特征

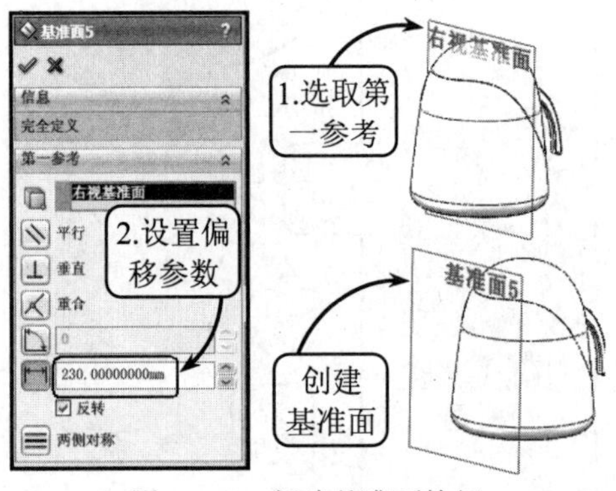

图 12-18　创建基准面特征

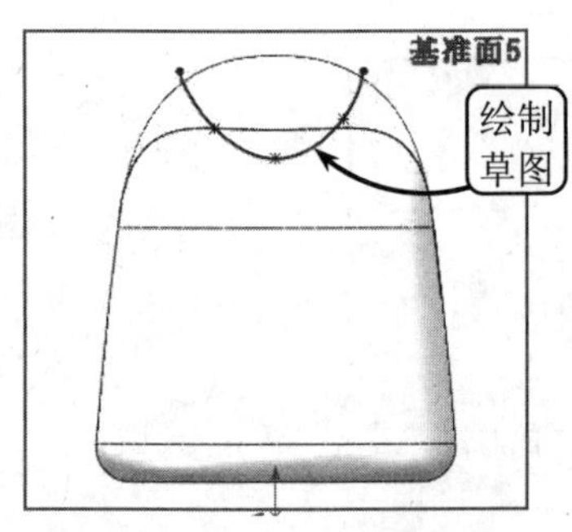

图 12-19　绘制草图

（20）单击【扫描曲面】按钮，然后在绘图区中依次选取图 12-21 所示的扫描轮廓和路径，创建相应的扫描曲面特征。

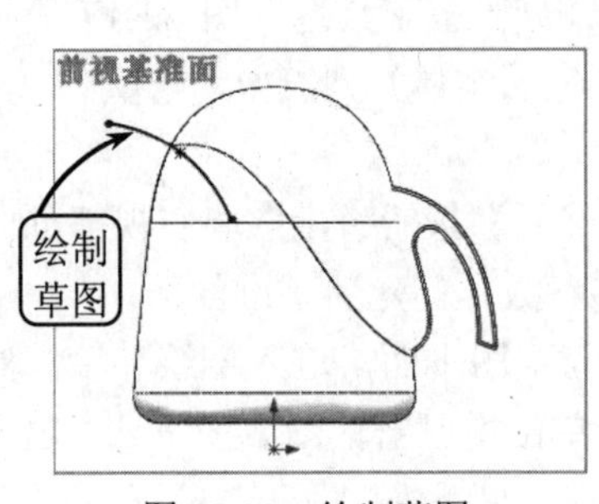

图 12-20　绘制草图

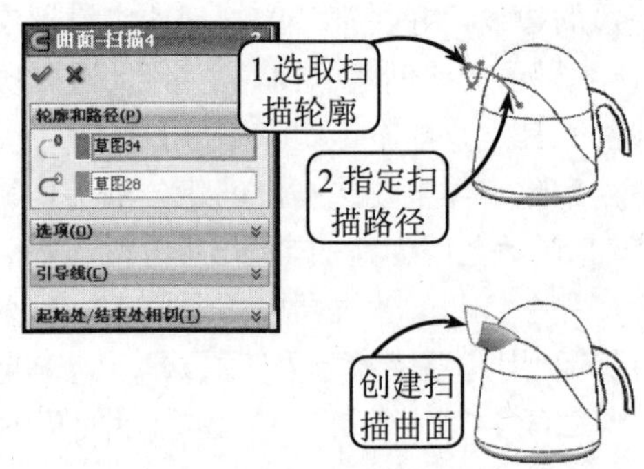

图 12-21　创建扫描曲面特征

（21）利用【分割】工具选取上步创建的扫描曲面为裁剪工具，并单击【切除零件】按钮。然后在【所产生的实体】列表中勾选实体 1，并启用【消耗切除实体】复选框，创建分割实体，效果如图 12-22 所示。

（22）利用【草图绘制】工具选取前视基准面为草图平面，进入草绘环境。然后利用【样条曲线】工具绘制图 12-23 所示的草图轮廓。接着单击【退出草图】按钮，退出草绘环境。

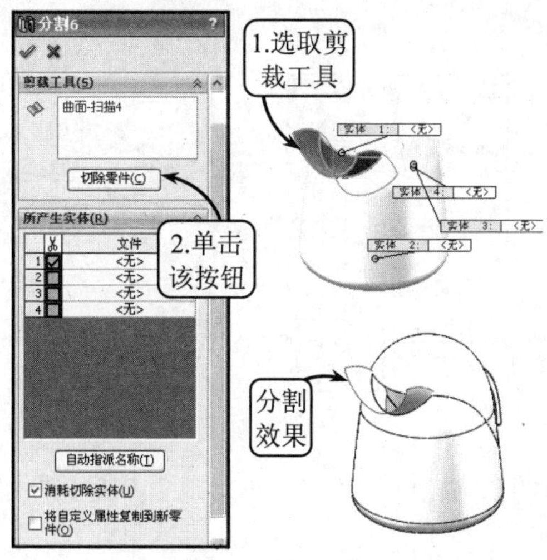

图 12-22　创建分割实体特征

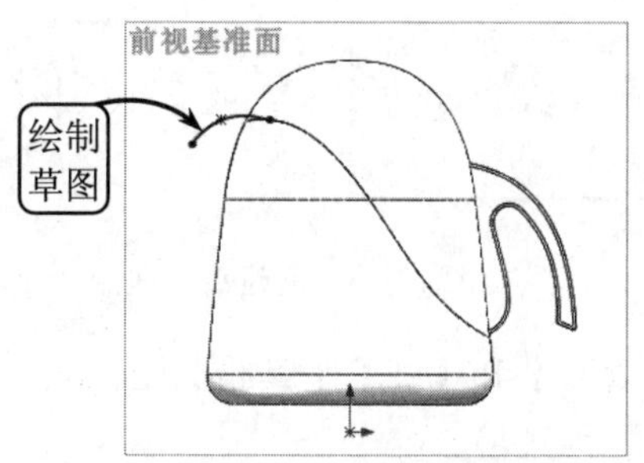

图 12-23　绘制草图

（23）利用【拉伸曲面】工具取上步绘制的样条曲线为拉伸对象，并在打开的管理器中按照图 12-24 所示设置相应的参数，创建拉伸曲面特征。

（24）单击【剪裁曲面】按钮，然后按照图 12-25 所示分别选取剪裁工具和要移除的曲面部分，创建剪裁曲面特征。

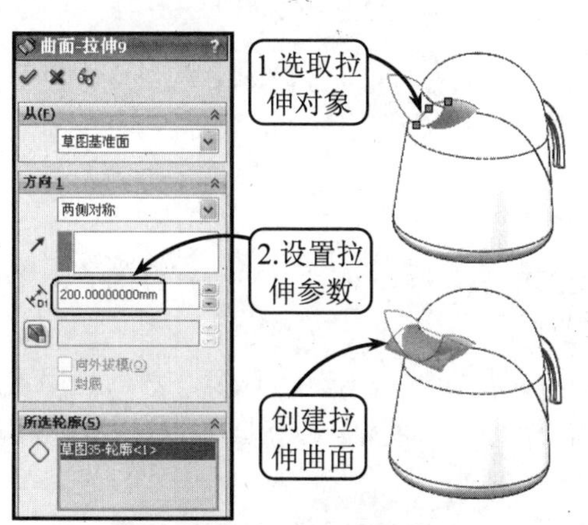

图 12-24　创建拉伸曲面特征

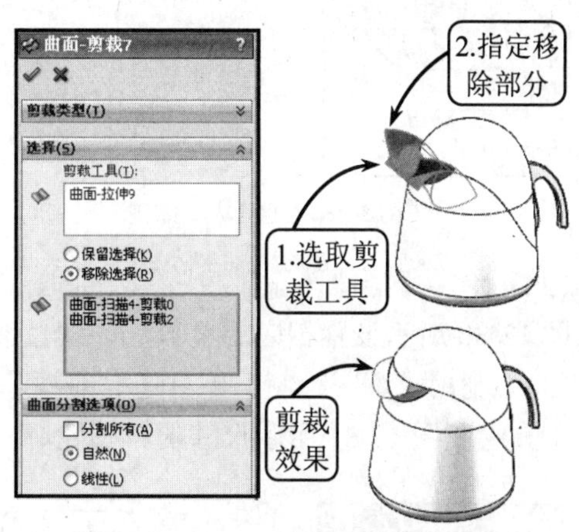

图 12-25　创建剪裁曲面特征

（25）按照图 12-26 所示隐藏相应的曲面特征。然后继续利用【剪裁曲面】工具，分别选取剪裁工具和要移除的曲面部分，创建剪裁曲面。

（26）单击【加厚】按钮，在打开的管理器中设置厚度参数为 2mm，并指定加厚类型为【侧边 2】，对扫描曲面进行加厚操作，效果如图 12-27 所示。

（27）利用【基准面】工具选取上视基准面为第一参考，并在打开的管理器中按照图 12-28 所示设置偏移参数，创建新基准面。

（28）利用【草图绘制】工具选取上步创建的基准面为草图平面，进入草绘环境。然后利

图 12-26　创建裁剪曲面

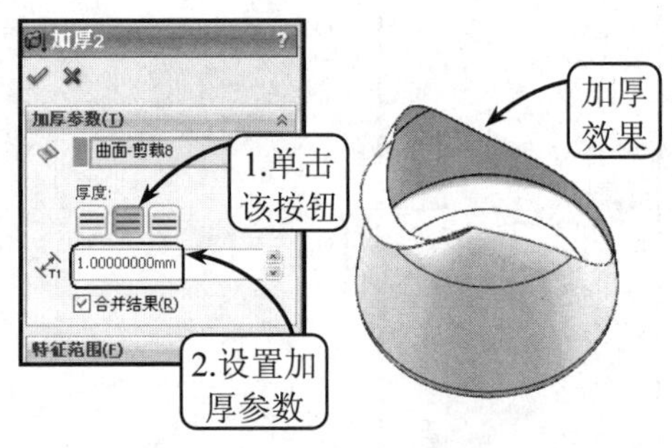

图 12-27　创建加厚特征

用【直线】和【圆】工具绘制图 12-29 所示尺寸的草图轮廓。接着单击【退出草图】按钮，退出草绘环境。

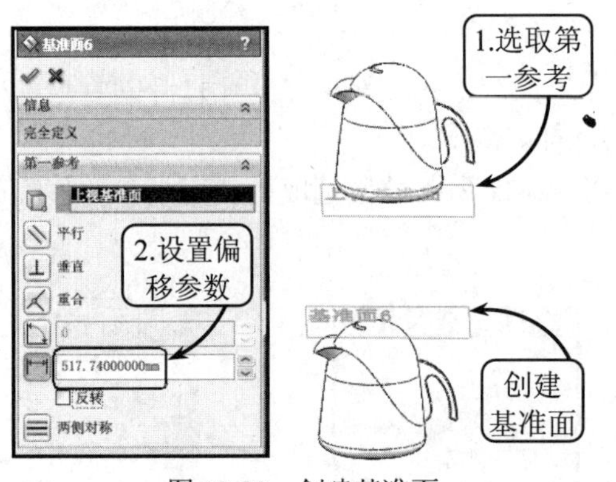

图 12-28　创建基准面

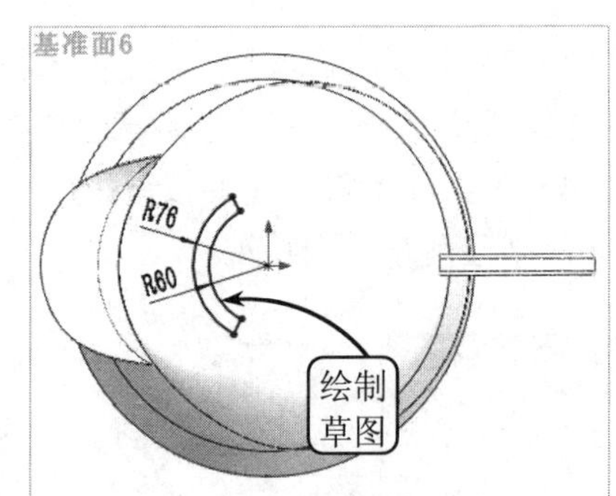

图 12-29　绘制草图

（29）单击【拉伸切除】按钮，选取上步绘制的草图为操作对象，并在打开的管理器中按照图 12-30 所示设置相应的参数，创建拉伸切除特征。

（30）利用【草图绘制】工具选取前视基准面为草图平面，进入草绘环境。然后利用【圆弧】工具绘制图 12-31 所示尺寸的草图轮廓。接着单击【退出草图】按钮，退出草绘环境。

图 12-30　创建拉伸切除特征

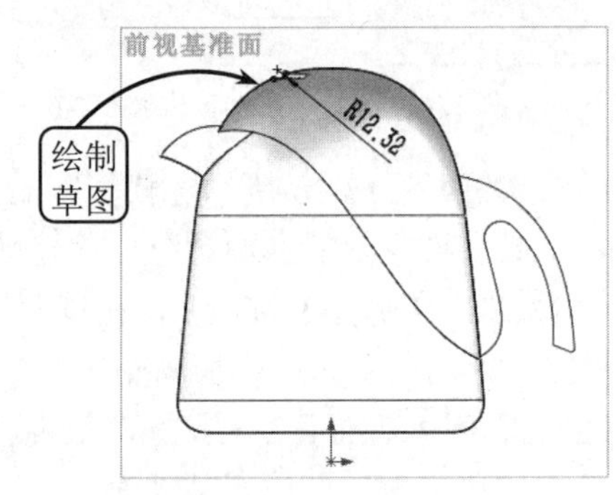

图 12-31　绘制草图

（31）单击【扫描曲面】按钮，选取上步绘制的草图为扫描轮廓，并按照图 12-32 所示指定扫描路径，创建相应的扫描曲面特征。

（32）单击【镜像】按钮，选取上步创建的曲面为镜像对象，并指定前视基准面为镜像面，创建镜像曲面特征，效果如图 12-33 所示。

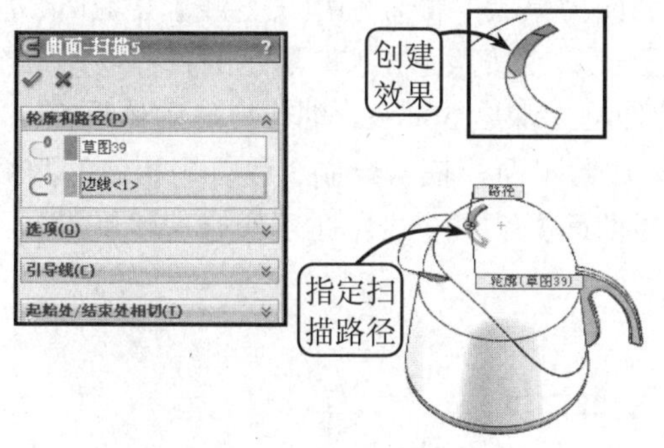

图 12-32　创建扫描曲面特征

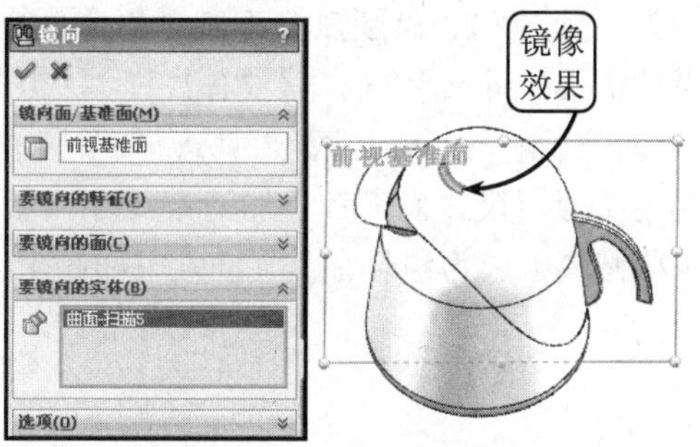

图 12-33　创建镜像曲面特征

（33）利用【加厚】工具设置厚度参数为 2mm，并指定加厚类型为【侧边 2】，对上步创建的镜像曲面进行加厚操作，效果如图 12-34 所示。

（34）继续利用【加厚】工具，使用同样的方法将另一侧的曲面进行加厚操作，效果如图 12-35 所示。至此，即可完成电热壶模型的创建。

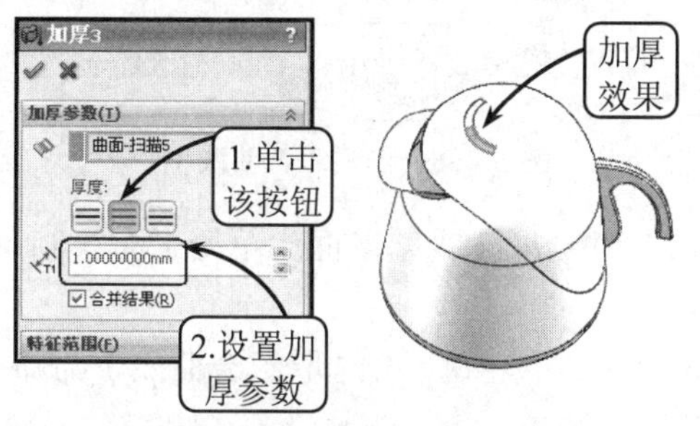

图 12-34　加厚镜像曲面

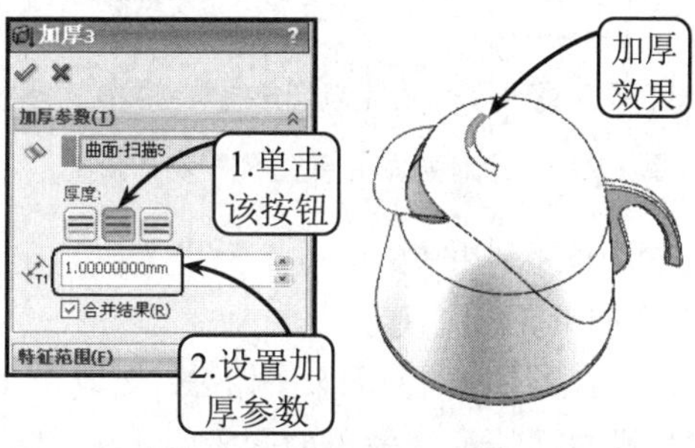

图 12-35　加厚曲面

12.2　创建手机模型

本案例创建手机模型，效果如图 12-36 所示。手机是手持式移动电话机的简称，是可以在较广范围内使用的便携式电话终端。该手机分为上下两壳，通过机芯壳将两壳相连，并且上壳中设有手机屏幕和按键孔。壳体抽空的薄壁结构，为安装其他组件提供了充足的空间。而流线型的机身，和机身边棱的圆角化处理，不仅起到了美观的效果，而且方便使用和携带。

图 12-36　手机模型效果

在创建该手机时，可以首先利用【拉伸凸台/基体】和多种曲面工具创建其主体造型。对于机芯壳的创建，可以利用【移动/复制实体】工具将主体模型复制一份，并创建一与复制的模型相交的拉伸实体，两者间求交，并将得到的交集实体抽壳即可。接着将手机主体模型再复制一份，

并对其进行求差和抽壳等操作得到手机下盖，且按照同样的方法创建手机上盖。而对于手机屏幕，可以利用【边界曲面】和【加厚切除】工具创建得到。最后通过拉伸切除和阵列操作，创建手机按键孔，即可完成该手机的创建。

操作步骤：

（1）单击【草图绘制】按钮并选取前视基准面为草绘平面，利用【直线】工具、【中心线】工具、【3 点圆弧】工具和【智能尺寸】工具按照图 12-37 所示的尺寸绘制草图。接着单击【拉伸凸台/基体】按钮，将该草图拉伸给定深度 50mm，创建拉伸实体特征。

（2）利用【3 点圆弧】工具选择右视基准面为草绘平面，依次绘制 3 段首尾相连的圆弧，并利用【智能尺寸】工具添加约束尺寸。然后在【曲面】工具栏中单击【组合曲线】按钮，将 3 段圆弧创建为组合曲线 1，效果如图 12-38 所示。

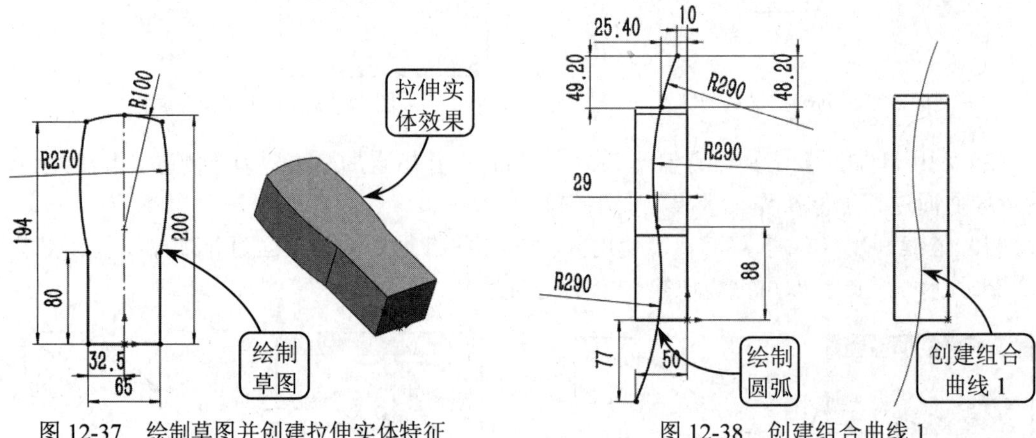

图 12-37　绘制草图并创建拉伸实体特征　　图 12-38　创建组合曲线 1

（3）继续利用【3 点圆弧】和【智能尺寸】工具，并选取上视基准面为草绘平面绘制曲线 2，效果如图 12-39 所示。

（4）单击【扫描曲面】按钮，选取上步绘制的曲线 2 为轮廓，并选取组合曲线 1 为路径，创建扫描曲面特征，效果如图 12-40 所示。

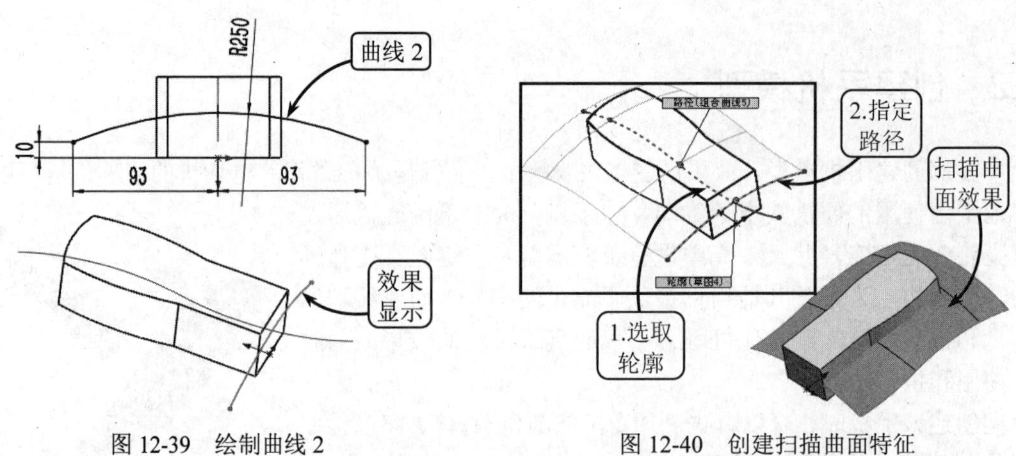

图 12-39　绘制曲线 2　　图 12-40　创建扫描曲面特征

（5）选择【插入】|【特征】|【分割】工具，打开【分割】属性管理器。然后指定上步创建的扫描曲面为剪裁曲面，并单击【切除零件】按钮。接着在【所产生的实体】列表中指定

上半部分实体 1，并启用【消耗切除实体】复选框，创建分割实体，效果如图 12-41 所示。

（6）将分割特征和曲面扫描特征隐藏。然后利用【直线】、【3 点圆弧】和【智能尺寸】工具选取右视基准面为草绘平面，按照图 12-42 所示的尺寸绘制草图。接着单击【拉伸曲面】按钮，设置终止条件为【两侧对称】，并输入深度值为 160mm，创建拉伸曲面特征。

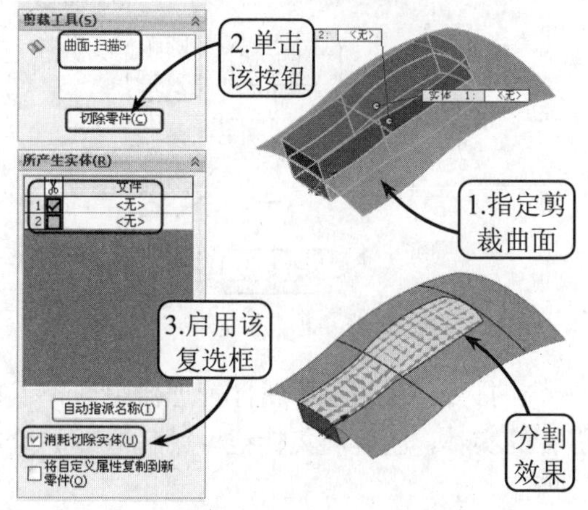

图 12-41　创建分割实体

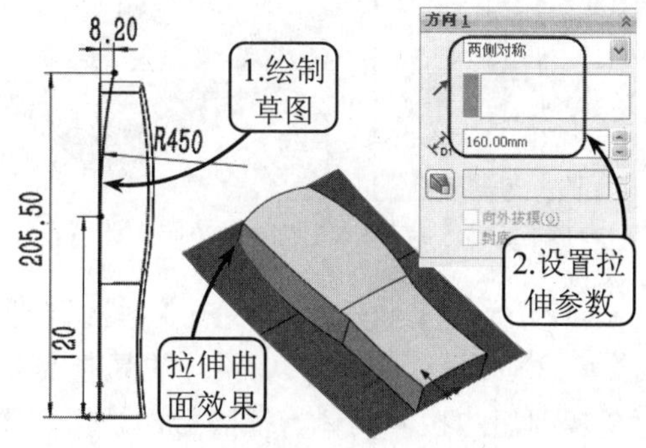

图 12-42　绘制草图并创建拉伸曲面特征

（7）利用【分割】工具指定上步创建的拉伸曲面为剪裁曲面，并选取曲面下侧实体 1 为消耗切除实体，创建分割实体，效果如图 12-43 所示。

（8）单击【圆角】按钮，打开【圆角】属性管理器。然后输入圆角半径为 150mm，并选取图 12-44 所示的两条边为圆角的对象，创建边圆角特征。

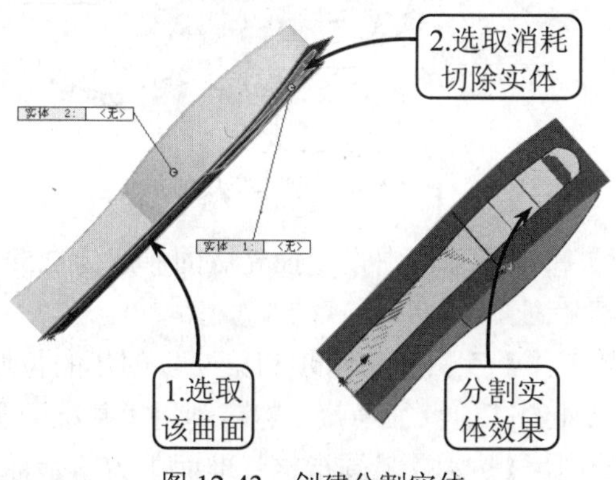

图 12-43　创建分割实体

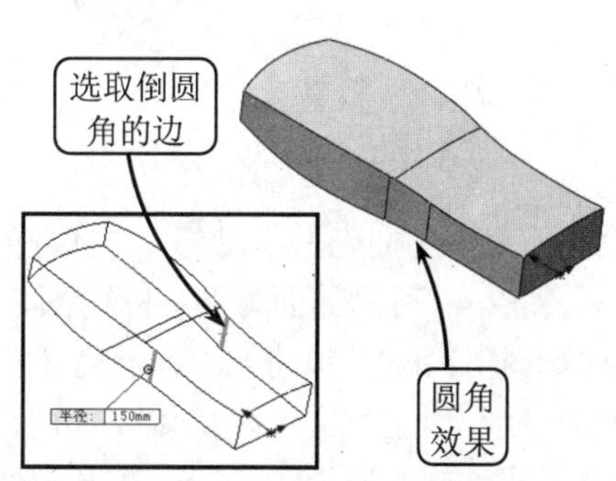

图 12-44　创建边圆角特征

（9）利用【直线】、【3 点圆弧】和【智能尺寸】工具选取右视基准面为草绘平面，按照图 12-45 所示尺寸绘制草图。然后利用【拉伸凸台/基体】工具，将该草图对称拉伸 160mm，创建拉伸实体特征。

（10）将上步创建的拉伸实体隐藏。然后利用【圆角】工具选取图 12-46 所示的两条边为要圆角的对象，创建半径为 R12mm 的圆角。重复利用【圆角】工具创建实体另一端半径为 R10mm 的圆角。

（11）将第 9 步创建的拉伸实体显示。选择【插入】|【特征】|【移动/复制实体】工具，在打开的属性管理器中设置各项参数，将该拉伸实体和第 1 步创建的拉伸实体复制一份，效果如图 12-47 所示。

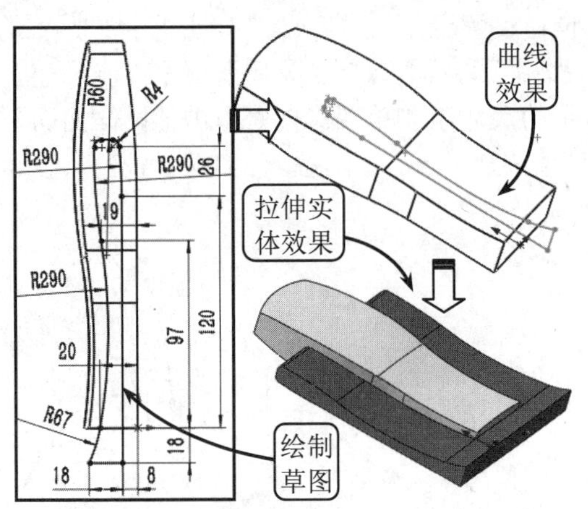

图 12-45　绘制草图并创建拉伸实体特征

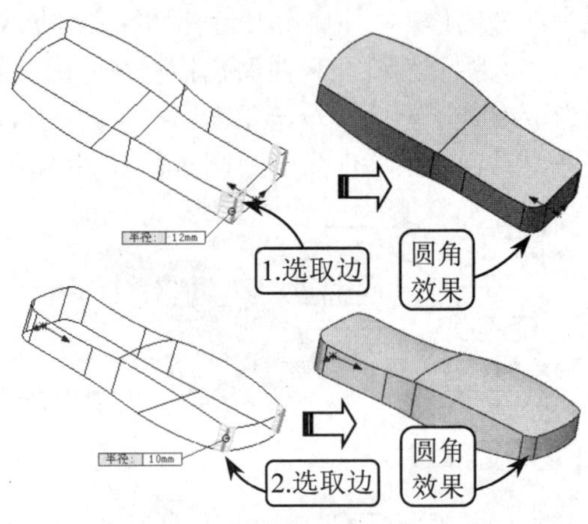

图 12-46　创建圆角特征

（12）选择【插入】|【特征】|【组合】工具，在打开的【组合】属性管理器中选择【共同】单选按钮，并选择上步创建的复制实体为要组合的实体，创建交集特征。然后将第 1 步和第 9 步创建的拉伸实体特征隐藏，效果如图 12-48 所示。

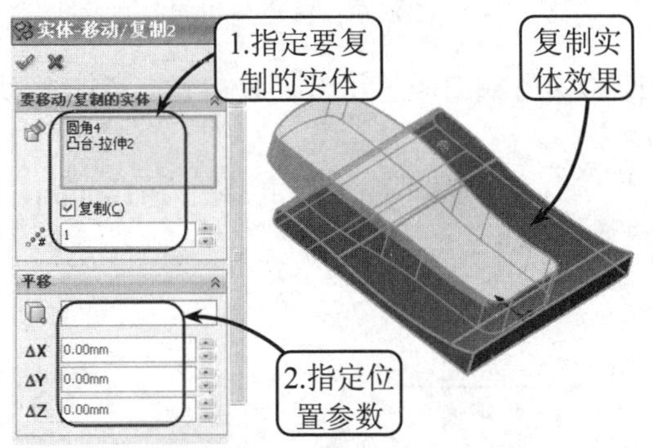

图 12-47　创建复制实体

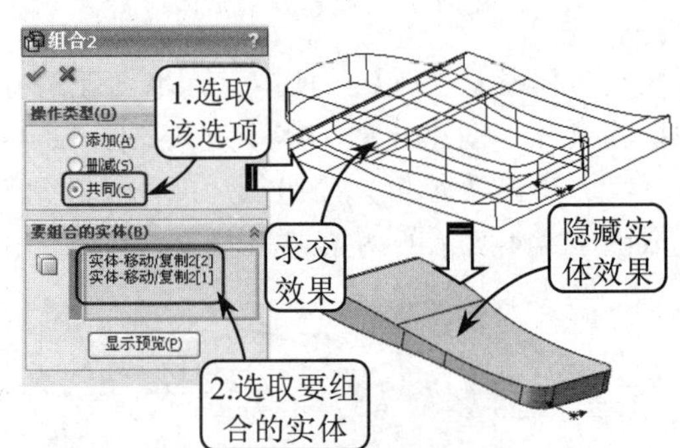

图 12-48　创建交集特征

（13）单击【抽壳】按钮，在打开的【抽壳】属性管理器中设置抽壳后的厚度为 2.5mm，并指定图 12-49 所示的面为要移除的面，创建抽壳特征。

（14）按照第 11 步的方法，利用【移动/复制实体】工具将第 1 步和第 9 步创建的拉伸实体分别复制，创建实体 1 和实体 2，并将实体 1 以外的其他特征隐藏。然后利用【基准面】工具创建距离前视基准面为 14mm 的基准面 1。接着利用【分割】工具指定基准面 1 为剪裁曲面，创建分割实体，效果如图 12-50 所示。

（15）单击【拔模】按钮，在打开的【拔模】属性管理器中设置拔模类型为中性面、拔模角度为 5°。然后选取图 12-51 所示的顶面为中性面，并选择所有侧面为拔模面，创建拔模特征。

（16）将第 14 步创建的实体 2 显示。然后利用【组合】工具，在打开的【组合】属性管理器中选择【删除】单选按钮，并分别指定上步创建的拔模实体为主要实体，实体 2 为减除的实体，创建差集特征，效果如图 12-52 所示。

（17）利用【圆角】工具选取图 12-53 所示的底边为圆角对象，并设置圆角半径为 R6mm，创建圆角特征。

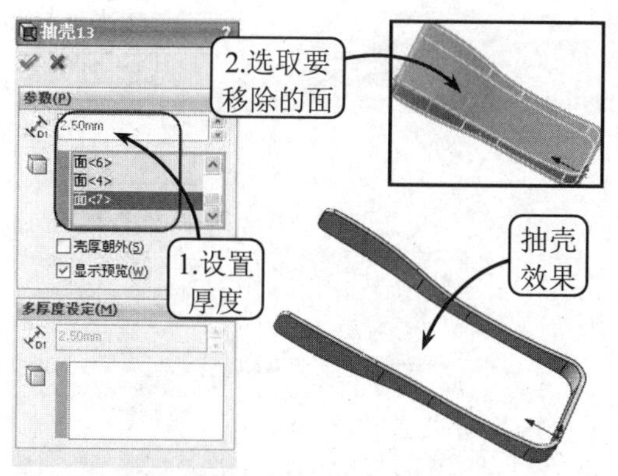

图 12-49　创建机芯壳

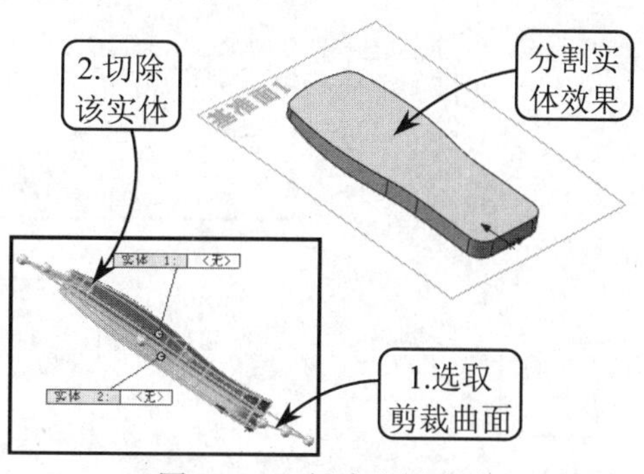

图 12-50　创建分割实体

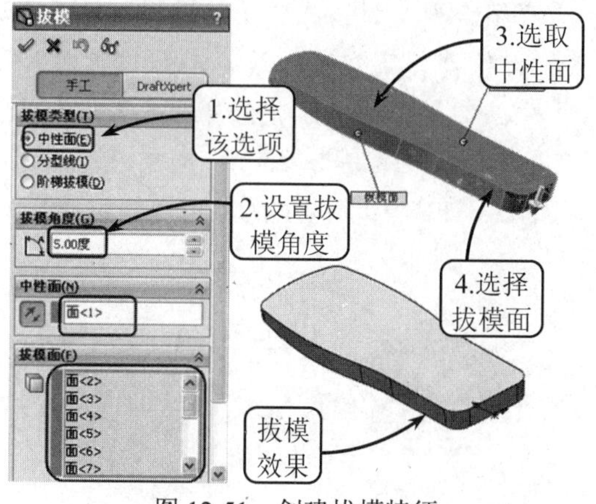

图 12-51　创建拔模特征

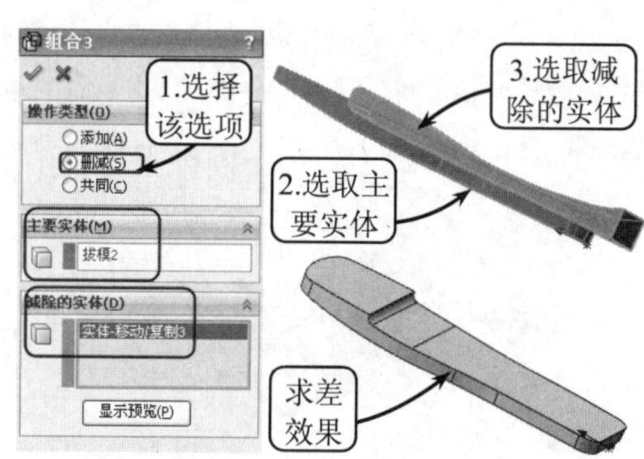

图 12-52　创建差集特征

（18）利用【抽壳】工具，设置抽壳后的厚度为 1.5mm，并指定图 12-54 所示的面为要移除的面，创建抽壳特征，至此完成手机下壳的创建。

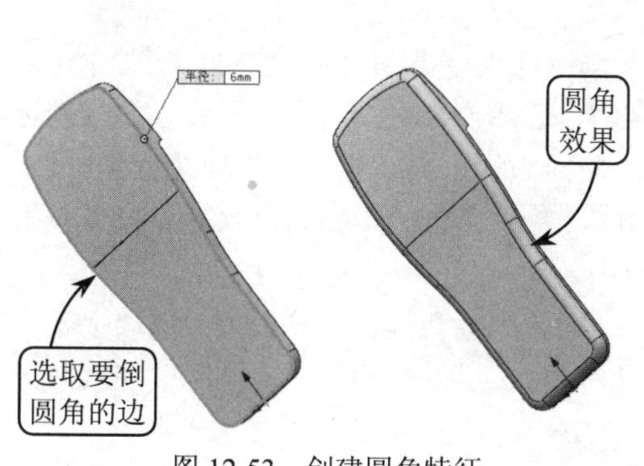

图 12-53　创建圆角特征

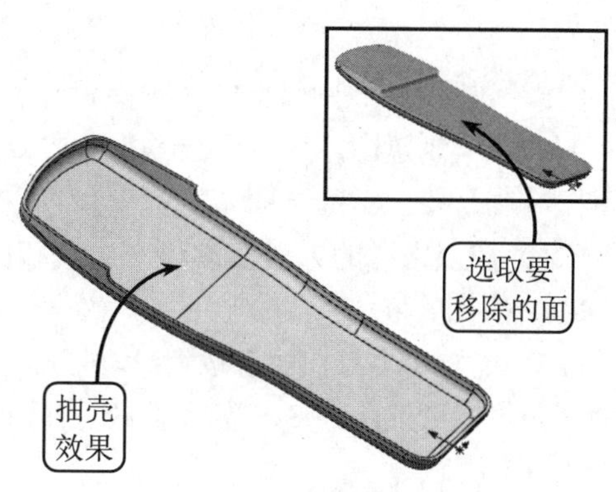

图 12-54　创建抽壳特征

（19）将手机下壳隐藏，并将第 1 步创建的拉伸实体和基准面 1 显示。然后利用【分割】工具以基准面 1 为剪裁曲面，创建分割实体，效果如图 12-55 所示。

（20）利用【拔模】工具设置拔模类型为中性面、拔模角度为 5°。然后选取图 12-56 所示的底面为中性面，并选择所有侧面为拔模面，创建拔模特征。

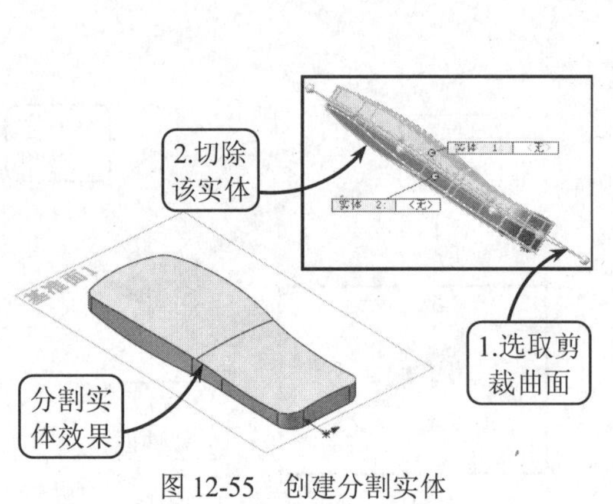

图 12-55　创建分割实体

图 12-56　创建拔模特征

（21）将第 9 步创建的拉伸实体显示。然后利用【组合】工具，指定上步拔模实体为主要实体，并选择第 9 步创建的拉伸实体为要减除的实体，创建差集实体，效果如图 12-57 所示。

（22）将手机下壳和机芯壳显示。然后单击【等距曲面】按钮，在打开的【等距曲面】属性管理器中指定实体顶部的面为要等距的曲面，并设置等距距离为 2mm，向反方向创建等距曲面特征。接着将上步创建的差集特征隐藏观察效果，如图 12-58 所示。

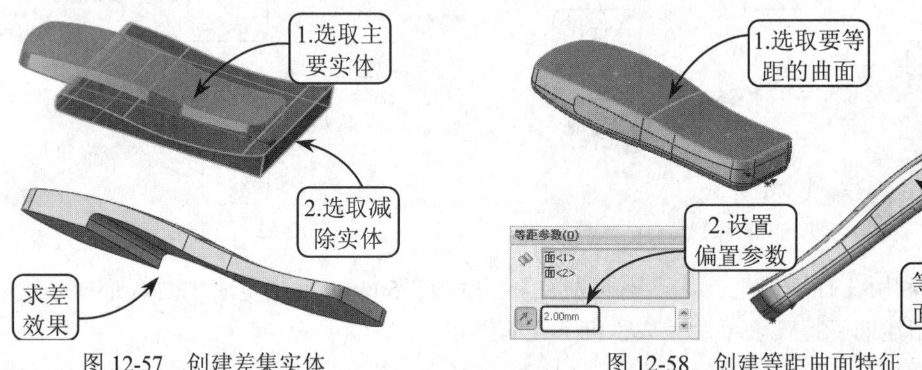

图 12-57　创建差集实体　　　　图 12-58　创建等距曲面特征

（23）利用【3 点圆弧】和【智能尺寸】等工具选取前视基准面为草绘平面，按照图 12-59 所示的尺寸绘制草图。然后单击【投影曲线】按钮，选择投影类型为面上草图，并分别选取该草图曲线为要投影的草图，选择上步创建的等距曲面为投影面，创建投影曲线特征。

（24）按照同样的方法依次绘制直线和圆弧轮廓，并投影到等距曲面，尺寸和投影效果如图 12-60 所示。

（25）单击【边界曲面】按钮，打开【边界-曲面】属性管理器。然后依次选取上几步创建的 3 条投影曲线作为 3 个截面曲线创建曲面，并将第 22 步创建的等距曲面隐藏观察效果，如图 12-61 所示。

（26）将第 21 步创建的差集实体显示。然后单击【加厚切除】按钮，并选取上步创建的曲面为要加厚的曲面。接着在管理器中单击【加厚侧边 2】按钮，并设置厚度为 30mm，创建加厚切除实体特征，效果如图 12-62 所示。

（27）利用【圆角】工具为手机屏幕上端和下端的两条边添加半径分别为 R6mm 和 R5mm 的倒圆角，创建圆角特征，效果如图 12-63 所示。

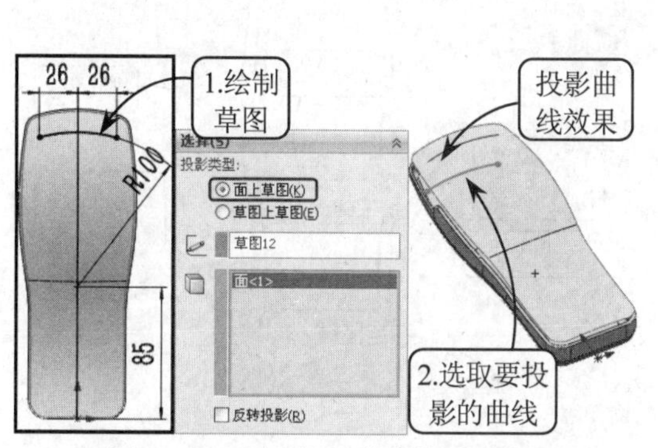

图 12-59　创建投影曲线特征（1）

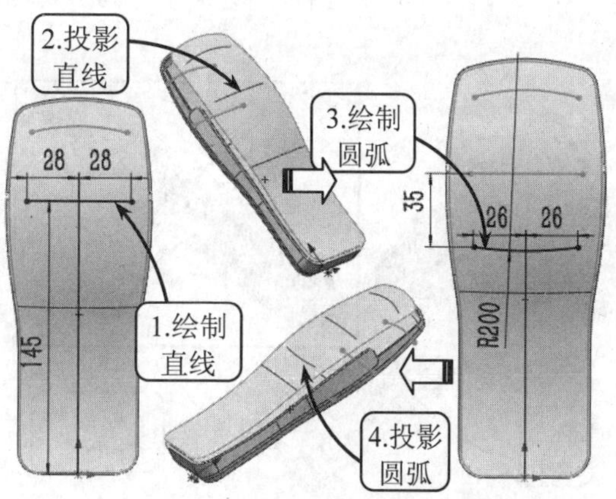

图 12-60　创建投影曲线特征（2）

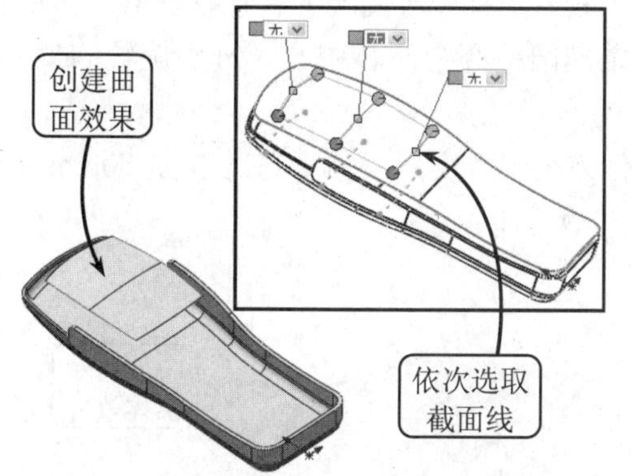

图 12-61　利用投影曲线创建曲面

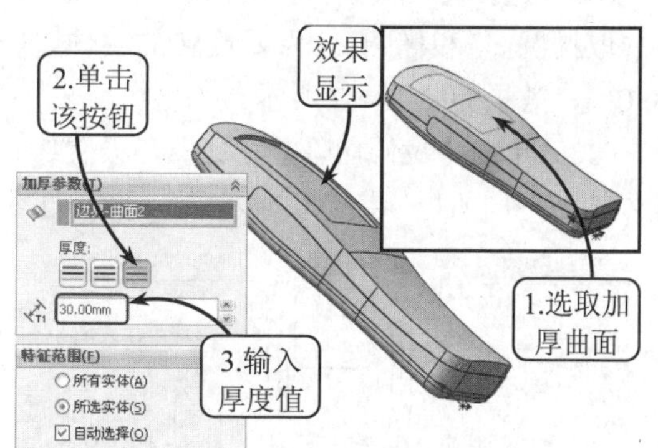

图 12-62　创建加厚切除实体特征

（28）利用【圆角】工具选取图 12-64 所示的底边为圆角对象，并设置圆角半径为 R6mm，创建圆角特征。

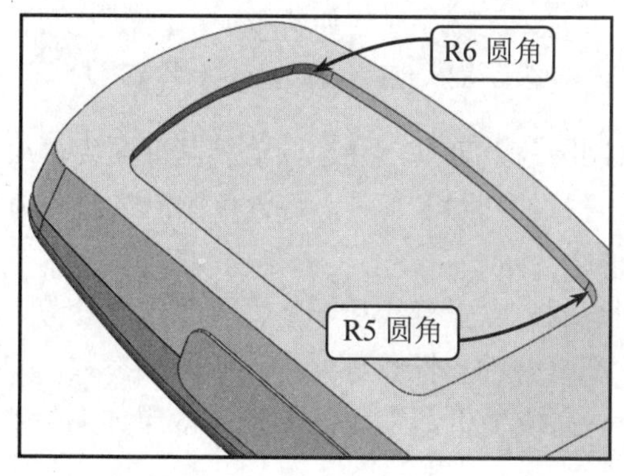

图 12-63　创建圆角特征（1）

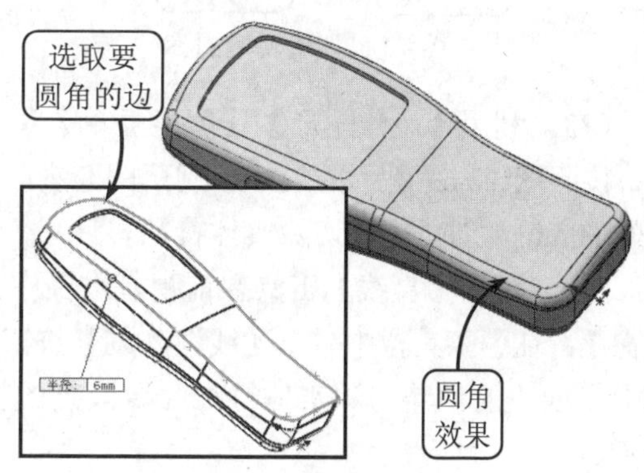

图 12-64　创建圆角特征（2）

（29）将手机下壳和机芯壳隐藏，利用【抽壳】工具，设置抽壳后的厚度为 1.5mm，并指定图 12-65 所示的面为要移除的面，创建抽壳特征。

（30）单击【椭圆】按钮，选取前视基准面为草绘平面，并绘制 3 个正椭圆。然后在【椭

圆】属性管理器中设置各项参数，并为其添加【固定】几何关系，效果如图 12-66 所示。

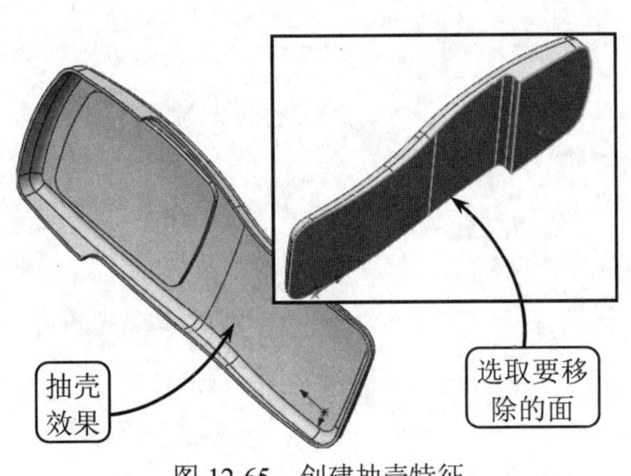

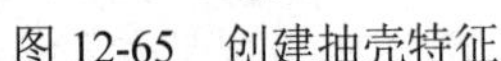
图 12-65　创建抽壳特征

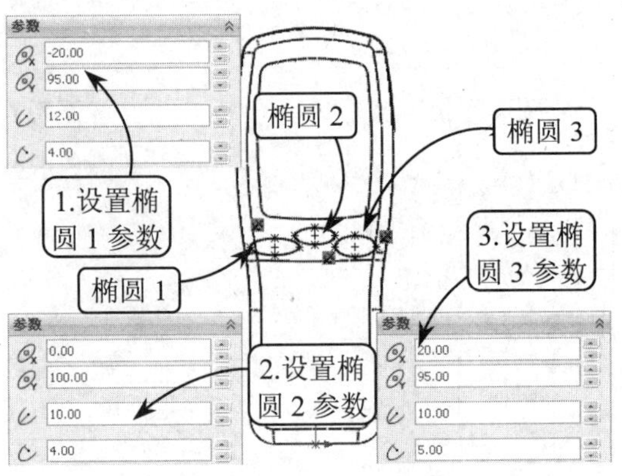

图 12-66　绘制正椭圆

（31）选择【工具】|【草图工具】|【旋转】工具，打开【旋转】属性管理器。然后依次选取椭圆 1 和椭圆 3 为要旋转的实体，并指定椭圆中心为旋转中心，分别旋转–45° 和 –330° ，效果如图 12-67 所示。

（32）单击【拉伸切除】按钮，设置终止条件为给定深度，并输入深度值为 50mm，创建 Z 轴正方向的拉伸切除实体特征，效果如图 12-68 所示。

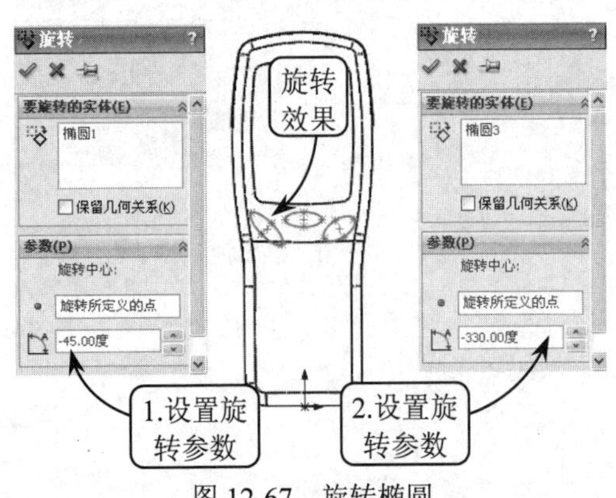

图 12-67　旋转椭圆

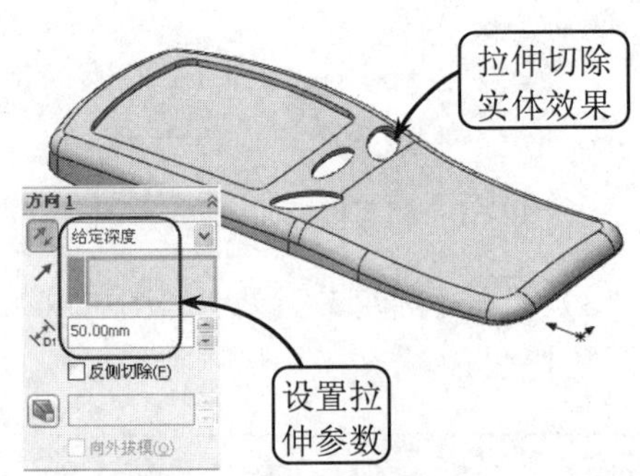

图 12-68　创建拉伸切除实体特征（1）

（33）利用【边角矩形】、【智能尺寸】和【绘制圆角】工具，并选取前视基准面为草绘平面，按照图 12-69 所示的尺寸绘制草图。然后利用【拉伸切除】工具，将该草图沿 Z 轴正方向拉伸 50mm，创建拉伸切除实体特征。

（34）利用【直线】工具在前视基准面中分别绘制一水平直线和一竖直直线作为参考。然后在【特征】工具栏中单击【线性阵列】按钮，在打开的属性管理器中设置阵列参数，并选取上步创建的拉伸切除实体特征为要阵列的特征，完成手机数字键的创建，效果如图 12-70 所示。

（35）利用【边角矩形】、【智能尺寸】和【添加几何关系】工具选取前视基准面为草绘平面，按照图 12-71 所示的尺寸绘制草图。

（36）利用【拉伸凸台/基体】工具，打开【凸台-拉伸】属性管理器。然后设置开始条件为等距，并输入等距值为 20mm。接着设置终止条件为成形到实体，并指定抽壳实体为边界实

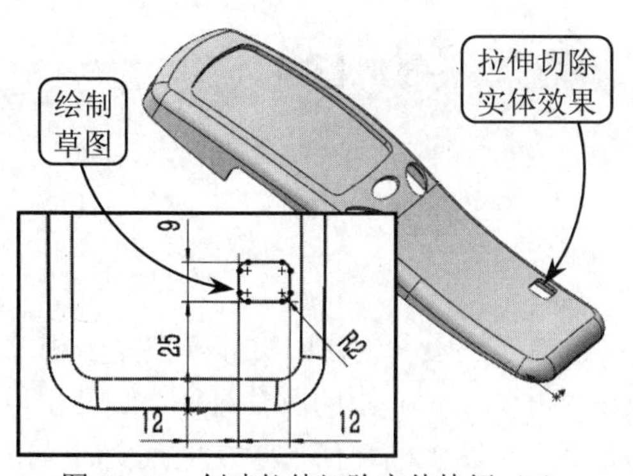

图 12-69　创建拉伸切除实体特征（2）

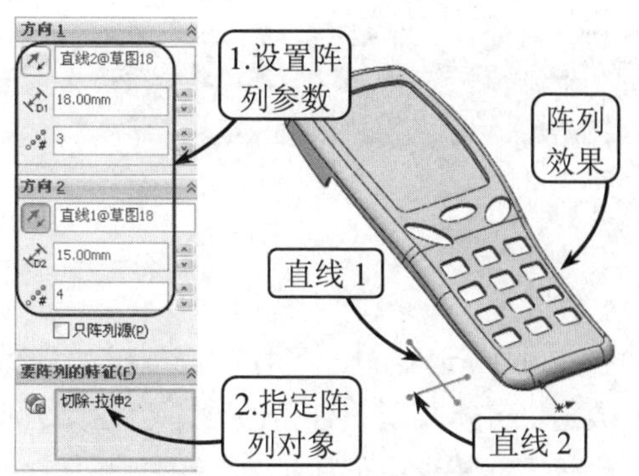

图 12-70　创建阵列特征

体。最后选取上步所绘草图为所选轮廓，创建拉伸实体，效果如图 12-72 所示。

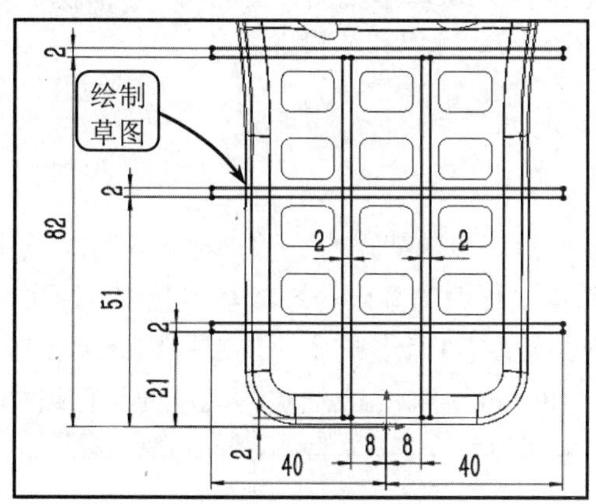

图 12-71　绘制草图

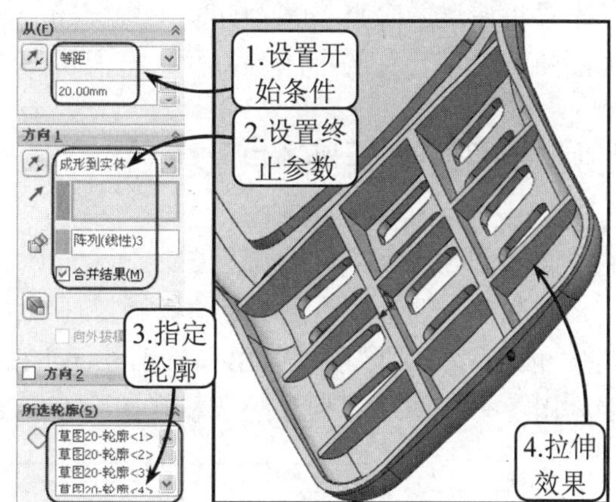

图 12-72　创建拉伸实体

第 13 章　工 程 制 图

在 Solidworks 中，工程图应用模块提供了与在建模模块中所创建的实体模型完全相关的视图数据，实体模型的任何改变都会在工程图中反映出来。工程制图的所有对象，如尺寸和文本标注等，都基于它们所创建的几何形状，并与之相关。当图上的几何形状发生改变时，由这些几何形状产生的所有尺寸和制图对象也随之作出关联性改变。在 Solidworks 工程图模块中，可以创建并编辑工程图视图、尺寸和其他各类制图注释，并且该模块还支持更多国际标准。

本章将通过两个典型案例介绍工程图的创建过程，分别从基本视图、投影视图、剖视图以及视图的编辑和尺寸的标注等方面，全面讲解工程图的创建过程和编辑方法。

13.1　创建轴架零件工程图

本案例创建轴架零件的工程图，效果如图 13-1 所示。该轴架作为一种支撑固定件，其主要结构由底座、轴身、轴孔以及肋板等特征组成。创建工程图的基础是添加基本视图，即主视图。它一般能够最大限度地突出和显示外部主要特征的轮廓，在此基础上添加左视图和俯视图。然后利用各个视图之间相互配合和互相补充的原则，正确而清晰地表达实体模型的结构造型。

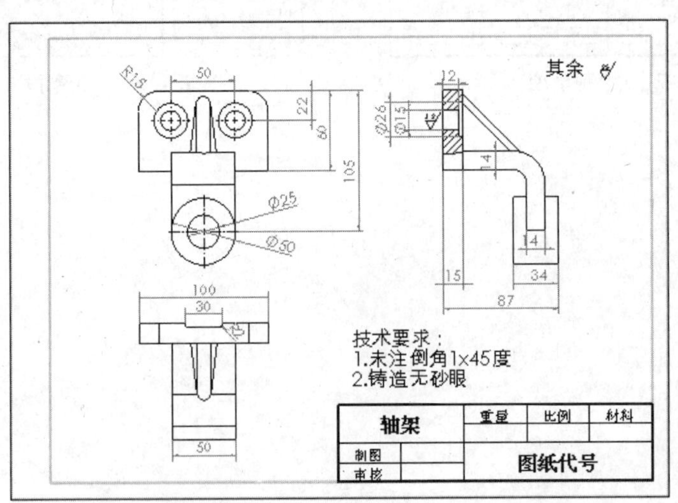

图 13-1　轴架的三视图效果

创建该零件工程图时，首先添加主视图、俯视图和左视图，然后在主视图上利用【断开的剖视图】工具创建螺栓孔特征，接着利用【智能尺寸】和【注释】工具添加相关的尺寸和文本说明，最后添加相应的表格和标题栏注释文本，即可完成该轴架零件工程图的创建。

操作步骤：

（1）单击【打开】按钮，打开已有的“zhoujia.sldprt”图形文件。然后单击【标准】工具栏中的【从零件/装配体制作工程图】按钮，并在弹出的对话框中单击【确定】按钮，系统将打开【图纸格式/大小】对话框。此时，选择图纸大小为 A3（ISO），并单击【确定】按钮新建图纸，效果如图 13-2 所示。

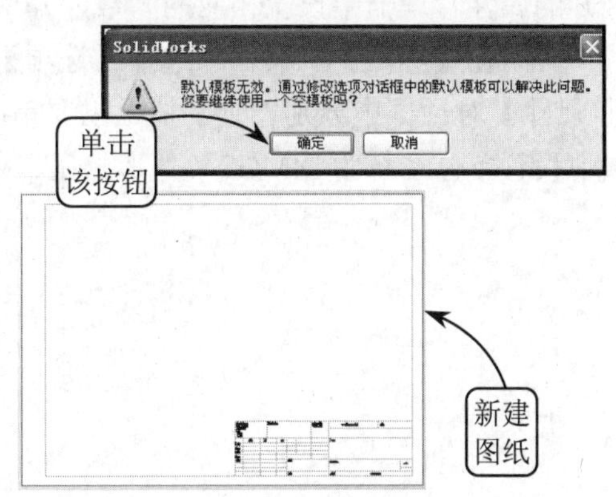

图 13-2　创建图纸页

（2）在【特征管理设计树】中右键单击新建的图纸名，打开右键快捷菜单。然后在该快捷菜单中选择【编辑图纸格式】选项，进入编辑模式并将原标题栏删除。接着单击绘图区域右上角的按钮，退出图纸编辑模式，效果如图 13-3 所示。

（3）在【任务窗格】中单击按钮展开【视图调色板】，然后将图 13-4 所示的工程视图拖动到图纸左侧适当位置，放置该视图以作为主视图。

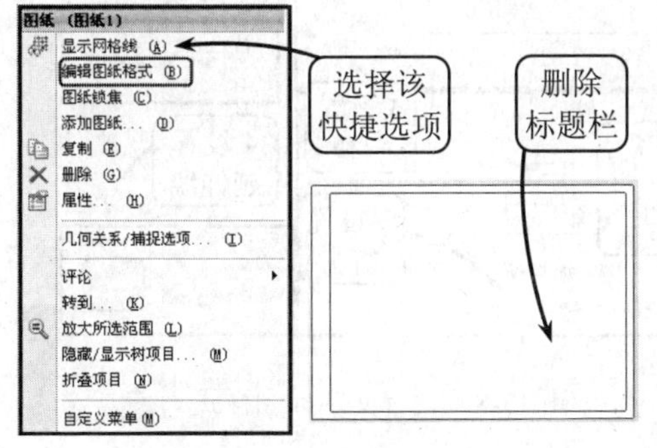

图 13-3　删除原标题栏

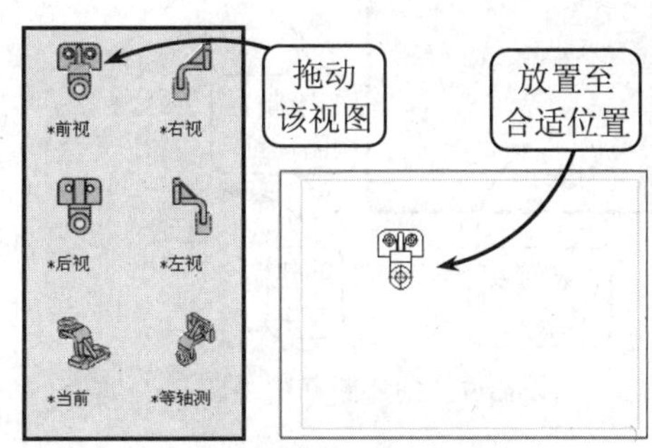

图 13-4　添加主视图

（4）右键单击【特征管理设计树】中的主视图名称，在打开的快捷菜单中选择【编辑特征】选项，系统将打开【工程图视图】属性管理器。此时，在【比例】面板中设置比例大小为 1:1.2，并单击【关闭对话框】按钮，完成主视图的比例调整，效果如图 13-5 所示。

（5）在【视图布局】工具栏中单击【投影视图】按钮，然后选取绘图区中的主视图为参考视图，将其向下拖动至合适位置，并单击左键放置创建的投影视图。接着利用相同的方法添加左视图，效果如图 13-6 所示。

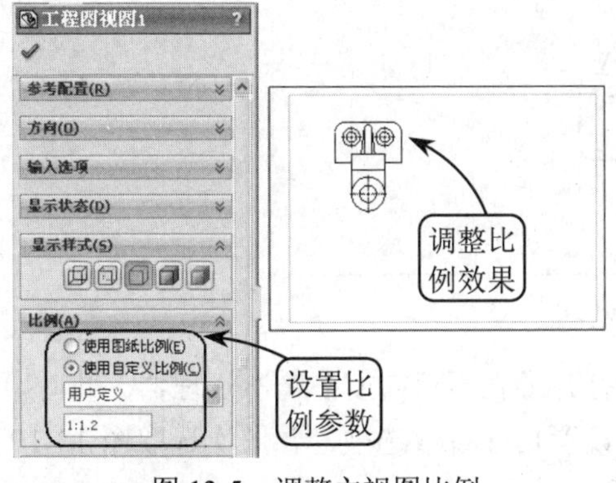

图 13-5　调整主视图比例

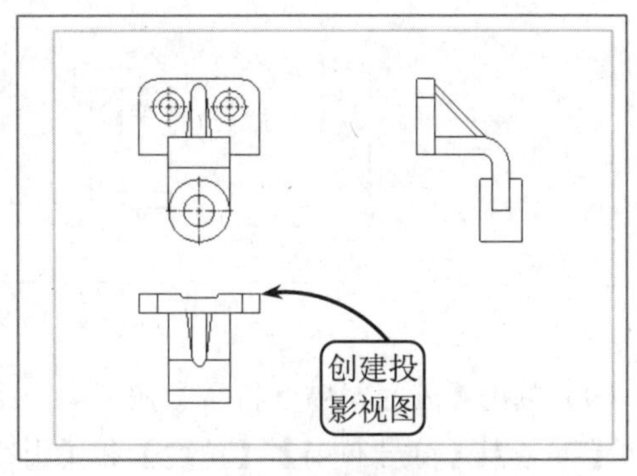

图 13-6　创建投影视图

（6）单击【断开的剖视图】按钮，按照图 13-7 所示绘制一条封闭的样条曲线，然后在打开的属性管理器中设置相应的参数，并单击【确定】按钮，创建断开的剖视图。

（7）在【标准】工具栏中选择【选项】|【文档属性】|【尺寸】选项，在打开的【文档属性-尺寸】对话框中分别设置字体、主要精度、箭头和延伸线等尺寸属性。然后在【单位】选项中设置单位系统为 MMGS（毫米、克、秒），效果如图 13-8 所示。

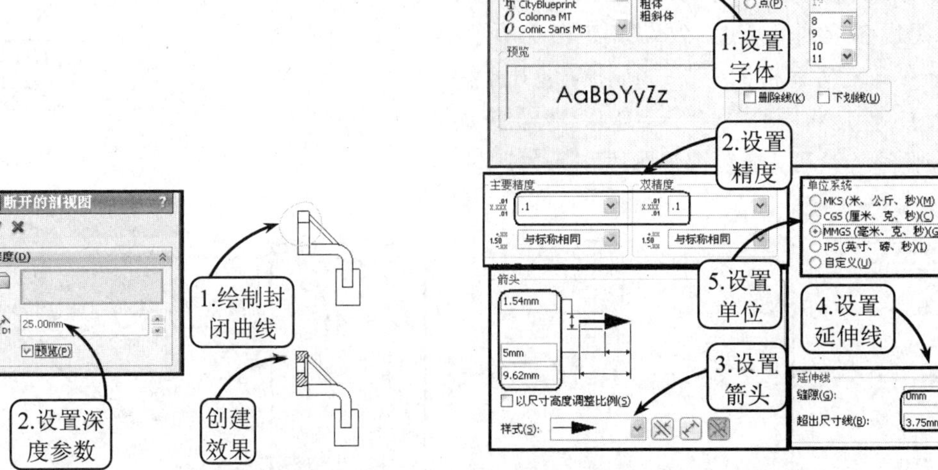

图 13-7　创建断开剖视图　　　　图 13-8　设置文字标注样式

（8）单击【注解】工具栏中的【智能尺寸】按钮，在视图中标注主要的线性尺寸。然后打开相应尺寸的属性管理器，添加直径和半径符号，效果如图 13-9 所示。

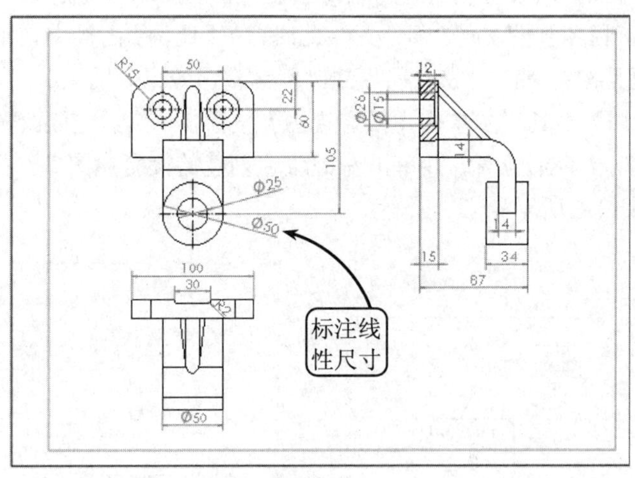

图 13-9　标注尺寸

（9）单击【表面粗糙度符号】按钮，系统将打开【表面粗糙度】属性管理器。此时，分别在【符号】、【符号布局】、【角度】和【引线】中设置相应参数选项，并依次选取图 13-10 所示的位置放置该符号。

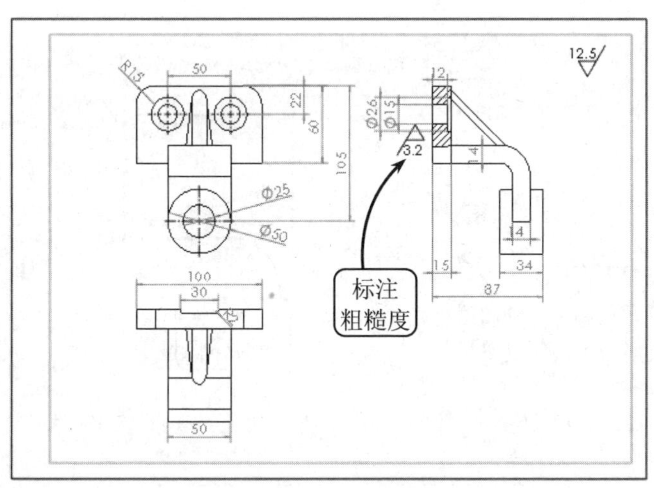

图 13-10　添加表面粗糙度符号

（10）单击【注释】按钮A，在绘图区中选取适当位置单击放置文本框，并在【格式化】工具条中设置为 28 号字号和左对齐方式。然后调整文本框至适当大小，并在其中输入相应的文本，效果如图 13-11 所示。

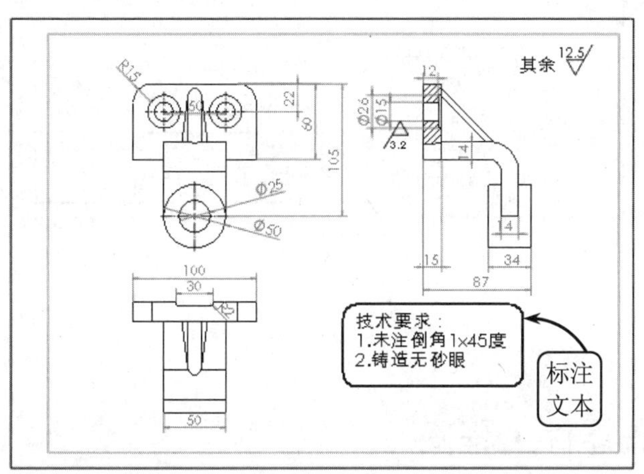

图 13-11　添加文本

（11）单击【总表】按钮，在【表格】属性管理器中分别设置列数为 5、行数为 4、框边界线宽为 0.5mm、网格边界线宽为 0.25mm，并单击【确定】按钮。然后在图纸右下角处点击鼠标左键，放置该表格，效果如图 13-12 所示。

（12）右键单击表格，在弹出的右键快捷菜单中选择【格式化】|【整个表】选项，然后分别设置列宽为 40mm、行高为 12mm。接着按住 Shift 键选取相应的单元格，利用【合并单元格】工具将其合并，效果如图 13-13 所示。

（13）利用【注释】工具，分别在标题栏中的相应位置添加文本，效果如图 13-14 所示。然后单击【保存】按钮，按系统提示保存该图形文件。至此，轴架零件的工程图创建完成。

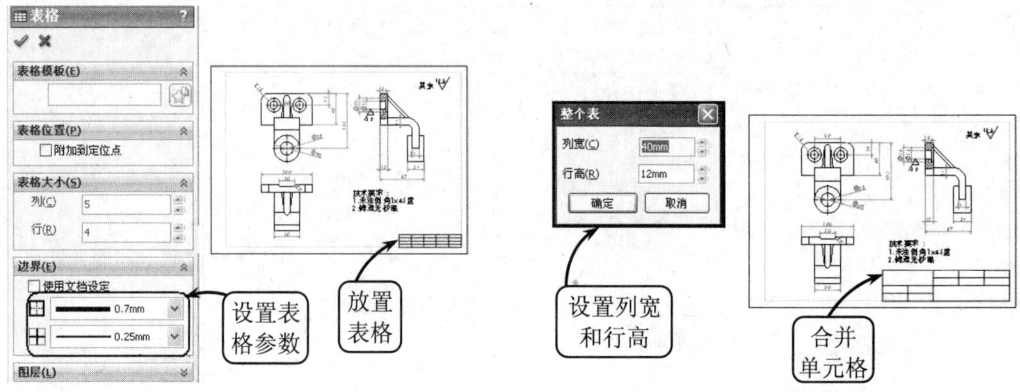

图 13-12　插入表格　　　　图 13-13　编辑标题栏

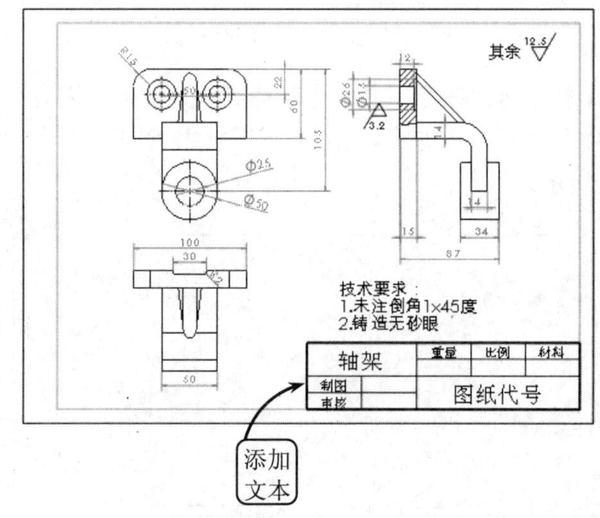

图 13-14　添加标题栏文本

13.2　创建缸盖零件工程图

本案例创建一个缸盖零件工程图，效果如图 13-15 所示。该零件广泛应用于油缸和气缸的固定和支撑，同时与油缸的缸体和缸杆配合，以起到密封油缸的内腔、保证内腔压力的作用。它主要由底座、缸座、肋板、斜铁支撑块组成，其中底座上的两个固定螺栓孔，可以确保端盖的稳定性；中间缸座的轴孔用于缸杆的导向。

该零件属于盘类零件，表面上除了安装孔外，由于其使用环境，还需要通过肋板的加固，提高底座和缸座的抗弯和抗扭性能，这样，可以减少系统高压对缸座的冲击，从而延缓其使用寿命。此外，缸座侧壁固定的斜铁支撑块主要用于安装单向阀，通过电磁阀控制单向阀的通断，以平衡系统的压力不足。

分析该零件造型，该缸盖零件大致轮廓属于回转体结构，且添加的孔、肋板等特征均匀分布，因此在绘制该零件工程图时，可以首先添加主视图为基本视图，然后在其右侧创建左视图，在其下方创建俯视图。接着利用【断开的剖视图】工具在主视图上沿孔的中心轴向剖切模型，

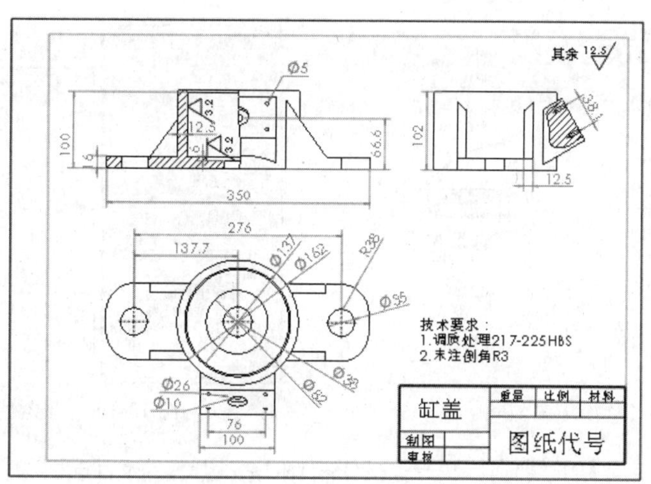

图 13-15　缸盖零件工程图

创建局部剖视图。再次利用【断开的剖视图】工具在左视图上创建局部剖视图表达斜铁的内部结构。最后标注各种尺寸，并向视图添加文本注释和标题栏即可。

操作步骤：

（1）单击【打开】按钮，打开已有的“ganggai.sldprt”图形文件。然后单击【标准】工具栏中的【从零件/装配体制作工程图】按钮，并在弹出的对话框中单击【确定】按钮，系统将打开【图纸格式/大小】对话框。此时，选择图纸大小为 A3（ISO），并单击【确定】按钮新建图纸，效果如图 13-16 所示。

（2）在【特征管理设计树】中右键单击新建的图纸名，打开右键快捷菜单。然后在该快捷菜单中选择【编辑图纸格式】选项，进入编辑模式并将原标题栏删除。接着单击绘图区域右上角的按钮，退出图纸编辑模式，效果如图 13-17 所示。

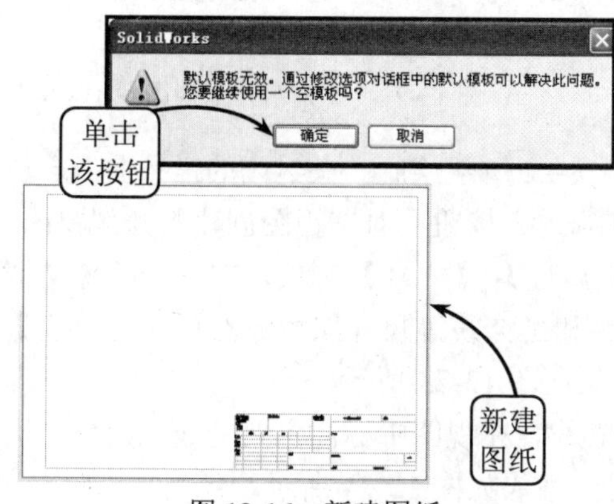

图 13-16　新建图纸

图 13-17　删除原标题栏

（3）在【任务窗格】中单击按钮展开【视图调色板】，然后将图 13-18 所示的工程视图拖动到图纸左侧适当位置，放置该视图以作为主视图。

（4）右键单击【特征管理设计树】中的主视图名称，在打开的快捷菜单中选择【编辑特征】选项，系统将打开【工程图视图】属性管理器。此时，在【比例】面板中设置比例大小为 1:1.7，并单击【关闭对话框】按钮，完成主视图的比例调整，效果如图 13-19 所示。

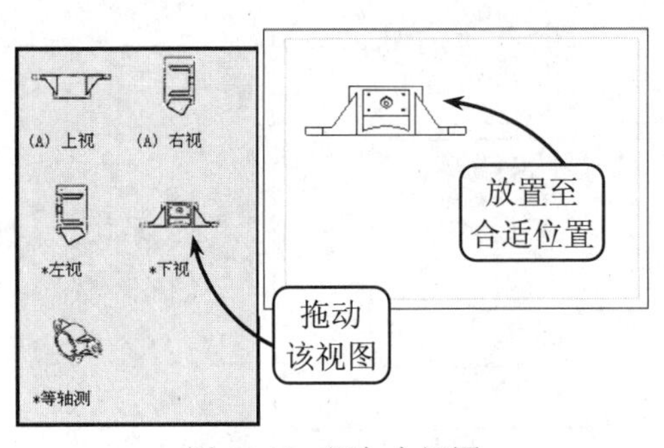

图 13-18　添加主视图

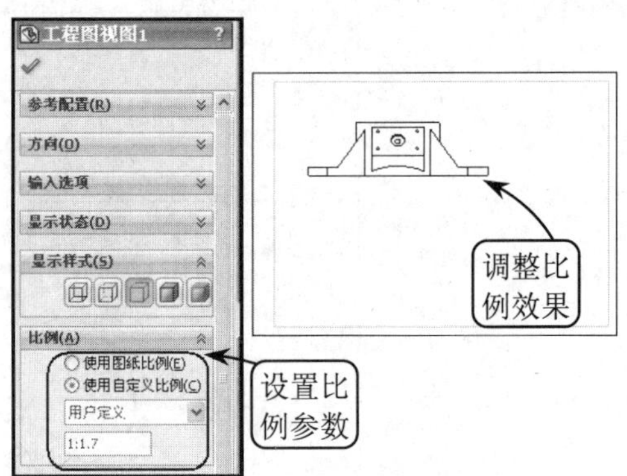

图 13-19　调整主视图比例

（5）在【视图布局】工具栏中单击【投影视图】按钮，然后选取绘图区中的主视图为参考视图，将其向下拖动至合适位置，并单击左键放置创建的投影视图。接着利用相同的方法添加左视图，效果如图 13-20 所示。

（6）单击【断开的剖视图】按钮，按照图 13-21 所示绘制一条封闭的样条曲线，然后在打开的属性管理器中设置相应的参数，并单击【确定】按钮，对主视图创建断开剖视图。

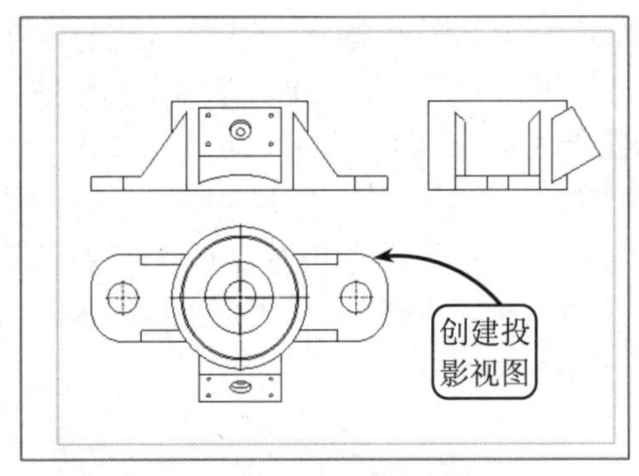

图 13-20　添加投影视图

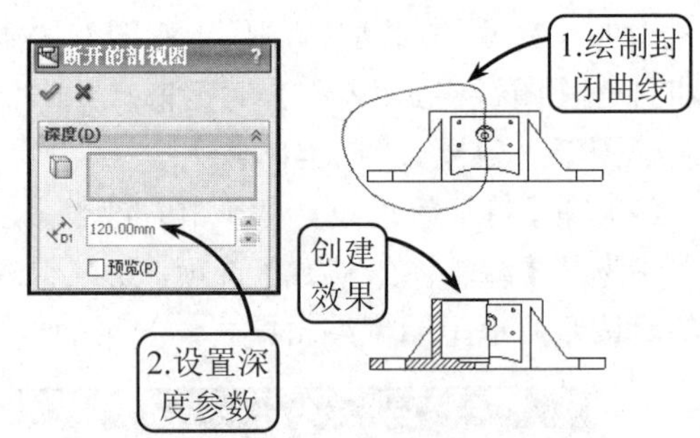

图 13-21　创建断开剖视图

（7）继续利用【断开的剖视图】工具，按照图 13-22 所示绘制一条封闭的样条曲线，然后在打开的属性管理器中设置相应的参数，并单击【确定】按钮，对左视图创建断开剖视图。

（8）在【标准】工具栏中选择【选项】|【文档属性】|【尺寸】选项，在打开的【文档属性-尺寸】对话框中分别设置字体、主要精度、箭头和延伸线等尺寸属性。然后在【单位】选项中设置单位系统为 MMGS（毫米、克、秒），效果如图 13-23 所示。

（9）单击【注解】工具栏中的【智能尺寸】按钮，在视图中标注主要的线性尺寸。然后打开相应尺寸的属性管理器，添加直径和半径符号，效果如图 13-24 所示。

（10）单击【表面粗糙度符号】按钮，系统将打开【表面粗糙度】属性管理器。此时，分别在【符号】、【符号布局】、【角度】和【引线】中设置相应参数选项，并依次选取图 13-25 所示的位置放置该符号。

（11）单击【注释】按钮 A，在绘图区中选取适当位置单击放置文本框，并在【格式化】工具条中设置为 28 号字号和左对齐方式。然后调整文本框至适当大小，并在其中输入相应的文本，效果如图 13-26 所示。

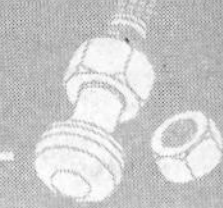

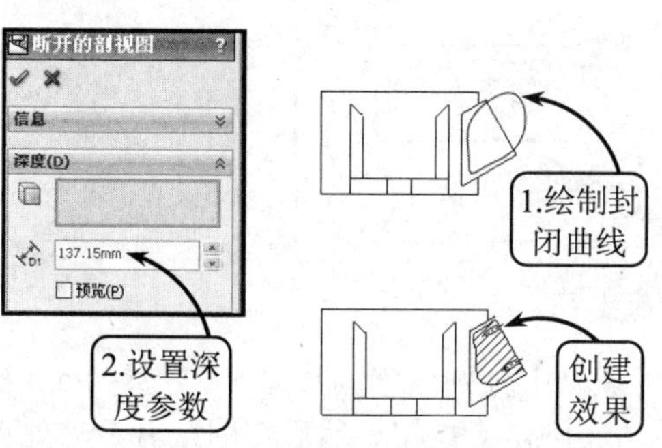

图 13-22 创建断开剖视图

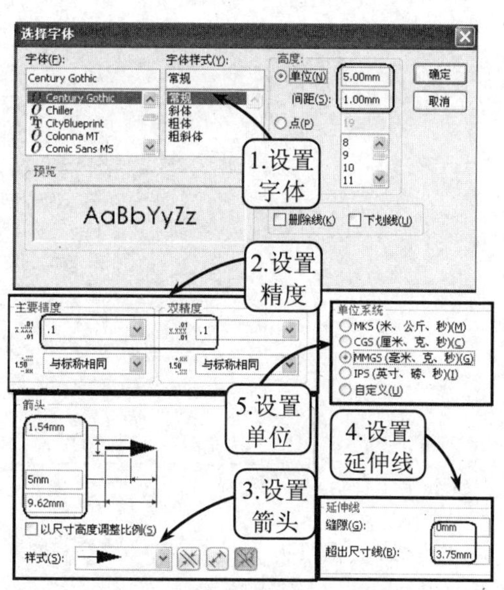

图 13-23 设置文字标注样式

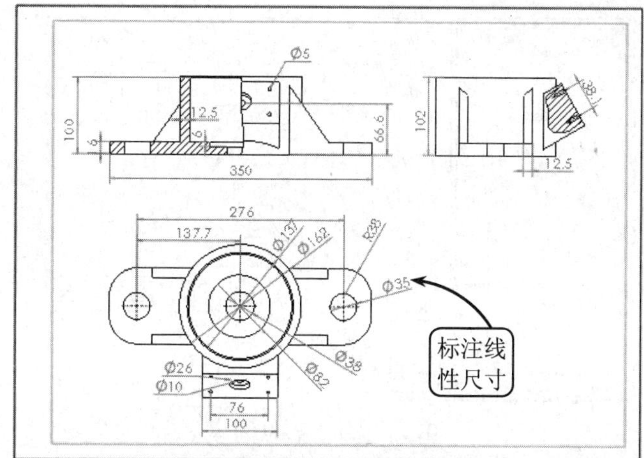

图 13-24 标注线性尺寸

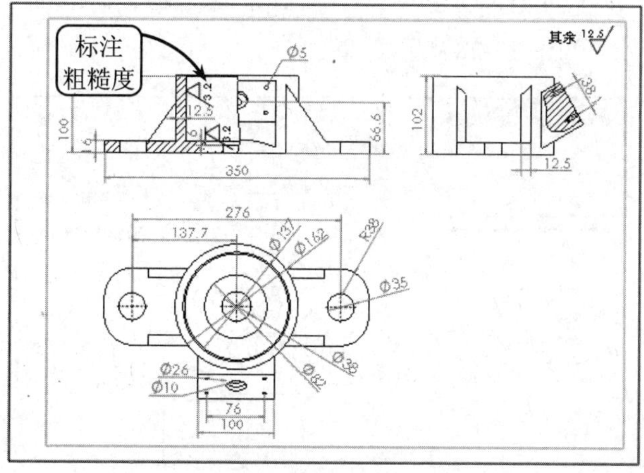

图 13-25 添加表面粗糙度符号

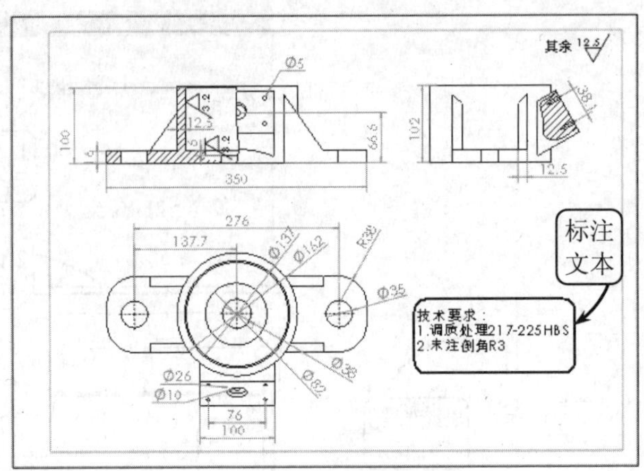

图 13-26　标注文本

（12）单击【总表】按钮，在【表格】属性管理器中分别设置列数为 5、行数为 5、框边界线宽为 0.5mm、网格边界线宽为 0.25mm，并单击【确定】按钮。然后在图纸右下角处点击鼠标左键，放置该表格，效果如图 13-27 所示。

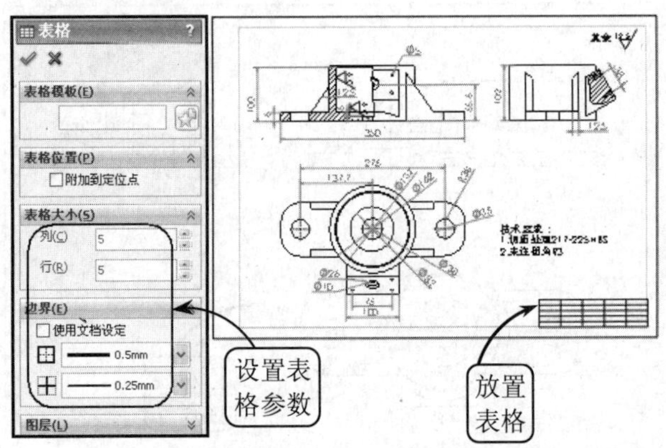

图 13-27　插入表格

（13）右键单击表格，在弹出的右键快捷菜单中选择【格式化】|【整个表】选项，然后分别设置列宽为 30mm、行高为 10mm。接着按住 Shift 键选取相应的单元格，利用【合并单元格】工具将其合并，效果如图 13-28 所示。

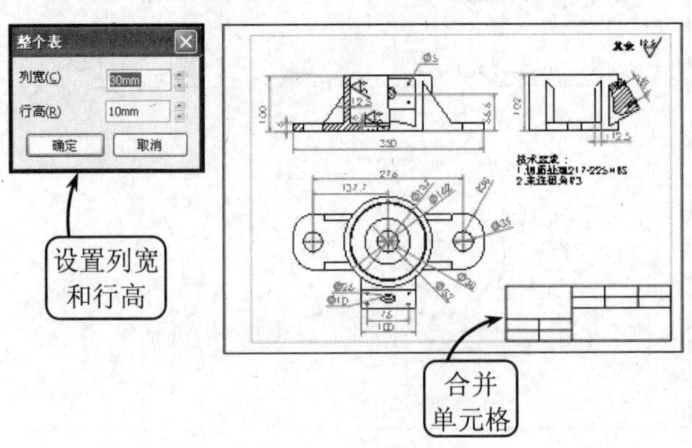

图 13-28　编辑标题栏

（14）利用【注释】工具，分别在标题栏中的相应位置添加文本，效果如图 13-29 所示。然后单击【保存】按钮，按系统提示保存该图形文件。至此，缸盖零件的工程图创建完成。

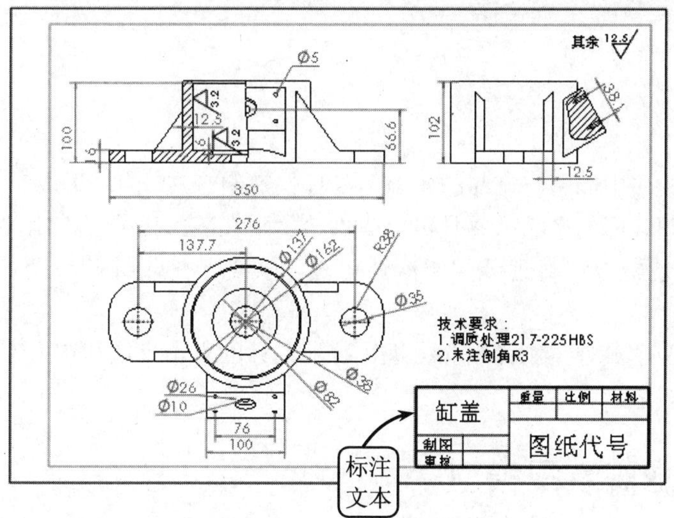

图 13-29　添加标题栏文本

第 14 章　装 配 设 计

在装配设计模块中能够将产品的各个零部件快速组合在一起，形成产品的整体结构。这样不仅可以高效管理装配的产品，并且可以提供给用户在装配环境下控制关联关系的设计能力，通过使用相应的装配方法管理装配层次，可真正实现装配设计和单个零件设计之间的并行工程。

本章将通过两个典型案例详细介绍进行装配设计的基本方法和约束方法的使用，以及进行约束定位的技巧。

14.1　创建球阀装配模型

本案例创建的是手动球阀装配体，如图 14-1 所示。手动球阀由阀体、阀盖、阀柄、球形阀心、阀心两端的衬套，以及连接体上的中间衬套等部件组成。其中，球阀的阀体和阀盖是手动球阀的主体结构，而阀体两端的端口用于连接管道。上部的阀柄通过控制连接体转动带动阀心运动，达到控制水流的效果。

创建该装配体主要用到的有【同轴心】配合、【重合】配合和【镜像零部件】配合，其重点在于放置定位组件，选择原点固定其位置，以便其他组件参照。值得注意的是要选取已有的基本平面作为基准面。

操作步骤：

（1）新建装配体文件，系统将打开【开始装配体】属性管理器。单击【浏览】按钮，在打开的对话框中打开本书配套光盘文件“13_advance_1-4.sldprt”，单击【确定】按钮✔，系统将以“定位原点处”方式固定组件，效果如图 14-2 所示。

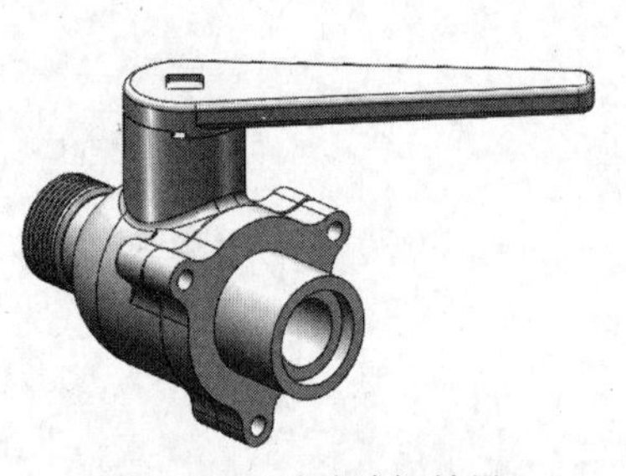

图 14-1　手动球阀效果

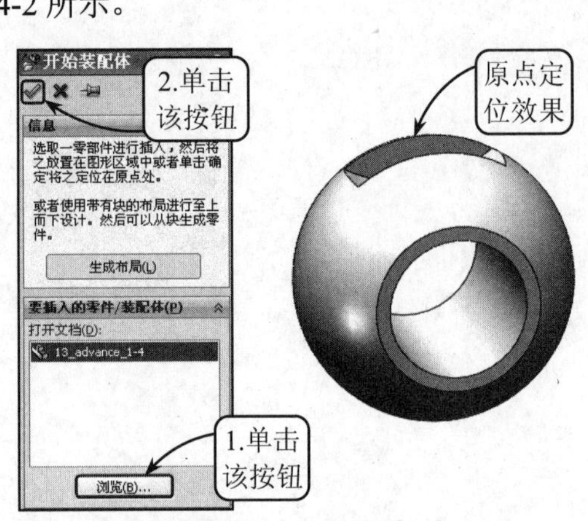

图 14-2　定位组件

（2）单击【装配体】工具栏中的【插入零部件】按钮，按照上述方法打开本书配套光盘文件“13_advance_1-5.sldprt”，并在窗口任意位置单击放置该组件，效果如图 14-3 所示。

（3）单击【配合】按钮，系统将打开【配合】属性管理器。然后分别选取图 14-4 所示两组件的边线为配合对象，并在【标准配合】面板中选择【重合】选项，进行配合操作。接着单击【确定】按钮，完成该组件的定位。

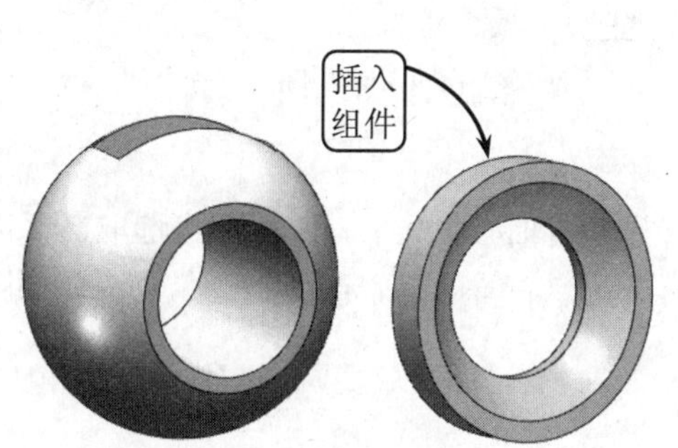

图 14-3　插入组件

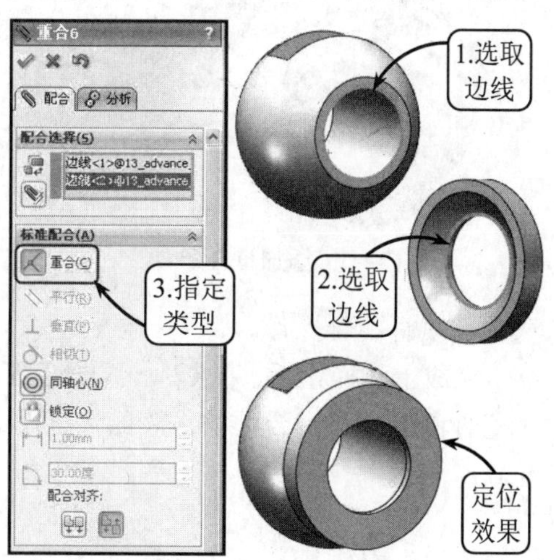

图 14-4　添加重合配合

（4）单击【镜像零部件】按钮，系统将打开【镜像零部件】属性管理器。此时，按照图 14-5 所示选取镜像基准面和要镜像的零部件，进行镜像操作。

（5）利用【插入零部件】工具，按照上述方法打开本书配套光盘文件“13_advance_1-3.sldprt”，并在窗口任意位置单击放置该组件，效果如图 14-6 所示。

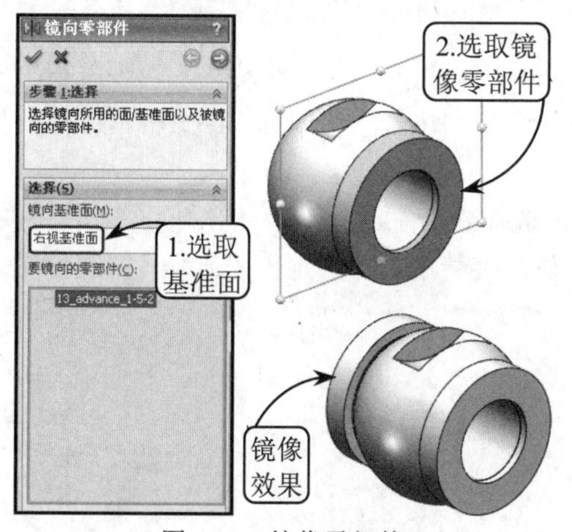

图 14-5　镜像零部件

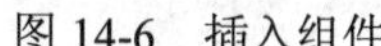

图 14-6　插入组件

（6）利用【配合】工具，在【标准配合】面板中选择【重合】选项。然后依次选取图 14-7 所示两个组件的面为实体配合面，进行配合操作。

（7）完成上述操作后，在【标准配合】面板中选择【同轴心】选项，然后依次选取如图 14-8 所示组件上的面作为配合实体面，进行配合操作。接着单击【确定】按钮，完成该组件的定位。

（8）按照上述方法打开光盘文件“PQK-9.sldprt”并放置该组件。然后利用【配合】工具，在【标准配合】面板中选择【重合】选项，并按照图 14-9 所示依次选取两组件平面作为配合

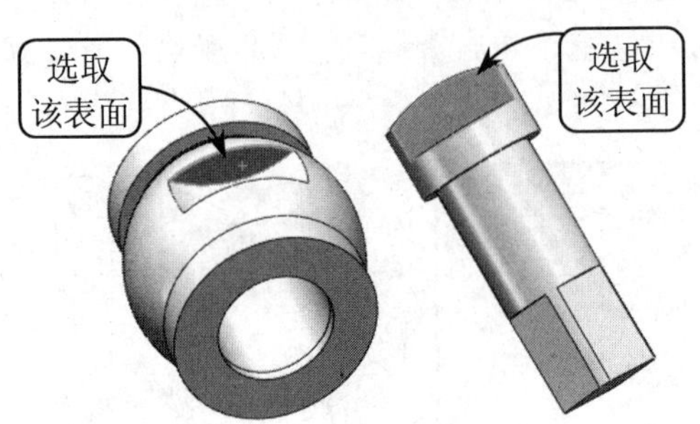

图 14-7　添加重合配合

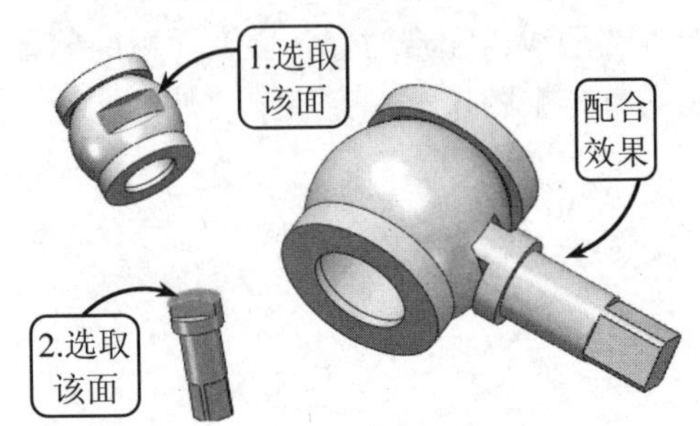

图 14-8　添加同心配合

实体表面，执行配合操作。

（9）完成上述操作后，在【标准配合】面板中选择【同轴心】选项，然后依次选取图 14-10 所示两组件的面作为配合的实体表面，执行配合操作。接着单击【确定】按钮，完成该组件的定位。

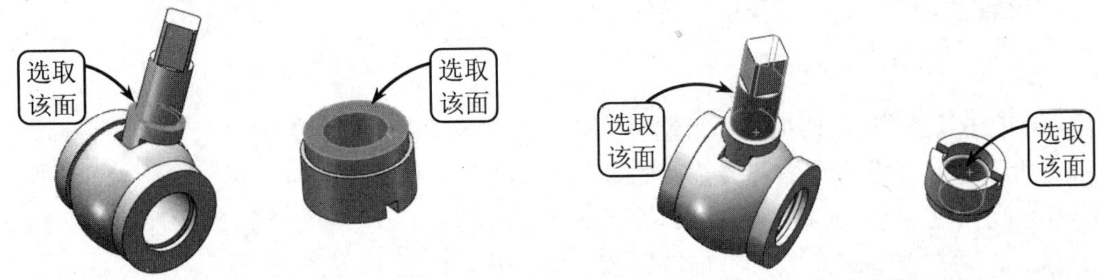

图 14-9　添加重合配合　　图 14-10　添加同轴心配合

（10）按照上述方法打开光盘文件“13_advance_0-3.sldprt”，并放置组件。然后利用【配合】工具，在【标准配合】面板中选择【同轴心】选项，并依次选取图 14-11 所示组件的边线作为配合对象，执行配合操作。

（11）完成上述操作后，在【标准配合】面板中选择【同轴心】选项，然后依次选取图 14-12 所示两个组件的面作为配合实体面，执行配合操作。接着单击【确定】按钮，完成该组件的定位。

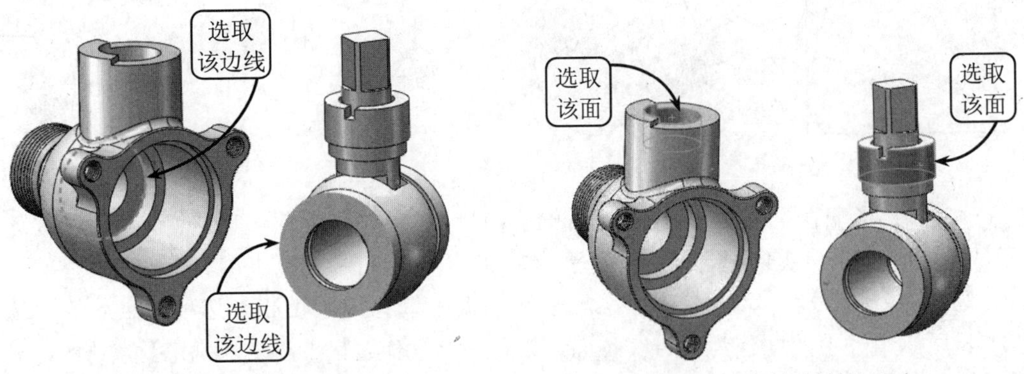

图 14-11　添加同轴心配合　　图 14-12　添加同轴心配合

（12）按照上述方法打开光盘文件“13_advance_0-3.sldprt”，并放置组件。然后利用【配

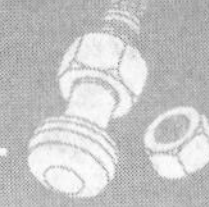

合】工具，在【标准配合】面板中选择【重合】选项，并按照图 14-13 所示依次选取组件上的边线作为配合对象，执行配合操作。接着单击【确定】按钮✔，完成该组件的定位。

（13）按照上述方法打开光盘文件“13_advance_6-3.sldprt”，并放置组件。然后利用【配合】工具，在【标准配合】面板中选择【重合】选项，并按照图 14-14 所示依次选取组件上的相应平面作为配合对象，重复执行配合操作。接着单击【确定】按钮✔，完成该组件的定位。

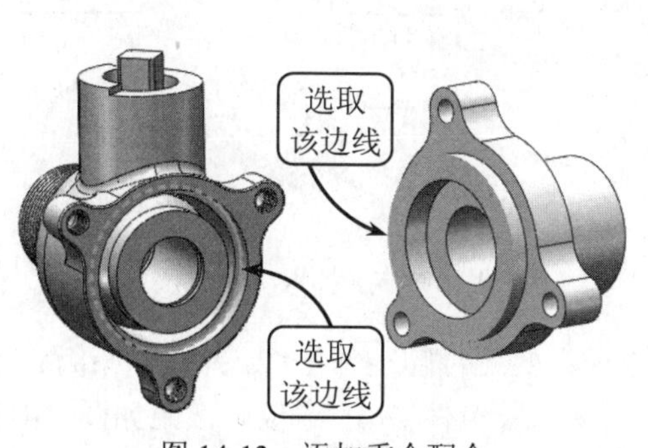

图 14-13 添加重合配合

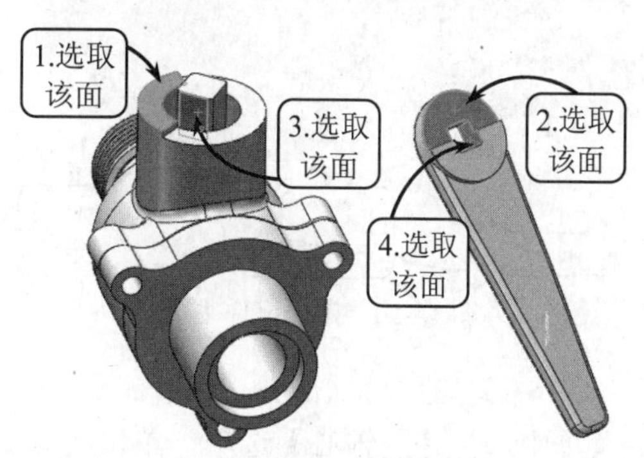

图 14-14 添加重合配合

14.2 截止阀装配

截止阀在各种管路中的应用非常广泛，其主要作用是控制所在管路的通断状态，效果如图 14-15 所示。该装配体两侧的法兰部分通过螺栓螺母固定和定位管道，通过旋转圆盘带动阀体旋转，这样当阀体对应的孔特征与整个管路流动方向一致时为通路，与管路方向垂直时为截止状态。

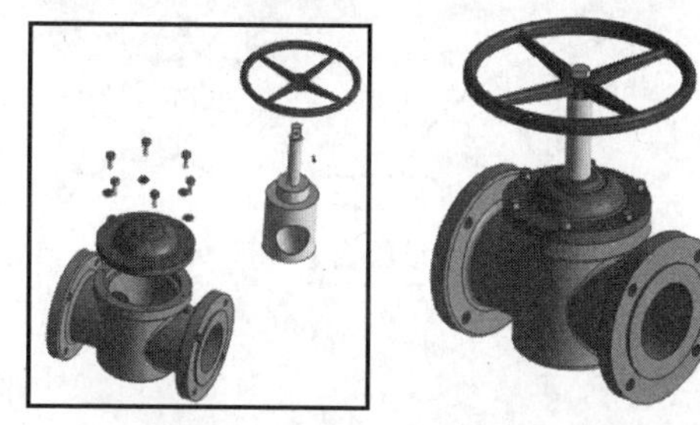

图 14-15 截止阀装配模型

要创建该装配体，可以首先添加阀体组件，并使用默认定位方式“定位原点处”使该组件与装配环境坐标系完全重合，然后按照装配顺序装配其他组件即可。在设置组件配合方式时，可以多次使用重合配合和同轴心配合确定组件在装配体中的准确位置。对于垫片和螺栓的装配，为提高效率可以采取先装配一个零件后再进行零件的圆周阵列的方法进行装配。

操作步骤：

（1）新建装配体文件，系统将打开【开始装配体】属性管理器。然后单击【浏览】按钮，在打开的对话框中打开本书配套光盘文件“drf_valve_106.sldprt”，即组件 1。单击【确定】按钮✔，系统将以“定位原点处”方式固定组件 1，效果如图 14-16 所示。

（2）单击【装配体】工具栏中的【插入零部件】按钮，按照上一步的方法打开本书配套光盘文件“drf_valve_3456.sldprt”，在窗口任意位置单击放置该组件 2，效果如图 14-17 所示。

（3）单击【配合】按钮，打开【配合】属性管理器。然后分别选取图 14-18 所示的面为要配合的实体表面，并在【标准配合】下拉菜单中选择【重合】选项，单击【确定】按钮✔完成该配合。

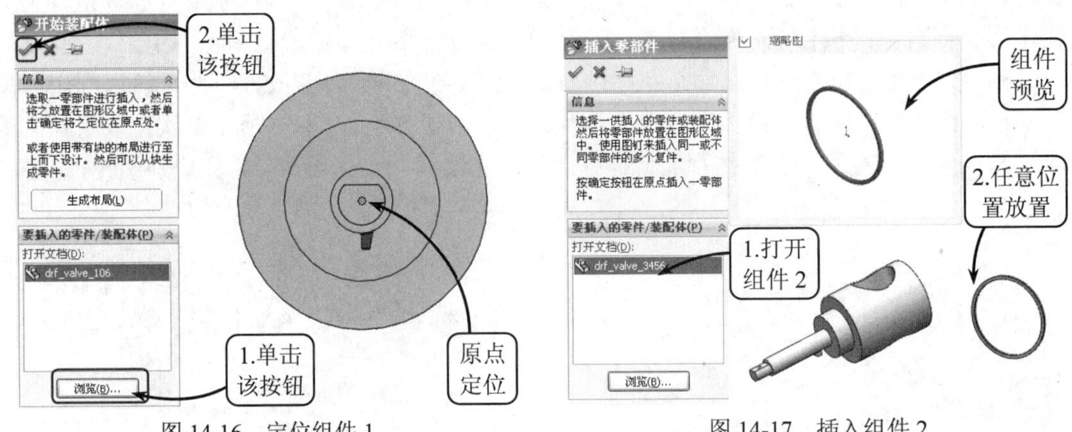

图 14-16　定位组件 1　　　　图 14-17　插入组件 2

（4）分别选取组件 2 的孔边线和组件 1 的底部边线为要配合的实体边线，并在【标准配合】下拉菜单中选择【同轴心】选项，单击【确定】按钮✔完成组件 2 的定位，效果如图 14-19 所示。

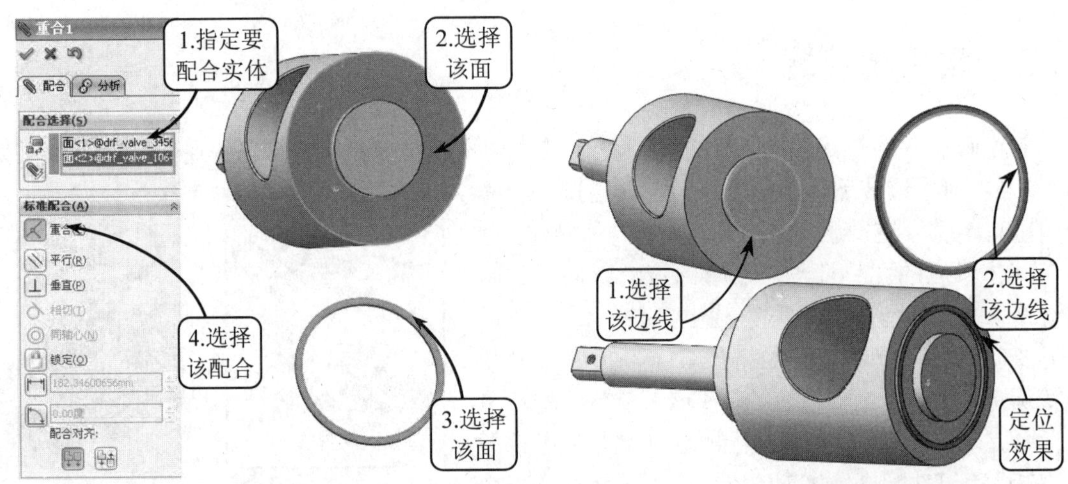

图 14-18　设置重合配合　　　　图 14-19　设置同轴心配合并定位组件 2

（5）利用【插入零部件】工具，按照上面的方法打开光盘文件“drf_valve_103.sldprt”并放置该组件 3。然后设置配合类型为【平行】，并分别选取两个组件的对应平面为要配合的实体表面，执行配合操作，效果如图 14-20 所示。

（6）继续在【配合选择】下拉菜单中指定要配合的实体表面，并选择配合类型为【重合】。然后设置配合对齐方式为【反向配合】，单击【确定】按钮✔完成该配合，效果如图 14-21 所示。

（7）选择配合类型为【同轴心】，并分别选择组件 3 的孔表面和组件 1 的轴表面为要配合的实体表面，单击【确定】按钮✔完成组件 3 的定位，效果如图 14-22 所示。

（8）按照上述方法打开本书配套光盘文件“drf_valve_101.sldprt”，即组件 4。然后利用【配合】工具设置【重合】类型，选取图 14-23 所示组件 3 和组件 4 的对应平面为配合面，执行重合配合操作。

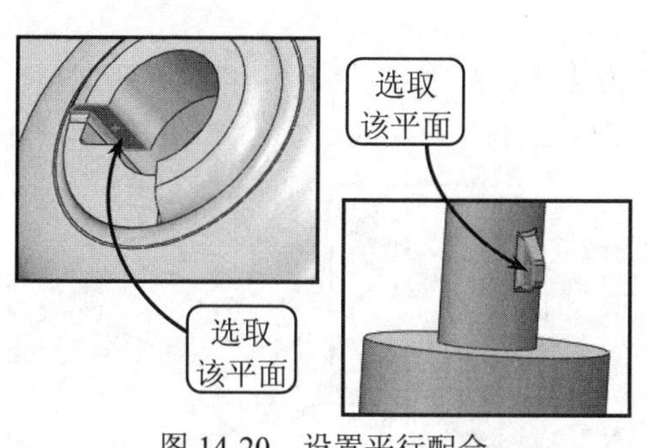

图 14-20　设置平行配合

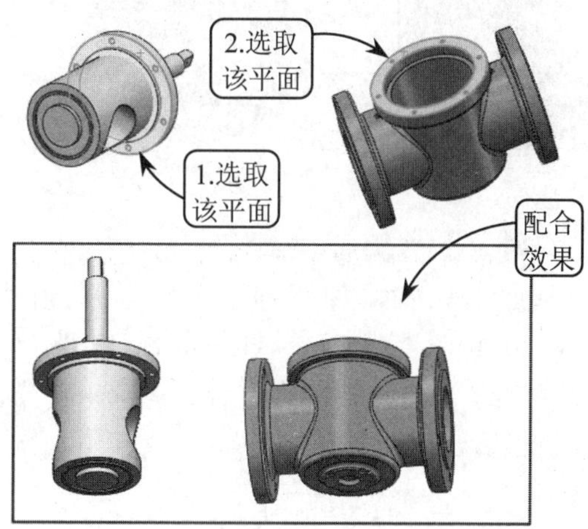

图 14-21　设置重合配合

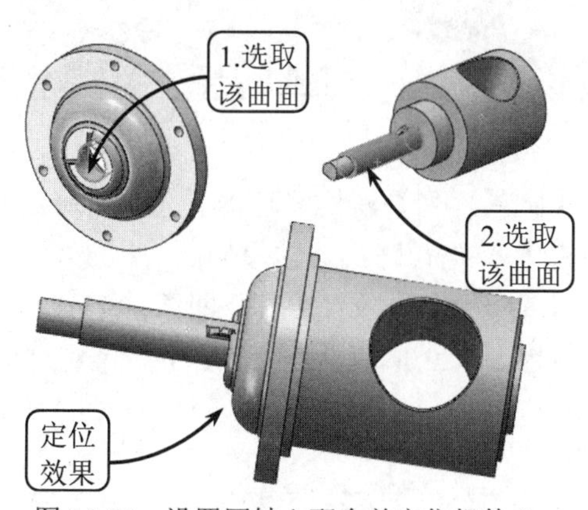

图 14-22　设置同轴心配合并定位组件 3

图 14-23　设置重合配合

（9）继续在【标准配合】选项中设置配合类型为【同轴心】，然后分别选择组件 4 的竖直孔曲面和组件 1 的下端轴曲面为配合面，执行同轴心配合操作，效果如图 14-24 所示。

（10）再次在【标准配合】选项中设置配合类型为【平行】，然后分别选择组件 4 的管道曲面和组件 1 的对应通路曲面为配合面，执行平行配合操作，完成组件 4 的定位，效果如图 14-25 所示。

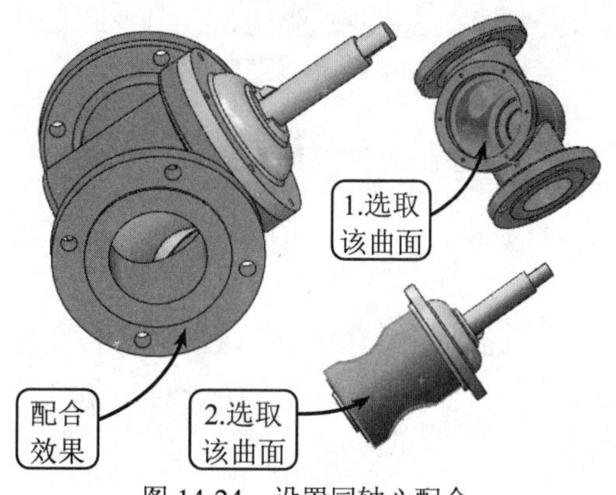

图 14-24　设置同轴心配合

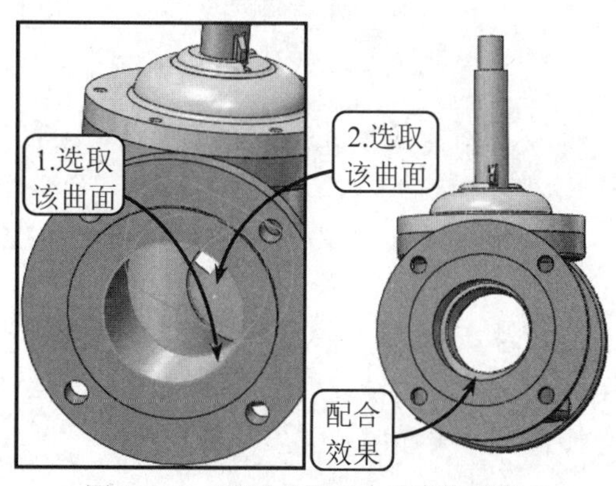

图 14-25　设置平行配合并定位组件 4

（11）按照上述方法，打开本书配套光盘文件“drf_valve_washer.sldprt”，即组件 5。然后利用【配合】工具设置配合类型为【同轴心】，并分别选取两组件相应的圆弧为配合对象，执行同轴心配合操作，效果如图 14-26 所示。

（12）继续在【标准配合】选项中设置配合类型为【重合】，然后分别选择组件 5 的下表面和组件 3 的上表面为配合面，执行重合配合操作，完成组件 5 的定位，效果如图 14-27 所示。

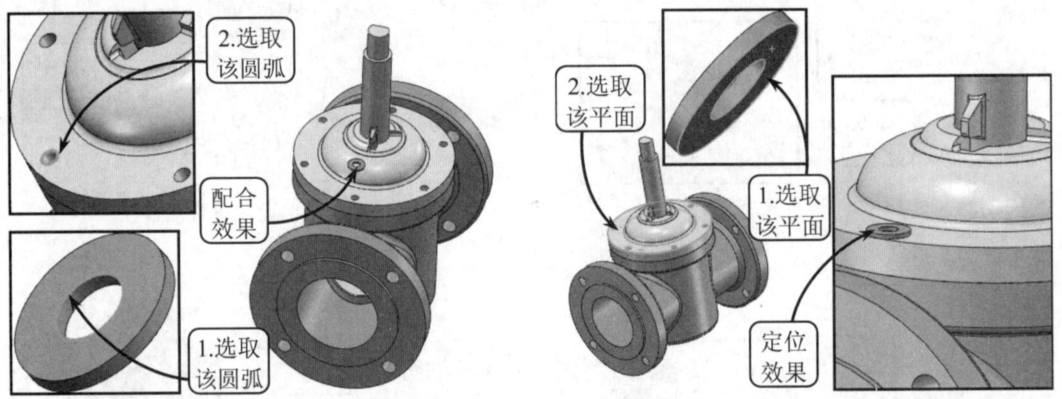

图 14-26　设置同轴心配合　　　图 14-27　设置重合配合并定位组件 5

（13）单击【圆周零部件阵列】按钮，打开【圆周阵列】属性管理器。然后选择组件 1 的轴曲面为阵列轴，并设置各项参数，对组件 5（垫片）进行阵列，效果如图 14-28 所示。

（14）按照上述方法，打开本书配套光盘文件“drf_valve_hex.sldprt”，即组件 11。然后在【标准配合】选项中选择【重合】类型，并分别选取图 14-29 所示两组件相应的平面为配合表面，执行重合配合操作。

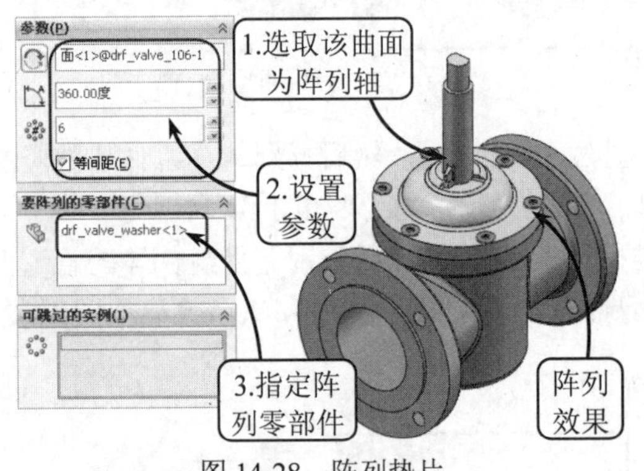

图 14-28　阵列垫片

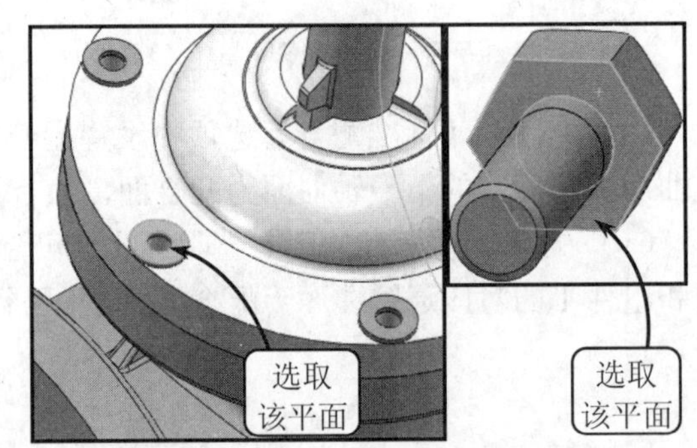

图 14-29　设置重合配合

（15）继续在【标准配合】选项中设置配合类型为【同轴心】，然后分别选择螺栓和对应垫片的孔边线为配合实体，执行同轴心配合操作，完成组件 11 的定位，效果如图 14-30 所示。

（16）利用【圆周零部件阵列】工具，按照上面方法对螺栓进行阵列操作，效果如图 14-31 所示。

（17）按照上述方法，打开本书配套光盘文件“drf_valve_1234.sldprt”，即组件 17。然后利用【配合】工具设置类型为【平行】，并分别选取两组件的两平行面为配合平面，执行平行配合操作，效果如图 14-32 所示。

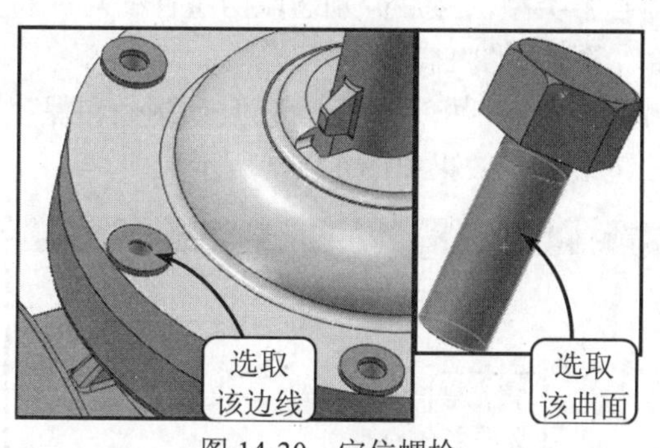

图 14-30　定位螺栓

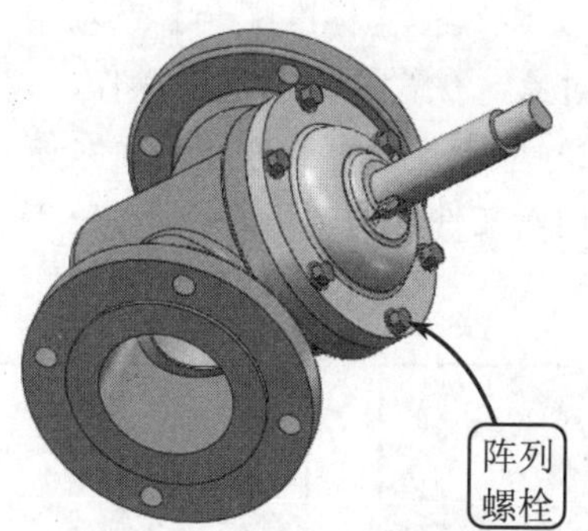

图 14- 31 阵列螺栓

（18）继续在【标准配合】选项中设置配合类型为【同轴心】，然后分别选择组件 17 的孔和组件 1 的轴为配合实体，执行同轴心配合操作，效果如图 14-33 所示。

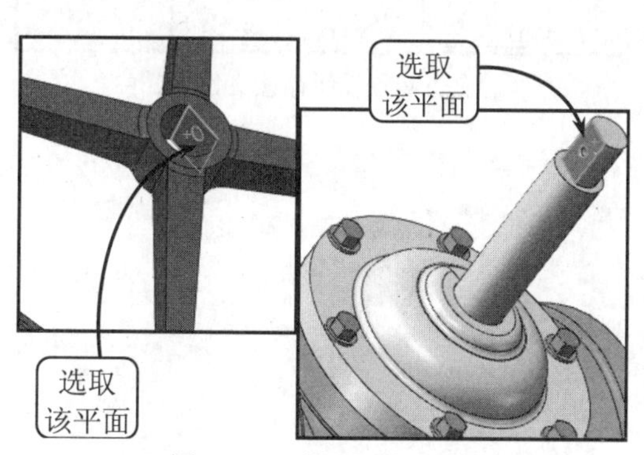

图 14-32　设置平行配合

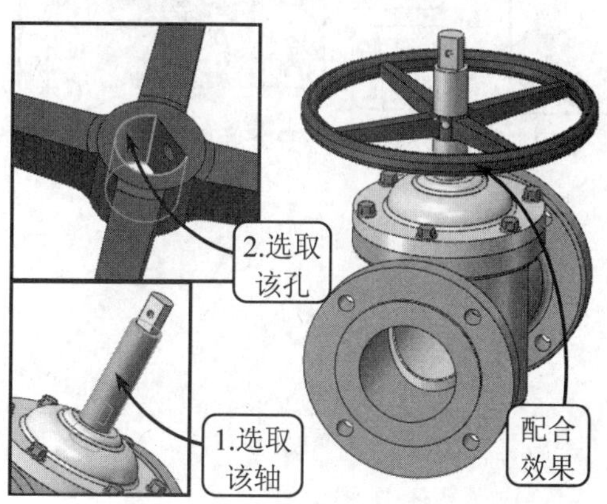

图 14-33　设置同轴心配合

（19）再次在【标准配合】选项中设置【重合】类型，然后分别选取图 14-34 所示两组件的对应表面为配合平面，执行重合配合操作，定位组件 17。

（20）按照上述方法，打开本书配套光盘文件“drf_valve_set_screw.sldprt”，即组件 18。然后利用【配合】工具设置类型为【重合】，并分别选取两组件的对应特征为配合对象，执行重合配合操作，效果如图 14-35 所示。

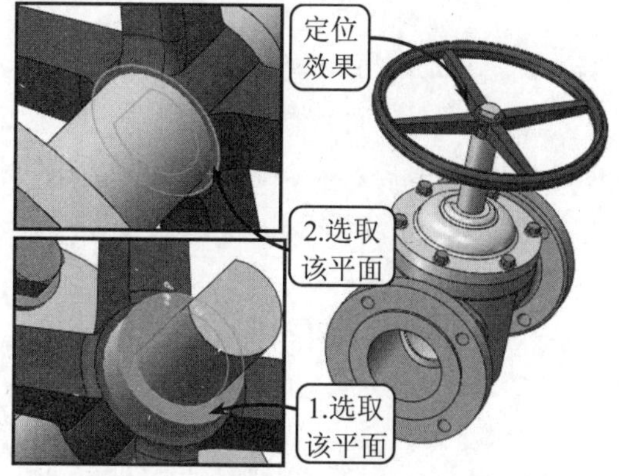

图 14-34　设置重合配合并定位组件 17

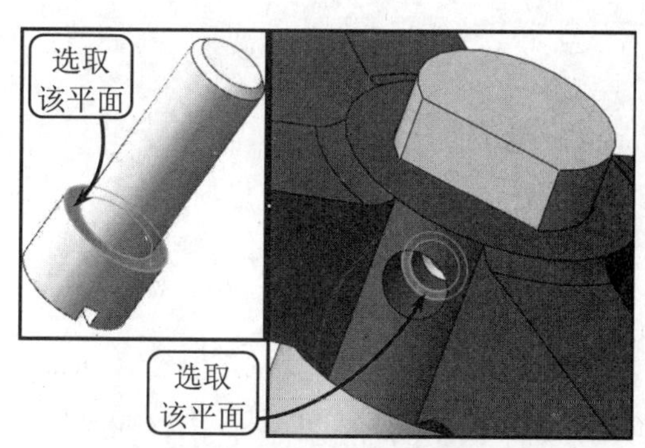

图 14-35　设置重合配合

（21）继续在【标准配合】选项中设置【同轴心】类型，然后分别选取两组件的对应特征为配合对象，执行同轴心配合操作，定位组件 18，效果如图 14-36 所示。

（22）单击【保存】按钮，系统将打开【另存为】对话框。然后设置保存路径和保存类型，并输入文件名为“jiezhifa”，单击【保存】按钮即可，效果如图 14-37 所示。

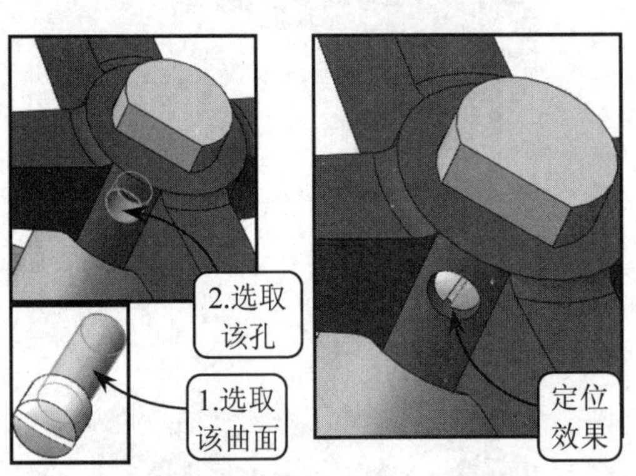

图 14-36　设置同轴心配合并定位组件 18

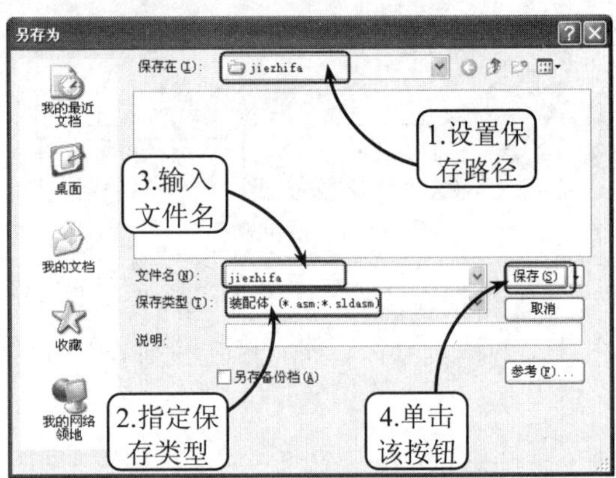

图 14-37　保存该文件

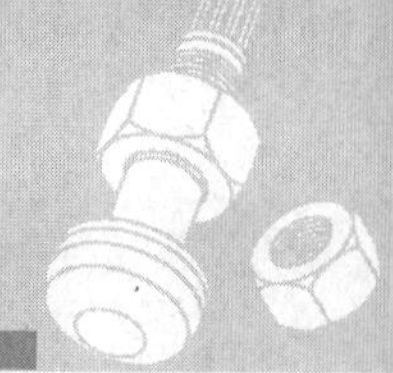

第15章 钣金设计

钣金在现代工业中应用较广，机电设备的支撑结构如电器控制柜、机床的外围护罩等都是钣金件。不论是电子产品、家电用品，还是汽车，其外观的形成基本都是通过钣金加工完成的。因此，要很好地完成一整套产品的设计，钣金设计也是需要掌握的重要一环。

本章将通过两个典型案例详细介绍钣金设计的基本方法，帮助用户熟悉各主要钣金工具，如各种法兰和钣金折弯等工具的操作技巧。

15.1 创建电脑机箱后盖钣金件模型

本案例创建电脑机箱后盖钣金件模型，如图15-1所示。机箱后盖是整个机箱中的重要组成部分，不仅可以通过分布于侧壁上的卡槽和固定孔与主机箱配合，对机箱起到保护和防尘的作用，还可以通过分布于后杆主要壁内的各插槽孔、网卡槽孔以及弯边特征，配合主箱体内部支架对主板、显卡、网卡以及各端子插座等配件进行安装定位。

在创建该部分特征时，可以先利用主要【基体法兰】工具创建出矩形形状的主要壁特征，然后利用【拉伸切除】、【圆角】以及相关阵列等工具，依次创建网卡一侧矩形槽孔、定位壁以及各网卡槽孔等特征，即可完成该部分特征的创建。

操作步骤：

（1）新建一零件文件。然后单击【草图绘制】按钮，选取上视基准面为草图平面进入草绘环境，并利用【直线】工具和【智能尺寸】工具绘制图15-2所示尺寸的草图轮廓。接着单击【退出草图】按钮，退出草绘环境。

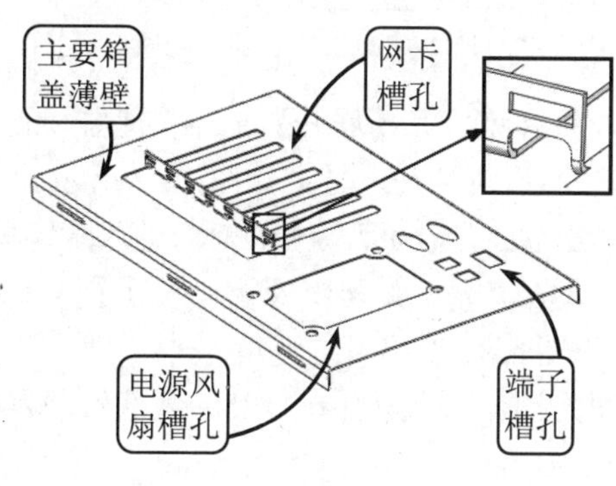

图15-1 电脑机箱后盖钣金件模型

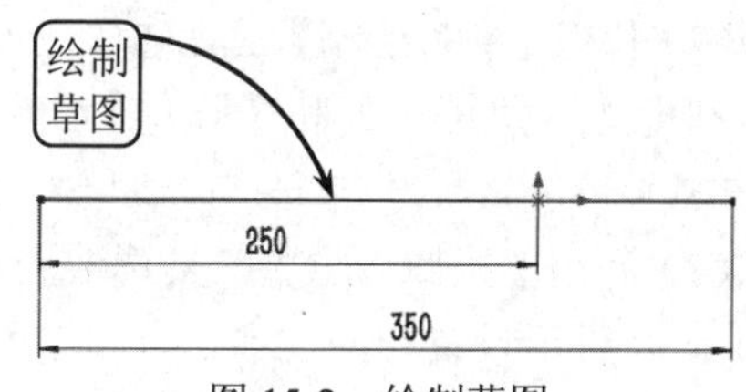

图15-2 绘制草图

（2）单击【基体法兰/薄壁】按钮，选取上步绘制的草图为操作对象，并在打开的属性管理器中按照图15-3所示设置相应的参数，创建基体法兰特征。

（3）利用【草图绘制】工具选取上步创建的基体法兰的实体面为草绘平面，进入草绘模式。然后利用【边角矩形】和【圆角】工具绘制相应的草图轮廓，并利用【智能尺寸】工具按照

图 15-4 所示进行尺寸定位。接着单击【退出草图】按钮，退出草绘环境。

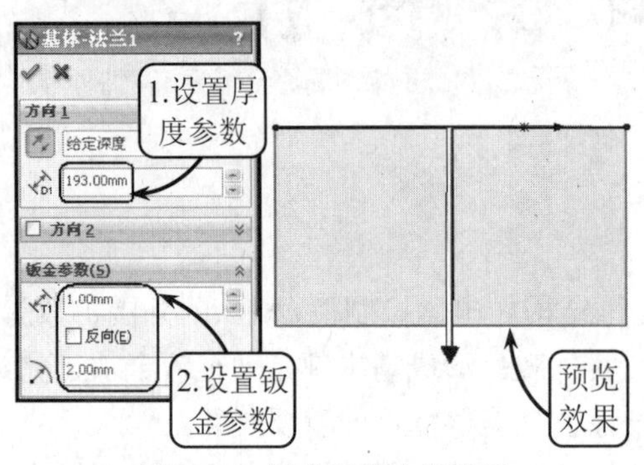

图 15-3　创建基体法兰特征

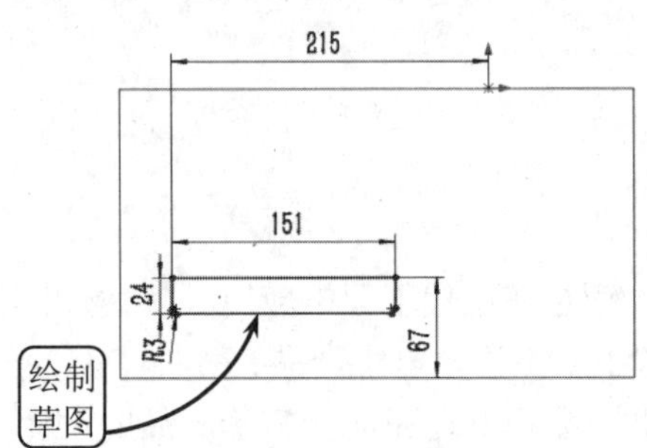

图 15-4　绘制草图

（4）单击【拉伸切除】按钮，然后选取上步绘制的草图为操作对象，并在打开的属性管理器中按照图 15-5 所示设置相应的参数，创建拉伸切除特征。

（5）单击【边线法兰】按钮，然后选取图 15-6 所示的边线为操作对象，并在打开的属性管理器中设置相应的参数，创建边线法兰特征。

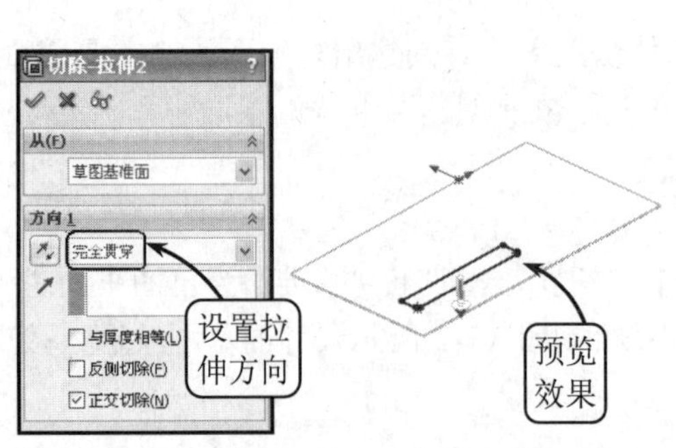

图 15-5　创建拉伸切除特征

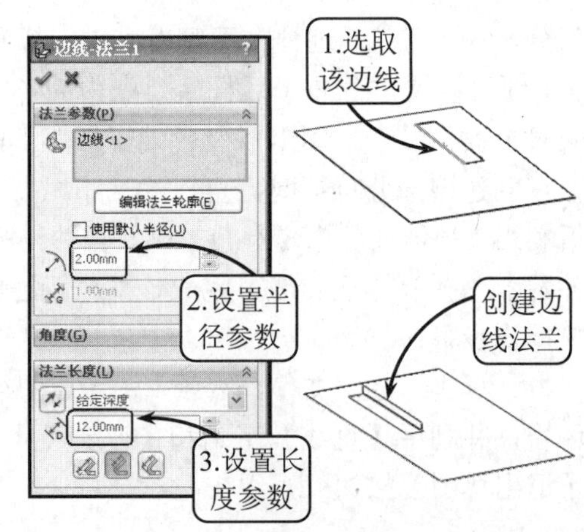

图 15-6　创建边线法兰特征

（6）单击【钣金】工具栏中的【展开】按钮，系统将打开【展开】属性管理器。此时在绘图区中依次选取固定面和要展开的折弯，创建展开的折弯特征，效果如图 15-7 所示。

（7）利用【草图绘制】工具选取之前创建的基体法兰的实体面为草图平面，进入草绘模式。然后利用【边角矩形】和【圆角】工具绘制相应的草图轮廓，并利用【智能尺寸】工具按照图 15-8 所示进行尺寸定位。接着单击【退出草图】按钮，退出草绘环境。

（8）利用【拉伸切除】工具选取上步绘制的草图为操作对象，并在打开的属性管理器中按照图 15-9 所示设置相应的参数，创建拉伸切除特征。

（9）单击【线性阵列】按钮，然后在绘图区中指定阵列方向，并选取上步创建的拉伸切除特征为阵列源对象。接着在打开的管理器中按照图 15-10 所示设置阵列参数，创建阵列特征。

（10）单击【钣金】工具栏中的【折叠】按钮，然后在绘图区中指定相应的固定面，并按照图 15-11 所示选取要折叠的折弯，创建折叠特征。

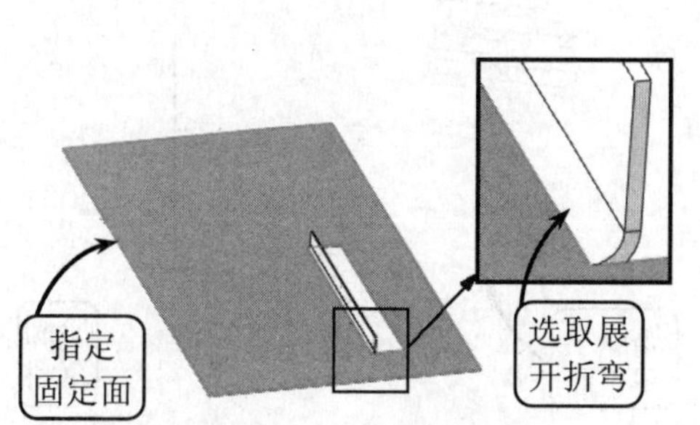

图 15-7　创建展开折弯

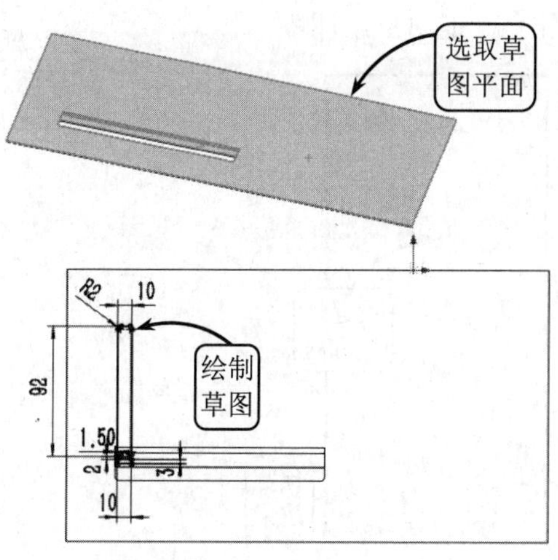

图 15-8　绘制草图

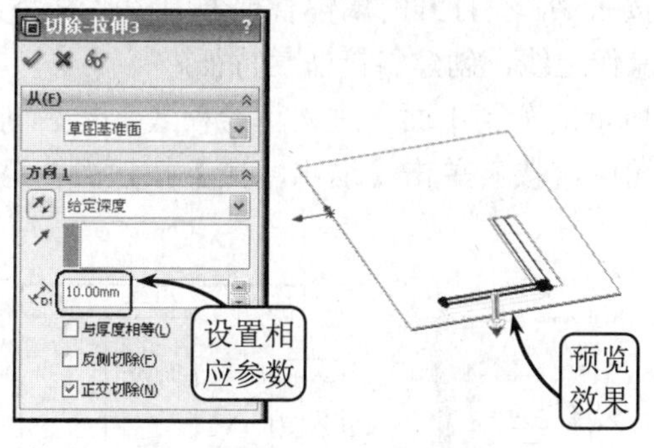

图 15-9　创建拉伸切除特征

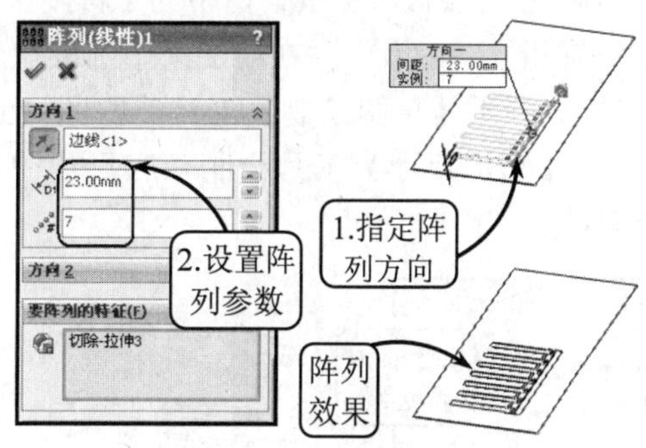

图 15-10　创建阵列特征

（11）利用【草图绘制】工具选取图 15-12 所示的草图平面，进入草绘模式。然后利用【矩形】和【圆角】工具绘制相应的草图轮廓，并利用【智能尺寸】工具对其进行尺寸定位。接着单击【退出草图】按钮，退出草绘环境。

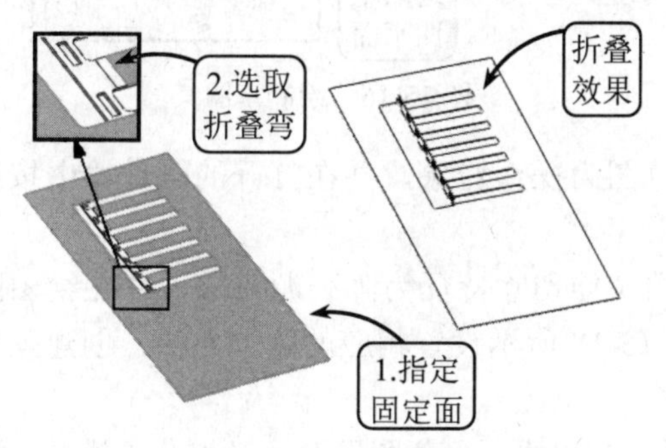

图 15-11　创建折叠特征

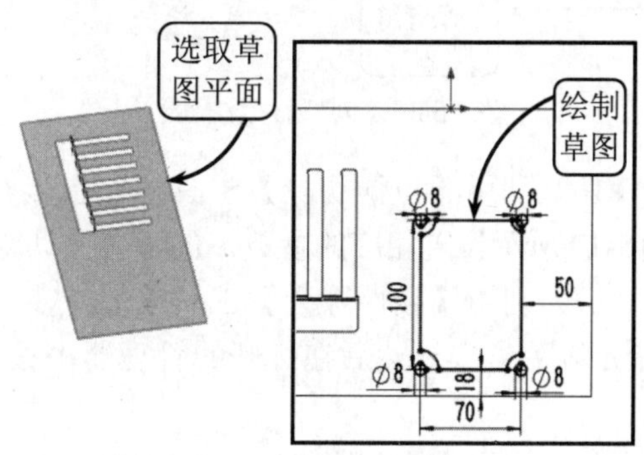

图 15-12　绘制草图

（12）利用【拉伸切除】工具选取上步绘制的草图为操作对象，并在打开的属性管理器中按照图 15-13 所示设置相应的参数，创建拉伸切除特征。

（13）利用【草图绘制】工具选取图 15-14 所示的草图平面，进入草绘模式。然后利用【直线】工具绘制一条直线，并利用【智能尺寸】工具对其进行尺寸定位。接着单击【退出草图】

按钮，退出草绘环境。

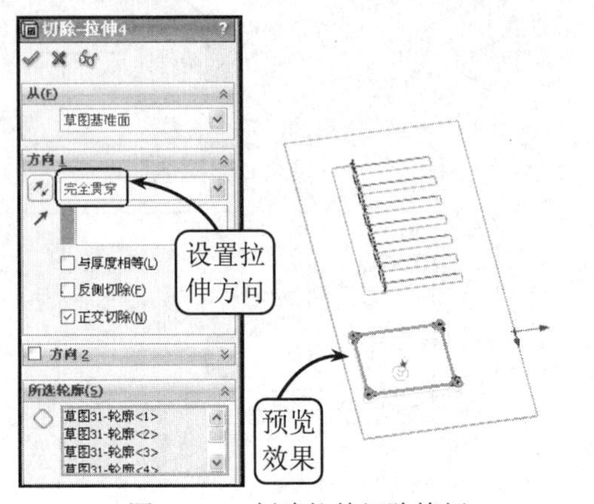

图 15-13　创建拉伸切除特征

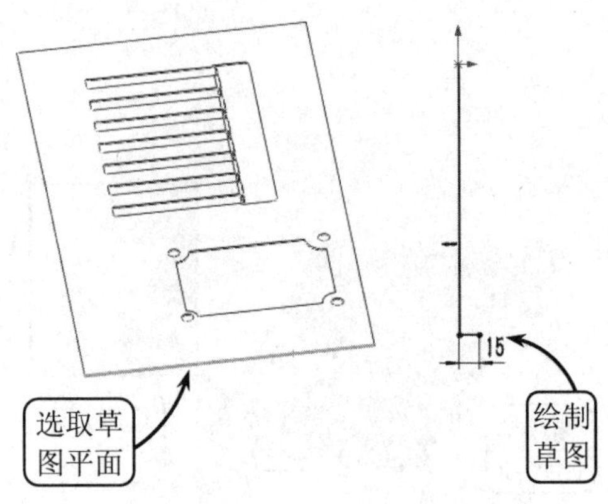

图 15-14　绘制草图

（14）单击【钣金】工具栏中的【斜接法兰】按钮，在打开的属性管理器中按照图 15-15 所示设置相应的参数，并在绘图区中选取相应的操作边线，创建斜接法兰特征。

（15）利用【草图绘制】工具选取图 15-16 所示的草图平面，进入草绘模式。然后利用【圆】和【智能尺寸】工具绘制相应尺寸的草图轮廓。接着单击【退出草图】按钮，退出草绘环境。

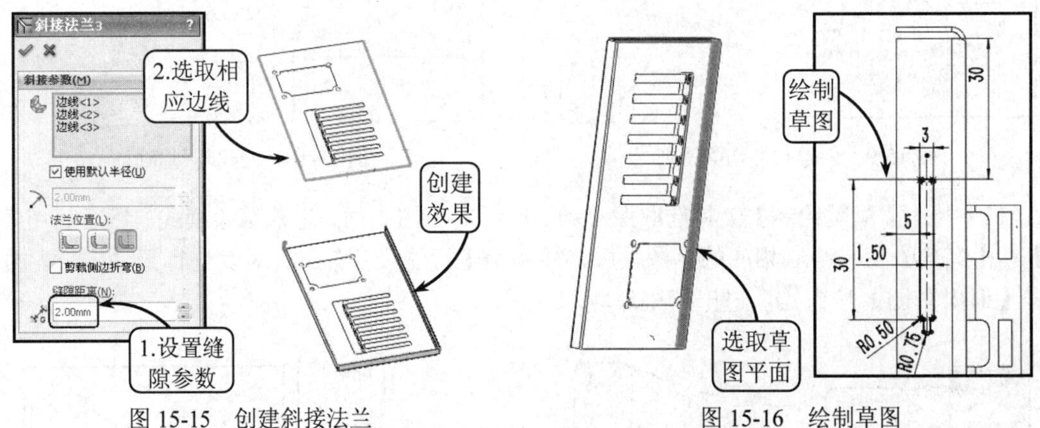

图 15-15　创建斜接法兰

图 15-16　绘制草图

（16）利用【拉伸切除】工具选取上步绘制草图为操作对象，并在打开的管理器中按照图 15-17 所示设置相应的参数，创建拉伸切除特征。

（17）利用【线性阵列】工具选取上步创建的拉伸切除特征为阵列源对象，并在绘图区中指定阵列方向。然后在打开的管理器中按照图 15-18 所示设置相应的阵列参数，创建阵列特征。

（18）利用【草图绘制】工具选取图 15-19 所示的实体面为草图平面，进入草绘模式。然后利用【直线矩形】和【椭圆】绘制相应的草图轮廓，并利用【智能尺寸】工具对其进行尺寸定位。接着单击【退出草图】按钮，退出草绘环境。

（19）利用【拉伸切除】工具选取上步绘制草图为操作对象，并在打开的管理器中按照图 15-20 所示设置相应的参数，创建拉伸切除特征。至此，电脑机箱后盖钣金模型创建完毕。

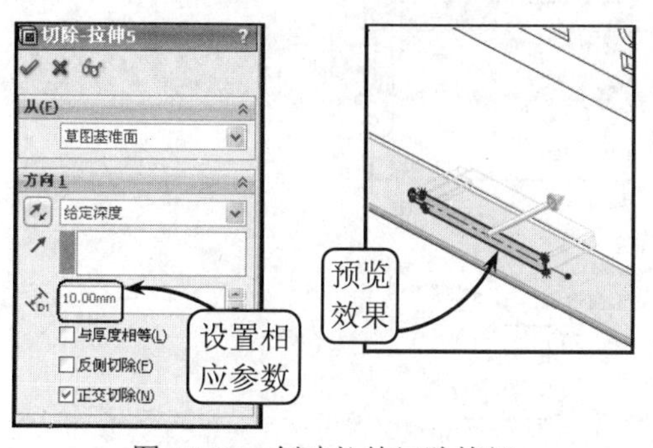

图 15-17　创建拉伸切除特征

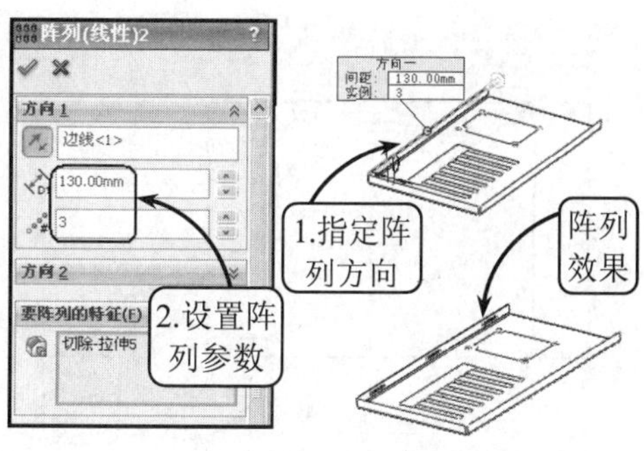

图 15-18　创建阵列特征

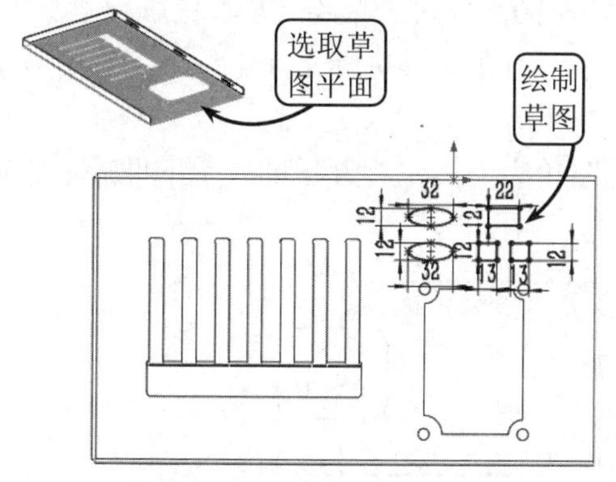

图 15-19　绘制草图

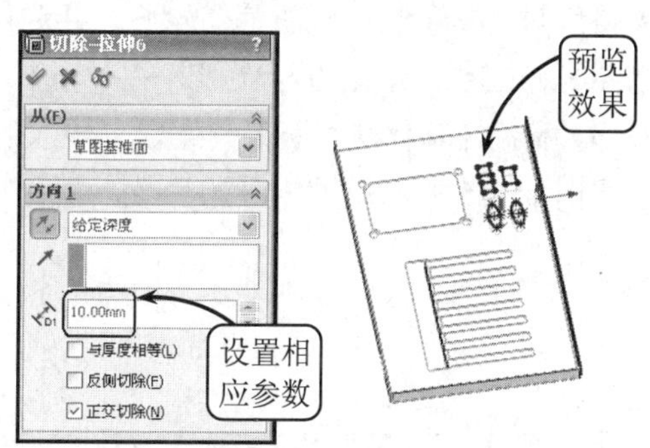

图 15-20　创建拉伸切除特征

15.2　创建微电机安装架钣金件模型

本案例创建一微电机安装架模型，效果如图 15-21 所示。该零件的形状规则，且局部特征较多，孔和各个支撑壁的位置精度要求严格，尺寸精度高。各部件都属于薄板冲压，易变形。因此在设计时应注意考虑结构强度的要求。其使用的材料为镀锌钢板，厚度为 1.0±0.02mm。

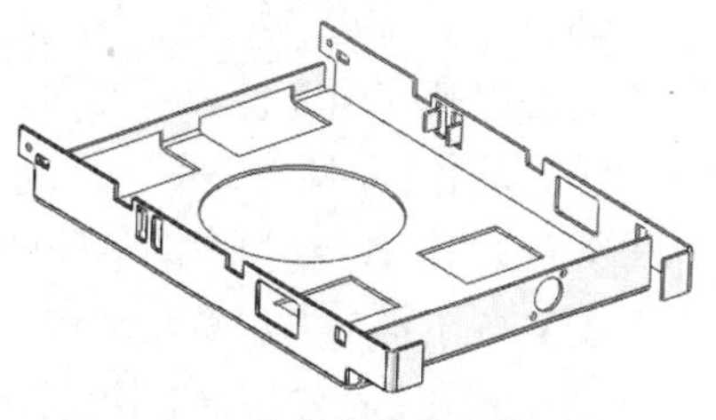

图 15-21　微电机安装架模型效果

创建该微电机安装架模型，首先利用【基体法兰】和【边线法兰】工具创建中间的盒形主体壁。然后利用拉伸工具创建盒体两侧的滑轨，并利用【拉伸切除】工具创建相应的让位孔，即可完成该模型的创建。

操作步骤：

（1）新建一零件文件。然后单击【草图绘制】按钮，选择上视基准面为草图平面，并利用【矩形】和【圆角】工具完成图 15-22 所示尺寸的矩形绘制。接着单击【退出草图】按钮，退出草绘环境。

（2）单击【基体法兰/薄片】按钮，选取上步绘制的草图轮廓为操作对象，并在打开的属性管理器中按照图 15-23 所示设置相应的参数，创建基体法兰特征。

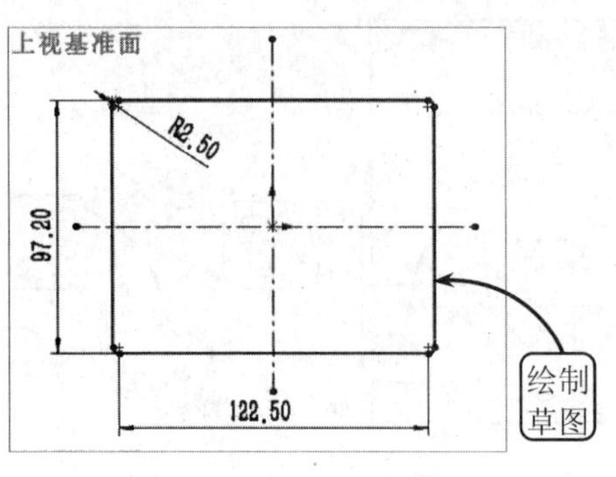

图 15-22 绘制草图

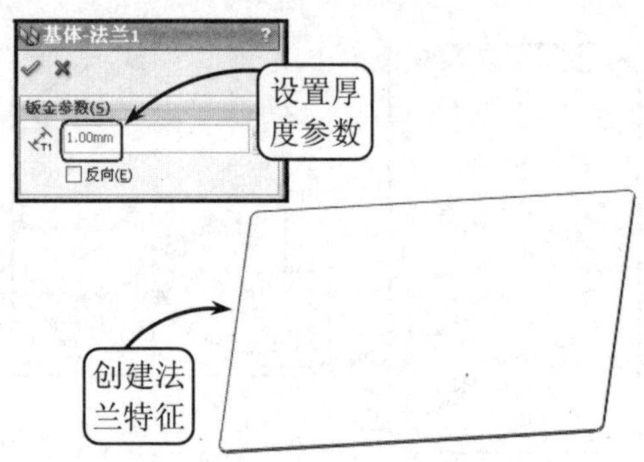

图 15-23 创建基体法兰特征

（3）利用【草图绘制】工具选取图 15-24 所示的草图平面进入草绘环境。然后利用【直线】和【圆角】工具绘制相应的草图轮廓，并利用【智能尺寸】工具进行尺寸定位。接着单击【退出草图】按钮，退出草绘环境。

（4）利用【基体法兰】工具选取上步绘制的草图轮廓为操作对象，并在打开的属性管理器中按照图 15-25 所示设置相应的参数，创建基体法兰特征。

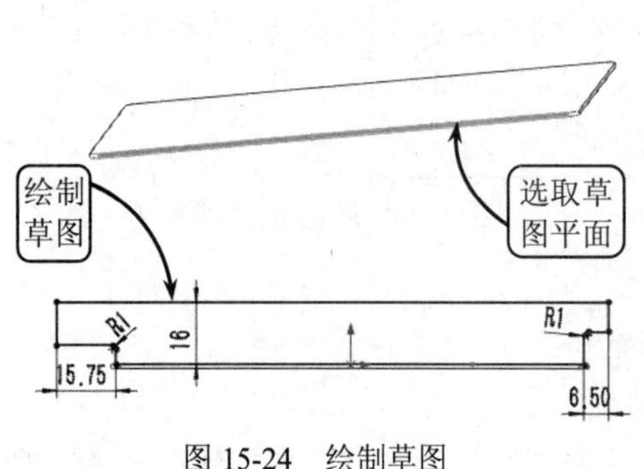

图 15-24 绘制草图

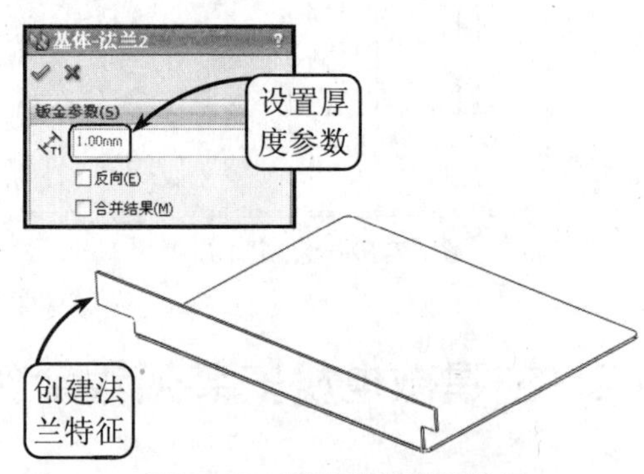

图 15-25 创建基体法兰特征

（5）单击【镜像】按钮，然后选取上步创建的法兰特征为镜像对象，并按照图 15-26 所示指定前视基准面为镜像基准面，创建镜像实体特征。

（6）利用【草图绘制】工具选取图 15-27 所示的草图平面进入草绘环境。然后利用【直线】和【圆角】工具绘制相应的草图轮廓，并利用【智能尺寸】工具进行尺寸定位。接着单击【退出草图】按钮，退出草绘环境。

（7）单击【拉伸切除】按钮，然后选取上步绘制的草图为操作对象，并在打开的管理器中按照图 15-28 所示设置相应的参数选项，创建拉伸切除特征。

（8）单击【边线法兰】按钮，然后按照图 15-29 所示选取操作边线，并在打开的属性管理器中设置相应的参数，创建边线法兰特征。

（9）利用【镜像】工具选取上步创建的边线法兰特征为镜像对象，然后指定前视基准面为镜像基准面，创建镜像特征，效果如图 15-30 所示。

（10）利用【边线法兰】工具选取图 15-31 所示的边线为操作对象，并在打开的属性管理器中设置相应的参数，创建边线法兰特征。

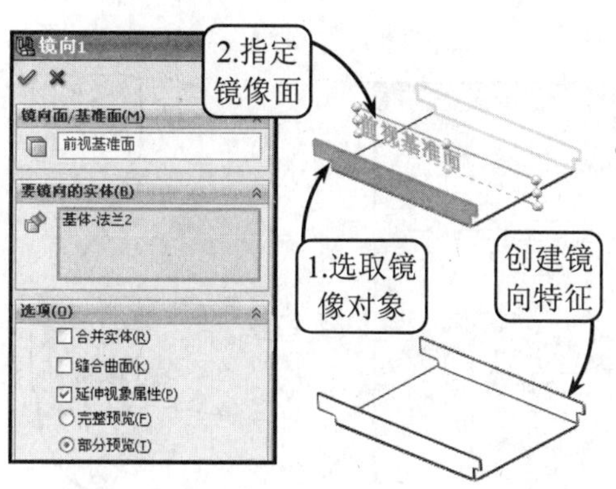

图 15-26　创建镜像特征

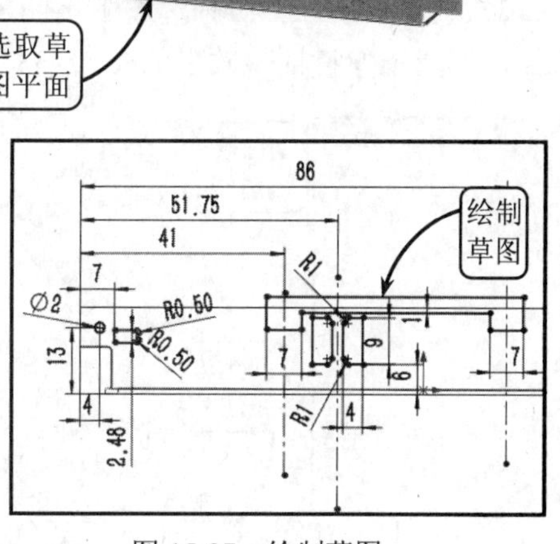

图 15-27　绘制草图

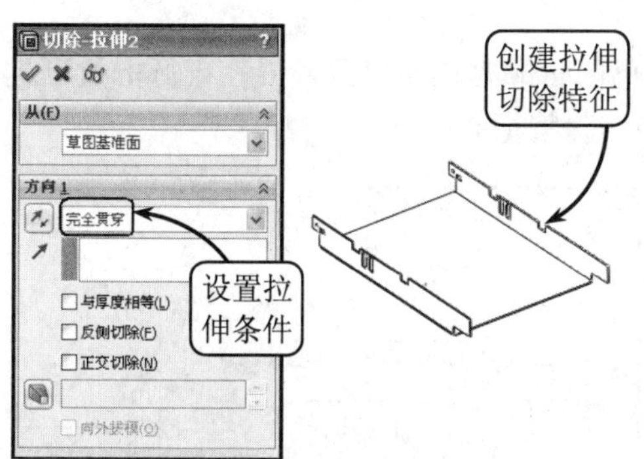

图 15-28　创建拉伸切除特征

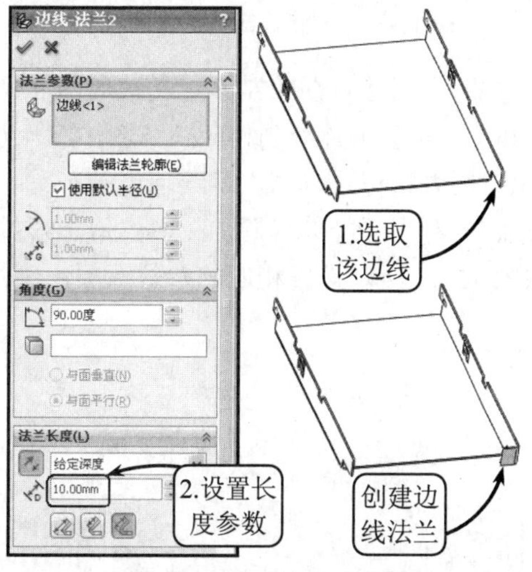

图 15-29　创建边线法兰特征

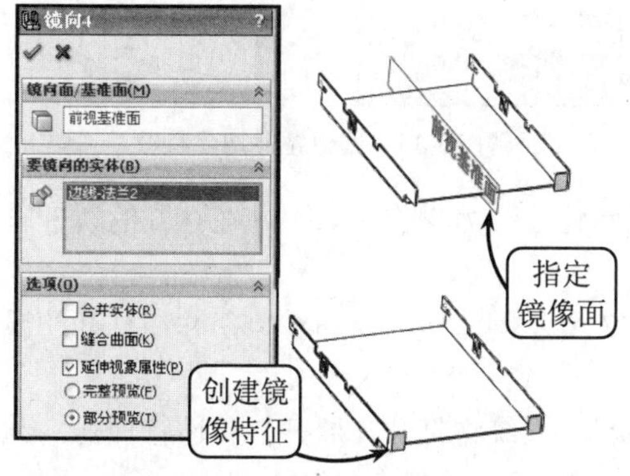

图 15-30　创建镜像特征

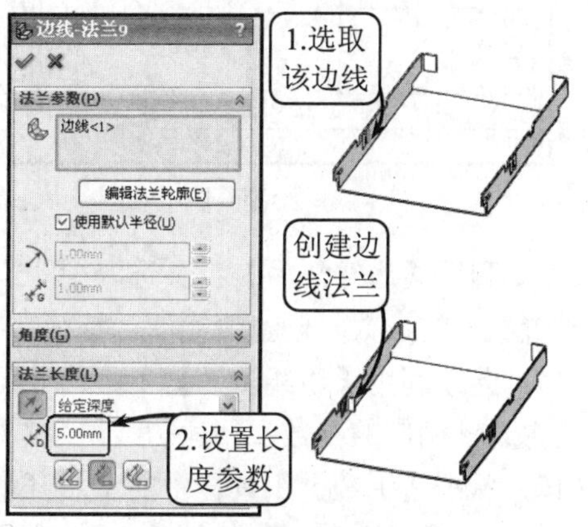

图 15-31　创建边线法兰特征

（11）继续利用【边线法兰】工具选取图 15-32 所示的边线为操作对象，并在打开的属性管理器中设置相应的参数，创建边线法兰特征。

（12）利用【镜像】工具选取上步创建的法兰特征为镜像对象，并指定前视基准面为镜像基准面，创建镜像特征，效果如图 15-33 所示。

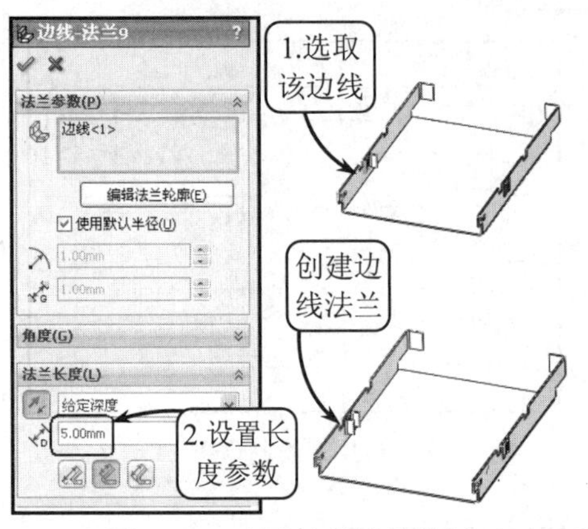

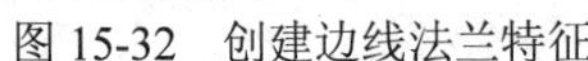

图 15-32　创建边线法兰特征

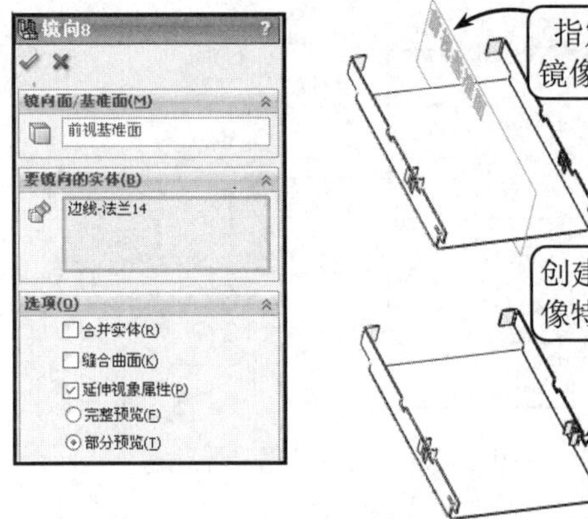

图 15-33　创建镜像特征

（13）利用【草图绘制】工具选取图 15-34 所示的草图平面进入草绘环境。然后利用【直线】和【圆角】工具绘制相应的草图轮廓，并利用【智能尺寸】工具进行尺寸定位。接着单击【退出草图】按钮，退出草绘环境。

（14）利用【拉伸切除】工具选取上步绘制的草图轮廓为操作对象，并在打开的管理器中按照图 15-35 所示设置相应的参数选项，创建拉伸切除特征。

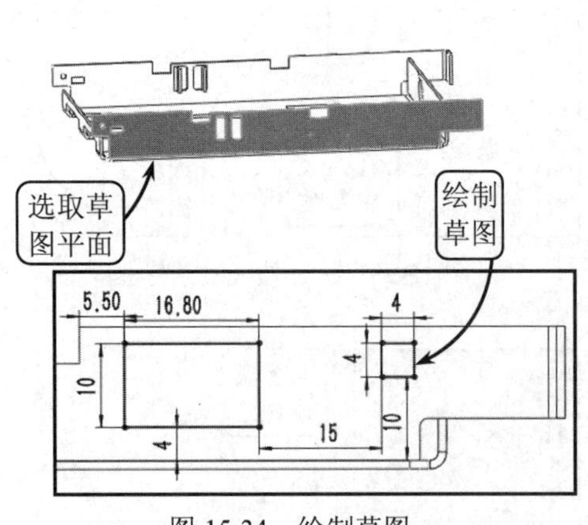

图 15-34　绘制草图

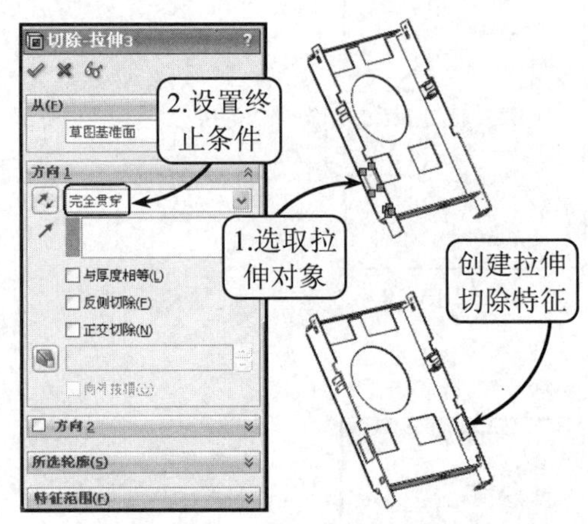

图 15-35　创建拉伸切除特征

（15）利用【边线法兰】工具选取图 15-36 所示的边线为操作对象，并在打开的属性管理器中设置相应的参数，创建边线法兰特征。

（16）继续利用【边线法兰】工具选取图 15-37 所示的边线为操作对象，并在打开的属性管理器中设置相应的参数，创建边线法兰特征。

（17）单击【钣金】工具栏中的【展开】按钮，系统将打开【展开】属性管理器。此时按照图 15-38 所示依次选取固定面和展开的折弯，创建展开折弯。

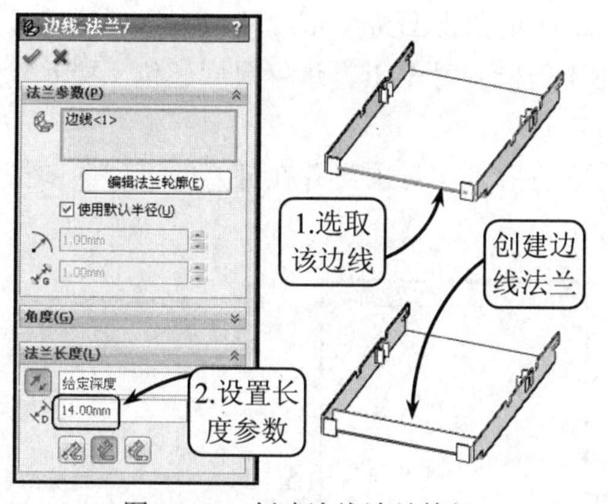

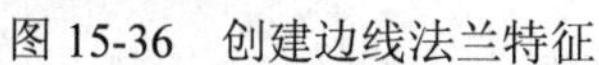
图 15-36　创建边线法兰特征

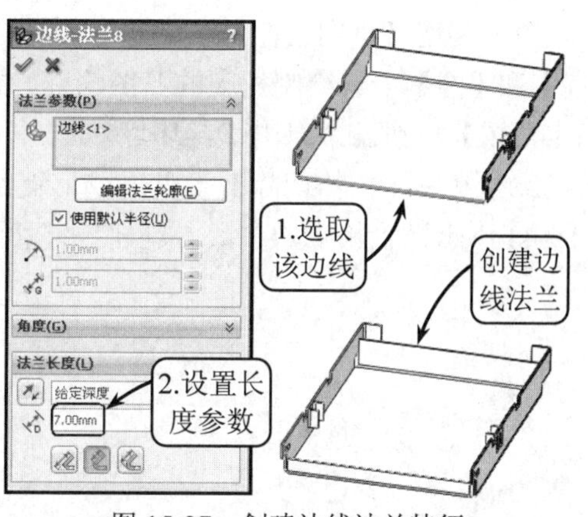

图 15-37　创建边线法兰特征

（18）利用【草图绘制】工具选取图 15-39 所示的草图平面进入草绘环境。然后利用【直线】工具绘制相应的草图轮廓，并利用【智能尺寸】工具进行尺寸定位。接着单击【退出草图】按钮，退出草绘环境。

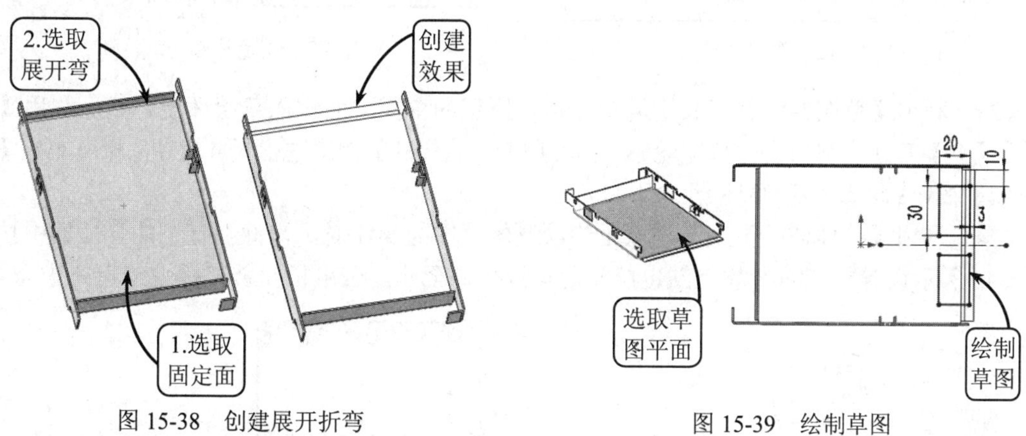

图 15-38　创建展开折弯

图 15-39　绘制草图

（19）利用【拉伸切除】工具选取上步绘制的草图为操作对象，并在打开的管理器中按照图 15-40 所示设置相应的参数，创建拉伸切除特征。

（20）单击【钣金】工具栏中的【折叠】按钮，系统将打开【折叠】属性管理器。此时按照图 15-41 所示指定折叠弯和固定面，创建折叠弯特征。

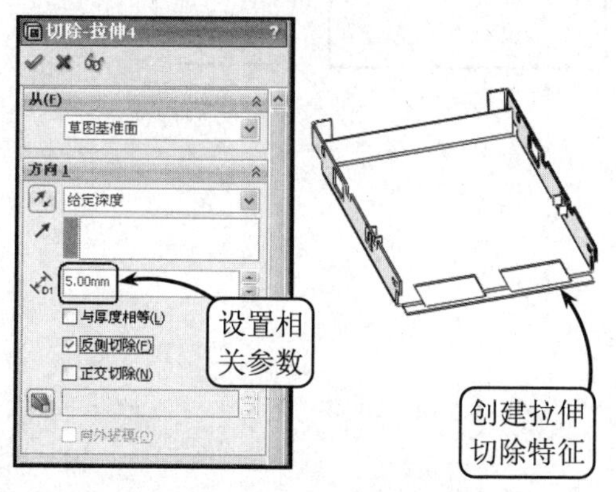

图 15-40　创建拉伸切除特征

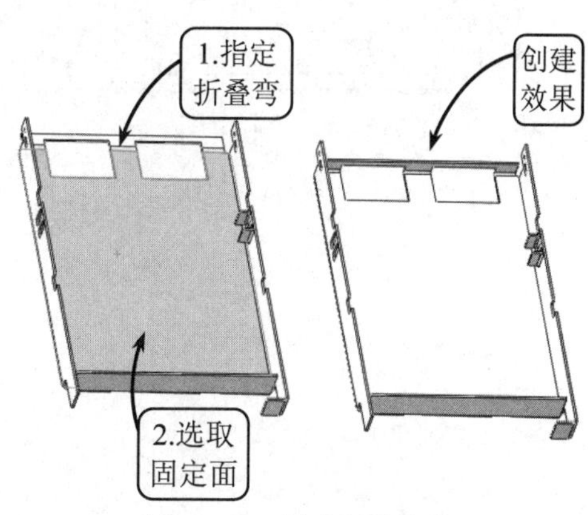

图 15-41　创建折叠特征

（21）利用【草图绘制】工具选取图 15-42 所示的草图平面进入草绘环境。然后利用【中心线】和【圆】工具绘制相应的草图轮廓，并利用【智能尺寸】工具进行尺寸定位。接着单击【退出草图】按钮，退出草绘环境。

（22）利用【拉伸切除】工具选取上步绘制的草图为操作对象，并在打开的管理器中按照图 15-43 所示设置相应的参数，创建拉伸切除特征。

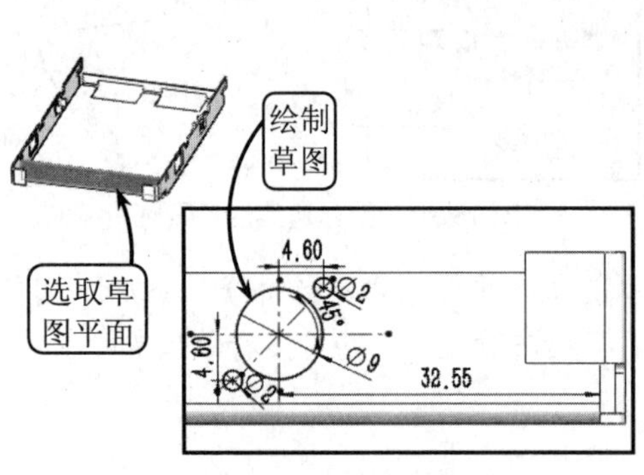

图 15-42　绘制草图

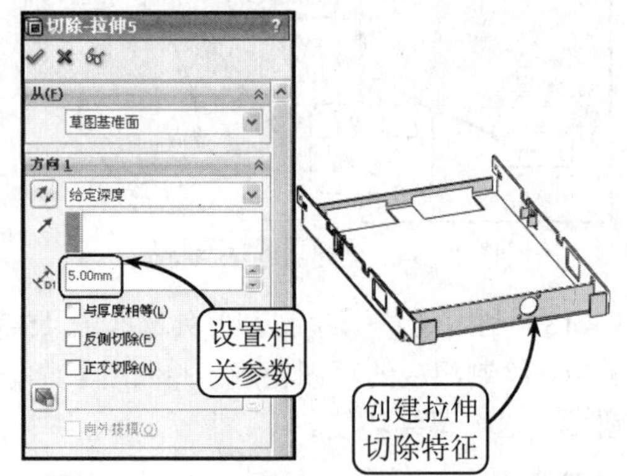

图 15-43　创建拉伸切除特征

（23）利用【草图绘制】工具选取图 15-44 所示的草图平面进入草绘环境。然后利用【直线】和【圆】工具绘制相应的草图轮廓，并利用【智能尺寸】工具进行尺寸定位。接着单击【退出草图】按钮，退出草绘环境。

（24）利用【拉伸切除】工具选取上步绘制的草图为操作对象，并在打开的管理器中按照图 15-45 所示设置相应的参数，创建拉伸切除特征。至此，微电机安装架模型创建完毕。

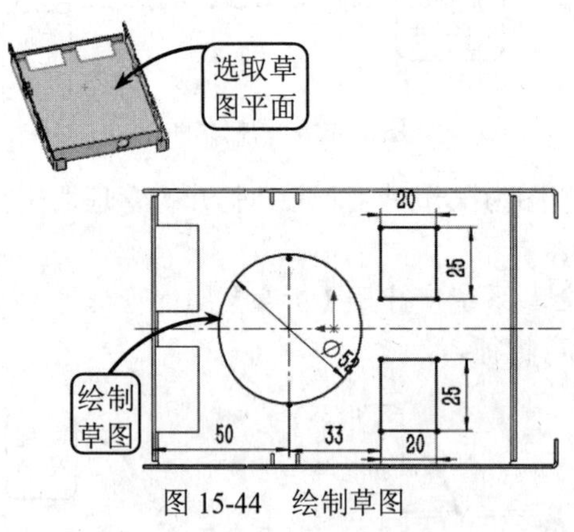

图 15-44　绘制草图

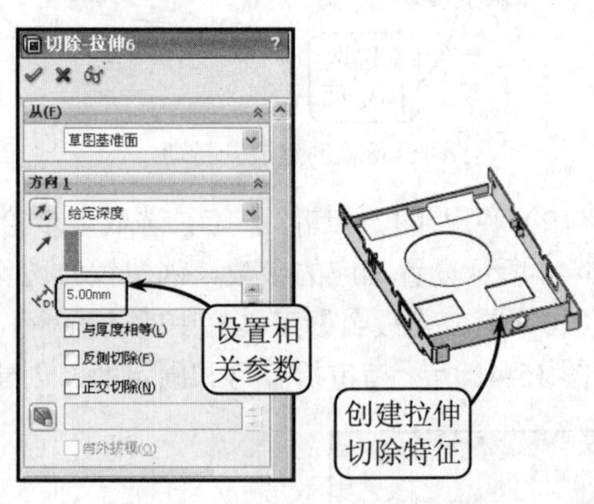

图 15-45　创建拉伸切除特征